개정2판

세계전쟁사

정하명 이충진 온창일 정토웅 허남성 김순규 김광수 황우웅 김재홍 박일송 박영준 지음

황금알

세계전쟁사

개정2판 세계전쟁사

1판 1쇄 발행 | 1980년 2월
2판 1쇄 발행 | 2001년 1월
개정 1판 1쇄 발행 | 2004년 02월 27일
개정 1판 2쇄 발행 | 2005년 02월 28일
개정 1판 3쇄 발행 | 2007년 09월 10일
개정 1판 4쇄 발행 | 2012년 02월 11일
개정 1판 5쇄 발행 | 2014년 01월 29일
개정 1판 6쇄 발행 | 2015년 03월 17일
개정 2판 1쇄 발행 | 2015년 04월 17일
개정 2판 2쇄 발행 | 2021년 08월 18일

지은이 | 정하명 이충진 온창일 정토웅 허남성 김순규 김광수
황우웅 김재홍 박일송 박영준
펴낸이 | 金永馥
펴낸곳 | 도서출판 황금알
주간 | 김영탁
실장 | 조경숙
편집 | 칼라박스
표지디자인 | 칼라박스

주 소 | 03088 서울시 종로구 이화장2길 29-3, 104호(동숭동)
전화 | 02)2275-9171
팩스 | 02)2275-9172
이메일 | tibet21@hanmail.net
홈페이지 | http://goldegg21.com
출판등록 | 2003년 03월 26일(제10-2610호)

값 25,000원

ISBN 89-953948-4-6-03390

개정판을 내면서

이 개정판에서는 오랫동안 미루어왔던 본문의 한글화를 추진하되 몇 가지 부족한 점을 보완하는 데 주안점을 두었다. 그동안 이 책의 주된 독자였던 생도들은 본문에 한자가 너무 많아 학습에 지장이 된다는 의견을 말해왔다. 미래를 생각하면 한자를 학습하는 것이 필요하지만 그것이 학습에 장애가 되어서는 안 된다는 취지에서 한글을 쓰되 의미파악이 꼭 필요한 부분만 한자를 병기하였다.

또한 2차대전 이후의 상황변화를 고려해서 '입문' 부분과 '현대전쟁의 성격' 을 대폭 수정하여 현대전쟁을 이해하는데 도움을 주고자 하였으며, 책 전체의 분량을 고려하여 2001년판에 들어갔던 중월전쟁, 코소보전쟁을 제외시켰다. 아쉬운 점은 이 개정단계에서 아프가니스탄전쟁, 2003년 이라크전쟁 등을 다루지 못했으나 다음 개정판에서는 이를 보완할 것을 약속한다.

끝으로 이 책의 출판을 지원해 주신 육군사관학교 학교장님, 교수부장님께 경의를 표하며, 출판을 흔쾌이 맡아준 황금알의 노고에 감사 드린다.

2004년 2월

육군사관학교 전사학과

증보판을 내면서

이번에 증보판을 발행하게 된 것은 1993년에 증보판을 낸 이후 더욱 강화된 육군과 학계에서 강조하는 현대전쟁에 대한 교육 강화 요구에 부응하기 위한 것이다. 가장 최근의 전쟁들을 분석하려는 시도는 공개된 자료의 부족과 그에 따르는 학자들의 충분한 연구 · 검토의 한계라는 근본적인 문제를 안고 있는 것이 기지의 사실이다. 현대전쟁에 대한 교육 및 연구를 강화하려는 금번의 시도는 1993년에 이미 포클랜드 전쟁, 이란 · 이라크 전쟁, 걸프 전쟁 등을 포함시켜 교육해 온 노력의 연속이다. 이 책을 통하여 사관생도들이 과거의 전쟁뿐만 아니라 현대전쟁을 이해하는데도 많은 참고가 되기를 바란다.

2001년 1월

육군사관학교 전사학과

■ 머리말

인류의 역사를 흔히 전쟁의 역사라고도 한다. 전쟁은 한 민족의 팽창과 번영을 위한 최초의 수단으로서 또는 생존을 위한 최종의 수단으로서 수행되어 왔으며, 역사 속에 나타난 많은 민족과 국가들, 그리고 그들이 이루어 놓은 문화들이 전쟁과 더불어 흥망성쇠의 기복을 보여 왔다.

평화에 대한 갈구가 인간사회의 하나의 본질적 측면이라면 전쟁에 대한 욕망 또한 다른 하나의 본질적 측면인 것이다. 다시 말해서 「평화를 위해서는 전쟁을 준비하라」는 로마의 격언이 뜻하는 바와 같이 인간은 한편으로는 평화를 갈구하면서 다른 한편으로는 그 평화를 위해 전쟁을 준비해야만 하는 인간사회의 본질적인 모순에서 벗어날 수 없었다는 사실을 인류의 역사는 말해 주고 있다.

따라서 인간사회의 이러한 본질적 모순이 완전히 해결되지 않는 한, 전쟁현상이 결코 부정적으로만 이해되어서는 안 될 것이며, 많은 인명의 희생을 강요하는 전쟁의 비윤리적 측면을 강조하기에 앞서 우리는 전쟁의 현실적 가능성을 긍정적으로 받아들이지 않을 수 없게 된다. 여기에 전쟁에 관한 경험적 이론을 뒷받침하여 주는 전사연구의 근본 의의가 있다 하겠다.

전사의 연구방법으로서는 우선 연구대상에 있어서 역사 속에 나타난 가능한 한 많은 수의 전쟁의 전역 및 전투들의 원인, 경과, 결과를 개관하는 방법과 몇 가지의 전쟁, 전역 및 전투 사례를 선별하여 심층적으로 분석하는 방법이 있다.

전자의 방법은 전쟁의 일반원칙들을 도출하기가 용이하다는 장점이 있는 반면에 전투현상을 너무 단순화시킬 위험성이 있으며, 후자의 방법은 그 반대로 개별전쟁에 대한 깊은 분석은 가능하나 일반적인 전쟁원칙의 도출이 곤란하다는 단점을 갖는다.

또한 연구내용에 있어서도 전쟁이 발생하게 된 국내외적인 정치, 경제, 사회, 문화적 배경과 전후의 변화에 대한 분석에 중점을 두는 방법과, 전쟁 수행과정 즉 전쟁계획, 전략, 전술, 작전경과 등에 대한 분석에 중점을 두는 방법이 있다.

전쟁현상을 이해하고 전사에 대한 깊은 연구를 위해서는 상기의 모든 방법들에 의한 분석이 병행되어야 한다. 본서는 육군사관생도를 위한 전용교과서로서 고대에서 현대에 이르기까지 인류역사에 자취를 남겼던 전쟁들을 모두 수록하여 이들의 원인, 경과 및 결과를 개관하고 제(諸)전쟁을 승리로 이끈 유능한 지휘관들의 상황분석, 판단, 결심 및 행동이 보여주는 공통점과 실패한 지휘관들의 공통점을 비교함으로써 전쟁일반원칙들을 이해하는데 주안을 두었다.

끝으로 본서의 편찬을 지도 편달해 주신 교장님과 교수부장님께 경의를 표하며, 또한 출판을 담당한 일신사에 깊은 감사를 드리는 바이다.

1980. 2.

전 사 학 과

제 1 편 입　문

제 2 편 고대 · 중세 · 근세의 전쟁

제 5 편 제1차 세계대전

제 6 편 제2차 세계대전

제 7 편 현 대 전 쟁

제 1 편

입 문

[제1편 입문]

제1장 용어

제1절 전쟁의 정의

웹스터(Webster) 사전에 의하면 전쟁이란 '국가 또는 정치 집단간에 폭력이나 무력을 행사하는 상태 또는 사실, 특히 둘 이상 국가간에 어떠한 목적을 위해서 수행되는 싸움' 이라고 정의되어 있으며, 프러시아의 군사이론가 클라우제비츠(Karl von Clausewitz : 1780-1832)는 전쟁을 '아방(我方)의 의지를 충족시키기 위하여 상대방에게 강요하는 폭력행위' 라고 정의하였다. 그러나 전쟁에 관한 이론으로서 클라우제비츠가 남긴 가장 의미 있는 구절은 '전쟁은 다른 수단으로 이루어지는 정치의 연속이다' 일 것이다. 나아가 그는 '전쟁은 정치적 행위일 뿐만 아니라 하나의 실질적 정치도구로서 정치적 거래의 연속(a continuation of political transactions)' 이라고 주장함으로써 전쟁은 본질적으로 정치에 종속된다는 것을 밝혔다.

정치는 평시나 전시를 막론하고 계속되며, 환경적인 변화와 압력에 따라 때로는 정치목적을 달성하고자 하는 하나의 수단으로서 전쟁이 사용될 수 있다. 따라서 전쟁은 정치의 일부로서 전쟁 전에 있었던 거래의 연장에 불과한 것이고, 그 도구가 펜 대신에 폭력으로 바뀌었을 따름이라고 말할 수 있다.

제2절 전쟁의 분류

전쟁은 규모에 따라 전면전쟁(general war)과 국지전쟁(local war)으로 나눈다. 전면전쟁(전면전)이란 국토의 전 범위가 전장이 되며, 그 결과가 국가의 존망에 관계될 수 있는 전쟁으로서 국가의 전 역량이 여기에 투입된다. 이에 반해 국지전쟁(국지전)이란 전쟁이 일정한 영토내에서 지역 또는 소규모 분쟁형태로 진행되며 따라서 여기에 투입된 전력과 국력도 제한적인 것이 보통이다. 물론 국지전쟁으로 시작된 전쟁이 전면전쟁으로 확장될 수도 있다. 클라우제비츠는 전쟁의 성격이 어떤 것인가를 명확히 파악하고 걸려있는 국가이익의 경중에 입각하여 전쟁에 대응할 필요가 있다고 주장한다.

이상의 구분은 한 국가를 기준으로 한 것이지만 강대국의 입장에서 전쟁의 규모가 전 세계적 규모에 미칠 때를 전면전쟁의 기준으로 설정된 경우가 있었다. 예컨대 2차대전 후 미국은 소련을 대상으로, 소련은 미국을 대상으로 양측의 전 역량이 투입될 수 있는 전쟁을 상정하고 이를 전면전쟁으로 구분하였다. 이에 반해 특정한 지역이나 국가에서 양측이 관련은 되지만 전 역량을 투입하지 않거나 간접 지원을 통해 전쟁에 가담하게 되는 경우는 이를 국지전으로 구분하였다. 미 · 소의 입장에서 보면 국지전이지만 당사국의 입장에서는 전면전이 될 수도 있다. 결국 전면전인가, 아니면 국지전인가는 서로 다른 전쟁 주체에 따라 달리 규정될 수 있는 상대적 개념이다.

한편 전쟁은 총력전쟁(total war)과 제한전쟁(limited war)으로 구분되기도 한다. 총력전쟁(총력전)은 한 국가가 전쟁을 수행하는데 있어서 전장의 범위, 사용하는 무기체계 등에 제한을 두지 않는 경우를 지칭한다. 총력전에서는 전쟁의 승리를 위하여 국가의 군사력, 정치력, 경제력, 기술력 등 가용한 모든 자원이 투입되는 것이 보통이다. 제2차 세계대전 이후로는 강대국들이 자신들이 보유한 핵무기, 화학무기, 생물학무기를 포함한 전 역량을 기울여 전면전쟁을 수행하게 되는 상황을 총력전으로 불렀다. 이에 반해 제한전쟁(제한전)은 한 국가가 전쟁 수행에 있어서 전장의 범위, 무기체계 등을 의도적으로 제한하는 전쟁이다. 제2차 세계대전 이후 강대국 중심의 논의에서 제한전이란 전장의 범위가 한정되고 핵무기의 사용을 스스로 제한할 경우를 지칭했다. 단순히 핵무기의 동원 여부를 기준하여 핵무기가 사용될 때 이를 핵전쟁(nuclear war), 핵무기를 사용하지 않고 전통적인 무기체제에 의존하여 전쟁을 수행될 때 이를 재래식전쟁(conventional war)이라고 구분하여 부르기도 한다.

제2차 세계대전 이후 미국 · 소련 두 강대국을 중심으로 한 동서대립 상황 하에서, 정규군을 포함하는 명백한 무력투쟁은 아니지만 국가목표를 달성하기 위해 정치적 · 경제적 · 사회적 · 심리적 · 군사적 제반 환경에 의해 미국을 위시한 자유민주주의 국가들과 소련을 위시한 사회주의국가들 간에 형성된 높은 긴장상태를 냉전(Cold War)이라고 불러왔다. 냉전은 서로 상대방의 가치체계를 부정하는 자유민주주의와 공산주의의 이념적 대립으로 인한 적대관계에서 비롯된 것이다. 그러나 1990년대초 사회주의권의 종주국이었던 소련과 그 위성국이 붕괴됨에 따라 동서대립의 상태는 종언을 고했는데 이 이후의 상황을 탈냉전(Post Cold War) 시대로 부르고 있다. 탈냉전 시대에는 이념적 극한 대립에서 벗어나 상호 협력의 분위기는 증진되었다고 할 수 있지만 전통적인 국가이익(national interest)이 국가 대립의 기본 요인으로 남아 있다고 할 수 있을 것이다.

제3절 전략, 작전술, 전술

전쟁은 단 1회의 회전으로 끝나는 것이 아니며, 전쟁의 수행은 쌍방의 전투력이 직접 맞부딪치는 전투에만 국한되지 않는다. 이 때문에 옛날부터 한 전장에서 지형과 전투력을 활용하여 적을 패배로 몰아넣는 기술(art)을 전술(戰術: tactics)이라고 부르고, 일련의 전투를 구상하고 전투력을 배분 혹은 집중하며 추가적인 전투력을 투입함으로써 일련의 전투와 이에 부수하는 행동의 결과를 활용하여 종국적인 전쟁 승리로 이끄는 기술을 전략(戰略: strategy)으로 불러왔다.

전술은 그리스 Taktika에서 유래했다. Taktika란 가지런히 배열하는 것을 뜻하므로 기본적으로 전투장에서 실제 전투행위를 위한 준비로서 병력을 배열하는 것을 의미한다. 전투에서 아군의 능력을 최대로 발휘하기 위해서 부대를 배열하고 기동시키는 부대 사용술을 전술이라고 부른다. 그리스어 Strategia에 그 어원을 두고 있는 전략이란 용어는 전쟁에서 적을 속이는 술책이라는 뜻을 갖고 있으며, 실로 18세기말까지의 전략은 주로 이와 같은 의미로 통하였다. 그러나 나폴레옹 전쟁이 진행되면서 전략은 전쟁에서 전투를 사용하는 술로 정의되었다.

개념이 매우 모호하다고도 할 수 있는 이 용어들의 상호관계를 구별하는 가장 좋은 방법은 시간과 공간 또는 목적과 수단에 관한 차이점에 기초를 두고 보는 것이다. 전략은 기본적으로 전쟁의 준비와 수행을 취급하므로 전술보다 한 단계 상위의 개념이라 보겠다. 어느 고정된 지역에서 전투를 하는 것이 전술이며 이때 전략은 전투장까지의 접근을 의미하며, 전술이 한 전투장을 범위로 하는 반면 전략은 여러 전투장을 대상으로 한다. 과거에 전략적 성격을 띠었던 문제가 오늘날 개념으로는 전술사항이 될 수 있으며, 이와 같이 전략과 전술의 관계는 상대적이다. 이에 관한 비교는 여러 군사대가들에 의하여 다음과 같이 주장되어 왔다.

클라우제비츠(Karl von Clausewitz) : 전술은 전투에서 부대를 사용하는 기술이고, 전략은 전쟁에서 이기기 위해 전투를 사용하는 기술이다.

마한(A. T. Mahan) : 적과 접촉하기 전이냐 후이냐가 전략과 전술을 구분하는 선이다.

웨이블(Earl Archivald Wavell) : 전술은 전투장에서 부대를 이용하는 기술이며, 전략은 유리한 위치의 전투장으로 병력을 집결하는 기술이다. 카드놀이의 일종인 브릿지에서 흔한 비유가 이루어질 수 있다. 점수를 거는 것이 전략이고, 걸어진 점수를 위해 손으로 놀이하는 것은 전술이다.

골츠(Colmar Freiherr, von der Goltz) : 전략은 지휘통솔의 과학이고, 전술은 부대운용의 과학이다.

얼(E. M. Earle) : 전략은 전투에서 병력을 운용하는 기술인 전술과 다르다. 이것은 오케스트라가 그것을 구성하고 있는 각각의 악기와 다른 점과 같다.

전략과 전술은 전장의 규모와도 관계가 있다. 전술은 전투(戰鬪: battle)가 그 대상인 바, 전투는 한 장소에서 한 시기에 벌어지는 비교적 큰 규모의 무력충돌을 말한다. 전투보다 규모가 작은 무력충돌은 교전(交戰: engagement)으로 구별해 부른다. 18세기말부터 군사이론가들은 비교적 독립된 지역에서 일정한 시간동안 서로 연관을 맺고 이루어지는 일련의 전투들을 묶어서 전역(戰役: campaign)으로 불러왔다. 전략은 전역 혹은 전쟁 전체가 대상이며 하나의 전역 혹은 여러 개의 전역에서 전투를 사용하여 궁극적인 전쟁 승리를 이루어내는 것이다.

그러나 전략의 개념은 본질적으로 동적이다. 전술이 복잡 · 다양해지고 동원하는 군대의 규모와 전장의 범위가 확대됨에 따라 전략의 개념도 점차 변화하였다. 가령 나폴레옹이 고려했던 전략적인 문제가 그 본질에 있어서 오늘날 개념으로는 전술적일 수가 있다. 시대의 변천에 따라 무기체계가 발전되었듯이 전략의 개념도 발전되었으며, 전략은 적용되는 차원에 따라 대전략, 국가전략, 군사전략으로 대별할 수 있다.

주로 군사사가나 군사이론가들의 입에 자주 오르내리는 대전략(grand strategy)이란, 국가목표를 달성하기 위해서 정치적 · 경제적 · 사회적 · 심리적 · 지리적 · 기술적 · 군사적 제반 국력을 모두 통합하는 것을 의미한다. 이것은 단지 전시에만 사용되는 것이 아니라 평시 국제관계에서는 항상 존재하는 개념이다.

대전략(大戰略)과 유사하게 사용되는 국가전략(national strategy)이란 용어는 전 · 평시에 국가목표를 달성하기 위해서 국가가 갖고 있는 제반 국력을 군사력과 함께 사용하는 술(術) 및 과학이라고 정의할 수 있다. 여기에는 지리적 위치와 정신적 태도 등과 같은 국가의 힘도 이용될 것이다. 우발사건에 따라 적절히 수정되어 갈 수 있으나, 국가전략은 기본적으로 국가의 궁극적 목표를 지향한다는 점에서 불변적이라고 볼 수 있다.

군사전략(military strategy)은 군사력을 적용하여 국가목표와 정책을 달성하기 위해서 일국의 군대를 사용하는 술 및 과학이다. 군사전략은 군사력을 직접 또는 간접적으로 사용하여 국가전략을 추진시키는 수단이므로 군사전략은 국가전략의 일부분이라고 할 수 있다. 전쟁의 목적은 국가목표를 달성하는데 있으므로 군사전략은 이 목표로 지향되어야 하며, 따라서 모든 군사작전은 반드시 국가목표와 군사전략을 따라야 한다.

제2차대전을 전후하여 전장이 광범위해지고 여러 개의 전구(theater of war)에서 여러 개의 전역(campaign)이 동시에 진행됨으로써 종전의 전술, 전략의 이분법으로부터 그 중간 수준에 전역을 수행하는 기술이라는 의미의 작전술(operational art)을 도입하게 되었다. 작전술이라는 용어는 러시아에서 1920년대 말부터 사용되기 시작하여 대부분의 국가에서 수용되어 사용됨으로써 현재 군사술(military art)은 통상 전략(군사전략), 작전술, 전술의 세 수준으로 구분된다.

제4절 군사용어 해설

군대가 전쟁에 임했을 때의 기능, 지휘 및 관리 등을 고려해보면, 모든 사항은 대체로 작전과 관리로 대별할 수 있다. 전술 및 전략에 관련되는 모든 것은 작전의 영역에 속하는 것이고, 관리는 그 나머지 영역의 모든 것, 즉, 물자, 시설, 군사적 제 업무 및 인원의 보충 등에 관계되는 사항이며 전반적 군사활동의 중요한 일부를 차지하고 있다. 관리에서 가장 중요한 분야는 병참이며, 병참은 물자의 지원과 유지 및 병력보충에 관계되는 업무이다.

작전과 관리는 항상 유기적인 조화가 이루어져야 하는데, 만약 병력과 장비와 보급이 전략적 계획을 실현하는데 이용될 수 없다면 아무리 훌륭한 전략이라도 전혀 소용이 없으며, 인원과 장비가 아무리 많다 할지라도 그것이 건전한 전략에 따라서 유능한 지휘관에 의해 이용되지 못하는 경우는 그것 역시 아무런 소용이 없는 것이다.

군대가 기지에서 출발하여 진격해 가는 통로와 방향을 작전선(line of operation) – 일반적으로 병참선으로 알려짐 – 이라 하는데, 관리 또는 병참지원이 없이는 군대는 기동도 전투도 할 수 없기에, 군대에 있어서 심장이 되는 작전기지와 동맥이 되는 병참선의 안전은 항상 지휘관의 중요관심사이다. 그러기에 전략적 측면(strategic flank)과 전술적 측면(tactical flank)이라는 용어가 있다. 전략적 측면이란 만약 적이 이 측면을 우회하면 아군의 병참선에 위협을 느끼게 하는 측면으로 보통 이 측면은 병참선에 가까운 측면이다. 그리고 전술적 측면이란 공격군이 용이하게 접근할 수 있는 측면을 말하며, 이 측면은 보통 쉽게 포위 및 우회할 수 있다. 전략적 측면인지 전술적 측면인지는 그 측면이 병참선과 더불어 어떤 관계를 가지고 있느냐에 달려 있다.

군이 작전을 수행함에 있어 그 병참선이 원심에서 주변으로 나가는 형태인지 아니면 주변에서 원심으로 향하는 형태인지에 따라서 내선작전(operations on interior lines)과 외선작전(operations on exterior lines)으로 구분된다.

내선작전(內線作戰)이 가지는 이점은 각 지점간의 거리가 가까워 병참선이 짧고 통신이 용이하다는데 있다. 또한 유리한 조건하에서 내선작전을 하는 군대는 자기의 병참선에 위협을 받는 일이 없이 그 병력의 전부 또는 일부를 적의 정면에 투입할 수 있다. 프레드릭 대왕과 나폴레옹은 항상 전술적 및 전략적으로 내선작전을 잘 구사하였고, 양차 세계대전에서 독일은 프랑스 · 러시아 및 연합군에 대하여 내선작전을 취했다.

지휘관은 실제 교전이 시작되기 전에 그의 병력을 여하히 사용할 것인가를 결정해야 하는데, 이는 상황판단에 기초를 두어 근본적으로 공격이냐 방어냐 하는 것을 결정하는 문제이다.

공격(攻擊)은 오직 이것만이 결정적인 결과를 달성할 수 있고, 또한 믿음직한 전투의 명확한 특질을 나타낸다. 공격은 적을 강타하고, 적을 파멸로 이끌며, 선제의 이점을 가진다. 또 공격은 적에게 행동을 강요하며, 공격자의 행동에 복종하도록 요구한다. 그리고 공격 측은 사기가 보장된다. 그나이제나우(Gnaisenau) 장군은 '공격은 병사들을 고무시키며, 새로운 힘을 부가해주고, 자신을 불러일으키며 적을 혼란케 한다. 공격을 당하는 측은 언제나 공격 측의 전투력을 과대평가 한다' 고 말했다.

반면에 방어(防禦)는 자기의 위치를 선택할 수 있으며, 병력전개를 위한 충분한 여유를 가질수 있는 이점이 있다. 일반적으로 수비자는 공격자를 기다리는데 그 목적은 자원을 보존하고 적의 공격을 분쇄함에 있다. 만일 결전을 회피하기를 원한다면 수비자는 시간과 공간이 허용하는 데까지 적으로부터 멀어질 수 있으며, 결전을 지연시킬 수 있다. 공격자는 공격이 계속될수록 자원이 소모되며, 작전기지로부터 병참선이 점점 길어지지만, 방어자에게는 이런 사정이 적용되지 않는다.

공격자가 공세를 중지하기 위해서는 공격군의 우세가 극한점에 도달하여 이 이상 더 우세를 유지할 수 없다고 생각되는 순간을 적시에 파악해야 하며, 방어자로서는 반격을 개시할 순간을 정확히 포착하는 것, 바로 여기에 지휘통솔의 비결이 있다. 이러한 반격을 전략적으로는 역공세(counter-offensive)이라고 말하며, 전술적으로는 반격(counter-attack)이라고 말한다.

공격행동은 공격의 시기, 공격의 상대적 중요성 및 공격력, 그리고 공격을 위한 기도자체의 성격으로 분류된다. 공격의 시기를 두고 말하면, 협동공격(coordinated attack)과 축차공격(逐次攻擊 piecemeal attack)으로 구분되는데, 협동공격은 휘하의 모든 단위부대가 최대한으로 단합된 힘을 발휘하기 위하여 연합적이며 조직적인 행동을 함을 말하고, 축차공격은 병력을 조금씩 증가시켜 투입하는 공격법이다. 축차공격은 일반적으로 병력의 분산을 초래하게 하며, 또 집중의 원칙을 위반하는 결과를 가져온다. 그러기에 이런 방법의 공격은 현재 주어진 이 기회를 상실하면 다시는 공격할 기회가 없을 만큼 시기적으로 중요한 경우나, 현재 주어진 병력만으로도 목적달성을 할 수 있는 경우에 한해서만 적용되어야 한다.

공격 시에 상대적 병력과 그 중요성을 두고 말한다면, 공격은 주공(main attack)과 조공(secondary attack)의 두 가지 형태로 구분할 수 있다. 목적을 달성하고 적 병력을 분쇄하기 위해서는 최대한 집중된 공격부대인 주공은 하나만 있는 것이 보통이지만 주공과 조공이 다 같이 하나 이상 있을 수도 있다.

조공-견제공격(holding attack)-은 적 병력을 고정시키며, 결정적 지점이 아닌 곳에 적의 예비대를 투입하도록 강요하여 주공 정면에 병력증가를 저지함으로써 주공을 돕는 임무를 가진다. 조공을 위한 병력은 그 임무가 병력절약의 원칙에 맞도록 최소한의 것으로 해야 하며, 조공은 대개 한정된 공격형태를 취하는 것이므로 그 행동은 맹렬하며, 조공이 성공할 경우에는 주공을 위한 노력에 기여하는 바가 크다.

공격은 적의 정면, 측면 및 배후 등 각 방향에서 실시할 수 있다. 그러나 정면공격(frontal attack)은 기동의 원칙, 병력절약의 원칙 및 집중의 원칙을 범하는 것이며, 적의 정면에 균등하게 병력배치를 하는 경우 성공의 기회가 가장 적다. 여기에 근거하여 "측면을 찾아라"는 말이 오늘날까지 전장에서의 금언이 되고 있다.

적의 정면을 회피하는 공격방법을 포위기동(enveloping maneuver)이라고 하며, 이것은 다시 포위(envelopment), 양익포위(double envelopment), 우회(turning movement) 등으로 구분하는 것이 보통이다.

포위(包圍) 시 주공은 적의 주력군의 측면이나 배후에 둔다. 포위는 집중된 적을 2개 방향

또는 그 이상의 방향으로 병력을 분산하도록 강요하며, 또 우군이 선정한 지점에서 전투하도록 강요한다. 이런 공격은 손실을 감소시키며, 방어자로 하여금 불시의 공격에 응전하는 능력을 감소케 하여, 이것이 성공하면 결정적 성과를 획득할 수 있다. 포위의 성공도는 주로 기습의 성공도와 적의 주력정면을 견제하는 조공의 효과에 의존한다. 또 기동성의 우세는 성공의 가능성을 증대시킨다.

양익포위(兩翼包圍)는 적의 양 측면에 대하여 포위하는 것을 말하며, 일익포위(Single Envelopment)에서와 마찬가지로 적 정면에 대한 조공은 적이 반격방법을 강구하지 못하도록 가능한 최대의 적 병력을 흡수하고 견제한다. 포위의 극치는 적 병력의 전부 혹은 일부를 완전 포위하는 것이다.

포위의 한 가지 형태인 다중포위(多重包圍)는 포위망이 여러 겹의 포위환(包圍環)으로 이루어질 경우를 말한다. 이 경우 포위당한 부대는 한 개의 포위망을 돌파하더라도 다음 포위망을 돌파하기 어려운 상황에 처하게 된다.

우회(迂廻)는 적 배후의 치명적인 지점을 강타할 목적으로 적 주력의 측면을 통과하는 포위기동을 말한다. 포위는 공격 정면에 있는 적을 즉각적으로 파괴하는 것을 목적으로 삼는 반면에 우회는 적 전투력을 지원하는 중요한 병참선을 위협함을 목적으로 한다. 포위에 있어서 주공과 조공 부대는 상호 지원할 수 있는 거리를 유지하지만 우회에 있어서는 양 부대가 대개 상호 지원 거리 밖에서 독립된 작전을 한다. 기만, 기도비닉(企圖秘匿), 기동성의 세 가지는 우회가 성공하기 위해서 절대적으로 필요한 요건이다. 우회는 전술적 기동이라기보다는 분명히 전략적 기동이라고 하는 것이 타당할 것이다. 그러므로 우회를 때로는 전략적 포위라고도 말한다.

장애물 또는 기타 이유로 적 측면에 대하여 포위기동을 실시하기 불가능한 경우에는 공격자는 적 주력 정면의 일부분에 대하여 전투력을 집중하여 전선을 파괴하고 여기를 통과하여 적 배후에 있는 목표를 장악하는데 이것을 돌파(突破: breakthrough, penetration)라고 한다. 적을 견제하고 예비대의 기동을 저지하기 위해서 조공은 적의 전 정면에 대하여 실시하고, 조공이 실시되는 동안에 돌파가 가장 유리하다고 생각되는 적 정면의 일부에 대하여 가능한 많은 부대가 협동하여 전투력을 집중하여야 한다. 바로 여기에 돌파는 정면공격과는 달리 집중의 원칙과 병력 절약을 적용하는 차이점이 있는 것이다. 일단 돌파가 이루어지면 그 돌파구는 확대되어야 하고, 강력한 예비대가 투입되어 약화된 적을 각개 격파할 수 있도록 해야 한다.

침투기동(浸透機動: infiltration)이란 비교적 소규모로 구성된 부대가 적 후방의 사령부, 주요 무기체계, 군수시설, 통신망 등을 타격하고 교란할 목적으로 육상, 해상, 공중으로 은밀히 적 후방에 잠입해 들어가는 기동형태를 말한다. 이 침투기동은 또한 순수하게 첩보수집이나 정찰을 목적으로 이루어지기도 한다.

성공적인 공격은 어떤 종류의 기동을 택하더라도 적에 대하여 최대의 손실을 줄 때까지 공격이 계속되어야 하며 결코 중지되어서는 안 된다. 그래서 공격은 추격(pursuit)의 형태로 연장되며, 최초 공격에서 완전히 성취하지 못한 것을 추격으로 완성하여 이로서 전역(戰役)은 종결된다. 적의 사기를 저하시키기 위하여 또는 적으로 하여금 병력재편과 방어선의 재구축을 하지 못하도록 하기 위하여 무자비한 압박을 계속적으로 가하지 않으면 안 된다.

적보다 열세한 병력으로 적을 격파하려고 기도할 때 지휘관은 최초에는 수세로 가장하는 것이 좋다. 그리고 적으로 하여금 선공(先攻)을 하도록 유인하여 불리한 조건하에서 공격을 실시하여 적이 약해진 후 아군의 반격이 개시되면 용이하게 적을 패주(敗走)시킬 수 있을 것이다. 이런 방법의 기동을 선수후공(先守後攻 Defensive-Offensive)이라고 말하며, 이 기동은 지휘통솔에 있어서 고도의 질서와 우수한 전술 및 훈련도가 높은 병력이 요구된다. 이론적으로 볼 때, 이런 기동은 지휘관이 자기가 택한 지점에서 약화·혼란된 적을 강타할 수 있기 때문에 가장 좋은 성과를 약속한다. 또 이렇게 계획된 선수후공은 마치 함정과 같아 노련한 적은 이를 회피할 수 있지만 반면에 함정에 한 번 빠지기만 하면 그 효과는 결정적인 것이다.

만약 지휘관이 상황판단의 결과, 공세로써는 성공 가능성이 희박하다는 결론에 도발하면 수세를 취하지 않으면 안 된다. 수세는 공세를 위해서 더 좋은 조건으로 상황이 호전될 때까지 대기하는 시간을 얻기 위해서 혹은 다른 지점으로 결정적 승리를 추구하고 있는 동안 적을 견제할 목적에서 또는 단순히 전투력의 열세 등의 경우에 취해진다.

수세의 경우, 위험이 예상되는 전 정면에 병력을 분산하여 배치하면 종심이 얕아지고, 예비대의 부족을 가져오는데, 이런 형태의 방어를 선방어(線防禦: cordon defense)라고 한다. 이것은 신축성을 결여하고 있으며 돌파와 포위에 대하여 취약하다.

선방어와 대조를 이루는 것이 기동방어(機動防禦: mobile defense) 혹은 종심방어(縱深防禦: defense in depth)이다. 이 경우 방어측은 일선의 대형을 피하고 전 방어지역에 대하여 상호 지원할 수 있는 진지를 구축하며, 이 진지는 종심 깊게 불규칙적으로 배치된다. 기동방어가 성공하기 위한 기본적 요건은 강력한 예비대(reserve)가 있어야 한다. 이 예비대는 방어지역 종심상에 전술적으로 중앙에 위치하여 전투지역에 대하여 돌파해 오는 적에 대해 반격을 가할 수 있다.

위에서 기술한 바와 같이 수비 측은 전략적 의미에서 공격자가 내습하기를 기대한다고 하더라도 공격이 재개될 때까지 수동적으로 무기동 상태에 있어서는 안 된다. 방어자는 주 방어진지를 선정한 다음, 적의 기습이 예상되는 모든 방향으로부터 불의의 공격이 개시될 경우에 대비하여 안전을 보장해줄 전초진지(前哨陣地: outpost)를 구축해야 한다.

이 전초진지는 적의 접근을 지연시킬 수 있을 만큼 충분히 강력해야 하며 그렇게 함으로써 방어자는 최종적 준비를 완료할 수 있는 시간을 얻을 수 있다. 이런 방책이 강구되는 동안에 방어측은 반격을 개시하기 전에도 적을 괴롭히고 약화시킬 수 있는 모든 수단을 이용해야 한다. 이런 수단에는 습격(襲擊: raid), 양동(陽動: feint), 제한공격(制限攻擊: limited attack) 등이 있다. 이리하여 지휘관은 처음에는 방어전략을 택하지 않을 수 없는 상황이었다 할지라도 공격적 전술수단을 사용함으로써 적의 공격계획을 방해하고 공격자가 가졌던 전략적 선제권(先制權)의 이점을 대폭 감소시킬 수 있다.

그러나 방어에 있어서도 성공적 방어를 위해서는 병력이 부족하다는 결론에 도달하든지 또는 적이 공격해온다면 그의 방어지역으로부터 축출 당할 가능성이 농후할 경우는 말할 것도 없이 후방으로 이동하든지 아니면 적으로부터 이탈해야 한다. 이와 같이 후방으로 이동하는 기동을 후퇴(後退: retrograde movement)라고 하며, 후퇴는 철수, 철퇴, 지연작전의 세 가지로 구분할 수 있다.

철수(撤收: withdrawal)는 적과의 접촉으로부터 이탈하는 작전을 말하고, 그 목적은 행동의 자유를 회복하거나 유지하는데 있으며, 철수는 모든 군사작전 가운데서 가장 어려운 작전일 것이다.

철퇴(撤退: retirement)는 적의 주력군과 접촉하기 전에 적으로부터 이탈함으로써 결전을 회피하려는 것이다. 군인들은 적이 철퇴했을 때 이것을 퇴각(退却)이라고 말하는데, 그 이유는 심리적인 데에 근거하며, 자기가 소속하는 부대가 후방으로 이동했을 때 퇴거라 말하지 않고 철퇴라고 한다.

지연작전(遲延作戰: delaying action)은 결정적인 전투를 하지 않고 시간을 획득함과 동시에 적에게 최대한의 손실을 가하는 것이 기본원칙이기는 하지만 이 작전에 적용되는 전술은 근본적으로 수세적인 것이다. 만약 계획과 실천이 잘 된다면 지연작전은 적을 당황케 하며 또 좌절케 하는 것이다.

위에서 언급한 바와 같이 변화무쌍한 각종 전쟁 상황에 따른 지휘관의 상황 판단에 따라 여러 가지 형태의 군사작전이 전개될 수 있다. 그러나 이러한 작전의 원칙에 선행하는 것은 역시 지휘관 자신의 경험 및 독창력과 상황에 따른 융통성인 것이다.

제2장 전쟁의 원칙

전쟁은 불확실한 상황 속에서 진행된다. 그래서 오리무중의 캄캄한 암흑 속에서 한줄기 광명의 빛 즉 지휘관에게 전쟁수행에 지침이 될 간단하며 기본적인 것을 찾기 위하여 지금까지 전쟁연구가들은 노력해왔다.

이러한 노력들은 동양에서는 지금으로부터 2500여 년 전인 기원전 500년경에 손자로부터 시작되어 왔으나 서양에서는 수세기에 걸친 전쟁체험의 집체(集體)로부터 이들을 추출하기 위하여 노력해왔으며, 카이사르, 프리드리히 대왕, 나폴레옹, 몰트케 등 명장들의 전역이나 저작에서 추출하였다.

전쟁을 과학(science)으로 취급할 것인가, 또는 술(art)로서 취급할 것인가 하는 문제는 오랫동안 군사학도들의 관심사가 되어왔다. 전쟁에 대한 체계적인 연구가 시작된 18세기의 계몽주의시대에는 전쟁을 수학적이며 과학적인 것으로 간주하였다. 수학과 지형학을 알고 있는 장군이라면 기하학적인 정확성을 가지고 전역을 실시하여 한 방울의 피도 흘리지 않고 승리를 거둘 수 있다고 당시의 군사이론가들은 주장하였다.

전쟁을 순수한 과학적이며 수학적인 게임으로 간주하는 이러한 이론은 나폴레옹 전쟁에 의하여 무참히 깨어져 버렸다. 그러나 예측 가능하거나 평가 가능한 상황 하에서 기계적 수단방법을 이용하여 적에게 물리적 압력을 가할 수 있으므로 전쟁을 과학시할 수도 있는 것이다. 과학을 무기의 개발 및 공학기술에 조직적으로 적용하기 시작한 것은 비교적 최근의 일이다.

제2차 세계대전이래 복잡한 무기체계를 선정하거나 대규모의 방위계획을 정확하게 입안하기 위하여 과학 분야로부터 연구 및 분석 기술을 군에 도입하였다. 그러나 이러한 연구분석 기술보다도 모든 제대(梯隊)의 작전에서 성공하자면 작전수행에 관련되는 예측 곤란한 모든 변수를 평가해야 하며, 선례가 없는 현대전의 복잡한 상황 속에서 작전의 지침이 될 요소를 선정하여야 하며 또한 이로부터 감수할 수 있는 위험을 계산할 수 있어야 하는 것이다.

기계와 인간을 동시에 구사함으로써 전쟁의 개연성은 아직도 그대로이며, 옛날과 다름없이 많은 점에서 일종의 예술로 남아있다.

그러나 이러한 개연성 속에서도 과거의 전역을 평가할 수 있고, 새로운 작전계획수립에 기초가 되며, 이들 새로운 계획들을 평가할 수 있는 원칙들을 발견하려 노력하였다.

따라서 어떤 군사지도자는 "전쟁에는 원칙이 없고 승리만이 원칙이다"라고 말하는가 하면, 어떤 군사연구가는 전쟁에는 원칙이 존재하고 있으며 이러한 원칙을 적절히 적용하였을 경우에는 전쟁에 승리하지만 이러한 원칙을 적용하는데 실패하였을 경우에는 전쟁에 실패하였다고 주장한다.

원칙의 수에 있어서 포레스트 장군의 "가능한한 많은 인원으로 최대한 빨리 그곳에 도착하라"라는 하나의 원칙으로부터 시작해서 나폴레옹의 113개의 전훈(戰訓)에 이르기까지 그 수에 있어서도 허다하다. 원칙의 수에 있어서뿐만 아니라 또한 강조하는 내용에 있어서도 상이하다. 클라우제비츠는 전투가 그 전부이며 적군의 파괴만이 정확한 목표라고 주장하는가 하면, 리델하트는 승리에의 최선의 길은 간접적인 수단 및 접근법이라 주장하고, 손자는 '병자 궤도(兵者 詭道)' 라 말하고 있다.

이와 같이 원칙은 수나 강조하는 내용에 있어서 다를 뿐 아니라 그 내용 자체도 상호 상충되는 것이 있는가 하면 상호 보완적인 것이 있다. 즉, 집중과 분산은 상충되는 것이며, 집중과 절약, 기동과 기습 등은 상호 상충되기도 하고 상호 보완되기도 하는 것이다. 따라서 원칙이란 별 소용이 없는 것이란 주장도 타당하다고 할 수도 있는 것이다. 또한 역사상 똑같은 전쟁 상황이 두 번 이상 일어날 가능성은 없는 것으로서 기본원리를 고집할 수 없다는 주장도 있다. 이 모든 것에도 불구하고 전쟁에는 어떤 원칙이 존재하며 그것으로서 전쟁 쌍방에 대하여 사전평가 및 사후평가가 가능하다고 믿고 있다.

오늘날 세계 각국의 군대는 전쟁원칙을 인정하고 군의 교리에 이를 포함시키고 있다. 각국의 군대는 그 나라의 군사사상과 작전환경, 군 편성상의 특수성에 따라 서로 다른 전쟁 원칙을 채택하고 있다. 일부의 원칙들은 국가별로 다르지만, 많은 원칙들은 중첩되고 있다. 우리 육군은 12개의 전쟁원칙을 인정하고 이를 육군의 기본교범인 『지상작전』에 기술하고 있다. 여기서는 『지상작전』에 기술된 12개의 원칙에 대해 개략적으로 설명하고자 한다.

전쟁의 원칙은 전쟁수행을 지배하는 기본적인 원리를 말한다. 그의 적절한 운용은 지휘권 행사와 군사작전을 성공적으로 수행하는데 대단히 중요한 것이다. 이러한 원칙들은 상호 밀접한 관계를 갖고 있으며, 상황에 따라서 상호 보강되기도 하며 또는 상충되기도 한다. 따라서 어떠한 원칙의 적용 정도는 상황에 따라 변할 것이다.

1. 목표의 원칙 (Objective)

모든 군사작전은 명확하고 결정적이며 달성 가능한 목표에 지향되어야 한다. 전쟁에 있어서의 궁극적인 목표는 적의 군대와 그의 전의(戰意)를 분쇄함에 있다. 각 작전의 목표는 이러한 궁극적인 목표에 기여하여야 한다. 각 중간 목표는 이 목표를 달성함으로써 가장 직접적이며 신속하게 또한 경제적으로 작전 목적에 기여할 수 있어야 한다. 목표는 임무, 적(敵)상황, 작전지역, 가용 병력과 수단을 고려하여 선정하여야 한다. 작전 목표는 때로는 지역 점령이 될 수 있으나 그것은 적의 섬멸과 적의 전의 분쇄라는 궁극 목표를 달성하는데 기여하는 것이어야 한다.

2. 정보의 원칙 (Intelligence)

정보는 적과 작전지역 등에 관한 모든 자료로서 모든 작전을 계획하고 실시하는데 있어 필수불가결하다. 손자가 "지피지기 백전불태 지천지지 승내가전"(知彼知己 百戰不殆, 知天知地 勝乃可全)이라고 하였듯이 적과 작전 환경에 대해 알고 이를 활용하는 것은 군사작전에 지극히 중요하다. 역사에는 적과 지형에 대한 정보에 어두워 패전하는 경우가 수없이 많았다. 적에 대해서는 강점과 약점을 파악하여, 강점을 피하고 약점을 최대한 활용하여야 한다. 적보다 먼저 상대방을 알아야 하며, 다양한 수단에 의해 획득된 첩보들은 면밀하게 교차대조하여 평가하되 그 평가에 있어서는 선입견과 주관적 희망이 배제되어야 한다. 끊임없이 적을 찾고, 적을 아는 노력을 경주하여야 하며, 정보가 불확실한 경우에는 적보다 신속한 결심과 과감한 실행이 성공을 보장할 수 있다.

3. 공세의 원칙 (Offensive)

공세행동은 결정적인 성과를 달성하고 행동의 자유를 획득하는데 필요하다. 전쟁의 승리는 왕성한 공세행동을 통해서만 획득할 수 있다. 공격에 의하여 지휘관은 주도권을 갖고 그의 의지를 적에게 강요할 수 있다. 전력의 열세와 상황에 따라 일시적으로 수세, 방어, 지연전을 수행해야 할 경우도 있으나, 이 경우에도 지휘관은 적극적인 공세행동을 통해 적으로부터 주도권을 뺏으려고 노력해야 한다. 적의 약점에 대한 지속적인 공세행동은 적의 균형을 와해시키고 과오를 확대하며, 이를 통해 주도권을 확보하고 아측의 의지대로 적을 굴복시킬 수 있다.

4. 기동의 원칙 (Maneuver)

기동은 전투력의 가장 긴요한 요소이다. 기동은 아군에게 유리한 상황을 조성하기 위해 적에 비해 상대적으로 유리한 위치로 병력, 화력, 물자들을 이동하는 것이다. 기동은 속도와 은밀성이 생명이다. 적이 예기치 못한 방향과 속도로의 기동은 우리가 원하는 곳에 병력을 집중할 수 있게 하며 적을 기습적으로 타격할 수 있게 한다. 그러나 기동의 속도가 느리거나 아측의 기동을 적이 파악하게 되면 적이 이에 대한 대응책을 강구하게 되어 기습을 달성할 수 없다. 성공적인 기동은 사고의 창의성, 편성상의 융통성, 상황에 적합한 행정지원 및 지휘 통제가 이루어져야 한다. 은밀하고 신속하며 적의 의표를 찌르는 기동은 아측에게 집중, 기습을 동시에 달성할 수 있는 수단으로써 결정적인 승리를 보장한다.

5. 집중의 원칙 (Mass)

결정적인 목적을 달성하기 위하여 적보다 우세한 전투력을 결정적인 시간과 장소에 집중하여야 한다. 전쟁에서 승패는 결정적인 시간과 장소에서 상대적인 전투력의 우열에 따라 결정된다. 전투력이 적고 대등하거나 또는 열세하더라도 적의 약점에 아 전투력을 적시적으로 집중하여 상대적 우세를 달성함으로써 결정적인 성과를 획득할 수 있다. 그러나 현대에 와서는 감시수단의 발달, 무기체계의 정확성과 파괴력의 증대로 인하여 장기간의 부대의 밀집된 집결행동은 대량피해를 유발할 수 있다. 따라서 오늘날에는 소산 상태로부터 짧은 시간 안에 필요한 지점으로 전투력을 집중하는 것이 더욱 중요하다고 하겠다. 집중이란 병력의 집중뿐만 아니라 화력 및 제반 전투 수단을 결정적인 목표에 통합적으로 운용하는 것을 의미한다.

6. 기습의 원칙 (Surprise)

기습이란 적이 예상하지 못한 시간, 장소, 수단, 방법으로 적을 타격하는 것으로서 피·아 전투력의 균형을 결정적으로 아군에게 유리하게 전환시키고 최소의 희생으로 최대의 성과를 달성할 수 있게 한다. 기습은 적의 심리에 마비상태를 유발함으로써 효과적인 대응을 하지 못하게 하는 것이므로 작전기도가 노출되지 않도록 하여야 하며 적을 기만함으로써 기습이 성공할 수 있는 가능성이 높아진다. 기습달성은 적이 모르도록 하는 것도 중요하지만, 알게 되더라도 효과적으로 대처하기에는 너무나 늦게 알도록 하는 것이 더욱 중요하다. 기습에 기여하는 요소들에는 속도, 기만, 예상치 않는 전투력의 운용, 효과적인 정보 및 방첩 그리고 전술과 작전방법의 변화 등이 포함된다.

7. 경계의 원칙 (Security)

경계는 전투력을 보존하는데 긴요하다. 경계는 기습을 방지하고 행동의 자유를 유지하며 우군부대에 관한 적의 정보활동을 거부하기 위해서 취해지는 여러 대책으로써 달성된다. 지휘관은 전장감시, 조기경보, 경계부대 운용, 정찰 및 역정찰, 장애물 등을 이용하여 적의 기습과 정보활동을 거부함으로써 불필요한 전투력의 손실을 막는데 최선의 노력을 해야 한다. 그러나 전쟁이란 원래 위험을 내포하고 있기 때문에 경계원칙의 적용은 작전에서 과도한 주의와 위험의 회피를 의미하는 것이 아니다. 작전에 있어 부대의 안전만을 최우선적으로 고려하여 과감한 행동을 하지 못할 경우 결정적인 성과를 얻을 수 없고 이로 인해 오히려 많은 전투력 손실을 가져올 수 있다.

8. 통일의 원칙 (Unity of Command)

통일은 모든 부대가 공동의 목적을 달성하기 위하여 전투력의 분산적 사용을 방지하면서 이를 최대로 발휘하는 것으로서, 지휘의 통일과 노력의 통일이 이루어져야 한다. 지휘의 통일은 한 부대의 지휘권을 단일한 지휘관에 부여함으로써 이루어진다. 한 부대의 지휘권이 여러 지휘관에 의해 중첩적으로 행사될 경우, 부대행동은 혼란에 빠지고 노력이 분산되며 결정적인 시기에 단호한 행동을 취할 수 없게 한다. 또한 부대의 지휘는 예하의 부대들이 협조와 협동을 통해 공동의 목표에 지향되도록 단일 지휘관에 의해 조정되어야 한다.

9. 절약의 원칙 (Economy of Force)

절약의 원칙은 집중의 원칙을 달성하기 위한 전제조건이라고 할 수 있다. 결정적인 시간과 장소에서 큰 승리를 얻기 위해 부차적인 방면에서는 최소한의 전투력 사용을 꾀하는 것이다. 지휘관은 아무리 과감한 작전을 구상하더라도 적의 불의의 공격을 받을 때 무방비의 상태가 되도록 해서는 안 되지만 이런 고려 때문에 부차적인 방면에 지나치게 많은 전투력을 할당하면 주요 작전 방면에서 집중이 불가능하게 된다. 또한 주공과 조공의 전투력 할당에 있어서도 주공에 집중을 달성하기 위해서는 조공 부대에 필요이상으로 많은 병력을 할당해서는 안 된다. 요컨대 의도하는 방면에서 최대한의 승리를 얻기 위해 부차적인 방면에서 필수적인 최소한의 전투력을 할당하는 최적의 전투력 운용이 필요한 것이다.

10. 창의의 원칙 (Creativity)

전쟁에서 승리하기 위해서는 예상하거나 예상하지 못한 각종 상황 변화에 따라 작전수행과 각종 수단의 운용을 적절히 할 수 있는 사고력과 풍부한 상상력을 구사할 수 있어야 한다. 적이 예상할 수 있는 평범한 행동으로는 작전의 성공을 보장하기 어렵다. 지휘관은 변화하는 상황에 따라 발생하는 기회를 활용하는 융통성이 있어야할 뿐만 아니라 적을 기만하고 적이 예상치 못한 방법으로써 적을 타격하기 위해 창의적인 지휘법과 작전 방법을 부단히 계발할 필요가 있다. 창의의 원칙은 전쟁 원칙의 모든 부분에 스며있다고 할 수 있을 것이다.

11. 사기의 원칙 (Morale)

사기는 임무수행에 대한 전투원 개인 또는 부대의 정신적 · 심리적 상태로서 전투력의 효과를 극대화시켜 전승에 기여하는 데 필수적인 요소이다. 사기는 지휘관을 핵심으로 전부대원이 합심하여 동일 목표로 지향하려는 확고한 사명감과 생사를 초월하여 부여된 임무를 수행하려는 전투의지로 나타난다. 사기가 저하된 부대는 전쟁에서 승리할 수 없으므로 지휘관은 왕성한 사기를 유지할 수 있도록 노력하여야 하며 적의 사기를 저하시키는 방법도 연구하여야 한다.

12. 간명의 원칙 (Simplicity)

간명이란 군사작전의 계획이나 명령을 간단 명료하게 수립하고 시행하는 것이다. 전장은 불확실성이 지배하고 예기치 않은 우연의 사건들이 도처에서 발생하는 곳이다. 긴급 상황이나 예상치 못한 상황이 발생하기 전에는 통할 수 있을 것 같이 보이는 복잡하고 교묘한 작전계획은 실제 전장에서는 틀어지는 경우가 허다하며 이로 인해 부대 행동에 더욱 혼란된 상황을 야기시킨다. 많은 가정에 근거한 작전계획과 명령은 하나하나의 가정이 틀어질 때마다 부대의 행동에 혼란을 야기하는 요소가 된다. 그러므로 작전계획과 명령은 목적과 목표가 간단하고 뚜렷하게 제시되어야 하며 가정에 입각해 복잡한 달성 과정들을 제시하면 안 된다. 명령은 부대의 임무 중심으로 간단명료하게 기술될 필요가 있다. 그러나 지휘관이 자신의 의도를 구현하는데 핵심적인 사항이나 특정 작전 수행방식에 대해서는 명령에서 명시(明示)할 필요가 있다.

우리군의 전쟁원칙 이외에 저명한 군사이론가들의 전쟁 원칙을 소개하면 다음과 같다.

손자는 목표 · 공격 · 집중 · 기동 · 기습 및 협동의 원칙을 강조하였고 나폴레옹은 목표 · 공격 · 집중 · 기동 · 기습 및 경계의 원칙을, 클라우제비츠는 목표 · 공격 · 집중 · 병력절약 및 기동을, 풀러는 방향 · 공격 · 기습 · 집중 · 분산 · 경계 · 기동 · 인내 및 결단의 원칙을 각기 주장하였다.

또 영국의 전쟁원칙은 목표의 선정유지 · 공격 · 행정 · 협조 · 부대집결 · 역량의 절약 · 융통성 · 기습 · 경계 및 사기의 유지이며, 소련의 경우는 전진과 결합 · 공격 · 협동 · 집결 · 역량의 절약 · 기동과 기선 · 기습 · 기만 · 적절한 예비대 · 사기 · 섬멸 등이다.

즉 전쟁원칙은 국가에 따라 그 수와 내용에 차이가 있으며 각국의 군사학교에서는 전쟁원칙을 가르칠 때 통상 몇 가지 점에 대하여 주의를 환기시키고 있다. 그리고 이러한 원칙들은 절대적인 것이 아니며 주도면밀한 사전검토에 의해 타당한 이유가 있을 때에는 원칙을 위반하여도 무방한 것이다.

그리고 이러한 원칙들은 상호연관성을 갖고 있다. 또한 이들 원칙들이 각종 환경에서 똑같은 강도와 중요성을 갖는 것은 아니다. 특별한 경우 각 원칙들은 서로 보완관계를 갖기도 하며 또 서로 상충되기도 한다. 또 어떤 경우에는 서로 조합을 이루어 적용되기도 한다.

조합은 지형의 특징, 상대적 전투력, 기후 및 기상, 임무와 같은 작전에 영향을 주는 요소에 따라 상이하다.

따라서 지휘관으로서의 기량은 이들 원칙들을 적절히 적용하는 그의 능력에 달려 있다.

이들 원칙들을 훌륭히 적용했거나 위배한 각종 전례를 우리는 이 책을 통하여 찾아볼 수 있으며, 본서의 해당 부분에서 이를 예시하고자 한다. 예시하는 각종 전례는 하나하나 그 전례의 독자적인 의미와 내용에 따라 신중히 검토되어야 할 것이다.

현대전의 복잡성과 다양성은 군사학도들로 하여금 전쟁원칙을 새로운 각도에서 검토하도록 요구하고 있다. 제2차 세계대전이래 이들 원칙의 정확한 의미와 적용에 관한 논쟁이 일어나고 있는데 이는 핵상황과 비정규전이라는 두 개의 양상에 의하여 유발된 것이다. 논쟁의 초점은 3가지로 집약할 수 있는데,

첫째로, 기존 전쟁원칙은 지나치게 배타적인 것이 아닌가?

둘째로, 지나치게 포괄적인 것이 아닌가?

셋째로, 현대의 핵상황과 비정규전에서는 이미 낡아빠진 것이 아닌가? 하는 것들이다.

기존 전쟁원칙의 옹호론자들은 이들 원칙이 옛날과 다름없이 현대전에서도 똑같이 그 적용가치를 갖고 있으며, 각 세대는 이 "근본적인 진리"를 각 세대의 본질에 맞추어 적절히 조절하여 적용해야 한다고 주장하고 있다.

반면 반대론자들은 전쟁원칙은 불변의 보편타당성을 지닌 과학적 진리가 아니므로 계속적인 재검토를 필요로 하며 완전히 꼭 같은 두 개의 작전환경은 존재하지 않으며, 이들 원칙은 과거의 각 장수(將帥)들에 의하여 채택된 상식적인 방법과 절차에 불과한 것이므로 전쟁 상황이 바뀌면 이들 원칙의 상대적 중요성도 바뀌며 신무기의 출현으로 말미암아 이들 원칙이 불변의 진리임을 증명할 근거가 사라져 버렸으므로 이들 원칙을 그대로 따르기만 하면 승리를 얻을 수 있는 안성맞춤의 공식이 아니라고 주장하고 있다.

즉 현대의 새로운 전쟁양상은 나폴레옹식 개념의 합성체인 이 원칙들을 용인하지 않을 것이고, 장래의 어떠한 핵전쟁에 있어서도 집중의 원칙은 극도로 제한을 받을 것이며, 그 대신 병력과 장비의 소산(疏散)이 전장에서 중요한 고려요소가 될 것이라고 주장하고 있다. 반대론자들은 이들 원칙은 논리적인 사고, 폭넓은 전문적인 지식, 그리고 고도로 개발된 지휘통솔의 특질에 대한 대용품이 결코 될 수 없다고 결론짓고 있다.

우리가 명심해야 할 것은 이들 논쟁의 결과가 무엇이던 간에 전쟁은 근본적으로 하나의 술(術)로 남아 있다는 사실이다. 비평론자들까지도 전쟁기술은 전쟁원칙의 해석과 적용 여하에 달려 있다고 강조하고 있다.

따라서 이들 원칙들은 과거의 전역을 검토함에 있어서 분석의 유용한 도구가 되며, 대국적인 검토방향을 제시해주며 점검표가 되고 있다. 그러나 이들 원칙들은 어디까지나 과거의 유산일 따름이므로 장교들의 사고와 행동 그리고 역사의 탐구에 대한 대용물이 될 수는 없다.

이들 원칙은 고정된 불변의 규약이라기보다는 오히려 보편화된 제언인 것이다.

이들은 일반적인 행동지침으로서 과거의 작전을 성공적으로 이끈 지침인 것이다.

핵전쟁과 비정규전은 틀림없이 과거의 소위 재래전에서와는 다른 수정된 원칙의 적용을 요구할 것이며 과거와 마찬가지로 승장(勝將)은 그가 직면하고 있는 상황의 특수성에 맞추어 이들 원칙을 수정 적용하거나 다른 적절한 원칙을 창조해내야 할 것이다. 전쟁의 안개(fog of war)를 헤치고 정확한 결심을 내리는 능력이야말로 지휘 통솔의 핵심인 것이다.

제 2 편

고대 · 중세 · 근세의 전쟁

[제 2 편 고대·중세·근세의 전쟁]

제1장 그리스의 전쟁

역사의 여명과 함께 비교적 조직적인 전투가 시작된 것으로 보이며 고대사는 실로 전쟁의 기록으로 점철되어 있는 듯하다. 고대의 전쟁은 적자생존의 원칙에 의한 쟁탈전에 불과하였고, 이에 대한 기록은 매우 불확실하기 때문에 비교적 믿을만한 기원전 6세기 이후의 그리스의 전쟁부터 취급하고자 한다.

제1절 마라톤(Marathon) 전투

그리스는 기원전 6세기 이래로 번영을 구가해왔으며 소아시아에 식민지를 갖고 있었다. 한편 동방에서는 페르시아가 통일제국을 형성하여 팽창정책을 추구하고 있었기에 이 양대 세력의 대결은 불가피해졌고 3차에 걸친 페르시아전쟁(B.C. 492-479)으로 구체화되기에 이르렀다.

제2차 페르시아군의 침입시 그리스군은 마라톤평원에서 페르시아 군을 격파하였는데 이는 전술이 수적 열세를 극복할 수 있다는 것을 보여준 전사상 최초의 예이다.

원래 페르시아군은 아테네의 서남부에 상륙한 후 아테네 내부의 정세를 이용하여 손쉽게 승리를 얻고자 하였다. 이를 위해 그리스군을 유인해내고자 동부의 마라톤에 상륙한 것이다. 밀티아데스(Miltiades)는 전통적으로 페르시아군의 정면이 강했기 때문에 양측면에서 승리를 얻고자 양익을 강화하였다. 페르시아군은 지형의 이점을 효과적으로 이용하여 기습적으로 돌진한 그리스군에 의해 포위되어 대패하고 말았다. 이 전투는 전술적 양익포위의 최초의 예이다. 큰 승리를 얻기 위해 때로는 더 큰 모험을 필요로 하며, 보통 이상의 용기가 이 모험을 가능케 하는 것임을 알 수 있다.

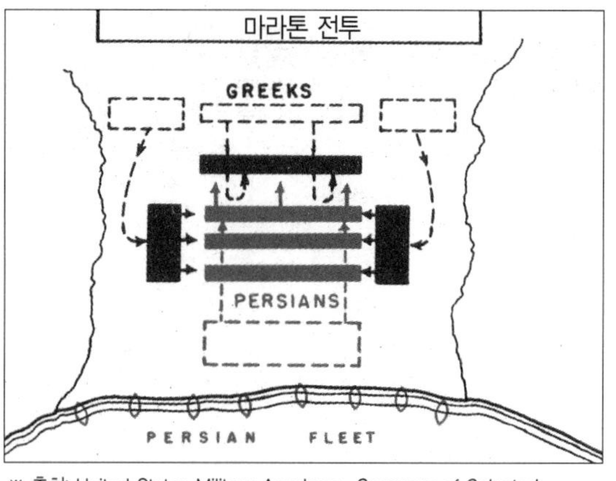

※ 출처: United States Military Academy, *Summary of Selected Military Campaigns* (West Point, New York : US Military Academy, 1953), p. 3.

마라톤 전투에서 그리스군이 승리할 수 있었던 것은 중갑병(Hoplites)과 방진(方陣, phalanx)에 있었다. 중갑병은 길이 3.6m의 창과 무거운 갑주(甲冑), 방패로 무장하였으며 방진은 종심 12열의 중갑병의 집단이었다. 당시의 전투양상으로 보아 중갑병은 개인의 전기(戰技)보다는 단체의 일원으로서의 정신력이 중요시되었으며, 방진은 충격력이 그 생명이었으므로 전열의 유지가 절대적으로 필요하였다.

제2절 루크트라(Leuctra) 전투

기원전 371년, 테베인들은 그리스제국의 주도권을 장악하기 위하여 스파르타에 도전하였다. 이때 테베의 에파미논다스(Epaminondas)는 여러 번 패하여 사기가 저하된 테베인 6,000

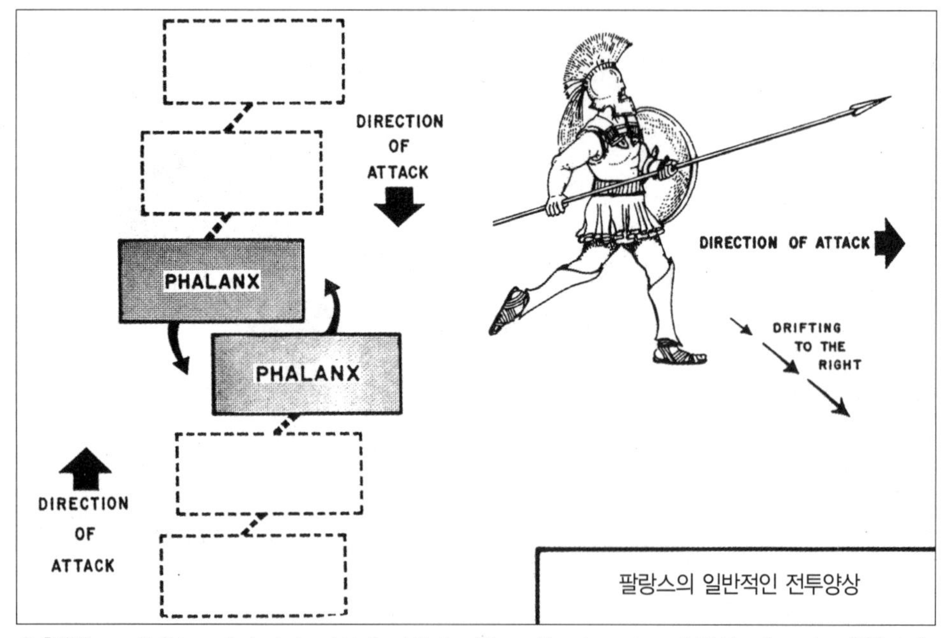

팔랑스의 일반적인 전투양상

※ 출처: Thomas E. Griess ed., *Ancient and Medieval Warfare* (Wayne, New Jersey:Avery Publishing Group Inc., 1984), p. 3.

명을 이끌고 최근의 승리로 사기충천하여 상승(常勝)을 확신하는 스파르타인 11,000명과 루크트라에서 대결하였다. 당시 그리스인의 일반적인 전투대형은 선양(線樣)의 방진이었고, 기습, 포위공격 및 전투중 대형의 변화 등은 생각지도 못했다. 그래서 스파르타군은 관례에 따라 선양의 방진으로 전개하여 정병(精兵)은 우익에 배치하고 소수의 기병과 경보병(輕步兵)으로써 양측면을 엄호하게 하여 전투대형을 정렬하였다. 그들은 수적으로 열세한 테베군이 그들과 비슷한 대형으로 그러나 그들보다 더 짧은 대형으로 정렬할 것이라고 예상했으며, 몇 겹으로 된 스파르타의 전열(戰列)에 의하여 쉽게 붕괴될 것이라고 기대하였다. 그러나 에파미논다스는 이와는 다른 생각을 가지고 있었다. 그가 적용한 기동방식이 즉석에서 생각해낸 것인지 아니면 미리 구상하고 있었던 것이었는지는 잘 알 수 없으나 그가 당대의 대전사가로서 아나바시스(Anabasis)와 시로패디아(Cyropaedia) 등의 책을 기술하여 기동, 집중, 병력절약 등의 제 원칙을 역설하던 크세노폰(Xenophon)의 영향을 받았던 것은 틀림없는 사실이다.

그는 좌익 병력을 4배로 증강하고 종심을 48명이나 되게 두텁게 하여 선두에서 직접 지휘하여 스파르타군의 우익에 대결하였다. 그리고 대열 중에서 약화된 중앙과 우익 전열은 좌익의 조금 후방에 위치하여, 스파르타군의 우익이 격파될 때까지는 본격적인 교전이 일어나지

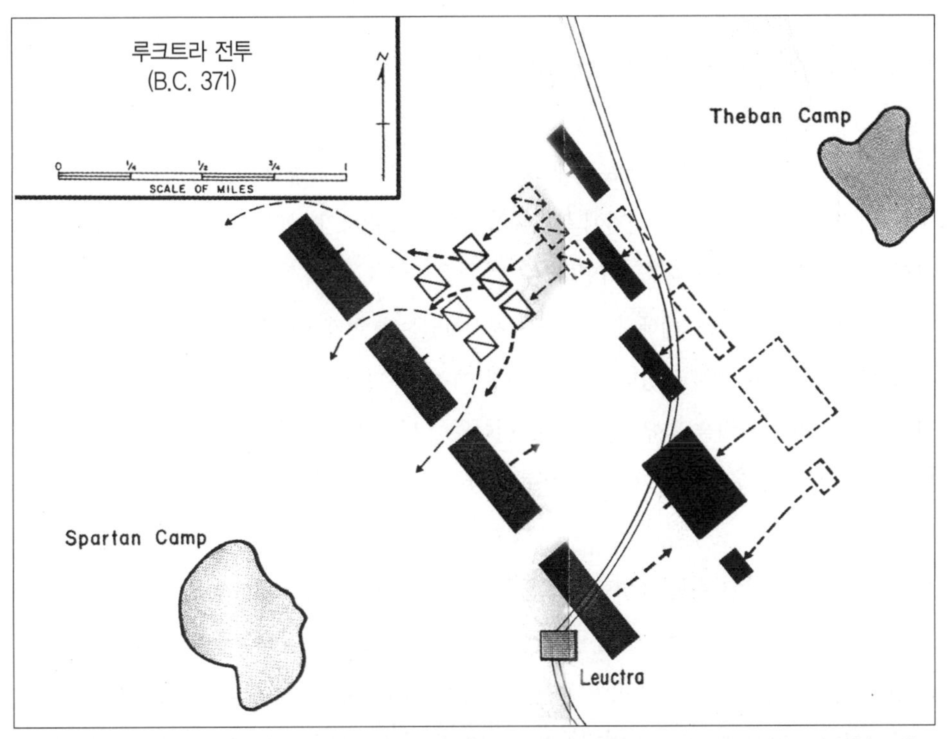

※ 출처: Thomas E. Griess ed., *Ancient and Medieval Warfare* (Wayne, New Jersey:Avery Publishing Group Inc., 1984), p. 18.

않도록 서서히 전진하라고 명령하였다. 이러한 전투대형이 소위 말하는 사선대형(斜線隊形, Oblique Order)이며 역사상 최초로 루크트라 전투에서 적용되었다. 에파미논다스는 그의 기병으로써 중앙과 우익의 엷은 전열을 엄호하고 집중된 좌익측면의 취약점은 소수의 정예대로 엄호하게 하였다.

그의 계획은 성공하였다. 중앙과 우익에 사선대형으로 얇게 배치되어 있던 에파미논다스의 테베군은 스파르타군이 우익을 강화하지 못하게 방해하는 역할을 했으며, 스파르타군의 우익은 테베군의 좌익으로부터 강력한 공격을 받아 붕괴되고 말았다. 에파미논다스는 그의 중앙과 우익군이 스파르타군과 정면으로 교전을 개시하는 순간, 테베군의 주력을 스파르타군의 잔여 병력 쪽으로 선회기동을 함으로써 완전히 승리를 얻었다.

테베군의 이 승리는 선제권을 장악한 에파미논다스의 능력에 기인하는 것이며, 또 전장에서 가장 중요한 지점에 방어군을 능가하는 공격력을 집중시킬 수 있었던 그의 역량에 기인하는 것이었다. 전반적인 수적 열세에도 불구하고 그가 이러한 성공을 거둘 수 있었다는 사실은 그의 창의력과 기략(機略)에서 온 결과였다. 주의 깊게 관찰한다면 이 루크트라 전투에서 전쟁의 원칙 전부가 전술적으로 훌륭하게 적용되었음을 알 수 있을 것이다.

제3절 알렉산드로스(Alexandros) 대왕

펠로폰네소스 전쟁과 그 여파로 인해 그리스 남부의 도시국가들이 정치적 혼란과 끊임없는 분쟁에 휘말려 있을 기원전 4세기에 북방에서 새로운 실력자가 나타나 그리스의 패권에 도전하였으니, 이것이 바로 마케도니아였다.

루크트라 전투의 결과, 테베가 그리스를 지배하였는데 이때 마케도니아의 젊은 왕자 필립은 그곳에 인질로서 잡혀 있었다. 테베의 명장 에파미논다스의 전술적 역량과 조직적 능력에 강한 영향을 받은 필립은 후에 그가 마케도니아왕이 되었을 때 당시 얻은 교훈을 많이 응용하였다. 그는 테베의 군제에다 자기가 고안한 새로운 것들을 도입하여 마케도니아 군대를 완전히 개편하였다.

이렇게 이룩한 것이 바로 유명한 마케도니아 방진(Macedonian Phalanx)이다. 이 방진은 그리스 방진의 종심 12횡렬을 16횡렬로 대치한 것이다. 병사들은 사리사(Sarissa)라고 하는 4.2m의 창으로 무장되어 있었고, 이들을 호프라이트(Hoplite: 중보병)라고 불렀으며, 그들은 그리스 군대에서와 마찬가지로 대형의 방패를 가졌다. 4,096명의 중보병(Hoplite) 일단과 약

3,000명의 경보병(Peltasts)과 1,024명의 기병이 합쳐 하나의 방진을 형성하였는데, 이것은 대체로 현대의 1개 사단과 비등한 것이다. 이 마케도니아 방진은 충격전술(Shock Tactics)을 위해서는 이상적인 편성이었다. 병사들은 고도로 훈련되었으며 대형은 자유자재로 변화할 수 있었다. 이 방진이 가지는 그 고유의 둔중성(鈍重性)에도 불구하고 놀라울 만큼 신축성과 기동성을 보유하고 있음이 입증되었다.

마케도니아 팔랑스

※ 출처: Thomas E. Griess ed., *Ancient and Medieval Warfare* (Wayne, New Jersey:Avery Publishing Group Inc., 1984), p. 24.

그리고 필립은 마케도니아 기병을 발전시키는데 많은 정력을 경주했으며, 그의 기병은 다른 그리스의 기병보다 월등히 우수하였다. 마케도니아의 중기병(重騎兵)은 마케도니아 귀족, 텟살리아인, 그리스인 등으로 구성되었으며, 이들은 방진 중에서 중무장(重武裝)한 호프라이트와 함께 정면을 담당하였다. 그리고 경무장(輕武裝)한 보병은 정면, 배후 및 측면에 배치되어 주력군을 엄호하고 적을 정찰, 습격하면서 정면을 담당한 중기병을 지원하였다.

이런 군대를 가지고 필립은 스파르타를 제외한 전 그리스 국가와 동맹을 맺고 소아시아를 점령하여 페르시아가 그리스에 가한 치욕을 복수하고자 페르시아와의 전쟁을 제의하였으며 그의 제의는 열광적인 찬성을 얻어 페르시아 침입을 계획하던 중 기원전 336년 암살됨으로써 동맹은 와해상태에 이르렀다. 이때 당시 20세였던 필립의 아들 알렉산드로스(Alexandros)가 선왕의 정복사업을 수행할 수 있는 능력을 과시하여 왕위를 계승하였다. 알렉산드로스는 그리스 내의 반란을 진압하고 도나우강 북방의 불온한 이민족을 토벌함으로써 자국의 안전을 확보한 후에 부왕의 웅대한 이상을 실현하는 사업에 착수하였다.

그는 곧 물려받은 군대를 개선 · 발전시키는 일에 착수하였으며, 이 사업은 전쟁기간에도 계속되었다. 특히 그는 기병과 포병의 화력을 증대시켰다. 알렉산드로스 이전까지만 하더라도 카타풀트(Catapult:곡사병기)와 발리스타(Ballista:평사병기)는 공성용(攻城用) 무기로서만 사용되고 있었으나, 알렉산드로스는 이것을 오늘날의 야포처럼 짐마차에 싣고 군대가 행군할 때 같이 이동할 수 있도록 개량했다. 그는 이 무기를 협로, 야전, 도하 그리고 돌발적인 위험사태 등에 언제나 사용하였다.

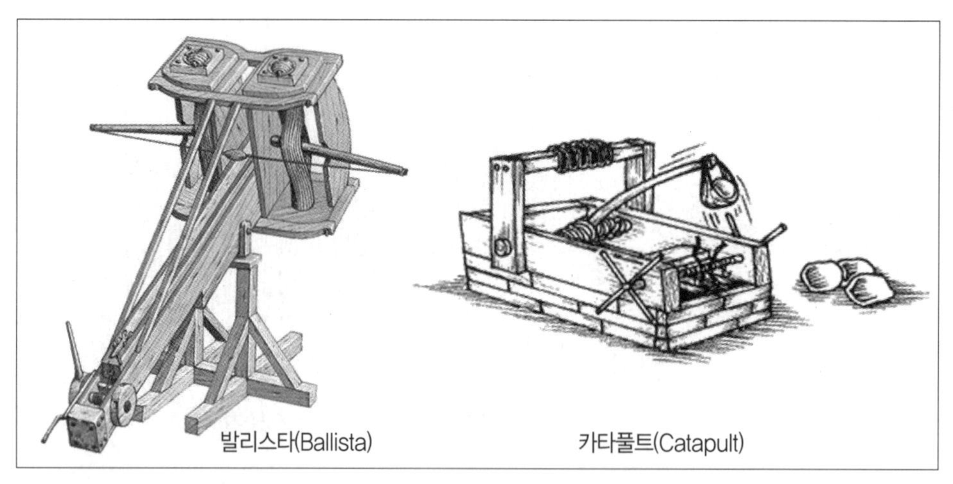
발리스타(Ballista) 카타풀트(Catapult)

기원전 334년, 알렉산드로스는 22세의 약관으로 페르시아 정복을 시작하였다. 그는 보병 30,000명과 기병 5,000명을 대동했으며, 그의 군대는 당시의 어떤 군대와도 비교되지 않으리만큼 우수하였다.

알렉산드로스는 헬레스폰트를 횡단하여 그라니쿠스강에서 적의 대군을 격파하고 소아시아를 침략하였으며, 기원전 333년에는 이수스(Issus)에서 압도적으로 다수인 페르시아군을 격파하여 훈련이 잘된 소수의 병력으로 기동성과 대담성을 살려 다수의 적을 격파할 수 있음을 보여주었다. 또한 기원전 331년에는 아르벨라(Arbela)에서 재차 페르시아군을 격파하였다. 이러한 제 전투에 앞서 그는 측면 및 배후로부터 예상되는 적의 위협을 제거하여 그의 병참선을 확보한 다음에 페르시아로 진군함으로써 군대의 안전을 기하였고 전투에 있어서는 에파미논다스의 사선진법을 더욱 발전시켜 기병을 타격부대(Striking arm), 보병을 저지부대(Holding arm)로 사용하였다.

다음엔 알렉산드로스의 대표적 전투의 하나인 히다스페스(Hydaspes) 전투를 중점적으로 살펴 어떻게 전쟁의 원칙이 잘 적용 되었는가 알아보자.

알렉산드로스는 중앙아시아에서 무수한 전투와 위험을 치른 후, 기원전 326년 봄 인도정복을 착수했는데, 이것은 아르벨라 전투가 있은 지 거의 5년 후였다. 그의 군대가 히다스페스강 북안(北岸)에 도달했을 때, 저쪽 대안(對岸)에는 인도 군왕 중의 한 사람인 포러스(Porus)의 군대가 그의 도하를 저지하고자 포진하고 있었다.

히다스페스강은 도하가 만만치 않게 강폭이 800m나 되며 강우로 범람하였으므로 도보로 도하할 수 있는 곳은 아무 데도 없었으며, 또 항전을 결심하고 있는 적 정면에서 대부대가 도하한다는 것은 전혀 불가능한 것으로 보였다. 이 문제에 대한 알렉산드로스의 해결안은 고전으로서 오늘날까지 남아있는 전례(戰例) 중의 하나이며, 하천선 공격을 위한 현대 교리의 기초가 된다.

첫째, 알렉산드로스는 그가 도하를 개시하기 전에 먼저 강물이 마를 때까지 기다릴 계획이라는 것을 포러스로 하여금 믿게 하기 위하여 신중히 그런 내용의 풍문을 퍼뜨렸다. 이 풍문을 뒷받침하기 위하여 그는 병사들을 진영 내에 수용시키고 인근지방으로부터 막대한 군수품과 보급물자를 수집하였다. 그러나 이러한 활동이 포러스의 경계를 이완시키지는 못하였다.

알렉산드로스는 일련의 양동(陽動)과 경계를 계획하여 포러스를 혼란시키기 시작하였다. 그는 보트를 대량 건조하여 그의 진지로부터 상 · 하류 각 지점에 배치하였다. 그는 병사들로 하여금 승 · 하선의 행동을 반복케 하는 한편, 도하 지점에서 야간에는 각종의 양동을 하게 하였다. 그는 모닥불을 피우고 그 주변에 군대를 집결시켜 마치 도하를 준비하는 것처럼 나팔을 불고 함성을 올리게 하는 등 도하를 위한 실제적 준비는 하지 않고 다만 도하에 대한 적의 주의를 없애려고 노력했다. 얼마 동안까지 포러스는 이러한 알렉산드로스군의 행동에 대하여 상당히 경계하였다. 그는 장병들에게 주야로 무장을 명하고 도하가 예상되는 모든 지점에 병력을 증가 배치시켰다. 그러나 얼마 가지 않아 계속적인 경계와 불면으로 인하여 그의 병사들은 피로해지기 시작했으며, 그의 경계심은 이완되어 갔다. 이것은 바로 알렉산드로스가 기대하였던 바였다.

알렉산드로스는 포러스로 하여금 장기간 계속되는 양동에 휩쓸리는 것은 잘못이라는 그릇된 판단을 하도록 유도해놓고 적의 방심을 이용하려고 하였다. 그의 정찰대는 이미 진영에서 약 25km 상류에 적합한 도하 지점을 선정해 두었다. 진영 부근에서는 양동을 계속하면서 알렉산드로스는 그의 주력을 선정해 둔 도하 지점으로 이동시켰다. 이 이동은 야음과 뇌성과 비가 합쳐서 모든 준비를 은폐해줄 폭풍우가 심한 밤에 실시되었다. 또 선정된 도로는 포러스의 척후병의 시각과 청각이 미치지 못할 만큼 강으로부터 떨어진 곳에 있었다. 도하를 위한 세심한 계획에 의하여 미리 보트와 뗏목이 많이 만들어져 있었으며, 이것은 도하군의 집결지점 부근에 은폐해 두었다. 도하에 있어서 약간의 곤란이 있기는 했으나 알렉산드로스는 이 지역에 급파된 소수의 적 정찰대를 격멸시킬 수 있었고, 곧 이어 알렉산드로스는 신속히 정예부대를 집결시켜 포러스의 주력군을 향하여 진격했다.

이때 포러스는 완전히 당황하였다. 그는 그의 일부 병력을 알렉산드로스 진영 정면으로부터의 도하를 경계하도록 남겨두고 거기서 벗어나 그의 방어계획을 위해 적합한 평원에서 병력을 전투대열로 정렬시켰다. 포러스는 알렉산드로스의 기병이 그의 코끼리군(象軍)을 대항할 수 없을 것이라 생각하고 그의 전열정면(戰列正面)에 100보 간격으로 코끼리군을 배치하여 전 보병을 엄호하게 하였다. 그리고 코끼리군의 양익에는 수개 대열의 보병이 측면을 형성하였다. 포러스는 그의 코끼리군을 대동하고 마케도니아 기병을 원거리에서 고정시킬 생각이었으며, 만약 전진해서 인도군 전열에 접근해 올 경우에는 코끼리의 발굽아래 짓밟아 버릴 계획이었다. 그리고 포러스의 기병은 양측면에 위치하였으며 정면에는 낫전차가 배치되었다. 포러스는 이러한 대형으로써 알렉산드로스의 공격을 기다리고 있었다.

알렉산드로스는 그의 중기병 선두에 나서서 적의 배치를 정찰하기 시작하였다. 그의 병력은 기병 5,000명, 보병 6,000명이었고, 포러스의 전열은 기병 4,000명, 보병 30,000명이었다. 기병을 제외하고는 인도군의 병력이 자기의 병력을 수적으로 압도하고 있음을 알고 알렉산드로스는 적의 무서운 코끼리군이 있음에도 불구하고 승리를 위해 그의 전 병력을 사용하기로 결심하였다. 적군의 전 정면에 코끼리군이 배치되어 있었으므로 공격은 측면에서만 가능하였다. 알렉산드로스의 정찰대는 포러스의 남 측면에 있는 구릉을 따라 일단의 병력이 은밀히 접근해 오는 것을 발견했고, 그가 가장 신뢰하는 한 사람인 중기병 대장 코에누스를 파견하여 인도군의 우익과 배후를 분쇄하라는 임무를 부여하였다. 알렉산드로스의 방진은 마케도니아 기병의 지원을 받으면서 또 인도 코끼리군과의 접촉을 회피하도록 애쓰면서 포러스군의 좌익 쪽으로 사선기동(斜線機動)으로 접근하였다. 이 기동은 아르벨라 전투에서와 비슷한 대형을 초래하였다. 그래서 그의 중앙과 좌익은 견제되어 그의 우익이 포러스군의 좌익에 돌입하여 치열한 교전을 계속하는 동안 포러스의 중앙과 우익을 저지시키고 위협하는 효과를 성취하였다.

한편 코에누스는 적에게 발견되지 않고 인도군의 우익배후를 강타하여 이 전투에서 더 이상의 능력을 발휘하지 못하도록 제거해버렸다. 그리고 코에누스는 인도군에 대한 우회를 계속하여 알렉산드로스와 대치하고 있는 인도 기병의 배후를 공격하였다. 이렇게 되자 인도군은 양면으로부터 공격을 받아 혼란에 빠졌고, 이젠 코끼리군을 엄호부대로 이용할 시기여서, 포러스는 코끼리군으로서 알렉산드로스의 기병을 습격하려고 방향을 바꾸었다. 이러한 기동은 진격하는 마케도니아 방진에 그들의 측면을 노출시키는 결과가 되어 코끼리들은 부상당하고 코끼리군에 속해있던 병사들은 자기들 코끼리에 살해당하는 결과를 초래했다. 이리하여 전 인도군은 혼란에 빠졌으며, 고통으로 미친 듯 날뛰는 코끼리들은 방향을 바꾸어 자군의 보병을 짓밟게 되었다. 알렉산드로스와 코에누스는 기병으로 용감하게 공격하였으므로 전 인도군은 산산이 분쇄되어 공포에 떠는 오합지졸로 변하여 버렸다. 불과 소수의 인도군만이 전투에서 생존했으며, 여기서 추격이 가해져 포러스는 포로가 되고 그의 군대는 격멸 당하였다.

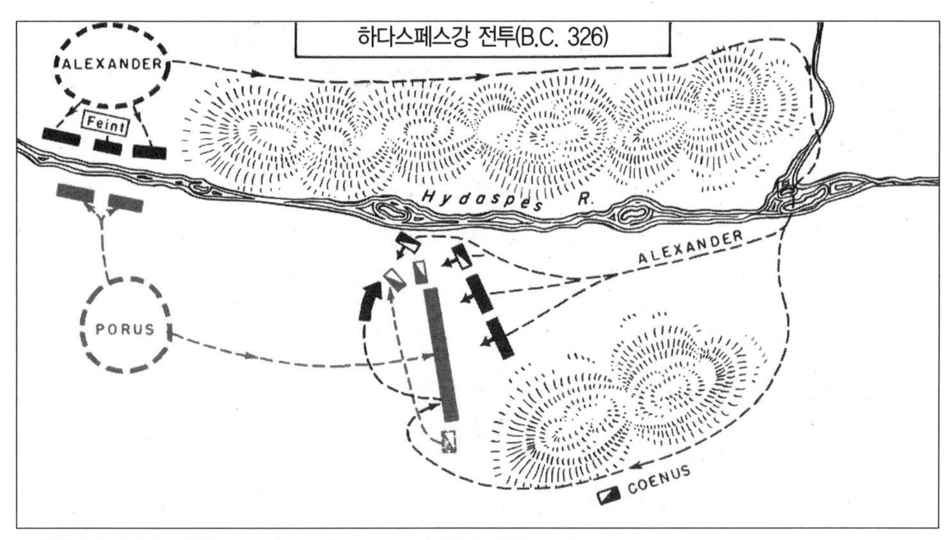

※ 출처: United States Military Academy, *Summaries of Selected Military Campaigns* (West Point, New York: US Military Academy, 1953), p. 5.

우리는 이와 같은 승리를 가져온 알렉산드로스의 안목이 긴 계획에 감명을 받지 않을 수 없다. 언뜻 보아 알렉산드로스의 진영에서 시행된 아무 목적도 없어 보이는 행동들의 부단한 계속은 적 지휘관으로 하여금 적절한 순간에 확고한 행동을 못하게 했고 그의 마음속에 혼란을 조성시키는 등 명확한 목적 하에 시행되었던 것이다.

도하 직후에 실행한 행동에서 우리는 공격의 원칙과 전투력 집중의 원칙이 적절하게 조화를 이룸으로써 전승하였음을 알 수 있다. 알렉산드로스의 선제권은 너무나 훌륭하여 포러스군은 방어전 이외에는 아무런 행동도 취할 수 없었던 것이다. 사실 알렉산드로스는 포러스에게 선택의 기회를 허용치 않았다. 일단 도하가 끝난 알렉산드로스는 잠시도 지체하지 않고 전진했으며, 그의 이러한 전진은 결코 우연의 결과로 이룩된 것이 아니었다. 그것은 심중에 명확한 계획을 가지고 한 것이었다. 또 마지막 순간에 코에누스의 기병이 비밀리에 신속한 돌진을 실행한 것은 전투력의 집중과 기습이 결합하여 적을 파멸케 하는 효과를 가져왔다.

알렉산드로스가 다른 명장들과의 비교에서 두드러지게 선천적인 전쟁의 천재였다는 것은 그의 업적을 살펴보면 짐작할 수 있다. 그가 본국을 출발할 때는 많은 부채를 짊어지고 있었지만, 수년 후 그는 당시에 알려졌던 세계 각국 재부(財富)의 대부분을 소유하였다. 그는 용기, 인내, 총명 및 기술로써 11년간에 걸친 전쟁에서 34,400km를 진군함으로써 세계정복을 완성하였으며, 이러한 모든 일은 그가 32세 이전에 성취하였던 것이다.

제2장 로마의 전쟁

명장은 대사건과 함께 나타나며 대사건은 명장이 그의 존재를 뚜렷이 나타내 주는 재능을 발휘하게 한다. 알렉산드로스의 위대성은 동지중해의 제패를 에워싸고 그리스와 페르시아 간에 벌어진 장기간의 싸움에서 발휘되었으며 한니발(Hannibal)의 위대성은 서지중해의 지배권을 에워싸고 로마와 카르타고 간에 벌어진 싸움에서 발휘되었다.

기원전 3세기 초엽에 각기 상반하는 문명과 문화이론을 가지는 이 양대 도시국가는 서로 일치하지 않는 이해관계에서 우리에게 포에니전쟁으로 알려져 있는 3차의 전쟁을 하게 되었다. 이 전쟁은 150년 이상이나 계속되었으며 그 결과는 카르타고와 그 문명 및 문화의 완전 소멸을 초래하였다. 제2차 포에니전쟁은 한니발에 의해서 시작되었다. 이 전쟁에서 우리는 한니발이 구비한 위대한 지도자로서의 재능을 통해서 전쟁사상에 귀중한 일면을 남기게 되었음을 발견할 수 있다. 왜냐하면 위대한 카르타고의 명장 한니발이 로마 공화국에 가르친 전쟁교훈은 로마의 지도자에게 전수되어 오늘날의 군사교리의 기초를 이루었기 때문이다.

제1절 로마의 군대

로마는 정규군을 갖고 있지 않았으며 방위는 훈련된 민병대(militia)에 의존하고 있었는데 원치 않는 전쟁의 체험이 로마로 하여금 전사(戰士)의 국가로 만들었다. 로마군의 일원이라는 것은 의무라기보다 하나의 특권으로 간주되었고, 로마인에게 부과할 수 있던 최악의 처벌은 무기를 휴대하는 권리의 박탈이었다. 자유민과 노예는 병사로서 복무할 수 없었고 시민만이 병역의 의무를 갖고 있었다. 군대는 재산을 기준으로 편성되었으며 보병에는 각기의 부에 따라 5개종이 있었다. 제1종 보병은 가장 정교하게 만든 갑옷을 입고 있었으나 제5종 보병은 아무 것도 입지 않았다. 각 시민병은 각자 자기 자신의 무기와 장비를 마련했고 기병은 가장 부유한 계급층에서 선발되었다.

로마병은 비록 민병대이기는 하나 항상 전쟁에 종사하고 있었기 때문에 언제나 다수의 고참병(古參兵)을 보유하고 있었다. 로마인은 청년 초기부터 직업적인 군사훈련을 받는데, 그들은 만 17세 되는 생일에 군에 입대해서 45세까지 복무가 계속되며 45세 이후에도 정규군으로 복무를 지원할 수 있었다. 또 로마인은 조국애와 전통에 대한 자랑으로 항상 전투에 임했다.

또 로마에는 그리스 시대의 방진에 자극 받아 창안된 로마 특유의 전술이 있었는데, 이것이 바로 로마 군단(Roman Legion)이며, 이는 그리스의 방진과 더불어 고대의 2대 전술이다.

로마 군단은 주력이 중보병으로서 하스타티(Hastati), 프린시페(Principes) 및 트리아리(Triarii)의 3종류로 구성되어 있으며, 하스타티(25세-30세)는 제1전열, 프린시페(30세-40세)는 제2전열, 트리아리(40세-45세)는 참전경험이 많은 병사들로서 제3전열을 형성하고 있었으며, 여기에 부가하여 17세-25세의 병사들로 구성된 경보병(Velites)이 최전열에서 정찰 임무를 담당하고 있었다.

이 군단(Legion)은 450명의 병력으로 구성된 10개의 코트(Cohort: 오늘날의 대대)로 되어 있으며, 이 코트(Cohort)는 120명의 매니플(Maniple:오늘날의 중대)을 전술 단위로 하고 있었다. 이 로마 군단에서 특기할만한 사실은 그리스 방진에서의 개인간의 거리 및 간격을 2배로 증가시켜 고도의 융통성을 가질 수 있도록 편성되었다는 점이다.

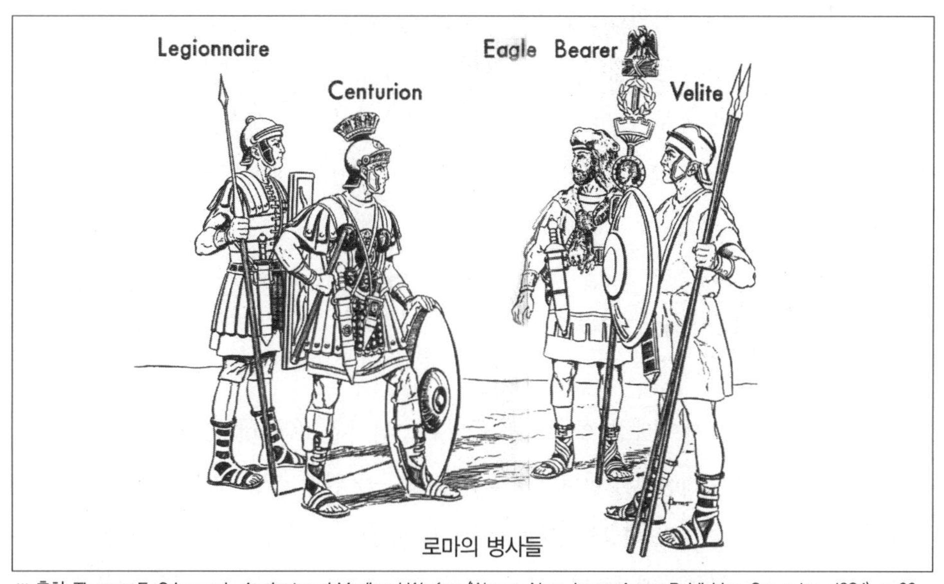

로마의 병사들

※ 출처: Thomas E. Griess ed., *Ancient and Medieval Warfare* (Wayne, New Jersey:Avery Publishing Group Inc., 1984), p. 66.

그리고 이 로마 군단의 특색 있는 무기는 로마검(Gladius)과 중창(重槍, Pilum)이었는데, 로마검은 양쪽에 날이 있는 길이 20inch의 검으로서 적의 팔이나 다리를 신속히 절단할 수 있었다. 이 검은 역사상 가장 많은 병사들을 죽인 무기로서 100만 명을 살해했다고 한다. 또 중창은 근거리에서 던지면 아무리 튼튼한 갑옷도 뚫고 들어갔다. 이러한 편성 및 장비 외에도 로마 군단은 기동력, 군사적 훈련, 군기 그리고 변함없는 정신적 단결력이 있었다.

이에 반해 카르타고는 본질적으로 상업도시였다. 부의 획득만이 시민들의 지배적 관심사였으며, 전쟁은 시민들의 관심을 끌지 못했다. 해외에 대관심을 가지고 있는 상업국가라는 데서 예상할 수 있는 바와 같이 카르타고 해군은 세계에서 가장 규모가 크며 강한 군대였다. 그러나 카르타고 해군은 외국용병과 노예로 구성되어 있어서, 전쟁이 필요하다는 것을 느꼈을 때 지휘는 카르타고 장군들이 하지만 대부분이 외국용병으로 군대를 편성했다. 이들 외국용병은 일반적으로 용감한 군이었다. 그러나 애국심이 결여되었으므로 그들은 가끔 집단적으로 반란 또는 탈주했다. 그들은 필요시에만 징집되었으며, 그들의 복무가 필요 없게 되는 날에는 제대(除隊)시켰다. 따라서 카르타고는 정규군을 갖고 있지 않았다.

카르타고 군내에는 고급 사령부나 최고 사령부의 호위병 혹은 신성대(神聖隊)를 제외하고는 카르타고 시민은 거의 없었다. 이런 제도로 말미암아 카르타고인은 타민족이 자기들을 위하여 싸우고 있는 동안에 부를 축적할 수 있었다. 그러나 용병으로 구성된 카르타고 군은 자기의 직속 지휘관에게만 충성을 다했고, 많은 급료를 받기 위해 노력했고, 일반적으로 군기가 문란했으며 군내의 민족적 차이는 통합을 어렵게 했다.

카르타고는 초기에는 그리스 방진과 비슷한 방진을 사용했으나 한니발에 오면서 로마 방진을 많이 채택했다. 그리고 무기 면에 있어서도 카르타고 군은 그 구성원이 각종 민족으로 되어 있었기에 여러 가지 잡다한 무기를 보유하고 있었는데, 한니발에 오면서 많은 개량이 이루어졌다.

제2절 칸나에(Cannae) 전투

트라시메네호 전투에서 패배한 후 로마는 퀸티우스 파비우스(Quintius Fabius)를 집정관으로 임명하였다. 그는 전장에서 한니발과 맞설 수 없음을 알고 현명하게도 한니발이 할 수 없는 방법, 즉 지연전술과 소규모의 전투를 택하기로 하였다. 그러나 이 방법은 로마군에게도 역시 적용하기 곤란하였다. 왜냐하면 그들은 항상 공격전술에 의해서만 전투를 해왔기 때문이었다. 오늘날 이 지연전술과 요란전술은 그 명칭이 로마 장군의 이름에서 유래하여 파비우스전술(Fabian tactics)이라고 불리어지고 있다. 기원전 216년, 아밀리우스 파울루스(Amilius Paulus)와 테렌티우스 바로(Terentius Varro) 두 사람이 파비우스를 계승하였는데, 바로는 교만하고 자만심이 많은 사람이어서 전투를 즐겨 하였으며, 반면에 아밀리우스는 신중하여 항상 바로를 억제하였다. 그런데 이 두 집정관은 하루씩 교대하여 지휘관을 장악하도록 되어 있었다.

한니발은 로마시민이 파비우스 전술에 불만을 품고 있다는 사실과 로마군의 2/3가 전투경험이 없는 병사들이라는 것을 알고 그들을 전투로 끌어들이기 위하여 온갖 방법으로 유인하였다. 한니발은 이 목적을 강행하기 위하여 칸나에(Cannae) 부근으로 야간행군을 실시하여 로마군의 보급창을 점령하고 남부 아폴리아 지방의 곡창지대를 점령하였다. 한니발의 이러한 기동은 로마군으로 하여금 뒤따르지 않을 수 없게 만들었으며, 양군은 아우피두스강 남쪽 제방에서 약 9.6km 간격을 두고 서로 대치하게 되었다. 한니발은 로마 군을 교전으로 유인하기 위하여 노력을 배가하였다. 이때 바로는 아밀리우스의 충고도 듣지 않고 자제할 생각도 없이 한니발이 선정한 전장으로 끌려 들어갔다.

한니발은 바로가 지휘관을 장악하는 날 아침 일찍이 대부분의 병력을 인솔하여 마치 강의 북안(北岸) 제방에 로마 군이 설치하여 둔 제2진지를 공격하는 것처럼 하여 아우피두스강을 건넜다. 전투를 갈망하고 있던 바로는 11,000명의 병력을 남쪽 제방에 남겨두고 개전이 되면 이들은 한니발의 진지를 공격하도록 지시한 후, 그는 나머지 병력을 이끌고 한니발의 뒤를 따랐다.

로마군의 기동을 알고 한니발은 그의 군대를 전투대형으로 정렬시켜, 수적으로 우세한 로

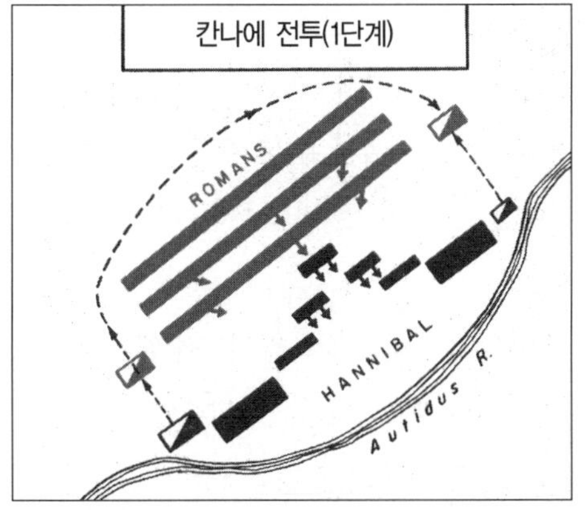

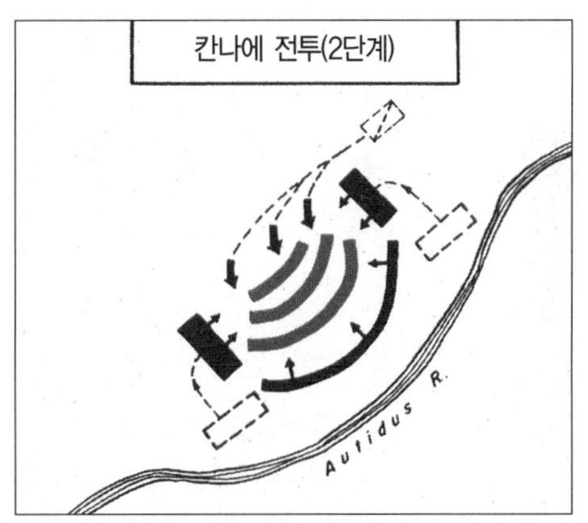

※ 출처: United States Military Academy, *Summaries of Selected Military Campaigns* (West Point, New York: US Military Academy, 1953), p. 7.

마 군으로부터 그의 측면이 포위되지 않도록 휘하부대를 아우피두스강 제방에 배치하였다. 그의 경보병은 정면을 엄호하게 했는데, 그 임무는 자군(自軍)의 대열을 엄호할 뿐만 아니라, 로마군의 공격을 혼란시키는 일이었다. 바로는 그의 군대를 카르타고 군과 정면으로 대치하도록 전열을 형성하여 공격해 들어갔다. 강의 북쪽에 있는 로마군은 보병이 65,000명, 기병이 7,000명이었고, 한니발의 병력은 보병이 32,000명, 기병이 10,000명이었다.

바로는 한니발군을 포위할 수 없음을 알고 오직 수적 우세로 생기는 중압에 의하여 적을 압도할 계획으로 그의 전 전열을 두텁게 배치하였다. 이렇게 하기 위하여 그는 보통 편성인 종심 10명, 정면 12명을, 종심 12명, 정면 10명의 대형으로 변화시켰다. 그러나 이것은 그의 과실이었다. 로마군은 새로운 대형에 익숙하지 않았으므로 이에 신속히 적응하지 못하였다. 바로가 그의 과잉병력을 전투후기에 영향을 주는 예비대로 사용했더라면 좋은 효과를 거두었을 것이다. 총 병력 15개 군단(1개 군단은 약 4,500명이었다)에 이르는 그의 병력은 통상적 방법대로 3개 전열을 형성하였다. 로마인으로 편성된 정예기병 2,400명은 우익에 배치하고, 연합군으로 편성된 기병 4,800명은 좌익에 배치하였다. 그리고 경보병은 전열 정면을 엄호케 하였다.

한니발은 적의 배치에 관해서 신중히 탐지한 다음 바로군 대형의 취약점을 최대한 이용할 수 있도록 병력을 배치하였다. 로마군의 기병 2,400명과 맞서는 그의 좌익에는 스페인인, 고올인으로 편성된 중기병 8,000명을 집중시키고, 가장 유능한 지휘관의 한 사람인 그의 동생 하스드루발(Hasdrubal)로 하여금 지휘케 하였다. 그리고 기병 중에서 2/3의 병력을 제일선에 배치시키고 1/3은 예비대로 남겨 두었다. 한니발의 계획은 이 병력(좌익의 중기병)으로서 로마군 우익의 기병을 빨리 분쇄한 다음 바로군의 퇴로를 차단하여 로마로 퇴각하지 못하게 저지하려는 것이었다. 바로군에게는 이 우익이 전략적 측면이었으며, 한니발의 입장에서 본다면 이 좌익이 결정적 승리가 약속될 지점이었다. 한니발은 로마군의 좌익기병(4,800명)과 대치하는 그의 우익에는 약 2,000명의 누미디아 기병으로써 당하게 하였다. 여기에 한니발의 도박이 있었다. 좌익의 기병이 로마군의 우익기병을 분쇄할 때까지 누미디아인들이 과연 로마군의 좌익기병을 저지할 수 있을 것인가하는 것이었다. 그러나 이러한 위험은 불가피하였다.

로마군의 집결을 알고 난 한니발은 이 로마 군 전열의 압도적인 병력을 자기에게 유리하도록 이용하려고 결심하였다. 밀티아데스가 빛나는 전술로써 페르시아군을 격파했던 마라톤 전투에 관하여 정통했던 한니발은 그의 중앙군을 약화시키고 양 측면을 강화하였다. 중앙 정면에는 능력이 적은 스페인인, 고올인으로 형성된 보병을 배치하는 한편, 양 측면에는 한니발의 보병 중에서 최강의 보병인 아프리카인을 배치하였다. 경보병이 전투를 시작하기 위하여 기동을 개시할 때 한니발은 대열의 중앙에다 지휘소를 정하였다. 자기 부하들에게 전술에 관하여 적절히 숙지시켜 놓았음에도 불구하고 그는 몸소 가장 지휘와 규범이 요구되는 곳에서 직접 지휘하는 길을 택하였다. 경보병끼리의 전초전이 개시되자 이것을 엄호 삼아 그의 약화된 중앙군이 돌출부를 형성할 때까지 전진하였다. 그러나 강화된 양익군(兩翼軍)은 움직이지 않고 원위치를 견지하였다.

좌익 전열에서 스페인인과 고올인의 중기병이 로마기병에 대하여 맹렬한 돌격을 가하였다. 얼마 동안의 고전 끝에 하스드루발의 기병은 적 기병을 완전히 분쇄하고 적의 측면과 배후를 우회한 다음 누미디아 기병을 포획하려고 열중하는 로마군 좌익기병의 배후에 대하여 불의의 습격을 가하였다. 보병의 교전이 오래 계속되기도 전에 하스드루발은 로마기병과 연합기병을 완전히 격파해버렸다. 하스드루발은 로마기병 중의 소수의 생존자에 대해서는 누미디아 기병으로 하여금 추격케 하고 앞으로 있을 전투에 투입하기 위하여 중기병을 재집결시켰다.

그러는 사이에 밀집된 로마군의 대전열이 전진해왔다. 바로는 또 한 가지의 과오를 범하였다. 그는 그의 전열을 불가침의 전열로 만들기 위하여 제2전열의 각 소대에 명하여 제1전열의 간격을 메우도록 하였다. 그렇게 대형을 변화시켰으므로 병사들의 숙달된 기동성은 박탈당하는 결과를 초래했을 뿐만 아니라 익숙하지 않은 신기한 대형으로 인하여 확고한 행동을 불가능하게 만들어 버렸다. 한니발의 돌출부는 전투계획에 의거하여 치열한 로마군의 공격정면에서 서서히 후퇴하였다. 그러나 이 후퇴는 무질서하거나 혼란한 것이 아니었고 지휘관의 통제하에서 질서 정연히 실시된 것이었다. 바로는 카르타고군의 전열이 후퇴하는 것을 보고 승리가 눈앞에 다가왔다고 생각하여 그의 제3전열뿐만 아니라 경보병까지 합한 전 병력을 이미 혼란을 이루고 있는 제1선에 투입하여 이를 증강하도록 명하였다. 카르타고 군의 중앙은 로마의 장군이 이를 분쇄해버리려는 의욕을 자극하기에 적당할 만큼 저항을 보이면서 후퇴를 계속하였다. 이때 바로는 어리석게도 과도한 집결로 인하여 이미 대형의 형태조차 유지할 수 없었고, 다만 다수에서 생기는 중압으로써 카르타고 군을 밀고 들어가고 있는 중앙에다 더 많은 병력을 증강하기 위하여 양익의 병력을 중앙으로 집결하라는 명령을 내린 것이다. 로마 군은 한 병사분의 공간에 세 병사가 들어차는 혼잡을 이루어 서로 다투었으며 시각이 경과함에 따라 대형의 혼란은 가중되어 대형이 가질 수 있는 기동성을 완전히 상실해버렸다.

그래도 로마 군은 여전히 마치 약속된 승리를 향해 전진하는 모양으로 카르타고 군의 돌출부가 후퇴하는 대로 전진을 계속하여 드디어 그 돌출부가 직선이 되고 직선이 요각으로 변할 때까지 로마군의 전진은 계속되었다. 한니발은 자기가 몸소 위대한 통솔력을 발휘함으로써 4 대 1이라는 병력의 열세에도 불구하고 중앙군의 대형을 확고하게 유지할 수 있었다.

이제 한니발은 선제권을 장악할 준비가 완료되었다. 강화된 카르타고군의 양익에 전진 신호가 내려졌다. 이 전진은 로마의 대군을 한니발이 준비해둔 자루 속으로 슬슬 몰아넣었다. 로마군은 너무 밀집해 있었으므로 무기를 제대로 사용할 수 없었으며, 승리의 함성을 올리면서 열광하던 로마군은 절망상태에 이르렀다. 결정적 순간은 닥쳐오고 말았다. 로마군은 이미 전투력을 발휘할 공간적 여유를 잃고 있었지만, 카르타고의 중앙군은 아직 행동의 여유를 가지고 있었다. 한니발은 중앙군의 후퇴를 정지시키는 한편, 양익군에게 로마군의 양익에 대하여 최후의 공격을 가하라고 신호를 내렸다. 이와 거의 때를 같이 하여 하스드루발은 그의 중기병으로써 로마군의 배후를 공격하였다. 로마군의 승리의 함성은 공포의 아우성으로 변했으며, 의기양양하던 사기는 당황으로 변하고 당황은 다시 절망으로 바뀌었다.

짐짝처럼 밀집된 로마군의 병사들은 통합된 모습은 찾아볼 수 없었으며, 공포에 쫓겨 각자 자기의 생존을 위하여 허덕이는 군중으로 변해버리고 말았다. 이러한 혼란상태는 지속되어 저녁 무렵에는 약 6만 구의 로마 병사 시체가 전장에 깔렸다.

다시 한번 창조적 사고능력은 수적 우세를 압도하고 승리를 차지하였다. 완전한 계획과 그에 따른 실천은 42,000명의 병력으로써 72,000명의 상대방을 완전히 섬멸하였다. 한니발은 적의 기동을 이용하여 자기의 기동을 착상하였으며, 이런 기동으로 적의 허점을 찔러 공격하였다. 그리고 집중된 기병은 위험한 순간에 보병과 함께 참전함으로써 지휘관으로 하여금 적의 전 세력을 극복할 수 있게끔 하였다. 중앙군에서의 병력 절용(節用)은 적을 압축하는데 불가결한 양익군의 병력을 확보하게 하였다. 그리고 최고사령관의 직접 지휘는 약화된 중앙군에게 정신력과 필요한 통제를 충족시켜 주었다.

로마군이 당한 참패는 군인과 정치인에게 중요한 교훈을 주었다. 한니발은 바로군을 섬멸함으로써 그의 목적의 일부는 성취하였지만, 승리하려는 적의 의지를 꺾지 못하여, 로마 시민의 애국심과 로마 정부의 결단은 전쟁의 수행으로 결속되었다. 한니발은 비록 카르타고의 원로원으로부터 버림을 받았으나 13년간 이상 이탈리아를 종횡으로 유린하였다. 그러나 로마의 힘은 증대되어 가기만 했다.

하스드루발은 기원전 207년 스페인으로 가는 통로를 개척하다가 스키피오 아프리카누스(Scipio Africanus)가 2년간에 걸쳐 카르타고의 세력을 제거하기 위하여 노력하고 있던 메타우루스에서 패하여 전사하였다. 로마가 무적의 힘을 가진 한니발을 무시하고 아프리카 침략을 준비하자, 난관에 빠진 카르타고 원로원은 기원전 203년 본국의 방어를 위하여 한니발을 소환하였다. 그러나 1년 후에 한니발은 자마에서 스키피오에게 패하였으며 카르타고는 영원히 멸망하고 말았다.

한니발은 전쟁이 일종의 예술이라는 것과, 또 전법의 제 원칙에 통달한 위대한 장군은 수적으로 우세한 군대라도 계속적으로 압도할 수 있다는 사실을 명백히 증명해주었다. 그는 실제적 지휘를 통해서 현명한 지휘통솔의 가치를 명백히 보여주었으며, 수적 중압에 대항해서 명석한 지휘통솔을 시범했다. 한니발은 그의 고무적인 지휘로써 자기 병사들의 잠재력을 최대한 발휘하게 했으며, 이리하여 다듬어진 그의 병사들의 사기는 누구도 정복할 수 없었고, 그 업적은 오늘날에 이르기까지 이를 능가하는 사람이 없다. 그리고 역사상 그 어느 장군도 그처럼 강대한 적과 대결했던 일은 거의 없었다. 만약 우리가 직접적인 작전분야에서 얻은 성과에만 치중하여 그것을 평가하고 로마에 대한 카르타고의 전쟁정책이 정치적 및 전략적으로 실패했다는 사실을 묵과한다면 한니발은 위대한 장군이라는 칭호를 받기에 충분한 자격이 있을 것이다.

제3절 율리우스 카이사르

기원전 2세기 로마의 영토는 지중해 전역에 걸쳐 팽창해 있었으며, 하나의 도시국가에서부터 시작하여 대제국으로 발전해갔다. 거기에는 장기간의 내란이 뒤따랐는데 일부는 속국의 반란을 진압하기 위한 전쟁이었으며, 나머지는 정권획득을 위한 당파간의 순수한 내란이었다. 이러한 혼란기에 명장 가이우스 율리우스 카이사르(Gaius Julius Caesar)가 나타났다. 처음에는 한 사람의 정치가에 불과했던 그는 여러 가지 환경의 뒷받침으로 위대한 장군이 되었으며 기원전 59년 집정관에 당선될 때까지 그는 정부의 요직에서 순조로운 승진을 거듭하였다. 그 다음해(B.C. 58) 그는 임기가 끝나자 식민지인 갈리아, 치살핀 · 고올 및 트란스알핀 · 고올의 총독으로 임명되었다. 당시의 총독은 행정권뿐만 아니라 군통수권도 장악하는 직위였으며 그의 임기는 5년간으로 규정되었고 4개 군단의 병력이 그에게 할당되었다.

카이사르 시대의 군대가 어떤 것이었던가를 이해하려면 그동안의 로마군대의 변모를 고찰해보는 것이 좋을 것이다. 로마군대는 로마가 도시국가에서 제국으로 발전해감에 따라 군사관리와 행정제도가 발전했으며, 장기간에 걸친 여러 차례의 전역(戰役)으로 인하여 최초에는 애국심으로 뭉쳤던 시민출신의 의용군으로부터 점차 전문적인 직업군인인 정규군의 형태로 변질해왔다. 외견상으로 로마군단은 포에니 전쟁 때에 비하여 별로 다른바 없었다. 그러나 각 병사가 철저한 훈련을 받음에 따라 경보병과 중보병 사이에는 이제 연령, 무기 그리고 장비 등의 구별이 거의 없게 되었으며, 이와 같은 편제상의 변화는 중보병의 중대(병력은 약 100명)를 상호 교체할 수 있도록 했으며 전술대형에 더 많은 신축성을 허용하였다. 또 군단은 상호 교체할 수 있는 10개 대형(병력은 약 300명)이며, 각 대형은 3개의 중대로 구성되어 있었다.

카이사르가 얼마 되지 않는 병력을 가지고 고올에서 심대한 적군을 격파하고 승리할 수 있었던 것은 주로 고도로 발달된 로마의 군사편제와 병사들의 우수한 훈련도에 기인한 것이다. 우수한 로마군은 그들 지휘관의 의사에 따라 조직적이며 기계와 같이 작전을 수행하였다. 로마군의 조직적 행동은 한 가지 예로써 그들의 요새진지 구축에서 볼 수 있다. 로마군은 단 하룻밤을 숙영하기 위하여 주둔할 경우에도 그 주둔지가 어떤 곳임에 관계없이, 그리고 적으로부터의 피습 가능성이 아무리 적을지라도 반드시 진지를 구축하였다. 이 작업을 위하여 막대한 노력이 소요되는 것이었지만, 이 축성작업은 놀랄 만큼 단시간에 완료되었다. 로마군의 병사 각자는 부단한 훈련과 연습을 통하여 각자의 임무에 익숙해 있었다.

숙영지의 주변에는 깊은 호를 파고, 파낸 흙으로는 거기에 말뚝을 박아서 벽을 만들었는데, 이 말뚝은 로마병사의 필수장비의 하나였다. 숙영지를 요새화한다는 구상은 카이사르에 있어서 결코 새로운 것이 아니었다. 그는 이미 제 전역에서 축성의 중요성을 인식하고 있었을 뿐만 아니라 이것을 효과적으로 사용하는 방법도 알고 있었다. 이와 같은 진영은 항상 그의 근거지가 되었으며, 또한 작전기지의 역할을 하기도 했고, 때로는 그의 피난지가 되기도 했다. 이러한 진지를 근거지로 하여 그는 적의 공격으로 인하여 발생하는 어떤 사태에 대해서도 민첩한 반격을 가할 수 있었다.

고올 전역은 로마 북방에 있는 고올족이 자주 로마 영토 내에 침입하여 로마인들을 괴롭히고 있었는데, 이에 카이사르는 자신이 고올을 정복함으로써 국민의 인기를 획득하고자 한 전역으로서, 그 당시의 카이사르는 군사적 식견에 능통하지 못하였기 때문에 고올에서 치른 카이사르의 전술 및 작전경과는 생략하기로 한다. 고올 전역을 개시할 무렵의 카이사르는 아직 명장은 아니었다. 그러나 전역이 계속됨에 따라 그는 군사적 지식과 단련을 더해 갔으며, 그는 자신의 과오 및 적의 패인을 분석 · 연구함으로써 마침내 전법에 능통한 장군으로서의 자질을 갖추게 되었다. 그러나 그는 처음부터 위인으로서 용기, 사기를 고무시키는 비범한 역량과 기동의 중요성에 대한 정당한 평가능력 등을 가지고 있었다. 그리고 또한 전략적 작전에 있어서 기동의 속도 및 시기, 건전한 전술, 적 기밀을 탐지하기 위한 정보대의 적절한 이용,

또 신중하면서 대담성을 갖추는 등 명장으로서의 충분한 역량을 과시하였다. 그리고 그의 군단의 병력들은 처음에는 전투경험이 없는 신병이 대부분이었지만 전역이 계속됨에 따라 전 세계를 정복하기에 명실상부한 고참병(古參兵)이 되었다. 또 전투가 계속되는 동안 카이사르와 장병과의 상호결합과 신뢰는 불가분의 관계로 두터워졌다.

8년간에 걸친 고올 전역을 치른 후 카이사르는 지중해의 영역에 국한되었던 로마 영토를 고올 전역(지금의 프랑스, 벨기에, 룩셈부르크, 네덜란드의 일부 및 라인강 서부 독일 지역)을 포함하는 대국으로 확대시켰다. 또 그는 영국정벌에 성공했으며, 라인강을 건너 독일 침공에도 성공했다. 그의 전역 중 가장 힘들었고 또 가장 성공적이었던 전투는 고올의 수령 베르칭게토릭스와의 전투였다.

고올 정복과 함께 날로 명성이 높아져 가는 카이사르의 세력에 대해 로마에서는 정치적 반발이 생겨 카이사르는 평민 자격으로의 소환을 명하게 되었다. 정권을 장악하기 위한 내전이 시작될 차례였다.

기원전 50년 12월 16일 밤 루비콘강을 건넌 카이사르는 2개월 만에 전 이탈리아를 장악하고 정적 폼페이우스를 축출하는데 성공하였다. 폼페이우스는 그리스로 피신하였지만 그의 근거지가 스페인이었기 때문에 카이사르는 먼저 스페인의 일레르다 지방에서 폼페이우스의 연합군을 격파한 후 그리스 공격을 계획하였다.

기원전 48년 12월, 카이사르는 12개 군단을 부룬디치움에 집결하여 아드리아해를 건너 마케도니아 상륙을 위해 준비를 서둘렀다. 이 계획은 대단히 많은 위험을 수반하는 것이었다. 그러나 카이사르는 적이 예상하지 못한 겨울에 바다를 건너는 기습적 방법으로써 약간의 손실이 있기는 했지만 무사히 아드리아해를 건너 지금의 알바니아 지역에 상륙하는데 성공하였다.

폼페이우스는 카이사르의 상륙을 알고 즉시 병력을 집결하였다. 폼페이우스군은 비록 질적으로 우수하지 못하였지만, 수적 우세를 유지하였다. 이 양군은 디르하치움 부근에서 접전하게 되었다. 그러나 폼페이우스는 시리아에서 정병(精兵) 2개 군단이 도착할 때까지 기다리면서 결전을 회피하였다. 이때 카이사르는 해안에 포진하고 있는 폼페이우스의 대군을 포위하려고 하였다. 그러기 위하여 카이사르는 그의 병력을 폼페이우스의 육지 쪽의 진지 주변에 선대형(線隊形)을 형성하도록 엷게 배치하는 과실을 범하였다. 폼페이우스는 그의 내선위치(內線位置)와 제해권을 이용하여 해안에 접한 카이사르군의 좌익진지에 대하여 대공격을 가한 후, 일부 병력을 카이사르군의 우익배후에 상륙시켰다. 카이사르는 대패를 당하고 해안에서 약 60km나 되는 후방 진지로 철수하지 않으면 안 되었다. 적의 공격을 받으면서도 카이사르는 정연한 대형을 유지했으며, 철수는 성공리에 완료하였다.

폼페이우스는 다르하치움의 승리에 도취되어 전쟁은 이미 끝난 것으로 생각하였다. 그러나 카이사르는 이러한 난국에 처해서도 승리에 대한 신념을 버리지 않았으며, 부하 장병들을 설득하여 패퇴심리(敗退心理)를 극복하였으며 새로운 공세를 취할 수 있도록 병사들의 사기를 회복시켰다. 그리고 카이사르는 폼페이우스군을 계략으로 격파할 생각으로 그리스 내륙으로 그의 병력을 진입시켰다. 그러자 폼페이우스는 카이사르군을 추적했고 양군은 드디어 파르살루스 부근에서 접전하게 되었다.

양군의 병력 수에 대해서는 여러 가지 설이 있으나, 카이사르의 총 병력은 약 30,000명, 폼페이우스의 병력은 카이사르의 약 2배로 추산된다. 또 기병의 수는 카이사르가 1,000명, 폼페이우스가 7,000명이었다. 폼페이우스는 병력의 절대적 우세에도 불구하고 카이사르의 공격이 개시될 때까지 기다리고 있었다. 그러나 카이사르는 각종 유인작전을 실시하여 폼페이우스군으로 하여금 견고한 진지를 버리고 양군 진지의 중간에 있는 평원에서 결전을 할 수 있도록 유인했다. 카이사르는 그들이 통상하는 방법대로 그의 군단을 3개의 전열로 형성했으며, 간격을 넓혀 밀집되어 있는 폼페이우스군의 정면을 덮을 수 있도록 하였다.

카이사르는 그의 좌익은 에피너스강의 험한 제방에 의지하도록 안전하게 배치하였으므로 위험은 폼페이우스의 기병과 대치하고 있는 그의 우익에 있을 것이라 예상하고, 이 위험에 대비하여 6개 대대를 우익배후에 급파시켜 우익의 경기병(輕騎兵)을 지원케 하는 한편, 그의 전열 중에서 제3열은 예비대로 남겨 두었다.

모든 배치가 완료되자, 전투개시를 알리는 나팔이 울리고 카이사르의 군단은 진격을 개시하였다. 그러나 폼페이우스군은 그의 명령에 따라 카이사르군의 공격을 기다리고 있었다. 일단 양군은 접전이 이루어졌고 승패는 분간하기 어려웠다. 전투가 개시되자 폼페이우스는 그의 궁사수와 투석수들로 하여금 기병을 지원케 하여 카이사르의 열세한 기병을 공격케 하였다. 카이사르의 기병은 완강히 저항했으나 폼페이우스군의 절대적 우세로 후퇴하지 않을 수 없었다. 이 결정적 순간에 카이사르는 정병 6개 대대를 보내어 이를 지원케 하자, 폼페이우스군은 이들의 결사적인 공격을 저지할 수 없었으며, 이들은 곧 폼페이우스의 기병을 격파하고 그의 궁사수와 투석수를 괴멸시킨 후 폼페이우스군 측면으로 공격방향을 돌렸다. 그리고 이와 때를 같이하여 카이사르는 그의 제3전열을 투입하고 포위된 적에 대하여 공격을 가하자 폼페이우스군의 저항력은 완전히 소멸되고 말았다.

폼페이우스와 그의 병사들이 패주하여 그들 진지 내로 도망쳐 들어갔으나 카이사르는 지체 없이 뒤따라 적의 진영을 급습하고 도주하려는 자를 추격하였다. 폼페이우스는 변장하여 겨우 기병 30명과 함께 해안으로 도주하여 이집트로 건너갔으나 거기서 암살되었다. 파르살루스 전투에서의 승리는 압도적인 것이었다. 이 유명한 전투에서 카이사르는 다만 230명의 전사자를 낸 경미한 손실로써 폼페이우스군의 15,000명을 사상케 하고, 포로 24,000명을 획득하였다. 우수한 지휘와 능숙한 전술은 막대한 병력 차를 극복하였다. 사실 이 전투로써 로마의 내전은 종식되고 카이사르의 독재권이 확립된 것이다.

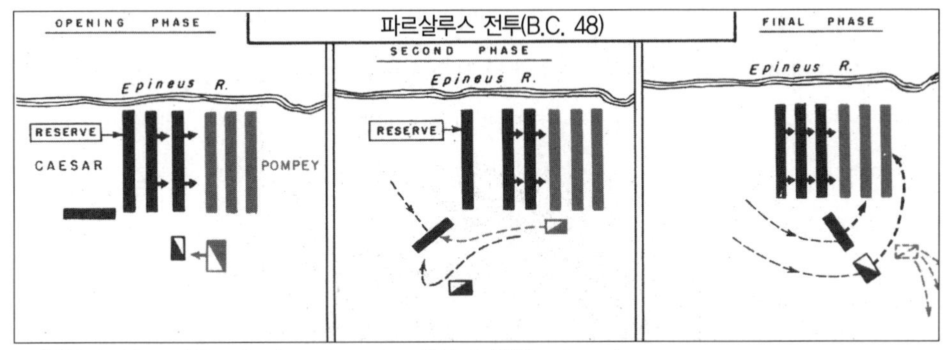

※ 출처: United States Military Academy, *Summaries of Selected Military Campaigns* (West Point, New York: US Military Academy, 1953), p. 8.

카이사르가 명장이었다는 이유 가운데 무엇보다도 첫째는 카이사르의 전후를 통틀어 오직 몇 사람의 명장들만이 그러했던 것과 같이 그는 전시에 있어서의 시간의 중요성을 잘 인식하고 있었다는 점이다. 그는 건전한 계획을 즉석에서 수립하는 능력을 가졌으며, 이 계획을 신속히 실시했고, 또한 결정적인 시간과 장소에 우세한 병력을 투입함으로써 항상 적을 강타하였다. 그의 승리는 단호한 결심과 기동의 신속성에 의하여 얻어졌는데, 적이 그의 공격을 인식하기 전에 그는 이미 적군 정면에 도달해 있었다는 사실은 그의 기동이 얼마나 신속하였던가를 입증해 주는 것이다. 이 놀라울만한 신축성이야말로 카이사르에게는 가장 훌륭한 무기였다. 그는 이 무기를 가지고 있었기 때문에 여러 번 우세한 적을 격파할 수 있었다.

전사상 카이사르가 차지하는 정확한 위치나 전쟁기술에 기여한 바를 결정하기란 힘든 일이며, 그가 전쟁에 혁신적인 변화를 일으키지 않았다는 것은 사실이다. 그는 낡은 병기를 계승받았으나 그것을 사용하는 새로운 방법을 항상 발전(恒常發展)시켰다. 또 어느 사람도 카이사르가 다음에 무엇을 할 것인가를 추측할 수 없었다. 그의 모든 전역의 가장 뚜렷한 특징은 그의 쉴 줄 모르는 추격 작전이었다. 그는 결코 앉아서 사건을 기다리고 있지 않았다. 그는 결코 적에게 기선을 제압할 기회를 허용치 않았다. 그는 끊임없이 기선을 제압하여 유지하려고 노력했다. 모든 전역에서 그는 수적으로 열세한 가운데에 전투했으나 결코 공세를 취하는데 주저하지 않았다.

카이사르와 비교할 정도의 지휘통솔력을 가진 인물을 전사 상에서 발견하기란 거의 불가능한 일일 것이다. 그는 휘하 군단 병사들로 하여금 도저히 상상이 미치지 못할 정도의 헌신을 고취하였다. 이와 같은 충성과 헌신은 주로 그가 부하를 성심으로 보살펴주었다는 사실에 기인하였다. 그는 부하가 요구하는 모든 것을 제공하여 주었으며, 그는 불필요한 위험에 부하를 내던지는 일이 없도록 세심한 주의를 기울였으며 또한 선행과 공훈에 대한 보상에는 모든 것을 아끼지 않았다. 그는 전쟁에 있어서 사기의 요소가 어떤 것인지를 잘 알고 있었으며 그의 부하가 어떤 심적 상태에 처해 있는가를 정확하게 판단하는 데는 초인적인 능력을 갖추고 있었다. 이렇게 함으로써 그는 일단 사태가 발생하면 필요에 따라 부하들에게 최선의 헌신적 노력을 요구할 수 있었던 것이다.

그리고 그는 전시 아닌 때에도 항상 병사들을 진영 내에 수용하여 작업 혹은 훈련을 시켜 전투력 연마에 주력하였다. 만약 부하의 사기가 침체되든지 승리의 신념을 상실했을 경우에는 엄격한 규율과 훈련과 설득을 현명히 혼합 조화하는 방법으로써 사기를 회복케 하였다. 전투 중 만약 부하 가운데 동요의 빛이 보일 때에는 그는 몸소 불굴의 의지와 인간적 용기와 지휘관의 자질을 솔선수범하여 결코 패배를 인정치 않았다.

제3장 중세의 전쟁

제1절 기병의 시대

우리는 카이사르 시대까지 로마군대의 성격이 어떻게 변화해왔는가를 고찰하였다. 카이사르 시대의 군대는 로마시민이었고 그들은 그들의 국가를 방위하는 군인이라는 직업에서 애국적 자부심을 느끼고 있는 시민들이었다. 그러나 카이사르의 사후(死後) 제정로마시대의 로마군단의 병사들은 제국의 영토변경에 사는 민족들 가운데서 대부분 징집되어 이제 군대내에서 애국심은 찾아볼 수 없게 되었다.

중세시대의 기사

로마 군단이 본격적으로 쇠퇴를 보이기 시작한 것은 로마군이 완전히 격멸 당한 아드리아노플 전투(제2의 칸나에 전투라고도 함)에서부터이다. 900여 년간에 걸쳐 보병은 그리스와 마케도니아의 중보병으로서 혹은 로마 군단의 전사로서 전장의 주역을 담당해왔었다. 그러나 아드리아노플 전투에서 부족기병(部族騎兵)이 로마 군단의 보병을 제압함으로써 보병의 시대는 지나고 새로운 1,000여 년 동안 기병시대의 막이 올랐다. 카이사르가 죽은 후 로마 군단의 쇠퇴와 함께 전법에 관한 이해도 마찬가지로 퇴조를 보이기 시작했다. 이는 그동안 전쟁이 없어서 그런 것이 아니라 그런 역량을 가진 군사적 천재가 없었기 때문이었다. 그래서 이 시대에는 일찍이 그리스, 마케도니아, 로마 및 카르타고에서 볼 수 있었던 것과 같은 전쟁에 있어서 독창적 천재가 나타난 적은 거의 없었다. 그래서 우리는 이 기간을 전법의 암흑시대라 일컬을 수 있다. 그러나 우리가 고대에서부터 역사적 관찰을 하는 과정에서 시대적 불연속성을 피하기 위하여 전법의 불모지이지만 시기적으로 장구한 중세에 관해서 몇 가지 사실을 언급할 필요가 있다. 중세의 군사적 제 사건은 문화적, 그리고 종교적인 측면에서 고찰하는 것이 가치 있을 것이다.

로마 군단의 전통 특히 훈련과 편제 등의 일부는 동로마제국에 의하여 수세기 동안 계승되어왔다. 서구세계에 국한해서 볼 때 전법에 관해서 연구한 책자로는 비잔틴(Byzantine)인인 플라비우스 베제티우스(Flavius Vegetius)의 저서 "De Re Militari"가 최초였다고 알려져 있다. 미약한 것이긴 했지만 만약 비잔틴의 군사력이 아니었다면 서양문명의 흔적과 기독교의 전통은 로마의 몰락 후에 일어나는 혼란기의 이슬람 세력에게 압도되고 말았을 것이다.

이슬람교는 역사상 종교적 · 사회적 및 문화적으로 강대한 세력을 가졌을 뿐만 아니라 수세기에 걸쳐 그들이 미친 군사적 영향도 또한 대단히 큰 것이었다. 이슬람교세력은 콘스탄티노플 방벽에서 격퇴되었으므로 점차 아프리카와 스페인으로 건너 서방 및 북방으로 뻗어 프랑크족이 사는 고올 지방으로 침투해 들어갔다. 마침내 이슬람교세력은 지금의 뽀아티에(Poitier)와 뚜르

(Tour)와의 중간에 있는 지역에서 732년 샤를르 마르텔에 의하여 저지되었다. 그러나 회교도가 유럽에서 축출되는 것은 다시 760년 이후의 일이었다.

마르텔은 뚜우르 부근에서의 승리로 인하여 왕국을 건설하였으며 이 왕국은 그의 손자인 샤를르마뉴(Charlemagne)에 이르러 소위 말하는 암흑시대의 등대를 켜게 되었다는 것이다. 그러나 유감스럽게도 우리는 샤를르마뉴(771~814)의 군사적 역량에 관해서는 자료를 거의 발견할 수 없다. 그러나 그의 업적으로 미루어 보아 그가 당시의 누구보다도 뛰어난 조직력 및 행정력을 가졌던 인물이었음은 틀림없는 일이다. 서로마제국의 재판이라고 할 수 있는 프랑크제국은 남북으로는 북해에서 지중해까지, 동서로는 대서양에서 카르파티아 산맥까지 팽창하였다. 샤를르마뉴 시대의 군대법규 및 편제는 그 이후 무능한 후계자들에 의하여 왜곡된 수정이 가해져 중세 기사시대의 특징인 봉건제도와 기사도가 나타나게 되었다.

이 봉건제도는 십자군 원정(1096~1270)과 더불어 중세의 특징 중의 하나이다. 중세에 봉건제도가 점차 발전하게 된 이유는 소지주(小地主)들을 제압할만한 강력한 중앙정부가 없었고 수적으로 열세한 정복자들이 피정복민을 예속하려는 데서 나온 결과이다. 그리고 십자군 원정은 당시의 유럽인들이 수세기 동안 예루살렘과 성지에 대한 종교적 순례를 하는 관습이 있었는데 셀주크 터키인의 세력이 이 지역에서 증대되어 감에 따라 성지순례가 어려워지자 증가되어 가는 모하메드인들의 세력에 반발하여 실시된 것이 전 8회에 걸친 십자군 원정이다.

십자군 시대는 기병이 전장을 지배하던 시기로서 모든 전투는 주로 중기병과 경기병의 싸움이었다. 십자군을 지휘했던 사람들 중에서 전사상(戰史上) 특기할만한 사람은, 비록 정치적으로 비극과 실패를 겪은 통치자이긴 했지만 참으로 전쟁의 원칙을 이해했던 영국의 리차드 1세였다. 제3차 십자군을 지휘했던 그는 1191년 아르소우프 전투에서 강력한 적 살라딘을 격파하였다. 그는 이 전투에서 훈련도가 높고 엄격히 통제된 병력을 결정적 지점에 투입해서 집중돌격작전을 실시하여 봉건군대를 격파함으로써 옛날의 마케도니아 중보병이나 오늘날의 전차처럼 돌파의 위력을 발휘하였다.

중세 봉건기사들의 결함은, 전승의 원칙을 추구하고 분석하는 연구심의 결핍으로 고대의 명장들이 그들의 군대가 최고의 능력을 발휘하게 했던 기동성의 중요성을 무시하고 부질없이 돌격과 중량의 크기에만 집착하였다. 그래서 중세기사들은 자기의 공격용 무기의 중량을 증가시켰을 뿐만 아니라, 이러한 무기의 공격으로부터 방호(防護)될 수 있도록 그들의 호신장구의 중량까지도 증대시켰다. 이리하여 기동성은 상실되고 전장에서 기동은 찾아 볼 수 없게 되었고 기동이 없는 곳에서 전략이나 전술이 있을 리 만무했다.

제2절 징기스칸(成吉思汗; Genghis Khan)

몽골민족은 징기스칸이 출현하기 이전에는 몽골고원의 초원지대에서 농경과 목축을 함께 영위하면서 통일되지 못한 채 흩어져 살았으나, 1206년 쿠릴타이(庫利爾台 Khuriltai) 대회에서 테무진을 징기스칸으로 추대한 해를 전후로 하여 고원지대에서 광대한 평원지대로 진출하여 이슬람 제국인 크와레즘(Khwarezm)제국을 정복하고 유럽을 공략한 후 1234년에는 금제국을, 1279년에는 남송을 멸망시켜 대제국으로 발돋움하였다.

이들은 유럽의 전쟁사에서 전법(戰法)의 암흑시대라고 일컫는 중세기에 중세판 전격전(電擊戰)을 구사하여 전 유럽을 진동시켰고, 그들의 가장 큰 강적이었던 아시아의 강대국들을 차례로 멸망시켰다. 이러한 군사적 성공의 원인은 바로 몽골민족의 문화와 군대에서 찾을 수 있다. 특히 몽골군은 개병제를 근간으로 한 기병을 위주로 편성되었으며, 조직과 훈련이 엄격한 군대였다.

몽골군의 가장 큰 특징은 전 국민이 군대에 동원되는 개병제를 채택한 점이다. 남자는 15세가 되면 군에 징집되어 70세까지 복역하여야 했다. 이는 몽골의 인구가 많지 않았기 때문에 신체가 건강한 남자는 모두 군에 복무하여야 했다. 여자와 아이들도 가장과 같이 이동하며 전사들의 작전을 돕는 병참지원의 임무를 수행하여 원정 중에도 자급자족이 가능하였다. 유목생활을 근본으로 하는 몽골인들에게 이러한 병력동원은 큰 무리 없이 운용되었고 징기스칸이 죽을 때의 몽골군의 규모는 12만 9천명에 이르렀다.[1]

몽골군은 기본적으로 십진법에 의해 편성하였는데, 이는 사회 조직을 바탕으로 한 것이다. 부락이나 씨족 등이 가구 수를 기준으로 하여 십진법으로 구성되었고, 군대도 촌락이나 씨족을 중심으로 조직되었다. 그 결과 부대의 단결력이 대단히 높았다. 이렇게 편성된 몽골군의 기본적인 전술단위는 오늘날의 사단급인 만 명으로 구성된 토우만(touman)이었다. 토우만 밑에는 천명 단위의 10개 연대가, 연대 밑에는 100명 단위의 10개 대대가 있었으며, 가장 적은 10명 단위의 기병 중대가 있었다.

몽골군의 편성에서 또 다른 중요한 특징은 전 전투원이 기병으로 구성되었다는 점이다. 유목과 수렵이 주인 몽골민족에게 기마술은 생활의 기본수단이었다. 따라서 아주 어려서부터

1) 몽골군이 최대로 운용되었을 때의 규모는 23만에 이른다는 주장도 있으나, 이는 이민족의 군대를 포함한 숫자인 듯하다. 김순규 편역, 「몽골군의 전술 · 전략」(서울: 국방군사연구소, 1997), 7쪽.

기마술을 터득하기 시작하였는데, 세 살이 되면서부터 말을 태워 나이 열다섯이 되면 완전한 사냥꾼으로서 한 몫을 차지한다. 「사냥꾼」이란 어휘는 바로 「병사」의 뜻과 상통하는 것으로 수렵으로써 생활을 영위하다가 수렵이 불가능할 때는 전투를 통한 재화약탈로서 생계를 유지하였으므로, 평상시의 사냥방법이 곧 전투방식이요, 사냥을 위한 훈련이 전투를 위한 훈련과 조금도 다를 게 없었다. 따라서 전군이 기병으로 편성되어 있고, 따로 병참 및 치중을 담당할 부대가 불필요하며 자급자족이 가능하였기 때문에 몽골군의 기동력은 당시의 상식으로는 상상할 수 없을 정도로 높은 상태였다.[2] 이는 전장의 주도권 장악뿐만 아니라 완전한 기습을 달성할 수 있었다.

평상시의 훈련과 더불어 몽골민족의 독특한 양마법(養馬法)은 기병전술의 효과를 더욱 증대시켰다. 몽골말이 강한 것은 확실하지만 결코 크기가 큰 것은 아니다. 말들의 크기란 어깨에서 지면까지의 길이가 평균 132cm로서(미국의 카우보이가 사용하는 말은 통상 158cm이다) 비교적 왜소하나 본성이 대단히 강한데다가 이것을 기르는 방법이 또한 독특하여 더욱 가치가 빛난다. 말들은 사초를 주지 않고 방목하여 내성을 길러 줌으로서 출전 중에 먹지 못할 상황에 대비시키고 이 결과로 수백 킬로를 달려도 땀 한 방울을 흘리지 않았다. 조교(調敎)는 생후 1,2년에 초원을 종횡으로 달리는 연습을 하고 그 후 사람이 타는 기마의 훈련을 실시하되 발로 찬다든가 물어뜯지 못하게 하며, 수백 수천의 무리가 모였을 때도 울지 못하도록 하니, 이는 기마전술상 적이 이쪽의 소재를 알아차리지 못하게 하는 대단히 중요한 훈련이다. 아울러 주둔지에서 휴식을 해도 고삐를 묶어 둘 필요가 없게 하여 그 장소에서 도망하지 않게 한다. 특히 이들 중 종마를 제외한 전부를 거세함으로 해서 성질이 온순해지고 지구력이 강해져서 말안장 위에서 10주야를 매복해도 끄떡없이 버티도록 하였다.

이와 같은 말을 출전 시에 1인당 2~5필을 소유하게 하여 필요시에 갈아타는 것은 물론, 돌격 시에는 반드시 새 말로 갈아타서 적이 타고 있는 피곤한 말과는 비교가 되지 않는 충격력(衝擊力)을 갖게 했다. 그렇다고 이들 수 마리의 말이 기동간 교체용으로만 사용하는 것이 아니라 비상시엔 그 피를 마셨고 그 젖으로 식사를 대용하였으며, 그들의 가죽으로는 수통으로 사용하다가 도하 시에는 도하장비(부대, 浮袋)로 썼고, 그 뼈로는 긴급 시에 무기로 사용했다.

몽골군은 기본적으로 기병인 동시에 궁병이었고, 이들의 무기와 장비는 기동력과 화력의

2) 몽골군의 일일 평균 기동속도는 11~12km이고 일일 최대 기동속도는 128~200km인 반면, 제2차 세계대전 시 독일군 일일 평균기동속도는 6~8km, 일일 최대 기동속도는 32km였다. 위의 책, 20쪽.

증대를 중심으로 발달되었다. 우선 마구로는 나무로 만든 안장을 가죽으로써 고정시키고 등도 나무를 깎아 원형의 꼴로 만들어 신발이 닿는 면적을 넓게 하여 마상에서의 신체운동에 편리하게 하고 활을 쏠 때 안정시키는 효과를 가져오게 했다. 말발굽으로는 초기에 가죽으로 대처하다가, 든든한 나무로, 그 뒤에 철제로 일반화하였다. 그렇다고 결코 장비를 무겁게 하지 않고 간편하고 가벼운 것을 사용하여 약 4.5kg으로 한정하여 기동력을 향상시켰다.

이들의 무기는 궁시(弓矢), 만도(彎刀), 부(斧)를 휴대하였고, 갑주로는 유엽갑(가죽옷에 철편을 보강한 것)과 나권갑(가죽을 6겹으로 만듬)을 사용했다. 궁은 합판단궁(合板短弓)을 사용했는데, 실험에 의하면 이것은 영국의 장궁(長弓)에 비교하여 40퍼센트 이상의 충격력을 가졌다. 만도(환인, 環刀)는 칼의 면이 얇고 비교적 짧아 한 손으로 사용이 가능하였다. 몽골군에게 궁시가 제1의 무기였으며, 환인(環刀)과 도끼 등은 돌격 시 주로 사용하였다. 그러나 금, 요, 서하 등을 정벌하면서 새로운 과학기술과 무기체계를 받아들였고 그곳의 기술자들을 이용하여 투석기나 카타풀트와 같은 공성무기를 비롯하여 화약무기 등을 활용할 수 있었다.

몽골군의 기본 전술단위인 토우만(touman)은 소수의 경기병 정찰대와 전방의 중기병(40%)과 후방의 경기병(60%)으로 전투대형을 편성하였다. 경기병 정찰대는 본대의 전후좌우 사방으로 진출하여 정찰, 경계, 호위 임무를 수행하였다. 경기병에 의한 경계 정찰은 몽골군의 우수성을 다시 한번 보여주는 좋은 예이다. 적과 접적(接敵) 가능성이 엿보이게 되면 우수한 경기병 소부대를 100km 전후의 사방으로 먼저 출발시켜 적의 소재를 확인하고 지형의 굴곡과 도로상태, 성채(城寨), 식량조달의 가부, 목지(牧地)의 유무를 정찰한다.

전투가 개시되면 후위의 경기병이 먼저 궁시를 이용하여 수차에 걸친 공격을 실시하는 윤번충봉전술(輪番衝鋒戰術)을 사용함으로써 적의 대형을 와해시킨다. 필요시에는 경기병이 후위로 빠진 뒤, 창과 검을 주무기로 하는 중기병이 필요시 돌격을 실시하여 적을 공격하였다. 그러나 적이 강력히 반항하면 슬며시 한 면의 포위를 풀어 패주하는 적을 공격하거나, 적으로 하여금 먼저 출격케 하여 대형진(袋形陣, 袋는 자루를 뜻한다)으로 유도하여 포위공격을 실시하는 납와전법(拉瓦戰法)을 사용한다.

만약 튼튼한 성곽을 지닌 도시를 공격할 때는 그 부근의 촌락을 파괴하여 성곽을 갖춘(자기 방호시설을 갖춘) 적으로 하여금 주민과 재산의 보호라는 의미를 상실케 함은 물론이요, 부근 촌민 중에서 장년 남자를 몽골군에 강제로 편입시켜 주목표인 성곽공격을 위해 대루(對壘)의 축조공사에 투입하거나 공성의 최선두에 서게 하였고, 몽골인들은 단지 독전대(督戰隊)로서의 구실만을 하다가 그들이 서로의 살상행위로 동요될 무렵 그 틈을 이용, 강력한 충격을 가하곤 하여 장거리의 원정에도 병세가 조금도 누그러짐이 없었다.

몽골군의 또 다른 강점은 효과적인 선전심리전술의 사용에 있었다. 그들이 초기의 전역(금의 멸망직전까지)에서 보인 잔혹하고 무자비한 파괴살상행위는 극에 달하여 적의 백성으로서 돌 한 개, 화살 한 촉 이라도 던지거나 쏜 자는 전부 죽였으니 이 좋은 예가 제1차 서정(西征) 시의 전례이다. 힌두크스산을 넘어 범연(范延)으로 진출했을 때 그의 손자인 Mutugan이 화살을 맞고 죽었다는 비보가 들어오자 성을 점령한 후 다른 점령지에서 행하였었던 재물약탈 행위를 일절 금지시키고 풀한 포기, 짐승 한 마리도 용서 없이 생물은 완전 소멸이 되어 이 성은 전투 종결 후 1세기가 넘도록 한 사람도 살 수 없는 황무지가 되었다.

이상과 같은 극심한 예는 어떻게 보면 예외적인 사실로 받아질 수도 있겠으나, 통상 그들은 필요한 기술자나 여자를 제외하고는 거의 전부를 죽였고 이 살상행위에서 도피한 자들에 의한 소문은 놀라운 속도로 퍼졌으며, 이러한 점을 이용하여 몽골군은 공략예정지에 사신을 보내어, "너가 만약 항복치 않으면 앞으로의 장래에 대한 것은 상제(하느님)만이 알 것이다"라는 위협적인 심리전을 구사하니 대부분의 적은 저항의지를 잃고 항복하게 되었다.

그러다가 항복한 민족이나 항복하지 않은 민족이나, 그 파괴행위가 별다른 차이가 없다는 것이 알려지자, 상대 적들은 죽기로 항거하였고 이런 사태를 감안하여 몽골군은 금의 멸망 후부터는 다방면으로 심리전술을 구사하였으니, 즉 항복하면 파괴행위를 않는다는 사실이 알려지자, 여러 대성(大城)들이 다투어 굴하였고, 그 외로 특정지역이 종교분쟁으로 다툼이 있을 경우에는 이 분쟁을 이용, 압박을 받고 있는 단체에 노역이나 세금을 감면하는 등의 수단을 사용, 공략하기 어려운 대성도 손쉽게 수중에 장악할 수 있었다.

13세기로 들어서면서 아시아는 화림(바이칼호 남쪽의 카라코룸)의 몽골과 그 남쪽으로 서하, 동남으로 금과 남송, 서남으로는 토번(현재의 티베트 지역)과 달리(현재의 운남지역) 왕국이 있었고, 서쪽으로는 이려를 중심으로 한 나이만(Naiman), 그 남으로는 서요, 그 좌측에 화자자모(크와레즘, 현재의 이란 북부 및 아프가니스탄 지역)와 페르시아가 있었다.

1190년경 몽골 부족의 왕으로 추대된 테무진은 주변의 여러 부족을 정벌하여 세력을 넓혀갔는데 그 중에서도 강력한 위협이 되었던 케레이트와 나이만을 정복함으로써 몽골지역의 패권을 장악하였다. 나이만 군과의 전투에서 테무진은 작전준비를 첫째 자기를 보존하고, 둘째로 적을 파괴하는 양개 목표를 중심으로 착수하였다. 자기를 보존하는 방안으로 먼저 부하의 정신무장을 강하게 하여 무형전력(無形戰力)을 증가시켰다. 다음으로 그는 군의 편제를 확장하여 극렬부의 돌궐족과 동호(東胡)의 굉길자 부족 등으로 정찰대를 편성하고, 중군(中軍)의

13세기 몽골제국의 영토 확장

※ 출처: 육군사관학교 전사학과, 『세계전쟁사』(서울: 봉명, 2002), p. 60.

돌격역량을 증대시킴과 동시에, 종래의 전군(前軍), 중군만의 편제에서 전군, 중군, 좌수군(左手軍), 우수군(右手軍), 후군(後軍)의 오군(五軍)을 편성하여 군을 정돈시켰다.

이어 적을 파괴하는 수법으로 우선 적의 이웃 부족을 자기 쪽으로 끌어들이기에 전력한 뒤, 간첩을 파견 적의 내부에서 전복공작과 요란, 선전을 통해 내부의 혼란을 조장, 적을 분열시켰다.

당시의 쌍방의 전략형세를 보면, 나이만의 지배자인 대양한의 병력이 월등히 우세하여, 그 좌측으로 멸아걸군(蔑兒乞軍)을 배치하고, 그 자신은 중군에 위치하여 멀리 서쪽의 항애산(杭愛山, 현재 몽골의 서쪽)에 포진하여 각 부대는 싸움에 편리한 고지에서 외선작전의 형태를 완비하였다. 따라서 테무진은 그 자신의 군대를 평야 쪽에 포진시켜 내선의 위치에서 적의 외선포위작전이 이루어지기 전에 각개 격파하면서 싸움을 이끌 수밖에 없었다. 5배가 넘는 적이 외선포위작전으로 나오면 이기리라는 확신은 얻을 수 없으니 이들을 평야 쪽으로의 공격작전으로 나오게 유도하기 위하여 2가지 방안을 썼다. 우선 몽골군을 넓게 산개시켜, 낮에는 그들의 마필을 여러 곳으로 방목하고, 밤에는 진영마다 많은 불을 피워 나이만이 믿고 있는 병력의 절대 우세를 의심하게 하여 적을 혼란에 빠뜨리고, 첩자를 보내 대양한의 가족을 비롯한 부장들에게 몽골군도 역시 대병력이란 점을 믿게 하여 수적인 포위작전은 무모하며 오직 전진하여 적을 공격하는 것이 최상의 방책으로 믿게 하여 「오즉위지(五則圍之)」요, 「배즉공지(倍則攻之)」라는 병법의 상식을 깨뜨렸다. 테무진은 나이만군이 공격해오면 전 주력을 대양한이 있는 중군으로 몰아 적의 진지를 강습 중앙 돌파하여 중군을 와해시키면 승산이 있다고 믿었다. 첩자와 선전심리전을 이용한 테무진의 계산은 그대로 적중하였다. 예상한대로 나이만군은 앞으로 전진했고, 때를 노리던 테무진은 과감히 중앙을 돌파하고, 각 고지의 적을 포위공격하니 몽골군의 병세를 정확히 파악치 못한 적은 몽골대군을 두려워하여 자기 고지의 방어에만 급급 서로를 돕지도 못하고 움직이지도 않고 각개격파 당하였다.

나이만이 격파되자 남쪽의 서요와 토번은 급히 항복을 해버리고 말았고 이제 몽골의 서쪽 위협은 사라졌으므로, 회군하면서 서남의 서하를 공격했다(1205). 서하는 이때까지 유목민족을 통합하던 그런 지역과는 달리 수성지역(훌륭한 성곽으로써 방호된 농경지역)으로 60일 동안에 겨우 2개의 성만을 공략시킬 수 있었고, 테무진은 공성(攻城)의 어려움을 처음 느끼면서 주변지역만을 약탈, 돌아오고 말았다. 서하의 공격은 이때부터 5차례에 걸친 23년간을 공격하게 되는데 몽골군이 공성전법을 터득함은 물론, 대제국 건설의 관건이라고 간주될 수 있는 곳이었다. 1206년 쿠릴타이회의에서 징기스칸으로 추대된 뒤, 이듬해인 1207년의 2차 정벌시에는 공성법에 몰두, 미리 성내에 첩자를 잠입시켜 심리전으로 몇몇의 성을 점령하기도 하였으나 그도 여의치 않아 회군해버렸다. 1209년의 3차 공격에는 큰 제방을 쌓으면서 하수를 끌어들여 공격해봤으나 바깥 뚝이 무너지는 바람에 많은 손해를 당했는데 다행히 서하 쪽에서 강화를 요청하는 바람에 급히 강화를 맺고, 이어 방향을 돌려 그 동쪽에 있는 금을 공격하였다. 인접한 두 나라를 공략하기 위해 서로가 원조를 못하게 하는 그의 전략은 훌륭했으나, 금이 차지한 지역은 고래로부터의 만리장성에 의해 보호된 중원지역이라 공격하기엔 더 더욱 어려웠고, 이제 징기스칸은 중원을 얻기 위해서는 반드시 서하를 공략하여 비교적 덜 방호된 측방으로 우회하여 쳐야만 한다는 사실을 뼈저리게 느낄 수 있었다.

1221년의 4차 공격에도 징기스칸의 군대는 비록 병세가 크고 전세가 강하나, 수성전술의 서하를 공략하는 것이 어렵게 되자, 서하를 포기하고 그 군세를 몰아 그대로 서정(西征)으로 전환하였다. 이것이 몽골군의 제1차 서정이었다. 이는 몽골인의 세 차례에 걸친 서정 중 1차의 정벌로, 그 목표는 화자자모(크와레즘, 카스피해 동쪽에 있었던 회교왕국)를 정벌하는 것이었다.

평소부터 몽골국의 위세에 반신반의하던 크와레즘의 왕이 상인들을 몽골첩자라고 몰아세워 처형해버리자 징기스칸은 1218년부터 원정군을 편성하기 시작하였다. 1218년, 징기스칸은 우선 자별로 하여금 서요를 장악하여 크와레즘과의 전쟁에 대비하고, 1219년 원정군을 이끌고 제1차 서정의 길에 올랐다. 당시 크와레즘은 중앙아시아 남쪽의 이란고원지대와 아프가니스탄 등지를 통치하고 있었으며, 수도인 사마르칸트를 중심으로 시르(Syr)강, 아무르(Amur)강, 아랑해, 카스피해 등의 지리적 조건을 바탕으로 농업이 발달한 국가였다.

징기스칸은 상인들을 이용하여 각지의 지리 및 크와레즘의 정세를 파악하였는데, 모후간의 갈등으로 조정이 불안하고 모하메드 국왕의 통치가 지지를 받지 못하고 왕권이 지방까지 미치지 못함을 알게 되었다. 이러한 내부적 갈등과 더불어 군대도 용병 중심의 군대였기에 국가나 왕에 대한 충성심이 부족한 상태였다.

징기스칸의 진출을 알게 된 모하메드왕은 30만의 병력을 시르강을 연한 방어선에 배치하였고, 예비대는 수도인 사마르칸트와 그 후방의 보카라를 중심으로 위치시켜 만약에 대비하였다. 이에 대하여 징기스칸은 약 10만의 원정군을 총 4개부대로 나누어, 3개 부대는 모하메드군을 정면공격하게 하고, 자신이 이끈 주력은 300마일이 넘는 사막을 우회 기동하여 적의 후방을 공격하고자 했다. 이는 절대적인 병력의 열세에서도 수도인 사마르칸트를 직접공략하지 않고 대우회기동을 통해 후방의 보카라를 점령함으로써 전방의 적 주력의 병참선을 차단함과

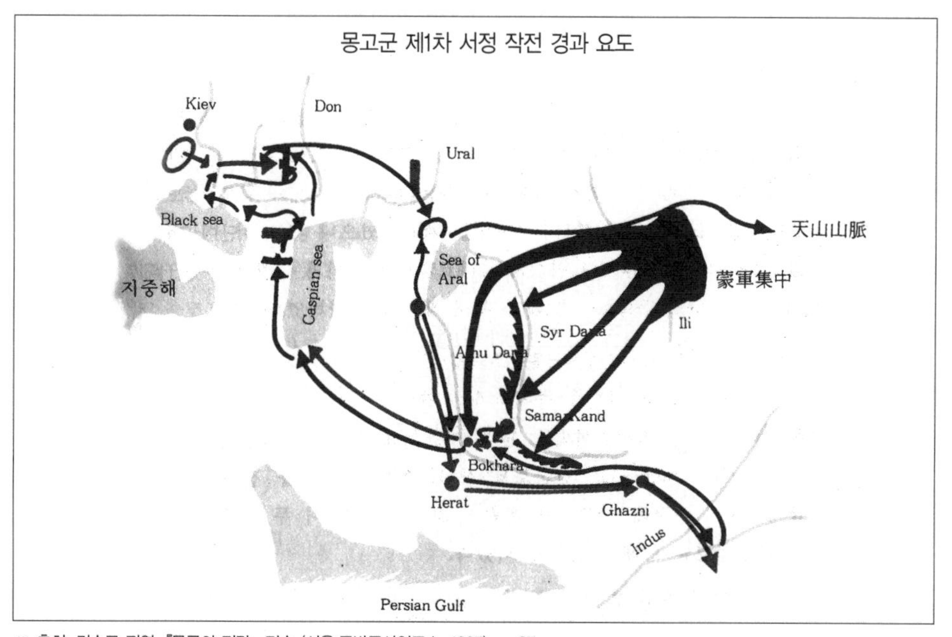

몽고군 제1차 서정 작전 경과 요도

※ 출처: 김순규 편역, 『몽골의 전략 · 전술』(서울:국방군사연구소, 1997), p. 87.

동시에 양면공격을 실시하려는 뛰어난 전략적 안목을 보여주는 것이었다.

정면공격을 하던 몽골군은 성곽을 하나하나 점령하면서 장정들은 다음 성곽 공격시에 방패막이로 이용하고 부녀자와 아이들은 본국으로 후송하여 노예로 삼았으며, 기술자들은 몽골군에 부역하도록 하였다. 3개 부대의 이러한 공격은 방어선 상의 모하메드군의 주의를 집중시켰고, 징기스칸의 우회기동을 전혀 알 수 없도록 하였다. 징기스칸은 아랄해 남쪽에서 시르강을 도하하여 보카라를 집중 공격하였다. 보카라가 공격당하자 모하메드는 배후의 위협을 인식하고 사마르칸트로 후퇴하기 시작하였고, 이러한 혼란을 틈타 몽골군은 적군을 각개격파하기 시작하였다. 패배에 직면한 모하메드는 소수의 부대를 이끌고 카스피해로 도주하였으나 수보타이의 3만 명에 이르는 추격군을 피할 수 없었고 그 곳에서 병사하였다. 한편, 모하메드의 잔여 부대들은 주변의 성곽으로 후퇴하여 방어를 실시하고자 했으나 병력이 분산된 상태에서 몽골군의 적수가 되지 못하였고, 크와레즘은 한 달 만에 멸망하고 말았다.

그는 이 지역에 일한국을 세우고 이어 회군하면서 5차의 서하 공격을 감행하였고 이 공격을 받은 서하는 23년간의 국토 피폐로 성을 제외한 전 지역에는 백성이 없게 되자 마침내는 방어의 존속이유를 상실하게 되어 멸망하고 말았다.

징기스칸은 25세의 나이로 민족을 일으키기 시작하여 몽골 각 부락을 통일하기에 전념, 이제 완전한 북부통일을 완수하여 아시아의 대초원지대가 하나로 되었으나 1227년 8월 18일 육반산에서 운명하고 말았다(73세). 그가 운명하면서 남긴 유명한 말은 금을 치기 위해서 「가도어송(假道於宋)」(송으로부터 길을 빌려 남으로 우회하여 금을 치라는 말로, 성곽이 없는 지역으로 우회하여 때린다는 의미다)을 달성해야 한다는 것이었다. 「하늘이 있고, 내가 갈 수 있는 곳은 모두 정벌한다」는 세기의 영웅인 징기스칸은 어느 누구도 이룩하지 못한 대제국의 기초를 완전히 닦아 놓고 서서히 눈을 감았다.

몽골의 금 침략은 상기와 같이 1210년대부터였다. 당시로는 아직 서하가 멸망되지 않았었던 관계로 징기스칸으로서도 대금작전(對金作戰)을 적극적으로 실시할 수가 없었다. 그는 장기적인 전략으로 우선 서하와 금을 서로 협조하지 못하게 하고 이어 서하를 공략하되 간헐적으로 금을 공격하여 혼란을 야기하고 국력을 약화시켰으며, 이어 서하를 멸한 뒤 장성의 간격과 남송으로부터 길을 빌리는 대우회작전으로 남에서 북으로 금을 압박하고자 했다. 이와 같은 단계적인 순서를 밟기 위해 징기스칸은 1212년 거용관(居庸關)을 돌파하여 금의 중도(북경)를 공격하는 척하면서 자별(者別)로 요동을 강타하게 했다. 요동은 금의 발상지라 만약 이곳을 얻게 되면 금의 민심과 사기는 급격히 떨어질 것이니 바로 이 점을 노려 공격케 했으나 요양의 성곽은 견고하여 도저히 함락할 수가 없었다. 그런데다가 적지에서 장기전을 편다는 것은 지극히 위험스런 일이라 별 수 없이 회군할 수밖에 없었다. 회군 도중 자별은 우연히도 금의 중도에서 보내는 사신을 생포하였다. 여기서 힌트를 얻은 그는 암암리에 대군을 다시 회군시켜 사신의 뒤를 바싹 따랐고, 한편 동경에서는 몽골군이 이미 퇴거한 후 조정의 사신이 오는지라 성문을 열고 이를 맞았다. 그러나 사신 뒤에는 생각지도 않았던 몽골군이 뒤를 바싹 따르다가 일거에 쇄도해 들어가니 마침내 동경은 함락되고 말았다.

예상했던 대로 이 사건은 대단히 큰 파문을 일으켰다. 우선 금의 상하가 크게 동요되었음은 물론, 요동에서 요의 유민(과거 금에 의해 멸망됐던 계주인)들이 금에 반기를 들었고, 남송은 적대관계에 있던 금이 몽골군에 의해 크게 흔들림을 알자 금을 멸망시키는데 협조를 아끼지 않았고, 무엇보다 중요한 일은 과거 요(遼)의 관료였던 야율초재(耶律楚材)를 얻을 수 있었다는 점이었으니, 초재는 몽골(재물 약탈밖에 모르고, 영토확장이 무엇인지, 어떻게 관리해야 되는 줄 모르던 민족)을 대제국(영토를 관장하고 주민을 다스리는 명실공히 한 국가)으로 다듬은 현신(賢臣)이었던 것이다.

1229년 징기스칸의 뒤를 이은 오고타이(窩濶台, Ogotai)는 징기스칸의 유지를 그대로 채택하여 남송으로부터 길을 빌림으로써 자기의 측방의 안전을 도모하면서 적의 측방을 강타할 수가 있었으니, 몽골군의 우회전략의 가장 대표적인 예가 된다(금 멸망 1234년).

금이 멸망하자 오고타이는 일개 군으로 남송을, 일개 군으로 고려를, 일개 군으로 제2차 서정의 길을 열었다. 이 서정은 총사령관 발도(拔度), 선봉장 속불태(速不台)로 하여 4개 군 10~15만 군으로 편성하였는데, 5년(1236~1240)이 소요된 러시아 침공과 2년(1240~ 1241)이 소요된 폴란드 침공의 양대 전역으로 구분된다.

1236년 봄에 출발한 몽골군은 같은 해 가을 전군이 볼가강 하류 동안에 도착했다. 그들의 판단으로, 적들은 Kuma강 지역과 Don강 상류지역에 포진했으나, 서로의 이해관계가 대립되어 원할한 협조를 못할 것이며, 시간은 충분하나 훈련과 적극성이 결여되어 수세적이고, 전투기술은 중검으로 무장되었다고 판단하였다. 따라서 몽골군은 삼각형의 우측 꼭지점에 위치한 형세로 포진되어 내선의 위치로서 포위를 당한 꼴이나, 적의 소극적 방어전술사상으로 인해 초원지대에서 장거리의 피로를 풀며 휴양하다가 작전시간을 자유로 선택할 수 있는 주도권을 장악하고 있다고 보았다. 몽골군의 작전계획은 양 측방을 공격하여 위험을 배제한 후 양개 부대가 합세하여 모스크바로 침공하기로 하였다. 1236년 겨울 속불태가 돈강 지역의 적을 공격했더니, 의외로 쉽게 이를 굴복시키게 되자, 1237년 작전을 변경, 일부는 코카사스 방면의 적을 견제하면서 중앙 주력이 전원 러시아의 중앙으로 돌진하더니, 몽골 기병의 우세한 기동력은 불필요한 정도로 많은 중무장을 한 중세기사들로서는 도저히 상상할 수 없는 속도인데다가, 이들의 포위우회작전에는 도저히 필적할만한 전법이나 유능한 지휘관이 없어 거의 속수무책이었다. 이어 1241년 3월 1일 폴란드로 침입한 몽골군은 닥치는 대로 적을 격멸하며 이미 4월말에 동유럽 전부를 석권하고, 공세를 재개하려는 시기에 1242년 4월 태종의 서거 소식으로 킵차크한국(欽察汗國)을 세우고 귀환했다.

1251년 몽가(蒙哥)가 제위에 올라 그는 징기스칸 유훈을 만들어 송 정벌과 페르시아 정벌의 2대 군사작전을 발기하였다. 이제 다시 또 전 유럽은 공포에 떨었고, 원정 몽골군은 바그다드를 점령한 후 이집트 침공준비를 계획하고 있을 때 또 다시 헌종(몽가)이 붕어하자 전쟁은 끝나고 말았다.

제4장 근세 초기의 전쟁

13세기의 후반부터 중세의 특징적인 양상에 변화가 일기 시작하였다. 정치적으로는 십자군 원정 이후 교회의 권위가 쇠퇴하기 시작하였고 봉건영주의 세력이 후퇴하고 세속군주의 입장이 강화되면서 중앙집권적인 영방국가가 출현하기 시작하였다. 또한 사회 · 경제적으로는 상공업의 발달 및 화폐경제의 발달로 중세의 장원경제가 붕괴되기에 이르렀다.

원래 방어적 성격을 띤 중세적 군사체제는 전쟁에 관한 모든 것이 사회의 일정계층에 의해 독점됨으로 인해 고유한 약점을 내포하고 있었고, 또 중세의 보수성이 군사면의 발전을 저해시켜왔던 것인데 중세의 양대 지주였던 봉건제도와 교회가 몰락하게 됨에 따라 새로운 변화가 불가피하게 된 것이었다.

제1절 백년전쟁

중세적인 전쟁양상은 영 · 불간의 백년전쟁(1337-1453)을 통해서 확실히 변화하게 되었고 크레시(Crecy) 전투(1346. 8. 26)는 중요한 계기가 된 일전이었다.

일련의 결혼정책으로 프랑스에 많은 봉토를 소유하게 된 영국의 에드워드는 전 프랑스의 소유권을 주장하여 프랑스에 침입하였다. 당시 영국군의 주 무기는 장궁(長弓)이었는데, 궁수는 소년시절부터 6피트의 활로 훈련을 쌓아왔고 장궁이 정확성과 파괴력은 위력적이었기 때문에 전투에서 큰 효과를 나타내었다.

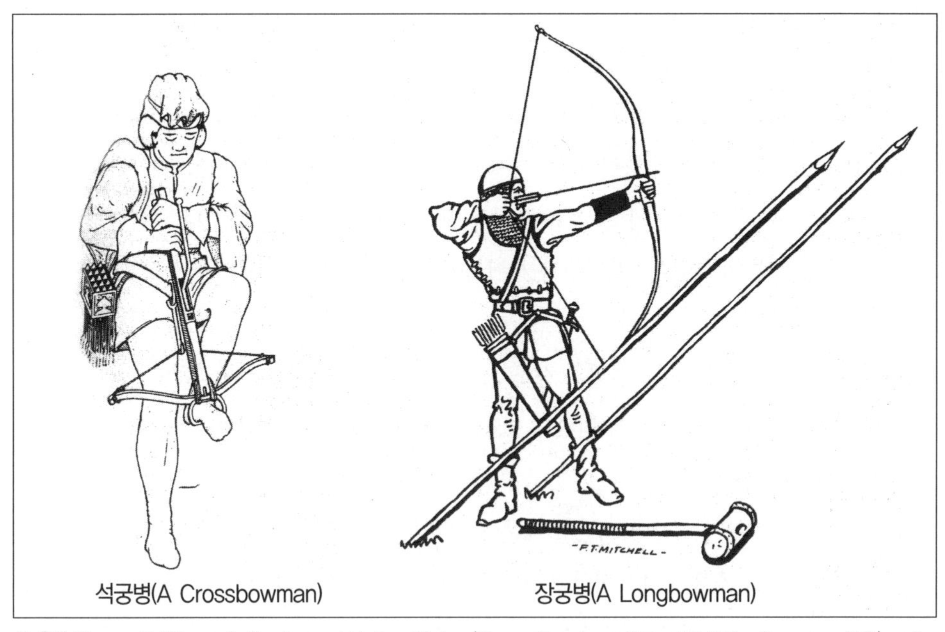

석궁병(A Crossbowman) 장궁병(A Longbowman)

※ 출처: Thomas E. Griess ed., *The Dawn of Modern Warfare* (Wayne, New Jersey:Avery Publishing Group Inc., 1984), p. 9.

7월에 상륙한 에드워드는 파리로 진군했으나 파리의 방비가 워낙 견고하였기 때문에 해안 쪽으로 후퇴하여 크레시에서 프랑스군의 내습을 기다렸다. 프랑스군은 봉건영주의 군대를 주축으로 하여 보헤미아군, 제노아의 석궁 용병으로 구성되었으며 약3:1의 수적 우세를 점하였다. 8월 26일 저녁 프랑스의 선봉부대와 영국군이 접전했으나 프랑스군의 제노아 용병은 영국 장궁의 적수가 되지 못하였다. 후퇴하는 제노아 용병과 이를 저지하고 전진하려는 봉건영주의 군사들이 뒤섞여 프랑스군의 전열은 일대 혼란에 빠져버렸고 이내 대패하고 말았다.

크레시 전투는 전쟁사상 중요한 의미를 갖는다. 수적으로 열세한 영국군의 승리는 궁수와 보병의 교묘한 조화로 달성되었는데 이로써 1000여 년간 전장을 지배해온 기사의 시대에 종지부를 찍고, 다시 보병이 전장의 주역으로 등장하게 되었다. 이 전투에서 훈련이 잘된 보병은 기동력 없는 장갑 기병을 집중된 화력으로 제압할 수 있음을 보여주었고 여기서 비록 큰 위력을 보이진 못하였으나 대포와 화약이 최초로 사용되었다.

제2절 화약의 출현

군사력의 지방분권으로 특징 지워지는 봉건적 전쟁양상은 당시의 제한된 사회상을 반영한 것이었으며 기술적인 면에서는 공격보다 방어가 우세한 입장이었다. 그러나 화약의 출현은 이러한 관계를 뒤바뀌게 하였고 봉건주의의 종말을 고하는 계기가 되었다.

로저 베이컨이 1249년 화약을 발명한 이래 적은 수의 조잡한 화포가 크레시 전투에 최초로 등장하였다. 1418년 프랑스의 앙리 5세는 루헨 포위전에서 포병을 운용하였으나 초기의 화포는 기동성이 결여되었기 때문에 그 운용에 많은 제한을 받지 않을 수 없었다. 백년전쟁 말기인 1453년경 프랑스의 화포는 그 위력과 사거리에서 영국의 전술을 능가할 정도로 발전하였다.

야금술의 발달로 총열, 포신, 탄환의 강도가 향상되고 사수의 능력이 고양됨에 따라 봉건영주의 상징이었던 성곽은 무력하게 되었고 1453년 오토만 · 터키에 의해 콘스탄티노플이 함락되기에 이르렀다.

한편 당시의 화약무기는 값이 비쌌기 때문에 자유시나 영방국가(領邦國家) 등 거대한 재정수입을 갖는 곳에 그 소유가 제한되었고 포병은 주로 도시 중산층의 상인 및 제조업자에 의해 독점되어 봉건적 토지귀족세력을 축출하는 수단이 되었다. 이로 인해 정치적 중앙집권화가 가속되었으며 근대국가 형성에 필요한 기술적 기반이 제공되었던 것이다.

십자군 원정으로 인한 무역의 팽창과 제조업자의 발달로 비롯된 화폐경제, 그리고 백년전쟁

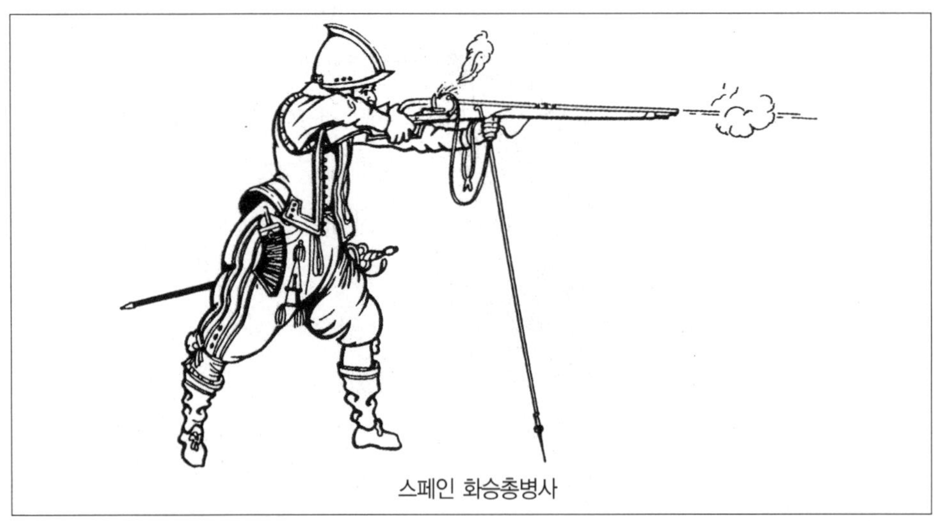
스페인 화승총병사

※ 출처: Thomas E. Griess ed., *The Dawn of Modern Warfare* (Wayne, New Jersey: Avery Publishing Group Inc., 1984), p. 18.

이 전술적 영향으로 기병의 시대는 종말을 고하였다. 이제 중세의 봉건귀족들은 더 이상 전쟁 수단을 독점할 수 없었고 장교가 됨으로서 사회적 지위를 보존하기 위해 상비군에 들어왔다.

1346년 이래 2세기 동안 전쟁은 기병의 시대로부터 화약의 시대로 완전히 전환하였다. 직업적 보병이 전쟁의 주역으로서 기병을 대신하게 되었고 화포의 위력(Missile Power)이 방진이나 군단이래 기병에까지 이어온 충격력(Shock Power)을 대체하게 되었다. 이제 근대적 전쟁으로의 길이 열리게 된 것이다.

제5장 17세기의 전쟁

17세기초 유럽 각국은 다수의 용병을 포함한 상비군을 보유하고 있었다. 화기의 비중이 높아짐에 따라 대형은 좀 더 작고 융통성 있게 변화하였고 활은 화승총으로 완전히 대체되었으며 머스켓 소총은 비율이 높아져 갔다. 반면에 기병은 주로 수색정찰, 교란작전 등에 이용되었고 17세기말에 무기공급이 보편화함에 따라 균형잡힌 상비군이 등장하게 되었다.

이 기간 중 가장 중요한 전쟁은 30년전쟁(1618-1648)이었다. 신 · 구교간의 종교적 갈등으로 시작되어 유럽 각국의 세력다툼으로 확산된 이 전쟁은 이념전쟁의 잔인성을 보여주기도 한 것이었다. 카톨릭의 프랑스가 독일, 스웨덴과 연합하여 신성로마제국에 대항하였는데 종교개혁은 민족국가의 성장은 물론 분쟁의 국제화에도 기여한 셈이었다. 이 전쟁에서 우리는 근대전의 아버지라 칭하는 구스타부스 아돌푸스를 만난다. 그는 18년간 6차의 전역을 통해 많은 군사적 업적을 쌓았고 전쟁을 끝맺는데 큰 공헌을 하였다.

이 8년간의 긴 전쟁기간은 마치 고올 전역이 카이사르에게 미친 것과 같은 영향을 그에게 주었다고 비유할 수 있으며, 구스타부스는 이 전쟁을 통하여 군사적 천재가 되었고, 또 그는 이 전역에서 얻은 경험에 기초를 두고 군대의 편제, 운영, 훈련 및 장비의 개혁을 성취하였다. 그는 편제를 고침으로써 더 많은 기동력을 가지게 했고, 신병모집에 있어서 엄격한 선발을 기했으므로 그의 군대는 질적 향상을 이루었다. 그는 훈련과 장비에 있어 각 부대의 협동이 대단히 중요함을 인식하고, 보포기병(步砲騎兵)을 통합하여 실질적인 단일 전투단으로 편성하였다. 그는 소총의 중량을 적게 하고 그 구조와 화력을 개량하고 발전시켰다. 그는 소총의 조법(操法)을 세밀히 연구 분석한 결과, 보병 각 개인이 발휘할 수 있는 화력은 거의 배가(倍加)

되었다. 그는 또 대포의 중량을 감소시킴으로써 주무기(主武器)의 효과와 위력을 증대시켰다. 기병은 정찰과 반정찰(反偵察)을 위해 훈련이 되어 있었으며, 정찰기병에 착검(着劍)을 시켜 돌격훈련을 실시함으로써 위력을 향상케 하였다. 그의 군대의 행군능력은 장구 및 장비의 경감훈련(輕減訓練)과 또 교련을 엄격히 실시함으로써 향상되었다.

구스타부스의 전법이 2개 전열과 1개 예비대를 사용했다는 점에서 그는 현대 전법의 창시자였다고 할 것이다. 그는 오늘날 우리들이 사용하는 것과 똑같은 정찰과 추격방법을 채택하였다. 그는 이런 방법을 구사함으로써 병사들의 사기를 올렸고, 또한 그의 군대로 하여금 만나는 적마다 격파할 수 있는 화력과 기동력을 갖게 했다. 구스타부스가 오늘날 우리들에게 잘 알려지게 된 것은 그가 현대전술에 미친 영향 때문이지만, 그렇다고 해서 그의 전술가로서의 역량을 간과하여서는 안 된다.

그가 치렀던 유명한 두 전투는 브라이텐펠트 전투와 루첸 전투였다. 스웨덴군의 승리로 돌아간 이 두 전투에서 구스타부스는 당대의 두 명장 틸리(Tilly)와 발렌슈타인(Wallenstein)을 물리치고 승리를 얻었다. 1631년 9월 17일의 브라이텐펠트 전투에서 공연히 참견하는 스웨덴의 세력을 북부독일에서 축출하라는 임무를 오스트리아 황제로부터 받고 파

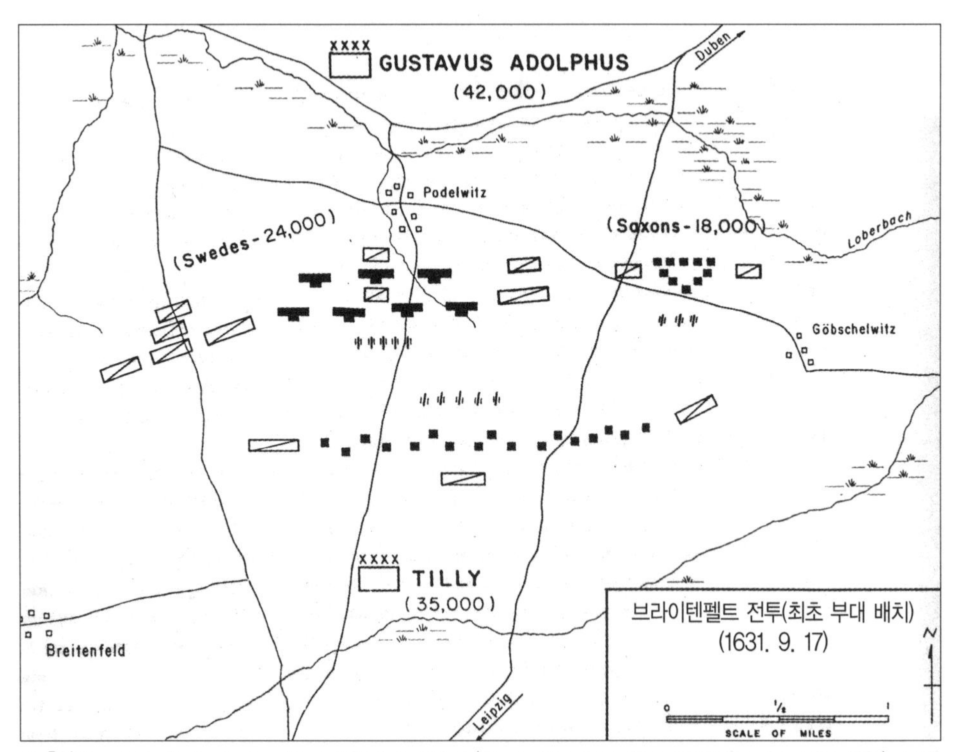

브라이텐펠트 전투(최초 부대 배치)
(1631. 9. 17)

※ 출처: Thomas E. Griess ed., *The Dawn of Modern Warfare* (Wayne, New Jersey:Avery Publishing Group Inc., 1984), p. 54.

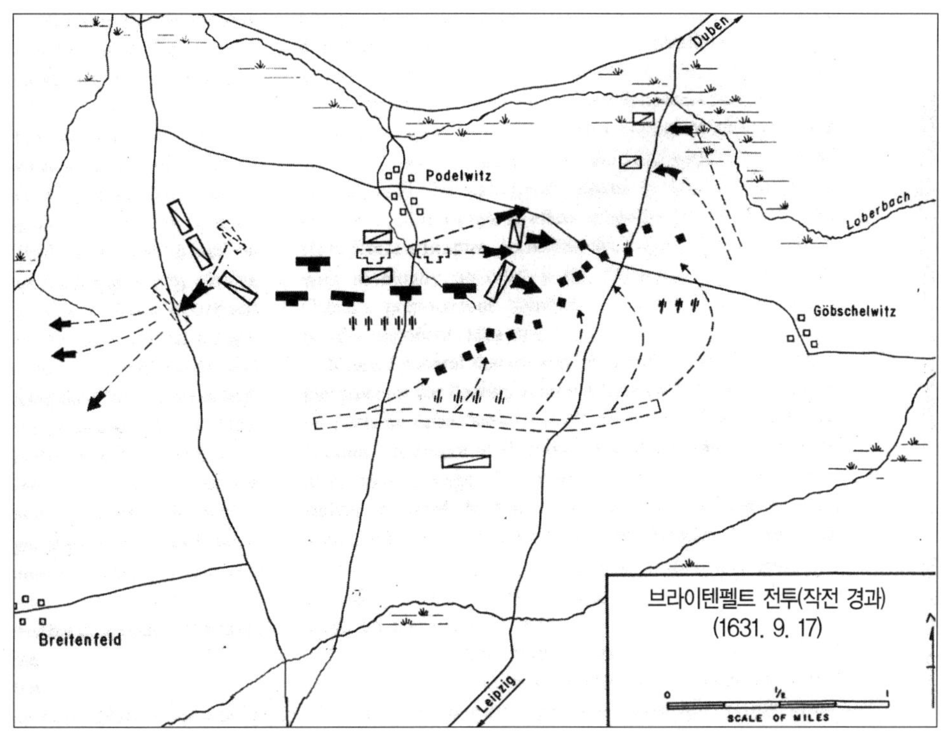

※ 출처: Thomas E. Griess ed., *The Dawn of Modern Warfare* (Wayne, New Jersey:Avery Publishing Group Inc., 1984), p. 126.

견된 틸리 휘하의 오스트리아 황제군을 구스타부스는 격파하고 승리하였다. 이 전투에서 그는 일부 전장에서는 수세전술(守勢戰術)을 취하여 병력절용(兵力節用)에 성공함으로써 여기서 얻은 병력의 여유를 가지고 자기가 임무를 선택한 결전지점에 충분한 집중을 수행할 수 있었다.

전술적 관점에서 볼 때, 루첸 전투는 고찰할 만한 가치가 거의 없다. 1632년 11월 16일 루첸 전투에서 황제군을 지휘한 발렌슈타인은 구스타부스군에게 패배 당했는데, 그 이유는 대체로 구스타부스의 상비병이 우세했다는 것이다. 이 전투에서 구스타부스는 치명상을 입었으며, 이 승리를 끝으로 30년 전쟁에서의 그의 역할은 막을 내렸다.

명철한 구스타부스는 만약 군사적 문제에도 지성을 적용한다면, 이것이 바로 승리의 요인이 된다는 사실을 유럽 세계에 보여주었다. 특히 당대의 사람들뿐만 아니라 18세기의 군인들도 구스타부스가 당시의 과학적 업적을 무기와 장비에 이용했을 뿐만 아니라 그의 보병전술 및 포병기술이 거의 수학적 정확성을 가지고 있다는 사실에 큰 감명을 받았다. 그래서 이들은 이 위대한 스웨덴 군주의 군사조직을 형식적으로만 모방하려고 애쓴 나머지 전쟁에 있어서 가장 중요한 지위를 차지하는 인적 요인을 잊고 전쟁을 일종의 장기와 같은 식으로 수행하려고 시도했다.

18세기의 현명한 군사지도자들을 총괄하여 요약하는 이 장에서는 근대에 있어서 프랑스의 가장 훌륭한 장군이며 전략가인 튀렌느(Turenne, 1611-1675), 스웨덴의 카를 12세(Karl Ⅻ, 1682~1718), 러시아의 표트르 대제(Pyotr I , 1672~1725), 영국의 말보로우(Marlborough, 1650-1722), 외젠 공작, 그리고 프랑스의 삭스(Saxe, 1696-1750) 원수 등과 같은 명장들에 관해 충분히 음미할 여유가 없다. 그러나 이들도 그 당시의 성공과 명예를 얻지 못했던 모든 사람들과 마찬가지로 사이비 군사과학시대의 범주를 벗어나지 못했던 것이다. 17세기의 군사사상은 독창성을 결여하였고 인위적 기교에 편중한 것이 되어버렸지만, 오직 훈련 분야와 더디게 발전을 계속하고 있었던 보병편제만은 그 예외였다고 할 수 있다.

역사학자 고든 · 터너(Gordon Turner)는 당시의 사회를 다음과 같이 표현하고 있다.

'지배자와 피지배자간에는 상호 건널 수 없는 간격이 있었으며, 이와 비슷한 구별은 군대계급 사이에도 존재하였다. 평민으로서 중직에 있지 않았던 자는 군인이 되어서도 역시 중직에 오르지 못했다. 이와 같은 이유에서 전술대형은 병사를 인간으로서가 아니라 자동기계로써 사용하게끔 형성했다. 병사들은 인간적인 신뢰를 받고 있는 것이 아니었으므로 무장초병의 감시 하에 진격하도록 전장에 투입되었으며, 전투에 있어서 개인의 개성은 허용되지 않았고, 병사들이 도망가지 못하게 밤이 되기 전에 진영으로 돌아오는 것이었다. 전쟁이란 지배자들끼리의 유희였으므로 일반 시민을 혼란 속에 몰아넣는 것은 부당한 것이라고 생각하였다. 그래서 군사작전은 군인과 시민을 참화 속에 몰아넣는 무제한의 투쟁이라기보다는 오히려 정중히 실력을 과시하는 행위라고 생각하게까지 되었다. 수식, 정교 그리고 기술적 기교 등은 18세기의 유럽 군사제도의 특징을 이루는 요인이 되었다.'

그러나 18세기의 군인들은 프리드리히(Fredrick) 대왕이 출현하여 그의 천재성이 거추장스러운 당시의 군사절차를 개선함으로써 비로소 군인의 창조력이 발휘되게 되었다.

제6장 18세기의 전쟁

1740년 프리드리히가 프러시아의 왕위에 올랐을 때, 유럽은 새로운 권력투쟁을 향하여 달음박질치고 있었다. 신성로마제국의 황제이며 오스트리아 합스부르크가의 카를 6세가 1740년

10월 20일 아들 없이 죽자, 그의 딸 마리아 테레사가 후계자로 선포되었다. 독일의 제 군주와 귀족들에게 있어서 이 사건은 황제의 지배로부터 벗어날 수 있는 기회가 되었다. 그리고 유럽 열강 중 가장 강한 프랑스는 불만을 품은 제국과 연합할 태세를 갖추고 있었다. 프레드릭은 재빨리 사태를 판단하였다. 그는 프러시아가 오래 전부터 합스부르크가(家) 때문에 실레지아에 대한 요구가 좌절당해 왔음을 통감하고, 이 기회에 실레지아를 영유(領有)하려고 결심하였다. 1740년 12월 13일 프리드리히는 실레지아에 침입하여 고금을 통한 일류급의 명장의 자리를 차지하는 그의 생애의 첫발을 내어 딛었다.

프리드리히가 실시한 이 초기전쟁에 있어서는 그가 후일에 보여준 바와 같은 군사적 역량을 발휘하지는 못하였다. 그렇다 하더라도 실레지아 전쟁은 마치 고올 정벌이 카이사르에게 도움이 되었던 것과 마찬가지로 프리드리히에게도 도움이 되었다. 실레지아 전쟁이 끝날 무렵 프레드릭은 그의 전쟁철학을 정화시켰으며, 또한 그의 적을 평가했다. 전략적 견지에서 본다면, 그는 신참자에 불과했지만 전장에서 그가 발휘한 기술은 마치 예술가와 같은 특징을 띄기 시작했다. 기동력 및 전투력 집중의 중요성에 대한 인식이 점점 높아진 것은 이미 초기 전역 때부터였으며, 이것은 승리하려는 욕망과 더불어 그를 도와주기도 했으나 후일에 와서 그를 방해하기도 하였다. 그가 초기전투에서 문자 그대로 실패를 성공으로 전환시킨 것은 오직 그의 군대의 훈련과 숙련에 의한 것이었으며, 이 사실에 깊이 감명 되어 이러한 제 요인, 즉 기동력 · 전투력을 집중하는데 착안했고, 그의 생애가 끝날 때까지 이것을 염두에서 버린 적이 없었다.

프리드리히는 그의 생애의 출발점에서부터 공세의 원칙을 준수했다는 사실이 현저하게 눈에 띈다. 수적 열세에도 불구하고 그는 항상 선제권을 장악했다. 프리드리히는 적의 전술을 관찰함으로써 그 완만성과 기동력의 결핍에 착안했으며, 그가 초기 작전에서 획득했던 승리는 자기 자신의 전술적 기교에서보다도 적의 기동력이 부족했다는 사실에 더 많이 힘입고 있었다는 것은 그 자신이 말한 바와 같다. 이 결과로 그는 프러시아 기병을 창설했으며, 이 기병은 1745년까지 유럽의 어느 나라에 있어서도 유례를 볼 수 없었던 것이다.

1746년부터 1756년에 이르는 10년간의 평화기간에 프리드리히는 국가와 국민의 발전을 위하여 힘썼다. 그러나 그의 적은 이 기간을 또 다른 무력경쟁을 위한 준비로 사용했다. 1752년 프리드리히는 오스트리아, 러시아, 스웨덴 그리고 삭소니 등이 프러시아의 타도를 목표로 하여 모의하고 있다는 것을 알게 되었다. 프리드리히는 영 · 불 양국이 전쟁 일보 전에 놓여 있으므로 비록 치밀한 외교로써 맺은 것이기는 하지만 보 · 영간의 협동은 틀림없이 프랑스의 증오를 사게 될 것이라고 생각하였다. 1756년 프리드리히의 적국으로부터 지원을 약속받은 오스트리아가 전쟁을 원하고 있다는 것이 명백해졌다.

프리드리히는 오스트리아의 군비가 프러시아 침입에 사용될 것이 아니라는 명백한 보증을 오스트리아 정부에 요구하였다. 흐릿하고 불손한 오스트리아 정부의 회답은 프러시아 군이 삭소니에 침입할 신호가 되었다. 이리하여 1756년 8월 29일 프리드리히는 인접한 강대국이 그를 압도하기 전에 선제권을 장악함으로써 7년 전쟁을 시작하였던 것이다. 그는 삭소니를 제압한 다음 다른 연합국의 지원이 미치기 전에 오스트리아로 하여금 평화조약에의 조인을 강요하려고 계획하였다.

전쟁이 시작될 때 프리드리히의 전 병력은 150,000명을 헤아렸으며, 적은 약 450,000명이었다. 그러나 가장 경계를 요하는 사태는 이것이 아니었다. 프러시아의 인구는 실레지아를 포함하여 약 500만이었고, 연합국의 인구는 1억을 넘었다. 프러시아의 전략적 위치는 위험한 것이었다. 프러시아의 바로 남쪽에는 15,000명의 삭소니군이 있었고, 서쪽에는 쾰른 방면에서 진격해오는 110,000명의 프랑스군이 있었으며, 또 30,000명이 되는 프랑스 제2군이 예비대로 있었다. 또 남방에는 총 병력 약 180,000명의 오스트리아 4개 군단이 있었고, 동쪽에는 러시아군 100,000명이 개전준비를 끝내었고, 북쪽에는 스웨덴 군이 위협하였다.

1756년 삭소니와 오스트리아 양국과의 전역에서 프리드리히는 기대했던 만큼 성과를 올리지 못했다. 삭소니군을 패배시키는데 예상 이상의 시일이 소요되었으며, 오스트리아에 대한 승리는 그들이 삭소니군을 구출하지 못하도록 격퇴시킨 것에 그치고 말았다. 소규모의 삭소니군을 제거했다는 것 이외에는 별로 사태가 달라진 것이 없었다. 1757년 프라하에서 오스트리아군에 대해서 거둔 혁혁한 전술적 승리에도 불구하고 프리드리히는 서방으로부터 연합국의 압박을 받고 있었다. 러시아는 107,000명의 병력을 가지고 동쪽으로부터 프러시아를 향해 전진했으며, 스웨덴은 선전포고를 한 다음 17,000명의 병력으로써 포메라니아 지방을 위협하였고 프랑스는 삭소니를 탈환하려는 연합군 33,000명과 합세하기 위해 30,000명의 병력을 파견하였다. 그리고 프리드리히에게 아직 최대 강적이며 직접적인 위협이라고 할 수 있는 오스트리아군은 70,000명의 병력을 가지고 프라그 부근에 포진하고 있었다.

프리드리히는 먼저 오스트리아군을 전투에 끌어들이려고 기도하였다. 그러나 오스트리아군을 불리한 위치에 몰아넣을 수도 없었을 뿐만 아니라, 또 한편으로는 프랑스군이 위협하고 있었으므로 그는 오스트리아군을 정면에 견제하면서 프랑스에 대해 공격을 가하기로 결심하였다. 그는 오스트리아군을 견제할 일부 병력을 남겨두고 12일간에 270km를 기동하여 프랑스군 정면에 도달했으나 프랑스군은 전투를 회피하고 즉시 철수하고 말았다. 그래서 그는 부득이 휴전상태에 들어가지 않을 수 없었다. 이때 그는 중대한 정보를 입수하였다. 만약 그에게 용기가 부족했더라면 그는 절망에 빠졌을는지도 모른다. 그가 보헤미아를 떠난 직후, 오스트리아군은 전진을 재개했으며, 프리드리히가 남겨 둔 분견대를 격파하고 실레지아로 침입했다는 것이다. 또한 러시아군은 프리드리히군을 동프러시아로 몰아넣고 아무 저항도 받지 않고 베를린으로 전진하고 있었으며, 스웨덴은 스테틴을 봉쇄했다는 것이다.

프리드리히가 살아날 수 있는 길은 오직 결정적 행동뿐이었다. 그는 장기적인 지연전에서 승리를 기대할 수 없다는 것을 알고 있었다. 강대한 적에 대하여 연속적으로 결정적 승리를 얻는 것, 이것만이 프러시아를 질식시키려고 위협하는 포위를 면할 수 있는 길이었다. 프랑스군을 전투로 몰아넣으려는 계속적인 노력은 드디어 성공하였다. 1757년 11월 5일, 그는 로스밧하 전투에서 25,000명의 프러시아 군으로써 단지 300명의 사상자를 내고 50,000명의 프랑스군을 격파하고 승리하였다.

이제 프리드리히는 실레지아의 정세를 호전시키기 위하여 급히 회군했다. 오스트리아군은 이미 실레지아를 유린하고 있었다. 분산되었던 프러시아 군을 집결시킴으로써 프리드리히는 30,000명의 병력을 형성하였다. 이 가운데 절반은 그와 함께 로스밧하 전투를 경험했던 병사였으므로 그들의 사기는 충천했으나, 그 나머지는 최근 브레슬라우에서 오스트리아군에게 패배 당했던 경험이 있으므로 사기가 저하되어 있었다.

80,000명의 오스트리아군은 챨스 왕자의 지휘 하에 로이텐촌 부근에 포진하였으며, 그 전열은 기복이 심한 지대에 8km나 전개되었다. 그 우익은 나이페른촌에 의지하여 소택과 삼림이 엄호되었으며, 예비대는 좌익 배후에 위치하고 있었다.

프리드리히는 오스트리아군의 좌익을 공격하기로 결심하고, 4열종대로 나이페른을 향하여 전진하는 그의 군에게 고지와 기병을 엄호 삼아 우측으로 회전하여 키에페른 고지와 면하는 지점까지 진격하도록 명하였다. 한편 오스트리아군은 프러시아군의 공격에 대비하여 준비하고 있었다. 예비적인 전초전으로, 오스트리아군 우익의 지휘관으로 하여금 프러시아 군의 주공(主攻)이 자기 쪽에 있는 것으로 확신케 했다. 오스트리아 우익군의 지휘관이 계속 증원군을 요청하였으므로 오스트리아 군 사령관은 좌익 배후에 있는 직할예비대를 우익 배후에 이동시켰다. 정오가 되자 프러시아 군의 선두는 오스트리아군의 좌익 정면에 도달했으며, 키에페른 고지의 오스트리아군의 돌출부에 직면하도록 대형을 전개하였다. 그리고 그의 최우익에는 지텐(Zieten) 장군의 기병이 배치되었다.

이제 프러시아 군은 프리드리히의 직접 지휘 하에 주공을 시작하였다. 포병부대의 화력과 전

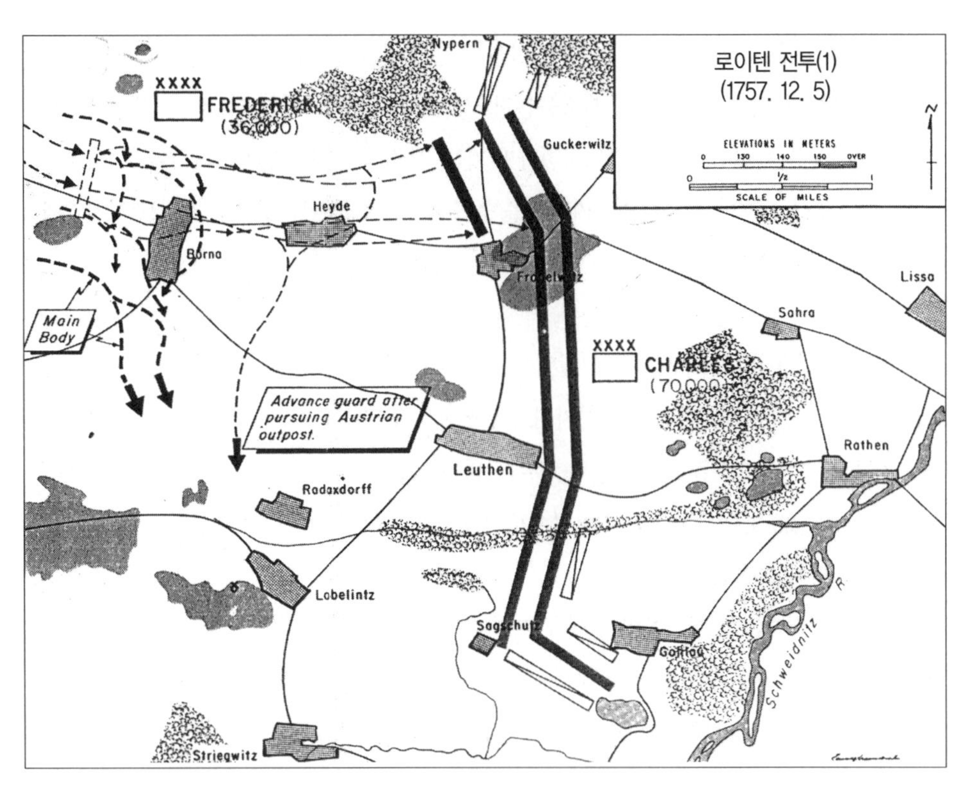

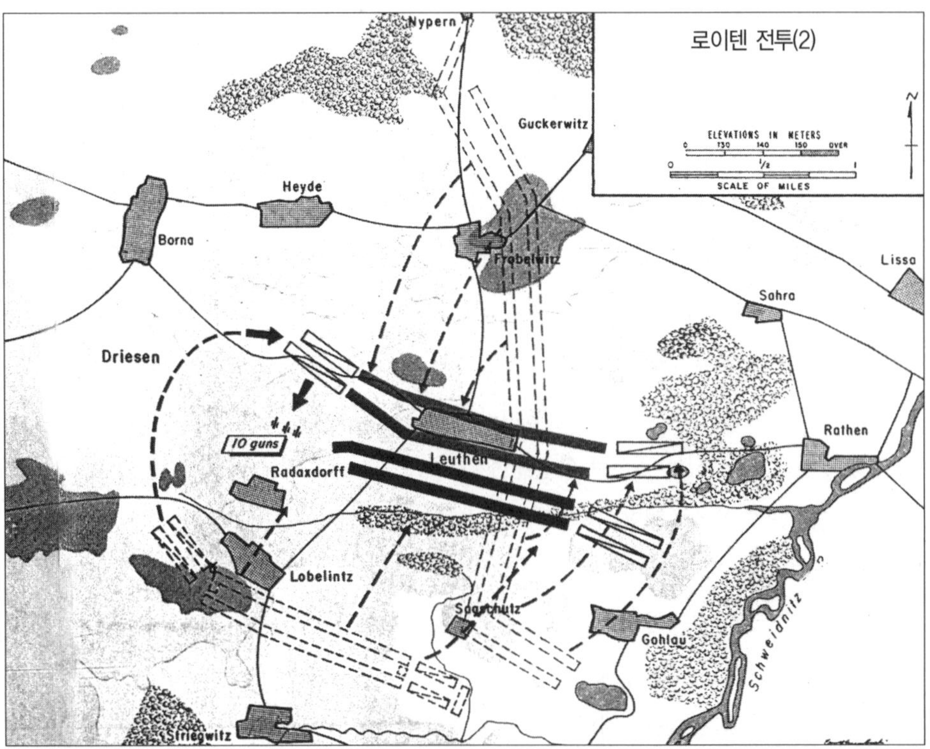

※ 출처: Thomas E. Griess ed., *The Dawn of Modern Warfare* (Wayne, New Jersey: Avery Publishing Group Inc., 1984), p. 126.

초를 담당한 보병의 역할로 오스트리아군의 좌익 돌출부를 격파하였다. 프러시아군의 전 대열은 우측에서 정면으로 이동하여 오스트리아 좌익군을 분쇄하고 다시 적군의 전 대열을 물리치기 시작했다. 지텐 장군의 기병은 위축된 적의 측면에 돌격을 가하여 측면을 격파함으로써 대혼란을 일으켜 놓았다. 오스트리아군은 그 우익 기병이 프러시아 보병의 좌익을 공격하고 있는 동안 새로운 대형으로 재편하려고 했다. 그러나 접촉이 이루어지기도 전에 오스트리아 기병은 오스트리아 보병의 노출된 측면을 공격하고 있었던 프러시아군의 좌익 기병의 공격을 받아 분쇄되어 버렸다. 이제 전 오스트리아군은 혼란에 빠졌다. 새로이 편성한 대형으로써 저항해보겠다는 최후의 계획도 계속적인 프러시아군의 압박으로 인하여 좌절되고 다만 야음을 기다려 그 잔병은 슈바이드니츠강을 건너 브레슬라우 방면으로 도주할 뿐이었다.

오스트리아군의 손실은 막대하였다. 병력 80,000명 중 1,750명이 사살되고, 5,000명이 부상을 당했으며, 13,350명이 포로가 되어 사상자(死傷者)의 총수는 20,100명에 이르렀다. 프러시아군의 손실은 전사자 1,150명, 부상자 5,100명 그리고 소수의 포로를 합하여 총 6,400명의 사상자를 냈다. 오스트리아군 가운데 생존한 대부분의 병사들은 사방으로 분산되었으며, 보헤미아로 돌아가 동영(冬營)한 자는 원래 병력의 절반에 지나지 않았다.

나폴레옹은 다음과 같이 말하였다.

'로이텐의 전투는 기동과 결단이 낳은 걸작품이다. 로이텐의 전투는 하나만으로서도 프리드리히에게 불멸의 명예와 명장의 칭호를 부여할만하다. 그는 수적으로 우세할 뿐만 아니라 편성이 정연하고 승리의 기개에 넘치는 군대를 최근 패배를 맛봄으로써 의기소침한 군대를 가지고 싸워 큰 손실도 없이 완전한 승리를 획득하였던 것이다.'

이 전투는 공세, 기동, 기습, 병력의 절용, 전투력의 집중 등의 제 원칙을 훌륭하게 적용한 위대한 역사적 전례로써 큰 의의를 가진다.

프리드리히가 로스밧하 전장을 떠나 로이텐의 결전지로 향하여 갔을 때, 그의 분명한 목표는 오스트리아군을 발견하여 격멸시키는 것이었다. 로스밧하에서 로이텐의 전투까지의 30일간에 있어서 그는 288km의 거리를 행군하면서 실레지아에 분산되어 있는 그의 병력을 집결하는 한편, 단 한번도 목표를 염두에서 망각하는 일없이 오스트리아군과 접촉하기 위한 일념으로 기동을 계속하였다. 일단 접촉이 이루어지자 그는 획득한 선제권을 가지고 자기의 계획을 실현하게끔 완전한 행동의 자유를 누릴 수 있었던 것이다. 그의 계획은 그때의 상황에 영향을 미칠 모든 요인을 충분히 고려한 계획이었다. 이 계획으로 인하여 그는 적의 약점을 이용할 수 있으며, 기동에서 생기는 기만성을 충분히 이용하였을 뿐만 아니라 공세의 원칙을 준수한 이 지휘관은 선제권과 기습에서 생기는 모든 이점을 충분히 활용할 수 있었던 것이다.

로이텐의 기동은 에파미논다스가 루크트라 전투에서 적용했던 사선대형보다도 한층 더 정밀한 것이었다. 이 두 전투에서 사용된 전법의 효과는 마찬가지다. 프리드리히는 병력을 우익에 집중함으로써 그의 주공을 강력하게 만들었다. 그는 중앙과 좌익을 잘 배치함으로써 우세한 병력을 견제할 수 있었으며, 견제 당한 적 병력은 결전이 끝날 때까지 계속 고착되었으므로 프리드리히군에게는 아무런 위험도 초래하지 않았다. 그리고 기동에서 생기는 기만성(欺瞞性) 때문에 병력 절용이 가능했으며, 그 병력 절용의 덕분으로 집중이 가능했다. 한 사람의 정열적이며 유능한 지도자는 전쟁의 원칙을 모두 건전하게 적용함으로서 거의 3배에 이르는 적을 격파할 수 있었다.

프리드리히의 운명은 확실히 호전되었다. 1개월간에 그는 가장 큰 두 적과 더불어 대결전을 치루었으며, 이 두 전투에서 그는 모두 승리의 영광을 차지하였다. 더욱이 그는 이 승리 때문에 영국으로부터 막대한 대상금(代償金)을 받았다. 이때 영국은 북미대륙에 주력하였으므로 프랑스 · 오스트리아 양국을 유럽대륙에 고착시킴으로써 영국의 의도에 간섭할 여유를 없게 만들려고 하였다.

그 후 프리드리히는 이렇다할 성과도 없이 오스트리아에 대한 기동을 계속하고 있었으며, 이 동안에 러시아가 북동 실레지아에 침입하였다. 그는 오스트리아에 대한 기동을 중단하고 러시아 군을 추격하기 위해 북진하였다. 8월 21일 그는 오데르강의 면안(面岸)에 도달했다. 그 대안(對岸)의 도시 쿠스트린은 페르모아(Fermor) 장군의 러시아군이 포위하고 있었다. 프리드리히의 병력은 약 30,000명이었고, 페르모아의 병력은 약 50,000명이었다. 오데르강은 도하할 수 없었으며, 쿠스트린 부근에는 교량이 없었다. 치밀한 정찰 끝에 프리드리히는 강을 건너 공격을 가함으로써 선제권을 장악하려고 결심하였다. 그는 알렉산드로스 대왕이 히다스페스의 전투에서 사용했던 것과 유사한 양동과 술책을 쓰며 서러시아 군의 진지부근에 양공을 가하는 한편, 8월 22일과 23일 양일의 야간에 쿠스트린 북방 24km 지점에서 비밀히 오데르 강을 도하했다. 이 우회기동으로 인하여 페르모어 장군은 병참선이 차단당하였으므로 약간 후퇴하여 북쪽의 쪼른도르프촌 부근에 강력한 방어진을 구축하였다.

페르모어는 자기가 완전히 적의 함정에 빠진 것을 인식하고 병력을 사변형(四邊形)으로 전개하여 일종의 사주방어(四周防禦)를 하면서 프레드릭의 공격을 기다렸다. 프리드리히는 공격을 감행하였다. 그는 신중한 정찰 끝에 러시아군의 측면을 우회하여 완전히 러시아군의 측면까지 전진한 다음 25일 아침 일찍이 사변형의 서남돌출부에 공격을 가했다. 역사상 가장 치열하였던 이 전쟁에서 프리드리히는 러시아군을 패배시켰다. 그러나 이 전쟁에서 프리드리히는 그의 병력 중 1/3을 상실하였고 러시아군은 50%의 사상자를 냈다.

러시아군은 야간에 분산되었던 잔병을 모아 전장으로부터 3~4km 북방에 새로운 전선을 형성함으로써 그들 특유의 끈기와 용기를 보여주었다. 프러시아군은 전일의 전투에서 너무 기력을 소모하였기 때문에 힘이 빠져 더 공격하라는 명령을 내릴 수 없는 상태였다. 그러나 러시아 군은 적을 단 한 사람이라도 살해하고 죽겠다는 각오가 있었으나 아무런 저항이 없으므로 서서히 전장에서 철수하였다.

지금까지 압도적으로 우세한 적에 대해서도 자기의 지위를 견지해왔던 프리드리히이었지만 이제 힘의 지나친 소모를 느끼게 되었다. 프러시아군의 병력 손실은 적의 전사자로 보충되지는 않았다. 1746년의 노병은 젊고 미숙한 1759년의 신병에게 자리를 양보하였다. 그리고 프리드리히의 적은 마치 한니발의 적이 그랬던 것처럼 그의 전법을 배워 전쟁원칙을 적용하는 기교를 점점 향상시켰다. 그래서 프리드리히는 그의 전술을 변경시켰다. 그는 이전에 적에게 전투를 강요하는 수단으로서 기동을 적용했으나 이제 그는 전투를 회피하면서 자기의 목적을 달성하는데 이 기동을 적용하였다. 그가 이렇게 함으로써 그의 영토를 보존할 수 있었다는 사실이야말로 그가 명장의 영관(榮冠)을 차지할 수 있었던 한 가지 특징이었던 것이다.

프리드리히는 이제 그의 보병이 감소되었으므로 포병의 전술과 기술을 발전시킴으로써 이 결점을 보충하려고 노력하였다. 그는 오스트리아군이 가지고 있는 대포의 살상효과를 관찰하고, 이 무기가 가지는 잠재력에 기대를 가졌다. 그는 온갖 노력을 기울여 이것을 발전시켜 얼마 후, 대포를 군마(軍馬)의 기동성에 결합시켜 군마로 하여금 경포와 포수를 끌게 하는데 성공하였다. 그래서 그의 견마포(牽馬砲)는 가장 빠른 대열과 함께 행동을 할 수 있게 되었다.

7년 전쟁의 후반은 항상 교묘하게 결전을 회피하는 프러시아 군의 사주방어선(四周防禦線)에 대하여 연합군은 부단히 위협과 압박을 가하였으나 한번도 성공하지 못하고 말았던 것이다. 프리드리히는 1759년 쿠네르스도르프의 전투 후 한번 절망에 빠질 뻔하였다. 쿠네르스도르프의 전투에서 프리드리히는 일시적인 기분의 격화로 엉성히 구축된 러시아 군의 방어진지에 대하여 일련의 서투른 협동공격을 함으로써 정예군의 거의 절반을 상실하였던 것이다.

그러나 1760년에 프리드리히는 다시 적을 굴복시키기 시작하였다. 이 해는 특히 프리드리히의 빛나는 진군(進軍)으로 특징 지워진다. 연합군은 오랜 궁리 끝에 오직 한 가지 방안을 수립하였다. 즉 오스트리아군의 일부는 삭소니에서 프리드리히를 견제하고 다른 부대는 러시아 군과 협동하여 실레지아에 침입한다는 것이었다. 삭소니는 오스트리아를 지원토록 되어 있었으며,

스웨덴은 발틱해를 봉쇄하도록 되어 있었다. 만약 프리드리히가 실레지아로 침입한다면 오스트리아 · 러시아의 삼군은 프레드릭군에 집중 공격을 가하도록 되어 있었다. 프리드리히가 항상 정면, 측면 그리고 배후로부터 적의 위협을 받으면서 잇달아 신속한 기동을 전개하여 완만한 적을 책략으로 넘어뜨리기 위해 어떻게 대응했던가 하는 것을 연구함으로써 우리는 기동의 중요성을 이해하게 된다. 그는 항상 선제권을 장악함으로써 적의 오판을 이용하였다. 그는 언제나 수적으로 압도당하면서도 책략으로서 기만하고, 기동으로써 적의 허를 찔러 넘어뜨리며 자신의 행동의 자유를 확보하였다.

드디어 프리드리히는 용기와 인내, 그리고 능력의 결실을 가져왔다. 연합국 상호간의 결속이 무너지고 다만 오스트리아 한 나라만이 프러시아와 교전을 계속하였다. 그래서 1763년 2월 15일 후베르츠베르그 조약이 체결되고, 오스트리아는 이 조약에서 또다시 실레지아의 할양(割讓)을 승인하였다. 이제 프러시아는 강대국이 되었다. 프리드리히는 항상 그의 심중에서 전승의 영광보다도 더 귀중한 일이라고 생각해오던 국가복지사업에 착수하고 평화추구의 생활을 회복하는데 아무런 방해도 받지 않게 되었다.

우리들이 프리드리히 대왕의 제 전역(戰役)을 연구할 때 마치 성난 벌이 자기의 평화를 위협하는 자를 쏘기 위하여 이리 저리 날쌔게 찾아다니는 것 같은 인상을 받는다. 그는 전투에서 적에게 결정적 타격을 주지는 못했다. 그의 전역 가운데는 칸나에도 없었고 아르벨라도 없었다. 그러나 전장에 국한해서 생각해볼 때 전술적 능력에 있어서 그를 능가하는 사람을 찾아보기는 힘든 일이다. 그러나 우리는 어디서나 교묘한 전략을 찾거나, 그렇지 않으면 무자비한 추격으로써 획득하는 파괴를 추구하지 않으면 안 된다.

그러면 프리드리히 대왕이 전법에 기여한 것이 무엇인가? 그가 성취한 독창적 업적으로는 기마포(騎馬砲)를 발전시켜, 이 귀중한 무기가 더욱 많이 이용하게 되었다는 것이다. 그러나 그가 유명하게 된 원인은 이것보다도 오히려 알렉산드로스, 한니발, 카이사르 그리고 징기스칸 등에 의하여 채택되어 왔던 묵은 비법에서 먼지와 거미줄을 털어 다시 그 기교를 부활시킨 점에 있는 것이다. 그는 무기가 발전하고 변화한 18세기에 있어서도 기동의 중요성이 변하지 않는다는 것과, 에파미논다스 시대에 있어서와 마찬가지로 기동은 단순히 수적 우세에만 의존하는 군대를 제압할 수 있다는 것을 실증하여 주었다. 용기와 명확한 목표는 언뜻 보아 극복이 불가능한 것처럼 보이는 장애를 극복할 수 있게 하며, 또 훈련과 연습으로 쌓아올린 힘은 일시적 역경에서 결코 무너지지 않는다는 사실을 실증해주었다.

알렉산드로스, 한니발, 카이사르, 징기스칸, 구스타부스, 프리드리히를 비교하면 여러 가지

공통요소를 발견하게 된다. 모두 다 그들 시대의 최고 교육을 받았고(징기스칸 제외), 모두 다 피로할 줄 모르는 정력가였다. 알렉산드로스의 경우에는 이 정열은 페르시아에 대한 증오와 정복에 대한 사랑이었으며, 한니발의 경우에는 로마에 대한 증오와 카르타고에 대한 사랑이었으며, 카이사르의 경우에는 국가에 대한 의무감과 결부된 야망이었으며, 징기스칸의 경우에는 자기보존과 세계정복에 대한 야망이었으며, 구스타부스 아돌푸스의 경우에는 나라의 보존이었으며, 프리드리히의 경우에는 실레지아 소유였다. 카이사르와 한니발을 제외하고는 모두 왕위에서 군대를 지휘하고 있었다. 그러나 카이사르와 한니발은 뛰어난 능력을 갖고 있음으로써 군대를 지휘할 수 있었던 것이다. 모두 엄격한 규율가였고, 한니발을 제외하고는 모두 위대한 정치가였다.

이들이 행한 전역과 이들의 위대한 후계자인 나폴레옹이 행한 전쟁에서 소위 전쟁기술은 발전해왔다. 그들은 전쟁의 성공은 자유의사에 맡겨져 있는 수단을 충분히 이용할 수 있는 지혜, 정력, 용기 및 독창력을 갖는 사람에게 온다는 사실을 제시했다.

제 3 편

나폴레옹 전쟁

[제 3 편 나폴레옹 전쟁]

제1장 프랑스 혁명과 나폴레옹 전쟁

프랑스 혁명은 세계사상 가장 중대한 의의를 갖는 사건이다. 이 혁명은 단순한 정치상의 혁명이라기보다 사회적 혁명이요 사상적 혁명으로서 봉건제도를 타파하고, 자유와 평등을 기본으로 하는 근세사회를 확립하고 현대사회의 지도원리인 자유민주주의를 확보했다. 뿐만 아니라 프랑스 혁명이 군사상 끼친 영향은 지대하다. 프랑스 혁명이 동반한 프랑스혁명전쟁이나, 이것을 계승한 나폴레옹 전쟁은 전쟁양상에 있어서 그 이전의 전쟁과는 근본적인 변혁을 가져왔다.

프랑스 혁명 이전의 전쟁은 국민과 유리된 전쟁으로 국왕이나 봉건영주가 전쟁을 해도 일반 국민은 극히 냉담한 태도를 취하였다. 이 점에 대해서 클라우제비츠는 "원시 유목민들이 원정을 할 때는 전 부족이 전쟁에 참가하였고, 도시국가 및 중세 봉건시대에 있어서의 전쟁은 다수시민이 참가했으나, 18세기에 이르러서 전쟁은 국민과 직접적인 관계없이 다만 신체적 조건의 우열에 따라 간접적인 영향을 주었을 뿐이다. 즉 전쟁은 국민으로부터 분리된 직업군인인 상비군을 수단으로 하는 군주에 의하여 수행되었다"라고 전쟁과 국민의 분리를 설명하였다.

상비군의 성격은 최초에는 청부적(請負的)인 용병대장에 직속하는 상비용병군이었으며, 군주와의 관계는 고용관계였고, 전쟁을 수행하는 군주는 이들에게 급료를 지불했다. 18세기 루이 14세 시대에 상비군은 용병대장이 직접 거느리는 군대가 아니라 군주에게 직속하여 국가의 현물보급에 의존하는 상비왕군으로 그 성격이 변화되었다.

이와 같이 상비군이 용병제도에서 발전된 것은 당시의 사회상 때문이었다. 군주와 귀족 중심의 당시 사회에 있어서 국가는 군주의 국가이지 국민의 국가가 아니었으므로 군대도 국민군이 아니라 군주를 위한 군주의 사병(私兵)에 불과하였다.

근세유럽은 지리상의 발견 이후 상업이 발달되어 중상주의 정책이 경제사상의 주축이 되었으며, 여기에 절대주의라고 하는 정치이념의 전제군주정치가 행해졌다. 군주국가의 사회에서 군주의 관심은 오늘날 중소기업의 소유주나 경영자로서의 관심을 가지고 전쟁을 수행하고 군대를 유지했다. 즉 군주는 그의 영토, 동맹국, 권위의 획득에 대응하여 그의 상비군을 원가(原價)로서 인식했던 것이다. 따라서 용병들은 국가에 대한 애국심에서가 아니라 군주 개인에 대한 충성심과 금력에 얽매여 군주의 권위를 나타내는 상징적 존재이었으므로 그들은 자기들과 직접적인 관계가 없는 군주들끼리의 싸움에 아무런 열성도 갖지 않았다.

근세사는 전쟁의 연속이었으나 프랑스 혁명 이전의 전쟁은 제한된 범위 내에서 제한된 목표를 겨냥한 제한전쟁이었다. 그러면 어떠한 요소가 전쟁을 제한했는가?

첫째, 웨스트팔리아(Westphalia) 조약 이후 각국은 주권존중사상에 입각하여 섬멸전을 억제했기 때문이다. 즉 전쟁의 목적이 적의 완전한 섬멸이 아니라 군사력에 의해서 외교적 흥정을 벌리는데 있다고 보는 정의의 전쟁을 상정했으며, 아울러 많은 계몽주의 학자들은 전쟁을 반대했었다.

둘째, 전쟁 자체가 국민의 관심사라기보다는 군주나 소수 귀족의 관심사였기 때문에 전쟁이 제한될 수밖에 없었다. 따라서 병사들의 정신적 자세에서 애국심이나 사기는 도저히 찾아볼 수 없었으며, 도망병을 방지하기 위하여 삼림 부근에 부대주둔을 금지하고 될수록 야간행군을 피하였고 전술대형도 밀집횡대대형을 취하였다.

셋째, 당시의 중상주의 정책으로 인하여 상비군은 곧 돈이라는 관념을 가지고 있어서 군대의 규모 및 활용에 있어서 많은 제한을 받았다. 또한 구스타부스 아돌푸스 이후 화기의 발전에 의한 일제 사격으로 살상률이 증대되어서 전투의 빈도를 감소시켰다.

넷째, 전쟁의 강도는 당시 보급체제인 창고제도(magazine system)로 인하여 억제되었는데, 작전을 수행할 때는 우선 적당한 위치에 창고를 준비하고 군대를 기동시켜서 창고의 제약조건에 따라 병력의 규모 및 군대의 기동을 약화시켰다. 특히 철저한 추격과 같은 작전은 상상도 못할 일이었다.

유럽은 18세기말에서 19세기 초에 걸쳐 많은 국가가 봉건적 체제를 개조하여 광범위한 지역적 기초 위에 근대적 국가로 형성되었다. 이 근대적 통일국가를 형성하게 되는 선봉이 프랑스 혁명이었으며, 이를 확립한 것이 나폴레옹 전쟁이었다.

나폴레옹 전쟁은 인권의 자각과 자유민주주의 혁명의 이상에 불타 구제도(앙샹레짐) 타파에 총궐기하고, 더욱이 혁명의 혜택을 전 인류에 전파코자 하는 민중의 전도적(傳導的) 정열에 자극된 전쟁이었다. 혁명은 군주와 승려, 귀족 등 특권계급을 타파하고, 전제군주정치를 공화제로 변환시켜 국민이 국가의 주인임을 천명하였다. 이러한 행동에 대하여 프랑스를 둘러싼 구제도하의 제국은 프랑스의 혁명사상에 감염됨을 방지하고자 프랑스 국경으로 군대를 출동시켰다. 프랑스의 입장으로서는 그들의 혁명에 대한 제 연합국의 무력간섭을 전 국민에 대한 간섭으로 확정하고 조국방위에 발기하였다. 따라서 전쟁은 국가 대 국가, 국민 대 국민의 사활을 건 투쟁으로서 이전의 군주전(君主戰)에서 국민전(國民戰)으로 변화를 가져왔다. 국민이 국가를 방위할 애국적 책임이 있다는 관념이 도출되어 이전의 고루(固陋)한 용병제를 철폐하고 국민군대를 조직하였으며, 나아가서는 전 국민에게 병역의무를 부여하여 징집을 실시하는 국민개병제도가 확립되었다. 이제 전쟁은 국민의 관심사로 되었고, 국가총동원의 관념이 도출되었으며, 여기서 현대적 총력전의 기초가 확립되었다. 이리하여 국가는 막대한 재산을 보유하고 있던 특권계급에 대하여 그들의 특권을 인정하여 면세하는 일이 없이 징세권(徵稅權)을 발동하여 군사활동에 필요한 자금을 징수할 수 있었으며, 동시에 징집권(徵集權)을 행사하여 다수의 장정을 저렴한 비용으로 모집함으로써 병력을 증대시킬 수 있었다.

이렇게 하여 모집된 병사들은 장기간의 훈련을 쌓은 용병과 같이 교묘한 대형의 운용과 견고한 밀집의 보유가 필요한 밀집횡대 전술을 시행할 수 없었으나, 용병에 대해서와 같이 엄격한 감시를 할 필요가 없었으므로 병사 개개인의 전투능력을 최대한으로 발휘할 수 있는 산개대형(散開隊形)을 취할 수 있게 되었다. 구스타부스 아돌푸스가 화기의 혁명을 일으킨 이후에도 전술형태는 밀집대형을 완전히 탈피하지 못했었다. 그러나 혁명군으로 징집된 병사는 단체훈련을 제대로 실시할 시간적 여유도 없었고, 그동안 포병화력이 증대되어 밀집대형의 전진은 살상률을 증대시켰으므로 산개대형이 나온 것이다. 종대전술과 함께 산개대형의 운용은 혁명적인 정열의 산물이며 18세기의 엄격한 대형 유지에 종지부를 찍었다. 또한 산개대형에 적합한 편제인 사단의 영구적 편성이 이루어져 각 사단은 복잡한 기동을 요하는 부대이동이나 전개가 가능하여 독립작전을 효과적으로 수행할 수 있었다. 그래서 일선 부대는 지형의 속박을 받지 않고 지형지물을 이용한 산병사격(散兵射擊)으로서 적진을 동요시킨 후 후방에 준비한 종심대형의 부대로서 백병전(白兵戰)을 전개하여 결전을 구하는 신전술(新戰術)을 발달시켰다. 이와 같은 군대의 성질 및 전술의 변화에 부응하기 위해서는 전략전술에 있어서 일대 변혁이 불가피한 것이었다.

그럼에도 불구하고 구시대의 장군들은 여전히 구식전술에 집착하여 소모전을 꾀하며 허세를 보여 승리를 얻으려 하고 있을 때, 홀로 나폴레옹만이 시대적 변천과 신군대(新軍隊)의 특질을 간파하고 신전략(新戰略)과 신전술(新戰術)을 활용하였다. 나폴레옹은 섬멸전의 전략사상에 입각하여 적의 군사력을 격멸하는 것을 전쟁의 목적으로 삼았다. 즉 그는 기동성이 좋은 소수의 병력으로 적의 대부분을 견제하는 한편 군의 주력을 결정적인 접적지점(接敵地點)에서 상대적으로 병력의 우세를 취하여 적의 병참선을 위협하며, 그의 주력을 격파하고 패주하는 적에 대해서는 과감한 추격을 감행하여 적국의 무장군(武裝軍)을 섬멸함으로써 전쟁의 목적을 달성하고자 했다.

제2장 초기 이탈리아 전역

당시 유럽의 국제관계를 간단히 살펴보면 프랑스 혁명이 일어나자, 유럽 각국은 혁명사상의 파급의 위협을 느껴 프랑스를 격리하고 1792년에는 오스트리아와 프러시아가 연합군을 조직하여 간섭하기 시작하였고, 1793년에는 영국 수상 피트(Pitt)의 제창으로 영국, 오스트리아, 프러시아, 덴마크, 스페인 등 5개국이 제1차 대불동맹을 결성하여 프랑스에 대항하였다. 그러나 동맹국은 여러 가지 점에서 서로 이해를 달리하였으므로 행동의 일치를 이루지 못하여 1795년에 프러시아는 동맹에서 탈퇴하였고, 덴마크는 프랑스의 침입을 받아 프랑스의 비호하에 바다비아(Badabia) 공화국이 되었으며, 영국은 군대를 철수하고 동맹국에 대하여 군사원조만 제공하는 계책을 꾸미었으며, 스페인은 프랑스와 단독 강화하였기 때문에, 1795년 말에 가서는 오직 오스트리아만이 프랑스에 대항하게 되었다. 이리하여 1796년 초에 프랑스군은 라인강의 상·하류 지역과 스위스의 산지에 접한 이탈리아 지방에서 오스트리아 군과 대진(對陣)하게 되었다.

이때 프랑스군은 당시 부진상태에 있던 이탈리아 방면군의 작전을 촉진시키기 위하여 나폴레옹을 사령관에 임명하였다.

이탈리아 전역은 프랑스 혁명정부로서 중대한 운명전(運命戰)인 동시에 나폴레옹으로서도 그의 운명을 결정하는 대전(大戰)이었다. 툴롱 요새전에 있어서나 또는 파리 폭도 진압전에 있어서 나폴레옹의 능력이 널리 인정되었다고는 하지만 대영웅으로서의 인정은 아직 멀었던 것이다. 그러나 이탈리아 전역에서 나폴레옹은 위대한 장군으로서의 능력과 비범한 정치수완을 보여 장래 대(大) 나폴레옹이 될 터전을 이루었다.

당시 프랑스군 최고사령관 카르노(Carnot)가 구상한 작전계획은 국경지대에 배치되어 있는 소수의 요새 수비대와 3개 주력군으로 작전을 전개하려는 것이었다. 즉 북쪽에서는 약 80,000명의 쥬르당(Jourdan)군이 콜로뉴(Cologne) 북부에서 라인강을 건너 진격하고, 중앙에서도 약 80,000명의 모로(Moreau)군이 스트라스부르크(Strassburg)에서 라인강을 건너 비엔나로 진격하기로 하였다. 그리고 훨씬 남쪽에 내려와서 약 40,000명의 이탈리아 방면군은 나폴레옹이 지휘하여 북부 이탈리아에서 오스트리아군을 축출한 다음, 남쪽 비엔나로 통하는 알프스 관문을 위협하기로 하였다.

프랑스군 전체의 작전에서 볼 때 나폴레옹이 담당한 임무는 주작전인 라인강 방면 작전을 견제하는 조공에 지나지 않았다. 그리고 나폴레옹도 아직은 1개 군사령관이었으므로 전군의 작전을 지휘할 지위에 있지 못하였다. 그러나 라인강 방면의 2개 군은 라인강을 건너자마자 챨스(Charles) 대공의 전략에 말려들어 아무런 전과를 얻지 못하고 격퇴된 반면에, 나폴레옹의 이탈리아 방면군은 연전연승하여 프랑스의 운명에 결정적인 역할을 수행했다. 스페인이 한니발의 교장(教場)이었듯이, 또 고올에서 카이사르가 태어났듯이 영웅 나폴레옹은 실로 이탈리아 전역에서 태어났다고 할 수 있을 것이다.

나폴레옹은 3월 27일 그의 사령부인 니스에 도착하였다. 이때 그의 나이 불과 27세였으며 신장은 5피트 3인치의 단신이었다. 그러므로 나폴레옹은 여러 만용장병(蠻勇將兵)을 장악하는데 있어서 그의 몸가짐에 상당한 노력을 하였다. 즉 그는 소위 '나폴레옹 모자'를 썼으며, 그로써 그의 키는 2피트나 크게 보였다.

그밖에도 나폴레옹은 복장, 마차 등을 독특하게 갖추어서 그의 빛나는 눈과 꽉 다문 입으로서 조금도 어색함이 없는 위엄풍채를 과시했다. 나폴레옹은 곧 부대를 초도순시하고 병사들의 급양(給養)이 비참한 것을 보고, 다음과 같은 유명한 훈시를 통해 병사들의 사기를 북돋우고 그에게 심복충성(心服忠誠)하도록 하였다.

"장병 여러분! 귀관들은 헐벗고 굶주리고 있습니다. 정부는 귀관들에게 힘입은 은혜는 크지만 아무 것도 갚아주지 못하고 있습니다. 이 험지에서 보인 귀관들의 인내와 용기는 실로 경탄할만한 것이었으나, 그것이 귀관들에게 아무런 영광도 희망도 주지 못하였습니다. 그러나 본인은 이제 귀관들을 이 지구상에서 가장 기름진 롬바르디 평야로 인도하겠습니다. 귀관들은 부유한 여러 지방과 여러 대도시를 정복할 것이며, 거기에서 귀관들은 명예와 영광과 많은 금은보화를 얻을 것이며, 이 모든 것은 귀관들의 것입니다. 진격하는 곳에 반드시 명예와 영광과 부가 있을 것입니다. 친애하는 장병 여러분! 귀관들은 진군할 용기와 인내가 없습니까?"

이 훈시는 기아에 허덕이는 장병들의 심리에 많은 자극을 주어서 사기는 충천하여 청년 사령관 나폴레옹 앞에서 죽을 것을 결심하였다. 이리하여 나폴레옹 군대는 먹을 것을 본 굶주린 호랑이와 같이 용기백배하여 진격명령을 기다리게 되었다. 이때 나폴레옹 군대는 약 37,000명으로 해안을 따라 알프스 산맥의 남쪽 경사지에 의지하여 니스에서 볼트리(Voltri)에 이르는 제노아 부근의 지중해 연안에 전개하여 알프스 산맥 북쪽 쿠네오(Cuneo)와 세바(Ceva)에 전개한 콜리(Colli) 장군이 지휘하는 피드몬트(Piedmont)군 25,000명과 알레산드리아에서 제노아 사이에 전개한 보리우(Beaulieu) 장군이 지휘하는 오스트리아 군 약 35,000명의 연합군과 대치하여 있었다.

나폴레옹은 이들 연합군이 명목상으로는 보리우의 휘하에 통합되어 있으나 만일 나폴레옹군이 이들의 중앙을 향하여 진격한다면 이들은 상반되는 이해관계로 각각 자국으로 후퇴하게 될 것이라는 것을 간파하였다. 이렇게 하여 일단 이들을 양분한 다음에는 소수병력으로 오스트리아군을 견제하며, 주력으로 신속히 약한 피드몬트군에 진격하여 격파하든지 아니면 즉시 강화를 맺게 하여 오스트리아군을 완전히 고립시킨 다음에 이를 격파하려는 계획을 세웠다. 즉 나폴레옹은 제1단계로 적 중심부를 관통하는 전략적인 중앙 돌파를 감행함으로써 내선상(內線上)에 위치하여 피드몬트군과 오스트리아군을 각각 격파하려는 전술적인 각개 격파를 시도하였다.

이러한 계획에 따라 부대를 재편하고 1개월간의 군량을 확보하며 병참선의 유지에 노력하

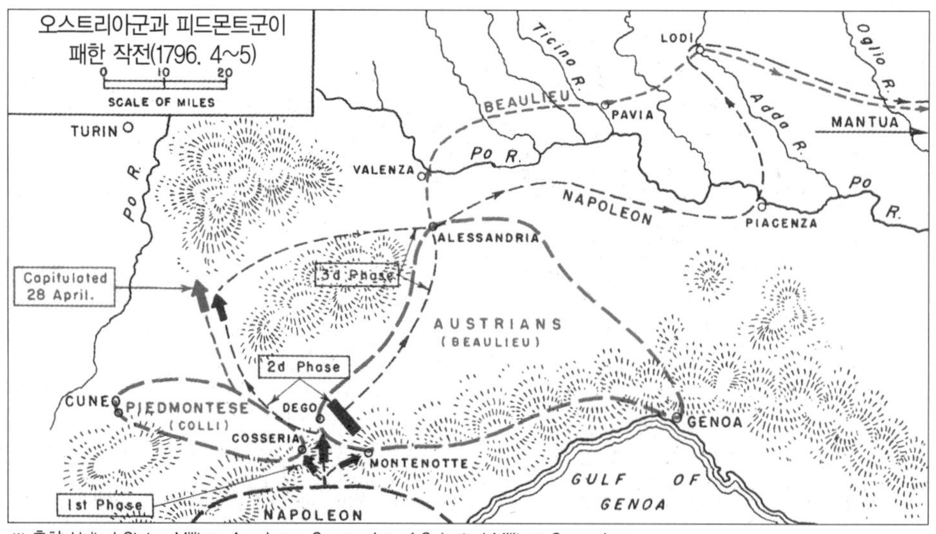

※ 출처: United States Military Academy, *Summaries of Selected Military Campaigns* (West Point, New York: US Military Academy, 1953), p. 13.

고 있을 때 4월 9일 보리우는 7,000명의 좌측부대를 직접 지휘하여 막연히 전진시킴으로써 전단(戰端)은 열리었다. 이때 보리우의 부장 아르겐토(Argenteau)는 9,000명의 병력으로 중앙에서 사셀로(Sasselo)를 지나 11일에 몽테노트(Montenotte)에 도달하였다. 이 동안 콜리는 세바에 머물러 있었다.

나폴레옹은 오스트리아군의 서방진격을 확인하고 계획대로 제1단계 작전을 실시했다. 전략적으로는 연합군의 중앙을 관통하게 되며 전술적으로는 오스트리아군의 우익을 공격하게 되는 지점인 몽테노트, 코세리아(Cosseria), 데고(Dego) 등지에서 적의 전위부대를 격파하고 알프스 산맥과 아페닌 산맥이 연접하는 고도가 낮은 산지를 통과하여 연합군을 양분하였다. 연합군은 예상대로 각기 자국을 방위하기 위하여 서로 반대방향으로 후퇴하였다. 이로써 나폴레옹의 연합군 분리작전은 성공적으로 수행되었다.

연합군이 분리된 후에 오스트리아군은 계속 후퇴 중이어서 접촉이 불가능하게 되자, 나폴레옹은 그의 제2단계 작전을 감행하게 되었다. 그 동안 1만 명 이상의 병력손실을 입고 의기소침된 보리우는 프랑스군이 수적으로 우세하다고 생각하여 이를 피해 그의 병력을 아퀴(Acqui)에 집결시켜 오스트리아령 롬바르디아를 방위하는데 열중하고 있었다. 나폴레옹은 소수병력을 오스트리아군 정면에 남겨두고 대부분의 병력을 진격하여 피드몬트군을 공격하였다. 이에 콜리 군은 나폴레옹군의 진격과 포위기동을 벗어날 수 없어 23일에 휴전을 제의하고 간단한 협상 끝에 28일에는 휴전조약을 체결하였다. 이와 같이 피드몬트군을 격파시킨 후 남은 적은 보리우군 뿐이었다.

나폴레옹군은 제3단계 작전(4. 29~5. 30)으로써 전 병력으로 오스트리아군을 공격하여 롬바르디아를 정복할 것을 결심하였다. 나폴레옹은 오스트리아군에 관해서 정확한 정보를 입수치 못했으나, 이때 나폴레옹이 직접 사용할 수 있는 병력이 35,000명이며 보리우의 병력은 약 26,000명밖에 되지 않는다는 것을 정확히 알고 오스트리아군과의 접전을 서둘렀다.

나폴레옹은 포(Po)강 하류에서 기습적인 횡단으로 롬바르디아의 대부분을 지배하려 하였다. 그리하여 그는 적을 기만할 목적으로 이미 피드몬트군과의 휴전조약문에 프랑스군이 발렌자(Valenza)에서 포강 도하를 허락하는 구절을 삽입하였다. 보리우는 함정에 빠져 아고그나(Agogna)강 후면에 진지를 점령하고 있었다. 나폴레옹은 즉시 오스트리아군의 방어진을 우회하여 적진 후방 피아센자에서 5월 7일 새벽에 기습적으로 도하하여 적의 병참선을 차단하고 아다(Adda)강, 오글리오(Oglio)강을 도하하여 파죽지세로 돌격을 감행하였다. 이때 보리우는 만투아(Mantua) 방면으로의 퇴각에 여념이 없었으므로 보리우에 의한 기습이 있으리라는 것은 당분간 고려하지 않아도 되었다. 그리하여 나폴레옹은 보리우가 점령하였던 전 지역의 완전정복을 결심하고 마쎄나(Massena)를 밀라노로, 오즈로(Augereau)를 파비아(Pavia)에 보냈고, 한편 세뤼리에(Serurier)와 메나드(Menard)는 피아센자 부근에 잔류시켰으며 나폴레옹 자신은 5월 15일에 밀라노에 입성하였다. 이리하여 보리우에 대한 작전 개시 후 불과 17일 만에 롬바르디아 정복을 완료하였다.

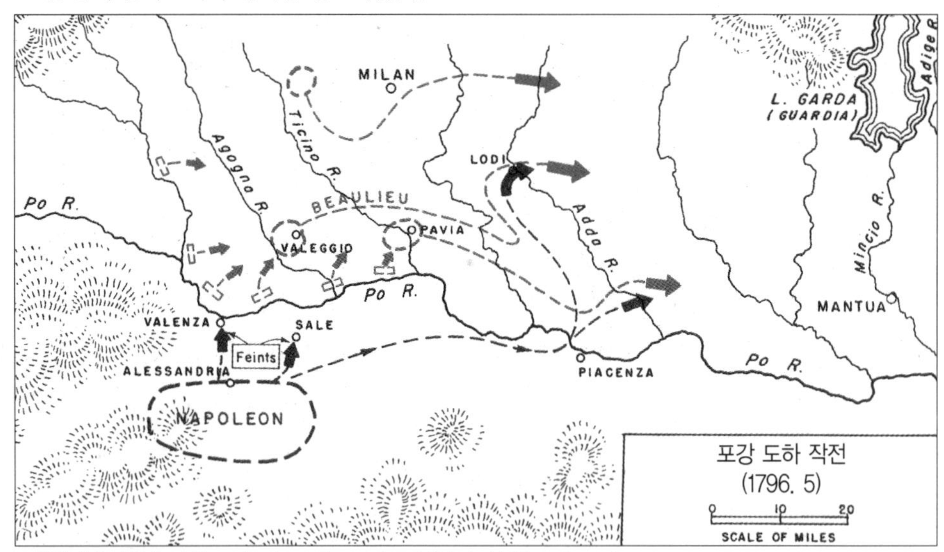

※ 출처: United States Military Academy, *Summaries of Selected Military Campaigns* (West Point, New York: US Military Academy, 1953), p. 13.

청년장군 나폴레옹은 개전 불과 1개월 반의 기간 중에 전 피드몬트와 롬바르디아 지방을 정복하였다.

나폴레옹군의 이탈리아 진격이 순조롭게 진행되어 승리가 확실해지자 정부에서는 나폴레옹의 세력이 비대해질 것을 두려워하여 알프스 군이 도착한 이후부터는 지휘관을 나누어 켈러만(Kellerman) 장군으로 하여금 포강 좌안(左岸)의 작전을 담당하게 하고, 나폴레옹은 로마와 나폴리로 먼저 진격하여 이탈리아 반도 작전을 지휘하도록 하려 했다. 이 정보를 입수한 나폴레옹은 즉시 "1인의 우장(愚將)이 2인의 양장(良將)보다 낫다"고 하며, 지휘권 통일에 대한 자기의 의견을 내세워 「그러한 조건하에서는 사령관직을 포기 하겠다」고, 회답함으로써 지휘권을 이분하려던 정부의 생각을 버리게 하였다. 이리하여 나폴레옹은 계속 이탈리아 방면의 최고지휘권을 행사했으며, 그의 권위는 더욱 증대되었다.

나폴레옹은 그가 정복한 지역의 안전을 위하여 다음의 3가지 작전을 추진하려고 하였다.

첫째는 오스트리아군의 역습에 대비하여 오스트리아군의 예상 접근로를 계속 감시하는 것.

둘째는 만투아를 점령하여 북부 이탈리아의 지배권을 확립하고 민치오강의 연안지역을 확보하여 차기작전의 근거지를 삼는 것.

셋째는 남부 이탈리아 특히 로마와 나폴리를 압박하여 가능한한 유리한 조약을 체결하는 것 등이었다.

이 마지막 것은 나폴레옹 자신이 계획한 목적이 아니고 집정부(執政府)의 희망이었다. 이 문제에 대해서 집정부는 '일거(一擧)에 다목표(多目標)'를 노리는 태도였으나 나폴레옹은 단 하나의 목표, 즉 오스트리아군만을 볼 따름이었다. 나폴레옹은 오스트리아군의 군사력을 격파하기만 하면 로마와 나폴리 같은 부차적 문제는 자동적으로 해결된다고 생각하였다.

이러한 작전구상에 따라 알프스군으로부터 증원을 받은 뒤 나폴레옹은 약 40,000명의 병력으로 이탈리아에 있는 오스트리아군을 완전히 격파하기 위하여 만투아 포위에 착수하였다. 이때 오스트리아군은 뷔름저(Wurmser)와 알빈치(Alvintzy)로 하여금 각각 두 차례에 걸친 구원작전을 실시하도록 하였으나 모두 실패하고 1799년 2월 3일 만투아 요새군 25,000명이 항복하여 프랑스군에게 포로로 붙잡혔다.

우리는 이탈리아 전역을 통하여 많은 교훈을 찾을 수 있다. 나폴레옹은 열세한 병력을 보충하고 전투력을 증강시키는데 있어서, 마치 기계의 운동량에서 속도와 같은 요인, 즉 기동력의 효과를 실증했다. 또한 열세한 병력을 보충하기 위하여 그는 방어전에서도 선제의 원칙을 중시했다. 그리고 그는 정확한 상황판단과 어떠한 역경에서도 그의 명예를 걸고 정력을 다하여 적을 격파했다. 한편 오스트리아군은 무엇보다도 지휘관들이 노쇠한데다가 한결같이 구식전술을 사용한 점이 주요 패인이라고 볼 수 있다. 한마디로 오스트리아군은 청년 나폴레옹의 정력에 의하여 패했다고 볼 수 있다.

알빈치군의 대패와 만투아의 함락으로 오스트리아군이 공세를 취할 수 없게 되자 나폴레옹은 소부대를 이끌고 로마를 침공하여 이탈리아 정복을 완료하고 3월초에 본진(本陣)으로 돌아왔다.

그동안 오스트리아군은 국경선 방어를 위하여 병력재편에 주력하여 나폴레옹과 동년배인 27세의 찰스 대공을 총사령관에 임명하였으며, 약 27,000명의 병력을 피아브강과 이손조(Isonzo)강 사이에 전개하고 티롤 지방에도 24,000명의 병력을 배치하였다. 나폴레옹은 아직도 눈이 녹지 않은 3월 16일에 공격을 개시하여 후퇴하는 오스트리아군에 대하여 동북부 이탈리아를 거쳐 비엔나를 향하여 맹렬한 추격을 하는 한편 찰스 대공에게 항복을 권하여 4월 6일에 레오벤(Leoben)에서, 오스트리아로부터 북부 이탈리아의 대부분과 벨기에를 프랑스에 양도한다는 조건으로 강화하였다.

이로써 나폴레옹은 찰스 대공에 대해 작전을 개시한 지 28일 만에 이를 격파하였고 제노아 해안에서 보리우에 대해 작전을 개시한 때로부터 1년 만에 피드몬트, 롬바르디아, 이탈리아, 오스트리아의 정복을 완료하여 프랑스와 자기 자신의 지위를 확고부동한 자리에 올려놓았다.

이후 오스트리아 정부는 프랑스 내부에 당쟁이 격화된 틈을 타 레오벤 조약의 변경을 도모하였으나 프랑스의 총재정부는 반대당의 진압에 성공하고 영국마저 프랑스와 화의(和議)를 열었으므로 오스트리아는 하는 수 없이 캄포 · 포르미오 조약을 체결하였다. 나폴레옹은 이탈리아 통치를 정리한 후 12월에 파리로 개선하였다.

제3장 전성기 작전

제1절 나폴레옹의 제정(帝政)

나폴레옹은 이탈리아 전선으로부터 1797년 12월 5일 파리로 개선한 이후 프랑스 정부는 영국과 화의가 잘 진행되지 않자 그를 영국원정군 사령관에 임명하였다.

그러나 나폴레옹은 제해권(制海權)을 갖지 못한 프랑스가 영국 본토에 상륙한다는 것이 매우 위험할 뿐만 아니라 이것을 감행하기 위해서는 장기간의 준비가 필요하므로 그동안 명성이 떨어질 것을 염려하여 영국 본토 원정이 곤란함을 건의하고, 그 대신 영국의 지중해 해상세력을 제거하기 위하여 몰타(Malta)섬 및 이집트 정복을 상신하였다. 프랑스 정부는 이것을 수락하고 그를 이집트 원정군 사령관에 임명하였다.

이집트 원정군 사령관에 임명된 나폴레옹은 1798년 5월 19일 38,000명의 병력과 다수의 학자를 대동하여 툴롱항을 출발하였다. 이 학자들이 이집트문화 연구의 선구자이며, 나아가 20세기까지 지속한 프랑스의 문화제국주의의 전초지를 이집트에 설치한 사람들이다. 툴롱을 출발한 이집트 원정군은 7월 1일 알렉산드리아에 상륙하여 7월 24일 5,000년의 역사와 클레오파트라의 낭만을 간직한 고도 카이로를 점령하였다.

이렇게 나폴레옹은 20여일 만에 이집트를 정복한 듯했으나 나폴레옹이 카이로에 입성한지 불과 8일 만에 불운한 사태가 돌연 발생했다. 8월 1일 넬슨이 지휘하는 영국함대가 아부킬

(Aboukir) 연안에 정박한 프랑스함대를 발견하고, 함장들이 닻을 미처 걷어 올릴 사이도 없이 이 함대를 격파했던 것이다. 넬슨의 승리로 나폴레옹은 병참선을 차단당하고 완전히 고립 상태에 빠졌다.

한편 본국 안에서는 정부의 무능으로 내치가 요란하고 당쟁이 심하여 민심이 이반(離反)되었다. 나폴레옹은 바로 이때가 정치적 일격을 가할 결정적 시기라고 판단하고 이집트원정군을 부하장군에게 인계하고 1799년 7월 23일 이집트를 탈출하여 그의 천재적 능력으로 프랑스의 난국을 타개해줄 것이라고 믿는 국민들의 열렬한 환영을 받으며 10월 12일 파리로 귀환하였다.

1799년 11월 19일 나폴레옹은 병력을 동원하여 상하 양원을 해산하고 3인으로 된 통령정부(統領政府)를 조직하고 그 자신이 제1통령이 되어 실권을 장악했다. 그는 강력한 행정부를 수립하고 1802년에는 입법부를 설복하여 임기를 10년으로 제한한 본래의 조목을 없애고 후계자의 임명권과 헌법의 임의 수정권(任意 修正權)을 가진 종신 제1통령이 되었다.

1804년에 그는 스스로 프랑스의 세습황제라고 선언하였다. 화려한 대관식이 12월 2일 파리의 노틀담 사원에서 거행되었다. 교황은 황제를 성화(聖化)하였다. 그러나 왕관은 나폴레옹 자신이 그의 머리에 올려 썼다. 1804년에 나폴레옹의 제정에 대한 국민투표의 지지도는 찬성이 3,572,329표였고 반대는 불과 2,579표였다. 여기에는 관권의 상당한 압력이 있었다고는 하지만 프랑스인의 대다수가 나폴레옹을 지지하였다는 것은 의심할 여지가 없다. 그의 군사적 승리는 프랑스인에게 민족주의의 증대를 야기하였고 그의 국내의 안정정책은 다시는 혁명적 혼란과 변화가 없으리라는 것을 프랑스인에게 보증하였던 것이다. 그는 먼저 나폴레옹 법전을 편찬하여 법률 앞에서는 만인이 다 평등함을 선포했으며 재정상으로는 납세의 평등정책을 실시했고, 또한 프랑스 은행을 설립하여 태환권(兌換券)의 발행을 단일화하였다. 그리고 교회재산과 망명귀족의 토지 일부를 시민과 농민의 손으로 돌아가게 하였다.

제2절 마렝고 전역

나폴레옹은 통령정치를 시작하자마자 곧 다시 출전해야만 했다. 유럽제국은 프랑스 국내사정이 혼란한 틈을 타서 오스트리아를 위주로 하여 1800년 2월 1일 제2차 대불동맹을 체결하였다.

나폴레옹은 당시 프랑스 민심이 평화를 희구함을 알고 각국에 친서를 보내어 화의를 제창하였으나 러시아를 제외한 각국이 이에 응하지 않자, 프랑스의 명예를 방위한다는 구실로 전쟁에 대한 여론의 지지를 얻어 철저한 징병을 시행함으로써 예비군이라는 이름으로 60,000명의 신군(新軍)을 디종(Dijon)에서 편성하기 시작하였다. 이때 프랑스 군대는 마쎄나가 지휘하는 이탈리아 방면군은 약 40,000명이 제노아-니스해안선에, 약 10,000명이 알프스 각 협로(挾路)에 배치되어 오스트리아의 멜라스(Melas)군 약 100,000명과 대치하여 있었고, 모로(Moreau)가 지휘하는 약 120,000명의 라인 방면군이 알사스와 스위스 방면에 주둔하여 라인강 우안(右岸)에 배치되어 있는 오스트리아의 크레이(Kray)군 약 120,000명과 대치하고 있었다.

오스트리아군은 라인강 방면에서 프랑스의 주력을 견제하는 동안 멜라스군은 이탈리아 서북부에 있는 마쎄나군을 공격하는 제노아를 포위 차단하고 니스 해안선을 따라 프랑스 본국으로 침입하여 7년간의 패전을 설욕하려고 하였다.

이제 나폴레옹은 통령으로서는 최초로 독립적인 입장에서 작전을 수행하게 되는데 병력에 있어서나 전반적인 상황이 프랑스에 아주 불리하였다. 그는 신편(新編) 중인 예비군을 어느 지점에 투입할 것인가를 결정할 단계에 이르렀다. 나폴레옹은 라인강 방면이 결정적인 지점이라고 판단하여 주공방향을 크레이군의 좌측 후방에 두려고 하였다. 이렇게 하여 일단 크레이군을 격파하면 프랑스 군은 저항을 받지 않고 비엔나까지 진군할 수 있으며, 때에 따라서는 이탈리아에 대하여 우세한 병력으로써 멜라스군의 후방을 차단하여 이를 섬멸할 수 있을 것

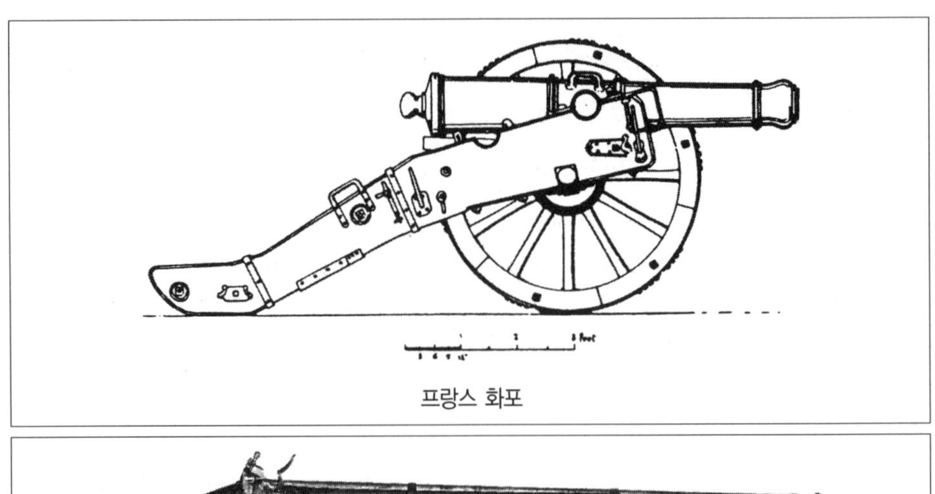

프랑스 화포

샬레비우 화승총

※ 출처: Thomas E. Griess ed., *The Wars of Napoleon* (Wayne, New Jersey: Avery Publishing Group Inc., 1984), p. 31.

으로 생각하였다. 그동안 멜라스군이 니스로 침입해 올 우려가 있지만 프랑스 심장부에 대한 직접적인 위협이 되지는 않을 것으로 판단하였다. 역시 결정적인 타격을 줄 수 있는 지역은 라인강 방면이고, 제노아-니스 해안은 2차적 문제라고 볼 수 있다. 이리하여 나폴레옹은 신편 예비군과 모로 군을 통합하여 크레이군보다 우세한 병력을 라인강 방면에 투입하려 하였다. 이때 나폴레옹의 계획은 라인강에 의하여 은폐된 샤파우젠(Schafhausen)과 슈타인(Stein) 부근에서 병력을 집결하여, 샤파우젠에서 라인강을 도하하여 그의 우세한 병력으로 크레이군의 좌후방(左後方)을 차단하여 라인강을 강압하는 것이었다. 그러면 크레이군은 섬멸되며 비엔나로의 직통로가 개방될 것이다. 이것은 나폴레옹이 그가 수행한 거의 모든 작전에서 적의 섬멸을 목적으로 하는 나폴레옹 전략의 한 모델이다.

여기서 잠시 우리는 나폴레옹이 그의 섬멸전을 성공시키기 위하여 거의 하나의 공식처럼 적용한 몇 가지 작전원칙을 고찰할 필요가 있다. 이것을 흔히 나폴레옹의 5대 작전원칙이라고 한다.

첫째, 단일 작전선의 원칙이다. 나폴레옹은 항상 병력의 주력을 결정적 지점이라고 생각되는 1개 방향에 집중했다. 만일 여러 작전선을 유지하는 경우는 적의 주력에게 공격할 기회를 제공하여 각개 격파당할 우려가 있다는 것이다.

둘째, 적의 주력을 공격목표로 삼는 원칙이다. 어느 도시나 기타 다른 군사력에 목표를 두는 것이 아니라 어디까지나 적의 주력에 목표를 둔다는 것이다.

셋째, 작전선을 선정하는 방법은 주력을 적의 한 측면, 가능하면 적의 후방에 위치시켜 적의 병참선을 차단할 수 있는 방법으로 작전선을 선정한다는 원칙이다.

넷째, 우회의 원칙이다. 세 번째 원칙의 연속이라 할 수 있는데 이것은 적의 전략적 측면, 다시 말하면 적을 가장 효과적으로 그의 병참선으로부터 구축해낼 수 있는 한 측면으로 병력의 주력을 우회시킨다는 것이다.

다섯째, 이상과 같은 제 원칙을 수행해 나가는 중에도 항상 자기 병참선을 확보하고 작전을 수행해야 한다는 것이다.

나폴레옹은 라인강 방면에 대한 그의 웅대한 계획을 수립했으나 모로와의 개인적인 알력 때문에 그의 계획을 철회해야만 했다. 여기서 나폴레옹은 자신이 직접 예비군과 더불어 새로 이탈리아로 침공할 것을 결심하였다. 그는 해안선으로부터의 진출작전은 무모하다고 판단하고 적이 전혀 예상할 수 없는 방향으로, 즉 알프스 산맥을 횡단하여 오스트리아군의 병참선을 차단하려 하였다. 이에 따른 나폴레옹의 전반적인 계획을 보면, 나폴레옹 자신이 예비군을 지휘하여 주공을 담당하여 알프스를 횡단함으로써 오스트리아군의 측방을 차단하고, 모로는 나폴레옹이 이탈리아를 침공하는 동안 도나우강 남안(南岸)으로 전진함으로써 나폴레옹군의 측방과 후방 엄호를 담당하고, 마쎄나는 그의 군을 제노아에 집결시켜 오스트리아군의 전진을 견제하려는 것이었다.

그런데 4월 상순 멜라스군이 예상외로 일찍 공격을 시작하여 볼트리(Voltri)에서 프랑스군을 격파하고, 마쎄나를 제노아에서 포위하여, 패주하는 마쎄나군의 잔병을 니스까지 추격하였다. 이에 나폴레옹은 라인 방면의 프랑스군과 예비군의 전투준비가 완료되지 못하였으나 마쎄나군이 격파될 것을 두려워하여 5월초에 자신이 직접 37,000명밖에 되지 않는 예비군을 이끌고 제네바를 출발하여 5월 15일부터 21일까지 무한한 고난을 극복하며 쌩·베르나르(St. Bernard) 관문을 통과하여 알프스를 넘었으며, 한편 모로에게 병력 15,000명을 파견하도록 명령하여 이 병력은 씸플롱(Simplon) 관문과 쌩 고따르(St. Gothard) 관문을 통과하여 롬바르디 평원에서 그와 합세하도록 하였다. 그리고 또 한편으로는 멜라스를 기만하기 위하여 5,000명밖에 되지 않는 소병력을 피드몬트 서쪽 몽 세니(Mt. Cenis) 관문에 보내어 양동작전(陽動作戰)을 취하도록 하였다.

이리하여 5월 24일에는 북부 롬바르디아에 도착하였으며, 이후 10일간 롬바르디아를 완전히 석권하고, 밀라노, 브레시아, 피아센자, 크레모나 등을 점령하여 니스에서 북진을 준비하고 있는 멜라스군의 병참선을 완전히 차단하였다. 그런데 6월 14일에 마쎄나는 제노아에서 항복하였으므로 나폴레옹은 마쎄나의 구원을 포기하고 멜라스군과의 결전을 촉구하였다. 이렇게 하여 마렝고 전투는 야기되었다.

마렝고 전역은 전투개시 전에 이미 어떤 면에서 보더라도 승부는 결정되어 있었다. 병참선을 차단당한 멜라스는 이미 전략적으로 패배하고 있었으므로 나폴레옹에게 남은 문제는 승리를 확인하기 위한 전술적 기동만이 남았을 뿐이었다. 그런데 상황이 이렇게 유리함을 과신한 나폴레옹은 오스트리아군을 경시하여 병력을 분산한 채로 전진하는 대과오를 범했다. 또한 볼미다(Bormida)강 위에 교량이 없다는 빅토르(Victor)의 허위보고를 믿고 적의 역습을 전혀 대비하지 않았다. 멜라스군은 6월 14일 아침 일찍이 볼미다강을 도하하여 그들의 병참선을 개통하기 위한 작전에 돌입했다. 수적으로 열세한 빅토르군(19,000명)은 우세한 멜라스군(31,000명)의 공격을 받아 뜻하지 않은 패전을 당하여 프랑스군은 마렝고를 빼앗기고 후퇴하지 않을 수 없게 되었다. 실로 나폴레옹의 운명도 위태로운 순간이었다. 그러나 70세의 노령인 멜라스는 초전(初戰)의 성공으로 승리를 확신하고 추격명령을 발하지 않고 자기 자신은 알레산드리아로 돌아가고 말았다. 이리하여 오스트리아군은 패주하는 프랑스군을 급추(急追)하지 않고 대종대(大縱隊)로 편성하여 도로를 따라 천천히 전진하였다. 이 동안 나폴레옹은 패주하는 패잔병들을 재집결하도록 호소하고, 그의 용감한 부하장수 드섹스(Desaix)로 하여금 그의 양 측면을 포병과 기병으로 엄호하고서 오스트리아의 대병력을 기다리던 중 이날 오후 5시 진지에 접근한 오스트리아군 전위대를 급습 돌진함으로써, 이에 프랑스군 전병력이 사기를 얻어 노출된 오스트리아군 북측면을 맹타하였다. 오스트리아군은 제대로 저항하지도 못하고 알레산드리아로 패주하였으며 그 절반은 포로가 되었다. 이렇게 하여 전의를 상실한 멜라스는 그 다음날 아침에 항복하고 전 오스트리아군은 민치오강 너머로 철수하였다.

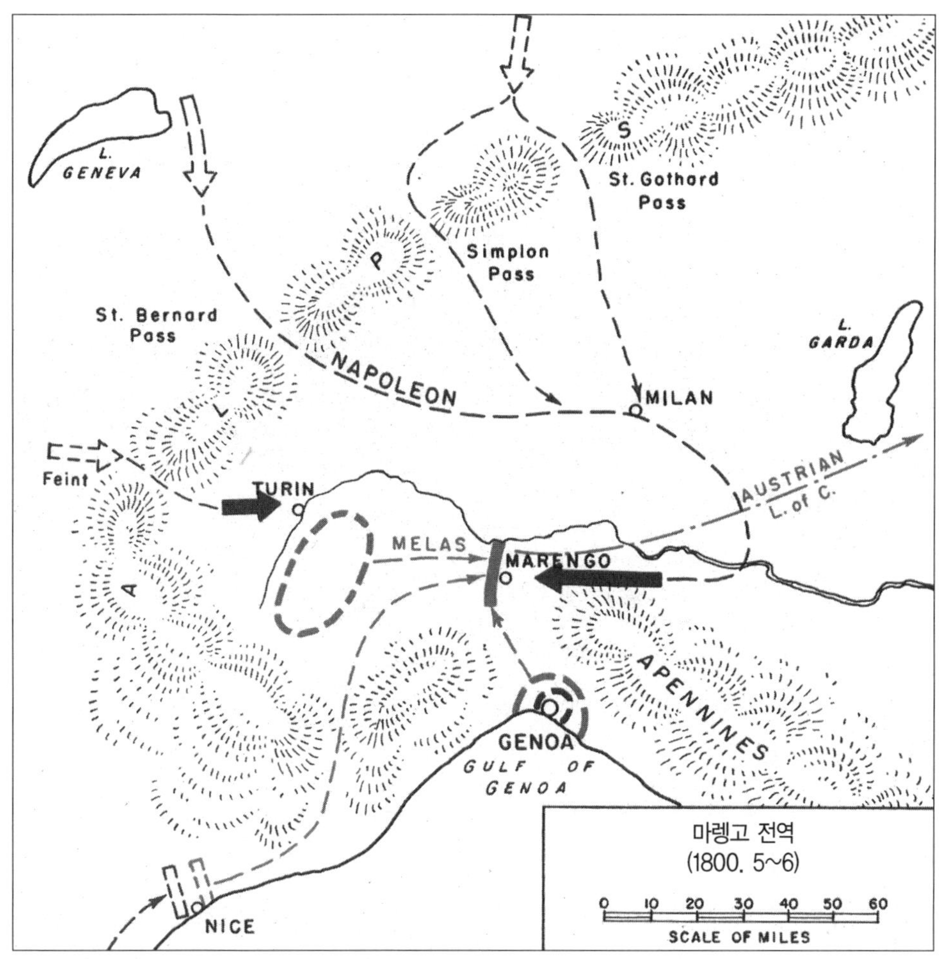

※ 출처: United States Military Academy, *Summaries of Selected Military Campaigns* (West Point, New York: US Military Academy, 1953), p. 18.

5월 15일부터 알프스산을 넘어 진군하기 시작한 지 1개월 만인 6월 15일 사이에 나폴레옹은 통령의 자격으로서 실로 자기의 운명뿐만 아니라 프랑스의 운명까지를 내건 이 전쟁을 승리로 이끌었다.

마렝고 전역은 전사연구가들의 많은 비난을 받기도 하나 애당초 이 전역은 처음부터 끝까지 본래의 계획대로 이루어진 전쟁이 아니었으므로 그가 주장하는 전쟁원칙, 작전원칙과 상반되는 사항을 많이 발견할 수 있다. 즉 주작전지역에 예비군을 사용하고, 제한되어 있는 출구를 이용해야만 하는 알프스 횡단작전을 시도했었고, 또한 알프스횡단 후에 자기 병참선을 적에게 노출시켰다는 점 등은 대모험의 연속이었고, 앞에서 설명한 나폴레옹의 5대 작전원칙과 위배되는 사항이라는 것을 알 수 있다. 그러나 전략전술의 원칙이라는 것도 근본적으로는 지휘관의 하나의 참고에 지나지 않으며, 이보다 앞선 것은 승리를 위한 정력과 확신이다. 나폴레옹은 전법에 대한 천재적 소질로서 임기응변에 의한 승전의 묘안을 짜냈으며, 여기에 온 정력을 쏟아 전쟁을 승리로 이끌었다. 특히 마렝고 전역에서 그는 다른 어느 전역보다도 그의 정력을 다하여 싸웠다.

마렝고의 승리는 나폴레옹의 지위를 확고하게 한 전역이었다. 바로 마렝고 전역의 결과가 그에게 황제의 자리를 제공해주었다. 그래서 나폴레옹은 후일 이 전역에서 사용했던 그의 무기나 모든 장식품을 무엇보다도 소중히 보존하였으며, 또한 이때의 이야기를 가장 즐겨하였다는 것은 이 전역이 참으로 나폴레옹의 운명을 좌우하는 분수령의 역할을 했기 때문일 것이다.

제3절 울름 전역

마렝고에서 대승을 거둔 나폴레옹은 1801년 2월 오스트리아와 루네빌 조약을 체결함으로써 대륙에서의 전쟁은 종결되었다. 이제 과거 수년간의 끊임없는 혁명으로 피폐한 국내질서는 제1통령인 나폴레옹의 강력한 지배에 의하여 회복되고, 점차 나폴레옹의 권력은 증대되었으며, 프랑스의 온 국민들은 정권의 안정을 추구하여 1804년 5월 18일에 나폴레옹을 황제로 받들었다. 따라서 훗날 나폴레옹은 "왕관을 내 자신이 개천에서 주운 것은 결코 아니다. 온 국민들이 내 머리에 씌워 주었다"고 자신 있게 말했다.

나폴레옹은 국력의 충실을 위하여 식민지경영에 힘을 기울이고 한편으로는 프랑스 산업의 보호를 위하여 프랑스에서는 물론 네덜란드와 이탈리아에서도 영국 상품에 중세(重稅)를 부과하는 관세법을 제정하여 수입억제정책을 취하였다. 이로 인하여 영국과의 아미앙 조약의 화의는 곧 붕괴되고 영국과 프랑스는 다시 교전상태에 들어가게 되었다. 나폴레옹은 볼로뉴

부근의 협소한 지역에 대병력을 집결하여 대영상륙작전(對英上陸作戰) 준비에 박차를 가했다. 이렇게 나폴레옹의 관심이 영국에 쏠린 틈을 타서 오스트리아와 러시아는 영국과 더불어 1805년 8월에 제3차 대불동맹을 체결하고, 배후에서 대불작전을 준비하고 있었다. 이리하여 나폴레옹은 대영상륙작전을 보류하고 볼로뉴에 집결시킨 병력을 전향(轉向)하여 오스트리아와 러시아군을 격파할 결심으로 독일방면으로 집중하였다. 여기서 황제 나폴레옹의 최대 전역인 울름 전역이 전개되었다.

8월 하순 동맹군은 약 95,000명의 러시아군이 오스트리아군과 합세하기 위하여 서진하고 있었으며, 각각 25,000명씩의 2개 부대가 해로를 이용하여 북부에서는 하노버에 상륙하고 지중해 방면에서는 나폴리에 상륙할 계획을 추진 중에 있었다. 그리고 오스트리아군은 찰스 대공이 128,000명의 대병력으로 이탈리아 북부지역에 공세를 취하고 50,000명의 마크(Mack) 군은 러시아군이 도착할 때까지 또는 이탈리아 방면에서 승리할 때까지 독일 방면에서 수세를 취하려는 계획으로 비엔나를 출발하여 9월 25일경에는 울름 부근에 도착하였다.

한편 나폴레옹은 바바리아군 20,000명을 전방에 위치시키고 그의 주력 185,000명을 라인강 서안에 배치했다. 그는 부하장수들을 시켜서 작전예상지역을 답사하도록 하고 도나우강 지류, 그 양안, 블랙 · 포리스트, 중요한 요새와 도로 등에 관한 정확한 정보를 획득했다. 그는 명확하고도 세밀한 작전계획에 의하여 50,000명밖에 안 되는 적에 대하여 약 200,000명의 대병력을 투입했다. 여기서 우리는 압도적으로 우세한 병력을 결정적 지점에 투입한다는 그의 작전 개념을 잘 관찰할 수 있을 것이다. 그는 마크 군을 북방으로부터 우회하여 전략적 광정면 대우회기동(戰略的 廣正面 大迂廻機動)을 감행함으로써 마크 군으로부터 비엔나로 연결되는 병참선을 차단하고, 나아가 도나우강 계곡으로 섬멸하려고 하였다. 그동안 뮈라(Murat)의 기병대는 마크 군을 기만하여 울름 부근에 고착시켜 두기 위하여 블랙 · 포리스트 전면에서 양동하도록 하였다.

이러한 작전계획에 따라 프랑스군은 8월 28일부터 하루 평균 20km를 행군하여 9월 25일에는 라인강 서안에 집결 완료했으며, 이때 나폴레옹은 대부대의 기동의 기도비닉을 유지하기 위하여 한참동안 볼로뉴에 머물러 있었으며, 라인강의 병력에 관한 기사를 신문에 일체 쓰지 못하도록 조치하였다. 9월 26일, 만하임(Mannheim)으로부터 켈(Kehl)까지의 110km에 걸친 광정면(廣正面)에서 라인강을 건너 10월 6일에는 도나우강에 도착하였다. 물론 라인강을 도하할 때 뮈라의 기병대가 블랙 · 포리스트 전면에서 도하작전을 엄호했으며 황제군의 진격방향을 기만하는 양동작전을 썼다. 도나우에 도착한 나폴레옹 대군은 울름시의 동북방으로

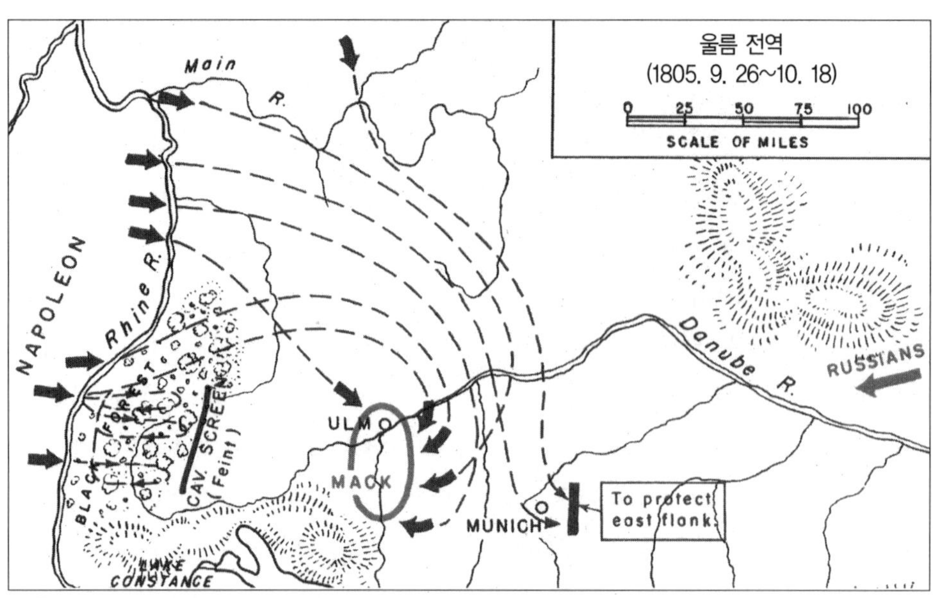

※ 출처: United States Military Academy, *Summaries of Selected Military Campaigns* (West Point, New York: US Military Academy, 1953), p. 19.

부대를 전개하고, 그 다음날부터 도나우뵈르트(Donauworth) 부근에서 도나우강을 건너기 시작하였다. 이때 프랑스군은 마크군보다 훨씬 더 비엔나에 가까이 있었다.

마크군은 8일에야 그의 병참선이 차단될 우려가 있음을 간파하고 울름에서 프랑스군의 도하를 저지하려고 동쪽으로 진출했으나, 이미 프랑스군이 도나우강을 도하하여 그의 병참선을 차단하고 대병력이 포위해오고 있기 때문에 다시 울름으로 후퇴하지 않을 수 없었다. 이때 나폴레옹은 마크군의 탈출을 방지하고 자기 병참선을 보호하기 위하여 네(Ney) 군단을 도나우강 북방에 위치시키고 대군을 지휘하여 마크군에 대한 작전지휘를 뮈라에게 일임하고, 자신은 진출 중에 있는 러시아군에 대한 작전을 담당하여 신속히 뮌헨(Munchen)로 진출하였다. 뮈라는 울름에 있는 마크군을 총공격하기 위해서 네 군단에게 강 남안(南岸)으로 도하하여 합류할 것을 명령해버렸다. 이는 나폴레옹 황제의 의도를 간파하지 못한 부하장수의 큰 과오였다. 그 동안에 마크는 도나우강 북안으로 진출하여 네의 1개 사단을 격파하고 하이덴하임(Heidenheim)으로 진격함으로써 나폴레옹의 병참선을 차단하려고 하였다.

한편 나폴레옹은 러시아군의 위협이 대단치 않음을 확신하고 일부 부대를 뮌헨에 잔류시키고 나머지 전 부대를 회군시켜 울름지역의 마크군을 격파하려고 서방으로 기동하였다. 울름 전역에 다시 돌아온 나폴레옹은 네 군단이 도강한 것을 알고 크게 노하여 그는 즉시 네 군단을 차출하여 강 북방으로 진출시켜 적의 북상을 저지케 하며, 울름에 잔류하고 있던 마크군의 주력을 포위하여 총공격하게 되니 마크군은 드디어 20일 항복하였다. 한편 하이덴하임으로 탈출한 마크군의 일부 부대는 뮈라 기병대의 추격으로 거의 전원이 포로가 되었다.

이로써 나폴레옹은 라인강을 도강한 지 3주일 만에 바바리아에 침입한 오스트리아군을 완전히 격파했으며 울름 포위전 후 도착 중에 있는 러시아군을 격파하기 위하여 비엔나로 진출하게 되었다.

울름 전역은 원래 작전계획의 원안 그대로 수행된 작전이었다. 따라서 이 전역은 우리에게 좋은 교훈을 주고 있으며 나폴레옹 전략을 도출할 수 있는 표본이라고 할 수 있다.

이때의 프랑스군은 다른 어느 때보다 우수한 정예군이었다. 나폴레옹은 먼저 결정적인 지점이 독일방면임을 간파하여 마렝고 전역 때 모로의 반대로 실현시키지 못했던 그 꿈을 울름에서 실현했다. 프랑스군의 우수성은 200,000명의 대병력이 하루에 평균 20km씩 행군을 계속하여 800km의 유럽대륙을 횡단한 그 기동력만 보아도 알 수 있을 것이다. 이렇게 신속한 기동으로 마크군의 배후로 진격하면서 나폴레옹은 110km가 넘는 광정면에서 라인강을 도강한 후 그 정면을 95km로 급격히 축소시키고 적과의 접촉이 임박해짐에 따라 정면을 다시 45km로 축소시켜 군을 집결하였다. 여기에 집결한 부대는 이탈리아 북부에 있는 50,000명의 마쎄나군을 제외한 전군이며 이러한 집결은 마쎄나로 하여금 수적으로 3배에 가까운 오스트리아군 주력을 견제하도록 하는 병력절용으로써만이 수행할 수 있었다. 그는 그의 실제 병력이 적보다 열세한 경우에도 항상 병력의 우세를 확신했다. 나폴레옹군은 결정적인 순간과 지점에서 압도적으로 우세한 병력을 확보할 수 있는 데서 그의 위대성을 발견할 수 있다.

오스트리아군과 러시아군의 총 병력이 숫자적으로 적지 않은데도 불구하고 나폴레옹은 주력으로 오스트리아군과 러시아군이 합세하기 전에 적을 격파했다. 마크군을 격파하는데 있어서도 적의 전략적 측면을 차단하는 간단한 기동으로써 목적을 달성했다. 이리하여 이 전투는 전략적 대우회기동의 완전무결한 대표적인 예가 되었다.

제4절 아우스터리츠(Austeritz) 전역

울름 전역에서 마크군을 격파한 나폴레옹은 계속하여, 오스트리아군을 구원하기 위하여 급진 중에 있는 러시아의 쿠투소프(Kutusov)군 약 50,000명에 대한 작전으로 바꾸었다.

나폴레옹군은 대병력을 전진시킴에 있어 해결해야 할 가장 곤란한 문제는 식량문제였다. 나폴레옹은 이 문제를, 현지에서 필요한 보급품을 조달해야 한다는 원칙 하에 각 사령관에게 지시했다. 그러나 이와 같이 현지기지에 의존하는 병참조달은, 항상 승리할 수 있으며 또한 평야에서 식량을 구할 수 있는 특정조건 하에서는 가능하지만, 만일 야전에서 식량을 구할 수 없는 계절이나 장소에서, 또는 적에 의하여 기습을 받는 경우에는 매우 불행한 결과를 초래할 것이다. 현대군대와 비교하여 나폴레옹 군대의 취약점은 바로 이와 같은 원시적인 현지조달식의 병참문제였다.

나폴레옹은 일부 병력을 티롤지방에 보내어 오스트리아군을 평정하게 하고 자기병참선을 유지하게 하는 한편 나머지 전 부대로써 도나우강 우안(右岸)을 따라 1일 평균 20km의 행군속도로 쿠투소프군을 추격하여 11월 13일에 비엔나에 입성하였고, 계속하여 도나우강을 넘어 쿠투소프군을 추격하던 중, 이들이 후방에서 진출한 뷕스훼덴(Buxhoden)군과 모라비아(Moravia) 지방에서 합류하였으므로 추격을 중지하고 11월 20일에 브륀(Brünn)전방에서 대치하였다.

이때 동맹군은 오스트리아의 페르디난트(Ferdinand) 대공 휘하에 약 20,000명의 병력이 프라하에 있었으며, 나르부르그(Narburg)에 약 80,000명의 병력이 북부 이탈리아의 티롤 지방으로부터 퇴각하여 찰스 대공 휘하에 합류하였고, 모라비아 지방에 약 90,000명의 러시아군이 알렉산더(Alexander) 휘하(실질상으로는 쿠투소프 휘하)에 있었다. 이에 대하여 나폴레옹은 비엔나 부근에 약 98,000명의 가용병력을 갖고 있었다. 우리는 여기서 나폴레옹의 병력이 400km의 연장된 전선에 배치되어 있음에도 불구하고, 외선 상에 2개로 양분되어 고립된 집단을 형성하고 있는 적보다 유리한 포진을 취하고 있음을 알 수 있다.

나폴레옹이 당면한 전략적 과제는 동맹군의 상호지원을 막는 것과 비엔나를 통하는 자군의 병참선을 보호하는 것이었다. 이에 그는 비엔나 부근에 약 20,000명의 병력을 남겨놓고, 나머지 전군으로 북진하여 나폴레옹 특유의 전략적 돌파를 수행하려고 하였다. 그는 병력을 모라비아 지방과 브륀 근처에 배치시켜 놓고, 필요한 경우에는 모라비아 지방의 어디에나 48시간 이내에 70,000명의 병력을 집결시킬 수 있도록 해두고 동맹군의 움직임을 주시하며 잠시 동안 방어태세를 취했다. 나폴레옹군은 빨리 일전을 서둘러야 했으나 그의 병참선이 너무 연장되었으므로 적이 먼저 공격해오기를 기다렸다. 이와 같은 경우 연합군은 응당 회피전술을 써야 되는데도 불구하고 그들은 프랑스군을 공격할 결심 아래, 27일 프랑스군의 우익으로 우회해서 프랑스군의 병참선을 차단하기 위하여 올쉬안(Ollschan)을 떠나 남진하기 시작했다. 이때 뮈라의 기병이 러시아군 전위대 앞에서 즉시 철수하여 적정(敵情)을 보고해왔으므로, 나폴레옹은 다부(Davout), 모르티어(Mortier), 베르나도트(Bernadotte) 등을 즉시 급행군하도록 조치하였다. 그리고 그는 아우스터리츠의 한 고지에 올라가 적의 동태를 주시하고는, 적이 만일 공격해오면 프라첸(Pratzen) 고지에서 결전하려는 결심을 했다. 그는 프라첸 진지를 먼저 점령하면, 적이 그의 우측 후방으로 우회하여 병참선을 차단하려는 적의 기도를 좌절시킬 수는 있으나 적을 완전히 포착 섬멸할 수는 없음을 알고서 러시아군에게 유인작전을 썼다. 즉 그는 12월 1일까지 약 75,000명의 병력을 아우스터리츠 서방의 브륀-올뮈츠 가도(街道)에 집결하고 적의 기동을 촉진시키기 위하여 전술적으로 중요한 프라첸 고지를 방치하고 일부 병력(2개 사단)을 고지 서방의 저지대에 두어 적이 이 고지를 점령하면 곧 내려다 볼 수 있게 하였으며, 그 우측으로 1개 사단의 병력(약 9,000명)을 약 3km 이상 분산해서 골드바하(Goldbach)강에 연하여 배치했다. 이렇게 배치한 나폴레옹의 의도는 적이 나폴레옹군의 약한 우익으로 공격해올 것이 명백하므로 적을 유인한 후에 그의 좌익군으로서 노출되는 적의 후방을 차단하고 싸찬(Satschan)연못으로 압축하여 적을 섬멸하려는 것이었다.

전투는 나폴레옹이 예상했던 대로 12월 2일 아침에 일어났다. 아침 7시경 나폴레옹은 러시아군의 대병력이 그가 만들어 놓은 함정 속으로 진격해오는 것을 보고 회심의 미소를 띠었다. 러시아군은 대병력으로 골드바하강을 향하여 전진하였다. 러시아군이 강을 막 건너려고 할 때 나폴레옹은 중앙을 담당하고 있던 술트(Soult)군을 프라첸 고지로 진격시켜 전술적 요지를

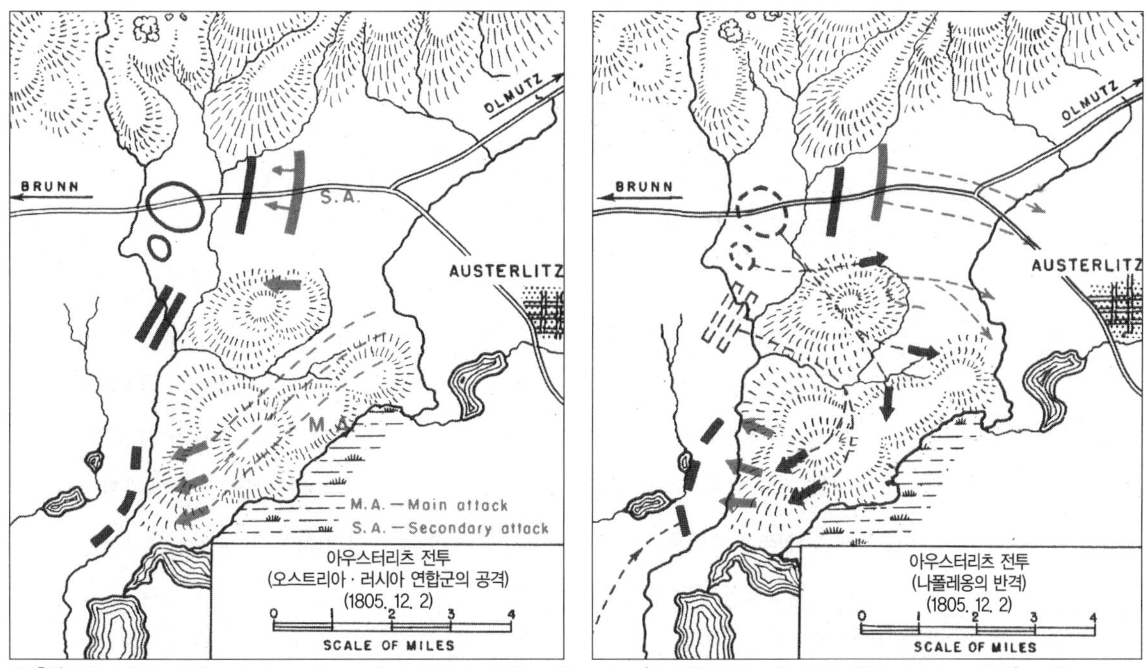

※ 출처: United States Military Academy, *Summaries of Selected Military Campaigns* (West Point, New York: US Military Academy, 1953), p. 19.

점령함으로써 적을 분리시키고 중앙을 돌파하여 우익 깊숙이 들어온 적 주력을 배후로부터 포위하였다. 이것으로써 전세는 결정되었다. 함정에 빠진 러시아군은 분리된 패잔병들이 싸찬연못의 얼음 위에서 또는 연못과 연못 사이의 제방에서 토끼몰이를 당했다. 또한 중앙과 좌익에서도 러시아군을 다시는 저항하지 못할 정도로 격퇴시키었다.

이리하여 나폴레옹은 6,800명 미만의 손실로 동맹군에게는 포로 15,000명과 사상자 12,000명 이상의 손실을 주어 결정적 승리를 거두었다. 이러한 동맹군의 손실은 총 병력 30%에 불과했지만 나머지 70%의 패잔병은 완전히 전의를 잃어버려 더 이상 전투를 계속할 수 없었다. 이에 러시아 황제는 오스트리아 황제와의 상의도 없이 귀국하였고 12월 4일 오스트리아 황제가 나폴레옹의 막사를 몸소 찾아와서 무조건 항복과 다름없는 휴전조약을 체결하였다.

이로 인하여 3차 대불동맹은 와해되고 나폴레옹은 이탈리아왕의 자리까지 차지했으며, 또한 독일 서부의 크고 작은 16개의 후국(侯國)을 통일하여 라인동맹을 체결함으로써 유사시에는 프랑스에 60,000명의 병력을 제공하도록 하였다.

한편 대불동맹의 맹주격의 영국 수상 피트(Pitt)는 아우스터리츠 전역의 대패의 소식을 듣고 자기 방에 걸려있는 지도를 제거하도록 하며, 앞으로 10년간은 필요 없는 지도라고 하였다. 그는 그 후 곧 병석에 누워 1806년 1월 23일 "오호 대영제국의 앞날은…" 하고 부르짖으며 프랑스 방향에 고개를 떨어뜨리며 눈을 감았다.

아우스터리츠 전역은 전쟁원칙에 큰 기여를 했다. 즉 아군의 일부를 제공하여 적으로 하여금 그의 근시적 목적을 달성케 하며, 그리하여 여기서 생기는 적의 약점을 포착하여 대승을 거두는 유인전술을 사용했다. 아우스터리츠 전역은 나폴레옹으로 하여금 프랑스군의 우익을 적이 포위 공격하게 하고, 이 동안에 주력을 이끌고 적의 우익 및 중앙을 돌파하여 승리를 거둔 것이다. 이와 같은 것은 최고사령관이 전장에서 항상 결정적인 장소와 결정적인 시기를 포착하여 주력을 투입할 때 성공할 수 있다. 만일 결정적인 장소와 결정적인 시기에 투입할 새로운 군대를 갖고 있지 않다면 전투를 승리로 이끌 수 없다. 따라서 지휘관은 최후의 예비대를 너무 빨리 소모하는 것을 피하고 나폴레옹이 수행한 것처럼, 전투의 승패가 결정적인 시기와 장소에다 투입해야 한다. 아우스터리츠 전역에서도 나폴레옹은 정예부대인 우디노(Oudinot) 부대와 베씨에르(Bessieres)의 근위대 부대를 전혀 사용치 않다가, 동맹군의 좌익을 격파하는 결정적인 시기에 투입했던 것이다.

한편 동맹군은 분산방어 중인 프랑스군에 대하여 우익으로서 프랑스군의 주력을 견제하도록 하고 좌익으로서 프랑스군을 우회하여 비엔나에 이르는 프랑스군의 병참선을 차단한다는 계획 자체는 대단히 우수한 것이었다. 그러나 견제임무를 맡은 바그라찌온(Bagration)군이 적극적인 행동을 취하지 않았으므로 견제가 실패했으며, 또한 주력이 골드바하강으로 진출하여 전략상 중요 고지인 프라첸 고지에 아무 대책 없이 행동한 것이 큰 패인이었다.

제5절 예나 전역

아우스터리츠 전역의 결과 제3차 대불동맹을 와해시킨 나폴레옹은 남부 독일제국과 더불어 라인동맹을 체결함으로써 상승황제(常勝皇帝)로서의 지위를 더욱 확고히 하였다. 그러나 이 동맹은 유럽제국의 공포를 조성하였을 뿐만 아니라 한 걸음 더 나아가 프러시아를 자극하기에 이르렀다. 왜냐하면 1795년 이래 프러시아는 대불전쟁에서 확고히 중립을 유지해왔음에도 불구하고, 라인동맹을 체결하여 프랑스가 남부 독일에까지 세력을 확장하였기 때문이다. 이에 자극된 프러시아는 영국과 러시아의 지원을 받아 대불전쟁에 임하게 되었다.

또한 개전(開戰)의 직접적인 원인은 하노버 문제였다. 나폴레옹은 원래 영국과의 강화조약에서 하노버를 영국에게 환부(還付)하기로 약속해두고, 그 후 프레스부르그(Pressburg) 평화조약 때는 일시적으로 프러시아와의 적대관계를 피하고자 프러시아에 이양할 것을 약속하였다. 이러한 사실을 탐지한 프러시아는 나폴레옹의 모책(謀策)에 이용당한데 분개하여 영국과 제4차 대불동맹을 체결하게 되었다. 그 반면에 프러시아의 태도에 격분한 나폴레옹은 프러시아가 유럽의 중앙부에 위치하여 중립을 유지하지 않는 한 영국에 대한 대륙봉쇄정책에 막대한 장애가 되므로 언젠가는 프러시아에 대한 일격을 결심하지 않을 수 없었다. 그후 나폴레옹은 프러시아에 대한 도전적 외교를 감행함으로써 프러시아를 격분케 하여 개전을 서둘렀다. 한편 영국, 러시아 양국은 이 기회를 이용하여 프러시아를 지원할 것을 확약하자 이에 힘을 얻은 프러시아는 1806년 10월초에 프랑스에 대해 프러시아의 북부독일동맹 체결에 간섭하지 말 것과 10월 8일까지 라인동맹제국에 주둔하고 있는 프랑스군을 라인강 이서(以西) 프랑스 본토로 철수할 것을 요구함에 이르렀다. 이의 회답으로 나폴레옹은 군대를 동원하여 진격을 시작하였으므로 프러시아는 10월 8일에 대불 선전포고를 하여 개전하게 되었다.

나폴레옹은 울름 전역에서와 같이 정찰반을 편성하여 밤베르그(Bamberg)로부터 베를린(Berlin)간에 이르는 전 작전지역내의 도로와 제반 하천 등을 정찰하게 한 후에, 그는 마치 울름 전역과 흡사한 작전계획을 수립했다. 울름 전역에서 나폴레옹군이 마크군의 우 측방으로 우회하여 퇴로를 차단한 것과 같이, 그는 라인강을 출발하여 엘베강을 기지로 하여 프러시아군의 우측방으로 우회함으로써 퇴로를 차단하고자 했다. 그리하여 동생 루이(Louis) 부대를 베젤(Wessel) 부근에 모르티어의 8군단을 마인쯔(Mainz)에 배치하여 라인강선을 확보하도록 하고, 200,000명에 이르는 그의 주력을 프러시아군이 전진하기 전에 프러시아군의 좌측방으로 우회하여 엘베 기지와의 병참선을 차단하기 위하여 라인강과 밤베르그(Bamberg)를 연하는 선에 배치하였다.

한편 프랑스에 의하여 자극된 프러시아는, 그의 병력 100,000명으로서 러시아군의 지원을 기다릴 여유도 없이 프랑스에 대한 적개심을 진정시키지 못하고 잘레(Saale)강 연안으로 진출했으나, 츄링겐(Thuringen) 삼림지대의 북쪽 배사면(背斜面)에서 일단 방어선을 펴고서 지지(遲遲)하게 작전계획을 논의할 뿐 지휘의 통일을 보지 못한 채 실질적으로 아무런 행동도 취하지 못했다.

나폴레옹은 코부르그(Coburg)로부터 뮌히베르크(Munchberg)에 이르는 60km 전선에서 3개 종대로 2일간의 행군거리를 유지하면서 프러시아군의 좌 측방으로 진출 중에 있었는데, 이 기동 방식은 필요하다면 48시간 이내에 그의 전 병력을 1개 지점으로 집결시킬 수 있는 밀집 기동방식이다. 10월 10일 좌익의 란느(Lannes)가 잘레(Saale)강에서 적 전우대와 최초 접전을 가졌는데, 이때 란느는 적 전위대를 주력으로 오인한 나머지 그의 전 병력을 투입하여 잘러강을 도하하기 시작했다. 한편 나폴레옹은 그의 주력을 우회시켜 바이마르(Weimar)와 엘베강에 이르는 병참선을 차단하여 적의 주력이 집결되어 있는 것으로 예상되는 바이마르로 집중 공격하려 하고 있었다. 그런데 성급하게 잘러강을 도하하여 예나(Jena)로 접근하는 란느 부대가 고립될 염려가 있기 때문에 그의 주력을 급히 예나로 집결시켰다. 이 결과 병참선을 차단하기 위하여 멀리 북방으로 기동하였던 다부 군단은 주력과 분리되었다. 나폴레옹은 예나 전방의 한 고지에서 적정을 관측한 후 정면의 적이 프러시아군의 주력이라 판단하고 전 부대를 예나로 집결하도록 명령하는 한편, 도착하는 부대를 속속 전투에 투입하여 적을 격파하였다.

그러나 나폴레옹이 예나 바로 정면에 있는 적을 격파함으로써 적의 주력을 격파한 것으로 오인하고 있을 때, 프러시아군 주력은 아우엘슈테트(Auerstädt)에서 다부군과 격전 중에 있었다. 프러시아군 약 5만 명은 13일 바이마르로부터 동북방으로 철수하다가 아우엘슈테트 근처에 프랑스군이 배치되어 있음을 발견하고 그들은 프랑스군이 소수라고 판단하여, 간단히 소탕하기 위해서 프랑스군의 정면과 좌익으로 포위 공격했다. 그러나 다부는 프러시아 기병대의 우회에 대하여 침착하게 부대를 지휘하여, 보병을 연장시켜 놓고 일제 사격으로 막아냈으며, 그 여세를 몰아 총반격으로 나섰다. 프러시아군은 또다시 다부의 새로운 공격을 받아 전 병력이 바이마르 방면으로 총퇴각하였다. 한편 나폴레옹은 양 지역에서 전승한 부대에게 휴식도 주지 않고 일부는 패주하는 적을 추격하게 하고, 자신은 군 주력을 이끌고 베를린으로 향하였다. 이리하여 11월 6일까지 프러시아군의 대부분은 포로가 되었다.

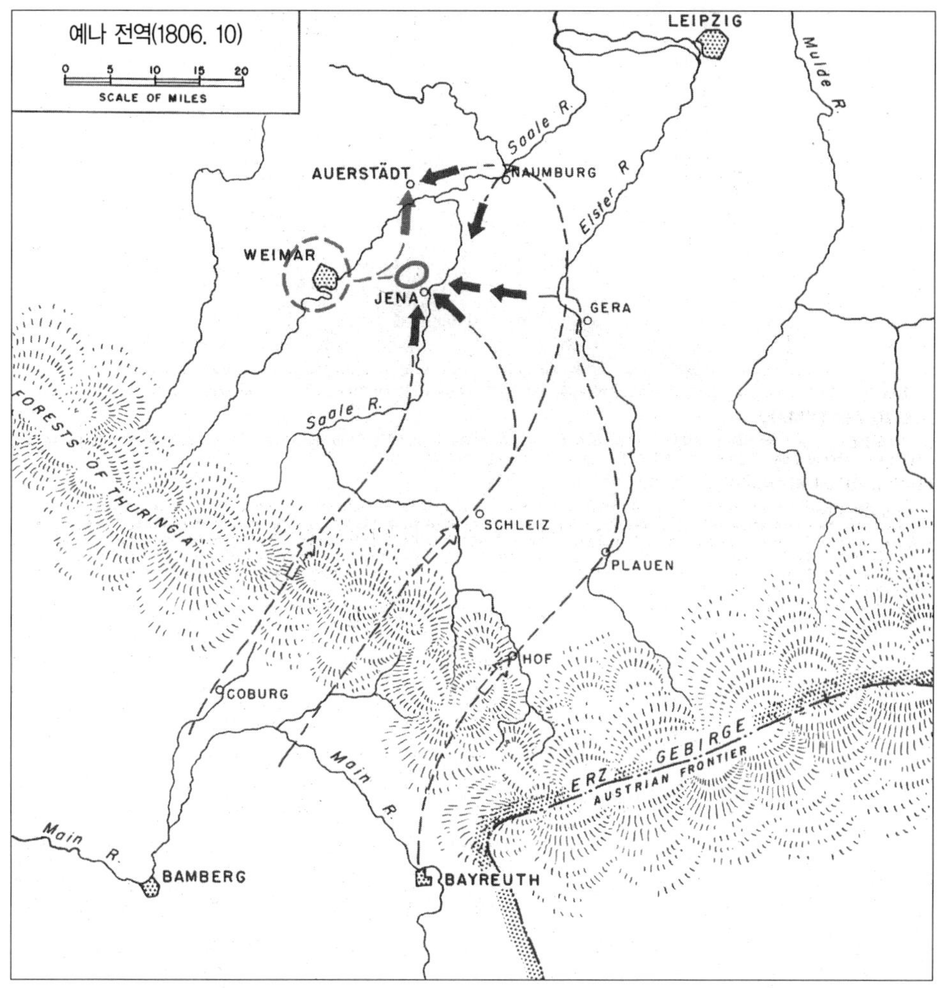

※ 출처: United States Military Academy, *Summaries of Selected Military Campaigns* (West Point, New York: US Military Academy, 1953), p. 20.

우리는 이 전역에서 또 다시 나폴레옹이 적을 격멸하기 위해서 적의 병참선을 차단하는 전법을 기도했던 것을 발견할 수 있다. 즉 1800년 마렝고 전역에서 멜라스를 격멸한 것이라든지, 1805년의 울름 전역에서 마크군을 격멸한 것은 어떠한 지리적 조건에서 초래된 결과가 아니라 적의 병참선을 차단하려는 전쟁원칙의 실현이었다. 그런데 이와 같이 적의 병참선을 차단하기 위해서는 우회기동의 방법을 사용해야 하는데 이때 적도 마찬가지로 우회기동을 할 것이므로 지휘관은 적보다 부대를 신속히 기동하여 선제공격을 감행해야 할 것이다. 이 전역은 나폴레옹이 말하는바 "나는 적이 회의 중일 때 기동한다"라는 나폴레옹의 작전방식을 가장 잘 예증한 전투이다.

프러시아군은 작전 중 지휘관의 불화가 계속되었다. 이들 지휘관의 불화는 통합지휘가 곤란할 뿐만 아니라 작전실패의 원인이 되었다. 즉 프러시아군은 최초 국경선상의 산맥을 횡단하여 프랑스군을 공격할 것을 기도했으나, 각 군 지휘관의 의견이 일치되지 않고 작전회의만 계속되었다. 이 타협의 결과 츄링겐 삼림지대 후방에서 나폴레옹의 진출을 대비하는 계획으로 변경되었다. 그 후 프러시아군은 나폴레옹의 맹공을 받게 됨으로써 공격의 시기를 상실하게 되었고, 또한 장군간의 불화는 계속되어 결국 후퇴하지 않으면 안 되었다. 이와 같은 사실을 볼 때 프러시아군의 패배는 병력의 열세나 지형적 불리나 또는 나폴레옹의 우월 때문이라기보다도 프러시아군의 통합지휘가 결여됨으로써 패배하였다고 해도 과언은 아니다.

제4장 쇠퇴기 작전

제1절 스페인 원정

나폴레옹은 예나에서 프러시아군을 대파한 후에 계속 비스툴라(Vistula)강으로 진출하여 풀투스크(Pultusk), 아이라우(Eylau), 프리드란트(Friedland) 등의 지역에서 프러시아군의 원군으로 출전한 러시아군을 격퇴하고 1807년 7월 9일 니멘(Niemen) 강에 접해 있는 틸지트(Tilzit)에서 러시아군 및 프러시아군의 휴전제의를 받아들이고 조약을 체결함으로써 프러시아-러시아 원정(遠征)의 막을 내렸다.

틸지트 조약으로 프랑스의 유럽지배권이 확립되었으며, 나폴레옹의 권위는 절정에 달했다. 이제 유럽에서는 영국만이 프랑스제국에 대항하고 있었다. 그런데 영국은 나폴레옹이 울름 전투에 승리하여 비엔나로 진격하고 있던 1807년 10월 30일에 트라팔가 해전에서 대승함으로써 제해권을 확보하고 있었기 때문에 나폴레옹의 권위에 굽힘이 없이 저항을 계속하고 있었다.

영국은 유럽대륙에 대하여 해안봉쇄를 시행함으로써 나폴레옹의 지배 하에 있는 각국에 경제적 압력을 가하였다. 이에 대해 나폴레옹은 대륙봉쇄로써 영국 상품이 대륙으로 유입되는 것을 방지하여 오히려 영국을 역봉쇄하려고 하였다. 이렇게 함으로써 영국이 원하는 대륙의 경제적 파탄이 일어나기 전에 먼저 영국을 굴복시키려는 것이었다. 그리하여 나폴레옹은 1806년 11월의 베를린 칙령으로 영국 상품의 모든 상거래를 금지시키고, 1807년 12월에는 밀라노 칙령으로 영국과 교역을 하는 전 중립국 선박의 나포를 명령하였다. 이리하여 나폴레옹의 종속국과 동맹국은 나폴레옹의 대륙봉쇄정책에 순응하거나, 참고 기다리지 않으면 안 되는 곤경에 빠져 있었다.

이때 스페인이 대륙 봉쇄령에 반대하고 영국과 밀무역을 하고 있었으므로 나폴레옹이 분개하여 침략의 기회만 노리고 있었다. 마침 이때 스페인 국왕 찰스 4세가 노쇠하여 국정을 왕비가 전적으로 수행하고 있었으므로 황태자와 왕비 간에는 불화와 반목에 의한 당쟁이 나날이 격화되었다. 이 기회를 이용하여 나폴레옹은 1808년 5월에, 영국에 대한 해안경비를 구실로 뮈라에게 약 10만의 병력을 주어 수도 마드리드와 각 요소를 점령하게 하고 뮈라를 스페인 총독으로 임명하여 마드리드에 상주하게 하는 한편, 나폴레옹 자신은 권모술수로써 왕과 왕자 간을 이간시켜 왕위를 퇴위하게 하고 당시 나폴리왕이었던 형 죠셉을 스페인왕으로 봉함으로써 스페인 점령의 목적을 달성하였다.

그러나 스페인 국민의 불만은 날로 격화되었으며 외국인 집정자에 대한 배격운동이 전국적으로 번졌다. 그리고 영국에 원조를 요청하자, 영국은 영국 · 스페인 · 포르투갈 삼국동맹을 체결했으며, 스페인은 각지에 산재한 병력 약 80,000명을 동원하여 점령군에 대항했다. 그러나 이들 정규군은 프랑스군과 상대할 수 없었으며 1808년 7월 14일에는 도처에서 프랑스군에게 격파되었다.

그러나 스페인국민은 전국적인 반프랑스운동을 전개했으며, 또한 격파된 스페인군은 도처에서 산악을 이용하여 불규칙적이고 불완전하게 전개하는 유격전으로 전환하였다. 즉 스페인 전국민은 일종의 비적(匪賊)과 같이, 적의 대부대를 피하여 소부대를 습격하거나, 또는 토벌작전에 대항하여 하나의 사찰이나 촌락을 보루화(堡壘化)하고 부상자가 속출되면 이들을 대신하여 부녀자까지 직접 전장에 투입되었다. 또한 프랑스군이 많은 손실을 감수하면서 설사 어떤 지역을 점령하더라도, 그들이 철수하면 즉시 도처에서 운집하여 봉기하는 한편, 전령이나 낙오병을 살해하고, 막사를 소각하며, 치중대(輜重隊)를 습격하였다.

나폴레옹은 이러한 스페인 국민의 저항을 정규적으로 진지를 구축하고 야전에서 적을 격파하는 방법으로는 진압할 수 없었다. 지금까지 프랑스군은 나폴레옹의 전략에 의하여 당시의 정규전에서는 어떤 군대도 격파할 수 있었으나, 스페인의 원시적인 저항형태인 게릴라전에는 고전을 면치 못했으니 이것이 현대적인 게릴라전의 시초가 된다.

이렇게 되자 영국은 많은 군수물자를 보내어 게릴라전을 원조하고 약간의 병력도 파견하였다. 그리고 이에 힘입은 스페인의 잔여 정규군도 도처에서 프랑스군을 격파하기에 이르렀다. 사태가 이와 같이 심각하게 발전하는데도 불구하고, 나폴레옹은 이와 같은 비정규전을 별로 중요시하지 않았다. 그러던 중 뒤퐁(Dupont) 장군이 지휘하는 25,000명의 남부스페인 방면군이 라 카로리나(La Carolina) 협로에서 스페인 반란군에게 포위되어 베이렌(Baylen)에서 항복하는 사건이 발생했다. 무적의 상승 프랑스군이 한낱 비정규군에게 항복한 사건이 발생하자, 나폴레옹 황제는 스스로 최고 사령관이 되어 전세를 만회하려 하였다. 그러나 사태는 점점 악화되어 프랑스군은 마드리드에서 철수하고 결국 에브로(Ebro)강 후면으로 철수하지 않을 수 없었다. 그리고 8월초에 웰링턴(Wellington) 장군이 지휘하는 14,000명의 영국군 원정군이 포르투갈에 상륙하자 포르투갈에 주둔하고 있던 쥬노(Junot)마저 불안하게 되었으며, 이들은 8월 21일 비미에로(Vimiero) 결전에서 25,000명의 우세한 병력으로 영국군을 구축하지 못하자, 포르투갈 각지에서도 스페인과 같은 반란이 일어나 약 1개월 전의 뒤퐁과 같은 궁지에 빠지게 되었다. 쥬노군은 프랑스군 주력과의 연락이 차단되었고 리스본의 확보가 불가능함을 깨닫고 8월 30일 해로로 본국에 철수하지 않으면 안될 참패에 이르렀다. 한편 영국군은 대륙에 진출할 수 있는 발판을 포르투갈에 구축하게 되었고, 이 동안 각지에 산재하여 있는 스페인 게릴라들도 집결하여 전열을 정비하였다.

전술한 바와 같이 나폴레옹은 프랑스군의 비보를 접하고 분개한 나머지 11월초에 나폴레옹은 43,000명의 후속부대를 두고, 190,000명의 대병력을 직접 지휘하여 스페인으로 진격하였다. 이때 스페인군은 125,000명이 재편성 중이었는데, 전선이 확장되어 중앙에 간격이 형성되었다. 나폴레옹은 이 약점을 포착하여 중앙을 돌파함으로써, 스페인군을 격파하고 25,000명의 영국군을 추격하였다. 여기서 보는 바와 같이 정규군의 모양을 갖춘 스페인 군대는, 프랑스군의 압도적 우세와 나폴레옹 같은 군사적 천재의 적수가 될 수 없어서 불과 한 달 만에 격파되었다. 그러나 스페인을 위해서는 오히려 다행하게도 스페인군이 빨리 격파되었으므로 스페인은 다시 게릴라전으로 환원하게 되었으며, 게릴라전의 특수성을 잘 이해하지 못한 나폴레옹은 이를 진압하는 효과적인 방법을 발견하지 못한 채 고전하고 있었다.

이러한 사정을 알게 된 오스트리아는 기다리던 호기라고 생각하고, 중앙 유럽에서 새로운

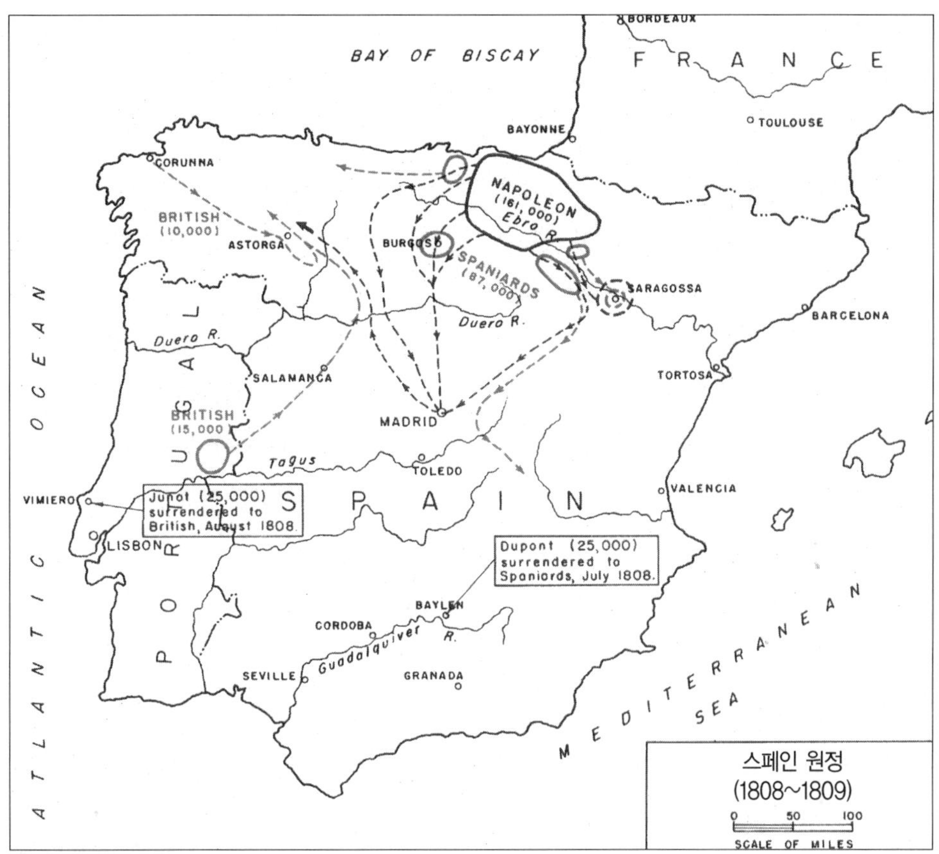

스페인 원정
(1808~1809)

※ 출처: United States Military Academy, *Summaries of Selected Military Campaigns* (West Point, New York: US Military Academy, 1953), p. 22.

공세를 취하여, 나폴레옹의 영향력에서 벗어나려고 획책하였으므로 나폴레옹은 스페인 원정을 마무리하지 못한 채 귀국하지 않을 수 없었다.

그러면 군사적 천재로서의 나폴레옹이 왜 스페인 원정에서 불미스러운 결과를 초래하게 되었는지 그 패인을 검토해 보자. 원래 나폴레옹이 스페인을 정복하려 한 것은 전술한 바와 같이 대륙봉쇄를 위한 정책수행 때문이었다. 이때 프랑스군의 스페인 점령은 별다른 저항을 받지 않고 완수되었다. 그러나 스페인 국민의 숭상의 대상인 왕을 폐하고, 그의 형 죠셉(Joseph)을 즉위시키고, 권모술수로써 스페인을 장악하려는 기도에 대해서는 스페인 국민은 도저히 용납할 수 없어, 전 국민이 거국일치하여 저항운동이 일어난 것이다. 이와 같은 스페인 국민의 민심동요를 나폴레옹은 무력으로만 억압하려 한 것이 근본적인 패인이다. 이로 인하여 나폴레옹은 스페인의 군대와 싸웠을 뿐만 아니라 국민과 싸웠고 또한 자연과 싸웠다.

나폴레옹은 지리와 역사에 능하였음에도 불구하고 스페인 전역에서는 그것을 외면하고 그의 욕망만을 쫓았었다. 고대역사에서도 스페인을 점령했던 카르타고와 로마도 지중해를 장악한 연후에 스페인 반도를 정복한 것과 같이, 스페인을 정복하려면 제해권이 필요한 것이다. 더욱이 나폴레옹의 스페인 원정 시에는 영해군(英海軍)이 스페인과 포르투갈의 게릴라들에게 군사원조를 했을 뿐만 아니라 프랑스군의 측면을 위협하고 있었음에도 불구하고 나폴레옹은 그와 같은 역사의 교훈을 무시하였던 것이다. 또한 스페인의 지세는 중첩한 산맥이 북부 지역뿐만 아니라 전 지역에 산재하고 있어서, 이러한 지형에서 비적과 같은 군대와 주민을 격파하려한 것은, 점령지역을 확대하면 할수록 피해는 더욱 증대되고 위험성도 더욱 증대될 뿐이었다.

또한 스페인 국민의 불규칙적이고 불완전한 게릴라전술에 대하여 나폴레옹은 깊이 연구를 하지 않아, 이에 대하여 대군으로서 작전함이 불리하다는 것을 깨닫지 못했다. 이와 같은 게릴라전술에 대비하는 방법으로는 대소부대(大小部隊)로 각 중요지점을 확고히 점령하고, 이 지점을 근거지로서 게릴라들을 제거해야 할 것이다.

1809년 스페인에서 돌아온 나폴레옹은 라티스본(Ratisbon), 와그람(Wagram) 등의 지역에서 오스트리아군을 격파하고 10월 14일에 숀브룬(Schonbrunn) 조약을 맺음으로써 다시 중앙유럽의 지배권을 확보했다. 그러나 나폴레옹 자신의 건강이 점차 악화되었고, 그의 병사들도 계속되는 전투로 극도로 피로해졌으며, 비록 승리를 장식하기는 했으나 와그람 전투에서는 많은 손실을 입었다. 반면에 동맹국들은 날로 저항의지가 증대되어 갔으니, 이때가 나폴레옹의 운명의 분수령이 되는 시기로서 이후 나폴레옹은 패자의 나폴레옹으로 파리에 귀환하게 되었다.

제2절 러시아 원정

숀브룬 조약 이후 이베리아 반도 안에서의 소전투를 제외하고는 유럽에 다시 평화가 회복되었다. 이 기간에 그는 죠세핀과 이혼하고 오스트리아의 황녀 마리 · 루이제와 결혼하였고 덴마크를 병합하였다. 이제 유럽에서는 러시아만이 나폴레옹의 직접적인 지배를 받지 않는 유일한 독립국가였다. 그런데 세계제국 건설의 야망을 갖고 있는 나폴레옹이 이를 언제까지나 그냥 내버려둘 수 없었다. 한편 러시아의 입장에서는 세습적 전제군주인 알렉산더 황제가 유럽과 아시아에 걸치는 대제국을 꿈꾸고 있으니 양 대국의 충돌은 불가피했다. 이리하여 양국간에 점차 전운이 덮이게 되자 양국은 다같이 전쟁준비를 서두르게 되었다. 드디어 러시아는 나폴레옹이 강요하는 대륙봉쇄정책에 순응하기를 거부하고 1812년 6월에 오히려 영국과 동맹을 맺게 되었다.

이에 나폴레옹은 대륙봉쇄령의 불이행 및 러시아 황제의 여동생에 대한 구혼의 거절을 구실 삼아 러시아 원정의 꿈을 실현하기 위하여 450,000명의 대병력을 비스툴라 강선(江線)에 따라 폴란드와 프러시아 방면에 집결하였다. 이 대군은 실로 사상 미증유(史上 未曾有)의 규모를 가지는 당당한 군이었으나, 프랑스군은 약 절반에 불과했고 나머지는 오스트리아군, 프러시아군, 이탈리아군, 폴란드군 등 각국의 군대로 혼합 편성된 마치 유럽 각국군의 전람회와 같은 군대였다. 이중 32,000명의 맥도날드(Macdonald)군은 좌측, 30,000명의 쉬바르첸베르크(Schwarzenberg)군은 우측의 측방경계를 담당하게 하고, 주력은 3개 군의 기동부대로 편성하여 우익군 약 79,000명은 나폴레옹의 동생 제롬(Jerome)이 지휘하며, 중앙군 약 80,000명은 죠세핀의 아들 외젠(Eugene)이 지휘하며, 나폴레옹 자신은 약 170,000으로 구성된 좌익군을 직접 지휘하도록 편성하였다.

러시아군은 나폴레옹의 침입이 임박하였다는 것을 알고 있었으나 총 병력 약 600,000명 중 3분의 1이 조금 넘는 220,000명밖에 동원하지 못하였다. 러시아의 주력은 바클레이(Barclay), 바그라찌온(Bagration), 토르마조프(Tormassov)가 지휘하는 1 · 2 · 3군으로써 네멘강 우안과 프리페트(Pripet) 소택지 북부 및 그 남부에 선방어를 형성하였다.

여기서 잠시 러시아 지역에 대한 작전지역으로서의 특징을 검토해볼 필요가 있다. 러시아에는 도시가 있기는 하나 한촌(寒村) 정도의 영역을 벗어나지 못하는 촌락이 대부분이며, 식량은 물론 전쟁에 필요한 물자를 구하기가 어렵다. 따라서 현지조달 원칙에 입각하여 작전을 하던 당시에는, 수십만 대군을 한 지역에 투입해서 작전을 수행하는 것은 거의 불가능하므로, 부대 대형에 있어서 종대편성이라든지, 운반차량의 제조, 보급시설의 준비 등 병참문제의 해결이 앞서야 한다. 또한 교통상태가 극히 빈약한데다가 이용 가능한 통로가 제한되어 있고, 여기에는 도섭도하가 불가능한 주요하천, 즉 네멘강, 뒤나강, 드니에페르강 등의 장애물이 가로놓여 있으며, 또한 동계의 기온은 영하 17~27도 여서 사실상 러시아에서의 작전은 군대뿐만 아니라, 최대의 악조건인 지형 및 한냉(寒冷)과의 투쟁이었다.

나폴레옹은 1812년 5월 31일부터 기동을 시작하여, 6월 하순에 네멘강에 도착하였으며, 6월 22일 네멘강을 도하함으로써 대원정의 막을 열었으니, 이때 그의 나이 43세였다. 나폴레옹의 작전계획은 자기가 직접 지휘하는 강력한 좌익군으로써 코브노(Kovno)에서 러시아군의 선방어를 돌파하고 빌나(Vilna)로 진격하여 러시아군을 포착하고, 중앙 및 우익군은 제대형(梯隊形)을 이루어 진출하게 함으로써, 소위 '전략적 로이텐' 이라고 부를 수 있는 사선진전법

(斜線陳戰法)을 400km의 전선에서 행하고자 하였다.

이와 같은 나폴레옹의 전략적 구상은 매우 훌륭했으나 작전 초기부터 뜻밖의 차질이 생겼다. 그것은 작전지역의 혹서로 인하여 낙오병과 일사병으로 인한 사망자가 속출하였으며, 또한 나폴레옹의 일가체제로 편성한 2개 군사령관, 즉 제롬, 외젠의 무능으로 부대진출이 지나치게 지연되었다. 이밖에 특히 심각한 문제는 군마(軍馬)의 상실이었다. 많은 군량(軍糧)을 휴대하고 이동하지 않을 수 없었던 나폴레옹군은 100,000필이 넘는 군마의 먹이까지 운송할 수 없었기 때문에 군마는 현지에서 조달한 덜 익은 곡식을 먹고 갑작스런 병으로 죽은 말이 7월 초순에 무려 30,000필이 넘었다. 그리고 병사들의 훈련은 미숙하고 부하장군들도 나이가 들어 전과 같이 용맹성을 발휘하지 못하였다.

7월초에 제롬을 다부 휘하에 두는 조치를 취했으나 이미 나폴레옹의 지연으로 위기를 벗어난 러시아군은 병력 손실 없이 순조롭게 철수하였다.

나폴레옹군은 별다른 전투 없이 비테브스크로 진격을 계속하였다. 그러나 러시아군의 습격으로 인한 병력 손실 외에도, 자연적인 병력 손실과 길게 연장된 병참선을 유지하기 위하여 많은 병력을 후방에 남겨두었기 때문에 8월 초순에 나폴레옹군의 주력은 230,000명으로 감소되었다. 이제 러시아군은 지난 1개월 반 동안의 성공적인 습격과 철수작전에 힘입어 나폴레옹군과 비테브스크 전방에서 결전을 기도하였다.

그러나 비테브스크에서 합류하기로 돼 있었던 바그라찌온 부대가 참모의 무능으로 인하여 작전예정일까지 도저히 합류할 수 없었기 때문에 스몰렌스크에서 합류할 것을 제안해왔다. 이때 나폴레옹은 전방의 바클레이군에 대해서 남쪽으로 우회하여 모스크바에 이르는 병참선을 차단할 계획을 추진 중에 있었다. 바클레이군은 나폴레옹의 이러한 계획을 알지 못하고 단지 바그라찌온과 합류하지 않은 채 프랑스군과 접전하는 것은 전혀 승산이 없다고 판단했으므로 결전을 포기하고 급속히 퇴각하였다. 이리하여 러시아군은 다행하게도 무작전이 파멸의 위기를 벗어나게 하였다고 볼 수 있다. 스몰렌스크에서 합류한 러시아군은 다시 결전을 기도하였으나, 나폴레옹군 남쪽으로의 대우회기동을 회피하여, 스몰렌스크를 불사르고 모스크바로 철수하기 시작했다.

나폴레옹은 지난날의 제 전역에서는 우회기동, 중앙돌파, 각개격파 등의 전략 전술을 사용하여 적을 포착 섬멸했었다. 그러나 1812년의 러시아 전역에서는 빌나, 비테브스크, 스몰렌스크 등의 지역에서 러시아군이 나폴레옹에게 그의 전법을 사용할 수 있는 기회를 제공하지 않았다. 나폴레옹은 러시아군이 초토전술로 종국의 굴복을 기도하고 있음을 알고 있었으나 그

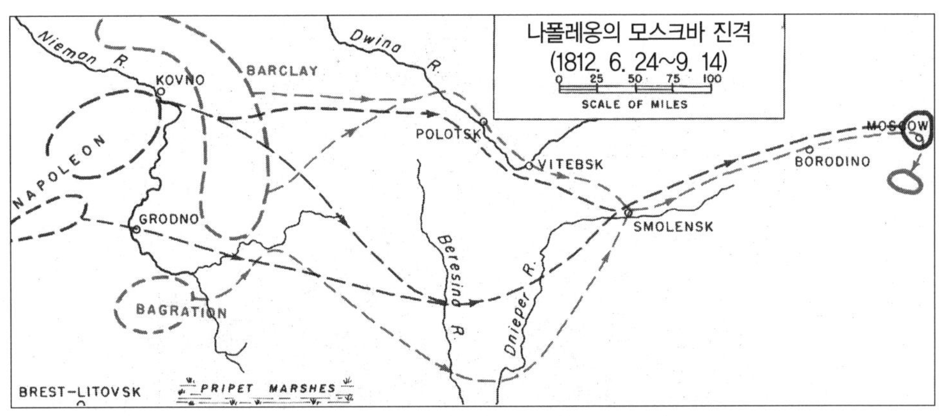

※ 출처: United States Military Academy, *Summaries of Selected Military Campaigns* (West Point, New York: US Military Academy, 1953), p. 24.

의 심중에는 모스크바를 점령하면 만사는 해결될 것이라고 생각하였다.

한편 러시아정부는 신임 사령관인 쿠투소프(Kutusov) 휘하에 바클레이군과 바그라치온군의 양군을 통합시켜 전 국민이 원하는 전투를 하고자 9월 보로디노(Borodino)에 포진하였다.

나폴레옹은 보로디노에서 처음으로 결전의 기회를 가졌다. 그는 9월 7일까지 134,000명의 병력을 러시아군의 진지 전방에 집결하여 12만 명의 러시아군과 대결하였다. 이 전투에서 러시아군은 약 4만 명의 손실을 입고 격퇴되었으나 나폴레옹에게 결정적 전과는 없었다. 프랑스군은 정면공격만을 되풀이하여 비록 전투에서 승리하였으나, 프랑스군도 역시 28,000명의 손실을 입었으며, 퇴각한 러시아군보다도 프랑스군이 오히려 더 피로에 지치고 사기가 침체되었다.

보로디노 전투에서 쿠투소프는 많은 손실을 입었음에도 불구하고 질서를 유지하면서 모스크바로 후퇴하였다. 그는 나폴레옹에 대하여 정면으로 맞선다는 것이 불리하다는 것을 재삼 깨닫고 계속해서 회피전술을 채택할 것을 결심하였다. 그리하여 그는 러시아를 구원하는 길은 모스크바를 희생하고 군대를 보존하는 것이라고 생각하여, 9월 14일 모스크바를 버리고 칼루가(Kaluga) 부근으로 후퇴하였다. 이리하여 나폴레옹군은 아무런 저항을 받지 않고 퇴각하는 러시아군을 따라 모스크바에 입성하였다.

나폴레옹은 크레믈린 궁전을 점령함으로써 세계의 지배자로서의 기쁨을 감추지 못했다. 그러나 이날 저녁 시내의 여러 곳에 화재가 발생하여 9월 17일에 이르기까지 시가의 대부분이 잿더미가 되어 버렸다. 이로 인하여 시내에 안거(安居)할 곳을 찾지 못한 나폴레옹은 부득이 교외로 철수하여 야영하지 않을 수 없었다.

여기서 잠깐 당시의 전략적 상황을 고려해보면, 프랑스군은 전소된 모스크바 부근에 약 95,000명의 병력을 포함하여 약210,000의 병력이 모스크바, 리가(Riga), 브레스트-리트브스크(Brest-Litovsk)를 세 정점으로 하는 삼각형에 연(沿)하여, 배후에 분산되어 있었다. 여기서 북변(北邊)과 남변(南邊)의 병력의 대부분은 이류급의 병사이거나 열성이 부족한 동맹군이었으며, 모스크바에 있는 병사들도 이제 기력이 쇠하고 사기가 극도로 저하되어 있었다. 반면 러시아군은 여러 차례의 패전과 퇴거에도 불구하고 아직도 왕성한 전투력을 보존하고 있는 110,000명의 쿠투소프군이 나폴레옹과 대치하여 있고 약 75,000명의 비트겐슈타인(Wittgenstein)군이 드비나강에 연한 폴로츠크(Polotsk) 북방에 집결하여 나폴레옹군의 병참선을 위협하고 있으며, 약 65,000명의 치스챠코프(Tshisagov)군이 남부 러시아에서 북상하여 슈바르첸베르크군을 압박하고 있었다. 그리고 이들 러시아군은 모두가 동질적인 슬라브족으로서, 침략자에 대한 적개심으로 단결된 정예의 고병(古兵)들이었다. 그 외에 러시아 민중들은 프랑스군으로부터 갖은 약탈과 학대를 받아왔었기 때문에 강렬한 적개심을 불러 일으켜 '조국 러시아'를 수호하겠다는 신념 하에 일치단결하였다.

한편 모스크바에 체류하고 있던 나폴레옹은 러시아 황제의 강화제의를 기다리며, 이를 수차 권고하였으나 아무런 회답이 없었다. 쿠투소프는 오히려 프랑스군을 될 수 있는 한 오래 묶어두는 것이 이를 멸망시키는 방법이라고 생각하여, "러시아를 구하는 길은 강화뿐이다."라고 하는 위장술책을 써서 나폴레옹으로 하여금 강화제의를 더욱 더 기다리게 하였다.

나폴레옹은 시일이 경과할수록 점점 불리해지며, 러시아군의 지연의도를 간파하기 시작하자, 파멸을 면하는 길은 조속히 철수하는 것밖에 없다고 판단하였다. 이리하여 10월 19일 나라(Nara)강 방향으로 진출하여 쿠투소프군을 추격하는 것처럼 가장하여 모스크바에서 철수하기 시작하였다. 이때 쿠투소프군은 남방 곡창지대를 보호하고 프랑스군의 병참선을 위협하기 위하여 나라 강변에 포진하고 있었다. 나폴레옹은 쿠투소프군을 칼루가 방면으로 몰아놓고 스몰렌스크 가도로 복귀하여 강력한 후위전(後衛戰)을 전개하면서 철수하기 시작하였다. 쿠투소프는 코사크 기병대를 나폴레옹군의 배후에 바싹 따르게 하고 본대(本隊)는 도로 남방을 따라 나폴레옹군과 병진하면서 추격하였다.

11월 9일에 외관상의 대형만을 간신히 유지하면서 스몰렌스크에 도달한 나폴레옹은 이곳에서 군을 재편하려 했으나, 미처 숙영할 새도 없이 후방에서는 쿠투소프군이, 북방에서는 비트겐슈타인군이, 남방에서는 치스챠코프군이 진격해오고 있으므로 철수를 계속할 수밖에 없었다. 11월 15일 이후 서방으로의 끝없는 퇴각이 계속됨에 따라 사기는 더욱 저하되고, 이해에 일찍부터 혹한이 시작되어, 병사들은 굶주림과 피로에 지쳐 나폴레옹의 대군은 이제 한갓 오합지졸로에 불과하였다.

피로한 나폴레옹군은 철수의 최종단계인 베레지나(Beresina) 강 전면에서 러시아군에게 포위되었다. 이때 프랑스군은 37,600명의 오합지졸에 불과했으나 러시아군은 144,000명이 압도적 우세로 나폴레옹군을 포위하고 있었다. 34,000명의 치스챠코프군이 보리소프(Borissov)시와 베레지나강 좌안에서 나폴레옹군의 퇴로를 차단하였고, 배후에는 80,000명의 쿠투소프군이 추격하고 있었으며, 우 측방에는 30,000명의 비트겐슈타인군이 포위하고 있었다. 이때 만일 쿠투소프군이 적극적으로 추격을 감행했더라면 나폴레옹군은 전멸을 면할 수 없었을 것이다. 이 절박한 위기에 처하여 나폴레옹은 다시 한번 그의 천재적 용병술을 발휘하여 철저한 양동작전으로 11월 28일 오후에 베레지나강을 도하하여 포위망을 뚫고 도피 및 탈출에 성공하였다. 그러나 이제 남은 전투 병력은 약 10,000명에 불과했으며, 그것마저도 철수라고도 할 것도 없이 제각기 패주하기에 바빴다. 이리하여 나폴레옹의 위세 당당하던 450,000명의 대군은 완전히 소멸되고 말았다.

나폴레옹군은 네멘 강선에서 계속 철수하여 비스툴라 강선에서 방어를 기도했으나 병력의 열세와 동맹군의 이탈로 계속 오데르 강선, 엘베 강선까지 철수했다. 나폴레옹은 12월 8일에 패잔병의 지휘를 뮈라에게 맡기고 자신은 10일 동안 1,900km를 달려 황후까지도 알아볼 수 없는 야윈 몸에 누더기를 걸치고 초라하기 짝이 없는 패장(敗將)의 모습으로 12월 18일 파리로 돌아왔다.

나폴레옹군은 1812년 6월부터 동년 12월까지 사이에 2,000km의 행군을 하였으며, 이 기간 중에 전사(戰死) 100,000명, 동사(凍死) 및 아사(餓死) 150,000명, 포로 100,000명이 발생하였다.

러시아군이 회피전술(回避戰術)을 잘 사용한다는 것은 그 전통적인 국민성에 의존하는 바 크다. 1812년 전역에서 러시아는 그 광대한 국토를 이용하여 철저한 회피전술을 사용함으로써 나폴레옹을 당황하게 했고, 거기에 한냉(寒冷)이 겹쳐 나폴레옹군을 곤경으로 몰아넣었다.

나폴레옹이 후에 세인트 · 헬레나에서 유배생활을 할 때 1812년의 러시아 전역을 회고하면서, 만일 하기(夏期)였다면, 또는 모스크바가 화재를 입지 않았다면 알렉산더가 강화를 요청했을 것이고, 또한 한파가 예년보다 15일만 빠르지 않았다고 해도, 스몰렌스크에 무사히 도착했으며 러시아와 유리하게 휴전을 체결했을 것이라고 말했다. 여기서 우리는 기후, 지형, 지역의 광협(廣狹)이 작전을 어떻게 좌우하는가를 알 수 있다. 나폴레옹이 이 전역에서 실패한 이유는 이와 같이 자연적 요인에만 있는 것이 아니라 군대를 운영하는데 있어서 기본적인 병참문제의 결함에도 있다. 즉 현대적 성격을 띠는 국민군대가 적절한 병참기구의 지원을 받지 못했다는 것은 나폴레옹 군대의 큰 약점이었다. 또한 나폴레옹의 전략 전술의 특징인 우회기동, 중앙돌파, 각개격파 등을 이 전역에서는 거의 찾아볼 수 없는 것은 나폴레옹 본인의 정력이 쇠퇴했고, 또한 부하 장군들이 무능했기 때문이었다고 할 수 있다.

제3절 워털루 전역

나폴레옹이 엘바(Elba) 섬으로 유배된 후 동맹국들은 루이 16세의 아우 루이 18세를 프랑스 황제로 봉하였다. 그러나 루이 18세의 무능하고 반동적인 정책은 이미 자유와 권리로 계몽된 국민을 실망케 하고, 9월에 비엔나회의에서는 국제관계가 다시 험악하게 되어, 프랑스 국민은 왕조에 불만을 품고 있는 반면 나폴레옹에 대하여 숭배하는 동향(動向)이 있었다. 그리고 엘바섬에서 우울한 나날을 보내고 있던 나폴레옹은 왕당정부(王黨政府)가 연 200만 프랑씩 주기로 된 보조금도 제대로 주지 않아 신변에 절박한 위험을 느끼고 있던 때인지라 국내사정을 전해 듣고 탈출을 결심했다.

나폴레옹은 1815년 2월 26일 1,000여명의 충실한 부하를 이끌고 엘바섬을 탈출하여 3월 1일 아침 칸느(Cannes) 동쪽 해안에 상륙하여 파리를 향하여 북상하였다. 3월 5일에 이 소식을 들은 루이 18세는 대수롭지 않게 생각하여 관군을 보내어 그를 진압하려고 하였다. 그러나 그의 북진을 저지하기 위하여 파견된 관군은 도착하는 즉시 그에게 합세하였다. 나폴레옹을 체포하여 오겠다고 서약했던 네에 장군도 옛날 황제의 위엄 앞에 굴복하고 말았다. 국민들까지도 나폴레옹을 환영하게 되자 왕조는 3월 19일 파리를 탈출하여 영국으로 도망하게 되었다.

3월 20일 나폴레옹은 파리에 무혈입성(無血入城)하여 다시 뚜알리궁에 입궁하였으며 곧 각국에 대하여 평화를 선언하였다. 그러나 각국은 7개월간의 결론 없는 회담을 그만두고 다시 파리에 들어온 나폴레옹을 타도하기 위하여 일치단결할 것을 약속하였다. 이 때 동맹국은 군대를 해산하지 않은 상태여서 병력이 700,000명을 넘었다.

나폴레옹은 당시 광대한 지역에 분산 배치되어 있는 동맹군이 재집결하기 전에 적을 각개격파하여 초전에 다시 승리하면 이해가 대립된 동맹국은 통일적인 대항을 할 수 없을 것이므로, 그 이후의 사태발전을 낙관할 수 있을 것으로 판단하였다. 나폴레옹은 먼저 덴마크에 있는 영국 및 덴마크군 95,000명과, 나무르 부근에 있는 프러시아군 약 120,000명을 공격하기로 결심하였다.

영국군을 지휘하고 있는 웰링턴 장군은 위대한 군사적 자질을 가진 명장이며, 성격이 신중하여 항상 공세보다 수세를 취하기를 좋아하였다. 또한 프러시아군을 지휘하는 블뤼헤르 장군은 용맹과 지략을 겸비하여, 항상 위험을 무릅쓰고 공격할 준비를 갖추고 있었다.

나폴레옹은 웰링턴과 블뤼헤르에 대결하기 위하여 124,000명의 병력을 집결하였으며, 이 밖에도 300,000명의 병력을 보유하게 되었다. 그의 생애 최후의 전투가 될 이 전역에서, 나폴레옹은 그가 최초로 명성을 떨친 이탈리아 전역에서와 같이, 적 정면에 대한 전략적 돌파를 기도하였다. 그 이유는 이탈리아 전역에서와 마찬가지로 영국군과 프러시아군은 일단 분단되기만 하면 각기 다른 방향으로 후퇴하지 않을 수 없을 것이라는 판단 때문이었다. 그러나 만일 프랑스군이 동맹군을 돌파하지 못하면 동맹군의 양군 사이에 포위될 위험성을 안고 있는 것이다. 이런 때에 승패는 군의 기동력과 지휘관의 정력에 달려 있다.

그러나 이탈리아 전역 시와 비교하면 나폴레옹군의 기동력은 저하되었고 반면에 적의 능력은 향상되어 있으며 또한 나폴레옹의 정력은 청년장군시대와는 비교가 될 수 없었다. 그는 과거에 부하 장군들이 그를 배신했던 전철을 밟지 않기 위하여 가장 유능하고 신임할 수 있는 다부에게 파리수비의 임무를 맡기고, 그 다음으로 유능한 술트에게는 본인의 의사를 무시하고 참모장직을 맡겼다. 그리고 그의 좌익은 용맹하기는 하나 지략이 없는 네에에게, 우익은 그루쉬(Grouchy)에게 맡겼으며, 정력적이며 전사상 드물게 보는 훌륭한 기병지휘관이며 유능한 전술가인 뮈라는 이미 3월에 독단적 공격으로 실패한 것을 책망하여 접견을 거부하고 있었다. 이와 같이 그는 부하장군들의 각자 재질에 맞게 임무를 부여하지 않았다.

6월 11일 나폴레옹은 파리를 출발하여 14일 저녁에는 상브르(Sambre)강 남방에 124,000명의 병력을 집결함으로써 공격준비를 완료하였다. 그 익일인 15일에 프랑스군은 샤를르로아(Charleroi)를 점령하고 프러시아군 전위대의 완강한 저항을 물리치고 상브르강을 건너 영국군과 프러시아군의 중앙을 향하여 북진하였다. 불의의 공격을 받은 블뤼헤르는 이날 저녁까지 송브레프(Sombreffe)에 3개 군단을 집결하였다. 그리고 웰링턴은 그의 우익에 나폴레옹의 주공(主攻)이 올 것을 두려워하여 니벨(Nivelle)에 병력을 집결하도록 하였다. 이제 나폴레옹은 까뜨르 · 브라(Quatre Bras)만 점령하면 적이 분단되리라고 판단하여, 네에로 하여금 좌익의 2개 군단을 지휘하여 이를 점령하라고 명하는 한편, 2개 군단의 예비대와 그루쉬 휘하의 우익 2개 군단을 합하여 리그니(Ligny)에 집결해 있는 프러시아군을 압도하려고 하였다. 그러나 네에는 신속하지 못한 기동으로 시간을 허송하여 15일 오후 3시까지 까뜨르 · 브라를 점령하지 못했을 뿐만 아니라 점령할 수 있는 기회를 잃고 말았다. 한편 나폴레옹의 기동도 지연되었기 때문에 이날 오후에는 블뤼헤르를 공격할 수 없었다.

16일 오전에 나폴레옹이 다시 전군을 투입하여 공격하려고 했을 때는 그의 예상과는 달리 이미 3개 군단의 프러시아군 87,000명이 이 지역에 집결하여 있었다. 이 사실을 모르고 이날 정오경 아직 1개 군단밖에 집결되지 못하였을 것이라고 추측하여 송브레프 바로 남쪽 약 3km에 있는 리니에 도착한 나폴레옹은, 이때에야 이 의외의 사실에 직면하여 공격을 멈추고 상황을 관찰하였다.

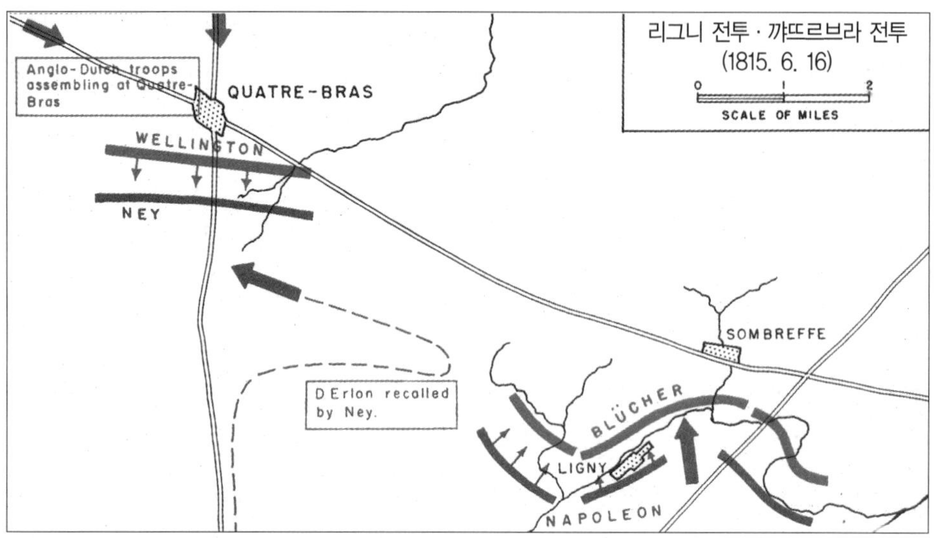

※ 출처: United States Military Academy, *Summaries of Selected Military Campaigns* (West Point, New York: US Military Academy, 1953), p. 31.

오후 2시에 공격을 다시 시작한 나폴레옹은 오후 3시에 이르러 지금쯤은 네에가 까뜨르 · 브라를 점령하였을 것으로 생각하고, 즉시 일부 병력을 파견하여 프러시아군의 노출된 우측면을 공격하라고 명하였다. 그러나 네에의 기동은 지연되어 이제 막 까뜨르 · 브라에 병력이 집결되기 시작했으며, 오후 4시 이후에는 급격히 증가되어 가는 웰링턴군보다 오히려 병력이 열세하여 점점 전세가 불리해지고 있었다. 이때에 네에군에 속한 데를롱(D' Erlon)군단은 까뜨르 · 브라를 향하여 이동하던 도중에 나폴레옹군의 좌측으로 방향을 바꾸어 블뤼헤르군의 우측방을 공격하라는 전달을 받았다. 이 전달은 나폴레옹의 명령을 네에에게 전하러 가던 참모장교가 도중에 데를롱 장군을 만나, 자기의 독단으로 데를롱으로 하여금 황제의 요구를 따라 전향(轉向)하게 하였던 것이다.

그러나 이 사실을 모르고 데를롱 군단의 도착을 고대하고 있던 네에는 데를롱이 독단적으로 전향한데 격분하여, 이제 막 전투전개를 하고 있던 데를롱에게 까뜨르 · 브라로 급히 돌아오라는 명령을 내렸다. 오후 6시경 이 명령에 따라 다시 데를롱이 부대를 서진시키고 있을 때, 네에 장군은 황제로부터 까뜨르 · 브라의 사태는 불문에 붙이고 데를롱 군단을 리니에 남겨두라는 구두명령을 받았다. 그러나 영국군으로부터 예상외의 강한 저항을 받고 있던 네에는 까뜨르 · 브라를 점령하지 못할 경우 황제로부터의 책망이 두려워 황제의 이 명령을 무시하고 데를롱이 까뜨르 · 브라를 향하여 전진하도록 내버려두었다.

데를롱 군단은 오후 9시경 네에와 합류하였으나 이때는 네가 이미 프라스느(Frasnes)를 철수하기 시작한 때였다. 이리하여 귀중한 14,000여 명의 병력은 결정적인 시기에 어느 작전에도 가담하지 않고 동분서주하기만 하였다.

나폴레옹은 블뤼헤르의 병력이 수적으로 더 우세하였음에도 불구하고 예비대를 전부 투입하여 중앙을 돌파함으로써 결정적 승리를 얻으려고 하였다. 공격시기를 기다리고 있던 그는 데를롱 군단이 좌익에 전개하고 있음을 확인하고, 이들이 중앙을 돌파하게 될 나폴레옹의 본대와 협력하여 블뤼헤르의 우익을 포위할 것으로 기대하였다.

나폴레옹의 공격은 성공하여 프러시아군 전선을 돌파하였으며, 블뤼헤르는 전투 중 낙마하여 심한 부상을 입고 전군의 철수를 명하였다. 이제 나폴레옹의 승리는 목전에 있었다. 그러나 데를롱은 이 결정적 순간을 외면하고 부대를 이끌고 오히려 전선을 이탈하여 까뜨르 · 브라쪽으로 갔으니 그 덕분에 프러시아군은 위기일발을 모면하여 부대를 구출했다.

만일 이때 데를롱이 포위를 강행했더라면 프러시아군의 우익은 파멸을 면할 수 없었었을 것이며, 일부 병력이 혹시 퇴각하더라도 다음의 워털루(Waterloo) 전투에서는 아무런 역할도 할 수 없었을 것이다. 그러나 앞에서 언급한 바와 같이 잇따른 명령으로 갈피를 잡을 수 없게 된 데를롱은 직속상관인 네에의 명령을 따르는 것이 현명한 일이라고 생각하게 되었던 것이다.

우매한 네에는 까뜨르 · 브라를 점령하지 못하여 영국군이 이 지역에 집결하도록 하였으며, 또한 데를롱이 나폴레옹의 명령을 따르게 하는 것이 전략적으로 얼마나 중요한가, 즉 사태의 대국적 판단을 못하여, 프러시아군을 전멸시켰을지도 모르는 전투를 단순한 전술적 승리에 그치게 하고 말았다. 이 하잘 것 없는 승리가 나폴레옹 생애의 마지막 승리였다.

여러 가지 불의의 사건을 극복하고 승리를 거둔 나폴레옹도 이때 과거와 같은 정열로써 프러시아군을 급속히 추격했더라면 결정적 전과를 거둘 수 있었을 것이다. 그러나 이제 나폴레옹은 호화로운 궁중생활에 물들고 방탕하여 과거와 같은 체력을 갖지 못했다. 그는 이날 아침

3시부터 18시간 동안을 마상에서 부대를 지휘했기 때문에 매우 피로한 상태여서 만사를 제쳐 놓고 침실에 들어갔다. 물론, 피로한 상황으로 인해 어쩔수 없었을 것이라고 이해되지만, 과거의 나폴레옹은 이렇게 귀중한 시간을 이와 같이 무위하게 허송하지는 않았었다. 17일 아침에도 그는 부하장군들과 더불어 하찮은 대화를 나누며 리니 전투장에서 야영하고 있는 부대를 순시하면서 시간을 보내었다.

이날 오후가 되어서야 비로소 그는 그루쉬에게 2개 군단과 1개 기병사단 약 33,000명의 병력을 주며 프러시아군을 추격하도록 명하였다. 그루쉬는 적이 이미 멀리 퇴각하였을 것이므로 이를 추격하는 것은 위험한 일이라고 재고를 건의하였다가 거절당하고 오후 2시가 되어서야 겨우 행동을 개시했다. 이러한 소극적인 그루쉬는 미지근한 추격을 해서 6시간 동안에 겨우 14km를 행진하였을 뿐, 프러시아군의 행방도 찾지를 못하고 일몰 후에야 비로소 프러시아군이 와브르(Wavre) 동쪽으로 후퇴하였다는 확인되지 않은 정보를 입수하였다. 이와 같이 하여 그루쉬가 프러시아군을 놓쳤기 때문에 프러시아군은 워털루 전투에서 영국군과 합세하여 나폴레옹에게 돌이킬 수 없는 패망을 초래하게 되었다.

그루쉬가 출발한 후 즉시 나폴레옹은 프라스느에 후퇴하여 있는 네에를 지원하여 영국군을 격퇴하기 위하여 진격하였다. 이날 네에는 신중을 기하여 웰링턴군을 될 수 있는 대로 오래 견제하여 나폴레옹이 영국군의 측면을 공격할 수 있도록 하려고 노력하였다. 그러나 웰링턴은 블뤼헤르의 패퇴를 보고 영국군만 고립될 위험성을 피하기 위하여 17일 오전 10시경 브뤼셀(Brussels) 쪽으로 후퇴하였다. 이 사실을 모르고 있던 네에는 나폴레옹으로부터 책망을 받고서야 추격하기 시작하였으나 영국군을 포착하지 못하였다. 나폴레옹은 네에가 태만하여 영국군을 놓쳤음을 알고 격분하여 "네에가 프랑스를 망쳤다."고 책망하면서 자신이 직접 1개 중대의 기병을 이끌고 추격의 선두에 섰으나 때마침 맹렬한 폭우가 쏟아졌기 때문에 추격을 중지하지 않을 수 없었으며, 이틈에 웰링턴은 철수를 완료하였다.

워털루 전방에 도착한 웰링턴은 단독으로는 나폴레옹의 주력과 결전할 자신이 없었으므로 계속하여 후퇴할 생각이었으나, 와브르에 도착하여 부대를 재정비한 블뤼헤르로부터 지원을 확약받았으므로 68,000명의 병력을 이 일대에 포진하여 18일에는 나폴레옹의 주력과 대치하였다.

나폴레옹이 18일 아침에 즉시 공격을 하였더라면 아직도 승리의 가능성이 있었다. 그러나 전날 내린 비로 도로가 불량하여 기병의 기동이 곤란하며, 포병의 진지 진입이 예정대로 되지 못하여 공격을 지연시켰다. 11시에 공격을 시작하였을 때 나폴레옹군은 72,000명으로 약간의 수적 우세를 유지하면서 적의 우익을 압박하여 조금씩 진격하였다. 그런데 오후 1시가 되었을 때 리니 전투에 참가하지 않았던 프러시아의 뷜로우(Bulow) 군단이 갑자기 동쪽에서 나타났다. 그루쉬가 프러시아군을 견제하고 있을 것이므로 그의 우익은 안전하다고 생각한 나폴레옹은 이 의외의 사실에 직면하여 즉시 제5군단을 우익으로 이동시켜 프러시아 군단을 저지하게 하고 동시에 그루쉬에게 급사(急使)를 보내어 프러시아군의 뒤를 빨리 협격(挾擊)하도록 명하였다. 그러나 이 명령이 그루쉬에게 전달된 것은 오후 5시경이었으므로 아무런 효과도 없었다.

앞에서도 잠깐 언급하였지만, 리니 전투 이후 와브르에서 부대를 재정리한 블뤼헤르는 프랑스군의 미지근한 추격을 얕보고, 고전하고 있을 것으로 생각되는 웰링턴 군을 원조하기 위하여 피로와 부상을 무릅쓰고 나폴레옹의 측방을 공격할 결심을 하고 와브르에 1개 군단만 남겨놓고 3개 군단으로 워털루에 향하였다.

한편 나폴레옹의 맹렬한 공격에도 끈기 있게 전선을 고수한 웰링턴은 블뤼헤르의 대병력(약 6만)이 증원되자 18일 오후 8시부터 수세에서 역습으로 전환하였다. 이에 나폴레옹은 대형의 혼란을 바로 잡으려고 갖은 노력을 다하였으나 마침내 전선은 붕괴되기 시작하였다. 나

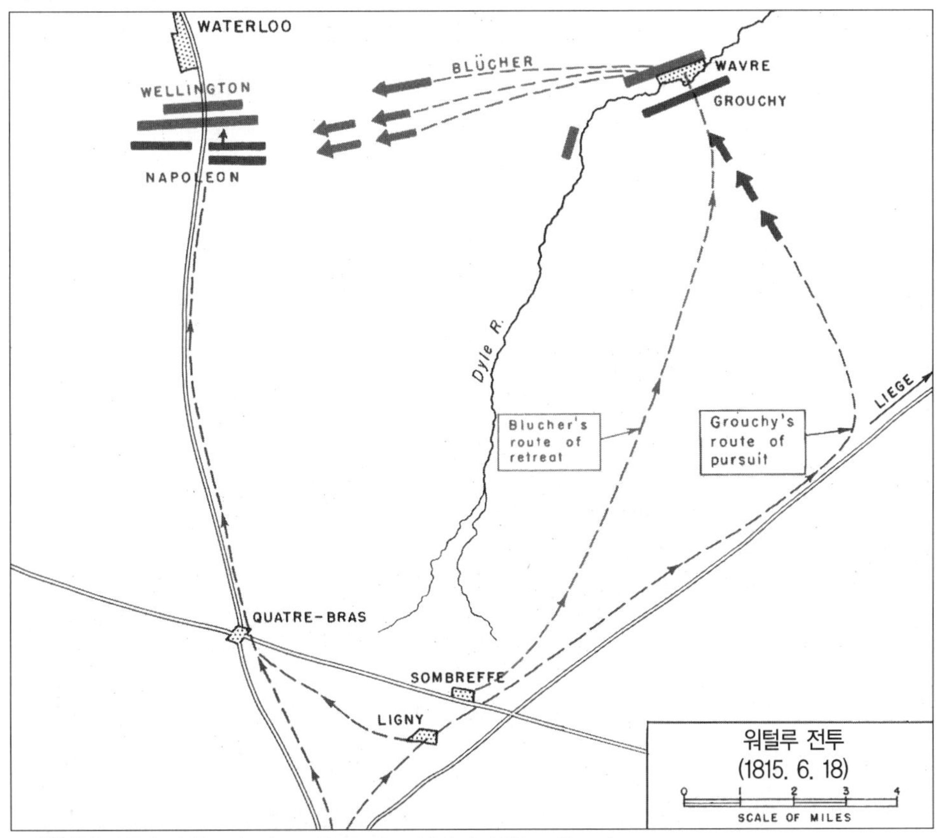

※ 출처: United States Military Academy, *Summaries of Selected Military Campaigns* (West Point, New York: US Military Academy, 1953), p. 32.

폴레옹의 패배는 시간이 흐를수록 명백해졌으므로 6시경에 그는 술트의 강권(强勸)에 못이겨 패잔병의 무리를 집결하여, 프러시아군의 추격을 피하기 위해 길 없는 광야를 횡단하여 철수하였다.

한편 그루쉬는 17일에 프러시아군이 와브르와 나무르 방면으로 철수하였다는 정보를 얻어 18일 오전 8시부터 자신 없는 행군을 계속하여 와브르 방면에서 마침내 프러시아군의 후위대(後衛隊)를 포착하였다. 행군 도중 워털루 방향에서 맹렬한 포성이 들려왔으므로, 제4군단장 제라드(Gerad)는 포성이 들려오는 쪽으로 진로를 변경하자고 상신하였으나 그루쉬는 여전히 와브르 방면으로의 행군을 고집하였다. 이리하여 워터루에서 프랑스 제국이 패망의 심연으로 굴러 떨어져가고 있을 때 그는 승부없는 전투를 계속하고 있었다. 결국 그루쉬는 그 정면에 있던 1개 군단의 프러시아군을 물리치고 와브르를 점령할 수 있었으나 실상 그는 나폴레옹의 완전한 파멸을 수수방관한 것이다.

6월 21일 나폴레옹은 파리에 돌아와서, 22일에 "…나는 적국이 프랑스에 대해서 갖는 증오의 제물로서 내 자신을 받쳐 홀로 모든 고통을 감수하겠다. 이제 나의 정치적 생명은 끝났으며 내 아들을 나폴레옹 2세의 칭호로써 프랑스 황제로 선언한다. 전 국민은 일치 단결하여 국가의 독립을 지켜라."는 요지의 퇴위선언을 했다. 7월 15일 영국함 벨레로폰(Bellerophon)호는 이 세기의 거인을 싣고 남대서양상의 고도(孤島) 세인트 · 헬레나(St. Helena)로 출발하였다. 그는 거기서 1821년 5월 5일 위암으로 사망하였다.

제5장 나폴레옹의 유산

제1절 나폴레옹 전쟁의 군사학적 의의

나폴레옹 전쟁사를 연구하는 중요한 이유는 나폴레옹이 그의 행동에 의해서 제반 전쟁원칙을 명백히 설명했기 때문이다. 그가 수행한 전 전역에 있어 모든 작전계획은 진실로 전쟁원칙과 부합되었으며, 또한 그 작전계획은 전쟁원칙대로 철저하게 실행되었다. 따라서 전쟁에 대한 그의 개념과 실천의 일치는 전쟁 사학도들의 가장 귀중한 연구대상이 될 수 있는 것이다.

흔히 경험주의자들은 원칙의 정립을 반대하면서 유익한 전쟁교리를 통해서 참다운 전쟁원칙에 관한 지식을 획득하려는 노력을 경시하고 있다. 병을 고치는 의사에게 이론의 연구는 무용지물이며 처음부터 임상실습을 시작해야 한다고 주장하는 사람은 없을 것이다. 전법을 연구하는데 있어서도 이와 다름이 없다. 즉 모든 일반적인 원칙을 완전히 파악하고 그것을 환자에 따라 적당히 조절해서 적용하는 의사만이 진실한 의미에서 의사라고 할 수 있는 것과 마찬가지로, 이론을 충분히 습득하고 그 제반 원칙을 당면한 상황에 따라 적절히 운용할 수 있는 자만이 위대한 지휘관이라고 할 수 있다.

나폴레옹은 전쟁기술에 있어 이론이 존재하고 또 그것을 구체적으로 문장화할 수 있다는 것을 확신하고서, 만약 시간적 여유를 갖게 되면, 모든 군인들을 이해시키고 다른 과학과 마찬가지로 학습이 가능하게끔 전쟁의 제반 원칙을 상세하게 기술한 책을 쓰겠다고 말했었다.

물론 나폴레옹 자신은 하등의 이론을 전개시키지는 않았으나 나폴레옹의 전법은 대체로 다음과 같은 특징이 있었다.

혁명의 산물인 국민군대는, 제반 제약조건을 벗어나 전투할 수 있었는데 무엇보다도 국가의 인적 자원을 총동원할 수 있기 때문에 인명피해를 도외시하고 공격할 수 있었다. 이것은 나폴레옹으로 하여금 전략적 우회와 중앙돌파를 시도하는 기동전략을 가능하게 하였다. 그가 그의 기동전략에서 가장 중요시한 전쟁원칙은 집중의 원칙이었다. 이것은 18세기 전략에서는 단순히 숫자적으로 적을 압도하는 병력의 우세를 유지하는 원칙이었으나, 나폴레옹은 "전체 병력은 비록 열세할지라도, 결정적 지점에서, 결정적 시간에, 적보다 상대적으로 우세한 병력을 투입한다."는 것으로 집중의 원칙을 발전시켰다. 그리고 내선상에 위치하여 중앙돌파로써 적을 분리시키고, 적이 합류되기 전에 신속한 기동으로 병력을 집결하여, 분리된 적을 각개 격파하였으며, 이와 같은 전쟁 원칙을 적용할 결정적 지점으로는 적의 전선의 가장 취약한 부분이나 적의 병참선 후방을 선택하였다. 나폴레옹은 "전쟁기술의 모든 비결은 바로 병참선을 장악할 수 있는 능력에 달려 있다."라고 말했었다. 그는 또한 전쟁의 최고 목적을 적의 섬멸에 두고 적을 일단 포착하면 맹렬하고 과감한 추격으로 적에게 재편할 시간적 여유를 주지 않고 이를 완전히 격파하였다. 한편 전술적으로는 개개인의 능력을 신뢰하고 산병전술(散兵戰術) 및 산병사격(散兵射擊)을 발전시켰고, 포병화력(砲兵火力)을 중시하여 군사력의 기본요소로서 포병을 인정하고 이것을 잘 활용했었다.

나폴레옹 전략의 특징을 영국의 군사전략가 리델 하트(Basil Liddell Hart)의 저서 『전략론』에서 인용하면 다음과 같다.

나폴레옹은 국민군대에 대하여 당시 실시 불가능하였던 군대의 엄격한 훈련에 대한 보조수단으로, 프랑스군의 각 개인에게 전술적 판단력과 독창력을 발전시켰다. 이 새로운 융통성 있는 전술은 그들 프랑스군 자체만이 갖는 단순하나 가장 중요한 특징을 이루었으니, 그것은 프랑스군이 분당 120보의 행군 속도로 기동력을 현저하게 향상시킨데 반하여, 이에 대항하는 적은 분당 70보의 전통적인 보행속도에 집착하고 있었다는 사실이다. 군대에 기계과학이 사람의 다리보다 더 빠른 이동수단을 주기 이전의 시대에 있어서 이러한 기본적인 차이는 타격력의 신속한 이동과 집중전환을 가능하게 하였던 것으로 이에 의하여 프랑스는 나폴레옹의 말과 같이 전략적으로나 전술적으로나 간에 '속도에 의하여 질량을 배가' 시킬 수 있게 되었다.

또 하나의 유리한 조건으로는 군대를 영구적인 사단으로 분할 편성하였다는 것이다. 이것은 공동목표를 향하여 개별적으로 작전을 수행할 수도 있고, 또 협동작전을 수행할 수도 있는 독립적인 단위로 군대를 분할 편성한 것이다. 이와 같은 편제개혁은 이미 부르세(Bourcet)에 의하여 제창된 바 있고, 이 개편은 계속 신진 군사사상가인 기베르(Guibert)에 의하여 더욱 발전을 보아 프랑스혁명 전야인 1787년 구체적으로 실천하는 단계에 이르렀다.

셋째 조건은 혁명군이 재정의 궁핍 및 보급사정의 악화로 인하여 보급제도를 현지조달이라는 낡은 관습으로 복귀시키지 않으면 안 되었다는 점이다. 이것은 작전수행 전에 전군을 집결하여 보급품을 분배하는 절차를 거치지 않고 각 사단별로 자급자족하면서 군사목적을 수행할 수 있었다. 더욱이 경무장은 기동력을 강화시킬 수 있는 요인이 되었으며, 굶주리고 헐벗은 군대를 이끌고 적 후방의 보급창고를 습격하는데 활력소가 되었던 것이다. 그러나 이러한 원시적인 보급제도는 점차적으로 전쟁이 대규모화하고 조직화하고 총력전화함에 따라 한계점을 노출시키기 시작하여 후기에 나폴레옹이 패배한 주 요인이 되었다.

이들 조건 외에 가장 중요한 요소는 위대한 지휘관 나폴레옹 보나파르트라는 인적 요소이다. 그는 끊임없이 전쟁사를 연구함으로써 군사적 재능을 닦았으며, 더욱이 18세기의 특출한 군사이론가인 부르세와 기베르의 군사사상을 토대로 하여 필승의 전략개념을 가질 수 있었다. 그는 부르세로부터 전투에 앞서 자기의 군대를 먼저 분산시켜 적군의 분산을 유인하고, 신속히 자기의 군대를 재집결시켜 전투를 개시한다는 계획적 분산 및 집중의 원칙을 배웠으며 기베르로부터 병력의 기동성과 융통성, 그리고 사단편제로의 개편이 갖는 잠재력의 가치 등을 배웠다.

그러나 세계의 가장 위대한 군사적 천재 나폴레옹도 영속적인 업적을 남겨 놓지 못하고 후기에는 결국 쇠퇴의 길을 걸었다. 여기서 우리는 현대적인 각도에서 나폴레옹의 과오를 검토할 수 있다. 이것은 무엇보다도 나폴레옹의 계속적인 승리가 소위 '불가능은 없다'는 확신을 갖게 했었고, 모든 명령이 실패 없이 이행되었으나, 한편 나폴레옹의 독선과 무조건 추종의 요구는 부하장군들까지도 기계적으로 명령을 이행할 뿐, 독자적으로는 작전을 수행할 능력이 없었다는 점을 들 수 있다. 여기에다 나폴레옹 개인의 정력 감퇴는 불가항력이었던 것이다. 그밖에 기동전략에만 집착한 나폴레옹이 점차로 총력전화하는 전쟁양상의 변천을 충분히 인식하지 못한 채 지나치게 정신력만 강조하고 물자의 중요성을 경시했던 점을 들 수 있다.

이제 나폴레옹의 제국은 비록 흔적조차 없이 무너졌으나, 그의 군사적 업적은 군인들의 높은 이상으로 남아있다. 누구든지 앵발리드(Invalides) 사원에 들어가, 비록 아무 이름도 새겨져 있지 않으나 대전투의 월계화환이 놓여있는 단조롭고 검붉은 색의 석관(石棺)을 바라보면, 감탄의 경지에 빠지게 될 것이다. 그 석관 속에서 걷잡을 수 없이 싸움을 좋아하던 그 소년 나폴레옹을, 사교성이 없이 과묵하며 항상 명상에 잠겨있고, 때때로 반항적이던 그 청년장교 나폴레옹을, 항상 행동적이며 결심하는데 용감하고 전투에 임하여 동요할 줄 모르며 야심과 정열이 넘치는 장군 나폴레옹을, 또한 만족을 모르며 언제나 전횡적(專橫的)이던 천재적인 정복자 나폴레옹을, 미래를 무시하며 운명론자를 멸시하고 항상 자기본위이던 황제 나폴레옹을, 사라져 버린 세계제국을 손아귀에 잡아보려고 미친 듯이 허공에 손을 내젓는 노기에 찬 세인트 · 헬레나의 수인(囚人) 나폴레옹을, 그리고 이제 한낱 역사의 기억속으로 사라진 위대한 군사적 천재 나폴레옹을 발견하며 깊은 회상에 잠길 것이다. 여기서 모든 군인들은 『나는 세계제국을 노렸다』는 나폴레옹의 말을 음미할 수 있을 것이다.

제2절 클라우제비츠와 조미니

프랑스혁명과 나폴레옹에 의한 전쟁양상의 본질적 변화는 전쟁을 연구하는 학도들로 하여금 전쟁론에 관한 새로운 토대를 정립케 하였다. 그중 가장 영향력 있는 학자는 조미니와 클라우제비츠로서 스위스 태생의 전자는 프랑스군과 러시아군에서 근무했던 참모장교였고 후자는 프러시아군의 지휘관 출신이었다.

1. 조미니(Antonie Henrie Jomini ; 1779-1869)

나폴레옹의 전략사상을 이해하기로 그와 동시대의 사람으로서 조미니를 능가할 자가 없었다. 나폴레옹이 세인트 · 헬레나에서 조미니를 칭찬했으며, 또한 조미니가 나폴레옹의 대부분의 작전기도(作戰企圖)를 미리 간파했다는 비화는 오늘날 널리 알려있다. 그의 많은 이론적 저서들은 소위 나폴레옹 교리를 최초로 정리한 것들로서 오랫동안 군사교육의 지주가 되어왔다. 『전쟁이란 어둠 속에 가려진 과학』이라는 삭스(Maurice Saxe)의 주장에 대응하여, 조미니는 전쟁에는 그 결과를 결정하는 기본적 불변의 원칙이 존재한다고 보았으며 그러면서도 또한 합리적인 전쟁이론은 원칙과 교훈의 존재를 인정하면서 군사적 천재를 위한 여지를 인정해야 한다고 주장하였다.

• 전쟁의 유형

조미니는 투쟁의 본질이 전쟁목표를 결정한다고 주장함으로써 이에 따라 전쟁을 분류하였다. 전쟁은 본질적으로 권리의 보호, 세력균형의 유지, 이념적인 이유 등 때문에 이루어진다. 타국을 점령하는 전쟁은 두 가지가 있으니, 첫째는 긴장을 통해서 국력과 국가의 영향력을 증대시키는 것이요, 다른 형태는 단순한 정복욕을 채우는 전쟁이다. 후자에 해당하는 대표적 정복은 몽골족의 침략과 같은 것으로 이는 인류에 대한 가장 큰 범죄라고 말할 수 있다. 어느 군대가 점령을 위해서는 병참선을 장악하고 주변을 차단하며 주력을 격파하는 과정을 밟아야 하는데 이때 정예부대와 유리한 지형은 적의 침략을 방호해줄 것이다.

조직적인 살인보다는 애국적 전쟁이 바람직하며 섬멸전을 채택하는 대신에 잘 훈련된 군대를 바탕으로 하여 선량한 정치적 동맹국과 결탁하여 국가를 방어하는 것이 국가의 독립을 보장하는 적절한 길이다. 이와 같이 전면적 파괴를 특징으로 하는 총력전에 대응하는 방책으로서 국제법 및 국제조직에 의한 전쟁제한을 주창한 점에 있어서 조미니는 당시의 시대보다 앞서 있었다고 볼 수 있다. 나폴레옹 시대가 섬멸전의 길을 열었으며 대량징집군대가 그것을 위한 수단이 되었다는 것을 깨달았던 그는 특히 산업혁명의 영향에 대해서 『파괴수단이 무시무시한 속도로 완전수준에 접근하고 있다』고 평함으로써 총력전의 가능성을 시사하였다.

• 군사정책

조미니는 그 당시 대표적 정부들의 국력을 평가한 후, 그들이 평화시에 군대발전에 대해서 매우 등한시하는 것을 지적하고 이상적 군사정책을 위한 토대로 이론화하였다. 그가 주장한 군사정책에 고려되어야 할 중요한 사항들이란 정치 · 군사 역할을 훌륭히 수행할 수 있는 지휘력, 병력과 장비의 정예화, 군사과학에 대한 심도 있는 연구, 군사전문성 직책의 확보, 평시 계획, 전략정보, 재정지원, 전쟁목표와 일치하는 작전계획 수립 등이며, 바로 이러한 요소들을 체계화한 것이 군사정책이다.

• 전략

전쟁술, 특히 전략이란 카이사르에게나 나폴레옹에게나 같다고 조미니는 확신하였다. 전략의 골자는 아군의 안전을 보장하면서 적의 결정적 지점, 특히 병참선에 결정적 순간을 포착하여 병력을 집중하는 것이다. 또한 집중은 적을 분산하여 각개 격파할 수 있어야 한다. 조미니는 이와 같이 나폴레옹의 전략기본개념을 완전히 이해하였다고 볼 수 있다.

침략함으로써 타민족의 증오심을 불러일으키는 것은 위태롭다고 지적하면서도 조미니는 일반적으로 공격작전의 우위를 주장하였다. 특히 단일 작전에서는 공격이 훨씬 유리한 위치를 차지하는 이유는 결정적 지점에 병력을 집중할 수 있기 때문이다. 따라서 전략적 기선(機先)의 장악은 최초의 작전 목표에 절대적으로 필요한 것이다.

그의 전략론을 위해서 조미니는 전장을 지역, 점, 선, 기지로 구분하고 각각에 대해서 도식으로 상세히 설명하였다. 이로 인하여 그는 기하학적 전쟁론의 주창자라는 평판을 얻고 있다. 그러나 그는 또한 융통성의 원칙을 매우 강조하였다. 전쟁은 결코 기하학적 처리와 같이 될 수 없는 것이므로 군사천재는 일방적 학설이나 편견으로부터 해방되어야 할 것이다.

• 조미니의 영향

조미니의 군사이론은 19세기 이후의 전쟁양상과 군사과학의 현대식 분화에 많은 영향을 주어서 그의 많은 용어가 오늘날도 통용되고 있다. 프랑스혁명이 전쟁에 끼친 영향을 분석하면서 그는 어렴풋이나마 총력전이 산업혁명에 의하여 실현 가능하다고 예언하였으며 그러한 총력전을 두려워하였기 때문에 그는 전쟁이 직업군인의 소관으로만 제한되기를 희망하였다. 조미니는 방법론적 전략과 제한전쟁목표에 강력한 취향을 가졌으나, 불행하게도 전쟁과 사회의 일반적 관계를 경시하였던 것이 그의 전쟁론의 취약점일 것이다.

2. 클라우제비츠(Karl von Clausewitz ; 1780-1831)

조미니가 군인들을 위해서 전쟁양상의 변화를 설명한 반면, 클라우제비츠는 전쟁에 대한 현대식 연구의 기초를 수립하였다. 그의 명저 〈전쟁론〉(미완성작품을 그의 미망인이 완결, 1832년)은 나폴레옹에 대한 단순한 평가 이상으로 후세에 지대한 영향을 끼쳤다. 그의 독창적 사상을 담은 이 서적은 특히 전쟁과 사회, 이론과 실제 등의 상호관계를 밝힘으로서 오늘날 정치 및 전쟁론의 지주가 되어왔다.

• 전쟁의 본질, 목적, 수단

전쟁은 적으로 하여금 아군의 의지에 굴복하도록 강요하는 폭력행위이다. 이 과정에서 폭력은 수단이며 아군의 의지는 목적이다. 폭력을 사용하는데 있어서 실질적으로는 국제법, 정치적 고려사항, 사소한 마찰상태 등에 의하여 제한을 받으나, 무제한적 출혈을 각오하는 무자비한 폭력자가 그 정도에 제약을 부여하는 상대방보다 항상 이점을 갖고 있다. 따라서 잔인성을 혐오하여 무시하는 것은 전쟁에서 시간과 노력의 낭비만을 초래할 것이다.

군사행위의 1차적 목표는 적을 무력하게 하여 적으로 하여금 적대행위를 중단하고 평화를 추구하도록 하는 것이다. 이러한 전쟁목표를 향하여 폭력은 최대로 확대되는 경향이 있으며 오로지 가용수단(可用手段)의 정도가 폭력을 제한하므로 전쟁이란 추상적으로 말해서 극도의 폭력행위에 대한 지향성을 갖고 있다고 볼 수 있다. 클라우제비츠의 절대전쟁 또는 이상적 전쟁은 이론적 전쟁의 개념이며 실질적으로는 폭력의 사용에 대하여 군사적 정치적 제약사항이 따르기 마련이다. 왜냐하면 전쟁이란 고립된 행위로 끝나거나 또는 단일한 결정에 절대 의존하지 않기 때문이다. 프랑스혁명 이후 국가무장시대의 국민군대는 정치지도자들에게 행동의 자유를 구속하는 경향이 있게 되었으나, 이때 나폴레옹은 한정되지 않은 폭력을 이용하여 절대전(絕對戰)에 가까운 전쟁을 추구하였다. 적으로 하여금 나폴레옹의 의지에 완전히 굴복하도록 하는 것이 그의 대량징집군대에 의하여 가능하게 되었다. 이 결과 클라우제비츠는 절대전을 최고의 정점으로 하고 그것을 출발점으로 하여 전쟁론을 전개하였다.

적을 무력하게 하거나 적으로 하여금 아군의 의지에 굴복하도록 하는 전쟁목적을 달성하기 위해서는 적의 군대를 격파하거나 전투를 계속하려는 능력을 박탈해야 한다. 그 이후 적의 영토를 점령하고 최종적으로 적의 의지를 정복하며 그 정부와 연방으로 하여금 평화의 길을 택하도록 하고 그 국민들이 전후처리사항을 수락하도록 하여야 한다.

적의 군대를 격파하는 수단으로는 오직 전투뿐이다. 적의 의지를 약화시키는 다른 방법이 있지만 모든 군사행위를 무자비하게 사용하는 대혈전(大血戰)만이 최대효과를 기할 수 있다. 대규모의 위대한 전투만이 위대한 결과를 낳을 수 있다고 믿은 클라우제비츠는 『혈전이 없이 정복했다는 장군들에 대한 이야기는 경청하지 말자』고 말할 정도였다.

• **전략**

클라우제비츠는 공격과 방어를 대등하지 않은 군대의 별개형(別個形)으로 이해하였다. 정확한 이해를 전제로 하면 방어가 공격보다 정치·군사적으로 더 강하다. 막강한 방어란 최대의 준비를 갖추는 것을 의미하며 이것은 전쟁에 숙달된 군대, 침착히 적을 기다리는 지휘관, 적의 침입을 두려워하지 않은 국민의 삼위일체로 이루어져야 한다. 결정적 지점에 대한 조미니의 이론을 경멸하고 중력중심이론(center of gravity theory)을 전개하여 서로 다른 용어를 사용하였으나 전략적 의미에서는 동일한 것으로 클라우제비츠가 말하는 중력의 중심이란 적군 주력에 있는 것이다. 적 주력의 격파는 가장 유효한 전략적 목표가 되며 이러한 목표는 전략적 방어에 의하여 성공될 수 있다. 방어의 성공은 정점의 개념에 달려 있다. 힘이란 여러 가지 요인 때문에 공자(攻者)를 위하여 증가되나 동시에 다른 많은 요인에 의하여 낭비된다. 궁극적으로 공격은 정점 또는 반환점에 이르게 될 것이며, 이 순간 유능한 방어지휘관은 민첩하게 역습을 실시할 것이다. 그 후 폭력의 정도는 대전투의 정점을 향하여 증가하여 공자에서부터 방자로 유리한 상황은 넘어가고 결국 방자가 승리할 것이다. 이와 같이 클라우제비츠는 적을 유인하여 적이 공세작전에서 전력을 낭비하게 한 후 아군의 유리한 전력을 투입하는 공세적 방어론을 주장하였다. 실로 성공적인 지휘관의 위대한 전략은 정점을 찾아 개척하는 데 있다.

• **전쟁과 정치**

전쟁은 정치적으로 동기 부여된 행위이므로 그 목표가 전쟁 중 항상 고려되어야 하며 또한 군사실정과 일치하여야 한다고 주장함으로써 정치와 전쟁의 상호관계를 밝혔다. 정치적 동기부여의 의미가 클수록 폭력의 정도는 커질 것이며 따라서 전쟁이란 그것을 배출한 동기에 의하여 통합된다고 볼 수 있다. 이것이 바로 「전쟁은 다른 수단에 의해서 이루어지는 정치의 연속」이라는 명구에 이르는 논리적 발판이 되었다.

전쟁이란 사회적 전체와 분리할 수 없는 부분으로서 국가정책을 반영하여 그것을 위한 하나의 도구라고 할 수 있다. 따라서 군사적 관점이란 정치적 관점에 종속되어야 하며, 군사영역내에서 전쟁이 개시되기 전에 그에 선행하여 정치적 조건이 전쟁을 결정하게 될 것이다.

국민전쟁에 대한 분석에 있어서 선구자였던 클라우제비츠는 19세기 현상을 대량징집군대에 의한 폭력 증대의 자연적 소산이라고 이해하였다. 무장국가 및 국민은 점차적으로 침략군을 허약하게 하여 격퇴시키므로 현대의 전쟁은 조직된 군대의 지원을 받는 국민의 게릴라전쟁으로 이해되어야 하며 따라서 전투를 회피해야 하고 전략적 방어와 소수부대에 의해서 수행되는 제한전술적 전쟁에 의존하여야 한다. 현대의 전쟁에서는 시간과 공간이 국민의 맹방(盟邦)이 되어 침략자를 마모전(磨耗戰)에서 격퇴시키므로 어떤 단일작전의 결과에만 집착해서는 안 될 것이다.

• **클라우제비츠의 영향**

사물이나 사건의 본질을 깊이 파헤치기를 좋아했던 클라우제비츠는 당대독일철학의 산물이었다. 절대주의의 붕괴와 민족주의의 등장 사이를 이어주는 과도기에 위치한 그는 18세기의 과학적 접근과는 반대 입장에 서서 전쟁이란 정확한 가정에 의하여 한정할 수 없으므로 전쟁은 과학이 아닌 술(術)이라고 주장하였다. 칸트의 철학적 의미로서 절대전을 설명한 것은 군사행위를 측정하기 위한 줄자로 사용하기 위한 것이었다. 불행하게도 그가 시도한 추상적 이론이 비판 없이 받아들여져 후세의 군인들은 절대전을 추구하였다. 전쟁은 극도의 폭력상태로 확대되는 경향을 갖고 있으나 또한 그 이면에는 전쟁이 절대적 형태로 이르는 것을 제한하는 여러 요인이 존재한다는 것을 강조한 클라우제비츠의 주제를 경시하고 그의 절대전 이론을 현대의 총력전으로 오해하는 것은 맥도 짚지 않고 침을 놓는 것과 같은 과오라고 할 수 있다.

나폴레옹 전쟁을 이해하는데 있어서는 조미니보다 못하나, 군사사를 많이 읽었던 클라우제비츠의 연구대상은 나폴레옹에게만 국한되지 않았다는 점에서 높이 평가된다. 각 전역은 고유의 상황이 있어 서로서로 다르며 각 시대 또한 각각 다른 사회적 · 정치적 · 기술적 특성을 갖고 있다. 따라서 그는 어떤 특별한 군사제도를 옹호하지 않았으며 심지어는 이미 유효한 접근방법까지 부정하였다. 그는 지휘관이 어떠한 상황에서도 건전한 결정을 내릴 수 있게끔 끊임없는 연구와 숙고를 해야 한다는 것을 강조하였다. 이와 같이 군사적 성공을 보장하는 지름길의 존재를 부정하면서도 몇 가지 일반적 원칙들은 인정하였다.

클라우제비츠의 위대성은 전쟁을 전반적으로 고려하여 하나의 국가의 문제로 표현하였으며 또한 전쟁을 광범위한 사회적 범주내의 지식체계로 연구하는 기초를 세웠다는 점이다. 정책의 한 수단으로 전쟁을 보는 개념은 오늘날 국제사회에 적용되는 것으로서 평화시대의 정책이란 언제나 군대에 의해 보장받을 수 있는 조건에서만 건재할 수 있다는 것을 의미하고 있다. 더구나 가변적 군사도구는 대외정책에 있어서 여러 상황을 수습할 수 있는 신축성을 제공해준다.

클라우제비츠에 대한 오해 또는 불완전한 해석은 클라우제비츠식이란 용어를 낳도록 했으며 이는 주로 정치목적을 달성하기 위해서 최대의 폭력 형태로 전쟁을 실시하고자 하는 것을 의미한다. 실로 이와 같은 해석은 프러시아의 1세기 역사를 지배하였던 것으로 이는 클라우제비츠의 공격적인 폭력론에만 일방적으로 집착하고 그의 더 중요한 '공세적 방어의 우월성' 개념을 무시하였던 결과라고 말할 수 있다.

제3절 산업혁명과 군사상의 변화

프랑스 혁명과 나폴레옹 전쟁의 약 25년에 걸친 대전쟁을 겪은 후 유럽에서는 평화가 찾아왔다. 프랑스 혁명 이후 전후처리 과정을 통해 오스트리아 재상 메테르니히가 구상한 유럽질서는 통상 비엔나 체제, 혹은 메테르니히 체제라고 불린다. 비엔나 체제하의 유럽의 질서는 영국, 프러시아, 프랑스, 오스트리아, 러시아의 강대국들이 어느 한 국가의 지배적인 우위를 인정하지 않으면서 유럽의 문제에 관해 서로 협의하여 해결함으로써 힘의 균형유지를 통하여 안정을 이룬 체제였다. 힘의 교묘한 견제와 협조에 의해 유지된 유럽의 세력균형(Balance of Power)으로 인하여 나폴레옹 전쟁 이후의 1세기 동안(1815-1914)은 다른 세기에 비해 큰 전쟁이 드물었던 비교적 평온한 시기였다.

물론 이 시기에도 국가 간의 전쟁이 완전히 사라진 것은 아니었다. 비교적 규모가 큰 전쟁으로는 여러 소규모 영령 국가로 흩어진 독일민족을 하나로 통합하려는 프러시아와 이를 저지하려는 주변 강대국과의 전쟁인 프러시아-오스트리아 전쟁(1866년), 프러시아-프랑스 전쟁(1870-71년)이 있었으며, 유럽의 외부에서는 노예 제도 문제로 남북간에 내전을 치렀던 미국의 남북전쟁(1861-64)이 있었다. 19세기 말에는 아프리카 남단의 보어인들이 서구의 소화기를 사용해 영국에 강력하게 대응한 보어 전쟁(1899-1904)이 있었다. 프러시아의 몰트케(Helminth von Moltke, 1800-1891)는 1866년과 1870-71년의 두 번의 전쟁에서 유명한 독일의 총참모부 제도와 철도를 이용한 신속한 기동을 통해 외선작전(外線作戰)으로 각각 오스트리아와 프랑스를 굴복시킴으로써 1870년에는 프러시아 중심의 독일 통일을 달성할 수 있었고 독일제국이 성립되었다. 미국의 남북 전쟁에서는 철도와 라이플 총 등이 광범위하게 이용되었고, 산업력을 적절히 활용한 링컨 대통령의 북군이 남군에 대해 승리를 거두면서 북부 중심의 미국의 재통합을 이루었다.

이러한 전쟁을 치루면서 각국의 지휘관들은 아직도 나폴레옹 식의 주력 결전을 통해 전쟁을 수행하는 방식을 답습하고자 하였지만, 각 국의 군대는 1830년 이후 유럽의 산업혁명의 결과물을 서서히 군에 채용하기 시작했고 전쟁의 양상도 이로 인해 변화하게 되었다. 산업혁명이 군에 가져다 준 가장 큰 변화는 전신, 철도의 광범위한 사용과 후장식 라이플총, 기관총, 후장식 화포, 자체폭발식 포탄, 철갑 기선 등 신무기의 출현이었다. 1820년대에 개발된 철도는 1840년대에는 군 병력 수송에 채용됨으로써 병력의 원거리 기동에 큰 영향을 미쳤다. 나폴레옹 시대에는 군단이 최고 제대였지만 병력으로 인하여 1860년대에 독일은 군단을 몇 개 묶은 야전군(Army) 편제를 사용하였다. 1850-60년대에 들어와 라이플 소총과 자체폭발포탄(Shell)의 사용으로 정확성, 사거리, 살상력이 증대하여 각 국의 군대는 더 이상 나폴레옹 시대처럼 밀집대형을 이루어 서서 행군하다가 사격하는 전술을 사용할 수 없게 되었다. 병사들은 전투하기 위해 땅에 엎드려 사격해야 했고, 전투에 임박해서는 18세기의 엄격한 퍼레이드 대형이 아닌 산개대형(散開隊形)을 널리 채용함으로써 부대의 전개 정면이 매우 넓어졌다. 최고사령관이나 군사령관은 나폴레옹 전쟁 시기처럼 한 눈에 전장 전체를 조망하면서 전쟁을 지휘할 수 없게 되었다.

1838년 모스(Morse)에 의해 발명된 전신 역시 군에 채용되어 원거리에서 대규모 군의 작전지휘를 가능하게 했다. 확장되는 군을 지휘통솔하는데 있어 전신은 필수적인 기술이었지만 그것만으로는 부족했고 신 군사기술의 채용에 의해 점차 복잡해지는 군 조직을 통솔하기 위해서는 전문화된 참모들을 두어야 했다. 각 국의 군대는 18세기말에 초보적으로 사용된 참모제도를 더욱 세분화시켜 작전, 정보, 병참, 철도, 통신 담당의 전문 참모장교를 육성하였고 이들은 대부대에서 지휘관을 보좌하였다. 프러시아는 몰트케의 주도하에, 평시에는 전쟁의 기획과 동원을 담당하는 한편 전시에는 대부대의 참모로써 총사령부의 전략개념이 예하 부대에서 실행될 수 있도록 지도감독하는 임무를 수행하는 총참모부(General Staff) 제도를 도입하여 전쟁수행 전반을 이해하는 전문적 참모진을 육성하였다. 프러시아군(후에 독일군)은 대위 때 유능한 장교들을 선발하여 3년 과정의 총참모대학(General Staff Academy)을 수료한 후 총참모부, 각급 지휘관직, 대부대 참모직을 순환하며 임무를 수행하게 함으로써 이들이 군사전문가로서 전쟁을 기획 · 지도했으며, 1866년과 1870-71년의 전쟁에서 프러시아 참모총장 몰트케는 이러한 참모제도를 바탕으로 전신과 철도망을 효과적으로 이용하여 대규모 병력의 기동과 집중을 실현함으로써 전승을 이룰 수 있었다. 1866년과 1870-71년의 전쟁에서 독일이 승리한 후 유럽 각 국은 이를 모방하기 위해 노력했다.

뇌관, 강선 및 후미장전(後尾裝塡) 방식을 채용한 소총(1844년 최초개발), 후장식 화포의 채용과 탄착 지점에서 자체 폭발에 의해 엄청난 살상력을 갖게 된 포병 탄약의 개발은 전쟁에서 화력의 엄청난 발전을 가져왔다. 후장식 소총과 후장식 화포는 발사 후 총구를 다시 소제하고 탄약을 재장전해야 했던 종전의 복잡한 동작들을 생략하면서 재장전이 가능케 함으로써 동일 시간에 수배의 발사속도를 갖도록 소총과 화포를 변모시켰다. 포병에서는 주퇴복좌 기재의 발명으로 인해 발사 후 사격의 반동에 의해 화포를 재방열하는 과정을 생략함으로써 단위 시간당 발사속도를 고도로 높힐 수 있었다. 1860년대에 발명되어 19세기 말에 각 국의 군대가 표준화기로 채용하기 시작한 기계식 연발 기관총(machine gun) 또한 종래의 단발식 소총의 수 백배에 달하는 살상력을 갖는 무기로서 소총병들에게 가공할 위협을 줄 수 있는 무기가 될 것이라는 것을 예고하였다. 이러한 화기의 급격한 발전은 일반 보병의 취약한 방호력을 위협하였고 19세기 말에 이르러 각 국의 전술가들은 나폴레옹 시대의 밀집된 보병대형으로는 싸울 수 없다는 것을 서서히 인식하게 되었다. 지휘와 사격 통제를 위해 보병대열은 비교적 밀집한 대형을 유지했지만 소부대간의 간격은 나폴레옹 시대에 비해서는 상당히 멀어졌다. 신무기에 의한 대량 피해를 막기 위해서는 불가피한 전술의 변화였다. 19세기 말에 가서 어떤 나라들은 아직까지도 연대 병력이 일시에 한 개 전열을 이루어 돌격하는 전투대형을 사용했으나, 독일은 1866년, 1870-71년 전쟁을 통해 전장에서 눈으로 확인하며 실제 전투를 지휘할 수 있는 부대 규모가 중대급이며 따라서 실제 전투지휘는 중대장에게 달려있다는 점을 강조했다.

제 4 편

청일 및 러일 전쟁

[제 4 편 청일 및 러일전쟁]

제1장 청일전쟁

제1절 배경

1. 정세(情勢)

강경한 쇄국주의자 대원군이 1873년에 정권에서 물러나자 침략적 의도를 목적으로 하는 통상제기(通商提起)가 일어나, 구미열강의 지원을 은밀히 받은 일본으로 인해 운양호사건이 발생하였고 그 결과 강화도 조약(1876)이 체결되었다.

강화도 조약은 일본의 침략적 행위에 대한 우려를 유발시켜 이로 인해 위정척사론(衛正斥邪論)이 대두되어 개화정책에 대한 맹렬한 비판이 일어나 대원군이 오히려 추앙을 받기에 이르렀으며, 1882년의 임오군란(壬午軍亂)으로 대원군이 재집권하기에 이르렀다.

군란의 소요로 일본공사관이 파괴되었고 이를 구실로 일본이 출병을 하였으나 가장 신경을 날카롭게 한 것은 청(淸)이었다. 종주국으로서 속국을 보호한다는 주장(조선은 청에 가장 먼저 조공한 나라일 뿐 아니라 북경의 예부에서 행해지는 연례적 조공의식에 1860년대까지 참석하였다)을 내걸고, 일본보다 우월한 지위를 얻기 위해 오장경(吳長慶) 휘하 4,500명의 군대가 입성한 것이다.

청측 목표는 그대로 달성되어 제물포 조약이 성립된 후 청의 세력권은 크게 확장되었고, 새로이 정권을 담당한 민씨(閔氏)는 사대당(事大黨)으로 변하고 말았다.

개항기(1876~1894)를 맞아 대내외적인 위기상황을 타개하기 위하여 국왕을 중심으로 하는 동도서기론(東道西器論, 우리의 것을 근본으로 삼고 서양의 기술을 도입하여 이용하자는 이론)이 나왔고 왕조체제의 강화와 근대적 수정을 꾀하였으나, 급진개화파의 주도 아래 '위로부터'의 무장정변(武裝政變)이 획책되었다.

1884년 12월 4일 주한 일본군의 적극 원조 확약 아래 거행된 갑신정변은 개화파정권을 수립하고 갑신정강(甲申政綱)까지 발표하였으나 일본군 140여명에 비해 청군 1,500명의 엄청난 차이로 삼일천하로 끝나고 말았다.

정변은 끝났으나 일본은 이 사건을 계기로 청의 조선에서의 지배권을 약화시키려 들었고, 그 방법으로 청 · 일 양군의 공동철병(共同撤兵)을 주장하였다.

1885년에 맺어진 천진조약(天津條約)은 청 · 일 양군의 철수와 차후 양군은 교련을 위한 인원파견 금지 및 장차 파병할 때에 사전통고를 약정하였다.

1880년대 후반에 이르면 외국상업자본이 우리나라 도시와 농촌시장에 침투함에 따라 국내에 긴장관계가 촉진되었고, 이와 관련하여 점차 그 통제력을 상실해가던 왕조권력은 민부(民富)를 보호육성하기보다 외국 침투세력의 압력에 못 이겨 오히려 역기능을 초래하는 경우까지 나왔고 그 결과 1890년을 전후하여 도시와 농어촌의 광범한 분야에 걸쳐 국민들의 생활권 수호문제가 크게 제기되었다. 1894년 '밑으로부터' 국정개혁을 획책하는 동학농민군은 이렇게 하여 일어났던 것이다.

동학농민군의 항쟁을 스스로의 힘으로 진압할 수 없는 정부는 전투가 확대되어가자 청에 구원병을 요청하였다.

청은 새로이 등장해오는 러시아와 기타 외국세력보다 더 나은 세력 그리고 자기세력의 재강화를 위해 좋은 기회로 여겨 엽지초(葉志超)로 하여금 3,500명의 병력을 거느리게 하여 아산만에 상륙시켰다.

일본 역시 조선에서의 세력확장을 위한 기회를 노리고 있었다. 후퇴한 정치적 지위를 회복하기 위함은 물론이고, 경제적으로도 점차 청에 의해 잠식당하고 있는 상품시장을 확보할 필요를 절실하게 느꼈던 것이다. 갑신정변 다음 해인 1885년에 조선이 일본으로부터 수입하던 액수는 총 수입액의 81%(청 19%)를 차지하던 것이 청 · 일전쟁 전년도인 1893년에 청 · 일이 각각 약 50%의 동률을 차지하고 있었다.

청군이 출동하자 일본도 거주민 보호라는 명목으로 7,000명의 대병력을 파견하여 인천으로 상륙하였다.

그러나 이때 동학농민군은 이미 전주화약(全州和約)으로 물러난 때였으므로 청 · 일 양군의 주둔은 무의미하게 되었고, 청은 일본에게 공동철병을 제안하였다.

이 제안이 조선정부에 의하여 지지를 받았음에도 불구하고 이 기회에 조선으로부터 청의 세력을 철저하게 축출해버리려는 일본은, 청측 제안을 거부하고 그 대신 공동으로 내정개혁 추진을 제의하였다. 일본의 표면적 이유는 내정개혁에 의하여 정치가 혁신되지 않는 한, 또 언제 내란이 발생될 지 모르므로 이를 미연에 방지해야 할 필요성과 한 걸음 더 나아가 동양의 평화유지를 위해서 필요하다는 것이었다.

청은 그와 같은 제안이 외국에 대한 내정 간섭이라고 하여 거절하였고, 일부러 충돌을 기도했던 일본은 회담이 결렬되자마자 성환(成歡)으로 병력을 이동, 청군을 공격하게 되었다.

2. 양국의 전쟁준비

가. 중국

중국은 아편전쟁의 결과 1842년 8월 29일 영국과 남경조약을 체결함으로써 광동 · 상해 · 복주 등을 개항하게 되었으며 1860년까지 천진조약과 북경조약을 맺게 되었다. 이로써 중국은 세계를 향하여 문호를 개방하게 되었으나 서방국가들과의 불평등한 관계가 계속되어 열강의 압박이 심하게 되었고, 여기에다 15년간에 걸친 태평천국(太平天國)의 난(1850~64)을 비롯한 각종의 내란이 가세되어 청조는 그야말로 위기에 처하게 되었다.

위기에 빠진 청조를 재건하려는 운동이 한인대관(漢人大官)과 일부 만인관료(滿人官僚)들 사이에 일어났다. 「왜 그들은 소국인데도 강한가? 왜 우리는 큰 나라인데도 약한가?」 내려진 결론은 중국이 외국의 여러 나라에 대하여 알지 못하고, 그들의 기술 특히 군사기술을 모르는 것이 주된 원인의 하나라는 것이었고, 서양의 지식을 선택해서 사용해야 된다는 자강운동(自強運動)이 일어났다. 이것이 당시의 연호를 딴 동치중흥(同治中興 1860-70)이었으나 중국의 근대화 과정은 느리고 서구 열강의 직접적인 침략속도는 상대적으로 빨랐다.

또한 1870년의 천진사건(열강이 그들의 권익을 확대하기 위해 그리스도교 선교사의 보호를 이용하였었고, 선교사들이 어린이를 유괴 살인한다는 유언비어가 나돌았으며, 이에 자극 받은 민중이 일으킨 대 학살사건)으로 1860년의 북경조약체제 아래 시도된 중흥운동이 종말을 고하고, 열강과의 관계는 악화 일로로 치달았다.

1883-85년 사이의 청불전쟁(清佛戰爭)은 자강운동 이래 최초로 근대적 군대와 대항하여 싸운 방어전이었으나, 근대적 조직체계와 지휘권이 없는 근대적 무기란 실효가 없다는 사실만 증명되었다.

1차 근대전쟁에서 패한 쓰라린 경험을 토대로 근대화의 조속한 발전 필요성을 느끼기는 하였으나, 거국적이고 상부로부터의 통일적인 것이 못되고 개인 중심으로 흐르고 말았다.

무한지구(武漢地區)의 장지동(張之洞)은 근대적 시설을 하나씩 건설해가면서 중국의 고전적 전통을 근대화에 맞추는데 주력하였고, 천진의 이홍장(李鴻章) 역시 근대적 전쟁에 대비한 중국의 대처방안에 부심하여 북양함대(北洋艦隊)라는 주전투력(主戰鬪力)을 창설하였으나 1890년대로 넘어서면서 해군에 대한 예산지불은 거의 제로의 상태에 빠졌고, 그나마 여객운송을 담당시키기까지 하여 1894년 청일전쟁시 북양함대가 할 일이란 그 자신의 무능력을 깨닫고 일본과의 대결을 피하기 위하여 전력을 다할 뿐이었다.

1894년 중국은 고래로부터 두 가지 서로 다른 군대조직의 형태를 물려받고 있었다. 가장 오래되고 대규모이나 군대로서 가장 쓸모없는 것은 쇠진한 만주팔기군(滿洲八旗軍)과 지방중심적인 경찰군(녹영 綠營)이었다. 장교는 무과에 의해 선발되었는데 그 내용은 주로 기마사(騎馬射)와 입사(立射), 칼 휘두르기, 강노견장(强弩牽張), 무거운 돌 들기 등의 신체상의 역기(力技)를 강조하는 것으로 근대전쟁에는 아무 소용도 안 되는 기묘한 것이었다.

두 번째 형태의 군사조직은 태평군란 때부터 내려온 지방군이었다. 이들의 계보는 증국번(曾國藩)이 1852년 이후에 만든 호남군(湖南軍)에서 시작되어, 개인 중심적이고 지방별로 모집 구성되었다. 반농반병(半農半兵)으로 구성된 것이 아니고 직업적인 전사(용, 勇)로 구성되어 독자적인 영도자와 재정적 지원을 가지고 있어 전통적인 기인(旗人)과 성(省)의 녹영을 대신하게 되었다. 이들을 총체적으로 방군(防軍)이라 부르며 안징군(安徵軍, 천진의 이홍장 영도)과 호남군(남경의 유곤일 영도)이 유명하다. 이들은 화승총이나 활강포(滑腔砲) 대신 근대적 소총 · 대포로 장비되어 있기는 하였으나 그것은 규격이 통일된 장비가 아니었으며, 또 근대적으로 훈련된 장교와 전문요원도 없었다. 공병 · 통신체계 · 군수부문 · 근대적 운송설비 · 군의 등은 말할 것조차 없었다. 요컨대 그들은 아직도 반근대화된 군대였다.

해군은 남 · 북양, 광동, 복건함대(福建艦隊)가 있었으나 근거지 수역에서 방어위치에만 있었을 뿐이었다.

결국 동치중흥의 실패란 위로부터의 개혁의 실패를 의미하였고, 그 이후의 위기 사태에 대한 중국의 반응은 다분히 지방주의적이고 개인중심의 형태로 나타나 거국일치의 전쟁을 치를 능력이 없었다.

이런 가운데 이홍장이 청일전쟁을 유발한 원인은 무엇인가?

첫째는 일본 내의 국내사정을 잘못 알았다는 것이다. 침략을 위해 고의로 정부와 의회가 충돌을 하고 있다는 것을 모르고, 일본의 현 사태가 최소한 타국에 군대를 파견할 수 없으리라는 불확실한 근거에 기초를 두었다는 것이고,

둘째는 유사시 러시아를 위시한 기타 열강이 외교적 간섭을 행할 것이라는 착오 때문이었다.

따라서 청의 계획은 일본 본토를 침략하려는 의사는 없이 해군을 위해위요새(威海衛要塞)에 본기지를 두고, 활동무대를 발해만으로 한정하여 육군의 해로운송을(대동강선으로 선정) 호위하고, 또한 조선에 주둔하고 있던 육군의 병력을 평양에 집중시켜 축차로 일본군을 동남부로 압축하여 최종적으로 한반도내의 일본군을 구축한다는 비교적 신중을 기하지 못한 착상이었다. 이들은 초기 해전에서 패한 후에는 그 작전계획이 전부 수세적으로 바뀌어 해군은 발해만을 끼고 육군은 동성군과 하남, 산서의 일부군으로 한청(韓淸)국경에 모아 국경수비군을 증가시키면서 봉천(奉天)을 엄호하고 여순구(旅順口)를 강화하여 여순 및 대련만(大連灣)의 육정면(陸正面) 방어를 공고히 하고, 각 성(省)의 병력은 북경을 엄호한다는 것으로 바뀌었다.

나. 일본

200년간 계속되어오던 덕천막부(德川幕府)의 쇄국정치는 1853년 미 해군제독 페리(Mathew C. Perry)의 개항요구로 포기하게 되었다.

그로부터 15년 후가 명치유신(明治維新)의 시대로, 문호를 개방하고 국가번영을 위한 정책에 매진하게 되었다.

1871년 봉건제를 정식으로 폐지하여 덕천시대의 군주특권을 박탈하고 중앙집권정부가 수립되었다. 다만 덕천시대의 무사도정신과 행정경험, 그리고 지식이 그대로 신정부로 계승되었기에 일본의 해외확장에 대한 탐욕은 끊임없이 이어져 오게 되었다. 따라서 정치적인 면으로 볼 때 일본정부는 전적으로 권위주의적인 것도 아니고 충분히 민주화된 것도 아니었고, 예를 들면 의회가 군부와 관료를 통제할 수가 없었다.

경제적으로 보아서도 문제는 더욱 복잡해져 갔다. 농민의 지위는 지극히 낮고 그들의 희생위에 근대공업의 육성이 행해졌기 때문에 국내시장은 극히 협소하여 해외시장에 대한 요구가 강력하였으며, 인구가 증가함에 따라 일본 열도 내에서 식량과 자연자원을 충족한다는 것은 어려운 일이 되었다.

사회적인 면으로 보아 명치유신의 대개혁을 맞이하여 불평과 분열이 극대화되어 이 해결을

위해서도 해외진출이 반드시 필요하게 되었다.

이상의 점에 가장 촉진제가 된 것은 국가를 인도해 나가고 있던 지도자들이다.

그들은 민주정치나 전제정치를 이룩하려 하였던 것이 아니라 일본을 강국으로 탈바꿈하려는 것이었으며 또한 성공했다. 이 인물들은 1885년에 확립된 내각각료로서 수상인 이등박문(伊藤博文), 내무상(內務相)인 산현유붕(山縣有崩), 육군상(陸軍相)인 대산엄(大山儼), 해군상(海軍相)인 서향융성(西鄕隆成)이었다.

명치 일본의 초창기 지도자들인 이들은 일본의 국력이 아직 충실치 못하고 문명 역시 성숙단계로 접어들지 못하고 있음을 통감하고, 주로 군비에 우선을 두었다.

1885년에서 1893년 사이의 군비지출을 보면 국가예산의 25.40%에서 32%까지 할당시켰다.

규모 확장과 더불어 군제의 개혁과 군사사상의 통일과 획일(劃一)을 기하기 위하여, 독일식 군제로 개편하고, 육군대학에 독일군사고문을 초빙하여 정예분자를 양성, 군사사상과 행동을 통일시켰다.

일본은 이상의 과정을 거쳐 1894년 청일전쟁 직전까지, 상비사단수가 7개 사단으로 편성(제1-제6, 근위)되었고, 개전과 동시에 전시편제로 바뀌어 야전대(野戰隊), 수비대, 보충대로 구분하여 국민군을 편성하였다.

야전대는 7개 상설사단을 기간으로 하여 7개 야전사단을 이루고 수비대는 후비병력(後備兵力)을 기간으로 하여 후비보병연대 2(각 12개 대대), 후비보병 독립대대 24, 총 보병대대가 48개에 달했고, 이밖에 북해도 둔전병단(屯田兵團), 대마경비대(對馬警備隊), 각 지역 요새포병대(要塞砲兵隊)로 형성되었다.

각 야전사단의 전시정원은 18,492명(근위사단은 12,095명)으로 야전병력의 총수는 123,047명이었고, 이중 보병은 63,360명, 기병이 2,121명, 야포수가 186문(門), 산포(분해가 능하여 산악 운반이 용이하며 구경이 야포에 비해 비교적 적은 포)가 72문이었다.

1890년에 수입한 구경 8mm의 기관총 96정(挺)은 아직 그 효용도와 가치를 잘 몰라 청일전쟁의 실전에 가담치 않았다.

청일전쟁 동원부대수

단명/병종	보병	기병	포병	공병	비고
야전 사단	80개 대대	14개 중대	40개 중대	13개 중대	
후비대	39개 대대	6개 소대	–	6개 중대	
임시사단	4개 대대	1개 중대	1개 중대	1개 중대	– 둔전병단으로 편성 1대:대마경비대
상설수비대	1대와 1개 중대	–	12개 중대	–	– 2중대: 충승분견중대
임시편성부대	–	–	4개 대대와 1개 중대	–	
보충대	28개 대대	7개 중대	8개 중대	7개 중대	

제반준비를 완료한 일본은 동학란이 발생하자 이를 구실로 대륙진출을 시도하였다. 일본은 청이 조선국왕의 파병요청을 틀림없이 받아들일 것으로 판단하였으나, 외교상의 피동자(被動者) 위치(침략성을 은폐하기 위한 조치)를 유지하기 위해서는 곧바로 병력을 파견시킬 수가 없었다. 이러한 경우 문제가 되는 것은 파병소요 시간이다. 청이 천진 앞 바다를 통해 인천으로 직항하거나 산해관을 지나 육상으로 오던 간에 청군은 2-13시간이면 한반도 내의 목적지에 도달할 수 있는 반면에 일본은 우품(宇品)에서 인천까지 40시간이 소요가 된다. 따라서 자칫 잘못하다가는 군사상의 선제를 잃기 쉽다. 이러한 잘못을 저지르지 않도록 대조공사(大鳥公使)에게 병력 500여명을 주어 인천을 통해 서울로 직통하게 되고, 긴급히 대도혼성여단(大島混成旅團)을 서울로 파병키로 했다.

동시에 전쟁전반에 걸친 계획을 수립하기 위하여 청군과 전력을 비교한 결과 가장 큰 문제가 해군력의 열세에 있다고 보아 작전계획을 2개 기(期)로 나누어 제해권 탈취여부에 따라서 육상전투(陸上戰鬪)를 치르기로 하였다.

(1) 1기 : 해전에 구애치 않고 우선 제5사단을 한국에 파견하여, 청군을 이 방면에서 견제하면서 서북으로 격퇴시키는 작전을 계속한다.

(2) 2기 : 이 견제작전에 호응하여 해상으로 청함대(淸艦隊)를 유인하여 해상결전을 단행하여 황해 및 발해만의 제해권 획득에 노력한다.

이 결과에 따라 최악의 경우까지 고려하여 다음과 같이 3개 방안으로 나누었다.

갑작전(甲作戰) : 제해권을 획득하였을 경우로, 육군주력을 발해만을 통해 상륙시켜 야전에서 결전.

을작전(乙作戰) : 해전 결과, 결정적인 제해권을 얻지 못했을 경우로 육군주력을 한반도 전역 점령에 착수하여 이곳에서 방비한다.

병작전(丙作戰) : 모든 제해권을 잃었을 경우로 육군주력을 일본에 두고, 예상되는 청의 내공(來攻)에 방비하고, 이미 파견된 5사단은 대마도해협을 통해 보급 지원하여 상황의 추이를 엿본다.

제2절 작전 경과

1. 한반도내의 전투

가. 성환전투

성환전투는 어느 누가 한반도에서 영향력을 행사할 것인가? 하는 중요한 의미를 가졌고, 특히 일본 측으로서는 이 싸움에서 불리하게 전황이 전개된다면 반드시 평양의 청(淸) 대군이 남하하여 일본군민 모두가 한국에서 구축될 것이라는 점에서 중요한 의의를 가지고 있었다.

6월 9일 아산에 상륙한 엽지초(葉志超) 휘하의 3,000병력은, 평양에 속속 집결 중인 청 대군이 남하하여 서울을 거쳐 성환까지의 일본군을 격멸시킬 수 있는 시간을 얻기 위해 아산에서 4시간 거리의 경부가도상(京釜街道上)의 성환으로 돌입하여 방어 공사를 진행하였고 엽(葉)은 그의 부대를 부장인 섭사성(聶士成)으로 성환을, 나머지 예비대 1,000명으로 천안에 포진했다.

일본은 보병 3,000명, 기병 47기, 산포 8문으로 거의 동수(同數)의 병력으로 서울 쪽으로 남하하여 시간을 지체함이 없이 신속히 청군을 격파해야만 했다.

그러나 일본군은 청군이 많은 시간을 가지고 유리한 지점에 방어태세를 굳히고 있었기에 7월의 뜨거운 태양 아래 비교적 덜 발달된 좁고 모래가 깔린 가도를 3일 낮밤으로 이동하여 공격한다는 것은 대단히 어려운 일이었다. 특히 대도혼성여단이란 이름 그대로 우품에서 한시라도 빨리 한국에 상륙할 필요성으로 인해 정규의 동원계획이 결여되어 있어 치중이 오로지 행리(行李)와 말에만 의존되고 있었다.

애초의 의도에는 한국인의 징모(徵募)를 생각했으나, 당시의 조선정부와 일반백성이 품고 있는 사대사상(이는 청의 승리를 믿어 의심치 않았기에 더욱 그러했다)으로 주간에 기껏 징모를 해놓아도 야간에는 전부 마필을 가지고 도망해 버렸었고, 심지어 선발부대인 제21연대 제3대대는 한 사람, 한 필의 말도 남기지 않고 전부 도망하여, 27일의 진군이 불가능해졌고, 그로 인해 대대장 고지소좌(古志少佐)는 책임을 느껴 할복자살까지 하였으니 당시 행군의 어려

청일전쟁경과도(1894. 7~1895. 3)

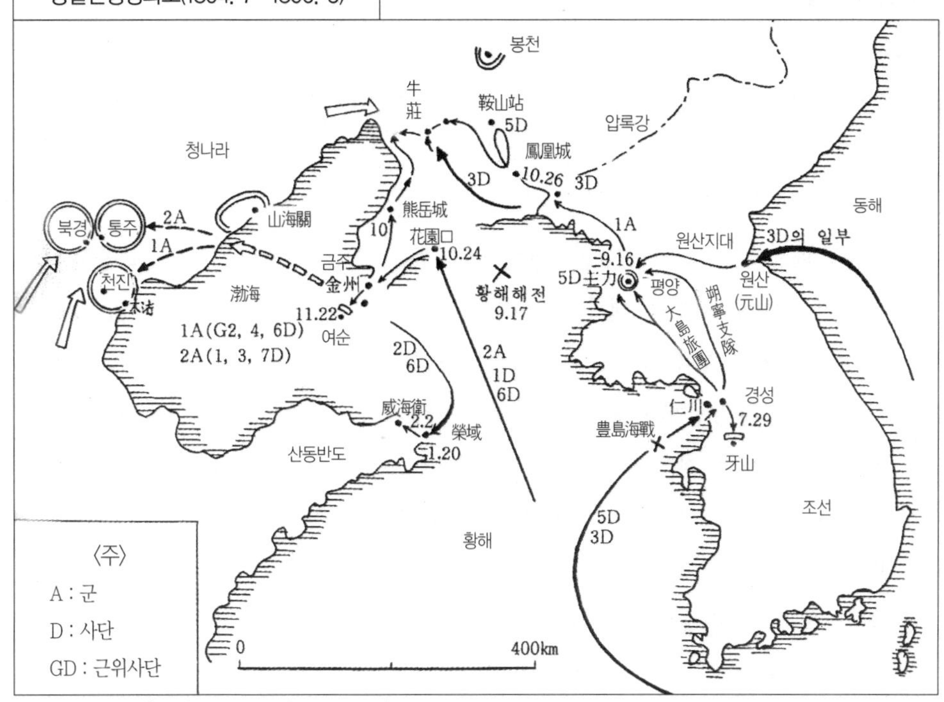

※ 출처: 육군본부, 「일본육군사」 (대전: 육군본부, 1994), p.65.

움을 잘 나타내주고 있다. 그렇더라도 작은 섬나라인 일본은 대륙진출의 싹이요 근대 국민군으로 외지에서 적을 공격하는 최초의 전투였기에 어려움을 참으며 7월 29일 영시 청 진지 정면에 공격배치를 끝낼 수 있었다.

대도는 군을 2분하여 조공인 우익으로 야음을 이용하여 경부가도 방면으로 진출시키고, 주공인 좌익으로 성환의 측면을 공격, 월봉산맥 정면진지를 돌파하기로 했다.

03:20 청군 좌익 쪽에서 최초의 전투가 발생하였다.

일본군은 3개 중대로 납함전법(근대초기 전법으로 종대진군-산개-사격-돌파의 순서로 행해지며, 납함이란 군사가 적진 돌격시에 외치는 고함소리를 뜻한다. 일본이 명명한 명칭이다)으로 연대의 진격로를 뚫었고, 우익에서는 방주산(성환 동북 300m 지점)에서 격전이 발생하였다.

07:30 일본군은 방주산 청 화력을 뚫고 돌격, 적의 임시 보루를 탈취한 것을 신호로 청의 서북과 동북의 모든 진지를 반복돌격으로 점령했다.

이를 계기로 3시간여의 전투는 끝나고 청은 시체 300여를 남기고 일부는 아산방면으로, 2,000여명은 다소의 소단체를 이루어, 한국인을 만나면 닥치는 대로 복장을 갈아입으면서

300리의 산골짜기를 따라 2주일 후에 거지꼴로 평양에 입성했다.

청의 가장 큰 패인은 주장인 엽지초가 전 병력 1/3을 가지고 자기 일신의 안전만을 고려하여 천안에 포진, 예비대를 예비대가 아닌 호위군으로 사용했다는데 있다. 이 초전(初戰)의 영향은 그 후의 전쟁을 이미 결정시켜버리고 마는 대단한 영향력을 끼치게 되었다. 이의 영향은 아래와 같다.

① 성환의 패잔병 2,000여 명이 걸식행렬(乞食行列)로 평양본영에 도착하자, 그 참상은 극에 달해, 일본군을 한반도에서 축출하자는 기치 아래 속속 평양에 집결 중이던 청군의 사기에 커다란 영향을 끼쳤다. 거의 동수의 병력인데다가 한쪽은 요새에 위치하여 적을 기다렸고, 한쪽은 난행군(難行軍)과 범람한 안성천의 도하 등 피로에 지쳐 있었는데도 겨우 3시간 남짓한 전투에 총 패배를 당하여 걸식의 대열로 변했던 것이다.

② 일본은, 새로이 도입한 서방군제에 의해 편성된 근대식 군대가 과연 제대로 소화되었나 또한 효력이 있는가에 대한 의혹을 일소하였다.

③ 일본군의 돌격전법에 대한 두려움이 생겨나 조그만 섬나라 백성들이란 멸시감이 두려움으로 바뀠다.

④ 일본 측은, 필승론이 현실의 타당성이 있다는 것을 인식케 되어 종래의 청룡도(青龍刀)와 만주기병에 대한 불안감이 해소되었고, 대륙정책에 대한 야망에 박차를 가할 수 있게 되었다.

나. 평양전투

8월 1일 청일 양국은 동시에 선전포고를 실시하였다.

일본은 아직 제해권의 귀추가 불분명한 가운데 인천으로 대륜송선단(大輪送船團)을 보낸다는 것이 모험에 속한다는 것을 알고 부산을 통해 제5사단의 후속부대를 파병키로 했다. 그러나 8월의 더위와 장거리 도보행군, 게다가 인마(人馬)와 물자 모두를 징발해야 하는 어려움이 있고, 더욱이 열강의 간섭을 우려하여 8월 27일 조선정부와 「대일본 · 대조선 양국맹약」을 맺었다.

이로써 일본은 대외적으로는 일본의 파병이 청군을 한반도 밖으로 내쫓는 데만 목적이 있음을 알리고, 대내적으로는 일본군의 진군에 대한 협조와 식량공급에 대한 편의를 도모하였다. 그러나 부산을 통한 통로로만 대군을 집결한다는 것이 곤란했던 관계로 청국 함대의 세력이 미치지 못하는 동해를 경유, 원산으로 제18연대를 기간으로 하는 원산지대를 이동시키고 있었다.

한편, 일 대본영은 위기를 타개하기 위하여 산현을 사령관으로 하는 제1군을 편성, 현재 서울에 있는 제5사단에 추가하여 제3사단을 증원키로 하였다.

산현은 9월 13일 서울에 도착하여, 「만일 대단한 난전(難戰)에 처해진다 해도 결코 적에게 사로잡히지 말고, 깨끗한 죽음의 길을 선택하여 일본남아의 기상을 보이고, 일본남아의 명예를 보존하라」는 훈시를 하였다(일본인들은 이때부터 일본군의 항복거절의 전통이 생겼다고 한다).

야진(野津) 제5사단장은 후속하는 제3사단이 도착하게 되면 보급의 어려움이 더욱 심할 것으로 보고, 현재의 5사단병력만으로 공격키로 하여 대도여단을 서울가도방면, 삭녕지대(신계-수안-삼등-강동)를 청군 좌익방면, 원산지대는 의주가도방면, 사단주력은 대동강을 건너 서쪽지구에서 동으로 배치시켰다(총 병력 16,000명).

한편 청의 병력은 총인원 16,000여명, 포 38문으로 좌보귀(左寶貴) 3,000, 위여귀(衛汝貴) 6,000, 마옥곤(馬玉崑) 3,000, 풍승사(豊陞司) 1,500, 엽지초 2,500명으로 병력이 구성되었으나, 아직 재한군(在韓軍)을 통제할 사령관이 없어 작전은 협의 하에 행해 오다가 8월말 패장이었던 엽지초가 총사령관으로 임명되었으니, 청은 아직도 전국의 중요성을 인식치 못하고 나약한 정신의 엽(葉)이 이홍장 측근이라는 사실 하나로 임명된 것이다.

9월 15일 영시를 기해 전투가 개시되어 치열한 공방전이 되는 일진일퇴가 계속되었으나, 청군 총지휘관인 엽의 행각이 관건을 좌우하게 된다.

엽은 개전 초기부터 부전퇴거론(不戰退去論)을 주장하여, 다른 장군들에게 탈주의 의심을 사게 되어, 심지어 좌보귀 장군은 엽의 신변에 자기의 직속 친병(親兵)을 수행시켜 탈출을 경계했으나, 오전 8시 30분 모란대(牡丹臺)와 현무문(玄武門)의 일부가 점거 당하자 엽은 또다시 충격을 받아 개성론(開城論)을 주장했다. 고래로 약장(弱將)은 자기군의 약점에만 마음이 사로잡혀 버리기 마련이다. 유리한 방면에는 눈이 멀게 되는 것이니, 대도(大島) 여단이 일본군 총 손실 698명 중 430명이라는 비중을 차지하는 손해를 입어 12시 30분 총퇴각을 하여 2일전의 출발점으로 퇴각했고 서쪽의 일본군 주력도 별다른 진전 없이 손실만 발생 강습(强襲)을 단념하는 사태가 있었건만 이는 전혀 고려에 넣지 않았다. 결국 좌, 마 두 장군의 반대에도 불구하고 패전의 분위기는 이미 전군에 퍼지게 되었다.

한편 일본군은 의외의 방향에서 운이 터졌으니 '현무문의 영웅' 이라는 17명의 결사대의 행동으로 현무문 일각을 점령함으로써 전술한 엽 약장(弱將)의 심경에 결정타를 친 것이다. 이

때가 10시경으로, 한 시간여의 소강상태 후 돌연 성문 중 칠성문이 열리면서 청기병 300명이 원산 지대의 우익으로 쇄도(殺到)하였고, 일본군은 아수라장이 되어 보병 3개 중대를 급히 돌진시켜 사태를 겨우 수습했다.

당시 청의 선두장은 오색이 찬란한 군복을 입고 있었는데 산포탄(山砲彈)으로 낙마절명(落馬絕命)하였으니, 이가 곧 좌보귀 장군이다. 그는 엽의 마음을 바로 잡기 위해 황제의 은사(恩賜)인 정복을 입고 죽음으로써 개성에 반대한 것이다. 그러나 효과는 정반대였다. 반대파의 거두가 쓰러지자 엽은 즉시 개성을 결정하여 오후 4시 40분에 백기를 게양했다. 허나 일본군은 이를 흉계로 밖에 생각할 수 없었다. 즉 전세가 일본군에게 유리한 것은 전혀 없는데 급작히 두 눈을 의심할 백기란 믿을 수 없었고, 결국 일본군은 오늘의 실패로 밤이나 다음날 적의 역습을 고려하여 더욱 경계를 강화하라고 지시했다. 또 엽은 엽대로 단순히 백기를 게양함으로써 개성을 전했다고 임의로 판단하여 정식조약을 체결하기는커녕 야간에 북쪽으로 퇴각했다. 일본 측으로서는 아니나 다를까 성문이 열리면서 적의 역습부대가 나온다고 생각하여 북서방면으로 곳곳에서 포위 공격하니 탈주 중에 1,000여명이 전사하고 포로가 600명이 나오고 말았다.

2. 만주 지역 전투

평양함락의 다음날인 9월 17일 일 함대는 평양작전을 돕기 위해 북상 중에 한반도로 증원부대를 호송 중이던 청 함대를 발견하게 되었다.

청 함대는 지도부의 잘못으로 제해권획득에 함대를 이용한 것이 아니라 주로 육군운송선의 호송임무를 담당하였고, 게다가 활동지역을 압록강에서 산동 반도 돌출부를 잇는 선 서쪽으로 제한하였기 때문이며 청측으로서는 수색활동은 커녕 황해 해전 시에 연안 쪽으로 불리한 포진까지 하게 되었고, 또한 전력의 향상은커녕 앞에서 언급한 것처럼 퇴보를 가져와 황해해전은 일본군의 승리로 돌아갔다.

제해권을 획득한 일본군은 〈갑〉작전으로 전환하여 제2군이 편성되어 상륙작전을 감행하였고, 제1군은 압록강을 넘어 구련성(九連城) 및 봉황성(鳳凰城)을 점령하였다(10. 24-29)

가. 일본 제2군 작전

10월 24일 새벽 화원구(花園口)에 상륙을 개시한 제2군은 해안 감시병을 축출하면서 11월

2일까지 상륙을 완료하였다.

11월 5일 2군은 1개 사단병력으로 금주(金州)와 대련(大連) 방면으로 진격했다. 금주와 대연은 6미터가 넘는 튼튼한 성곽으로 수비에 양호한 지역이었으나 대부분의 청군이 신병인데다 훈련이 미숙하며, 30-40문에 달하는 포로써 일본군의 집결지 부근을 향해 원거리사격을 몇 번 행할 뿐, 일본군이 포대를 향해 돌진하였을 때는 수비병은 이미 퇴각한 후였다.

대산(大山) 대장 앞에 가로놓인 지점은 여순(旅順)이다. 일찍이 프랑스 제독 그루베는 '이곳을 함락시키는 데는 50여척의 군함과 10만의 육군으로, 그것도 6개월이 경과되어야 한다' 고 하였으나 상륙 이후의 상황을 보건대 1개 사단과 1개 혼성여단병력으로도 능히 공략할 수 있다고 판단하여, 11월 21일 미명, 제1사단은 금주에서 여순으로 들어가는 도로의 서측 지구를, 혼성 12여단은 동측 지구를 공격하기 시작하여 오전 8시경, 일본군은 서측 지구의 안자산(案子山) 포대군을, 11시경에는 동측 지구의 이룡산(二龍山), 송수산(松樹山), 반룡산(盤龍山) 포대군을, 오후엔 황금산(黃金山) 주위의 바다로 향한 포대를 모두 육박공격으로 점령하니 세계에 자랑하던 여순 요새는 겨우 하루 나절의 공격에 힘없이 허물어지고 말았다. 상륙 이후 1개월도 못되는 이 굉장한 속도전은 청군에게 아무 대책도 강구하지 못하게 하여 '좌시' 하는 결과를 낳게 했으니, 북방에서 내려오던 금주성 구원군은 여순 요새 함락시기인 11월 21일에야 겨우 금주성 외곽에 접근할 수 있었고, 그나마 1문의 포도 없는 부대였기 때문에 일본군 첨병(尖兵)부대에 걸려 패주 당할 정도였다. 해상의 북양수사도 황해 패전 이래 받은 타격으로 10월 30일에야 겨우 대연방면으로 순항할 뿐이었고 곧 위해위(威海衛)로 돌아가 버려 실제 작전 수행 간에는 전혀 도움을 주지 못했다.

결국 이 싸움으로 일본군은 180여명, 반면 청은 5,000여명의 사상자를 보게 되어, 일본은 이와 같은 압도적인 승리로 인해 10년 후의 노 · 일전에서는 요새를 경시하는 결과를 낳아 막대한 손해를 입게 되는 것이다.

여순을 점령한 후 4일간 일본군은 비전투원, 부녀자, 유아를 포함하여 약 6만 명을 살해하여(살륙을 면한 청국인은 여순시를 통틀어 36명이었다) '일본은 문명의 피부를 뒤집어썼으나 그 근골은 야만인인 괴수' 로 지탄을 받고, 일본 군국주의의 잔학성이 세계에 폭로되었다.

이로써 제2군의 1894년 임무는 종결되었다. 이젠 1895년으로 예정되어 있는 직예결전(直隷決戰, 일본이 구상한 최종결전전투로서 북경을 목표로 하는 제1, 제2군 합동작전 명칭이다) 만을 기다리면 되는 것이다. 그러나 일본 각 군은 그러지를 않았다. 손쉽게 축출 당하는 청군을 상대로 하다보니 조금만 더 조금만 더 라는 관념이 생겨 준비가 이루어지지 않은 동계작전을 감행하게 되었다(이로써 청일전쟁에서 일본은 질병과의 전쟁을 치르게 된다. 전몰자의 약 90%가 전병사자이다).

대본영은 해군의 북양수사를 그냥 남겨둔다는 것은 직예결전시 대단히 큰 장애가 될 것을 고려하여 결전 이전에 함대를 무력화시키기 위해 위해위 군항을 상륙 공격하기로 했다(산동반도작전).

작전 상륙지점으로는 위해위 만두(灣頭)로 직접 상륙함은 적의 치열한 저항을 받을 것인지라 기상조건과 상륙후 육군제대에게 필요한 도로조건을 감안하여 산동반도의 동북선단에 있는 영성만(榮城灣)으로 결정하였다. 이곳은 해안이 동쪽으로 그어져 있어 동계(冬季)에도 비교적 풍랑이 적고 도로조건도 비교적 좋았다. 아울러 화원구 상륙에서 1개 사단의 반정도가 15일간이나 상륙시간을 소요한 전례를 거울삼아 상륙작전시 북양수사의 유력함들이 타항(他港)으로 탈주 못하게 하기 위한 조치와 2개 사단의 상륙용 자재 준비에 만전을 기했다.

1월 20일 해군육전대가 영성만에 상륙, 교두보를 확보하고 이어 육군부대를 탑승시킨 운송선단이 연합함대의 호위를 받으며, 대련을 출발하였다. 청해군이 운송선단의 항해를 묵과하자 제2차 상륙부대는 호위함 없이 상륙작전을 완료했다.

1월 30일 대산 군사령관은 위해위 남안 각 포대를 공격하여 하루 동안에 마천령, 양봉령 포대를 돌격으로 점령하였고, 2월 2일과 2월 3일에는 위해위 시가지 북안의 제 포대를 무혈점령 하였다(청수비병은 전의를 상실하여 모두 도주). 따라서 위해위의 육안(陸岸)은 모두 일본군의 장악 하에 들어왔으나, 해안의 유공도(劉公島), 일도(日島)의 포대들은 함정의 포와 결속한 요새함대주의라는 해군전술을 구사하여 강력한 저지를 계속했다. 일본군은 이를 타개하기 위한 두 가지 방책으로 우선, 일본이 소지한 화포로는 구경이 적어 함정을 격침할 능력이 없었기에 육군이 점령한 해안포대의 화포를 수리하는 일방 수뢰정(50톤)에 의한 잠입뇌격방법(潛入雷擊方法)을 사용키로 했다.

1월 30일 제1차 수뢰함대가 출격했으나 한파에 밀려 함정전체가 얼음덩이였고 어뢰발사관마저도 막혔고, 2월 5일 제2차 수뢰함대 15척이 기상 회복을 노려 잠입, 세계해전사상 처음의 야간어뢰전을 감행했다.

2차 공격에서 청의 기함(旗艦)인 정원(定遠)이 항해 불가능한 상태가 되어 일본의 작전이 주효하자 2월 6일 새벽 다시 출격하여 내원, 위원, 보벌의 3척을 도륙내자 북양수사의 군사들은 전의가 급격히 떨어져 반란일보직전으로 치닫게 되었고, 2월 7일 연합함대의 포격과 아울러 수리를 끝낸 해안포대가 포대를 개시하자 마침내 2월 12일 정여창(丁汝昌) 제독은 항복문서를 전달하고 음독자살하여 버리고 말았으며, 드디어 청 북양수사는 전멸하고 연합함대가 위풍당당이 만내로 진입했다.

이로써 일본군은 황해 · 발해의 제해권을 완전히 장악하였고, 2군은 전력소모를 줄이기 위해 즉시 여순으로 철회하여 4월로 예정한 직예결전의 모든 준비를 끝냈다.

나. 일본 제1군 작전

11월 25일 여순 함락 소식과 아울러 청군이 해성(海城) · 개평(蓋平)방면에서 병력을 증강하고 있다는 정보가 1군사령관 산현(山縣)대장에게 전해지자 군사령관은 독단적인 결심을 내리게 되었다. 즉 대본영의 기본방침인 1군온존방침(1軍溫存方針)보다는 요동평야의 일각을 점령하여 다음해 봄의 직예결전에 대비한 유리한 고지를 확보하기로 했다. 구실로서는 대본영의 훈령 중에 직예결전시에 병참문제 해결을 위해 제1군을 육로로 대련으로 전진하게 한다는 의도가 있음을 이용하여 그 준비를 구실로 요동반도의 문호인 여순 · 대련지구와 만주의 중심인 봉천 · 요양지구와의 사이에 끼인 전략상의 요지인 해성 공격을 결정한 것이다.

12월 13일 오전 10시, 1군 예하 제3사단 계태랑(桂太郎)의 선두부대가 해성의 외곽지대에 도달하여 출격한 적을 물리치고 성문으로 난입해버리니 사단의 주력은 적과 접전 없이 대오를 정연히 유지한 행군대형으로 입성해버리는 어이없는 결과를 낳았다. 청의 판단은 일본군이 해성을 공격하리라고 예상은 했으나 공격한다 해도 금주방면의 제2군이 북상하여 개평을 경유 전진하리라 생각하여, 개평방면으로 대병(大兵)을 집중, 경계를 폈던 까닭이다.

3사단이 이러한 허점을 찔러 신속히 해성을 확보한 것은 전략상 중요한 거점을 점거한 우위 확보라고는 할 수 있겠으나, 이 상황은 1개 군이 고립되어 적의 입안으로 날아 들어갔다는 것도 의미하였으니, 점령의 개가와 동시에 여하히 이곳을 방위하느냐 하는 큰 문제가 발생했다. 파견군이 공격종말점을 넘어서 진격했다는 것은 일본군에게 많은 어려움을 주게 되는 것이며, 아울러 사기가 저하된 청군이지만, 이를 묵과하지는 않을 것이겠고, 필연적으로 교전을 자주 하게 되어 전투력이 크게 소모될 것은 자명한 사실이었다.

예상된바 해성이 함락된 후부터 2월말까지 약 두 달 반 사이에 4회에 걸친 청군의 맹렬한 탈환작전이 전개되었으며 사단의 주력은 이에 대응키 위해 주야로 경계와 반격작전을 펴야 했다. 이와 같은 사실은 발해연안의 해빙기가 일본군에게 크게 유리하다는 것을 청군 역시 알기 때문에 이 시기 이전에 재탈환하려고 고투를 행한 증거이며 유곤일을 새로이 최고사령관에 임명 조속한 격퇴를 지시했던 것이다.

이제, 한 개의 조그마한 작전에 지나지 못했던 해성은 사태가 점차 복잡해져서 청·일전쟁을 통해 가장 큰 전략상의 문제로 변했다. 해성을 포기하여 적과 적당한 거리를 유지하느냐, 그렇지 않으면 증원군을 보내느냐 하는 문제는 많은 논란의 대상이 되었다. 결국 해성을 절대 확보하고 2군의 일부로써 구원작전을 편다는 것으로 결정되고, 내목(乃木) 제1여단이 지목되었다.

1월 3일 내목이 금주를 출발 개평으로 북진한다는 정보를 들은 송경(宋慶)은 금주에서 개평까지 전진하는데 통상 8일간을 요한다고 판단, 우장(牛莊)에서 정비를 하고 있는 휘하를 모으기에 충분한 시간적 여유가 있다고 판단하였다. 허나 내목은 주야로 강행군하여 2일간으로 행군일정을 단축, 급히 개평성을 공격하니 청은 허점을 완전히 찔리고 말았다.

요충 해성은 3사단의 분투로, 2개월 반을 확보할 수 있었는데 계태랑의 아호가 해성이라는 점을 보아도 얼마나 어려운 작전을 수행했는가 엿볼 수 있다.

다. 제1, 제2군 합동작전(요동결전)

개평을 점령함으로써 해성에 대한 압박이 약간 감소되기는 하였으나 송경의 계속적인 공격은 일본군으로서 대단히 어려운 전투였다. 송경은 1월 17일부터 2월 21일에 걸쳐 4차의 대공세를 감행하여 이제 일본 제1군 작전지구인 해성은 풍전등화에 놓이게 되자 일본군은 소극적인 수세작전에서 탈피하여 해성을 구하고 아울러 직예결전의 정면지역에 분포되어 있는 적을 구축하기 위해서 2월 16일 공세로 전환했다. 단지 이 작전에는 요양을 공략하지 말 것과 공격한계선을 우장 영구(營口)부근으로 한정하며, 그 지역에 있는 청군 격파 후 신속히 적과 격리하라는 제한요소가 있음으로 해서, 사령관은 제5사단에게는 봉황성·수암(岫巖) 사이에서 안산참(鞍山站)으로, 제3사단은 해성에 대한 최후의 공격을 격퇴하면서 안산참으로 전진케 하는 좌선회작전(左旋回作戰)을 수립했다.

한편 청은 일본군의 적극적인 공세태도로 보아 남만주 제2의 도읍인 요양을 공격하리라 판단하여 안산참을 포기하고, 후방의 증원과 합세, 요양 부근에서 50,000의 대병으로 일본군에게 타격을 줄 준비를 갖추었다.

이와 같이 엇갈린 판단 때문에 안산참을 무혈점령한 일본군은, 3사단이 우장, 5사단은 북방으로 우회, 퇴로를 막아 결전을 강요하여 완강한 시가지 저항에 많은 희생은 내었지만, 3월 5일 이를 점령했고, 이어 개평방면의 제1사단 주력도 1군의 작전에 호응, 영구를 남으로부터 압박했다.

이미 우장의 함락소식을 들은 청군은 일본군의 급습에 신속히 전장대(田庄臺)를 향해 퇴각해버려, 1사단은 손실 없이 영구를 점령했다. 전술한 바와 같이 대본영의 명령에 의한다면 이 단계에서 재빨리 청군과 이탈해야 할 계제이지만, 우장 · 영구를 탈출한 전투능력을 가진 청의 대병이 목전의 전장대에 존재하고 있는 이상 명령에만 충실하고 현지상황을 무시할 수는 없었다. 그렇다고 인가를 얻기에는 너무도 시간이 촉박하다고 판단한 사령관은, 현 작전의 기본의도가 청군으로 하여금 요동땅에서 작전을 활발히 전개치 못하게끔 타격을 주는데 있다고 확신하여, 3월 9일 전장대 공격 명령을 내렸다. 이때 청의 황제도 이미 송경에게 사수칙명을 내렸기에 촌보(寸步)도 양보 없이 치열한 포격전으로 전투가 개시되었다. 우세한 포병을 가진 일병(日兵)이 시간이 흐르자 점차로 위력이 강해져 오전 9시 30분 여세를 몰아 보병이 얼어붙은 요하를 가로질러 시가지로 돌진했으며, 전투 중에 생긴 화재는 때마침 불어오는 북풍으로 온 시가지를 불태웠고, 전의를 상실한 청병의 대부분은 멀리 북방으로 패주해 버렸다. 일본군은 신속히 청군과 격리, 제3,5사단은 해성 주위로 제1사단은 개평으로 각각 귀환하여 직예결전 때까지 휴식케 되었다.

라. 직예결전계획

대 전역의 최종결전으로 예정한 직예평야의 싸움은 착착 진행되어 3월 20일경 결전에 사용할 제 병단의 병력의 7개 사단 및 후비병력(後備兵力)으로 총 20만이 준비되었다. 당시 일본의 선박수송능력은 1회에 2개 사단 이상의 병력을 수송치 못하였으므로 먼저 정예의 2개 사단을 보내고, 이후에 보급물자와 함께 축차적으로 병력을 증강하기로 하여 요동에는 역전(歷戰)의 각 사단들이 차례로 대련 여순 북구에 집결토록 되었다.

이제 일련의 새 작전을 펼칠 단계에 도달했으나 휴전조약의 성립으로 강화조약을 체결하기에 이르렀다.

제3절 결론

중국과 일본 양국의 개항과 개국의 상황은 기본적으로 유사성을 지니고 있기 때문에 이론적으로 유사한 상황 하에서 거의 같은 시기에 전개된 중국의 자강운동과 일본의 명치유신운동은 그 성패의 가능성 역시 같아야 했음에도 불구하고 전쟁을 치뤄 본 결과 그 실제가 다른 이유가 무엇일까?

① 경제적으로 지역이 광대하고 물산이 풍부하여 자급자족할 수 있었던 중국은 서방세계의 간절한 자유무역 추진의 표적이 되었으나, 중국은 그 요청을 계속 거부하여 오다가 결국은 군사적 대충격을 경험하게 되었고, 반면 일본에게는 그와 같은 큰 충격을 가할 필요가 없었다는 지정학적 평가.

② 일본은 천황지배체제로 바뀌어 서양근대의 체제와 가치관을 받아들이기에 용이하였다. 일반민중은 충성을 바치는 대상을 덕천막부(德川幕府)로부터 천황으로 이전하는 것이 용이하였으며 이 점이 근대적 민족주의관념을 도입하여 민족적 단결을 이룩하는데 도움이 되었다. 그러나 중국은 재능 있는 인물도 창의적인 노력을 기울일 기회가 없이 오직 승관(升官)만을 주요 목표로 삼는 권위주의 사회기풍을 가지고 있는데다가 만주 이민족 왕조라는 특수성 때문에 충성의 대상에 이질감이 있게 되고, 따라서 거부관념이 작용하므로 근대적 민족주의사상을 통한 애국정신을 기대하기 어려웠다. 또한 중국사회는 농업을 경제적 지주로 삼고 상공업을 경시하였으므로 일본과 같이 상인들이 자본을 축적하고 그 지위를 향상시킬 수가 없었고, 명치유신의 초기부터 근대화 사업에 지속적으로 매진할 수 있었던 것과는 대조적인 사회구조를 가졌다.

③ 중국은 역사적으로 동아문화의 중심을 이루어 오는 동안 중화사상을 지녀오게 되었고, 이 전통적인 부담은 급격한 개혁을 이루기가 곤란하였다. 그러나 일본은 역사적으로 오랜 동안을 대륙문화의 수입국으로 내려왔기 때문에 근대문화의 수입도 용이하였다는 문화적 전통배경.

④ 개혁은 역사적인 전환기에 대한 인간의 창조적인 행동이다. 의욕과 열성과 그것을 뒷받침하는 합리적인 사고와 강력한 제도가 수반하여야 하는 인위적인 변혁인 것이다. 중국은 최상부에 보수적인 서태후천권(西太后擅權)이 있었고, 자강운동은 생각이 깨인 지방독무(地方督撫) 몇 사람에 영도되었다. 지도적인 신사계층(紳士階層)은 서양의 문물을 도입 모방하는 행동을 달갑게 여기지 않았다. 일본의 영도인물은 30대와 40대의 의욕적인 세대로서 점점 고조되는 국가의식을 바탕으로 일치단결이 가능하였다.

제2장 러일전쟁

제1절 배경

19세기 후반에 이르러 산업혁명이 확대됨에 따라 유럽 열강의 자본주의는 급속히 성장하였다. 이들 열강들은 경제적 활동의 범위를 자국으로만 국한하지 않고 해외로 진출하여 식민지 획득에 대한 독점적 권리를 주장하게 되었으며, 이를 뒷받침하기 위하여 무력의 개입이 필수적으로 뒤따르게 되었다. 식민 활동이 국가적 차원에서 적극적인 정책으로 추진되기에 이른 것이다.

이럴 때 청일전쟁에 의하여 종래 '잠든 사자'라 하여 두려워하고 잇던 청조의 실력이 백일하에 드러나게 되자, 이것을 계기로 서양 열강은 중국에 대한 제국주의적 침략을 적극적으로 전개하였다.

러시아는 이반(Ivan) 4세(1530~84) 이래 모직물 수출을 위하여 시베리아 방면으로 동진, 17세기에는 오호츠크해에 이르게 되었다. 그들이 진출하는 각지에는 도시가 건설되었고 정부는 관리를 파견하여 토착인으로부터 모혁(毛革)을 징수함으로써 이익을 획득하였다. 이 진출이 흑룡강 방면에서 청조와 분쟁을 일으켰으나 네르친스크 조약(1689)의 체결로써 일단락되었다. 이 조약에서 러시아는 외흥안령산맥(外興安嶺山脈)을 경계로 남하하지 않을 것을 약속함으로써 러시아와 만주와의 국경선이 확정된 셈이었으나, 몽골 방면의 국경은 아직 확정되지 않았다. 내몽골은 일찍부터 청조에 귀속되어 있었고, 강희제(康熙帝)때 외몽골도 보호 하에 들어갔기 때문에 캬흐타 조약(1727)을 맺어 시베리아와 외몽골의 경계선이 확정되고 말았다.

그후 남하하려는 러시아인의 희망은 날로 커 갔으나 조약에 의해 행동은 속박되어지기만 하였던 것이다. 이 조약들이 청일전쟁후 사실상 포기됨으로써 아시아 지역에 대한 러시아의 침략의도가 노골화되기 시작하였다.

우선 일본의 동아시아 독점을 막기 위해 삼국(독 · 러 · 프)이 연합하여 요동반도의 반환을 권고하고, 1896년에 한반도내에 친러파 혁명을 야기시키고, 이듬해 시베리아단선철도를 개통시키면서 1898년에는 여순 · 대련을 조차하였다. 그리고는 동년 4월 러 · 일 간에 한국의 주권을 확인하는 내정불간섭 의정서를 조인하였다.

1899년에 발생된 중국의 의화단의 난의 영향이 만주지역까지 확대되자 러시아는 재빨리 이를 이용, 17만 명의 병력을 이동시켜 1896년에 조인했던 동청철도의 보호라는 명목을 내세웠다. 제1차 러 · 청밀약을 맺어 봉천성(奉天省)을 러시아 군정 하에 두고, 제2차 밀약으로 만주지역의 군사, 행정권을 장악하기에 이르렀다.

한편 일본은 한반도에서의 러시아세력이 점차 비대해져갈 때, 앞으로의 전략적인 면을 고려하여 1898년 경부철도 부설권을 일단 얻어놓고서는 러 · 청밀약에 대해 수차 항의를 가했다. 그러나 묵살당하기 일쑤이자 한반도나마 건지자는 구상 아래 만한교환론을 제시하였고, 1903년에는 서로가 「한반도의 39° 선 이북지역 중립지대」안까지 오고가 한국을 '도마 위의 생선' 취급하였다.

마침내는 영일동맹(英日同盟)이 체결되어 그로부터 2개월 후인 1902년 4월 8일 러시아는 청과 만주환부조약(滿洲還付條約)을 맺지 않을 수 없었고, 러시아는 3회에 걸쳐 1903년 10월 8일까지 모든 병력을 철수하기로 약속하였다. 그러나 제2회 철병 시기를 그냥 넘긴 러시아는 오히려 동년 8월에 극동총감부(極東摠監府)를 설치하기에 이르렀다. 그 결과 러 · 일 간의 관계는 급속히 악화되기 시작하였고, 조정을 위한 양국의 교섭은 1903년 8월부터 1904년 2월까지 계속되었다. 시간을 끄는 러시아의 태도를 의심하게 된 일본은 현재 극동해군력, 육군력, 철도문제 등을 고려한 결과 개전의 시기가 빠를수록 유리한 고지를 점유한다고 판단, 2월 8일 여순항을 야습하면서 러시아의 발을 묶고, 선전포고를 하였다.

제2절 양국의 전쟁준비

1. 일본

청일전쟁 후 거액의 배상금을 획득하게 된 일본은 대부분을 군사비에 투입하여 군비확장을 시도하였다. 당시 배상금 3억 4,405만엔의 23%를 임시군사비, 16%를 육군확장비, 36%를 해군확장비, 14.5%를 차기 전비로 할당하였고 1896년에서 1903년까지의 8년간 육군성 세출경상비는 청일전쟁 직전의 연평균 1,138여만 원에 비교하여 연평균 3,178여만 원이라는 놀라운 급증을 보였다.

그 결과 1903년 일본의 야전사단 수는 13개 사단으로 증가되었다(상비사단의 전투 병력은 보 · 포 · 기 · 공을 합쳐 13,438명).

청일전쟁과 러일전쟁 개전시 야전사단 전시편제 병력비교

	보병		기병		야전포병		공병		도보포병		합계	
	대대수	인원	중대수	인원	중대수	포수	중대수	인원	중대수	포수	인원	포수
청일전쟁시	80	63,360	21	2,121	40	240	13	2,600	12	62	76,571	302
러일전개전시	156	115,200	55	6,435	108	648	39	7,800	37	182	158,255	830

* 1개 사단 보병 12개 대대 9,600명 기준

일본군 작전계획의 중점은 조기결전이었다. 러시아군의 증원대가 도착하기 전에 만주에 주둔하고 있던 일본군을 섬멸시켜야 하며, 유리한 상황으로는 당시의 국제관계로 미루어 보아 러시아는 유럽과 본국방어에 필요한 병력을 잔류시켜야 하고 더욱이 국내의 반정부파를 진압하는 데에도 신경을 써야 하기에 거국적인 대일참전(對日參戰)이란 불가능 상태였다. 또한 시베리아철도 운송능력은 하루 6개 열차분이고, 일본군은 하루 14개 열차분에다가 선박 30-40만 톤을 계산하게 되면 신속한 병력집중이 가능하였다.

작전계획 실행은 우선적으로 해군활동에서 시작되어, 한반도를 장악하고, 요동지역에 병력을 상륙시켜 러시아의 야전군을 공격한다는 절차 아래 제1군이 한반도를, 제2군이 여순지구, 제1군과 제2군 사이에 넓은 간격을 메우기 위해 독립 제10사단이 대고산(大孤山)으로 상륙한다는 것이 최초 단계이다.

두 번째 단계는 염대오(鹽大澳)로 상륙한 제2군이 요동을 향하여 북상하고 제3군을 별도로 편성 여순 공략을 담당시키고, 독립 10사단은 제4군으로 증편시키고, 제1군은 압록강을 건너 공격한다. 한편으로는 나진(羅津)에 일 제8사단이 상륙하여 견제작전을 실시한다.

2. 러시아

정규군 450만 명을 자랑하는 러시아가 80만 명밖에 되지 않는 일본을 두려워할 필요는 없었다. 다만 현재의 전투장에 얼마만큼의 병력을 집중시킬 수 있느냐가 문제였다. 5,500마일 떨어진 병참선이라는 어려움을 극복할 방법은 무엇인가? 첫째가 시간을 지연시키는 방법이요, 둘째가 해군력을 이용하는 방법이다.

시간을 지연시키는 방법은 비록 실패한다 해도 왜냐면 상대방도 정보에 의한 전략판단을 행할 수 있기에 해군력만은 믿어 의심치 않았다. 능히 황해 및 한국연안의 일본함대를 격파할 수 있다고 생각하였고, 설혹 패한다 해도 함대가 전멸을 당하지 않는 한 한반도 북부 연안이나 요동으로의 일본 상륙은 절대 불가능하리라 판단하였으므로, 해군활동이 존재할 때 병력 집중을 실시하고자 하였다. 그러나 러시아 측은 전체적인 해군력을 생각하였지 그들의 함대가 4개 지역에 분산되어 있고, 이중 태평양방면의 실제 사용해야 할 해군력의 능력이 일본보다 나을 게 없다는 점에 소홀하였다.

1904년 2월 10일 극동함대 비교

	1급 전함	2급 전함	1급 순양함	2급 순양함	3급 순양함	구축함	어뢰정	호송함
러시아	7	–	9	–	2	25	17	12
일 본	6	1	8	12	13	19	85	16

개전 당시 극동에 있던 병력은 보병 88개 대대, 기병 35개 중대, 야포 120문, 공병 8개 중대의 규모였다.

일본군의 상륙에 대한 예정지로는 부산으로 생각했고, 최대한 북상한다 해도 원산과 진남포선으로 고려되어졌다. 따라서 러시아 야전군은 요양, 해성지역에서 일본군을 견제하고, 여순수비병은 요새시설을 이용하여 시간을 벌면, 시베리아병단과 발틱함대가 증원될 수 있다고 판단하였다.

제3절 작전 경과

1. 요양(遼陽), 사하(沙河) 전투

1904년 2월 6일, 일본함대는 그 주력이 여순으로, 제2함대가 인천으로, 나머지 일부 함대는 블라디보스톡의 러시아함대가 대마해협을 통과할 경우에 대비하면서 제해권을 얻기 위한 일련의 해상활동에서부터 러일전쟁은 개시되었다.

일 제12사단의 선발대인 임시한국파견대를 호송하면서 인천으로 향한 제2함대는 그곳에 정박 중이던 러시아측 함정 2척을 격퇴시켜 인천을 수중에 넣었고, 같은 날 여순으로 잠행한 일 주력함들은 야습으로 전함 2척과 2등 순양함 1척에 피해를 주었다. 러시아함대들은 소극적인 수세로만 일관하여 요새포대의 탄착거리 이상은 출격치 않았다. 따라서 일 함대들은 마음 놓고 항외활동(港外活動)을 행할 수 있었고, 폭 270m밖에 되지 않는 여순의 입구를 봉쇄하기로 결정하였다.

러일전쟁 초기작전 경과도(1904. 6초순)

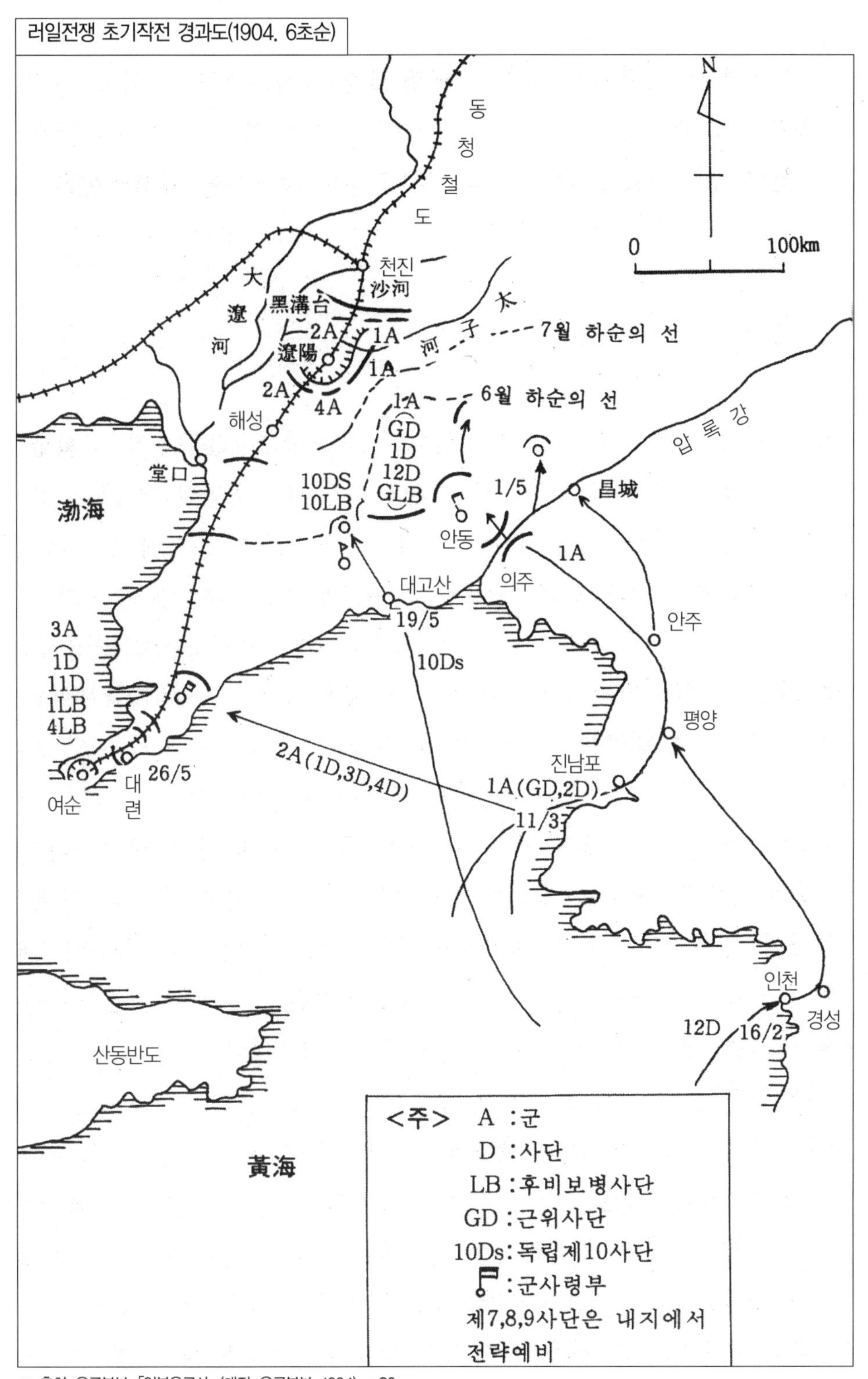

※ 출처: 육군본부, 「일본육군사」 (대전: 육군본부, 1994), p.89.

제1차 봉쇄작전이 2월 24일 감행되면서, 3월 27일에는 제2차, 5월 3일에 제3차 봉쇄작전이 성공하여 황해의 제해권이 일본군으로 돌아갔다.

일 대본영은 제1군으로 한반도를 점령하여 압록강 북안에 교두보를 확보케 하여 요양공격을 준비시켰다. 3월 중순 진남포에 상륙한 제1군 주력은 평양에 대기 중이던 제12사단을 합류하여 신의주로 집결하였다. 제1군은 러시아 야전군을 압록강 방면으로 유인하여 제2군의 염대오 상륙을 은폐시키기 위하여 4월 29일 야간을 기해 압록강을 도하하여 공격을 개시하였다.

제1군의 진격을 살피던 중 러시아함대(아직 봉쇄전)의 활동이 예상외로 소극적이자 제2군(임무 : 제1군과 협력, 요양공격)의 상륙작전을 결심하고, 여순 봉쇄가 확실시된 후인 5월 5일 상륙이 개시되었다.

상륙한 제2군은 바로 북상하여 제1군과 합류하여 요양을 공격할 것인가 아니면 대련을 공략할 것인가 하는 문제가 생겼다. 만일 대련을 공략하여 점령하게 되면, 여순의 러시아군이 고립되고, 여순 방향에서 요양방향으로 증원군이 북상할 수 없다는 배후 안전성이 있기 때문에 제2군은 일단 대련을 공략한 후 북상키로 하였다.

이와 같은 사실은 러시아군에게도 깊이 인식되고 있던 터라, 러시아군은 남산을 기점으로 각면보(角面堡, 사각死角을 줄인 다각형의 영구보루로서 수병은 100명 내외이다)와 포대, 엄개산병호 등을 설치해 놓고 있었다.

진지정면에서 약 300m를 2개 사단 반의 병력인 36,400명이 198문의 포를 가지고 14시간을 소모하면서 공격한 이 전투에서(러시아군은 약 2만 명, 포 131문) 일본군은 사상자 4,400명을 내었다. 다수의 사상자를 내게 된 원인은 기관총이었다. 엄체호로된 진지에 모래주머니로 총안을 만들어 엄폐물 없이 전진해오는 상대를 향해 갈기는 기관총의 위력은 막강했다.

진지 내에 위치한 러시아군을 공격하는 일본군은 대단히 심리적인 중압감을 가지고 있다. 가깝게 접근할수록 명중 당하는 확률이 커지고, 신경은 날카로워지고, 병사는 이성을 상실하여 날아오는 적탄에 머리를 수그리고 사격하게 되어 총탄은 날아가도 구름사이만 오락가락하게 되어 완전히 유효성을 잃게 되었다. 물론 러시아 측에서도 이와 같은 심리현상이 작용하였다. 그러나 바로 이러한 때에 위력을 발휘한 것은 기관총인 것이다. 앙각(仰角)과 부각(俯角)을 기계적으로 고정시킬 수 있는 이 총은 심리적인 두려움으로 총구가 하늘로 향하는 일이 없게 해준다.

두 번째 원인은 교리에 집착하고 응용력을 가지지 못한 탓이었다. 보불전쟁의 경험에 입각하여 러일전쟁 직전에 일본육군학교에서 실시한 보병의 최신식 전투법은 적 앞 2,000m까지 밀집대형으로 전진시키게 되어 있었다. 일 제38연대 모(某) 중대장은 남산포대 앞 2,000m 지점에서 각 소대 4열종대로 전진하다가 러시아 측의 곡사포 단 한 발에 9명이 즉사하고 수십명의 중상자를 내었다. 한성보(漢城堡)의 공격에서는 모(某)대가 복사(伏射)로서 적과 대치하고 있을 때 기관총이 그 후방에서 협력하고 있었다. 이때 적의 밀집부대가 증원오는 것을 보고 일제사격을 가하기 위하여 호령을 내렸다. 당시의 일제사격에 대한 교육은 모두 입사(立射)로서 행하게끔 되어 있어 이 대(隊)는 자기편 기관총화와 상대의 화력에 꼭 끼여 대단한 희생을 내었다.

최초 남산공격 현지군이 사상자 약 3,000명이라고 보고하자, 대본영은 믿지를 못하고 「압록강도하작전에도 1,000명 미만이었는데 3,000이라니 '0'을 하나 잘못 붙인 게 아닌가?」라고 할 정도로 일본군은 요새공격의 어려움을 도외시하고 있었다.

남산점령 이후 일 제2군은 새로이 편성된 제3군에게 여순요새공격을 담당시키고, 그 자신은 요양을 향해 북진을 개시하였다. 대본영은 지휘의 원활을 위해 6월 23일 만주사령부를 설치하고, 독립 제10사단을 제4군으로 증편하였다.

요양이 차지하는 전략적 중요성에 비추어 이곳에서 결전이 벌어지리라는 움직임이 있는 가운데 일본군은 보급상에 큰 어려움이 나타나기 시작했다. 전투가 예상외로 길어지고 자연 포탄을 비롯한 군수품의 소모가 많아지는데 일본국내의 군수생산능력이 이를 따라가지 못하였던 것이다. 일본군 용병의 전통적인 결함인 '물건은 아끼고, 사람의 생명은 그 다음이다'라는 사상이 여기에서 나오게 된다.

일 대본영은 준비가 불충분하기는 하지만 러시아 측에게 시간을 준다는 것은 곧 상대적인 열세에 처함을 내포하기에 13만 4,500명(러시아군: 224,500명)의 병력으로 공세를 결정하였다. 8월 25일 밤 제1군 예하 제2사단이 궁장령(宮張嶺)을 야습하는 작전을 시작으로 요양전은 개시되었다.

일 제2군은 안산첨을 손쉽게 점령하면서 북진을 계속하였으나, 일본군을 평탄지역으로 유도한 러시아군은 수산보(首山堡) 지역에서 조금도 양보치 않았다. 이럴 즈음 일 제1군의 진출에 마음이 걸린 러시아군은 병력을 차출, 그들의 좌익으로 포위 시도하였다. 크게 놀란 일본군은 제2군에게 맹렬한 공격을 지시, 이로 말미암아 러시아군의 이동이 멈추어지자 안도의 숨을 쉬었다. 9월 4일에 이르러 멈추어진 요양전은 러시아군의 사상 16,000명에 대하여 제2군은 전사 5,500명을 포함 23,000여명의 손해를 보았다.

요양의 패배로 러시아정부는 만주군을 둘로 나누어 「Kuropatkin」 현사령관을 제1군사령관에 임명하려한다는 비밀보고를 받자, 그는 자신의 존재가치를 밝힐 필요를 통감하였고, 여기서 10월 초순 총반격을 결의한 것이 사하전(沙河戰)이다.

적정을 이미 탐지한 일본군은 러시아군의 공세에 맞받으면서 전진키로 하여 대규모의 조우전이 실시되었다. 이렇게 되어 기선을 잡은 일본군은 역습으로 일관되는 격전을 치루면서 10월 16일 양군은 사하를 끼고 대치되는 국면을 가지게 되었다.

2. 여순 전투

여순 전투는 155일을 소요하면서 고립된 요새지역이 완강히 저항하는 단면을 보여주어 앞으로의 전쟁이 어떠한 양상으로 전개될 것인가를 예측하게 하였다. 피아간 사용한 화포수도 그 비율이 높다.

	일본군			러시아군		
	병력	화포	화포/병력1만	병력	화포	화포/병력1만
제1회 총공격	50,765	380	74.9	33,700	488	144.8
제2회 총공격	44,100	427	96.8	32,500	646	198.8
제3회 총공격	64,000	426	66.6	31,700	638	201.3

(1) 1회 총공격

일본 제3군 사령관은 동북정면이 가장 견고한 정면이긴 하나 철도의 종착역(장령자역)에서 가깝기 때문에 공격포병을 단시간 내에 전개시켜 요새의 돌출부로 집중시킬 수 있을 것이고, 또한 현 부대위치에서 곧 바로 일거에 공격할 수 있는 지형으로 판단하여 이 지역을 주공 정면으로 선정했다.

먼저 장령자(長嶺子)역까지의 운송의 안전을 얻기 위해서 대·소고산을 점령하여 대련에서 42km의 장령자역까지 협궤철도로 개수하여 공성포병의 전개에 필요한 탄약을 실어 날려 15일 저녁 1문 당 약 300발의 분배를 끝냈고, 이어 제3군 임시 기구대(氣球隊)를 봉황산 북방에 위치시켜 정면에 있는 적 요새의 내부, 여순항 러시아군 함선의 동정, 시가의 군사시설 등을 정찰하여 적정을 파악함은 물론 400-700m까지 상승하는 폭 6.5m, 길이 22.5m의 큰 기구는 러시아군을 공포심으로 몰아넣기도 했다.

사령관은 러시아의 전쟁도 청일전쟁과 다를 바 없다는 요새경시사상으로 인해 예전처럼 수시간 혹은 수일간을 포병화력으로 제압한 뒤 보병이 돌격하여 요새를 빼앗는다는「강습탈취

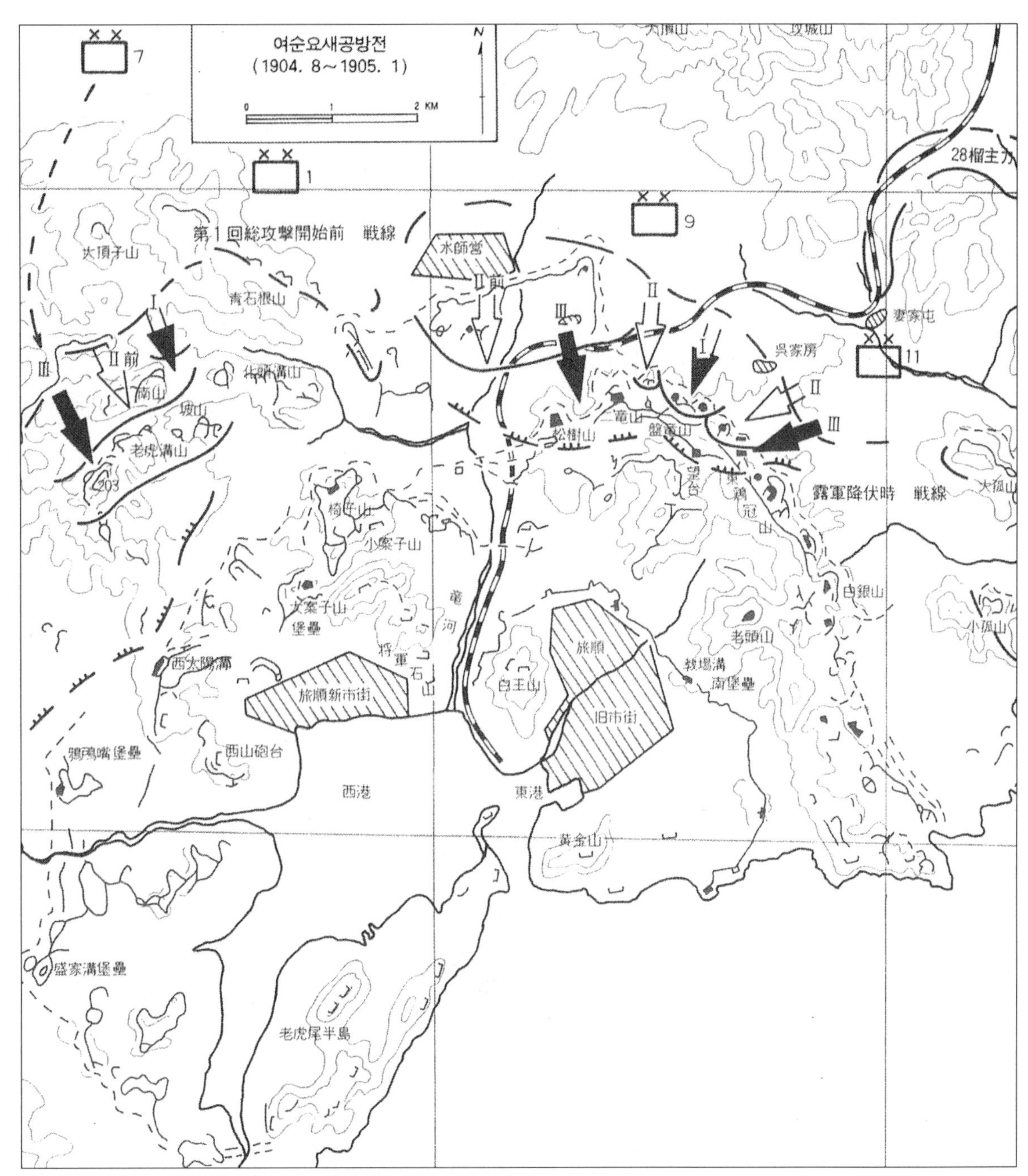

※ 출처: 육군사관학교 전사학과, 「세계전쟁사부도」 (서울: 봉명, 2002), p.56.

전법」을 사용키로 하였다.

8월 19일 오전 6시부터 포화를 연 일 포병대는 그날 의자산(椅子山), 송수산(松樹山), 이룡산(二龍山), 반룡산(盤龍山), 동계산(東鷄山) 등의 보루의 모습이 바뀔 정도로 퍼부었고, 보루내의 화약고가 터져 포대가 앙상히 들어나는 등 일본군들이 쾌재를 부를 만큼 효과가 컸다.

그러나 포병의 사격이 끝나고 이어 공격한 제1사단은 예상과는 달리 공격목표지역의 인접포대에서 퍼붓는 측방 포화에 견디지 못하여 중대규모로 전멸당하는 사태가 되었고, 기껏 진지 30m 코앞에서 다가간 부대도 그때는 이미 돌격력을 상실하였고, 결국엔 대대장과 중대장의 손실이 막대하여 사각내로 퇴피하였다.

제9사단도 적 포병의 침묵을 틈타 절단한 철조망 사이로 밀집하여 통과하였으나, 러시아군의 소총, 기관총과 인접 보루의 집중포화를 받아 결국 사각지역으로 후퇴하였다.

다음날 120문의 공성포병의 은은한 포성이 멈추면서 제1사단이 다시 수사영(水師營)으로 돌입했으나 정상 직전의 사면(斜面)에서 정면과 이웃 보루의 집중포화, 항구내의 군함에서의 십자포화를 받아 장교의 과반수를 잃고, 일몰까지 꼼짝없이 숨어 있어야 했다.

상황을 살핀 군사령관은 밀도 있는 포격을 계속할 탄약이 부족하다고 판단하여 일시 공격을 중지하고, 21일 새벽 4시 10분 다시 공격을 속행하였으나 보병 제7연대를 비롯하여 20여명의 장교가 역시 집중포화를 받아 전사하였다. 결국 손해를 감소시키기 위해 한번의 약진거리를 30m 이내로 제한하고 부대를 수명의 단위로 구분하여, 지형의 사각을 이용, 일렬종대로 전진시키기도 하였다.

동계산 제2보루를 공격하던 44연대도 새벽 2시에 전진을 개시, 돌격대를 편성하여 철조망을 뚫고 러시아군의 호(壕) 외각에 도착하는 순간, 역시 기관총 세례를 받고 전멸해 버렸다.

21일 이래 4주야를 전투를 벌인 일본군은 극도의 피로에 쌓인 채 탄흔(彈痕)과 지면의 굴곡 속에 몸을 숙인 채 숨을 할딱거리고 있었으니, 전투참가인원 50,765명 중 15,860명의 사상자가 나오면서, 1차 총공격은 실패로 돌아갔다.

(2) 2회 총공격

제1회 총공격에 실패한 제3군은 전선을 정비하며, 전투력을 회복하기 위하여 안간힘을 썼다.

1회 공격의 결과, 공성용(攻城用) 포병의 필요성이 크게 대두되었다. 이를 위해 요새고정포(要塞固定砲)인 28cm 거포(巨砲)를 분해하여 6문을 가져왔다(이 포는 발틱함대의 동항(東航)

때문에 의논이 분분하다가 증원된 것이다. 그러나 효과는 그리 크지 못했다. 이 포는 군함의 갑판용이기 때문에 땅에 닿을 경우 불발이 많았다). 아울러 보병부대배속의 전 기관총을 이곳으로 투입하여 48정을 추가 배치 받았다(제3회 총공격시는 80정이 추가 할당되었다). 다만 일본군은 기관총의 용도에 익숙지 못하여 큰 효과를 못보고, 입은 살아 '보병이 기관총을 휴대하는 것은 용감하지 못한 꼴이다' 라고 얼버무렸다.

공격법에서도 보방(Vauban)의 공격방법을 채택하였다. 이 방법은 먼저 출발 지점을 제1공격지역으로 하여, 이곳에서부터 공격목표를 향하여 2갈래의 공격로를 파면서, 파낸 흙을 호의 외측에 쌓여나가고, 좀더 시간이 있으면 깊고 넓게 파 들어가 전방 약 100m까지 나아가, 이곳에 제2공격진지를 만들면서 작업엄호부대를 배치하고, 또다시 동일요령으로 나머지 백미터를 반복하면서 조심스럽게 파나가, 그곳에 최후의 돌격진지를 만든 뒤 포병화력의 맹렬한 포격에 뒤이어 공로를 뛰쳐나와 돌격으로 전환하는 방법이다.

이상의 방식을 채용한 뒤, 사령관은 크게 세 가지를 지적하였다.

첫째, 정공법(正攻法)을 실시하되 기회만 주어지면 신속히 강습법(强襲法)으로 전환할 것,

둘째, 보루의 일각이라도 점령하게 되면 가장 두려운 것은 적의 집중포화이니 필요한 최소한의 병력만을 남겨두고, 그 나머지는 신속히 보루 밖으로 대피하라는 점,

셋째, 1회의 총공격을 행하는 동안 장교의 손실이 굉장했는데, 비록 장교가 선두에서 진두돌격한다는 것이 군의 미덕이 된다할지라도 군 전반의 전투력이 크게 저하되는 행위인 만큼 지금부터는 보루에 돌입할 경우 필요한 장교만이 부대를 선두지휘하고, 다른 장교는 되도록 배후에서 부대를 후진시키며, 선두가 희생될 경우에만 대행하라는 것이었다.

최초 러시아군은 이 정공법의 효과를 무시하다가 뒤늦게나마 이 작업의 효과를 인정, 필사적으로 방해공작을 펼쳤다. 결국 일본군 작업대는 거의 수직에 가까운 박격포 사격으로 러시아군의 화기를 제압해야 했으며, 작업장소 전면에는 철제로 만든 방순(防楯)을 이용하여 흙을 날라야 했고, 결국은 야간작업으로 대처하다가 그도 여의치 않아 지하갱도로 방법을 전환했다. 각 사단은 10월 24일 공격을 개시했으나 다시 실패, 사상자 3,830명을 내고 말았다.

그러나 탄환중량이 218-224kg이나 되며 최대사정이 7,850m인 구경 28cm의 거포는 마치 급행열차가 바로 코앞에서 지나가는 소리를 내며 작열했고, 두더지 마냥 한치 한치 파들어 오며 전진해오는 정공대호작업법(正攻對壕作業法)은 바로 바로 여순요새공략 성공의 단서가 되었다.

다만 야포 1문당 평균 40발도 채 못 되는 포탄의 부족으로 더 이상의 진출하기 어려웠으며,

그렇다고 발틱함대의 내항 소식에 초조해진 3군은 공격을 않을 수 없어 공격을 시도했던 것이다. 따라서 3군은 모든 적 보루에 대해 대호작업(對壕作業)을 거의 끝내면서 제2차의 공격도 끝을 내게 된 것이다.

한편 봉천 방면 러시아군의 증가가 현저해져 하루라도 빨리 여순을 공략하고 그 병력(제3군)의 북상이 시급해졌으니, 여순의 공략이란 발틱함대의 기항지를 막음은 물론 군작전 전반의 병력운용의 자유를 얻기 위한 관건이 되었다. 그렇기에 일본은 남아있던 마지막 전략예비 병단인 제7사단을 요청하기에 이르렀다.

(3) 3회 총공격

11월 26일 각 사단은 계속 돌격을 실시했지만, 아무 효과도 없게 되었고, 난항을 타개하기 위해 군사령관은 결사대를 조직하였다. 제1사단에서 보병 2개 대대, 제9, 제11사단에서 1개 대대, 제7사단에서 2개 대대 계(計) 6개 대대 총 3천 백수명이 가슴에 크로스밴드(흰색)를 착용하고 중촌(中村) 소장의 인솔 하에 송수산 보루를 향해 야습을 감행하였다. 산허리까지는 무난히 진출할 수가 있었으나 지뢰가 터지면서 탐조등 아래 맹렬한 사격이 오가게 되었다. 군사령관은 각 연대에서 선발된 정예의 병사들이 기습적 효과를 상실당하고 무모히 희생하는 것이 불필요하다고 판단, 퇴각명령을 내릴 결심을 하였다. 허나 결사대인 그들에게 명령전달을 할 방법이 강구되지 못한 상태였기 때문에 날이 밝을 때까지 기다릴 수밖에 없었다. 이윽고 날이 밝아 사면에는 즐비한 일본군병사의 시체가 산을 이루었고 잠시 휴전을 신청한 일본군은 시체를 수습하기에 이르렀다.

군사령관이 최후의 결심으로 중대한 책임감을 느끼면서 공격한 제3회의 총공격도 실패로 돌아가는 듯했으나, 사령관은 급히 주공의 방향을 전환하기로 결심, 주공격 목표를 이령산(203고지로 유명한 곳)으로 바꾸어, 11월 30일 포화를 집중시키면서 돌격을 시작했다.

203고지의 실제 표고는 208이나 청일 전쟁부터 203고지로 불리어져, 당시는 임시 축성의 단계를 벗어나, 영구 축성의 견고함을 자랑하는 곳으로 남북 약 250m, 동서 약 100m의 산정은 여순요새 서북면 정면 중에서 가장 훌륭한 전망을 가졌고, 아울러 뒤로는 여순항의 전역이 한 눈에 내려다보이는 요지이다. 이 요지에 대한 공격은 일본군으로는 최후의 발악이요, 군사령관의 결심의 결정체이었으니, 포탄 발사량이 28cm 거포로 약 5,000발(그 외의 구경 탄환은 셀 수 없을 정도)을 퍼부었다는 점으로 미루어도 알 수 있다.

12월 2일과 4일 사이에 양군은 지척간의 공방전을 반복하다가 5일 오전 10시 30분경,

5,052명의 전사자를 내면서 이를 점령하고야 말았다.

203고지가 점령당하자 여순 요새의 내부는 한눈에 감제되어 오후 2시부터 은은한 포성소리를 내면서 28Cm 거탄(巨彈)이 항구내로 떨어지기 시작하자. 결국 러시아군이 1월 1일 휴전교섭에 응하자 러일전쟁은 서서히 그 막을 내리고 말았다.

3. 봉천회전(奉天會戰)

요양방면의 러일 양군은 사하를 끼고 대치한 가운데 1905년을 맞이하였다. 새해를 맞아 러시아군의 반격설이 꾸준히 나돌더니, 1월 8일 미스첸코 장군이 이끄는 기병대가 남하하여 일본의 후방지역인 영구(營口)를 공격하여 후방을 교란하였다. 1월 25일 그릿펜벨그의 제2군이 일본군의 좌익인 흑구대(黑溝臺)를 공격하였다. 급보를 받고 일 제8사단이 돌파구를 막기 위해 출동했으나 역부족, 일 대본영은 다시 제2, 3, 5 사단을 급파하여 임시입견군(臨時立見軍)을 편성하여 간신히 돌파를 저지하였다.

여순의 일 제3군이 북상하기 전에 전환점을 만들어 보려던 러시아군의 착상은 어긋나 버리고 말았다.

흑구대 전투가 끝난 후 일 대본영은 러시아가 국내혁명의 기운이 농후하여 그 진압에 고심한다는 것을 알았다. 아울러 현재의 상황이 여순을 함락한 이후이기에 육지에서 러시아군의 주력과 결전을 시도하여 승리를 얻는다면 전쟁에서의 승전국이 될 수 있으리라 판단하여 동원 가능한 전 일본군을 봉천에 집결시켰다.

참가한 부대는 압록강군(한국주둔군을 3개 사단규모로 증편시켜 편성), 제1군, 제2군, 제3군, 제4군으로 19개 사단 249,800명이었다(러시아군 역시 309,600명으로 모두 동원).

1. 압록강군은 무순방향으로 전진하여 적의 좌측배(左側背)를 위협(危脅)한다.
2. 제1군은 좌익을 공격한다.
3. 제4군은 중앙을 노리되 현 진지에서 하시(何時)라도 반격으로 전환할 준비를 한다.
4. 제2군은 우익을 압박한다.
5. 제3군은 여순지구에서부터 북상하여 우측배를 강타한다.

3월 1일을 기하여 일본군은 총공격으로 이전했으나 러시아군은 도처에서 우세했고, 또한 진지가 견고하였기에 압록강군을 비롯한 모든 군이 고전(苦戰)을 계속하여 7일에 이르러서도 별다른 전과를 올리지 못하였다. 다만 제3군이 러시아군 증원부대의 완강한 저항을 배제하면

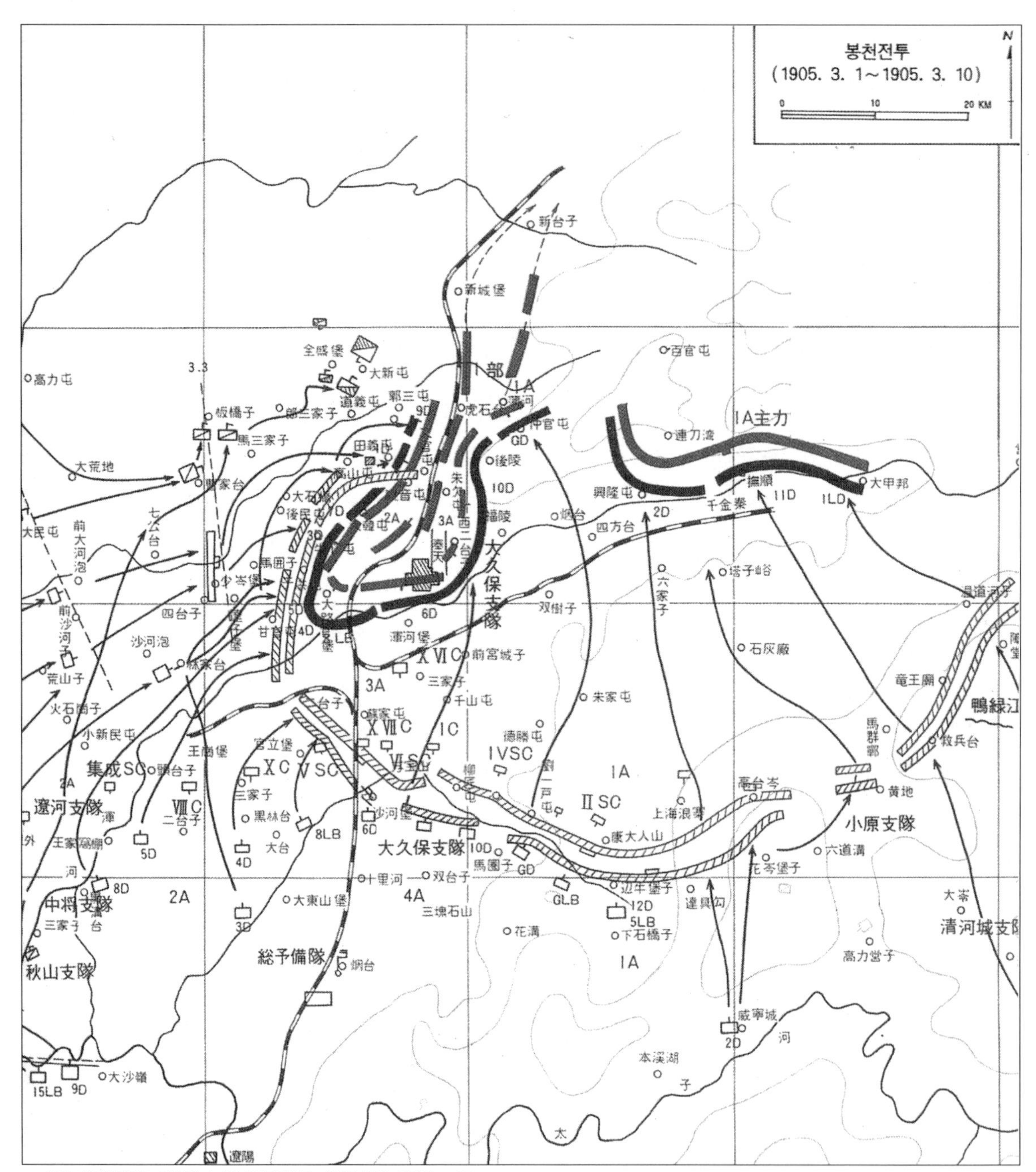

※ 출처: 육군사관학교 전사학과, 「세계전쟁사부도」 (서울: 봉명, 2002), p.57.

서 포위작전을 계속하여 7일 전만교(轉灣橋), 사대자(四臺子) 선에 도달하였다.

일본군은 애초 적이 진지 내에 강력한 보루를 형성하여 고정 진지 내에서 저항을 완강히 할 것을 판단하여, 이 진지의 측배로 기동하기로 결심하였었고, 이 역할을 수행할 군이 제3군과 압록강군이었다. 따라서 압록강군의 작전을 더욱 발전시키기 위해 제1군 휘하인 소원여단(小原旅團)을 차출(差出)하여 압록강군 방면으로 파견하였고, 러시아군은 부득불 정면의 병력을 양익으로 빼어 제3군과 압록강군을 대적케 했다. 따라서 자연히 일본군 제1군과 4군 정면의 배치가 엷어졌고, 이 엷어진 전선이 압박을 지탱치 못하게 되어 붕괴의 징조를 보이게 되었다. 이 틈을 타서 제1군과 4군이 즉시 진격을 개시하여 중앙돌파를 행하면서 봉천동북방으로 진출하였고, 여세를 몰아 러시아군부대의 배후를 공격하면서 봉천을 향해 남으로 진출하니, 러시아군은 4군의 정면에 수차에 걸쳐 퇴로를 개척하고자 하였으나 성공치 못하고 말았다. 단지 제3군이 러시아군의 완강한 저항으로 주춤거렸으며, 이로 말미암아 봉천포위망은 형성이 못되어 러시아군은 퇴거할 수 있었다. 일본군도 더 이상의 추격은 못하고, 일부 병력만으로 러시아군을 추격하여 16일에 철령을 점령하였다.

3월 10일 봉천이 점령되면서 마지막 전투로 끝을 맺은 봉천전역은 피아(彼我)가 공히 사상자가 7만을 넘어 전투가 치열했음을 입증하였고, 일본군도 승리는 얻었으나, 적을 격퇴시키기만 하였다.

결국 5월 27일과 28일의 쓰시마 해전에서 러시아의 정부와 국민이 전쟁에 회의를 품게 되어 9월 5일 오후 3시 50분 강화조약이 조인되어 러일전쟁은 개전 20개월로 종결하게 되었다.

제4절 총평

침략주의자인 일본은 명치대호(明治大號)를 발표한지 50년, 아니 정확히 말해 37년 만에 러시아를 꺾었다. 설혹 '제정러시아와 싸워 이긴 것이지 러시아 전체와 싸워 이긴 것이 아니다' 등등의 낱말을 선택하여 깎아 내리려 들어도 이 승리는 문화도(文化度) 낮은 일본인들에게 콧대를 크게 높여준 것은 사실이고, 이로부터 대동아공영권(大東亞共榮圈)이라는 해괴망칙한 용어가 나오기 시작하게 되었다.

러일전쟁은 앞으로 있을 전쟁양상을 추측케 하는데 큰 도움을 주었는데 그것은 다음 3가지로 정리할 수 있다.

1. 사상

군사사상면에서 러일전쟁은 총력전의 싹을 보여주었다.

동원총병력의 37%만이 전투병력이요, 동원총병력의 28.6%만이 보병화력으로 결전에 투입되는 대단히 낮은 백분율을 가진다는 것은 전쟁이 장기전이요, 소모전의 양상을 띄고 있다는 것을 의미한다.

2. 화력

러일전쟁에서는 무연화약이 나왔고, 기술적으로 완성된 연발소총이 나왔다. 또한 탄환이 27g에서 11g으로 가벼워지고, 초속이 460m에서 700m로 증대되면서 사정거리가 길어지고 명중도가 향상(유효사정거리가 400-500m에서 1000-1200m로 증가)되어 부대의 전개거리가 멀어져야 하고 개인의 간격도 넓어져야 했다.

이상은 화력의 발달로 기인된 간단한 예일 뿐이다. 실제로는 종래 모든 전투법의 변화를 초래하였는데 몇 가지 예를 들면 다음과 같다.

① 공격전진의 속도를 줄이고 지형지물을 이용한 엄폐물 중시

② 약진을 했다가도, 자신의 존재를 숨기기 위해 수백미터도 포복한다.

③ 적전 2,000m까지 밀집대형으로 전진하고, 적전 500-600m에서부터 결전사격거리로 들어가, 최후 돌격으로 승패를 결정짓는 전투법은 가장 최신의 전투법이지만 이젠 무용지물화 됨.

④ 전투정면이 넓어지고, 야전축성이 이루어진 곳에서는 무기가 사용되어 봤자 큰 효과가 없어, 막강한 공성포(攻城砲)의 출현이 요구된다.

⑤ 견고한 정면에 용감한 군대로서 공격시키게 되면, 무수한 희생자가 생기고 돌파가 심히 어렵다. 포위 운동은 적을 진지에 고착시키고, 결국은 과감하고 용감히 공격을 계속하면 그 효과를 볼 수 있다.

⑥ 예전 공성전에서 주로 실시되었던 야간전투는 이제 야전으로까지 확대되어 통상 실시한다.

⑦ 대병력의 사용이 필수적이니, 정량주의(定量主義)는 완전히 포기하고 예비 및 후비병력을 증대시킨다.

⑧ 군대의 교련에 비교적 급하지 않는 사항은 생략하여 중요한 사항에만 신경을 쓰도록 한다. 보병은 산개, 수색근무, 사격술, 야간훈련, 총검술, 야외공작, 보루전 등의 연마 필요.
⑨ 밀집, 정돈, 복잡한 대형의 연습 등은 실전에 불필요하니 감소시킨다.

3. 정신전력(精神戰力)

전시하의 군대가 병사들을 속성교육으로 기계적이고 강제적인 주형인물(鑄型人物)로 만들어 버린다는 것은 여러 가지 문제점을 일으킨다. 여기서 발생되는 문제점은 병역기피와 도망이 가장 대표적인 경우가 된다. 특히 요새전에서 난공불락의 상황에 빠지게 되면 병의 사기란 지극히 저하되기 마련이며 귀환병의 입에서 보충병의 귀로 전파되어 내지(內地)에서는 소집령을 받고도 소집에 응하지 않는 수가 급격히 증가하게 마련이며, 전장의 두려움과 강제적 격리에 따르는 육친과 집 걱정으로 염전기운이 퍼지게 된다.

전장으로 불려온 보충병들은 스스로를 소모품으로 칭하고 도살장의 소와 같은 꼴을 가졌다. 당시 여순공격 장사병중에는 의기소침하고 용기가 크게 떨어져 어떻게 해서라도 전선에서 벗어나 생명의 안전을 기하려는 경향이 싹터 그 수단으로서 적 앞의 가까운 산병호에서 수족을 노출하여 치명적인 부위를 피하는 가운데 영예로운 부상을 입어 의기양양하게 후송환자에 끼이곤 했다.

위의 예 등은 정신전력상(精神戰力上)의 하나의 예에 지나지 않는다. 무기가 발달할수록 더 큰 폭음이 생기고 더욱 처참한 위력과 참상을 접하게 마련인 것이다.

이럴 때 어떻게 극복할 수 있는가? 하는 새로운 문제점을 던진 것이다.

제 5 편

제1차 세계대전

[제 5 편 제1차 세계대전]

제1장 대전의 원인과 각국의 전쟁준비

제1절 대전의 원인

제1차 세계대전은 1914년 7월 28일부터 1918년 11월 11일까지 4년 3개월간 32개국이 참전한 최초의 세계대전으로서, 그 원인에 대해서는 각국의 입장과 시대에 따라 각각 다른 주장을 하며 서로 적국에 그 책임을 전가하고 있다. 그러나 대전발발의 원인은 어느 한 나라나 정부에 있다기보다 이 시기의 시대적 배경과 각국의 제국주의 정책에 따른 이해관계의 대립에 있다고 하겠다.

장기적으로 볼 때 전쟁을 가능하게 만든 뚜렷한 요인은 독일과 이탈리아의 통일이었고, 이 두 국가의 탄생이 유럽체제내의 세력균형을 변경시키고 말았다. 즉 이들 신흥세력과 그들의 기득권을 주장하는 기존 구세력간의 알력은 결국 각기 자국력의 성장과 국위의 선양을 위해, 또 영토확장을 위해 계속 투쟁하게 했다. 그러나 19세기 후반기에 들어오면서 유럽 전역에는 국민주의의 원리가 확립되고 대부분의 국가가 이젠 병합될 수 없는 독립국가로 대우받게 되어 국제문제를 조종할 목적으로 처리될 만한 영토는 거의 없었다. 이렇게 되자 결국은 아프리카, 아시아 및 대양주의 대부분이 치열한 경쟁의 와중에서 열강세력에 분할되고 말았다.

이러한 경쟁에 보조를 맞추기 위해서 열강은 동맹과 협상을 양자택일함으로써 어느 편으로 가담하지 않을 수 없었다. 그리하여 20세기 초기에는 독일, 오스트리아-헝가리 및 이탈리아의 삼국동맹 측과 프랑스, 영국, 러시아 등의 삼국협상 측의 두 개의 대립된 진영이 존재하게 되어, 당시의 상황으로는 어떤 위기라도 전쟁으로 이끌어갈 수밖에 없었고 사라예보(Sarajevo)의 사건도 그 중의 하나였을 뿐이다.

1914년의 유럽

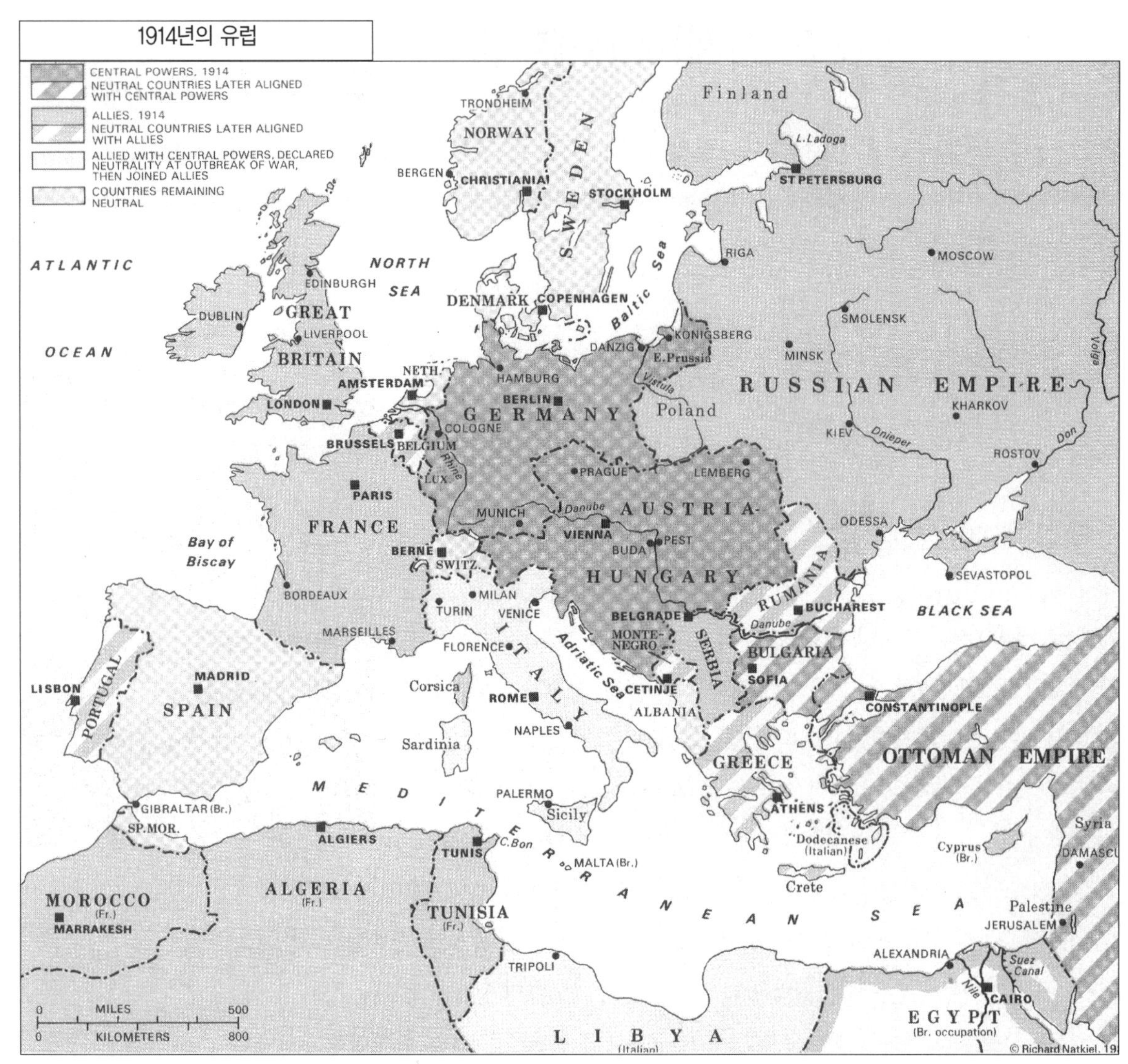

※ 출처: Richard Natkiel, *Atlas of 20th Century History* (London: Bison Books, 1982), p. 28.

이와 같은 상태의 국제적 상황을 영국의 자유주의자인 디킨슨(Dickinson)은 국제적 무정부 상태라 명명했는데, 이는 고도로 조직화된 적대관계여서 이 적대관계를 중지시킬만한 고위권력기관이 없었다는 의미이지 결코 혼돈은 아니었다.

1888년 이후 독일은 빌헬름 II세(Wilhelm II)의 치하에 있었는데, 혹자는 이 독일황제가 전쟁을 피하고자 노력했다고 주장하고 있지만, 1888년부터 1914년에 이르는 결정적인 기간에 그는 애국적 팽창주의(膨脹主義)의 투지만만한 공격적 지도자였으며, 그의 국민을 영광으로 이끌어간 백기사(白騎士)였다.

독일국민은 자신들의 야욕과 불안 때문에 영국에 대한 강한 증오를 느꼈고 야망과 열등의식이 뒤섞인 이 증오감은 부유하고 품위 있는 행운아들인 영국의 상류사회에 집중되어 전쟁이 일어나기 전부터 독일 해군의 장교식당에는 '그날' (Der Tag)이라는 간소한 토스트가 메뉴에 포함되어 있었다. 그날이란 다름 아닌 독일과 영국이 선전을 포고할 그 날임은 누구나 다 아는 일이다.

한편 영국도, 아직은 그들이 유럽에서 최고의 지위에 있었지만 영국인들도 이러한 독일인의 증오에 응수하기 시작했고, 해가 계속됨에 따라 영국과 독일은 막대한 비용이 드는 해군군비경쟁을 계속하였고 사사건건 독일과 영국의 외교관들은 대립하였다. 또 영국인들은 날로 방자해 가는 독일인에게 호된 교훈을 주어야겠다고 생각했고, 더욱이 자기들의 번영과 영도적 지위에 불안을 느끼기 시작했다.

프랑스 역시 영국에서와 같이 국제문제에 대한 여론이 비등하였고, 1870년의 패전에 대한 복수의 기회를 노려 그들이 잃은 알사스-로렌(Alsace-Lorraine) 지방을 수복하기를 원했고, 프랑스 외교관들은 독일에 대항하는 연합국체제를 계속 유지 강화하려 하였다.

1914년 사라예보사건의 역사적 과정은 프랑크푸르트(Frankfurt) 조약에서 비롯되었는데, 이 조약으로 프랑스는 알사스-로렌 지방을 신생독일제국에 넘겨주지 않을 수 없었다. 당시 이 과정의 주역을 담당한 자가 바로 철혈재상으로 이름난 비스마르크(Otto von Bismarck)였고, 약 20여 년 동안 비스마르크는 외교상 프랑스를 고립시키기 위하여 독일, 러시아 및 오스트리아를 결속시킨 삼제동맹(三帝同盟)이라는 비밀 조약을 체결했고, 1882년에는 독일, 오스트리아, 헝가리 및 이탈리아간의 유명한 삼국동맹을 결성하는 등 위험스러운 세력균형을 유지했다.

그러나 1890년 젊은 황제 빌헬름 II세는 비스마르크를 해임하고 러시아가 요구하는 재보장조약을 거부함으로써 비스마르크가 그렇게도 저지하기에 고심하던 사태가 드디어 벌어지고 말았다. 결국 러시아는 수차에 걸친 협상 끝에 프랑스와 1894년 동맹을 체결하기에 이르렀고, 이로써 대륙 내에서 프랑스의 고립상태는 종지부를 찍었다. 그러나 아직도 영국만은 대륙의 어느 나라와도 공식적인 동맹관계를 기피하고 오랫동안 대륙문제에 대해 불간섭주의(不干涉主義)를 채택해왔다. 그러나 독일국력의 발전, 특히 함대의 건설은 영국에 직접적인 위협이 되었으며, 치열한 건함경쟁은 마침내 영국으로 하여금 소위 '명예로운 고립정책' 을 버리고 영불해군협정 및 영러해군협정을 체결하게 했고, 이러한 해군력의 경쟁과 아울러 양국의 식민지 획득열은 3B정책과 3C정책으로 날카롭게 대립되었으며, 유럽전역은 삼국동맹과 삼국협상의 대립관계에 놓이게 되었다.

이러한 전운의 소용돌이 속에 전쟁의 위협을 느낀 각국은 전력으로 전쟁준비를 하느라 여념이 없었다. 이와 같이 유럽의 6대강국이 전쟁준비에 열중하고 있을 때 슬라브민족과 게르만민족이 뒤섞인 발칸반도는 바야흐로 터키의 압제에서 벗어나 민족국가형성을 위한 몸부림을 치고 있었으며, 이곳으로 세력 확장을 꾀하는 러시아와 오스트리아는 민족문제로 날카롭게 대립하게 되었다.

이와 같이 유럽각국의 제국주의적 팽창을 위한 대립 및 첨예화한 민족문제 등 언제 어디서 전쟁이 터질지 모르는 일촉즉발의 위기에 대해 보스니아(Bosnia)의 수도 사라예보(Sarajevo)에서 울린 한 세르비아(Serbia) 청년의 총성은 화약고에 불을 질렀다. 1914년 6월 28일 오스트리아 황태자 페르디난트 대공(Archduke F. Ferdinand) 부처가 관병식(觀兵式)에 참석하기 위하여 사라예보에 왔을 때 세르비아의 비밀 결사단에 속해 있던 한 청년의 손에 암살된 것이다. 이러한 사건을 기다렸다는 듯이 오스트리아는 황제 프란츠 요셉 I세(Franz Joseph I)는 친서를 독일황제 빌헬름 II세에게 보내어 지원을 약속받고 7월 23일, 48시간 시한으로 10개조항의 최후통첩을 세르비아에 보냈다.

영국은 대전발발의 위험을 회피하기 위하여 세르비아에 대하여 이 조항의 수락을 권고하였다. 세르비아는 타 조항을 모두 수락할 수 있으나 제6항의 6·28 사건의 범행가담자 재판에 오스트리아 대표를 참석시키라는 것은 세르비아의 주권을 침해하는 것이라 하여 그 수락을 거부하였다.

이에 대해 오스트리아 사신은 「무조건 승인이 아니면 전면거부」라고 단정하여 국교단절을 선언하고 귀국하였다. 이리하여 세르비아국왕 피터 I세(Peter I)는 7월 25일에 동원령을 발하고 오스트리아는 사건 1개월 후인 7월 28일 대 세르비아 선전포고를 하였다. 이러한 시기에 양국의 분쟁이 확대되느냐 않느냐 하는 것은 러시아가 세르비아를 어느 정도 지원하는가에 달려 있었다.

러시아는 오스트리아의 대 세르비아 최후통첩을 받고 7월 24일 오스트리아에 대해 회답기한의 연장을 요구하였으나 이것마저 거절당하자 29일에는 일부동원령을, 30일에는 총동원령을 발하기에 이르렀다.

독일은 전쟁에 개입하지 않을 수 없을 것을 인식하고 7월 31일 밤 러시아와 프랑스에 각각 최후통첩을 보내고 러시아에 대해서는 8월 1일에 프랑스에 대해서는 8월 3일에 각각 선전포고를 하고 8월 4일에는 작전계획에 따라 영세중립국인 벨기에에 침입하므로 영국은 이에 대독선전포고(對獨宣戰布告)를 하였다. 이리하여 7월 28일 오스트리아의 대 세르비아 선전포고 후 불과 1주일 동안에 유럽의 전 열강은 전쟁의 회오리바람에 말려들게 되었다.

다만 이탈리아는 오스트리아의 대 세르비아 개전을 침략적이라고 규정하여 3국동맹의 의무를 포기하고 8월 3일에 중립을 선포하여 1915년 5월 24일 대 오스트리아 선전포고 시까지 중립을 견지하였다.

제2절 각국의 전쟁준비

1. 독일군

독일의 군사제도는 대륙의 주요 국가들과 같이 징병제도에 기초를 두었다. 20세에 달하면 모든 청년은 징병검사를 받게 되는데, 이중 50~55%의 장정들이 합격되고, 이들은 현역으로 입대되어 직업장교 및 하사관으로 구성된 강력한 간부 밑에서 2년간 훈련을 받는다. 이 훈련이 끝나면 5년 6개월간 예비역에 편입되어 단기훈련의 소집대상이 된다. 그 후 39세까지는 후비역(後備役)에 편입된다. 이와 같이 독일군은 현역, 예비역 및 후비역으로 구분되며, 그밖에 보충역을 편성하고 있었다.

이렇게 구성된 독일군은 전쟁이 일어나자 8개의 야전군에 총병력 200만 명에 달하고 있었다. 이 편성은 기본이 18,000명의 병력을 가진 보병사단이고, 이 사단은 2개의 보병여단과 1개의 포병여단으로 구성되고, 지원부대로서는 공병, 통신, 의무, 보급 등의 파견대로 편성되어 있다. 또 보병여단은 각 3개 대대를 가진 2개 연대와 77mm 직사포 54문과 105mm 곡사포 18문을 보유한 1개 포병연대로 되어 있다. 1914년 독일군의 군단은 통상 2개 사단과 직할부대로 편성되어 1개 군단은 총 병력이 약 42,500명이었다. 또 이외에 독일군은 훈련이 잘된 기병부대를 보유하고 있었다.

독일군의 전투력은 주로 정규장교 및 하사관으로 된 성실하고 근면한 간부들에 의해 이루어졌는데, 이들에 의해 훈련된 독일군은 전투력에 있어 프랑스군을 놀라게 했다.

독일군의 훈련은 러일전쟁에서 얻은 교훈으로 야전축성, 방어진지의 편성 및 전술적 기관총 사용에 대해 강력한 훈련을 실시해왔다. 무기 면에 있어서는 모젤(Mauser) 연발총을 보병의 기본무기로 장비했으며, 다른 국가에서 경시해오던 중포(重砲)를 발전시켜 420mm 곡사포로 편성된 기동공성부대(機動攻城部隊)는 리에즈(Liege)

요새지에서 그 효력을 충분히 발휘했다.

2. 프랑스군

프랑스는 독일보다 인구가 적기 때문에 매년 20세에 달하는 장정의 80%를 징집했다. 그리고 프랑스군 역시 현역, 예비역 및 후비역의 3종으로 구분되어 있었지만 동일제대(同一梯隊)의 독일군에 비해 선발에 있어 신중을 기하지 못했기 때문에 노년층과 중년층이 많이 포함되어 있었다.

편성 및 장비에 있어 프랑스군은 독일군에 비해 열세했다. 그리고 프랑스군 장교단은 정치가로부터 냉대를 받았다. 그러나 상당수의 장교들이 식민지전쟁에서 전투경험을 쌓았으며 병사들의 전술적 훈련은 상당한 수준에 있었다.

프랑스군은 전통적으로 공격력에 대해 지나친 신념을 갖고 있었기 때문에 방어전술을 등한시했다. 예를 들면 야전축성, 방어편제 및 기관총 사용에 미숙했다. 화기는 보병의 기본화기가 단발 구형 칼빈총이었고, 포병에 있어서 프랑스군의 경포병(輕砲兵)은 세계적으로 우수했고, 이 경포병은 현대포병의 대표적 모형이 되어 왔다. 이 포는 기동성이 좋고 속사 및 원거리에 정확한 장점이 있었다. 전쟁이 개시되자 프랑스군의 병력은 165만에 이르렀고, 프랑스군의 전투의 특성과 전투력은 독일군 지휘부에 새로운 인식을 주었다.

3. 러시아군

1904년 대일본 전쟁에서 굴욕적인 패배를 한 러시아군은 그 후 광범한 개혁을 단행했다. 그러나 1914년의 러시아군은 독일군이나 프랑스군에 비해 너무나 미약했고 다만 풍부한 인적자원을 보유하고 있어 서방연합군은 '러시아의 대병력' (The Russian Steam Roller)에 크게 기대하고 있었다.

전투력 면에서 볼 때 일반참모부는 빈약하기 짝이 없었고, 타국에 비해서 화력에 있어서도 열세했다. 그리고 러시아군의 2/3 이상이 무학(無學)이며 하사관들도 대부분 단기간 훈련을 받았을 뿐이었다.

1914년 당시 러시아군은 아직 편성 중에 있었고, 어느 정도 완성이 되기까지도 시일을 요했다.

4. 영국군

영국군은 대륙내의 타군에 비해 소병력이었다. 이는 영국이 전통적으로 강력한 해군을 필요로 했고, 육군은 외침을 방어할 수 있을 정도로 편성되어 있었기 때문이다.

그 결과 전쟁발발 당시 영국군은 불과 7개 사단 밖에 없었다. 그러나 그들은 지원제도에 의해 선발되었고 고도로 훈련되었으며, 전문적인 장교들에 의해 지휘되고 있었기에 전투력에 있어서는 대륙의 어느 군보다도 우수했다.

편성은 전반적으로 대륙군대와 비슷했으나 영국군은 사단에 연대가 없고 4개 대대로 된 3개 여단으로 되어 있었다. 또 영국군은 보어(Boer)전쟁에서 좋은 교훈을 얻어 훌륭한 사격훈련이 되어 있었다.

전쟁에 참가한 영국군은 125,000명 정도였지만, 사기가 왕성하고 군기가 엄격하며 강인한 인내력을 갖고 있어 눈부신 역할을 할 수 있었다.

제3절 각국의 작전계획

1. 독일의 슐리펜(Schlieffen) 계획

1891년 독일군 참모총장에 취임한 슐리펜(Alfred G. von Schlieffen)장군은 전쟁이 임박했음을 예견하고 그 계획수립에 착수하였다.

당시 국제정세는 독일로 하여금 2개의 전선에서 전쟁을 하게 할 것이 명백하였다. 그리하여 그는 불리한 양면전쟁에서 내선작전의 이점을 살려 적을 격파한 프레드릭 대왕의 전례(戰例), 특히 「7년 전쟁사」를 연구하였으며, 회전(會戰)에 있어서 적군의 철저한 격파를 위하여 한니발의 칸나에 전투를, 그리고 측 · 배면공격방법(側 · 背面攻擊方法)으로서 로이텐 전투를 연구하여, 그의 작전계획의 기초로 하였다.

즉 그는 "우세한 적에 대한 수정면전쟁(數正面戰爭)을 지도하기 위해서는 민활한 내선작전을 행하여야 하며, 또한 할 수 있는 한 회전을 신속하게 수행하여야 하며 각개격파를 철저히 하여 적에게 다대한 타격을 주지 않으면 안 된다. 그리고 이 목적을 달성하려면 과감한 결심과 공고(鞏固)한 의지를 가지고 주력으로써 적의 약점, 즉 적의 측배면(側背面)에 공격함을 요결(要結)로 한다"고 술회하였다. 이것이 슐리펜 계획의 근간이 된 사상이다. 이러한 기초 위에

독일군의 슐리펜 계획과 프랑스군의 제17계획

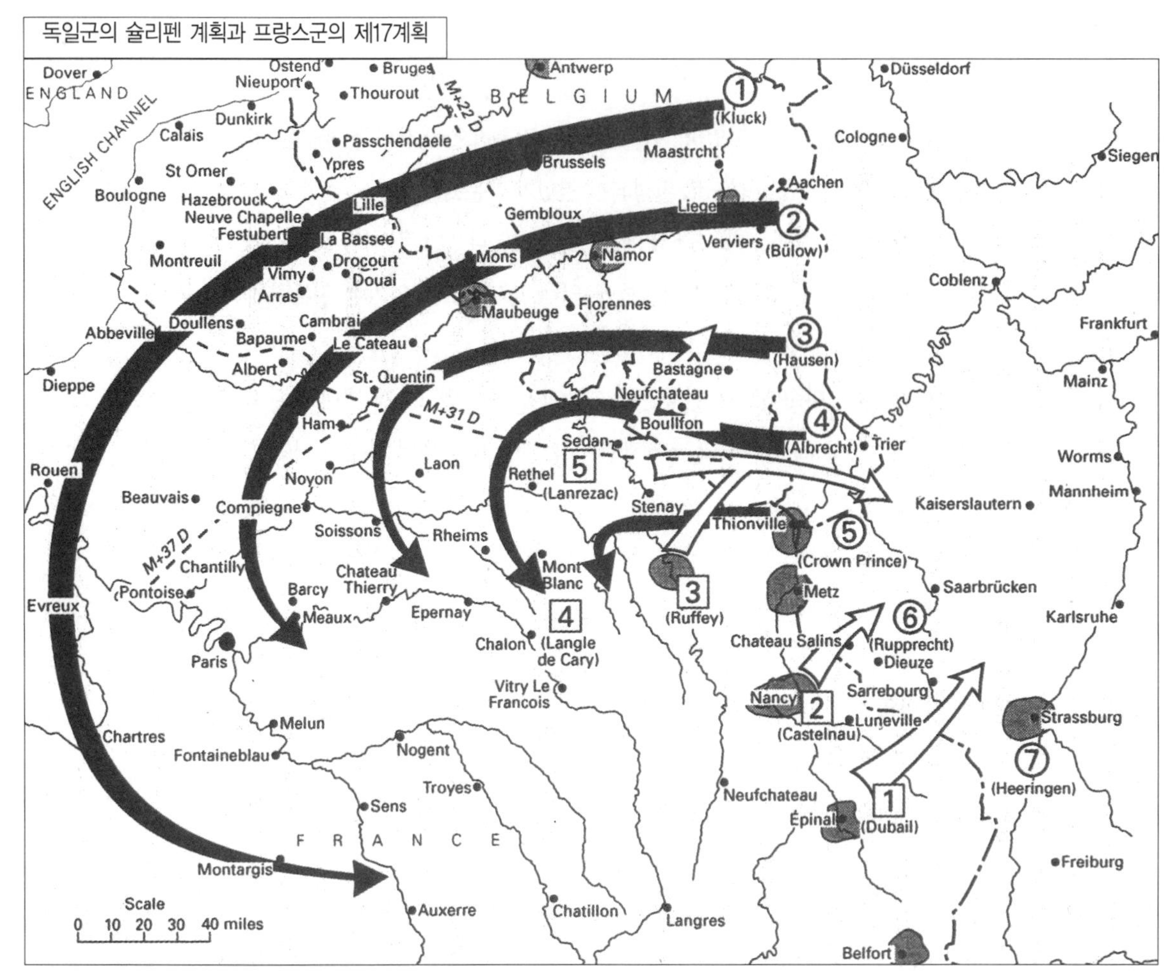

※ 출처: Holger H. Herwig, *The First World War: Germany and Austria-Hungary 1914-1918* (London: Arnold, 1997), p. 61.

그는 러시아군의 동원이 느린 점을 감안하며 오스트리아의 지원을 받는 최소한의 병력으로써 러시아군을 저지하면서 더 위험한 적인 프랑스를 먼저 분쇄하려고 한 것이다.

슐리펜 계획은 프랑스와의 단기결전을 위하여 프랑스의 베르뎅(Verdun)-툴(Toul) 에삐날(Epinal) 벨포르(Belfort) 요새를 연결하는 벨포르 능선을 회피하고, 리에즈(Liege) · 브뤼셀(Brussels) · 아미앙(Amiens) · 파리(Paris) 서방으로의 비교적 평탄하고 경미한 저항이 예상되는 북방을 우회하여 프랑스군의 좌익을 포위공격하며, 한편 멧쯔(Metz) 남방에서는 방어 혹은 전략적 후퇴로 프랑스군을 유인하였다가 프랑스군 좌익과 배후의 포위가 이루어지면 반격하여 알사스-로렌 지방과 스위스국경의 산악지대에 몰아넣어 섬멸하려는 것이었다. 이렇게 하기 위하여 그는 멧쯔 북방에 5개 군(35개 군단)과 후비군 6개 군단(6 Ersats Corps), 멧쯔 남방에 2개 군(5개 군단)을 두어 멧쯔를 회전축으로 북쪽과 남쪽에 7대 1의 병력비율로 배치하였다. 그리하여 그 남익(南翼)은 칸나에 전투에서의 중앙군의 역할을 하며, 북익(北翼)은 기병대 및 측군(側軍)의 역할을 하게 하려는 것이었다. 슐리펜 장군은 1905년 이 계획을 완성하고 12월에 신병으로 인하여 참모총장직을 사임하였다.

뒤를 이어 참모총장이 된 몰트케(Helmuth J. L. von Moltke) 장군은 슐리펜과 견해를 달리하여 1911년에 이 계획을 수정하였다. 그 주요 수정점(修正點)은 ① 네덜란드의 중립을 존중한다. ② 좌익군의 반격을 가능케 하기 위하여 우익병력을 돌려 좌익을 증강한다. ③ 우익보다 좌익을 지원할 수 있는 위치에 6개 후비군단을 포진시킨다. ④ 우익병력의 일부로써 동부전선의 방어부대를 증강시킨다는 것이었다. 이렇게 하여 우익과 좌익의 병력비(兵力比)는 7대 1에서 3대 1로 감소되었다.

이로써 몰트케는 집중함으로써 얻을 수 있는 이점을 버리고 양면작전을 하게 되었으며, 슐리펜 계획보다 우익을 약화시키고, 오히려 좌익을 강화시켜 슐리펜이 파놓은 함정을 묻어버렸다고 볼 수 있다.

슐리펜은 적이 침을 흘리고 있는 알사스-로렌 지방으로 강대한 병력으로서 진격해올 것을 예상하면서도 적을 섬멸하겠다는 하나의 목적을 위하여 과감하게 좌익을 희생시킨데 반해 몰트케는 우익과 좌익을 전부 중시함으로써 "내가 요구하는 장소에서 적을 격파한다"는 슐리펜의 입장에서 "적을 발견한 곳에서 격파한다"는 입장이 되어 결국 적에게 전투의 시기와 장소의 결정권을 위임하게 되었다.

이러한 수정의 근거는 "만일 프랑스군이 국경지대의 요새에 잠복대기하고 있다면 벨기에 평원으로의 대우회(大迂廻)도 아무런 소용이 없게 된다. 왜냐하면 거기에는 공허한 평원이 있을 뿐이며 적을 격파할 기회는 없게 된다. 그러므로 만일 적이 요새지대에 칩거해 있을 경우에는 주전장(主戰場)을 알사스 방면으로 택할 것이며, 만일 적이 벨기에 방면으로 공격해올 경우에는 우익으로 이를 격파하겠다"는 것이었다.

그런데 사실은 프랑스군은 멧쯔 이남지방에서 공격해올 경우에도 독일군의 우익이 계속적으로 진격해오면 프랑스군은 후방차단의 위협을 느껴 결국 후퇴하지 않을 수 없었을 것이다. 그리고 또한 승리를 위하여 위험을 감수할 용기가 부족하여, 열세한 병력으로 우세한 적을 견제해야 할 요새지역을 강화시키고 결전을 담당한 주전익(主戰翼)을 약화시켰다. 몰트케는 슐리펜과 같이 단기결전을 위하여 동프러시아 및 알사스-로렌 지방의 상실을 감수할 용기를 가지고 있지 못하였던 것이다.

2. 프랑스의 제17계획

보불전쟁 이후 프랑스는 대독일작전계획에 일련번호를 붙여왔다. 그중 1-7계획은 방어계획인데, 이것을 근간으로 독일-프랑스 국경선에 베르됭 · 툴 · 에삐날 · 벨포르 등 견고한 보루를 완성하였고, 제8계획부터는 공격계획으로 전환하여 1911년에 작성된 제16계획은 실지(失地)인 알사스-로렌 지방에 대한 공격계획이었다. 이러한 공격위주의 계획에 대하여 위험성을 지적하고 수정안을 제출한 미쉘(Michel) 장군 같은 이도 있었으나, 그 의견은 수용되지 않고 조프르(Joseph Joffre) 장군이 총사령관이 되었을 때 프랑스는 여전히 공격위주의 제17계획을 수립하였다. 제17계획은 완전한 작전계획이 아니라 다만 편성과 집결지가 명시되어 있고, 개전시 즉각적으로 공세를 취하려고 하는 총사령관의 의도가 표명되어 있다. 그 배치는 독불국경의 우에서 좌로, 제1군, 제2군, 제3군 및 제5군의 순으로 되어 있고, 제4군은 독일군이 벨기에로 침입할 경우에는 제5군의 좌측으로, 스위스 쪽으로 침입할 경우는 그 우측으로 배치하기 위하여 제3군의 후방에 두고, 3개의 예비사단은 측면의 보호를 위하여 각 방어선의 측방에 투입하며, 만일 영국군이 참전하면 제5군의 좌측인 르 · 까또 부근에 투입한다는 것이다. 이로써 멧쯔 남북에서 공격하려는 의도를 분명히 하고 있다.

그러나 이 계획은 독일군이 뫼즈강 서부에 주력을 투입하지 않을 것이라는 그릇된 판단에 근거를 두고 있으며 독일의 군사력을 과소평가하여 지나친 공격위주의 계획이 되었으므로 개전 후에 대패를 초래하였다.

3. 오스트리아 및 러시아의 계획

오스트리아는 B와 R 두 계획을 가지고 있었다. B계획은 세르비아와 단독으로 교전할 경우에 대비한 것으로, 제2군이 세르비아 북방에서 제5 · 6군은 서방에서 공격하며 갈리시아(Galicia) 지방은 제1 · 3 · 4군을 집결시켜 러시아의 공세에 대한 준비를 한다는 것이다.

R계획은 러시아와 세르비아와의 동시교전을 예상한 것으로 2개 군으로 세르비아를 침공하고 4개 군으로 러시아에 대항한다는 것이다.

러시아는 A · G 두 계획을 작성하였는데, A계획은 독일군이 서부전선에 주공(主攻)을 둘 때 동프러시아와 오스트리아에 대한 공격계획이며, G계획은 독일군이 동부전선에 주공을 둘 때의 방어계획이다.

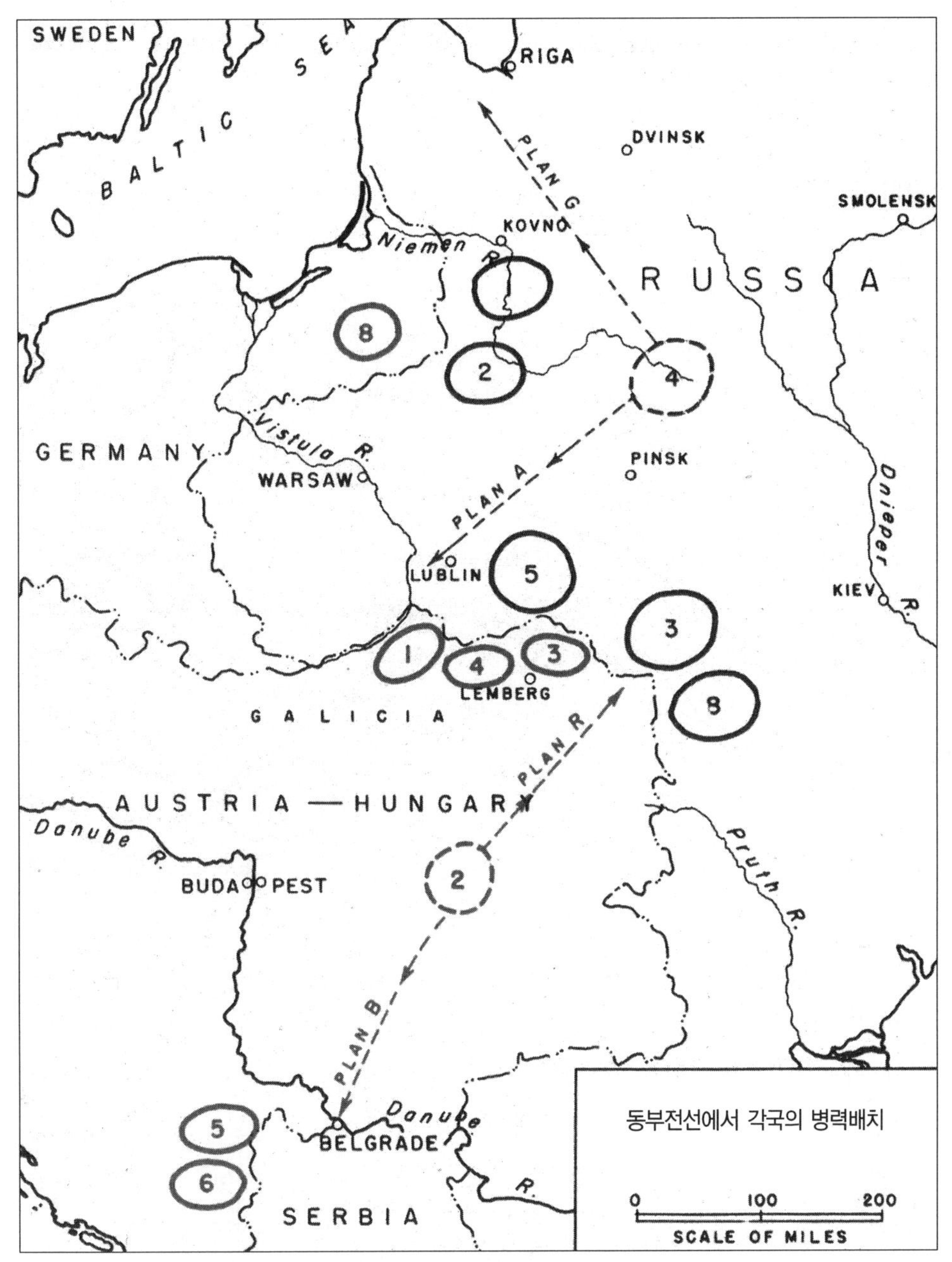

※ 출처: United States Military Academy, *Summaries of Selected Military Campaigns* (West Point, New York: US Military Academy, 1953), p. 78.

제2장 1914년의 전투

제1절 국경선 전투

대불선전포고 이후 독일군은 작전계획에 따라 제4군은 룩셈부르크를 점령하고, 제5군은 프랑스의 베르됭 요새를 향하여 진격을 개시하는 동시에 제1 · 2 · 3군은 벨기에로 진격하였다. 그런데 중립국 벨기에의 저항은 의외로 완강하여 8월 16일까지 리에즈 요새에서 지연되고 있었다.

리에즈가 점령되지 않는 한 독일 우익군은 기동을 할 수 없었기에 독일군은 6개 보병여단으로 구성된 특수임무부대를 편성하여 공격했고, 벨기에는 6개 사단의 요새수비대로 이에 대항했다. 이 요새는 상당히 강력한 진지였고 약 4만의 수비 병력을 보유하고 있었지만, 진지간의 간격으로 침투하는 독일군의 맹렬한 공격을 저지하기엔 충분하지 못하여, 결국 10여 일 동안 독일군의 공격을 지연시키는 것으로 끝나고 말았다.

한편 프랑스군은 로렌 지방에서 독일 제6군 정면으로 진격하여 8월 14일부터 20일까지 작전상 철수를 하고 있는 독일군을 추격하였다. 그러나 근본적으로 알사스-로렌 지방에서의 독일군의 계획은 수세후 공격이었기에 프랑스군은 20일 하루 동안의 독일군의 반격으로 그들의 최초출발선인 낭시(Nancy) 부근의 요새지대로 패퇴하고 말았다.

망치머리(hammer head)의 역할을 하는 독일군의 우익은 리에즈 함락 이후 눈부신 진격을 하여 독일 제4 · 5군은 8월 22일 아르덴느에서 프랑스 제3 · 4군과 충돌했는데, 당시 독일군은 전투를 예기했었고, 프랑스군은 그렇지 못했기 때문에 독일군은 처음부터 우세를 유지했고, 3일간의 격전 끝에 프랑스군을 대파하여 패퇴시키고 뫼즈강 서방으로 진출하였고, 독일 제2 · 3군은 쌍브르(Sambre)강선에서 프랑스 제5군을 협공하여 패퇴시켰다. 한편 독일 제1군은 8월 20일 브뤼셀을 점령하고 8월 24일에는 몽(Mons) 전투에서, 26일에는 르 · 까또(Le Cateau) 전투에서 각각 영국원정군(BEF: British Expeditionary Force)을 대파하고 계속 서남향으로 진격 중에 있었다.

독일군 사령부는 독일군이 경미한 저항을 받으며 신속히 진격하여 적군과 도시와 요새를 점령하면서 파죽지세로 공격하고 있다는 잇따른 승보를 받으면서, 이제 적은 소멸되었고 독일의 승리가 결정적이라는 환상에 취하여 참모총장 몰트케는 만족의 미소를 띠었다.

이제 그는 우익의 병력을 전용할 시기가 왔다고 생각하여, 동부전선으로부터 증원을 요청 받았을 때 2개 군단을 전용하기로 결정하고, 8월 25일 나무르(Namur) 요새가 함락되자 사용이 자유롭게 된 2개 군단을 동부로 수송할 것을 명했다. 이것은 몰트케 자신이 고백한 바와 같이 실로 중대한 과실이었다. 이 2개 군단은 동부로 수송도중 탄넨베르크(Tannenberg) 전투는 이미 종결되어 버렸으므로 이 귀중한 2개 군단은 결정적인 양대 전투(탄넨베르크와 마른 전투)에 참가할 시기를 놓친 것이다.

이밖에도 슐리펜이 유언으로 남긴 "우익을 강화하라"는 명언을 무시하고 처음부터 부족하게 배치된 우익병력 중에서 앤트워프(Antwerp)와 모부지(Maubeuge) 등 요새포위에 3개 군단을 전용함으로써 독일군의 우익은 파리 서방으로 우회하여 프랑스군을 섬멸하려는 본래의 임무를 수행하기에는 너무나 약화되었다. 이리하여 몰트케는 파리 서방으로의 우회기동을 포기하고 9월 4일 전혀 새로운 기동을 명령했다. 즉 파리 동부에서 제1군은 와즈(Oise)강과 마른(Marne)강 사이에, 제2군은 마른강과 센(Seine)강 사이에 배치되어 전군의 우측을 엄호하고 기타 5개 군은 포위를 수반하는 침투로서, 제6군과 제7군은 프랑스군의 서남방으로 기동하기 위하여 낭시 지방에서 공격을 계속하고, 제4군과 제5군은 제6 · 7군과 협동하여 프랑스군은 격멸하기 위하여 베르됭 요새와 비트리 · 르 · 프랑스와(Vitry-le-Francois)시 사이에 동남방으로 진격하도록 한 것이다. 그리고 제3군은 중앙전선을 분단하기 위하여 정남방(正南方)으로 진출하도록 했다.

그러나 이 계획은 처음부터 실현 불가능한 것이었다. 제1군(Alexander von Kluck)의 대부분은 이미 마른강을 건너 퇴각하는 프랑스 제5군을 추격 중에 있었고, 다만 그로나우(Hans von Gronau) 장군이 지휘하는 제4예비군단만이 마른강 북방에 있었기 때문이다. 뿐만 아니라 클루크 장군은 파리에서 신편(新編)중인 프랑스 제6군의 상황을 전혀 몰랐기 때문에 자기에게 내려진 명령이 허위정보에 의한 것이라고 판단하고, 또 이유 없이 그의 선두부대를 퇴각시킬 수 없다고 생각하여 9월 5일에도 진격을 계속하였다.

제2절 마른(Marne) 전역

한편 프랑스 군사령관 조프르 장군은 17계획의 실패를 자인하고, 우익에서 차출 가능한 전병력으로 좌익을 보강하고 9월 3일 파리 참호선 내에서 제6군을 재편성하여 독일 우익군의 동측면을 공격하기로 결심하고 전투준비에 심혈을 기울였다. 특히 이 기간에 그는 지휘체계에 대한 대폭적인 재편성을 단행했는데, 조프르 장군은 그 직무에 부적합하다고 생각하는 지휘관은 어떠한 장관급 장교라도 친분이나 정치적 배경을 불문하고 면직시켜 유능하고 새로운 지휘관으로 경질했는데, 그들 중 가장 걸출한 자는 뻬땡(Henri P. Petain) 장군이었다.

조프르 장군은 일반훈령 제6호를 하달하여 ① 제6군은 마른강 북방을 향하여 6일 새벽 올크(Ourcq)강을 도하하고, ② 영국원정군과 제5군은 몽미랠(Montmirail)시를 향하여 북방으로 공격하고, ③ 제9군은 북방, 제3 · 4군은 서북방으로 공격하고, ④ 제1 · 2군은 낭시 부근의 방어진지를 고수하도록 명하였다.

이 명령은 마른선에서의 총 반격령이었다. 이 명령에 따라 6일의 공격지점을 향하여 올크강을 도하하여 동진중인 프랑스 제6군과 마른 남방으로 진출한 본대를 따라 남진 중인 독일 제4예비군단(Gronau)이 발시(Barcy) 부근에서 조우하게 되었다. 이 조우전으로 조프르 장군의 반격계획이 폭로되었으며, 이 연락을 받은 클루크 장군은 그로나우 군단을 구출하기 위하여 최소한의 병력(2개 군단)으로 마른강 너머로 다시 북상시켰으며, 남은 주력으로서 영불군의 추격을 강행하였다. 그런데 7일, 전군을 북상시켜 우익을 보호하라는 명령과 아울러 마른강 북방의 프랑스군에 관한 정보를 획득하여 비로소 프랑스 제6군(Maunory)의 위협을 제거할 뿐만 아니라 이를 완전히 궤멸시켜 버리려고 결심하여 그의 전군을 마른 북방 프랑스 제6군의 정면으로 집결시켰다.

이 결과로 독일 제1군(Kluck)과 제2군(Bulow) 간에는 약 40km의 넓은 간격이 생겨 돌이킬 수 없는 상태에 이르렀다. 그리고 이 간격은 단지 2개의 기병사단에 의하여 방어되고 있을 뿐이었다.

독일군의 잘못된 기동으로 발생한 이 치명적인 간격으로 영국원정군은 약 10대 1의 우세한 병력으로 서서히 북상하여 곧 제1군의 배후로 진출할 수 있게 되었고, 프랑스 제5군은 독일 제2군의 우익을 포위하면서 반격을 시작하였다. 이로 인하여 독일 제2군의 우익은 후퇴하지 않을 수 없었으며 제1군과 제2군의 분단된 위기에 놓이게 되었다.

그러나 프랑스군이 이 전역을 승리로 이끌기 위해서는 아직도 두 가지 조건이 요구되었다. 모누리군이 클루크군을 저지하는 것과 포쉬(Ferdinand Foch) 장군의 신편 제9군이 뷔로우(Karl von Bulow)군의 좌익과 하우센군(제3군)의 우익의 돌파기도를 분쇄하여야 하는 것이다.

포쉬 장군은 9일까지 뷔로우군의 좌익과 하우센군의 우익의 맹공격을 받았으나 붕괴 직전에서 독일군의 공격을 저지하였다.

이러한 시기에 몰트케는 제1 · 2군 사이의 간격에 배치된 기병사단장이 뷔로우에게 보내는 전신을 포착하여 독일군 우익에 중대한 사태가 발생되고 있음을 인식하고, 정확한 상황 파악을 위하여 9월 8일에 그의 정보참모 헨취(Hentsch) 중령을 전선에 파견하였다. 그때까지 그는 후퇴를 결심하지 않았으나 상황에 따라 단거리 철수를 용인할 권리를 헨취 중령에게 위임하였다.

당일 제2군사령부에 도착한 헨취 중령은 제1 · 2군 사이에 위험한 대간격이 있으며, 이 간격으로 영 · 불군이 북상하기 시작하였고, 이 진출이 계속되면 독일군의 전 우익이 위험한 상태에 놓이게 될 것을 인식하였다. 그리하여 마른강 북방으로 철수하려고 하는 뷔로우 장군의 결정을 묵인하였다. 이후 그는 곧 약 80km 떨어진 제1군사령부에 도착하였다.

제1군사령관 클루크 장군은 프랑스 제6군에 대하여 포위공격을 기도하고 있었다. 그러나 한편 그의 좌익은 마른강을 건너 북상하는 영국군의 포위망을 피하기 위하여 철수하지 않을 수 없었다. 이러한 위험에 처하여 헨취 중령은 상황을 설명하고 계속적인 공격을 주장하는 1군참모장 쿨에게 자기의 직권으로 "적의 함정에 빠지기 전에 철수할 것"을 명하고 본부로 귀환하였다.

몰트케는 9월 10일 헨취 중령으로부터 상세한 보고를 받고 사태가 심각함을 깨달아 개전후 처음으로 전선을 시찰하고, 우익의 전군은 놔용-베르됭선으로 철수할 것을 명하는 한편 슐리펜의 유훈(遺訓)에 따라 좌익의 공격이 무위함을 인식하여 제6군의 공격을 중지시키고 제7군은 급히 우익으로 이동하게 하였으나 마른에서 전세를 만회하기에는 벌써 시기가 너무 늦고 말았다.

이 철수로 독일군은 절박한 위기를 해소하였다. 그러나 이 철수가 독일의 작전계획을 산산이 부수고 결국 패전으로 인도하게 될 줄은 몰트케나 뷔로우나 클루크나 헨취는 꿈에도 생각하지 못하였다.

이와 같이 마른 회전에서 독일군은 결코 패퇴당한 것이 아니라 그들의 잘못된 기동으로 발생한 상황을 비관적으로 판단함으로써 스스로의 결정에 따라 자진 철수한 것이다. 따라서 에느강의 예정된 선까지 급추격을 받지 않고 용이하게 철수하였다. 9월 14일까지 독일군은 예정된 철수한계선에 도착하여 재편을 완료하였으며, 이로써 마른 회전은 종결되었다. 이날 몰트케는 해임되고 육상(陸相) 팔켄하인(Eric von Falkenhayn) 장군이 그 후임으로 임명되었다.

몰트케의 중대한 과실은 슐리펜식 견해에 의하면 주전익(主戰翼)을 너무 약화시켜 결정적 시기에 병력이 부족하여 제1군과 제2군 사이에 치명적인 간격이 발생하게 되었으며, 파리 서방으로 우회할 병력의 여유는 더욱이 없게 되었다. 또 각 군 간의 협조가 잘되지 않았으며, 더욱이 몰트케는 각 군사령관에게 필요한 정보를 제공하여 서로 긴밀한 협조를 이루도록 하지 못하고 무의미하게 시간을 허송하고 있었다. 따라서 군사령관은 통신장비가 미비하였다는 핑계가 있겠지만 그들의 계획을 보고함이 없이 임의대로 실천하여 최고사령부에서는 전체적인 상황을 판단하지 못하였다.

다음은 정보기구의 무능으로 개전 이후 프랑스군의 반격준비를 정확히 파악하지 못하고 전술적인 승리를 과대평가하여 프랑스군의 전투력이 격파된 것처럼 인식하였다.

이 전역 이후 쌍방은 서로 적의 측면을 포위하기 위해 전선을 북해까지 연장시키는 '해안으로의 경주'를 하게 되고, 이 결과 전선은 스위스에서 북해까지 약 1,000km의 참호선을 이루어 교착상태에 빠지게 되었다. 이리하여 독일은 그들이 가장 꺼리는 지구전을 초래하여 패배의 징조가 보이기 시작하였다.

제3절 탄넨베르크(Tannenberg) 전투

서부전선에서 독일군이 강력한 공세로 마른를 향하여 진출하고 있을 때 동부전선에서는 현대판 칸나에 전투라 말할 수 있는 탄넨베르크 전투에서 독일군은 러시아군 4개 반 이상의 군단을 거의 전멸시키는 경이적인 대승리를 거두었다.

러시아는 독일에 대하여 동시에 공세를 취하자는 프랑스의 요구에 호응하여 동원이 채 완료되기도 전에 식량탄약 및 연료의 충분한 준비도 없이 서부집단군사령관 질린스키(Zilinsky) 휘하의 2개 군을 투입하였다.

이들 중 레넨캄프(Paul von Rennenkampf)의 제1군은 인스텔불크로 진출하여 독일 제8군을 동북방에서 견제하여 이를 전선에 고착시키고, 삼소노프(Alexander Samsonov)의 제2군은 남방으로 우회하여 북상함으로써 그 병참선을 차단하고 배후로부터 공격을 실시하기로 하였다. 당시 독일 제8군사령관 프리트빗츠(Maximilian von Prittwitz)는 슐리펜 계획에 따라 러시아군의 진격을 저지, 지연시킬 임무를 부여받고 있었다.

개전 초 러시아군은 의외로 신속히 동원하여 동프러시아 방향으로 진격해왔다. 1914년 8월 18일부터 레넨캄프군의 공격을 받은 독일군은 맹장 프랑스와(von Francois) 장군이 지휘하는 제1군단이 스탈루포넨(Stalluponen)과 굼비넨(Gumbinnen)전투에서 효과적으로 이를 저지하였다. 그러나 프리트빗츠의 우둔한 전술 때문에 승리의 기회를 상실해 버리고 말았다. 이리하여 승기(勝機)를 놓친 프리트빗츠는 삼소노프군이 남방 깊숙이 우회하고 있으므로 매우 초조하여져서 "비스툴라(Vistula)강으로 후퇴할 것이다. 그러나 거기서도 러시아군은 저지할 수 있을지 모르겠다"고 몰트케에게 보고하기에 이르렀다.

이에 몰트케는 프리트빗츠의 해임을 결심하고, 그의 후임으로 당시 67세의 강직한 노퇴역 장군(老退役將軍)인 힌덴부르크(Paul von Hidenburg)를 임명하고, 그를 보좌할 참모장으로서 젊고 재능이 뛰어나며 리에즈 요새 공격에서 수훈을 세운 루덴도르프를 선임하였다. 그런데 이 두 사람은 이후 잘 어울리는 부부와 같이 그들의 임무를 성공적으로 수행하였다.

한편 제8군의 작전참모 호프만(Hoffman) 중령은 러시아군이 독일군보다 비스툴라강선에 이미 120km나 더 가까이 접근해 있음을 인식하고, 독일군이 비스툴라선으로 철수할 경우 삼소노프군과의 충돌을 피할 수 없다는 점을 간파하고, 우선 삼스노프군을 격파하기 위하여 다음과 같은 작전계획을 수립하였다.

① 제1군단과 제3예비사단을 레넨캄프군의 전면에서 차출(差出)하여 철도운송으로 제20군단의 우익을 보강하며
② 이 동안 제20군단은 삼소노프군과의 접촉을 피하고,
③ 제17군단과 제1예비군단은 서방으로 행군할 것이며,
④ 레넨캄프의 즉각적인 추격이 없을 경우 남방으로 전진할 수 있도록 준비한다.
⑤ 그리고, 제1기병사단만이 단독으로 러시아 제1군과 대치하여 그 진격을 저지한다는 것이었다.

이 계획은 참모장과 사령관의 승인을 얻어 8월 20일 늦게 각 군단에 하달되었다. 이에 따라 실시된 이 기동은 탄넨베르크 섬멸전의 기초가 되었다. 그러나 이러한 사실은 몰트케에게 보고하지 않았으므로 몰트케는 제8군이 비스툴라선으로 급속히 후퇴하고 있는 것으로 판단하고 있었다.

한편 8월 22일 밤에 코브렌츠에서 전임신고를 마친 루덴도르프 장군은 48시간 전 프리트빗츠 장군이 보고한 상황을 분석하며 신임사령관의 동의를 얻기 전이라도 시급히 명령을 하달해야 할 필요성을 인식하여, 제8군 사령부를 거치지 않고 직접 전선의 각 군단장에게 기동명령을 하달하였다. 그런데 루덴도르프 장군의 이 새로운 기동명령은 2일전 호프만 중령의 기동계획에 의하여 이미 진행 중이던 명령과 완전히 일치하는 것이었다. 이런 사실은 비록 그것이 우연의 일치였다고 하더라도 매우 주목할 만한 일이며, 독일군 일반참모의 전반적인 우수성을 보여주는 것이다. 루덴도르프 장군은 코브렌츠에서 꼭 3시간 동안 지체하다가 동부전선

탄넨베르크 전투(1914. 8. 25)

※ 출처: Richard Natkiel, *Atlas of 20th Century History* (London: Bison Books, 1982), p. 34.

으로 출발하였으며, 8월 23일 새벽에 하노버에서 힌덴부르크 장군과 처음으로 회견하고, 이날 14시에 이들 유명한 두 장군은 그들의 사령부가 있는 마리엔부르크(Marienburg)에서 참모들을 접견하였다. 여기서 루덴도르프 장군은 비스툴라선으로 급속히 퇴각 중에 있을 것으로 예측했던 각 군이 의외로 그의 명령(실은 호프만의 기동계획)에 따라 이미 순조롭게 기동하고 있음을 보고 매우 기뻐하며 승리를 확신하였던 것이다.

한편 레넨캄프는 20일 밤에 독일군이 굼빈넨에서 철수한 것을 알고 승리에 도취하여 그곳에 주저앉아 거의 3일을 허송하였다. 그리하여 독일군의 기동을 전혀 알지 못하면서 "독일군이 비스툴라선의 방어를 위하여 황급히 철수하고 있거나 쾨니히스베르크(Konigsberg) 요새 안의 안전지대로 도피하고 있으리라"고 추측하여 사실인 것처럼 질린스키에게 보고하였다.

남방의 삼소노프군은 국경으로부터 평균 8-9일의 행군거리에 달하는 비브르짜(Biebrza)강의 상류와 비알리스토크(Bialystock)에 집결하였다. 질린스키는 처음부터 전쟁에 뛰어들려는 열의에서 삼소노프군으로 하여금 운송준비가 완료되기도 전에 기동을 시작하게 하고, 전보를 연발하여 피로에 지친 병사들의 전진을 독촉하였다.

철도와 도로는 물론 오솔길조차 그 수가 매우 적은 동프러시아 국경지대의 불모지에서 8월의 작열하는 뙤약볕을 받으며, 삼소노프군은 8~9일간 쉬지 않고 행군을 계속하였다. 그 결과 제2군의 14개 사단, 약 20만의 대병력은 질병과 낙오로 감소되고, 피로에 지치고, 병참조직이 붕괴되어 후방으로부터 아무런 보급을 받지 못하여 예비식량마저 고갈된 채 당시 세계에서 가장 잘 훈련되었고 장비와 급식이 충분한 독일군과 싸우기 위하여 황량한 벌판을 방황하게 되었다. 이리하여 8월 23일 졸다우와 오텔스벨그 사이의 호반지역에서 국경을 넘은 삼소노프군은, 적과 접촉이 임박하였음에도 불구하고 전선에 대한 정찰을 하지 않은 채 퇴각하는 적의 후방으로 접근하고 있다는 낙관적인 생각을 가지고 막연한 전진을 계속하였다.

8월 25일에는 찌룬(Zielun)의 기병진지로부터 비쇼프스부르크(Bischofsburg)를 연결하는 약 144km의 광정면 전선에 분산 · 전개되었으며 양 측면에는 각각 고립된 1개 군단이 있었다. 뿐만 아니라 러시아군의 치명적인 약점은 암호전신과 암호번역에 익숙지 못하여 모든 연락을 평문전신으로 하고 있었다는 점이다. 따라서 독일군은 러시아의 무전을 세밀히 청취하여 힘들이지 않고 러시아군의 상황과 기도를 파악하였다.

26일 새벽에 삼소노프는 오스테로드-알렌스타인선을 향하여 진격할 것을 명하였다. 그동안 레넨캄프군은 서방으로 극히 완만한 속도로 전진하여 25일에서야 삼소노프군의 우익으로부터 약 64km나 떨어진 알렌부르크(Allenburg)에 도달하였다. 그리고 이들은 26일 일몰까지도 알렌부르크 이북으로는 진출하지 않을 계획이었다. 이러한 상황과 계획은 물론 독일 측에 상세히 알리어졌다.

이리하여 이들 삼소노프와 레넨캄프는 상호지원거리밖에 떨어져 있으면서, 협동작전을 할 생각조차 하지 않고 그들의 위치와 계획을 독일군에게 폭로함으로써 힌덴부르크와 루덴도르

탄넨베르크 전투(1914. 8. 25~29)

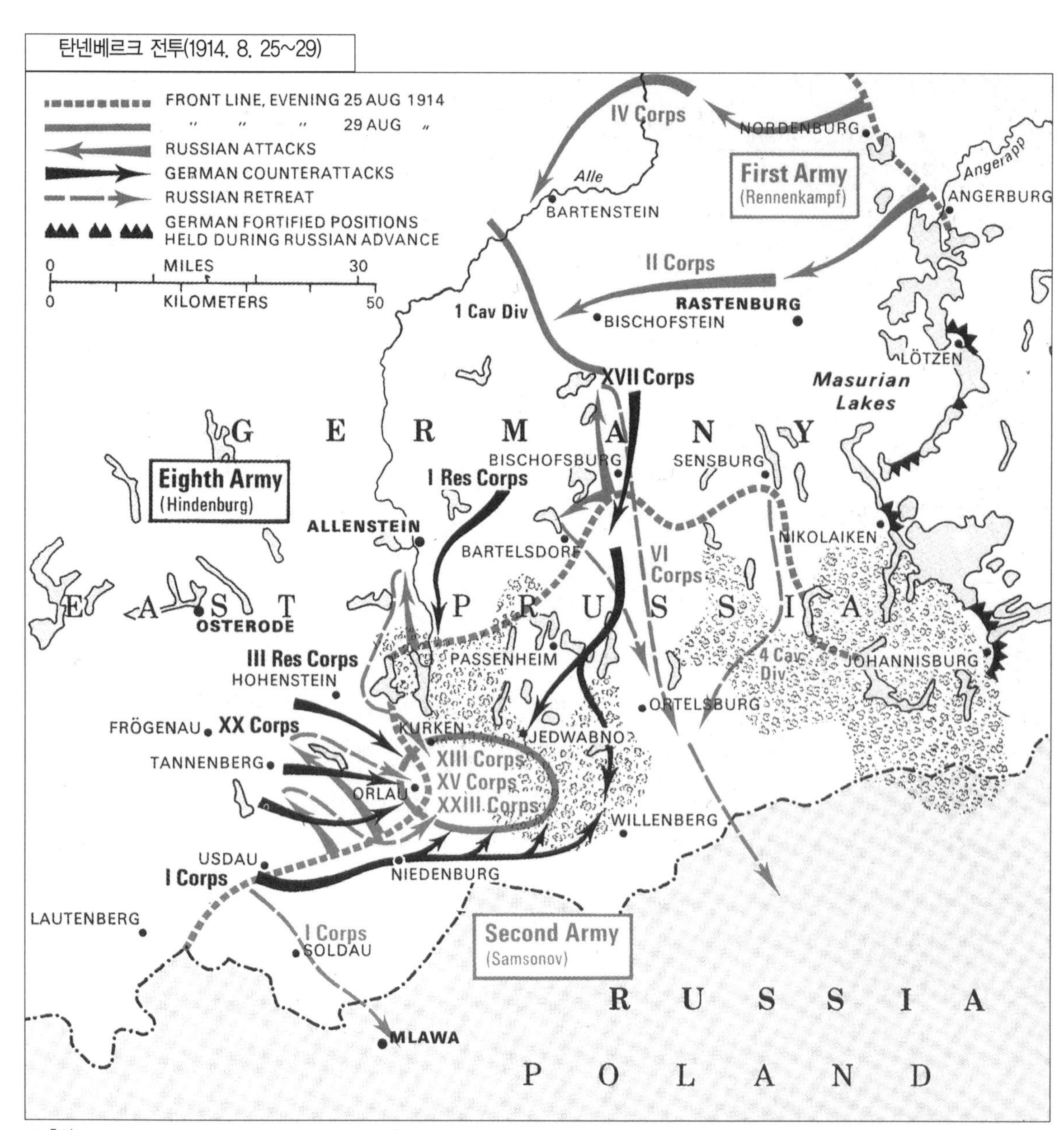

※ 출처: Richard Natkiel, *Atlas of 20th Century History* (London: Bison Books, 1982), p. 35.

프가 현대의 한니발이 되도록 테렌티우스 바로와 같은 운명을 자초하였다.

독일군의 원래의 계획은 삼소노프군의 좌측면만 공격하려는 것이었으나 레넨캄프군의 고착과 삼소노프군의 위치는 힌덴부르크와 루덴도르프로 하여금 전사상 가장 대담한 결심을 하도록 하였다. 즉 레넨캄프의 전면에 제1기병사단만을 남겨놓고 제17군단과 제1예비군단을 전용하여 삼소노프군의 좌 · 우양측면을 동시에 포위 공격하게 한 것이다. 이리하여 8월 24일 밤 남방으로 전향하여 강행군을 시작한 제17군단과 제1예비군단은 8월 26일에 삼소노프군의 우익 제6군단을 기습 격파하여 이들을 전선으로부터 32km나 떨어진 오텔스부르크(Ortelsburg)의 동남부로 퇴각시키고, 삼소노프군 주력의 우측과 배후의 통로를 개방하였다.

한편 제20군단의 우측에서 전투준비를 완료한 폰 · 프랑스와의 제1군단은 8월 26일 졸다우(Soldau) 부근에서 공격을 개시하여 삼소노프군의 좌익 제1군단을 남방으로 퇴각시켜 삼소노프군 주력의 좌측면을 폭로시켰다. 이리하여 삼소노프군의 주력 제15, 13군단은 좌 · 우양측면과 배후가 노출되어 포위될 위험에 직면하였다. 그러나 이러한 사실을 알지 못하고 있던 삼소노프는 28일 그의 중앙군(제15군, 제13군단)에게 독일 제20군단을 공격하라고 명하였다. 그러나 이날은 지금까지 수세를 취해오던 제20군단도 좌우양익의 포위부대에 보조를 맞추어 총반격을 시작하였다.

러시아군은 28일에 줄곧 후퇴하였으며 29일에는 부대와 마차, 마필이 뒤섞이어 울창한 삼림을 통하여 후퇴하는 동안 단위부대조차 구별할 수 없게 되어버리고 말았다. 이날 밤 선제권을 장악한 프랑스와 장군은 동방으로 계속 진격하여 빌렌부르크(Willenburg)까지 진격하여 퇴각하는 러시아주력군의 남방퇴로를 완전히 차단하였다. 그리고 독일 3개 군단은 동서북의 세 방면에서 포위망을 축소하여 현대판 칸나에 전투를 성취하였다.

29일 늦게야 휘하부대의 비참한 상황을 알게 된 삼소노프는 자기가 만들어 놓은 파멸을 더 볼 수 없어 자살하고 말았다. 탄넨베르크 전투 중 러시아군의 손실은 포로 90,000명을 포함한 병력 125,000명과 포 500문이었다. 이에 반해 독일군은 10,000~15,000명의 경미한 손실을 입었을 뿐이다.

이 한 전투로 인하여 연합국의 러시아군에 대한 기대는 완전히 동요되었고, 환희의 절정에 오른 독일국민은 힌덴부르크와 루덴도르프 장군을 국민적 영웅으로 추대하고, 이후 불과 2주일 만에 닥쳐온 마른에서의 좌절도 비평 없이 묵과할 수 있었다. 이리하여 삼소노프군을 격파한 독일군은 이제 그들의 눈을 레넨캄프군에 돌렸다. 몰트케가 서부전선에서 보내준 2개 군단과 1개 기병사단으로 증강된 제8군은 6개 군단으로써 마주리아호 북방에서 레넨캄프군을 견제 공격하고, 2개 군단을 소택지의 남방과 그 중간지대에서 포위 공격하게 함으로써 레넨캄프군을 기습하여 다시 120,000명 이상의 손실을 주어 패퇴시켰다.

이 일련의 패배로 러시아군은 동부전선에서 완전히 주도권을 상실하고 이 피해를 회복하지 못한 채 결국에는 전선에서 이탈하게 되었다.

이 전역에서의 전훈을 살펴보면, 서부와 동부로부터 독일에 대하여 동시에 진격하라는 프랑스군의 생각은 건전한 것이었지만 보급 및 운송지원이 전혀 준비되어 있지 않았던 러시아 제1 · 2군에 대하여 집결이 완료되기도 전에 동프러시아로 진격을 독촉한 것은 무리였다. 대도시의 인구와 대등한 1개 군을 보급 지원한다는 것은 무경험자로서는 감당하기 어려운 것이다. 군이 기동할 지역에는 강력한 지원 수단이 요구되는데 장비의 유지와 함께 식량, 연료, 피복, 마필, 차량, 탄약 및 통신, 의무, 인원수송 등 모든 것이 전투를 계속하는데 있어서 중요한 것이다.

또 전투나 행군에 있어서 경계 및 정찰을 태만히 하여 적정을 몰랐다는 것은 러시아군이 패배한 가장 큰 이유의 하나였다. 그리고 보편적인 보안조치 조차 취하지 못하고, 모든 작전상황을 평문으로 송신하여 독일군이 도청하게 한 것도 그들의 과오 중의 하나다. 즉 근본적으로 러시아는 오스트리아와 독일에 대항하여 동시에 싸울 수 있는 2개 군을 장비할 능력이 없었던 것이다. 예를 들면 제2군의 경우 유선중대가 1개에 전화기 25대, 그리고 80리의 유선밖에 갖고 있지 않았다. 따라서 그들은 주로 무전에 의존하였고 대부분의 부대가 암호조작능력을 가진 훈련된 인원이 없어 유선사용이 불가능하게 되자 메시지를 평문으로 송신할 수밖에 없었다.

여기에 비해 독일군은 힌덴부르크, 루덴도르프 및 호프만 같은 우수한 지휘관을 보유하고 있었으며, 훈련 및 장비에 있어서도 러시아군에 비해 압도적으로 우세했다.

한 마디로 탄넨베르크 전투는 통신 및 수송 등 지원수단과 지휘관의 능력이 전투의 승패에 얼마나 지대한 영향을 미치는가를 보여주는 좋은 예이다.

제3장 1915년의 동부전선

제1절 갈리시아(Galicia) 방면의 전투

1915년에 있어서 독일군은 서부전선에서는 수세, 동부전선에서는 공세를 취하였다. 서부전선에서 연합군은 놔용(Noyon) 돌출부에 대해 제한된 공세를 취했으나 성공하지 못하였다. 이해 서부전선에서 특기할 단 한 가지 사실은 독일군의 제2차 이프르(Ypres) 전투에서 독가스를 사용하였다는 점이다. 그러나 독가스 공세를 받고 당황하는 연합군의 약점을 잘 이용하지 못하여 별다른 성공을 거두지 못하였다. 이후 이해 말까지 서부전선은 참호전으로 고착되어 버려 어느 지점을 막론하고 전선에 5km 이상의 변동은 없었다.

그러나 한편 동부전선에서는 전쟁이 발발하자 오스트리아군 참모총장인 콘라드 회첸도르프(Conrad von Hötzendorf)는 최초 B계획을 발동하였다가 그 후에 계획을 변경하여 세르비아전선으로부터 1개 군을 러시아전선으로 이동시켰다. 그러나 그 도착이 너무 느려 큰 역할을 하지 못하였다.

한편, 러시아는 A계획에 의하여 4개 군을 갈리시아 국경에 집결시켜 1914년 8월 23일에서 9월 12일까지 갈리시아 200리 전선에서 오스트리아군과 러시아군 간의 충돌이 일어났다.

병력이 열세한 콘라드는 방어를 취함이 유리하였지만, 동프러시아에서 독일군의 고립을 지원하고 러시아군이 집결할 시간적 여유를 주지 않으려고 공세를 취하였다. 그래서 오스트리아 제1군과 러시아 제4군이 크라스니크(Krasnik) 부근에서 조우하여 8월 23일부터 3일간의 격전 끝에 러시아군은 퇴각하였고, 러시아 서남 집단 군사령관 이바노프(Ivanov)는 여기에 대한 조치로서 제4군사령관 살짜(Salza)를 해임하고 에봐스(Ewarth)를 임명하기에 이르렀다.

크란스니크 전투가 진행 중에 있을 때 북방으로 진격 중이던 오스트리아 제4군이 플레베(Plehve)의 제5군을 공격하였는데, 여기서도 오스트리아군은 기선을 제압하여 마침내 러시아군의 퇴각을 강요하였다.

한편, 브루더만(Brudermann)이 지휘하는 오스트리아 제3군과 코베스(Kovess) 부대는 8월 26일 그닐라 리파(Gnila Lipa)강 동방에서 러시아 제3군 및 8군과 조우하였으나 여기서 오스트리아는 수적으로 열세하여 그닐라 리파 선으로 후퇴했고, 급기야는 렘베르그(Lemberg)로 철수하지 않을 수 없었다. 이와 같이 그닐라 리파에서의 패배로 인하여 러시아군은 오스트리아군의 후방을 위협하게 되어 콘라드는 그의 계획을 변경하지 않을 수 없었다.

여기서 콘라드는 갈리시아에서의 전투를 종결지으려고 대담한 계획을 수립하여 러시아군에 대한 총공격을 감행하였다. 그러나 러시아 제3, 9군의 선방(善防)으로 전진이 없었고, 오스트리아 제1군과 제4군의 간격으로 러시아군이 침투하여 오스트리아군이 위기에 처해 콘라드는 총퇴각령을 내렸고, 이를 추격하던 러시아군은 병참지원의 곤란과 부대의 재편성으로 인해 정군하고 말았다.

갈리시아에서 오스트리아군을 소탕하여 측방의 위협을 제거하는데 성공한 러시아는 독일본토로 진격하기 위하여 전선을 정비하였고, 오스트리아군의 패배로 인하여 본토 방어를 위한 신속한 조치의 필요성을 절감한 독일군은 즉각적으로 오스트리아군을 원조하기에 이르렀다. 그래서 힌덴부르크는 그의 동부전선에서 가용한 독일군과 오스트리아군을 합세하여 비스툴라-상선을 목표로 공격을 개시하였다. 그러나 병력의 열세로 비스툴라선에서 더 이상 진출하지 못하고 10월 31일에는 원래의 출발선으로 후퇴하고 말았다. 이 작전의 결과로 독일군은 공격에는 실패했지만, 실레지아로 침공하는 러시아군의 진격을 일시적으로 정지시켰고, 차기 작전을 위한 시간적 여유를 얻었다.

그러나 서부폴란드 전역의 결과 실레지아로의 러시아군의 진격을 일시적으로 정지시키는데 성공하였지만 위험이 사라진 것은 아니었다. 힌덴부르크는 장차 있을 러시아군의 공세에 대하여 아래와 같은 상황판단을 하였다.

즉 서부에서는 이프르 전투가 진행 중이고 팔켄하인은 이곳에 주력하고 있기 때문에 동부에 병력증원을 기대할 수는 없다. 또 독일-오스트리아군에 비하여 러시아군은 2대 1로 우세하기 때문에 방어만으로 이를 저지시킬 수는 없다. 따라서 이 위기의 타개방법은 오직 즉각적인 공격을 취하는 것으로만 가능하다고 판단했다.

그래서 독일군은 그들의 이점을 충분히 이용하여 로쯔(Lodz) 지역에서 또 하나의 탄넨베르크 전투를 계획했다. 그러나 독일군은 여기서 수적인 열세를 면치 못하여 전술적인 면에서 실패했다. 그러나 그 결과 러시아군의 실레지아 침공은 저지되었고, 전쟁 전 기간을 통하여 러시아가 다시는 독일 본토의 외곽지대조차 위협하지 못하게 하였다.

1915년 1월 베를린에서 신년도 전략회의가 열렸을 때 루덴도르프는 동부전선우선권을 주장하여 이를 채택하게 하였다. 그러나 실제로 4개 군단의 병력밖에 증원받지 못한 힌덴부르크 장군은 대규모 포위작전을 할 수 없었으므로 러시아군의 공격을 미리 예방하고 오스트리아에 대한 러시아군의 압박을 감소시키기 위하여 전술적인 승리를 모색하게 되었다.

이때 동부전선의 독일군은 제8군과 제9군으로 편성되어 있었으나 2월초에는 4개 군단의 증원부대가 도착하자 그중 3개 군단으로 제10군을 신편하였다. 힌덴부르크 장군은 니멘(Niemen)강 남방으로부터 요하니스부르크(Johannisburg)까지를 확보하고 있는 러시아 제10군을 최초의 공격목표로 선택하였다.

2월초에 집결을 완료한 제10군은 좌익, 제8군은 우익을 담당하여 2월 7일부터 마주리아호 주변의 동계작전은 막을 열었다. 이 작전에서 독일군은 눈보라치는 혹한을 무릅쓰고 러시아군을 공격하여 아우구스토브 삼림 남북의 양익 포위를 기도하였다. 러시아군은 제20군단의 완강한 저항으로 포위망을 탈출하여 철수하였으나 막대한 손실을 입지 않을 수 없었으며, 후위부대로 본대 철수를 엄호하던 제20군단은 2월 21일 병력 30,000명과 포 300문을 가지고 항복하고 말았다.

이 작전에서 러시아군의 손실은 전상(戰傷) 10만 명, 포로 10만 명이었고, 제10군은 전투력을 완전히 상실하였다. 그러나 러시아군은 타방면에서 병력을 차출하여 급히 이를 보충하였으므로 독일군은 전과를 더욱 확대하는 전략적인 효과를 거둘 수가 없었다.

제2절 고르리체-타르노브(Gorlice-Tarnow) 돌파전

마주리아 호변의 동계작전에서 성공한 독일군은 1915년 봄엔 무기 및 탄약의 부족으로 대규모 작전을 수행할 수 없었고, 오스트리아군도 전투손실이 막대하여 와해상태에 이르고 있었다. 여기서 팔켄하인은 오스트리아군의 난국을 타개하고 러시아군의 약점을 이용하여 공세를 취하기 위하여 서부로부터 제11군을 동부로 투입하였다.

동부에서 공세를 취하기로 결정을 하자 힌덴부르크는 러시아군을 포위하자고 주장하였고, 콘라드는 고르리체-타르노브 방면에서 돌파를 주장하였다. 팔켄하인은 동부의 병력은 아직도 러시아군을 전면적으로 포위하기에는 부족하였으므로, 고르리체와 타르노브에서의 돌파전을 계획하였다.

이 공격의 성공을 위하여 사전에 세밀한 준비가 되었고 돌파부대로써 맹장 막켄젠(Eberhard von Mackensen) 휘하의 제11군과 오스트리아 제4군이 선정되었고, 힌덴부르크는 적의 주의를 전환하기 위하여 리투아니아 방면으로 공격하였다. 제11군을 동부로 전환하는데 적의 주의를 전환하기 위하여 서부전선에서는 4월 22일 유명한 이프르의 독가스전이 있었고, 고르리체-타르노브 지역에서도 모든 기도비닉조치가 취해졌다.

5월 2일 사상 초유의 대규모 돌파전이 시작되었다. 독일군은 맹렬한 포격으로 러시아군의 방어선을 분쇄하고 보병은 포병탄막에 밀착하여 전진하면서 적군을 소탕하였다. 이 기습적인 포격의 위력이 너무나 컸기 때문에 러시아의 일선부대는 거의 전투력을 상실하고 말았다. 이 혁신적인 후티어(Oskar von Hutier) 전술에 대해서는 후에 상술하겠지만, 이와 같은 새로운 전술이 성공함으로써 재래식 전술을 재검토하게 되었다.

5월 4일 돌파전이 완료되었을 때 러시아 제3군은 전멸하고 독일군은 포로 140,000명, 포 100문, 기관총 300정을 획득하는 대전과를 올리고 철수하는 러시아군을 추격하여 약 160km를 전진하였다. 이후 러시아군이 상(San)강 후방에서 방어진을 구축하여 잠깐 동안 독일군의 진격을 저지하는 듯하였으나 새로 2개 군(오스트리아 제2군, Bug군)을 편입하여 증강된 막켄젠군은 6월 3일에 공격을 재개하여 22일에는 렘베르크(Lemberg)를 점령하고, 브레스트 · 리토브스크(Brest-Litovsk)로 방향을 바꾸어 8월 4일에는 바르샤바를 점령하였다.

러시아군은 9월 중순까지 계속하여 후퇴하였다. 이리하여 전선이 북단은 리가(Riga)로부터 남단은 제르노빗츠(Zernowitz)까지 신장되었을 때 양군은 모두 피로하여 접전을 피하고 방어를 취하게 되었다. 이 일련의 전투에서 러시아군은 약 200만 명의 손실을 보았지만 전멸은 면할 수 있었다. 반면에 독일군은 강력히 러시아군을 압박하였으나 양면전쟁의 궁지를 벗어나지 못하여 약 900km의 긴 전선을 유지하지 않으면 안 되었다. 이후 1915년 말까지 동부전선은 소강상태로 있었다.

제4장 베르됭(Verdun) · 솜(Somme) 전투

제1절 전선의 교착(膠着)

전쟁은 장기화되어 갔고 스위스로부터 북해까지 연결된 참호선은 드디어 하나의 강력한 요새지대로 되었으며, 사실상 그것은 난공불락이 되어 버렸다. 여기서 연합군이나 동맹군은 교착된 전선을 타개할 방책을 모색하고 있었다. 여기서 연합군은 이를 타개할 두 개의 방안을 고려하였는데, 즉 참호선을 돌파하거나 우회하는 것이었다. 프랑스군은 그들의 영토에서 독일군을 몰아내기 위하여 전자를 찬성하였다.

그래서 1914년 말 개시되었던 프랑스군의 샹파뉴(Champagne) 공격은 1915년 1월에 저지되었다가 2월 15일에 재개되어 3월 중순까지 계속되었으나 240,000명의 사상자만 냈을 뿐 거의 소득이 없었다. 프랑스군이 샹파뉴를 공격하고 있는 동안 영국군은 3월 10일 뉘브 샤펠(Neuve Chapelle)을 공격했는데, 최초의 기습은 완전하여 처음 진지는 무난히 돌파하였으나 결국 좌절되고 말았다. 또 조프르는 생 · 미헬(St. Mihiel) 돌출부가 베르됭에 대한 위협이라고 판단하여 1915년 4월 6일 프랑스 제1군으로써 돌출부 제거작전을 개시하였으나 맹렬한 독일군의 저항으로 저지되고 말았다.

또 주요한 전투 중의 하나는 제2차 이프르 전투였다. 최초의 독가스는 2월 초 러시아군에게 사용되었으나 혹한으로 효력을 나타내지 못하여 독일군은 독가스 사용에 대한 자신을 잃고 말았다. 그러나 1915년 4월 22일 독일군은 이프르 돌출부에 포격을 하면서 약 5,000개의 가스관을 열어 연합군 전선으로 염소가스를 흘려보냈다. 여기서 연합군은 신속히 철수하여 전선에 간격이 형성되었다. 그러나 독일군은 이 간격을 뚫고 진격할 예비대가 부족했고, 또 그들 자신도 가스에 대한 공포로 말미암아 아무런 효과적인 방책을 강구하지 못했다.

1915년 서부전선에서 최종적인 공격은 거대한 놔용(Noyon) 돌출부에 대한 공격이었다. 연합군은 이 지역에서 돌파가 성공하면 전 전선에 걸친 전반적인 공격으로 독일군을 뫼즈강 후면으로 구축하려 하였다.

프랑스군은 이 전투에서 초전에는 상당한 전과를 올렸지만, 조그마한 성공의 대가로 무려 145,000의 사상자를 내었기 때문에 이 지역에서의 돌파는 포기하지 않을 수 없었다.

이와 같은 1915년 말까지의 상황을 개관하면, 서부전선은 1914년 이래 소규모의 돌파전이 시도되었지만 교착상태에 빠져 있었고 동부전선의 러시아군은 섬멸되지는 않았으나 개전 이래 잇따른 패배로 많은 손실을 입었으며, 더욱이 국내사정이 곤란하여 쉽사리 공세로 전환될 것 같지는 않았다. 세르비아는 격퇴되었고, 루마니아는 위협적인 존재가 되지 못하였으며, 다르다넬스(Dardanelles)에 대한 영국 · 프랑스의 공격은 좌절되었고, 전반적으로 전선은 교착상태에 빠졌다.

제2절 베르됭(Verdun) 전투

1915년 말까지의 상황에서 동서부전선은 독일에 유리한 것 같았으나 독일은 차츰 불안을 느끼기 시작하였다. 그 이유는 독일은 아직도 종국적인 승리를 획득하지 못하였을 뿐만 아니라, 오히려 연합군에 의하여 포위된 상태에 있어 이대로 소모전을 계속하고 있으면 결국은 인적 · 물적 자원이 풍부한 연합국에 압도될 것이기 때문이었다. 그래서 어느 방면이든 일대공세를 취하여야 했는데 팔켄하인이 황제에게 보낸 서한에 의하면 그는 아래와 같은 각오로서 결전장을 서부전선의 베르됭으로 선택하였다.

그가 서부전선에 착안하게 된 것은, 첫째 러시아에 대한 공격은 4월 이전에는 불가능하고, 둘째 이탈리아에 대한 공격은 전쟁결과에 별다른 효과를 주지 못할 것이기 때문이었다. 그 중에서도 특히 베르됭을 택하게 된 것은 서부전선 중 북플랑데르(Flandre) 지방은 저지(底地)이며 늪이 많으므로 이른 봄에 대규모 작전을 수행하기에는 부적당하며, 남부플랑데르 지방에 대한 공격에는 약 30개 사단이 필요한데 이 많은 병력은 타 지방에서 차출하면 샹파뉴와 로레인 등지가 위험에 빠질 우려성이 있기 때문이었다.

그런데 베르됭은 프랑스군이 어떠한 대가를 지불하고서라도 확보하고자 하는 요새이기 때문에 이 지점을 강타하여, 펌프로 물을 퍼내듯이 프랑스군의 병력을 이 지점에서 고갈시킬 수 있으리라고 판단하였다. 즉 베르됭에 대대적인 공격을 가하여 타 전선에 있는 프랑스군의 예비 병력과 군수품을 흡수하여 버리려는 것이었다. 또한 만일 프랑스군이 전력을 다하여 방어를 하지 않는다면, 이를 점령하여 '베르됭이야말로 세계적인 요새' 라고 믿고 있는 프랑스 국민과 병사들에게 치명적인 좌절감을 주고, 계속 전진하여 프랑스군의 우익(Lorrain 방면)과 좌익(Champagne)을 분리시키고 파리로의 통로를 열며, 프랑스군에게 툴(Toul)과 랭(Raime) 사이의 진지에서 퇴각을 강요하고, 나아가 파리-낭시 철도를 장악함으로써 동북부 로레인과 이 일대의 요새선을 포기하지 않을 수 없도록 압박할 계획이었다.

뿐만 아니라 그는 비록 이 공격이 완전히 성공하지 못하더라고 대타격을 가하기만 하면 프랑스는 전의를 상실하여 단독화의에 응할지도 모른다는 희망을 가지고 있었다. 이리하여 독일은 베르됭 전면 약 13km의 전선에 3개 군단(7예비, 제18군단, 제3군단)의 병력과 보병과 더불어 기동할 수 있게 각종 1,400문의 포를 집결하고, 도로와 철도를 신설 및 확장하고, 탄약과 기타 군수품을 집적하였다. 그리고 샹파뉴와 아르뜨와(Artois)에서 양공을 행하여 프랑스군의 주의를 혼란시킨 후 기습을 감행하고자 하였다.

팔켄하인이 이런 계획을 구상하고 있을 때 연합군도 일련의 계획을 하고 있었는데 1915년 12월 조프르의 사령부에서 일련의 회의가 개최되어, 러시아, 일본, 프랑스, 영국, 벨기에 그리고 이탈리아의 군사지도자들이 참석하였다. 여기서 동부, 서부 그리고 남부 등 중요한 전선의 한계를 결정하였으며, 3개 전선에서 전면적으로 조정된 공격계획을 수립하였다.

프랑스는 개전 초기 베르됭이 독립관구(獨立管區)였으나 리에즈 및 나무르 등의 요새를 독일군이 쉽게 점령했기 때문에 베르됭 요새도 국민들의 평이 나빴다. 여기서 조프르는 베르됭, 벨포르 및 덩케르크의 요새를 지역별로 집단군에 귀속시키고 요새지의 병력과 포의 일부를 야전군에 지급하였다. 그리고 베르됭 요새지의 지휘관에는 헤르 장군을 임명하였다.

베르됭의 수비가 불안하다는 평이 돌고 그 지역으로 독일군의 공격이 예상된다는 소문이 떠돌자, 국방상은 조프르에게 그 지역의 준비상태에 관하여 서면으로 문의하였다. 그러나 조프르는 풍문이 허위라고 단정하였으며, 독일군의 베르됭 공격은 환영하는 바라고 답하였다.

그러나 현지 사령관인 헤르는 조프르 같은 자신이 없었다. 충분한 병력과 장비가 없었으며, 정면에서 독일군 후방지역으로부터의 병력이동이 활발한 것으로 미루어 공격이 절박했다고 느꼈다. 그러나 조프르는 독일군이 샹파뉴로 공격해 올 것이라 생각했다. 베르됭은 그 자체의 방어준비상태뿐만 아니라 이곳으로 향하는 철도와 도로가 빈약하여 병참지원이 곤란하였다.

조프르가 상황판단을 잘못하고 있는 동안 만반의 준비를 갖춘 독일군은 지면이 굳어지는 5월까지는 공격하지 못하리라고 생각하고 있던 프랑스군에 대하여 2월 21일 새벽에 기습공격을 개시하였다. 프랑스군은 베르됭 지역에 공격이 있으리라고 예상은 하였으나, 이 시기에 이렇게 큰 규모의 공격을 해오리라고는 생각하지 못하였다.

독일군의 공격은 새벽 4시 30분부터 시작하여 매시간 10만발씩의 포탄을 프랑스군의 머리위에 퍼부어 제1 · 2방어선의 보루를 분쇄하였다. 프랑스군은 한 치의 땅이라도 고수하기 위하여 사력을 다했으나 승산은 없어지고 패퇴가 불가피하게 되었다. 그리하여 일부 지휘관들은 뫼즈강선으로 철수할 것을 건의하였다. 그러나 조프르 장군은 이를 단호히 물리치고 철수를 명령하는 자는 누구를 막론하고 군법회의에 회부할 것이라고 엄명하여 결사적인 방어를 독려하였다. 이에 프랑스군 소부대지휘관들은 무너진 보루와 탄혈에 기관총좌를 구축하여 죽음의 순간까지 저항을 계속하였다. 이 결과 독일군은 베르됭 점령의 목표일로 예정한 공격개시 4일 후인 24일까지 불과 6km밖에 전진하지 못하였다. 그 다음날인 25일에 베르됭의 방어는 프랑스에서 가장 우수한 지휘관이며, 이 방어선의 승리로 인하여 국가적 영웅으로 추앙을 받게 되는 뻬땡 장군의 제2군에게 인계되었다.

그러나 이 날 독일군은 베르됭 전방의 최종 거점인 두오몽(Douaumont) 보루를 함락하여 베르됭과 파리 사이의 도로를 확보함으로써 공세는 최고조에 달하였고, 요새 수비대는 뻬땡의 예비군이 속히 도착하기를 기원하면서 장렬한 최후를 마쳤다. 이제 프랑스군은 범람하는 뫼즈강을 배후에 두고, 고지를 점령하여 유리한 위치에서 내려다보고 있는 독일군을 올려다보면서 싸우지 않을 수 없게 되었다. 이러한 때에 뻬땡 장군이 도착한 것이다.

뻬땡 장군은 26일 방어지역을 4개 전구(戰區)로 구분하여 듀세느(Duchene, 4개 사단과 2개 여단), 발푸리(Balfouries, 2개 사단과 3개 여단), 귀요마(Guillaumat, 2개 사단) 및 바제레르(Bazelair, 2개 사단과 2개 여단)에게 지휘권을 분담시켰다. 이날 발푸리 장군은 전날 독일군이 점령한 두오몽 보루를 향하여 '죽음의 골짜기' 로 그의 사단을 진격시켜 이를 탈환하였다.

독일군은 서전(緖戰)에서의 승리에 도취하여 베르됭 요새는 점령된 것이나 마찬가지라고 기뻐하고 있었지만 이로써 공세의 예봉(銳鋒)은 꺾이고 만 것이다.

베르됭 전투에 있어서 1916년 2월 26일은 마른 전투에 있어서의 1914년 9월 9일과 마찬가지로 프랑스 역사에 길이 기념할만한 날이다.

뻬땡 장군은 보루를 개수하고, 14일 분의 식량을 분배하여 최종의 1인까지 그 방어 지역을 사수할 것을 엄명하였다. 그리고 또한 4개의 방어선을 설치하고 포병부대를 재편하였으며, 29일까지에는 5개의 지원군단을 확보하였다. 이 동안에도 독일군은 여러 번 공격을 반복하였으나 오히려 많은 손실만 입고 저지되었다.

그리고 프랑스군은 베르됭에 이르는 군용도로를 신설하여 수송문제를 해결하였다. 베르됭에는 2개선의 표준궤도와 1개선의 협궤철도가 있었으나 전자는 독일군에 의하여 이미 차단되어 있었고 후자는 수송력이 미약하였으므로 독일군의 공세를 예측한 군부에서는 정부에 대하여 철도의 신설을 요구하였으나, 정부는 이를 기각하였던 것이다. 이에 따라 군부에서는 자동차에 의한 수송을 계획하여 도로와 차량을 정비하여 왔던 것이다. 전투 중인 300명의 장교를 포함한 30,000명 이상의 병력과 3,900대의 차량이 수송 업무에 종사하였으며, 가장 바쁜 때는 트럭이 매 14초당 1대씩 운행되었다. 이밖에도 도로의 개수를 위하여 많은 의용군과 시민이 동원되었다. 참으로 베르됭은 이들이 아니었더라면 구출되지 못하였을 것이다.

2월말이 되면서 독일군은 진퇴양란에 빠졌다. 이제 기습 가능성, 수적 우세, 화력의 우세 등은 사라졌으며, 한편 영국군은 솜(Somme) 지역에서 공격을 준비하고 있기 때문에 공격을 계속해야 할 것인지, 혹은 단념해야 할 것인가를 결정해야 할 중대한 기로에 봉착한 것이다. 확실히 결정적 승리의 기회는 이미 사라졌다. 즉 이 지역을 돌파하여 뫼즈강을 건너 파리로 진출할 수 있는 가능성은 이미 사라져 버린 것이다. 그리고 비록 베르됭을 점령한다고 하여도 그것은 장기간의 혈전을 겪어야 할 것이며, 그때는 프랑스군이 뫼즈강 서쪽 구릉에 2중, 3중의 새로운 방어선을 구축할 것이기 때문에 베르됭 점령의 전략적 가치는 상실되고 말 것이 명백하였다.

그렇다고 이제 와서 공격을 중지할 수도 없었다. 왜냐하면 지금 와서 베르됭 작전을 중지하면 수많은 병력의 손실이 수포로 돌아갈 것이며, 이 작전의 준비로 대포와 탄약의 집결, 철도와 도로의 재건, 경철도의 부설 등을 위하여 적어도 1년 전부터 들인 막대한 노력을 포기하게 되며, 또 타 지역에서 새로운 공세를 취하려면 적어도 6개월간의 준비를 하지 않을 수 없는데 그렇게 되면, 이 기간은 적에게 선제권을 주게 될 것이기 때문이었다. 그런데 더욱이 6개월 이후에는 영국의 공격준비가 완료될 것이며, 러시아도 지난해에 입은 패전의 상처가 회복될 것으로 생각되었다.

이리하여 독일은 작전계획을 어느 정도 수정하는 한이 있더라도 베르됭 작전을 계속하지 않을 수 없었다. 그리고 독일군 참모총장 팔켄하인 장군은 아직도 어느 정도의 희망을 가지고 있었는데, 그의 생각은 전술한 바와 같이, 베르됭 점령이 쉽사리 이루어지지 않을 것이며, 그 전략적 가치가 상실되었다할지라도 이 작전의 승패가 양군의 사기에 미치는 영향은 매우 클 것이며, 아직도 프랑스군의 전투력을 고갈시킬 수는 있을 것이라는 것이었다. 만일 이렇게 하여 프랑스군이 고갈되기만 하면 영국군의 투입을 강요하게 될 것이며, 따라서 영국군의 하계 공세의 위험성을 제거할 수 있을 것으로 판단하였다. 그래서 공격을 재개하기로 결정하였다.

3월 6일부터 재개된 공격에는 대포, 탄약, 화염방사기, 질식가스, 기관총착검보병 등이 동원되어 '사자의 구릉(Le Mort Homme라고 부르는 언덕)' 과 보(Vaux) 보루에서 또 두오몽 보루에서, 7월 19일 팔켄하인이 해임되고 힌덴부르크 장군이 참모총장에 취임하여 공격중지를 명할 때까지 처절하게 반복되었으나 양군 병사의 살육밖에 아무런 결과를 가져오지 못했다.

이제 독일군은 실패를 자인하지 않을 수 없었으며, 한편 솜 지역에서 영국 · 프랑스 연합군이 공세를 취하므로 병력을 그곳으로 전용하기 위하여 수세를 취하게 되었다. 이후는 프랑스군이 오히려 공세를 취하는 제2단계로 접어들어 8월부터 10월까지 두오몽과 보에서 돌파하였으나 실지(失地)를 회복하지는 못하였다.

이 지역에서 프랑스군이 1916년 2월의 전선을 회복한 것은 11월부터 시작하는 제3단계 작전기간 동안의 일이며, 이 작전은 1917년 여름까지 계속되었다. 전 기간을 통하여 프랑스군의 사상자는 542,000명을 넘었고 독일군의 사상자도 434,000명에 달했다.

이렇게 하여 베르됭에 대한 독일군의 공격은 완전히 저지되었고, 프랑스군은 그들의 조국을 지켰다. 독일군이 공격을 개시한 이후 6개월간 프랑스군은 아주 불리한 모든 조건을 용기와 인내로써 극복하고 전선을 지탱해 나갔다. 만일 프랑스군이 패퇴하였더라면, 솜 지역에서 영국군의 공격준비가 완료되기 전에, 그리고 미국의 참전결의가 굳어지기 전에 종국적인 승리는 독일에 돌아갔을는지 모른다. 전투기간 중 프랑스 국민은 전후방을 막론하고 '독일군을 통과시킬 수는 없다(Ne Passeront Pas!)' 라는 표어 아래 굳게 단결되어 있었다.

그리고 7월 2일부터 시작된 솜 공세는 즉각적으로 베르됭 전투를 종결시키지는 않았으나, 독일군의 일방적인 공세를 억제하고 서서히 독일군의 병력을 흡수하여 그 전투력을 감소시켰다. 이리하여 제2차 세계대전의 스탈린그라드 전투와 같이 양국의 승패를 좌우하는 것 같은 이 전투에서 프랑스군은 독일군을 저지하여 최후의 승리를 확신하게 되었다.

제3절 솜(Somme) 전투

연합국은 1915년 12월 샹띠이(Chantilly)의 조프르 사령부에서 참모본부회의를 열어 서부전선을 비롯하여 이탈리아 및 동부전선에서 일제히 공세로 전환할 것을 결의한 바 있었다. 그러나 이 계획은 독일군의 베르뎅 공격으로 연기되어 오다가, 1916년 2월에 다시 참모본부회의를 열고 이해 여름에 일제히 공세로 전환할 것을 재차 결정하였다.

이 결정에 따라 서부전선에서는 솜 공세를 준비하게 되었다. 이 공세는 독일군이 베르ㄷ에 주력하고 있는 기회를 이용하여 독일군의 우익을 돌파, 우회하려는 것으로써 슐리펜 계획을 역으로 적용하려는 것이었다. 그리고 이 공세의 목적은 베르뎅에 가해지고 있는 독일군의 압력을 제거하고 전선을 돌파하여 파리에서 불과 80km의 거리에 있는 놔용 돌출부를 제거하려는 것이었다. 그리고 이 지역은 영국 · 프랑스 양군의 접속지점이기 때문에 연합작전이 용이하고 지금까지 중요전투가 없던 지역으로 기습이 가능할 것으로 생각되었다.

조프르가 수립한 최초의 공격계획은 솜강을 경계로 하여 남쪽에서 프랑스군 40개 사단이 주공을 담당하고, 북쪽에서 영국군이 조공을 하도록 되어 있었다. 그러나 베르뎅 전투에서 많은 프랑스 예비대가 흡수되어 버려 주공(主攻)을 담당할 여력이 없게 되자 이를 수정하지 않을 수 없었다. 이리하여 최종적으로 확정된 계획은, 영국 제4군(Rawlinson)이 주공을 담당하여 마리꾸르(Maricourt)와 사르(Sarre) 간의 독일군 방어선을 돌파하고 겐쉬(Ginchy)와 바뽀므(Bapaume)의 고지를 점령한 후 계속하여 동북방으로 공격하고, 조공을 담당한 프랑스 제6군(Fayolle)은 주공의 우측에서 동남방을 공격하여 돌파구를 확대하고, 이 돌파구를 통하여 모든 예비대를 일제히 진입시켜 깡브레(Cambrai)와 두애(Douai)를 점령하게 하려는 것이었다.

이 당시는 공군의 역할도 점점 중요성이 증가되어 항공사진술의 발달은 포병의 목표발견에 큰 도움을 주었으며, 무전기의 개량은 지상관측자가 포병화력을 유도할 수 있게 하였다.

연합군은 그들의 계획에 따라 이 지역의 제공권을 확보하여, 독일 공군의 사전 정찰을 방해하였으며, 29km의 전선에 각종 부대와 더불어 1,500문의 포와 수백만발의 포탄을 준비하고, 작전지역 배후에 3개선의 철도와 도로를 신설하였다. 이러한 대규모 공격준비로 인하여 완전한 기습을 달성하지 못했지만 영국군사령관 헤이그(Haig)는 그들이 담당하고 있던 전 전선에서 교묘한 기만작전을 펴서 팔켄하인으로 하여금 솜강보다 훨씬 북쪽에서 공격해 올 것같이 느끼게 하였다. 그리고 프랑스군은 베르뎅 전투의 부담으로 솜선에서는 공격할 여력이 전혀 없는 것으로 생각하게 했다. 독일군은 연합군이 솜 지역에서 소규모의 공격이 6월초에 있으리라 예상했었다.

이리하여 만반의 준비를 갖춘 영국 · 프랑스 양군은 6월 29일로 예정된 공격계획에 따라 6

월 21일에 준비포격을 시작하였다. 그런데 이 공격은 처음부터 계획과 어긋나기 시작하였다. 예정된 공격개시일인 6월 29일은 악천후로 인하여 공격이 7월 1일까지 지연되었으며, 40kg의 무거운 장비를 갖춘 영국군 보병이 일제히 참호선에서 뛰어나와 공격을 개시하였으나 이들은 이동탄막(移動彈幕)을 따라 가지 못하였다. 그리하여 탄막이 지나간 뒤 독일군 보병과 기관총 사수들은 영국군이 그들의 참호선에 도달하기 전에 참호 밖으로 나와 전열을 재정비하고 응사하여 공격에 저항하였다. 당시 보포협동(步砲協同)은 아직 완전한 수준이 아니어서 원활한 합동은 기대하기 어려웠다. 포병의 계획은 완전히 고정적이어서 필요에 따라 한 목표에서 다른 목표로의 융통성 있는 사격이동이 곤란했고, 포병은 보병의 전진속도에 관계없이 오직 그들의 시간표에 따라 탄막이 옮겨졌다. 여기서 포병을 성공적으로 운용하자면 보병이 포병의 시간표대로 일정한 속도를 유지할 것, 포격은 정확할 것, 그리고 포탄의 품질이 우수할 것 등이 요구되었다. 당시 포탄은 품질이 나빠 불발탄, 조발탄(早發彈) 및 사정거리에 미치지 못하는 탄이 많았고, 통신연락이 현대처럼 능률적이 못되어 포병사격의 통제가 매우 곤란했다.

이리하여 프리꾸르(Fricourt) 북방에서 영국군은 장교 60%, 사병 40%, 총 60,000명의 사상자를 내어 완전히 격퇴 당하였고, 그 남방에서 제13군단이 마메쯔(Mametz)와 몽또방(Montauban)을 점령하였고 프랑스군은 솜강의 북에서 알드꾸르(Hardecourt)와 뀨르뤼(Curlu)에 도달하고, 솜강 남쪽에서는 9.6km의 독일군 전선을 돌파하여 6,000명의 포로를 잡았다.

그러나 7월 1일의 공격은 돌파구를 행성하지 못한 채 실패하고 말았다. 이렇게 초전에서 실패하자, 연합군측은 조프르와 로린슨(Rawlinson)은 공격을 계속할 것을 제안하였고 헤이그는 제한된 공격만을 주장하는 등 의견이 대립되어 결국은 제한된 공격밖에 하지 못하였으며, 독일군은 베르뎅 공격을 포기하고, 이 지역에 54개 대대를 보충하여 한 치의 땅도 잃지 않으려고 노력하였다.

7월 14일에 영국군은 새로 6개 사단을 투입하여 바젱땡 · 르 · 쁘삐(Bazentin-le Pepit)와 델빌르(Delville) 숲 사이의 독일군 방어선을 점령하여 승리의 문턱에 도달하였다. 그러나 전과확대를 위한 예비대 투입이 너무 지연되어, 다음날 독일군의 역습을 받아 방어선을 다시 빼앗겨 승기를 놓치고 말았다.

이 제2차 공격이 실패한 후 약 2개월 동안 전선은 소강상태를 이루었고, 이 동안 독일군 참모총장이 된 힌덴부르크 장군은 병력을 증강하고, 1,800m의 종심을 갖는 방어선을 편성하여 종심방어로 전술을 변경하였다.

영국은 이때 서부전선의 교착상태를 타개하기 위하여 9월 15일에 전선에 처음으로 전차(Tank)를 등장시켜, 모르발(Morval)과 르사르(Le Sars) 사이에서 독일군 방어선을 돌파하려고 제3차 공격을 감행하였다. 당시 많은 장병들은 참호와 기관총을 제압할 수 있는 새로운 무기를 희구하고 있어, 영국 공병의 스윈톤(Ernest Swinton) 장군은 미국의 무한궤도식 트랙터와 유사한 차량을 적절히 개발할 것을 시사하였다. 육군은 별로 관심을 보이지 않았지만 해군상인 처칠의 지원으로 해군에서 이를 제조하였다. 이때 등장한 전차는 중량이 27톤, 승무원 7명, 시속 6km로 연료의 재보충 없이 40km를 달릴 수 있었으며, 2.7kg포 2문을 장치한 남성형과 4정의 기관총만을 장치한 여성형이 있었다.

이것은 전혀 새로운 돌파용 무기로써 기관총에 견디며, 2.5m넓이의 참호를 건널 수 있었으므로 병사들은 이 괴물을 보고 경악을 금치 못하였다. 그러나 실제 전투에 쓰인 것은 18대에 불과했으므로 커다란 효과는 보지 못하였고, 연합군은 약간 전진하였으나 돌파를 달성하지는 못하였다. 이후에도 9월 25일과 11월 13일에 공격을 재개하였으나 별다른 성과가 없었으며, 기상이 나빠지고, 승산이 없다고 생각한 연합군은 공격을 중지하였다.

이 5개월 동안의 격전에서 프랑스군은 195,000명, 영국군은 420,000명, 독일군은 650,000명의 사상자를 내었다. 이 전투로 연합군은 기껏 11km 정도 전진하여 520평방킬로미터의 영토를 탈환하였을 뿐이다. 한 마디로 말해서 솜 전투는 베르됭 전투와 마찬가지로 과학지식을 총동원한 살육전에 불과하였다. 그러나 전략적인 면에서 볼 때 솜 전투는 베르됭을 구출하여 프랑스에 가해진 독일의 압력을 제거하였고, 연합군으로 하여금 서부전선에서 선제권을 갖게 하였다.

제5장 동부전선(1916-18)

제1절 브루실로프(Brusilov) 공세

1915년에 대타격을 받은 러시아는 1916년 초기에 전선이 비교적 평온한 시기에 병력의 보충급식, 피복의 개선, 각종 총기 및 포 등 장비의 보충으로 어느 정도 전투력을 회복하였다.

아직도 중포 및 탄약의 부족, 교통시설의 불비(不備) 등의 약점이 있으나 이것도 연합국의 원조로 6월까지는 어느 정도 개선될 것이며, 그때 가서는 전(全) 동부전선에서 대규모적인 공세를 취할 수 있을 것으로 생각되었다. 그러나 베르됭의 위기는 러시아군이 전투력을 충분히 회복할 때까지 기다려 주지 않았다.

2월에 독일군의 베르됭 공격이 시작되자 조프르 장군은 영국 및 러시아군의 즉각적인 공격을 요청하였다. 이러한 요청을 받았을 때 영국원정군 사령관 헤이그는 준비가 되지 않았다는 이유로 이를 거절하였으나, 러시아 황제는 이를 즉시 수락하고, 이에 따라 3월 18일에 제2군의 18개 사단으로 나로취호 부근에서 공격을 시작하였다. 그러나 이 지역은 독일군의 방어가 가장 엄중한 지역이었으므로 러시아군은 곧 독일군의 중포와 기관총의 사격 하에 놓이게 되었고, 시간적으로 공격에 부적합한 해빙기이었으므로 전장이 진흙탕이어서 포병지원과 보급물자의 운송에 막대한 혼란을 초래하였다. 이리하여 준비 없는 러시아군의 공격은 3월말까지 포로 10,000명을 포함하여 11만 명의 병력손실을 내고 실패하고 말았다. 그동안 독일군의 손실은 2만명에 불과하였다. 이렇게 나로취호 전투에서 완패한 러시아군은 또다시 샹띠이 회의에서 결정한 총공격의 시기를 맞추기 이하여 준비에 광분하였다.

7월 1일로 예정된 이 공격은, 러일전쟁시의 패장(敗將) 쿠로파트킨(Kuropatkin)이 지휘하는 북부 집단군과 브루실로프(Alexei Brusilov)의 서남 집단군이 조공 및 양공을 담당하고 중앙에 위치한 서부 집단군(Ewarth)이 주공으로 비르나(Vilna) 방면을 공격하도록 계획되어 있었다. 이번에도 공격준비가 갖추어지기 전인 5월 중순경 이탈리아왕은 트렌티노(Trentino) 방면을 강압하고 있는 오스트리아군을 흡수하기 위하여 동부전선에서 공세를 취하여 줄 것을 러시아황제에게 간청하였다.

이에 러시아황제는 군부의 반대를 물리치고 서남 집단군은 6월 4일에 양공을, 서부 집단군은 6월 14일에 주공을 개시하도록 명령하였다. 이리하여 맹장 브루실로프는 휘하 50개 사단을 4개 군으로 편성하고 공격준비를 서둘렀다.

그는 어떤 지점을 점령하는 것보다 오스트리아군의 예비대를 흡수 고착시키기 위하여 4개 군이 일제히 공격하도록 계획하였다. 그러나 그의 임무는 러시아군 전체로 볼 때에는 조공에 지나지 않았으므로 전과확대를 위한 예비대를 갖지 못하였고, 포탄도 특별할당을 받지 못하여 일일소비량을 절약하여 저축해둘 수밖에 없었다. 이러한 여러 가지 어려움을 극복하고 그는 작전지역을 면밀히 검토하여 적의 진지, 부대배치, 특화점, 포대, 기관총좌 등 적정을 알아내고, 고도의 보포(步砲) 협동작전으로 철조망을 통과하는 방법을 발전시키고, 모형적진을 만

부루실로프 공세(1916. 6~9)

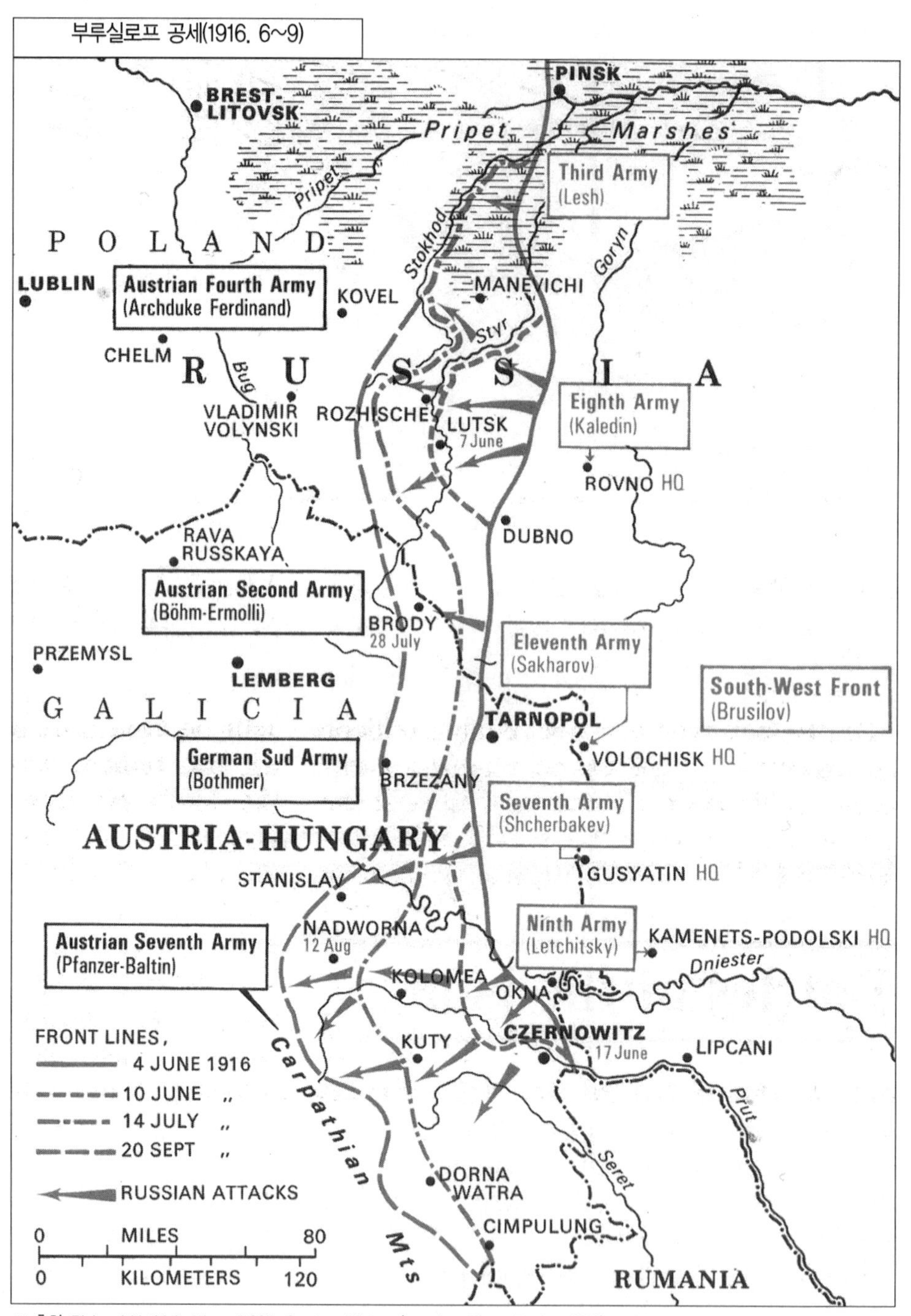

※ 출처: Richard Natkiel, *Atlas of 20th Century History* (London: Bison Books, 1982), p. 51.

들어 훈련함으로써 실전에서 어색하지 않도록 하였다. 이러한 모든 준비는 비밀리에 이루어졌다.

한편 브루실로프 전면의 독일군은 대부분이 서부전선으로 이동하였고, 중포의 대부분과 강력한 수 개의 오스트리아 사단은 이탈리아 전선으로 차출되어 당시에는 콘라드 장군이 지휘하는 보병 37개 사단과 기병 9개 사단밖에 남아있지 않았다. 그리고 이들은 방어진의 견고함을 믿고 있었다.

6월 4일 단시간의 기습적인 준비포격 후 브루실로프의 보병이 일제공격을 시작하였을 때 오스트리아군의 방어선은 무너지기 시작하였다. 브루실로프군의 우익 제8군은 오스트리아 제4군과 제2군의 간격을 돌파하여 6월 10일에 루츠크(Lutsk)를 점령하고 80km의 돌파구를 이루었으며, 좌익의 제9군은 체르노빗츠(Czernowitz) 북방을 공격하여 프루드(Pruth) 강에 도달하였다. 오스트리아군은 제4군과 제7군이 격파당하고 중앙의 제2군과 남부군만이 렘베르크(Lemberg) 전방의 방어진을 확보하고 있었다.

6월말에 이르러 브루실로프군은 우익에서 교통중심지 코벨(Kowel)과, 좌익에서 카르파티아(Carpathia) 통로를 위협하고, 동맹군에게 70만 이상의 손실을 주었다. 러시아군이 1915년에 결정적으로 패퇴되었으리라고 믿고 베르됭 공세에 주력하고 있었던 독일군에게는 이 사건은 예상 밖의 일이었다.

그러나 힌덴부르크와 루덴도르프 장군은 용기와 자신을 가지고 모든 가용병력을 집결시키고 서부전선으로부터 4개 사단, 트렌티노 방면으로부터 오스트리아군 2개 사단을 증원받고, 오스트리아군의 지휘권을 장악하여 돌파된 전선의 봉쇄에 전념하였다. 이 결과 7월말까지 브루실로프군은 이 이상의 진전을 하지 못하였고, 6월 14일에 예정되었다가 7월 2일에 시작된 주공도 즉시 중지당하고 말았다. 이에 러시아군 최고사령부는 계획을 변경하여 브루실로프의 성공을 발판으로 하여 이를 주공으로 전환하려고 노력하였다. 그러나 기동력이 부족한 러시아군은 우수한 철도망을 이용하여 급속도로 증원되어 가는 오스트리아와 독일군을 감당할 수 없었다.

동맹군은 서부전선에서 15개 사단, 이탈리아전선에서 8개 사단, 그리고 국내와 북부에서 차출된 병력으로 전선을 보강하였으나 러시아군은 13개 사단밖에 증강하지 못하였다. 이리하여 9월말까지 전투가 계속되었으나 브루실로프 공세는 무기력해져 전선은 다시 소강상태에 들어갔다.

그동안 러시아군은 350,000명 이상의 포로와 많은 물자, 그리고 광대한 영토를 획득하였지만 러시아군 자체의 손실이 1,000,000명을 넘어 그 전투력은 약화되었고, 사기가 저하되었으며, 도망병이 속출하고 전국적으로 반전사상이 널리 퍼져 내부적으로 붕괴하기 시작하였다.

한편 브루실로프 공세로 인하여 오스트리아는 이탈리아에 대한 공격을 중지하지 않을 수 없었고, 막대한 병력을 잃어 독일의 지원 없이는 이 이상의 작전을 수행할 수 없게 되었다. 그리고 독일도 베르됭 지역에서 15개 사단을 전용함으로써 서부전선에서 오히려 수세로 몰리게 되었다.

제2절 루마니아(Rumania) 전역

브루실로프 공세 초전의 성공은 루마니아를 연합국 측에 가담하게 하는데 결정적 영향을 주는 등 많은 전략적 성과를 획득하였다. 루마니아는 개전 후 2년 동안 중립을 지키며, 곡물과 석유를 수출하여 국부를 강화시키고 있었다. 그러나 1916년에 와서는 동맹국 측의 침략 위협과 연합국 측의 참전 권유의 틈에 끼어 이 이상 중립을 지켜나갈 수 없게 되었다.

루마니아는 패전한 세르비아, 적의에 가득 찬 불가리아 및 전승한 오스트리아에 의하여 3면이 포위되었음을 인식하고, 영토확장의 야심에 가득 차 트란실바니아(Transylvania)를 욕심내었다. 이에 참전의 대가로 이 지역을 얻기로 약속받고 시기를 기다리던 중 독일군이 베르됭 공격에서 실패하고 연합군이 솜에서 공세를 취하며, 오스트리아의 이탈리아 공격이 중지되고, 연합군의 불가리아 공격이 계획되고, 브루실로프 공세의 성공 가능성이 농후해지자 6월부터 연합군과 교섭을 시작하여 8월 27일 마침내 동맹국에 대하여 선전을 포고하고 전쟁의 모험에 뛰어 들었다.

그러나 이때는 벌써 브루실로프 공세가 실패하여 처칠의 말과 같이 "루마니아가 그토록 오래 기다리던 좋은 기회는 이미 지나가 버린 뒤였다."

루마니아는 참전 전 2년 동안 빈약한 군대를 강화하기 시작하였다. 그래서 1916년 여름까지 보병 21개 사단, 기병 2개 사단을 확보했고 3개 사단을 증편하고 있어 총 병력이 약 500,000명에 달하여 평상시의 배나 되는 병력을 확보하였다. 그런데 이와 같은 확장은 군대의 질을 저하시켰고 병사는 대부분이 농민출신이었다. 그들은 불완전한 편성과 훈련받지 못한 지휘관들에 의하여 통솔되었으며 대부분의 장군들도 전쟁에 대한 경험은 전혀 없었다. 이와 같이 미비한 군대를 가지고 그들은 노련한 독일 및 오스트리아군과의 전쟁에 뛰어들었다. 그러나 무엇보다도 가장 큰 결점은 장비의 부족이었다. 군대확장 이전에도 장비의 부족은 현저하였으나 규모가 커진 후에는 언급할 필요도 없다. 더욱이 자국의 생산능력은 없고 그렇다고 교전국으로부터 수입할 수도 없었기 때문에 루마니아는 6주간의 보급량도 못되는 군수품을 가지고, 연합국으로부터 보급 받게 될 매일 300톤의 군수품에 의존하여 전쟁에 돌입하였다.

루마니아는 연합국과의 약속을 기초로 2개의 전쟁계획을 수립하였다. 첫째는 살로니카의 연합국과 합동해서 불가리아를 공격하는 동안에 최소한의 병력으로써 트란실바니아를 방어하는 것이며, 둘째는 기타 전선에서 방어를 하고 트란실바니아 방면으로 주공을 하는 것이었다. 연합국은 트란실바니아로의 진격은 전쟁 전 국면에 별다른 영향이 없는 반면, 살로니카군과 연결하는 것은 동맹군을 분단하여 터키를 고립시키게 되며 그렇게 되면 터키를 굴복시킬 수 있고 러시아 및 루마니아에 대한 군수품지원도 훨씬 용이하리라 판단하고 첫째 안을 지지하였다. 그러나 루마니아는 트란실바니아를 다시 탈취하겠다는 평범한 정치적 야망으로 둘째 안을 택하였다.

오스트리아군의 방어가 약하였기 때문에 트란실바니아로 향하여 8월 27일에 개시된 루마니아의 진격은 최초엔 어느 정도 성공하였다. 그러나 빈약한 도로와 험준한 산길은 진격을 지연시켰으며 측방 연락을 불가능하게 하였다. 더욱이 참전 초부터 연합국의 보급품 공급량은 그 계획량의 10분의 1에도 미급하여 30톤을 넘지 못하였다. 그리하여 막켄젠의 도나우군과 팔켄하인의 제9군으로부터 남북양면에서 협공을 받고 12월 6일 수도 부카레스트(Bucharest)가 함락되고, 1917년 1월 7일까지 전 국토를 유린당하여 참패하였다. 그동안 루마니아군의 손실은 400,000명이 넘었고, 동맹군은 곡창지대와 유전을 획득하였다.

1916년부터의 러시아전선 및 루마니아 전역을 살펴보면, 연합군의 지원요청에 대한 러시아의 무조건적인 호응은 연합군작전에는 기여한 바가 컸으나 동부전선에서 건전한 군사전략의 차질을 가져왔다. 그러나 브루실로프 장군에 대해서는 찬사를 아끼고 싶지 않다. 전술에 대한 날카로운 분석, 박력 있는 실천 등은 러시아군으로 하여금 전쟁 기간 중 최대의 위대한 승리를 얻게 하였다. 그러나 식견이 좁은 고급사령부는 브루실로프의 성공이 가져온 기회가 그야말로 천재일우(千載一遇)의 기회라 인식할 능력이 없었다.

루마니아 전역에 있어서는 루마니아가 참전시기를 결정하는데 너무 신중한 나머지 커다란 실책을 가져왔다. 루마니아가 전쟁을 수행함에 있어서 최대의 과오는 그들의 후방을 안전하게 하기도 전에 트란실바니아로 진격한 것이다. 그들은 도나우군의 위협을 등한시하고 영토획득이라는 평범한 욕망 때문에 목표를 잘못 선택하는 과오를 범했다.

제6장 발칸, 이탈리아 전역

제1절 발칸 전역

1914년 가을 독일은 세르비아를 통하는 2개의 회랑 중 콘스탄티노플로 통하는 통로를 확보하기 위해서 오스트리아군과 합세하여 세르비아를 침공했다. 최초 오스트리아 단독으로 세르비아를 침공했으나 막대한 손실을 입고 격퇴 당하였다. 이에 오스트리아는 세 차례에 걸친 공격 끝에 발예보(Valjevo) 및 베오그라드(Belgrade)를 점령했으나 세르비아군의 반격으로 격퇴당해 1915년 초까지 전선은 소강상태를 이루었다.

1915년 봄 독일군의 당면한 과제는 긴급히 터키와의 병참선을 개방시켜 보급 및 인원을 수송하는 것이었다. 그렇지 않으면 터키는 조만간 전선에서 이탈할 것이고, 그렇게 되면 서구로부터 러시아로 많은 보급품이 이 지역을 통해 추진 보급될 것이었다. 그래서 독일은 불가리아를 동맹국 측에 개입시킴으로써 독일 · 오스트리아 · 불가리아의 3국이 합세한다면 세르비아를 쉽게 정복할 것이라 믿고 참전을 권유하였다. 이에 불가리아는 제2차 발칸 전쟁 이후 독일 및 오스트리아와 친근하면서 세르비아와 희랍에 빼앗긴 영토를 회복하려는 생각을 해오던 차에 오스트리아로부터 터키 국경지대의 할양을 승인 받고 러시아와 세르비아에 대해 10월 5일과 14일에 각각 선전포고를 하였다.

연합국은 1914년 이래 세르비아를 확보하려고 그리스의 살로니카항을 통해 세르비아로 보급품을 보내왔다. 그리고 병력도 파견하려 했지만 더 긴급한 타 지역 때문에 그러지 못했다. 그러나 불가리아가 동맹국 측에 가담하여 세르비아가 위급한 상황에 직면하자 연합국은 영 · 불 원정군을 결성하여 선발대로 프랑스군이 상륙했다. 이 원정군 사령관은 실권이 없는 명목상의 사령관이었고, 각국 군대는 각기 본국의 명령을 따르고 있었기 때문에 부여받은 직위를 활용할 수 없었다.

한편 독일군의 세르비아 침공계획은 다각도로 고려되어, 10월 6일 동맹군은 30여만 명의 병력으로 오스트리아 국경을 넘어 진격해 10월 9일엔 베오그라드가 함락되고 세르비아군은 서부의 험한 산맥을 통해 아드리아해로 도피하였다. 여기에 도달한 150,000명의 세르비아군은 연합군의 선박으로 코후(Corfu)섬으로 철수하였다. 세르비아를 구출하고자 한 연합군의 기도는 원군이 너무 늦게 도착했고 수적으로 너무 열세하여 실패하고 말았다.

이리하여 1916년 1월 몬테네그로와 알바니아는 동맹군의 수중에 들어갔으며, 영국은 그리스의 항의를 무시하고 살로니카에 군대를 상륙시켰으나 불가리아군의 반격으로 목적을 달성하지 못하였다.

1917년에 들어 연합군은 최고사령관이 바뀌는 등 전투력을 다시 정비하기에 이르렀고, 1918년 9월 총공세를 감행하여 29일에는 불가리아가 항복하고 베오그라드는 다시 탈환되었다.

제2절 이탈리아 전역

대전 발발 이래 중립을 견지하고 있던 이탈리아는 런던조약(1915. 4. 26)에서 영국 · 프랑스 · 러시아의 3국이 이탈리아가 원하는 오스트리아 영토의 할양을 보장하자 이해 5월 24일 연합국 측에 가담하였다.

대전 초기 이탈리아군은 장교와 하사관이 부족하고, 현대적 장비는 거의 없었으며 공군은 초창기에 있었다. 그리고 10개월의 중립기간에 보충했음에도 참전시의 전투력은 900,000명에 불과했다. 이탈리아군의 총사령관은 국왕인 에마뉴엘 Ⅲ세(Victor Emmanuel Ⅲ)였으나 실제로는 카도르나(Luigi Cadorna) 장군이 맡고 있었다.

참전 직후 카도르나는 이존쪼(Isonzo) 하반(河畔)에서 4차에 걸친 공세를 취하였으나 전사 66,000명, 부상 190,000명, 포로 225,000명의 막대한 손실을 입고 실패하고 말았다.

카도르나가 이존쯔 지역에 집중하고 있는 동안, 콘라드는 오히려 이를 이용하여 트렌티노(Trentino) 지역으로 공격함으로써 이존쪼 지역에 투입된 이탈리아군의 병참선을 차단함으로써 이탈리아를 연합국에 이탈시키려 하였다.

회첸도르프는 이를 위하여 독일참모총장 팔켄하인에게 지원을 요청했지만 거절당했다. 이는 지원병력 없이도 작전이 가능하며, 타 전선에서의 차출이 불가능한 때문이었다.

그러나 콘라드는 5월 14일을 기하여 오스트리아 제11군으로 총공격을 가하여 아시아고(Asiago)까지 돌진하였지만 산악전투로 인한 피로 및 이탈리아군의 강력한 방어로 저지되어, 이존쪼 지역의 이탈리아군 병참선을 차단하겠다는 콘라드의 작전은 쌍방이 10여만의 피해만을 낸 채 끝나고 말았다.

일단 트렌티노 지역을 안정화한 카도르나 장군은 내선상의 위치를 최대한 이용하여 철도와 도로망을 통해 다시 이존쪼 지역으로 병력을 이동하여 5차례에 걸친 공세를 가해 오스트리아군을 파멸상태로 이끌었다.

이탈리아 전역(1915~1917)

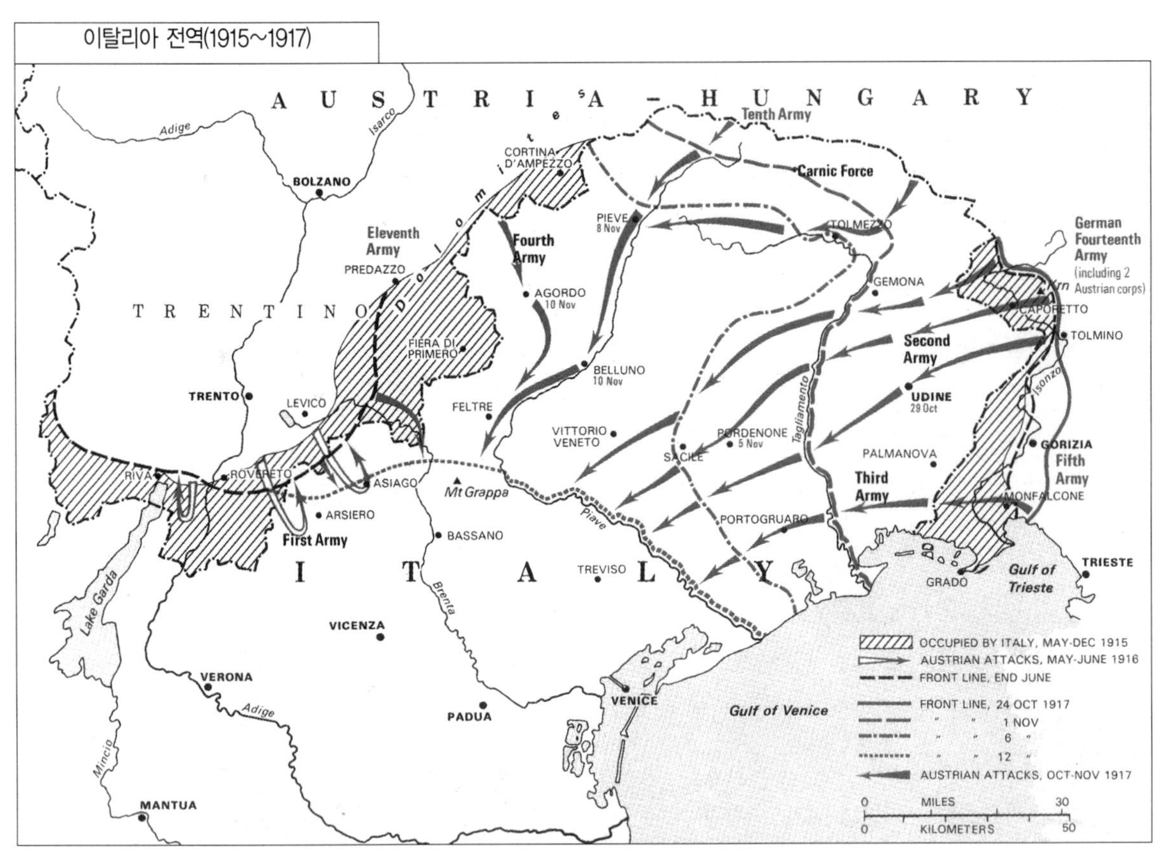

※ 출처: Richard Natkiel, *Atlas of 20th Century History* (London: Bison Books, 1982), p. 52.

여기서 오스트리아군 참모총장 콘라드 회첸도르프는 독일군 참모본부에 지원을 요청하고, 당시 참모차장이었던 루덴도르프는 신전술(新戰術)인 후티어 전술을 주전선인 서부전선에서 사용하기 전에 시험단계로서 까포레토(Caporetto)전투에서 이를 시도했다. 10월 24일 독가스와 고성능신관을 사용한 포병의 사격과 동시에 공격이 개시되어 마침내 이탈리아군은 피아베(Piave) 강선까지 후퇴했고, 약 2개월간의 전투에서 이탈리아군은 32만 명의 손실을 입었으며 카도르나가 해임되고 디아쪼 장군이 후임으로 임명되었다.

까포레토 전투 후 이탈리아군은 부대를 재편성했다. 이때 독일은 가능한 한 빨리 이탈리아 전선을 종식시키고 서부전선에 총력을 집중하고자 피아베선에 대한 공세를 감행했지만 연합군의 전선을 붕괴시키지도 못한 채 실패했다.

오랜 실의 끝에 피아베선에서 전세를 만회한 이탈리아군은 1918년 10월 24일 공격을 개시하여 30일엔 비또리오 베네또(Vittorio Veneto)까지 점령하여 오스트리아전선은 완전히 붕괴되었으며 50만 명에 가까운 포로를 획득했다.

제7장 1917년의 전선

제1절 니벨(Nivelle) 공세

연합국은 베르됭과 솜 전투에서 막대한 손실을 입었으나 1916년 말에 와서 점차적으로 상황이 호전되어 갔다. 1917년 초에 연합국은 루마니아의 붕괴를 제외하고는 전 전선에서 거의 낙관할 수 있게 되었으며 지금까지의 수세로부터 전쟁의 주도권을 회복하여 공세로 전환할 수 있었다.

독일군은 129개 사단에 250만의 병력을 보유하고 있었으며, 연합국은 168개 사단에 390만의 병력을 보유하고 있었다. 동부전선의 러시아군은 연속적인 패전으로부터 부대를 재편성하고 장비를 보강하였으며 적어도 외관상으로는 새로운 공세를 취할 수 있을 만큼 회복되었다. 그리고 브루실로프 공세는 서부전선에 투입될 독일의 예비 병력을 흡수하여 독일로 하여금 서부전선에서 수세를 취할 수밖에 없도록 하였다.

이탈리아도 이제는 자국 군만으로써 그 전선을 담당할 수 있을 것으로 예상되었으며, 서부전선에서도 역시 독일군으로부터 전쟁의 주도권을 빼앗아 공세를 취할 수 있는 여유를 가지게 되었다. 이렇게 유리한 상황을 전망한 연합군은 1916년 11월 샹티리 회의에서 1917년의 전략을 결정하였는데 그 내용은 1917년 2월을 기점으로 하여 서부전선을 주공으로 하고 동부전선, 이탈리아전선, 팔레스타인전선, 사로니카 전선 등 전 전선에서 동맹군을 포위하고 공세를 취하려는 것이었다.

서부전선에서 연합군을 지휘할 조프르 장군의 계획을 보면, 놔용 돌출부 제거와 벨기에 연안에 있는 독일 잠수함 기지를 점령할 목적으로 루스(Loos)와 와즈(Oise)강 사이의 광정면을 주공으로 하고, 랭 동부를 조공으로 하며 벨기에 연안에 대하여 견제공격하기로 결정하였다.

한편 독일에서는 베르됭과 솜 전투에서 입은 막대한 병력 손실과 식량과 물자의 혹심한 부족으로 군의 사기는 떨어지고, 국민들 심중에는 염전사상이 널리 퍼져 있어 루덴도르프까지도 서부전선의 현상유지가 곤란하다고 생각할 지경이었다. 그리고 동부전선에 있어서도 러시아가 현저히 회복된데 반하여 오스트리아는 더욱 약화되었기 때문에 이런 상태에서 전쟁을 계속하면 필연적으로 패전하리라는 비관적 견해가 퍼져 일부에서는 미국이나 교황을 통한 평화교섭을 시도하기까지 하였다.

이렇게 유리한 조건하에서 연합군의 공격계획이 실현되기 전에 영 · 불 양국에서 정치적 변동이 일어나 이 계획을 송두리째 엎어버렸다. 영국에서는 1916년 12월 로이드 조지(Lloyd George) 내각이 수립되었다. 신임수상 로이드 조지는 영국군 참모총장 로버트슨(Robertson) 장군과 원정군 사령관 헤이그 장군을 불신하여 솜 전투와 같은 대량소모전이 될 우려성이 있는 서부전선에서의 공세를 반대하고, 팔레스타인 전선에서의 지엽적인 전투를 확대시키려 하였다. 그리고 프랑스에서는 충실한 노장군 조프르 대장을 원수로 승진시킨 후 곧 예편시키고, 그 후임으로 뻬땡, 포쉬, 까스뗄노(Castelnau) 등 선임자들을 제쳐놓고 니벨(Robert. G. Nivelle) 장군을 참모총장에 임명하였다.

니벨 장군은 사교에 능하여 정치가들의 비위를 잘 맞추고, 영어에도 능통하여 영국수상의 환심을 얻었기 때문에 양국정치가들은 기꺼이 그를 새로운 공격의 지휘관으로 임명한 것이다. 이러한 정실인사에 대해 프랑스의 선임 장성들은 물론 영국의 로버트슨이나 헤이그 장군은 자만심이 강한 후임 외국장군의 지휘를 받을 수 없다고 맹렬히 반대하였다. 어떻든 지휘권을 장악한 니벨 장군은 전투에 있어서 자기의 신념은 맹렬, 잔인, 신속이라고 말하고, 단시간의 맹렬한 포격으로 적의 참호진지를 제압한 후 보병부대로 하여금 포의 탄착지점에 접근하여 진격하도록 하면, 언제 어디서나 적의 전선을 돌파할 수 있다고 호언장담하였다.

그는 이번의 공격에 있어서도 이 방법을 채택할 것이며, 기병을 대량 투입하여 24시간 내지 48시간 이내에 독일의 전선을 완전히 분쇄하고 돌파할 것이라고 말하였다. 그런데 그는 모든 작전이 성공하는 제1의 조건이 기습이라는 초보적 상식마저 망각하고 정치가들에게는 물론이고 만찬회에 모인 부녀자들에게까지 자기의 공격방법을 떠벌리고 다녔다.

그가 세운 공격계획은 주공방면의 병력집중을 위하여 영국군이 담당한 전선을 남방으로 70km나 연장시키고, 독일군 예비대를 흡수하기 위하여 아라(Arras)와 놔용에서 견제공격을 주공에 앞서서 감행하고, 주공은 프랑스의 제5 · 6 · 10군이 담당하여 에느(Aisne)강 건너 쉐멩 · 데 · 담(Chemin de Dames) 고지로 진출하도록 하려는 것이었다.

이 계획은 이 한번의 전투로써 전쟁을 종결시킬 것으로 생각한 무모하고 공상적인 계획으로써 양식 있는 장군과 정치가들로부터 맹렬한 반대를 받았으나 니벨은 그의 계획이 승인되지 않으면 그의 직을 사임하겠다고 위협하여 그의 계획대로 시행하되 48시간 내에 전선을 돌파하지 못하면 공격을 중지해야 한다는 조건부로 승인을 얻었다. 이리하여 니벨 외에는 아무도 자신을 갖지 못한 새로운 소모전이 실시될 운명에 처했다.

한편 독일은 니벨이 공공연히 발표하고 있는 대로 놔용 돌출부가 공격 목표임을 탐지하고,

1916년 9월부터 구축해온 지그프리드 라인(Siegfried line, 일명 Hindenburg line)으로 철퇴하였다. 이 신진지는 구진지에서 평균 30km 후방지역으로 스와쏭 동부의 에느강까지 연해 있으며, 방어에 적당한 지역을 선택하여 철근콘크리트로 구축한 것이다. 이리하여 전선이 단축되었으며 13개 사단을 예비대로 사용할 수 있게 되었다. 이 철퇴는 2월 25일에 시작하여 4월 5일에 완료되었다. 그리고 철퇴지역을 완전히 초토화하고 많은 지뢰와 부비트랩을 설치하였다.

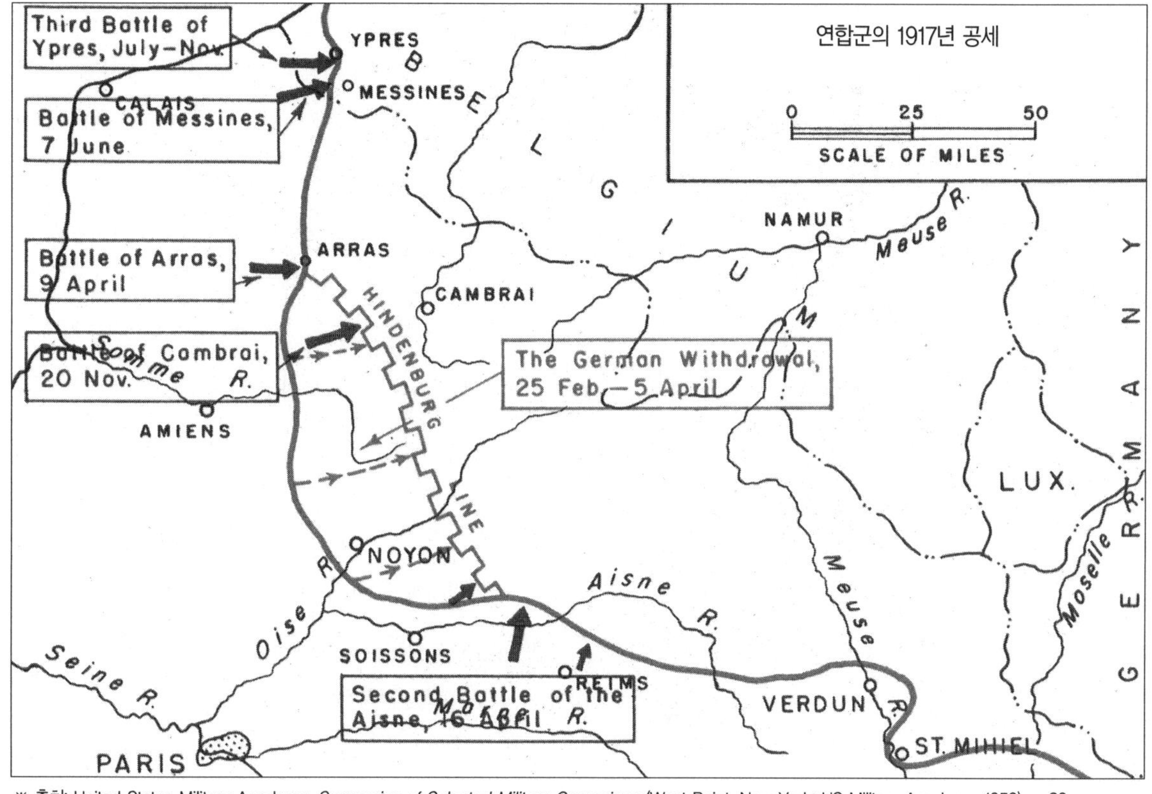

※ 출처: United States Military Academy, *Summaries of Selected Military Campaigns* (West Point, New York: US Military Academy, 1953), p 83.

이 철퇴는 비밀리에 진행되었으나 연합군은 이를 알아차리고, 프랑스 북부 집단 군사령관 데스페레는 독일군의 이동이 완료되기 전에 공격할 것을 상신하였으나 니벨은 독일군의 철퇴가 그의 계획에 아무런 영향도 미치지 못할 것이라고 주장하며 이를 받아들이지 않았다. 그러나 사실은 이 철퇴야말로 니벨의 계획을 완전히 무용하게 만드는 교묘한 술책이었다. 니벨은 늦게야 자기의 계획이 무용하게 되어 감을 알고 당황하였으나 이를 솔직히 시인하려 하지 않고 비참한 결과가 기다리는 그의 계획을 강행할 것을 고집하였다. 이리하여 주공 개시 1주일

전인 4월 9일부터 아라 전투가 시작되었다.

영국군은 남부의 독일예비대를 흡수하고 성공하면 지그프리드 라인 측방에서 위협하기 위하여 영국 제1·3 및 캐나다군단을 여기에 투입하였다. 최초의 공격목표는 비미(Vimy) 능선이었는데 이 지역은 적으로부터 감제당하고 있었으므로 기습이 불가능하였다. 그러나 영국군은 공격 개시 1주일 전부터 M106 순발신관과 대형 가스탄을 사용하고, 독일 공군과의 각축전 끝에 제공권을 장악하여 많은 성과를 올리고 4월 9일에 보병부대가 공격을 시작하여 비미 능선을 점령하였다. 그러나 독일군의 강력한 방어진을 돌파하지 못하고 4월 14일에 전투는 끝났다. 이 전투에서 얻은 비미 능선은 1918년 독일군의 제1차 공세시 그 가치를 발휘하게 된다.

아라 전투가 무위로 끝나버린 2일 후인 4월 16일부터 니벨 공세의 주공인 제2차 에느 전투가 시작되었다. 그러나 독일군은 프랑스군의 공격방향을 정확히 파악하여 병력을 증강 배치하고 강력한 방어진지를 편성하였다. 니벨은 적을 강타할 목적으로 정면 40km의 전선에 1,200,000명의 대병력과 7,000문의 포를 집중 투입하였다. 그런데 프랑스군이 주공방향으로 선택한 쉐망·데·담 능선은 전전선 중에서 최강지점이었을 뿐만 아니라 프랑스군의 기습작전도 불완전하여 실패하리라는 것은 기정사실이었다. 비와 눈이 내리는 악천후임에도 불구하고 공격부대의 사기는 절정에 달해 있었는데, 이는 승리를 과신한 니벨의 자만심의 결과였다. 프랑스군은 무모하게 돌진하였다. 그러나 그들은 곧 독일군의 좋은 표적이 되고 말았다. 이 전투에서 프랑스군은 24시간 만에 100,000명 이상의 병력을 잃어 사기는 땅에 떨어지고 군내에서 하극상의 풍조가 일어났다. 제2차 에느 전투에서 비참하게 패배한 프랑스군은 그들의 기대가 좌절되면서 실망은 극도에 달했고, 1914년 이래 3년간의 무익한 살육전의 결과 염전사상에 물들게 되었고, 지금까지 애국심으로 참아오던 사소한 불만도 크게 부각되었다. 그리고 평화주의자 및 무정부주의자들의 선동이 프랑스군에 전파되어 그 일부는 평화를 요구하기 위하여 파리로 행진하기 시작하였다.

이리하여 니벨의 무모한 계획은 어처구니없이 무너졌다. 정부는 니벨을 해임하고 베르됭 전투의 영웅으로 내외에 신망이 두터운 뻬땡 장군을 참모총장에 임명하였다. 그는 병사들의 고충을 잘 이해하였으며 1개월 내에 90개 사단을 방문하여 병사들과 면담하고, 봉급인상과 휴가, 급양 및 오락시설의 향상 등으로 병사들의 불만을 제거하였다.

반란을 일으킨 부대에 대해서는 관대히 처분하고 주모자 23명만 처형하였다. 이리하여 7월 말경 군의 사기는 개선되었다. 그는 전략적으로 수세를 취하면서 전투력을 회복하기 위하여 고심하였다. 그리고 10월에 쑤아쏭 동북방의 소전투에 성공하여 적은 희생으로 독일군 포로

20,000명을 잡아 프랑스군의 전투력이 회복되었음을 증명하고 그의 지도력을 과시하였다.

니벨 공세의 실패는 연합군을 비참하게 만들었으나 그렇다고 영국군마저 수세를 취할 수는 없었다. 더욱이 러시아가 전선에서 이탈하기 전에 독일군에게 결정적 타격을 주지 않으면 안 되었다. 설상가상으로 연합군에게 불리한 것은 독일의 무제한 잠수함전으로 인해서 1917년 4월 연합군의 피해는 약 100만 톤에 달하는 선박이 격침되어 심각한 위협이 아닐 수 없었다.

니벨 공세의 실패로 프랑스군이 당분간 공세를 보류하고 있는 동안, 처음으로 영국군이 작전의 주역을 맡았다. 영국군의 사기는 높았고 어느 때보다도 충분한 준비가 되어 있었다. 영국군의 목표는 벨기에 해안에 있는 독일군 잠수함 기지를 공략하기 위하여 플랑데르 방면으로 선정되었다.

메시느(Messines)와 이프르 지역에서 영국군의 공격이 개시되어, 메시느 지역에서는 영국군이 완전히 제공권을 장악한 상태에서 완전한 승리를 거두었다. 그러나 이프르 지역에서는 300,000명의 손실을 입는 소모전을 강요당하여, 영국 수상(로이드 조지)은 일선 지휘관들을 불신임하였고 중동의 팔레스타인 쪽으로 관심을 돌리게 되었다.

플랑데르 공격이 종식되자 연합군은 새로운 조치를 강구하지 않을 수 없었다. 러시아는 곧 휴전을 체결할 단계에 있었고, 이탈리아는 피아베 강선에서 교전 중에 있어 연합군은 서부전선에서 대공세를 취하기로 결심하고, 깡브레 지역에서 476대의 전차를 투입한 공격을 실시했다. 독일군의 선방으로 깡브레 전투가 전략적으로 실패하긴 했지만 전차가 집단적으로 사용되어 정돈된 참호선을 타개했고, 훗날 이 충격적인 신무기를 독일이 발전시켜 전격전의 신화를 낳게 하는 효시가 되었다.

제2절 러시아의 전선이탈

1917년 초 러시아군은 병력의 보충과 보급의 개선으로 표면상으로는 연합군의 일제공세에 참가할 수 있을 것같이 생각되었다. 그러나 사실상 러시아군은 내부로부터 붕괴되어가고 있었다. 브루실로프 공세가 실패한 1916년 8월부터 러시아군내에는 기술과 장비의 부족을 인간의 생명으로 보충하려 하는 고급지휘관들의 처사를 공공연히 비난하는 풍조가 생겼다.

한편 국민대중은 노일전쟁의 치욕적인 패전과 제1차 대전 발발 이래 연속적인 패배로 짜르(Tzar) 정부에 대한 불신이 고조되어 궁중과 황제의 타락에 대한 분노가 1917년 3월에 폭발하였다.

3월 12일에 노동자, 병사 등 좌익의 대표들은 소비에트를 결성하여 황제를 폐위시키고, 케렌스키(Alexandre F. Kerensky)로 하여금 수상, 국방상 및 해군참모총장을 겸임케 하는 임시정부를 수립하였다. 케렌스키 정부 수립 후 혁명사상이 군내에 만연되어, 민주군대를 건설한다는 명목으로 각 단위 부대마다 병사위원회를 조직하였다. 그리고 이 위원회로 하여금 군기 및 행정업무에 간섭하게 함으로써, 많은 지휘관들이 면직 또는 살해당하여 군기는 문란해졌다. 이리하여 러시아군은 오합지졸이 되고 말았다.

4월 중순까지 반 이상의 장교가 파면되었고, 남아있는 장교들도 병사들을 처벌하거나 군기를 바로 잡기 위한 노력을 할 수 없게 되었으며, 모든 작업과 훈련은 중지되고, 병사들은 토지를 분배받기 위하여 마음대로 탈영하였다. 이리하여 러시아군은 실질적으로 전투능력을 상실하였다.

이런 러시아군의 내적 붕괴를 주시하고 있던 독일은 머지않아 단독강화가 이루어지리라고 확신하였으며, 러시아인들로 하여금 국토방위의 의욕과 단결심을 환기시키게 될 것을 우려하여 공격을 보류하고 자멸할 때를 기다리고 있었다.

그런데 케렌스키 정부는 연합국의 권유에 못 이겨 1917년 여름에 다시 한번 동맹군에 대하여 공세를 취하기로 결정하였다. 새로 참모총장에 임명된 브루실로프는 군기를 바로 잡고, 전투력을 회복하려고 노력을 거듭하였으나 아무런 성과를 거두지 못한 채 7월 1일 남부 전선에서 공세를 취하였다(Kerensky 공세).

러시아 제7군과 제11군의 31개 사단, 200,000명의 병력을 동원한 이 마지막 공세가 실패하여 7월 19일에 갈리시아 국경으로 축출 당하자 러시아의 군사력은 와해되고 말았다. 이후 케렌스키 정부는 외부로부터 독일군의 후티어 장군이 창안한 신돌파전술(新突破戰術)로 7월초에 리가(Riga)를 점령당하고 수도 페트로그라드가 위협받게 되었으며, 국내적으로는 혁명당파간의 정쟁이 격화된 틈을 타 새로 참모총장이 된 코르닐로프(Kornilov)가 쿠데타를 일으키는 등 불안한 사건이 계속되어 더 이상 정권을 유지할 수가 없었다. 그러던 중 마침내 11월 6일 혁명당파 중에서도 가장 과격한 볼셰비크(Bolshevik)파가 반란을 일으켜 임시정부를 타도하고 정권을 장악하여 소비에트 · 러시아를 수립하였다.

레닌과 트로츠키가 이끄는 이 볼셰비크파는 처음부터 그들이 주장해 오던 대로 제1차 대전을 제국주의적 침략전쟁으로 단정하고 무배상, 무합병과 민족자결주의를 기초로 한 평화를 제안하였다. 그러나 연합국이 이런 제안에 호응하지 않자 그들만이 따로 독일과 평화협상을 하기로 하였다. 이리하여 12월 15일에 우선 휴전조약에 서명하고 트로츠키를 보내어 독일과 단독강화회담을 시작하였다. 소련은 무배상, 무합병의 원칙으로 강화하려고 하였으나 소련의 내정을 간파하고 있는 독일이 이러한 원칙을 받아들일 리 만무하여 회담은 아무런 결말을 보지 못하고 약 2개월간을 끌어오다가 1918년 2월 10일에 '무전쟁, 무강화'를 선언하고 트로츠키가 소련대표를 이끌고 귀국하여 결렬되고 말았다. 이에 독일은 소련의 허세를 꺾기 위하여 재차 공격을 시작하여 파죽지세로 발틱 연안을 석권하고 페트로그라드에 육박하자 이를 저지할 수 없을 뿐 아니라 국내의 적인 백계(白系) 러시아군의 반발로 혁명이 실패하게 될 것을 우려하여 1918년 3월 3일 마침내 강화조약에 서명하여 브레스트 · 리토브스크조약이 체결되었다.

이 조약의 중요 내용은 ① 에스토니아 · 리보니아 · 코을란드 · 리투아니아 · 폴란드를 러시아로부터 탈취하여 독일이 재처리할 것, ② 우크라이나와 핀란드를 독립시킬 것, ③ 코카사스의 에리반 · 칼스 · 바툼을 러시아로부터 탈취할 것, ④ 러시아는 15억 달러의 배상금을 지불할 것 등이었다.

이 결과 러시아는 약 327만 평방킬로미터의 영토를 상실하여 경작지의 32%, 석탄자원의 89%, 공업능력의 54%, 인구의 34%를 잃게 되었고, 독일은 광대한 곡창지대를 장악하고 여기에 40개 사단의 예비 병력만을 두어 수비케 하고 동부전선에 배치되어 있던 방대한 정예부대를 즉시 서부전선으로 전용하여 프랑스에 대한 대공세에 참여케 하였다. 세계 각국은 이 조약의 가혹한 내용을 보고 독일이 중립국 벨기에를 침략한 때에 못지않게 분개하였다.

제3절 미국의 참전

러시아의 전선이탈과 전후하여 전쟁의 성격과 정세를 변화시키는 대사건이 일어났으니 이것이 곧 미국의 참전이다. 미국은 개전 이래 중립을 선포하고 해양의 자유를 주창하며 무역을 활발히 하여 경제적 발전을 크게 이룩하였다. 그러나 영국이 제해권을 장악하고 있으며 또 민족적 동류의식을 느껴 차츰 친 영국으로 기울어져 1915년부터는 영불에 대하여 차관을 하게 되었으므로 독일은 잠수함으로써 그 통상을 위협하기 시작하였다. 1915년 2월 4일 독일은 영국 근해 전역을 해전구역(海戰區域)이라고 규정하고, 이 구역 내에 들어있는 선박은 국적을 불문하고 격침할 것을 선언하였다.

이와 같은 독일 잠수함의 활약으로, 식량의 대부분을 수입에 의존하고 있던 영국의 식량사정은 악화되기 시작하였으며 물가는 나날이 폭등하였다. 독일 잠수함에 의하여 격침된 연합국 및 중립국의 선박은 점차 증가되었으며 특히 영국의 손해는 막대하였다. 그러나 이로 인하여 미국이 참전케 되었으니 독일로서는 돌이킬 수 없는 대실책이었다고 하지 않을 수 없다.

국제법규에 의하면 전시금제품(戰時禁制品)을 실은 선박은 먼저 이를 점검하고 승무원을 안전한 장소에 이동시킨 후에 격침하게 되어 있으며, 해군의 전통으로는 비록 적국의 선박이라고 할지라도 상선을 격침, 포획하는 것은 용납될 수 없는 일이었다. 하물며 중립국 선박을 포획, 격침하는 것은 모든 해상생활자들을 격분케 하는 일로서 이로 인하여 독일해군은 해적군(海賊軍)이라는 비난을 받게 되었다.

미국은 1915년 2월 독일이 잠수함전을 선언한 즉시 독일정부에 대하여 공해 상에 있어서 미국인의 생명과 재산의 안전을 보장하라고 경고하였다. 미국이 이러한 경고에도 불구하고 독일은 무경고 격침을 그치지 않았다. 그러던 중 1915년 5월 영국 루지타니아호가 격침되고 이때 130여명의 미국인이 익사했다는 보도가 있자 미국인의 여론은 격앙되었다. 이에 먼로주의에 입각하여 전쟁불개입을 고수하던 윌슨 대통령까지도 최후까지 평화론을 주장한 국무장관 브라이안을 해임하고 독일에 대하여 강경히 항의하였다.

이에 독일은 무경고 격침을 중지할 것을 약속하였으나 연합군의 해상봉쇄로 독일도 또한 심한 타격을 받고 있었으므로 1916년 2월 29일에 또 다시 "무장한 상선은 군함으로 간주되므로 이를 격침시키겠다"고 발표하고 상선의 무장해제를 요구하였다. 이 발표가 있은 지 약 1개월 후인 3월 24일에 영국의 무장상선 서섹스호가 격침되었으며, 이때 또다시 다수의 미국인 승객이 익사하였다. 이에 미국의 여론은 또다시 격분되고, 그 항의도 더욱 강경하였다. 이번에도 미국의 참전을 두려워한 카이젤은 잠수함전을 주장하던 티르피츠(Alfred von Tirpitz)를 해임하고 중립국 선박에 대해서는 공격하지 않을 것을 약속하였다. 그러나 1916년 5월 유틀랜드 해전 이후 해상에서의 결전의도가 꺾이고, 해상 돌파가 불가능해졌으며, 연말에 내놓은 강화제의에 대하여 연합국이 냉담한 반응을 보이자 국면타개에 고심하던 독일은 1917년 1월 30일을 기하여 무제한 잠수함전을 또다시 시작하였다. 그리고 2월 4일에는 이를 정식으로 선언하고 잠수함의 활동구역을 대서양과 북해뿐 아니라 지중해 방면까지 확대하였다.

독일수뇌부는 이 무제한격침이 필연적으로 미국을 참전케 할 것을 알았으나, 미국의 전쟁준비가 완료되기 이전에 영국의 산업을 고갈시켜 굴복시킬 수 있을 것이며, 또한 미국이 참전하여도 잠수함으로 대서양을 유린하여 미국의 병력과 물자의 수송을 방해할 수 있을 것이라는 결론에 도달하였던 것이다.

잠수함 200여 척의 활약을 믿고 1억 2천만의 인구와 무진장한 자원을 가지고 있으며 방대한 전쟁잠재능력을 가진 미국을 적국으로 만들어도 승산이 있다고 판단한 것은 독일참모본부의 가장 큰 착오 중의 하나이다. 독일은 또 한편으로는 주 멕시코대사를 통하여 멕시코로 하여금 동맹국 측에 가담하여 텍사스, 뉴멕시코와 애리조나 주(州)를 병합하도록 권유하고 있었다. 이러한 사실이 폭로되자 잠수함에 의한 미국 상선의 격침으로 폭발직전에 있던 미국 사람의 적개심은 드디어 폭발하였다.

이리하여 1916년 말 공화당 후보 루스벨트를 물리치고 재선된 윌슨 대통령은 4월 2일에 의회에 대독선전포고를 제안하고 4월 6일에 가결을 얻어 독일과 전쟁상태에 돌입하였다.

이때 미국은 1916년부터 5개년 계획으로 정규군을 220,000명, 주방위군을 450,000명으로 증강시키기로 된 국가방위법이 통과된 지 불과 1년밖에 되지 않았으므로 그 병력 및 전쟁준비는 보잘 것이 없었다. 그러나 미국은 연합국의 사기를 고취시키기 위하여 전비가 갖추어지기 전이라도, 우선 1개 사단을 편성하여 6월에 프랑스로 급송하였으며, 해외원정 군사령관에는 멕시코 원정에 명성을 떨친 퍼싱(John J. Pershing) 장군을 임명하였다.

미국은 정복이나 지배 등 이기적인 목적에서가 아니라 민주주의의 옹호와 세계평화 및 국민의 권리와 자유수호를 위하여 참전한다고 참전목적을 천명하고 독일 및 그 동맹국을 제국주의의 침략국가로 규정하였다.

원래 제1차 대전은 열강의 이해관계의 충돌에서 발단된 것이었으나 이제는 군국주의와 제국주의의 악명은 동맹국측만이 뒤집어쓰게 되고, 미국을 비롯한 연합국측은 민주주의와 세계평화의 수호자로 자처하게 되었다. 연합국은 독일의 잠수함으로부터의 피해를 줄이기 위하여 호송함대제(護送艦隊制)를 채택하였는데 이 제도는 연합국의 손실을 급격히 감소시켜 종전시까지 약 200만 명의 대병력과 많은 물자를 별다른 손실 없이 대서양 너머로 수송하였다. 이리하여 미국은 연합국의 승리에 결정적인 역할을 하였다.

이렇게 하여 유럽 자체 내의 혼란으로써 와해되었던 유럽의 질서(세력균형)가 이 비유럽국가의 개입으로써 새로운 질서로 회복되었다. 이로 인하여 이 시기에는 어느 누구도 잘 인식하지 못하였으나 미국은 장차 세계의 주도권을 장악할 길을 터놓게 된 것이다.

제8장 독일의 최후공세와 연합군의 반격

제1절 1918년 루덴도르프 공세와 후티어 전술

1918년 초기의 전반적인 상황은 오히려 연합국에게 상당히 불리하였다. 프랑스군의 사기는 아직도 완전히 회복되지 못하였으며, 러시아는 전선을 이탈하였고, 이탈리아는 까포레토의 손실을 만회하기에 급급하였다. 미국은 참전한 지 거의 1년이 되었으나 아직 프랑스에 6개 사단밖에 파견하지 못하였다. 그 위에 영국군은 1917년의 전투로 약화되었고 로이드 · 조지 수상은 헤이그 장군이 또다시 무모한 공격을 할 것이라고 하여 병력증강을 거부하였다.

이러한 정세 하에서 헤이그와 뻬땡은 독일군의 공격에 대비하여 서로 협조할 것을 합의하고 수세를 취할 계획을 세웠다. 이들은 독일군의 방어전술을 모방하여 종심방어를 취하려고 하였으나 병력의 부족과 하급지휘관의 인식부족으로 완벽을 기하지 못하였다. 독일과 그 동맹국 역시 동요되고 있었다. 연합국의 해안봉쇄와 국내수송사정의 악화는 경제를 파탄상태로 이끌었고, 단기간에 영국을 고갈시키려던 잠수함전은 그 목적을 달성하지 못하였으며, 미군의 전쟁물자 수송을 저지하지 못하였다.

이렇게 되자 독일은 평화협상을 희망하였으나 윌슨 대통령이 제시한 14개 조항 중에는 『동서를 막론하고 독일군의 전 점령지를 약탈한다.』고 명시되어 있기 때문에 루덴도르프는 평화를 이루는 가장 빠른 길은 무력에 의한 정복뿐이라고 생각하게 되었다. 그리고 그는 전 전선에 걸쳐 공세를 취할 만한 여유는 없으나 아직도 국지적으로 공세를 취하기에는 충분한 병력이 있다고 생각하였다. 그는 동부전선으로부터 대병력을 전용하여 서부전선에 병력을 증강하였다. 그러나 독일 청년의 대부분이 징집되었기 때문에 만일 이번 공격에 실패하면 이를 보충할 예비 병력은 보충이 불가능한 것이었다. 이리하여 루덴도르프는 더욱 이번 공세에 결정적인 성공을 기대하였고 또 확신하고 있었다. 그가 이렇게 성공을 확신하게 된 근거는 병력의 우세와 신공격전술이었다. 이 신공격전술이라는 것은 앞에서도 잠깐 언급된 바와 같이 후티어 장군이 창안하여 리가와 까포레토 전투에서 빛나는 성공을 거둔 것으로써 요약해서 설명하면 다음과 같다.

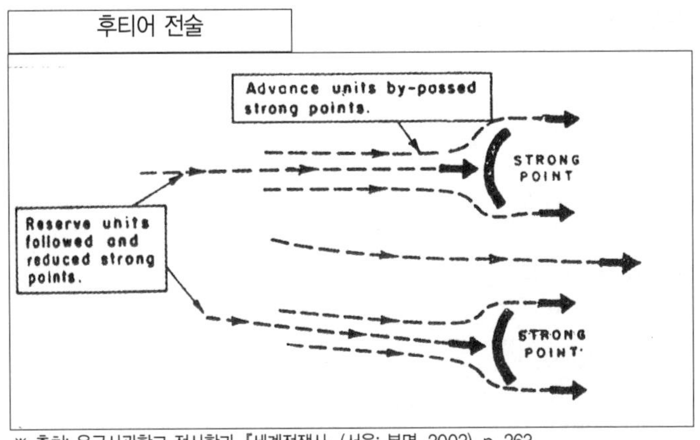

※ 출처: 육군사관학교 전사학과, 『세계전쟁사』 (서울: 봉명, 2002), p. 263.

이 전술은 첫째 기습(奇襲)을 그 기조로 하고 있다. 기습은 서부전선에서 연합군의 대공세에서와 같은 수일간에 걸친 포격 대신에 단기간의 강렬한 준비포격으로 이를 대신하며, 경우에 따라 최후의 순간이나 야간에 공격함으로써 성취할 수도 있다는 것이다.

둘째 공격하는 보병부대의 바로 앞에 계속적으로 탄막을 형성하고, 보병은 전방으로 이동하는 탄막의 바로 뒤에서 전진하며 이 탄막은 보병의 전진(前進) 정도에 따라 거리를 증가시킨다. 그리고 보병을 따라 전진하면서 직접 지원한다는 것이다.

셋째 경기관총을 주무기로 하는 소규모의 보병전투단은 취약지점에 침투하며, 견고한 진지는 우회하고 후에 지원부대가 이를 소탕한다는 것이다.

루덴도르프는 미군의 대병력이 전선에 투입되기 전에 기선을 제압하기 위하여 공격 시기는 빠를수록 좋다고 생각하였다. 그리하여 탄약과 군수품의 수송, 포대의 구축, 연락망의 설치, 공격부대의 정비 등 공격준비를 완료할 수 있는 가장 빠른 시기인 3월을 공격개시기로 결정하였다. 공격지역은 베르됭 · 플랑데르 · 솜 중에서 솜 지역을 택하였다. 솜 지역은 돌파에 성공하면 영국 · 프랑스 양군을 분리시킬 수 있으며 영국군을 해안으로 압박하여 궤멸시킬 수 있을 것이며, 또 이 지역의 방어가 가장 소홀하였기 때문이었다.

루덴도르프의 작전계획은 대단히 단순하였다. 3개 군이 동시에 아라 동남부에서부터 라 · 페르(La Fere) 바로 북방까지의 영국군 전선을 돌파하여 진격하려는 것이었다. 이 3개 군의 사령관인 후티어(제18군, 25개 사단), 마르비쯔(제2군, 21개 사단), 뷔로우(제17군, 25개 사단)는 각각 리가 · 깡브레 · 까포레토에서 후티어 전술로 명성을 떨친 장군들이었다.

영국 군사령관 헤이그 원수는 3월 말경 독일군의 대공세가 있을 것을 예측하였고, 그 공격지역도 짐작하였다. 그러나 독일군이 그렇게 많은 병력과 그렇게 강렬한 방법으로 공격해 오

루덴도르프공세(1918. 3~7)

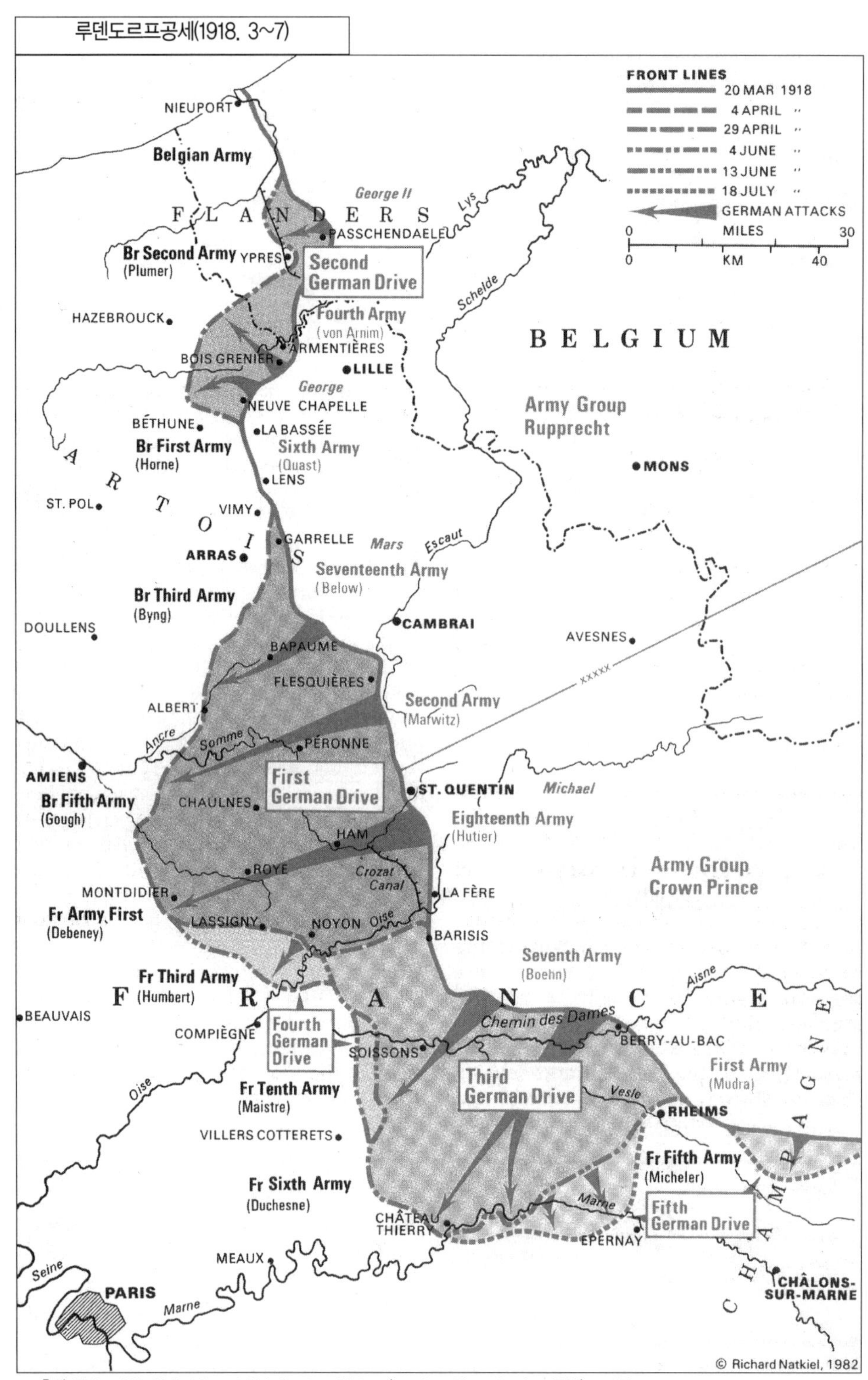

※ 출처: Richard Natkiel, *Atlas of 20th Century History* (London: Bison Books, 1982), p. 55.

리라는 것은 아무도 예측하지 못하였다.

독일군의 공격은 3월 21일 새벽 4시 40분, 6,000문의 포와 3,000문의 박격포가 일제히 포구를 열어 1시간 반 동안 가스와 연막과 고성능 폭약으로 영국군 진지를 분쇄하고, 60개 사단이 짙은 안개를 뚫고 진격함으로써 시작되었다. 이 공격은 처음부터 빛나는 성공을 거두어 공격개시 후 하루만인 22일에 벌써 돌파에 성공하여 1914년 이후 처음으로 교착상태를 벗어나게 되었다. 프랑스군으로부터 새로 인계받은 고우(Gough) 장군의 제5군 정면에 대한 후티어 장군의 공격은 특히 성공적으로 수행되어 미처 파괴하지 못한 솜강의 교량을 점거하였고, 제3군(Byng)의 노출된 우측면을 공격하여 이를 격퇴시켰다.

루덴도르프 장군은 취약지점 공격의 원리에 따라 후티어의 전과를 더욱 확대시키기 위하여 주력을 좌익의 돌출부에 투입하였다. 이에 영국군은 행정 및 병참요원 등 모든 가용병력을 총동원하여 돌출부(제3군과 제5군 간의 간격)에 배치하고 뻬땡에게 지원을 요청하였다. 프랑스군은 약간의 예비대를 축차적으로 투입하였으나, 뻬땡의 관심은 이 지역보다 파리의 방어에 있었기 때문에 솜강 남쪽에 새로운 방어선을 구축하기에 몰두하고 있었다.

이렇게 영 · 불 양군간의 협조가 잘 이루어지지 않자 헤이그 장군은 3월 26일 두랑에서 고위지휘관회의를 개최하고 영 · 불 · 미군을 지휘할 연합군사령관을 임명하여 줄 것을 본국 정부에 건의하였다. 이에 연합국은 이 제안을 받아들여 연합군사령관에 포쉬 장군을 임명하여 연합군의 지휘권 통일을 성취하였다.

그러나 이때의 연합군사령관은 법적 권위에 의해서가 아니라 설득과 인격적 감화에 의해서 자기의 의도를 관철하지 않으면 안 되었다. 각자 자국정부의 명령을 더 중요시하고 있는 헤이그, 뻬땡, 퍼싱을 이끌고 연합작전을 원만히 수행하여 최후의 승리를 획득한 포쉬 장군의 지도력은 높이 치하하지 않을 수 없다.

그 동안 3월 27일에 후티어 장군은 몽띠디에를 장악함으로써 영 · 불 양군을 절단하는데 성공하였으나 황폐된 솜 지역에서 병사들은 지쳤고 도로가 파괴되어 포병부대는 보병부대의 진격속도에 맞추어 진격할 수 없었기 때문에 병참과 포병지원이 부진하였다. 이리하여 시일이 경과할수록 영국군의 방어력이 상대적으로 우세해지고 영국 항공대의 저고도 폭격이 치열해졌으므로, 완전한 승리의 기회를 목전에 두고 이를 포착하기 위하여 필사적으로 몸부림쳤지만 끝내 이를 성취하지 못하고 4월 4일에는 전선이 다시 안정되었다.

이 제1차 공세에서 독일군은 약 62km를 전진하였고 70,000명의 포로와 1,100문의 포를 획득하고 200,000명 이상의 손실을 주었다. 그러나 독일군의 손실도 연합군과 비슷하였으며, 더욱이 사상된 독일군 병사는 최정예 병이었다.

그래서 독일군은 전술적으로 성공하여 영 · 불 양군을 절단하였으나, 영국군을 전멸시키려던 목적은 달성하지 못하여 전략적으로 실패하고 말았다. 이렇게 제1차 공세에서 실패한 후 루덴도르프는 대공세를 한번만 더 취하면 영국군을 궤멸시킬 수 있을 것이라고 생각하였다. 그리하여 2주일 후에 솜 공격 시에는 많은 병력을 빼내어 비교적 약화된 플랑데르 지방을 공격하기로 결정하고 4월 9일에는 제6군(Quest), 4월 10일에는 제4군(Arnim)을 각각 후티어 전술로 공격하도록 하여 4월 12일에는 리(Lys)강에 육박하였다. 이날 영국군은 극심한 위기에 봉착하였으나, 헤이그 장군이 조국의 안전과 인류의 자유를 위하여 최후의 1인까지 결사적으로 방어할 것을 휘하 장병에 호소하여 이 지역을 사수하였다.

이렇게 되어 4월 12일 이후 독일군의 공격이 점차 약화되다가 4월 17일에는 일단 중지되었으며, 4월 29일에 루덴도르프가 공격중지를 명하였다. 이 제2차 공격 시에 독일군은 영국군에게 또 다시 30만 명 이상의 손실을 주었으나 영국군에게 치명적인 지점은 한 곳도 점령하지 못하였으며 독일군 자체의 사상자도 35만 명을 헤아렸다. 이 전투기간에 헤이그는 포쉬에게 지원을 요청하였으나 포쉬는 영국군의 방어능력을 믿었으며, 또 귀중한 예비 병력을 방어전에 소모하기보다 공세를 위하여 아껴두고 있었다.

포쉬의 철저한 병력절용(兵力節用)에 대하여 헤이그는 분개하였으나 차츰 포쉬의 정당성을 인정하게 되었다. 이와 같이 두 차례에 걸친 공격에서 전술적으로는 크게 성공하였으나 전략적으로는 목적을 달성하지 못한 루덴도르프 장군은 극도로 피로해진 영국군을 제압하기 위하여 또 다시 새로운 공세를 결심하였다.

이번에는 에느강 지역을 공격하여 파리를 위협하는 듯이 가장함으로써 북방 플랑데르와 아미앙 지역에 있는 연합군 예비대를 유인한 후에 플랑데르 지방에 있는 영국군에 대하여 대공세를 취하여 이를 격멸시키려고 하였다. 그가 공격지역으로 택한 에느 지역은 지세가 험준하여 니벨 공세가 여지없이 실패한 곳이다. 그렇기 때문에 프랑스군은 지세의 험준함을 믿고 방비를 게을리 하였으며, 대규모 작전이 있으리라고 생각지도 않았으므로 기습하기에 가장 적합한 지역이었다. 그리고 프랑스군이 가장 예민한 반응을 보이는 파리를 위협하기에 가장 알맞은 곳이라고 생각되었다.

이리하여 루덴도르프는 제1군과 제7군의 11개 사단으로 르빌리와 브리몽 요새 사이를 공격하여 후방에는 30개 사단의 예비 병력과 1,036문의 포를 집결시켰다. 5월 27일 새벽 1시 독일군의 맹렬한 준비포격은 연합군 병사들을 경악케 했고, 뒤이어 3시 40분에 야음을 뚫고 진격한 17개 사단은 이날 저녁까지 14km의 전선에 걸쳐 20km를 전진하여 베스르강을 도하하였다. 그래서 1914년 이래 가장 규모가 큰 돌파구를 형성한 루덴도르프는 여기서 정지하게 되어 있는 최초계획을 변경하여 계속 전진하게 함으로써 이를 주공으로 전환시켰다. 그리하여 5월 30일에는 파리 전방 약 60km의 거리에 있는 마른강에 도달하였다.

연합군은 처음에 어리둥절하였으나 독일군의 기도가 명백해지자 예비 병력을 철도로 수송하여 완강히 저항하였다. 특히 미군 제3사단은 6월 1일 샤또띠에리에서 독일군을 역습하여 3일간의 전투 끝에 이를 저지하였고, 제2사단은 6월 6일 벨로숲을 재탈환하는데 성공하였다. 이것은 미군사단이 수행한 최초의 작전으로써 이 작전에 나타난 미군의 전투능력을 보고 독일군사령부는 크게 당황하였고 반면에 연합군은 사기가 크게 높아지게 되었다.

지금까지 세 차례에 걸친 독일군의 공세를 보았다. 그 동안 독일군은 연합군보다 수적으로 별로 우세하지 못한 병력으로써 커다란 성과를 거두었다. 그것은 무엇보다 독일군의 완벽한 기습과 후티어 장군에 의하여 창안되어 그 후 계속 발전되어 온 공격전술 및 보병의 훌륭한 전투력의 덕택이며 그 위에 루덴도르프의 군사적 천재가 그 성공을 더욱 빛나게 하였다.

그런데 이와 같은 전술적 성공이 전략적 승리로 연결되지 못한 것은, 일단 돌파구를 형성한 뒤 이를 확대시킬 예비 병력의 부족을 그 이유로 들 수 있다. 연합군은 독일군이 돌파에 성공하여 도보로 전진하고 있을 때 철도를 이용하여 예비 병력과 군수품을 수송하여 대개 1주일 후면 강력한 역습을 감행할 수 있었다. 이 결과 연합군은 오히려 전략적으로 유리한 상황에 있게 되었다.

이 동안 연합군의 손실은 800,000명, 독일군은 600,000명으로 연합군이 더 많은 손실을 입긴 하였으나, 미군의 계속적인 증원으로 우세를 유지할 수 있었으며 그 반면 독일군은 증원할 길이 없었다.

그리고 연합군은 그동안 새로운 방어전술인 종심방어를 발전시켜 나갔으므로 기습에 대비할 수 있게 되었다. 독일군이 그 동안 획득한 지역은 전술적 가치가 없을 뿐 아니라, 오히려 전선이 연장됨에 따라 병력의 수요만 증가되었으며 연합군이 공세를 취할 경우 양 측면이 노출될 위험성이 있어 루덴도르프는 이 점령지역을 포기하고 철수하려고 하였다. 그러나 사기의 저하를 우려하여 이를 즉시 실시하지 못하고 있는 실정이었다. 이렇게 불리한 입장에 있는 루덴도르프는 돌출부를 확대하여 보급을 용이하게 하고, 파리를 위협하여 플랑데르 지방에 있는 연합군 예비대를 흡수하기 위하여 또 다시 놔용~몽띠디에 지역에 대한 소규모 공격을 결심하였다.

그리하여 6월 9일 제18군(후티어)은 21개 사단으로 놔용~몽띠디에 간을 공격하고 제7군 보엔(Boehn)은 쑤아쏭 서남방으로 공격하였다. 그러나 이번의 제4차 공격에 있어서는 독일군의 기밀유지가 철저하지 못하였고, 사기가 저하함에 따라 증가한 도망병들의 진술로 연합군은 공격 장소와 시간을 정확히 파악하였다. 이리하여 연합군은 독일군이 준비포격을 시작하기로 한 6월 9일 0시보다 10분 앞당겨 6월 8일 23시 50분부터 반대포격을 시작하였다. 이에 양군의 포격으로 수라장이 된 전선에서 진격을 개시한 독일군은 11일까지 약 14km를 전진하였으나 종심방어를 취한 프랑스군 방어선을 돌파하지 못하고 불 · 미 연합군의 반격을 받아 오히려 수세로 몰리게 되었으며, 12일부터 시작된 제7군의 쑤아쏭 공격도 여의치 않았다. 그리고 때마침 세계적으로 유행한 악성 인플레인자가 양군에 전염되었으며, 그 피해는 독일 측에 더욱 심하여 사기는 현저하게 저하되었고, 그 반면 미군은 더욱 증강되었다. 이리하여 6월 중순 이후 전선은 다시 소강상태를 이루고, 독일군의 돌파기도가 처음으로 좌절당하였다.

이렇게 네 차례에 걸친 공세가 모두 실패하자 독일군 지휘관들 가운데는 평화를 희망하는 자가 속출하였다. 그러나 루덴도르프는 아직도 플랑데르 지역에 있는 영국군에게 최후의 일격을 가하여 최종적인 승리를 얻으려고 고집하였다. 그래서 7월 15일 랭 양측을 공격하여 예비대를 유인하고 10일 후에 플랑데르 지방에 주공을 감행하고자 하였다. 그러나 이 공격기도는 포로와 도망병 및 연합군의 항공정찰로 사전에 폭로되었다. 이리하여 프랑스군은 구로(Gouraud) 장군이 발전시킨 종심방어진을 구축하고 독일군에 앞서서 반대포격으로 기선을 제하였다. 그리고 포쉬 장군은 7월 18일을 기하여 에느~마른 돌출부의 서방에서 대규모의 역습을 감행할 준비를 갖추었다.

독일군의 제5차 공세는 공격개시 2일 후인 17일에 와서 아무런 성과를 얻지 못한 채 많은 희생을 입고 좌절되어 버렸다. 이에 의지의 장군 루덴도르프도 플랑데르 지방에 대한 그의 공격계획을 포기하지 않을 수 없었다.

독일군의 제5차 공세를 성공적으로 저지한 구로 장군의 종심방어전술을 요약하면 다음과 같다.

① 전선의 최전방을 전초선으로 변경시키고 여기에는 관측임무를 수행하며 적의 습격만을 물리칠 수 있을 정도의 소수병력만 잔류시킨다.

② 어떠한 일이 있어도 방어해야 할 주진지는 전초선에서 약 1,800~2,700m 후방에 설치한다.

③ 주진지와 전초선의 중간지대에는 적의 공격을 지연 또는 격퇴시키기 위한 요새진지를

둔다.

④ 포병은 종심으로 배치하여 전초선과 주진지 양측을 모두 지원할 수 있도록 한다.

⑤ 예비대는 주진지가 돌파당할 경우 즉시 역습할 수 있도록 주진지 후방에 둔다는 것이다.

이 전투 중 뻬땡은 포쉬에게 예비대를 요청하였으나 포쉬는 3개월 전 헤이그의 요구를 거절할 때와 같은 이유, 즉 방어전에 병력을 소모하기보다는 병력을 절약하여 대공세를 취하기 위하여 이를 거절하였다.

이리하여 이제 연합군은 서부전선에서 주도권을 완전히 장악하고 오랫동안 준비하여 오던 대규모의 반격을 독일군의 제5차 공세가 끝난 다음날인 7월 18일부터 시작할 수 있게 되었다.

제2절 연합군의 반격

연합군사령관 포쉬 장군은 7월 18일 새벽 에느~마른 지역에서 일제히 역공세를 취하였다. 공격군의 주력은 미 제1, 제2 사단을 포함한 프랑스 제10군(Mangin)으로써 이 제10군은 쑤아쏭 바로 남방에서 동북방으로 진격하도록 하였다. 그리고 조공으로서는 프랑스 제6군(Degoutte), 제9군(Miltry) 및 제5군(Berthelot)이 각각 에느~마른 돌출부의 서 · 남 · 동에서 공격하게 하고, 제4군(Gouraud)은 랭 동부에서 전방의 독일군을 견제하도록 했다.

독일군사령부는 우세한 연합군의 신속한 기습공격을 받아 크게 당황하였으며, 병사들은 사기가 저하되어 전의를 상실하고 말았다. 이리하여 독일군은 7월 19일 밤부터 마른 교두보에서 철수를 시작하였다. 루덴도르프는 그의 숙원이던 플랑데르 공격을 취소하고 연합군의 진격을 최대한으로 지연시키면서 돌출부에 있는 군수품과 장비를 이동시키려고 노력하였다.

미군을 선두로 한 연합군은 8월 6일에 베스르 강선에 도달하여 에느~마른 돌출부를 완전히 제거함으로써, 미군의 대병력이 투입되기 전에 연합군을 궤멸시키려던 루덴도르프의 모든 계획의 실현가능성을 송두리째 말살하였다. 이렇게 에느~마른 공세가 성공리에 진행 중이던 7월 24일, 포쉬는 뻬땡, 헤이그 및 퍼싱 장군과 더불어 1918년 후반기 작전 계획을 논의하였다. 여기서 연합군은 지금 장악하고 있는 선제권을 계속 유지하며 독일군에게 재편의 여유를 주지 않기 위하여 일련의 공세를 취하기로 결정하였다. 그것은 지금 진행 중인 에느~마른 돌출부를 연결하여 아미앙, 쌩 · 미이엘 등 3개의 돌출부를 제거하여 연합군전선을 횡적으로 연결하는 철도선을 확보하려는 것이었다.

파리에서 베르됭에 이르는 철도와 마른 연안은 에느~마른 공세로, 파리에서 아미앙에 이르는 철도는 아미앙 지역에 대한 영국군의 공세로, 파리에서 낭시에 이르는 철도는 미군에 의한 쌩 · 미이엘 돌출부 제거로 각각 확보하려는 것이었다. 그리고 이 계획이 성취되면 전면적인 대공세를 취하기로 하였다. 이 계획에 따라 헤이그 장군은 8월 8일 새벽 4시 20분, 영국 제4군(Rawlinson) 및 프랑스 제1군(Debeney)과 고속의 신형전차 위페(Wippet)를 포함한 400대의 전차로 아미앙 지역에 기습적인 보전협동작전을 전개하였다. 루덴도르프가 『독일군 암흑의 날』이라고 말한 이날 영국군은 15,000명의 포로와 400문의 포를 획득하였다.

독일군사령부는 연합군의 공격보다도, 독일군 내의 항명사건과 사기저하에 크게 당황하여 1915년의 구 전선으로 철수하였으며 8월말에는 또 다시 지그프리드 라인으로 철수하였다. 이에 루덴도르프는 사표를 제출하지 않을 수 없었고, 독일군사령부는 이제 승리의 가능성이 없음을 인식하고, 가능한 한 전투를 회피하여 프랑스령내의 거점을 확보하기 위하여 노력하는 한편 강화하기를 원하였다.

한편 미군사령관 퍼싱 장군은 8월 28일 쌩 · 미엘 돌출부 제거의 임무를 부여받고, 미군으로서는 처음으로 야전군 단위의 제1군사령부를 이곳에 설치하였다. 미군은 아직 장비와 병력면에서 독자적으로 작전을 수행하기에는 준비가 부족하였으나 소요량의 절반 이상이나 되는 포, 항공기 및 전차와 3개 사단의 병력을 프랑스군으로부터 지원을 받아 작전에 돌입하였다.

이 쌩 · 미이엘 지역은 양군에게 다같이 전략적으로 중요한 지역이었으므로 독일군은 이를 요새화하였다. 그러나 다섯 차례에 걸친 공격의 실패 후 병력이 극히 부족하였기 때문에 병력의 절약을 위하여 이 돌출부로부터 점차 철수하고 있었다. 이러한 시기에 미군이 공격을 시작한 것이다.

퍼싱 장군이 미군 제1군단과 제4군단이 돌출부의 동남부에서 서북방으로, 제5군단은 서부에서 동남방으로 공격하며, 프랑스군은 돌출부의 정면에서 견제하도록 하였다. 이 계획에 따라 9월 12일 1시 정각에 강력한 준비 포격을 개시하고, 새벽 5시에 3,000문 이상의 포와 1,500대 이상의 항공기로부터 직접 지원을 받는 보병부대가 공격을 시작하였다. 이 공격 중 미첼(William Mitchell) 대령이 지휘하는 항공대는 국지적 공중우세로 연합군의 승리에 크게 기여하였다.

12일 일몰시까지 미군은 전(全) 공격 목표를 점령하고 공격개시 후 36시간 만에 쌩 · 미이엘 돌출부를 완전히 제거하여 1,500명의 포로와 250문 이상의 포를 획득하였다. 이 작전은 미군이 독자적으로 수행한 최초의 작전으로써 미군은 여기서 그 전투력의 우수성과 아울러 대규모작전을 수행할 수 있는 능력을 과시하였다. 미군은 계속적으로 전과확대(戰果擴大)를 할 수 있었으나 다음의 뫼즈~아르덴느 공세를 위하여 이 공격을 중지하였다.

이리하여 에느~마른, 아미앙 및 쌩·미이엘의 돌출부를 제거하여 전선을 횡적으로 연결하는 철도선을 확보하는 제1단계작전을 완료한 포쉬는 독일군에게 최후의 일격을 가할 신작전계획에 몰두하였다. 포쉬 장군은 연합군의 사기가 점차 높아져가며, 병력과 장비가 우세하므로 이제 총공세로 나가 연말까지는 독일군을 격파하고 최종적인 승리를 획득할 수 있으리라고 판단하였다. 그러나 실현가능성이 극히 희박하지만, 만일 독일군이 프랑스 점령지와 벨기에에 준비해 둔 막대한 보급물자와 장비를 버리고 도로와 철도를 파괴한 후 신속히 본국으로 철수하여 발악적인 저항을 계속한다면 조기 결전을 기하기 어려우리라고 생각되었다.

연합군의 반격(1918. 9~11)

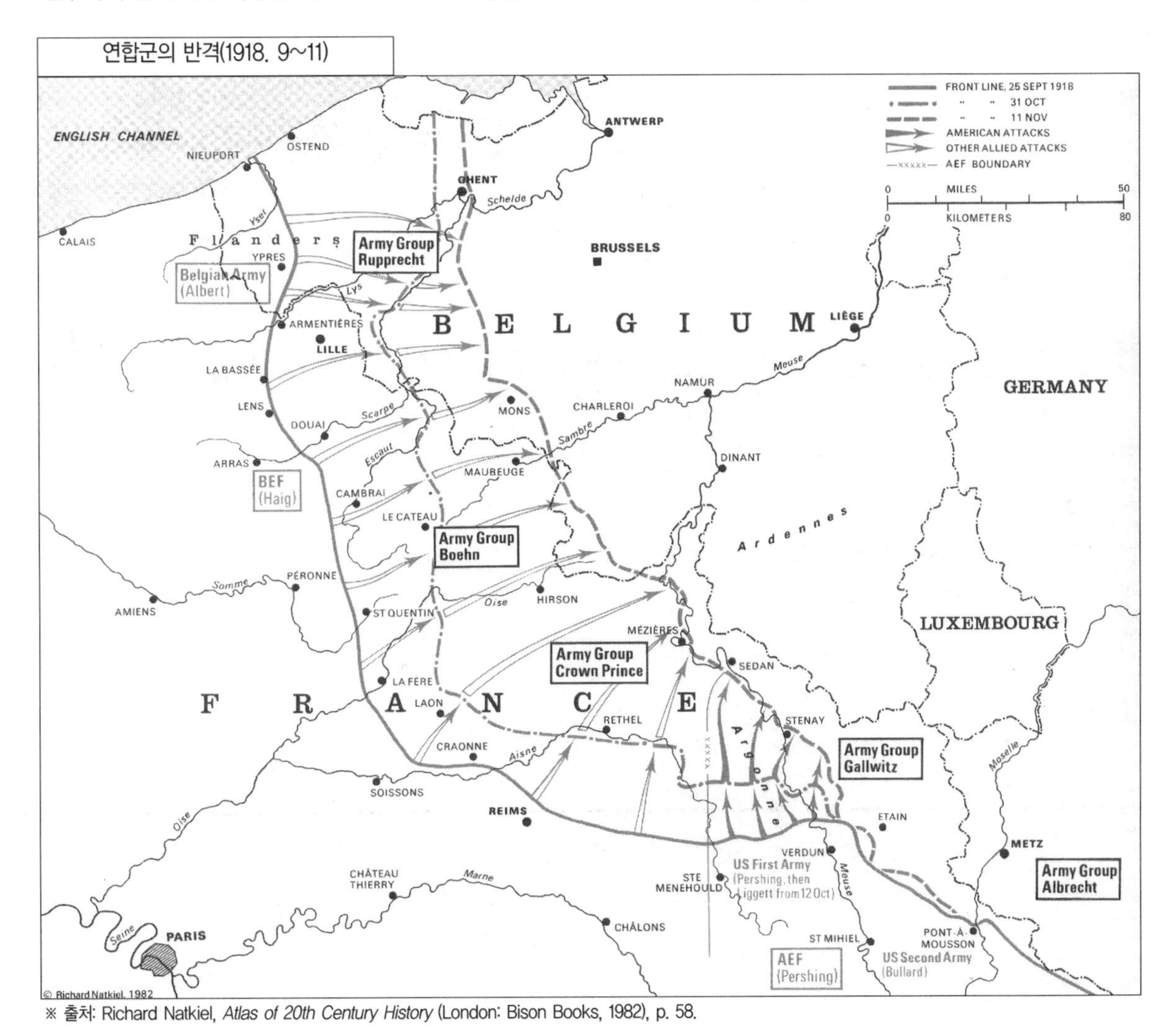

※ 출처: Richard Natkiel, *Atlas of 20th Century History* (London: Bison Books, 1982), p. 58.

따라서 독일군으로 하여금 신속하고 조직적인 철수를 하지 못하도록 하는데 역점을 두어 작전계획을 수립하게 되었다.

서부전선에서 독일군이 보급지원과 병력철수를 위하여 사용하지 않을 수 없는 3대 중요 통로는 코로뉴에서 모부지를 통하여 올노이예에 이르는 철도와 코브렌쯔에서 모젤르 협곡을 통하여 세당, 메지에르(Mezieres)에 이르는 선과 마인쯔에서 라인강을 따라 스트라스부르크에 이르는 선이었고, 전선을 횡적으로 연결하는 것으로는 겡~몽~모부지~올노이예~메지에르~멧쯔를 연결하는 선이었다. 이 간선철도는 각 지선(支線)과 연결되어 전쟁 중 중요한 역할을 해왔다. 만일 연합군이 이들 철도의 중요 교차점인 올노이예와 메지에르를 점령한다면 독일군은 그 수송수단의 반 이상을 상실하게 되는 것이다. 이러한 점에 착안하여 포쉬는 총공격의 목표를 올노이예와 메지에르로 결정하였다.

올노이예에 대한 공격은 주로 영국군이 담당하고 메지에르에 대한 공격은 주로 미군이 담당하도록 하며 프랑스의 파이올르 집단군은 미군의 좌익을 엄호하도록 하였다. 그리고 영국군의 좌익 벨기에 방면은 벨기에의 알버트왕이 담당하도록 하였다. 이리하여 포쉬의 총공격계획은 전략적 양익 돌파를 그 주축으로 하고, 공격개시 시기는 9월말로 결정하였다.

이 계획에 따라 퍼싱 장군은 뫼즈강과 아르덴느 삼림지대에 9개 공격사단과 6개 예비사단 및 4,000문의 포와 190대의 전차, 그리고 약 820대의 항공기를 집결시켜 9월 26일 2시 30분에 준비포격을 개시하고 5시 50분에 보병부대의 신속한 돌진으로 공격을 개시하였다. 이 지역은 기복이 심하며 삼림과 계곡은 천연적 장애물을 이루었고, 독일군은 4년 동안 점령해 있으면서 3개의 주방어선을 구축하였고, 공격개시 이후에는 즉시 전(全) 예비 병력을 투입하였으므로 전투경험이 부족한 미군으로서는 고전을 면할 수 없었다. 그러나 미군은 120만의 병력을 투입하여 120,000명 이상의 사상자를 내는 치열한 전투 끝에 11월 7일에는 세당 시를 내려다 볼 수 있는 고지를 점령하여 메지에르~세당간의 철도사용을 완전히 봉쇄하였다. 이로써 미군은 비록 진격속도가 느리기는 하였으나 그 임무를 성공적으로 완수하였다.

이 동안 영국군은 9월 27일부터 공격을 시작하여 10월 5일에는 당시 최강의 방어선으로 알려진 힌덴부르크 선을 돌파하고 11월 5일에는 공격목표인 올노이예 시를 점령하였다. 그리고 휴전 당일인 11월 11일에는 1914년에 영국군이 처음으로 패전한 몽 시에 입성하여 그 치욕을 씻었다. 포쉬 장군의 다음 작전계획은 11월 15일부터 멧쯔 남방 로레인 지역에 대해 공격하려는 것이었으나 이 계획은 휴전으로 불필요하게 되었다.

제9장 휴전, 총평

제1절 휴전

루덴도르프는 연합군의 반격이 진행 중이던 1918년 10월 2일, 전차와 예비 병력의 부족으로 승리는 불가능하며 이 이상 무의미한 희생을 당하지 않기 위하여 연합군과 강화할 것을 정부에 건의하였다. 이에 독일정부는 윌슨 대통령의 14개 조항을 검토하고, 이를 토대로 한 평화를 윌슨 대통령에게 제의하였다.

이런 문제가 해결되고 있는 도중에도 전투는 계속되어, 이탈리아는 10월 29일에 총공세를 시작하여 오스트리아군을 몰아내는 등 사태는 절망적으로 되어 루덴도르프는 그의 직책에서 해임되기에 이르렀다.

이때에 독일해군사령부는 지상군에 협력하기 위한 결사적인 방편으로 유틀랜드 해전 이후 오랫동안 침체상태에 있던 해군이 일대결전을 시도하였다. 그것은 2개 순양함대가 출동하여 도버 해협과 템즈강 하구를 강습함으로써 스카파프로에 있는 영국 대함대를 유인하여 전 잠수함으로 하여금 어뢰로 공격케 하고, 그 다음에 대양함대가 출동하여 네덜란드 해안에서 해상결전을 하려는 것이었다.

그러나 4년간의 침체상태에서 이미 전의를 상실한 지 오래이며 패전의식과 적화사상(赤化思想)에 빠진 병사들은 이러한 작전은 무익한 자살에 불과하다 하여 그들에게 주어진 임무를 거부하고 11월 4일 키일 군항을 중심으로 폭동을 일으켰다.

키일(Kiel) 군항은 순식간에 적기를 휘날리는 폭도의 지배 하에 들어갔으며, 이 폭동은 불안과 염전사상에 빠진 국민과 사회주의자들의 동조를 얻어 3일 이내에 독일 서북부의 중요 도시가 전부 점령되었다. 수병들은 볼셰비크와 비슷한 병사 · 수병위원회를 조직하였으며 폭동은 뮌헨과 베를린에도 전파되었다. 이에 카이젤은 네덜란드로 망명하고 정권은 에벨트를 중심으로 한 사회당에 넘어가 독일공화국이 선포되었다.

포쉬는 독일정부 대표와 휴전회담을 하라는 명을 받고 11월 7일 저녁 백기를 달고 전선을 넘어온 독일 외상 엘쯔베르거(Erzberger) 일행을 맞아 꽁삐뉴 근교의 이동사령부에서 휴전회담을 시작하였다. 3일간의 회담을 거친 뒤 엘쯔베르거는 포쉬의 휴전조건을 수락하여 1918년 11월 11일 오후 11시를 기하여 전 전선에서 포성은 멈췄다.

조인된 휴전조항은 사전에 연합국 정부 대표로부터 승인을 받은 것으로 그중 군사관계만 열거하면 다음과 같다.

① 2주일 이내에 점령지역으로부터 철수할 것.

② 1개월 이내에 라인강 좌안으로부터 철수할 것, 그리고 그 동안에는 6마일의 비군사지대를 설치할 것. 마인쯔, 코브렌쯔 및 코로뉴에 있는 3개의 교두보를 연합국에 인도할 것.

③ 연합국의 전(全) 전쟁포로를 즉시 송환할 것.

④ 포 5,000문, 기관총 25,000정, 비행기 1,700대, 기관차 5,000대, 철도차량 150,000량, 트럭 5,000대를 연합국에 인도할 것.

⑤ 전 잠수함을 인도할 것.

⑥ 전함 16척, 순양함 8척, 구축함 50척은 중립국 또는 연합국에 억류할 것.

⑦ 브레스트 · 리토브스크 조약 및 부카레스트 조약을 파기할 것.

이상의 조항은 독일 육군으로부터 그들의 주 병기와 수송수단을 박탈하고 해군으로부터 그들의 전 선박을 빼앗으며 연합군에게는 라인강 동부에 거점을 확보하게 하려는 것이었다.

독일은 그 영토가 점령당하지는 않았으나 이제 전쟁을 재개할 여지가 없게 되었다. 이후 연합군에게 질서 있는 철수를 할 시간적 여유를 주고, 연합군 자체의 병참문제를 해결하기 위하여 6일 동안 전선에서 휴식하고 11월 17일에 기동을 개시하여 연말까지 전 피점령지역을 탈환하고 12월 1일부터 독일 본토로 진주하여 12월 9일에는 영국군은 코로뉴에서, 미군은 코브렌쯔에서, 프랑스군은 마인츠에서, 각각 라인강을 도하하였고 수일 내에 반경 28km의 교두보를 점하였다.

그런데 휴전 후에도 전면적 강화협정을 완료하는 데는 5년이 더 걸렸고, 국제연맹의 의결에 따라 독일은 해외 식민지를 박탈당하고 영토의 13%, 인구의 10%가 타민족의 지배 하에 들어갔고, 독일군비를 제한하기 위해 육군은 병력 10만으로 장교 4,000명, 하사관 40,000명, 병 56,000명으로서 일반참모부와 지원병제도를 폐지하고 군사교육을 금하도록 하였다. 또 해군은 병력이 15,000명에 108,000톤의 선박으로 제한하고 잠수함을 보유하지 못하게 했다. 그리고 항공기 보유의 금지, 전차, 중포, 대공포, 독가스 보유의 금지와 전쟁물자 생산도 엄격히 제한했다. 이렇게 하여 연합국은 독일에게 장기간 군사행동을 못하게 했고 장비는 경찰 정도로 제한하는 등 독일민족에게 치욕을 안겨줬다.

이와 같이 연합군은 베르사유(Versailles) 조약에서 민족자결주의원칙을 패전국에 불리하게 적용함으로써 포쉬는 "평화가 아니다. 20년간의 휴전이다"라고 말했으며 막스 웨버는 "앞으로 10년 이내에 우리는 다시 군국주의가 될 것이다"라고 예언하였다.

제2절 총평

제1차 세계대전은 오스트리아가 세르비아에 대하여 선전포고한 이래 1914년 7월 28일부터 휴전된 1918년 11월 11일까지 4년 3개월간 계속되었다. 이 전쟁에서 독일이 패전하게 된 원인은, 무엇보다도 믿을 수 있는 동맹국을 갖지 못하였으며, 자국의 제한된 자원에 비추어 반드시 준수해야 할 단기결전을 하지 못하고, 독일이 가장 꺼리던 지구전과 양면전쟁을 수행할 수밖에 없었다는 점이다. 이것은 슐리펜 계획에 숨겨진 전략적 기도를 이해하지 못하고 불필요한 수정을 함으로써 자초한 것이다. 따라서 독일은 대부분의 전투에서 승리하였으나 이러한 전술적인 승리의 누적이 전략적 승리, 즉 궁극적인 승리로 연결되지 못하고 말았다.

이 반면 연합국은 동맹결성을 굳게 하고, 전쟁 초기부터 우세한 해군력으로 독일해안을 봉쇄함으로써 독일을 경제적으로 고립시키고 후방국민을 기아상태에 몰아넣어 염전사상을 불러일으키는 한편, 독일로 하여금 무제한잠수함전을 수행하지 않을 수 없도록 강압하였다. 이러한 연합국의 해상봉쇄를 타개할 만한 해군력이 없는 독일은 무제한잠수함전으로 한 때 영국에게 극심한 타격을 주었으나 영국과 미국간에 있을 수 있던 마찰을 완화시키고 오히려 미국을 연합국 측에 가담하게 함으로써 치명적인 결과를 초래하였다.

미국의 참전은 독일을 더욱 고립무원의 상태에 빠뜨리고, 전쟁의 성격을 변경시켜 독일로 하여금 세계여론의 지탄을 받게 하였다. 그리고 증강되는 미군의 병력은 예비 병력이 부족한 독일로부터 승리의 가능성을 빼앗고 말았다. 이리하여 1918년에 와서 독일은 군사령관에서 병사들에 이르기까지 전쟁의 결과를 비관한 나머지 그들의 작전에 자신을 잃게 되었다. 따라서 키일 군항의 반란이 없었더라도 독일은 조만간에 패망할 수밖에 없었다.

사상 초유의 대전인 이 전쟁의 두드러진 성격은 총력전으로서, 형식상으로는 전투원과 비전투원의 구별이 있었으나 실질적으로는 전 국민과 전 자원이 총동원된 전쟁이었다. 이 전쟁을 통하여 가스 · 기관총 · 화염방사기 · 탱크 · 항공기 등 많은 신무기가 발달하여 대량살상을 가능케 하였고, 후티어 전술과 구로 전술 등 신전술이 발달하였으며, 특히 후티어 전술은 제2차 세계대전시 전격전의 모체가 되었다.

그리고 이 전쟁은 미국으로 하여금 세계무대의 중앙에 등장케 하는 한편 러시아에서는 공산주의혁명을 유발하게 했다.

전후문제의 처리에 있어서 파리강화회의는 인류의 앞날에 다시는 이 같은 참혹한 전쟁을 없애기 위하여 국제연맹을 결성케 함으로써 인류의 장래에 서광을 비추어 주는 듯 하였으나, 평화를 갈구하는 인류의 여망과는 달리 무배상, 무병합의 원칙을 전혀 무시하고 가혹하기 짝이 없는 조항들을 베르사유 조약과 기타의 모든 강화조약으로 패전국에 강요함으로써 제국주의적 성격을 벗어나지 못하였다. 이리하여 조약의 의무를 전면적으로 부인하는 나치정권이 성장하게 되었으며, 드디어는 새로운 세계대전을 유발하는 암적 요소를 배태하게 되었다

제 6 편

제2차 세계대전

[제 6 편 제2차 세계대전]

제1장 세계대전의 불씨

제1차 세계대전이 막을 내린 후부터 제2차 세계대전이 발발하기 직전까지의 약 20여년에 걸친 시대는 여러 가지 사상과 각양각색의 민족주의가 충돌하여 미묘한 국제관계를 형성하고 있었을 뿐만 아니라, 각국마다 내부적으로는 집권세력과 이상주의자들 간에 이념과 정책상의 대립이 고조되어 필연적으로 군사적 위험이 잦을 수밖에 없었던 시기였다. 그런데 이와 같은 군사적 위험들이 인류에게 커다란 재앙을 안겨다 준 세계대전으로 비화한 것은 그러한 불씨가 잉태되고 자라난 배경으로부터 비롯된 것인 만큼, 이 시대의 세계정세를 살펴보는 일은 우리에게 제2차 세계대전의 불씨가 무엇이었는가, 이 전쟁의 성격은 어떤 것인가 하는 의문점들에 대하여 좋은 해답을 가져다 줄 것이다. 따라서 여기서는 유럽과 아시아가 당시 처해 있었던 국제정세부터 간략하게 음미해 보고자 한다.

제2차 세계대전은 연합국의 입장에서 볼 때 2개의 분리된 전쟁이었다고 할 수 있다. 하나는 독일과의 전쟁이고 다른 하나는 일본과의 전쟁이다. 독일과의 전쟁은 1939년 9월 1일 독일의 폴란드 침공으로 시작되어 1945년 5월 8일 독일의 항복으로 막을 내렸는데, 이 전쟁은 성격상 제1차 세계대전의 연속이었다. 유럽의 주도권을 쟁취하고 나아가서 전 세계에 절대적인 강국으로 군림하고자 한 독일의 국가적 목표는 실로 제1차 세계대전과 제2차 세계대전의 성격상 공통된 흐름이었기 때문이다.

한편 태평양전쟁은 1941년 12월 7일 일본의 진주만 기습으로 시작되어 1945년 8월 15일 일본의 무조건항복으로 종식되었으며, 일본의 목표는 극동에서 일본의 주도권을 확립하려는 것이었다.

“전쟁은 다른 수단에 의한 정치의 연속”이라고 갈파한 클라우제비츠(Karl von Clausewitz)의 명언대로 무릇 전쟁이란 정치의 한 수단이고 외교정책상 하나의 도구임에 틀림없다. 제2차 대전도 예외는 아니었다. 그러나 여기에는 또한 종래의 전쟁에서는 도저히 찾아볼 수 없었던 호전적이고도 인간성마저도 부정한 잔인한 음모가 내재되어 있었다. 그렇기 때문에 온 인류는 그 대전이 가져온 파괴의 아픔보다도 오히려 음모자들이 꾸몄던 인간성 말살의 비극을 더욱 뼈저리게 기억하고 있는 것이다. 그렇지만 그러한 비극은 단순히 우연에 의해 빚어진 것일까? 물론 아니다. 독은 그것을 잉태시키고 배양하는 거름에 의하여 살찌는 법이다.

제1절 유럽의 정세

제1차 세계대전의 결과 유럽의 판도(版圖)상 두드러진 변화의 하나는 오스트리아-헝가리(Austria-Hungary) 제국의 붕괴였다. 오스트리아-헝가리는 독특한 방식에 의하여 중남부 유럽 일대에 그 나름대로의 정치적 · 경제적 안정을 유지해왔었지만 1차 대전에서 패전함에 따라 그 영토가 갈기갈기 찢겨 나갔다. 한편 제1차 세계대전 중 제정러시아가 늙은 거목처럼 쓰러진 이후 그 혼란의 먼지 속에서도 새로운 움직임들이 드러났다. 짜르(Tzar)의 뒤를 이어 러시아를 장악한 볼셰비크 정권이 혼란을 수습하는 틈을 타서 폴란드, 리투아니아(Lithuania), 라트비아(Latvia), 에스토니아(Estonia), 그리고 핀란드가 독립을 되찾을 기회를 맞이했으며, 루마니아는 벳사라비아(Bessarabia) 지방 점령의 호기를 포착했던 것이다.

그 동안 지도상에서 찾아볼 수 없었던 새로운 나라들이 탄생하기 시작했고 억눌려 지냈던 나라들이 다시금 일어나게 됨에 따라 여러 인종 간에 각각의 민족자결권이 주창되기 시작했으며, 이들 간에 충돌이 잦아지게 되었다. 사실 서로 다투는 군소국가들이 밀집해있는 상황은 경제적 · 정치적 측면에서 볼 때 안정성이 자칫 결핍되기 쉬운데, 오스트리아-헝가리 및 제정러시아의 붕괴 이후 유럽의 상황이 꼭 그러하였다. 유고슬라비아와 이탈리아, 폴란드와 체코슬로바키아, 리투아니아와 폴란드, 그리스와 불가리아 사이에 해결되지 않은 국경분쟁이 머리를 쳐들었으며, 아울러 신생국들은 내부적 긴장상태를 면치 못하고 있었다. 즉 체코슬로바키아는 체코인(Czechs)과 슬로바키아인(Slovaks)간에, 유고슬라비아는 세르비아인(Serbs)과 슬로베니아인(Slovenes)과 크로아티아인(Croats)간의 갈등이 확산되어 가고 있었던 것이다.

이와 같은 혼란을 온상처럼 이용한 것이 공산주의라는 종기(腫氣)였다. 혁명 후의 여파로 일시적으로 아시아 쪽으로 밀려났던 소련은 1926년 스탈린(Joseph Stalin)이 정권을 잡은 이후 대숙청으로 전제권력을 공고히 다지는 한편, 일찍이 어떤 짜르도 해내지 못했던 강력한 강제동원체제에 의하여 군대를 육성하고 산업을 촉진시켜 국력을 배양하였으며, 이처럼 국력이 정비되어감에 따라 차츰 혁명의 수출에 관심을 쏟게 되었다. 그러나 유럽 각국에서는 공산주의자들의 폭동이 내정의 불안요소로 간주되었기 때문에 거부반응이 일어났다. 뿐만 아니라 유럽전역에 혁명을 교시(敎唆)하려 한 공산주의의 부단한 침투는 결과적으로 나치즘(Nazism)과 파시즘(Fascism)의 성장에 거름 역할을 하였고, 마침내는 대립되는 이들 사상 간에 갈등이 고조되어갔다.

이처럼 군소국가들 간의 갈등, 내정 상의 문제점들, 또는 공산주의와 나치즘 및 파시즘간의 쟁투 등등 심각한 혼란요소들이 전후 유럽을 휩쓸고 있었지만 유럽의 정세에 무엇보다도 가장 암영(暗影)을 던지고 있었던 존재는 역시 패전당사국인 독일이었다. 제1차 세계대전의 뒤처리를 위하여 모였던 파리강화회의는 한결같이 영구적 평화를 외쳤지만 독일에 대한 증오감과 위구심(危懼心)으로 인하여 독일에게 엄격한 책임을 부과시킴으로써 새로운 불씨를 잉태시키고 말았다. 독일대표의 참석이 거부된 채 일방적으로 강요된 베르사유 조약은 한마디로 독일의 입장을 "노예화"의 길로 전락시킨 올가미였다. 베르사유 조약이 규정한 바에 의하여 독일은 모든 해외식민지를 상실했고 국토의 대부분이 비무장상태로 남게 되었으며, 일찍이 19세기에 정복했던 알사스-로렌 지방과 쉴레스비히-홀슈타인(Schleswig-Holstein)은 프랑스와 덴마크에 각각 귀속되었다. 그리고 자르(Saar) 지역의 국제화, 라인란트(Rhineland)의 중립화와 더불어 벨기에와의 경계선에 있는 작은 국경지역도 빼앗기고 말았다. 그러나 독일로서 무엇보다도 견딜 수 없는 굴욕은 동부지역의 영토적 변경이었다. 비스툴라(Vistula)강 연변의 독일 영토(소위 폴란드 회랑)를 폴란드에 내어줌으로써 발틱(Baltic)해를 향한 독일의 출구가 봉쇄당했을 뿐만 아니라 동프러시아가 고립된 것이다. 또한 비스툴라강 하구에 위치한 단치히(Danzig)는 자유도시화하여 국제연맹이 지정한 나라의 장악 하에 들어가도록 되었는데, 실제로 이 독일 도시의 제도 및 대외관계를 관할하게 된 나라는 폴란드였다. 이보다 남쪽에서는 실레지아(Silesia)가 역시 폴란드에 넘어갔는데, 일부는 국민투표 결과에 의하여, 다른 일부는 폴란드군의 강점에 의하여 넘어가고 말았다.

이리하여 피점령지에 남겨진 패전국 국민들은 뿔뿔이 흩어지기 시작했다. 폴란드에 남겨진 독일 및 오스트리아인들은 이탈리아의 북쪽인 남부 티롤(Tirol) 지방 또는 체코의 주데텐란트(Sudetenland)로 가서 정착하게 되었으며, 마찬가지로 헝가리인들은 체코와 루마니아 쪽으로 이주해갔다. 이와 같은 인구이동이 얼마 안가서 분쟁의 씨앗으로 등장한 것은 결코 우연이 아니었다.

이상 열거한 영토의 상실 외에도 독일은 60억 파운드의 전쟁배상금을 전승국들에게 물어야 했는데, 독일국민의 증오심을 불러일으킨 직접적인 동기는 바로 이것이었다. 아울러 독일로부터 영구히 전쟁도발 능력을 제거하기 위해 강력한 군비제한조항도 첨가되었다.

이처럼 독일에게 강요된 베르사유 조약이 얼마나 터무니없이 가혹하였는가는 연합국 측 지도자들의 몇몇 발언을 통해서도 자인되고 있다. 프랑스의 포쉬 원수는 회담석상에서조차 "이것은 평화가 아니다. 단지 20년간의 휴전일 뿐이다"라고 말하였으며, 미국의 군인외교관 블리스(Tasker H. Bliss) 장군 역시 "30년" 이내에 다시 전쟁이 일어날 것이라고 예언하였다. 처칠(Winston S. Churchill)도 베르사유 조약의 경제조항이 "악의적이며 우매한" 짓이었다고 지적한 바 있다.

이러한 와중에서도 제1차 세계대전 후의 유럽에 그 나름대로의 안정을 부여할 것으로 기대되었던 2개의 힘이 있기는 하였다. 하나는 국제연맹(League of Nations)이었고, 다른 하나는 프랑스를 중심으로 한 군사동맹체제였다. 그러나 국제연맹에는 독일과 소련의 참여가 거부되었을 뿐만 아니라, 발의국(發議國)인 미국조차도 고립주의(孤立主義)를 고집하여 참여하지 않았기 때문에 국제적인 분쟁해결능력은 애초부터 없었다고 해도 과언이 아니다. 더구나 강대국들은 일반적으로 자국의 이익에 영향이 없는 한 국제연맹에 그다지 열의를 보이려하지도 않았다. 말하자면 국제연맹은 "고양이 목의 방울" 신세가 된 셈이었다. 한편 프랑스를 핵심으로 한 군사동맹체제는 독일의 재기를 두려워한 프랑스가 1차 세계대전의 결과 영토적 이득을 취한 유고, 체코, 루마니아, 폴란드 등과 맺은 것으로, 독일에 대한 봉쇄정책의 일환으로서 추진된 것이었다. 그러나 이것 역시 이미 언급한 바와 같은 군소국가들 간의 이해상충으로 말미암아 겉모습만 그럴 듯한 "종이사슬"에 불과했다.

국제연맹의 권위가 얼마나 허구에 가득 찬 것이었는지는 무솔리니(Mussolini) 치하의 이탈리아가 1935년 12월 5일 이디오피아(Ethiopia)에 침공한 사태로 인하여 백일하에 드러났다. 이탈리아가 상대도 되지 않는 이디오피아를 짓밟고 있는 동안 유럽 각국과 미국은 수수방관한 채 강건너 불을 바라보듯 하였다. 국제연맹의 회원국이었던 이디오피아가 마침내 굴복하고 만 1936년 5월 5일은 국제연맹의 정치적 기능에도 종지부를 찍은 날이 되고 말았다. 물론 이보다 앞서 일본의 만주침략에 대해서도 속수무책이었던 바와 마찬가지로 국제연맹의 처벌조항이나 빗발치는 세계의 여론 따위는, 전쟁광(戰爭狂)이 되어버린 전체주의자들에게 메아리 없는 함성에 불과했던 것이다.

이처럼 명분 없는 침략행위가 전혀 제재를 받지 않았다는 사실은 당시의 유럽이나 미국의 상황이 "평화"를 마치 깨지기 쉬운 "유리공" 다루듯 하고 있었다는 점에 크게 기인하고 있다. 연합국만도 1,000만 명 이상의 인명피해와 막대한 재산상의 손실을 입은 제1차 대전의 참상을 상기할 때 영국과 프랑스는 도저히 또 하나의 대전을 치를 엄두도 낼 수 없었으며, 미국은 격변하는 국제정세로부터 멀리 떨어져서 스스로 자제하고 있었던 것이다. 결국 당시의 상황으로 볼 때 평화는 "어떠한 대가를 치르고라도" 지켜져야만 될 지상과제였기 때문에, 이디오피아 문제 정도로 긁어 부스럼을 낸다는 것은 우매한 짓으로 간주되었을 뿐이다.

이것이 바로 장차 연합국측이 동맹국 측에게 드러내었던 연약하기 이를 데 없는 유화정책의 시발이었고, 이에 고무된 전체주의자들은 이로부터 정복을 위한 외부세계로 탐욕의 눈길을 돌리기 시작하였다.

제2절 동아시아의 정세

유럽에서 재속에 묻힌 전쟁의 불씨가 점차 뜨거워 가고 있는 동안에 지구의 다른 한쪽에서는 일본의 제국주의가 서서히 그 윤곽을 나타내기 시작하고 있었다.

일본은 이미 1894년부터 1895년에 걸친 청일전쟁에서 그들의 공세적이고 팽창주의적인 욕구를 드러낸 바 있다. 그 뒤 국제적 압력에 의해 요동반도를 포기했던 일본은 유럽세력과의 첫 번째 전쟁이었던 러일전쟁(1904-1905)을 승리로 이끈 결과 요동반도의 점유권을 재차 탈취하고 러시아세력을 중국으로부터 축출하는데 성공했다. 그리고 이어서 1910년에는 한국을 강제로 병합하였다.

제1차 대전에 명목상으로만 참전했던 일본은 마침내 이전에 독일의 세력권이었던 산동반도와 캐롤라인(Caroline) 제도, 마샬(Marshall) 군도, 괌(Guam)을 제외한 마리아나(Mariana) 군도 등의 점유권을 주장하기에 이르렀고, 국제연맹은 이 섬들에 대한 일본의 위임통치권(委任統治權)을 부여하고 말았다. 그러나 미국과 영국은 일본의 이러한 팽창야욕을 우려한 나머지 1921년 워싱턴회의(Washington Conference)를 열어 중국의 영토적 존엄성을 확인한다는 명분을 내세움으로써 일본으로 하여금 산동반도로부터 철수하도록 압력을 가했다. 일본이 이러한 압력에 굴복하고 또한 워싱턴 해군군축협정에서 미국 · 영국 · 일본의 주력함 비율을 5:5:3으로 규정하는 안에 승복한 것은 일본 내의 군벌세력에 견제를 가했던 자유주의적 정권의 등장에 배경을 두고 있다.

그러나 육군을 주축으로 하는 군벌세력은 1920년대 말부터 전 세계를 휩쓴 공황으로 말미암은 일본 내의 경제적 불황과 사회적 동요에 편승하는 한편, 1931년 봉천사변(Mukden Incident)을 계기로 권력을 장악하는데 성공했다. 당시 일본의 관할 하에 있었던 봉천-하르빈 간 철도폭파사건으로 비롯된 봉천사변 이후, 일본은 중국에 대한 그들의 침략의도를 백일하에 드러내기 시작했다. 즉 일본은 중국이 자체적으로 "마적(馬賊)"을 통제할 능력이 없다는 구실을 내세워 만주일대를 석권하기 시작했으며, 1932년 2월 18일에는 드디어 그들의 괴뢰국(傀儡國)인 만주국을 수립했던 것이다. 국제연맹이 이 문제 대해 항의를 제기하자마자 일본은 기다렸다는 듯이 즉각 국제연맹을 탈퇴함으로써 국제연맹의 권위에 최초의 치명적 상처를 입히고 말았다.

한편 중국은 반일(反日) 보이콧으로 이에 대응했는데 특히 상해에서 극심하여 유혈사태까지 빚어내게 되었고, 일본은 이를 진압한다는 구실로 일본군 7만 명을 상해에 상륙시키기도 했다. 이 뒤 4년간에 걸쳐서 일본은 제홀(Jehol)을 병합하는 등 집요하게 북중국 일대를 괴롭혔다.

장개석의 중국중앙정부는 초기에 내란으로 분열된 중국을 단일화하는데 급급해서 일본의 이러한 침략행위에 이렇다할 만한 조직적 저항을 할 수 없었지만, 점차로 군세(軍勢)를 정비해감에 따라 대일본자세(對日本姿勢)가 굳어지기 시작했다. 이로부터 일본군과 중국군 간에는 긴장이 팽배하여 일촉즉발의 상태가 되었다. 마침내 일본은 무력을 사용하기로 결심했다. 일본이 강압에 의하여 중국을 손아귀에 넣고자 했던 중일전쟁, 이것이 바로 태평양전쟁의 시발이었고 실질적인 제2차 세계대전의 시작이었다.

이상에서 유럽과 동아시아의 전전상황(戰前狀況)을 개괄하였는데, 결국 당시의 유럽 및 극동을 포함하는 세계적 상황은 한마디로 "미국의 고립주의(isolationism), 영국의 평화주의(pacifism), 프랑스의 패배주의(defeatism)", 그리고 소련과 일본의 팽창주의가 뒤얽힌 일대 파노라마였다고 할 수 있다. 이러한 그늘에서 독일은 은밀히 복수의 칼을 갈고 있었으며, 이 칼이 일단 히틀러라는 광인(狂人)의 손에 들어감으로써 서구문명은 갈가리 찢길 운명에 놓이게 되었다. 역시 마찬가지로 극동의 이단자 일본도 비록 한 개인의 전체주의적 욕망은 아니었다 할지라도 소수의 전체주의자들에 의하여 동양의 고요한 하늘에 암운을 몰고 온 존재가 되었으니, 이로써 전 세계의 인류는 다시 한번 대전의 뜨거운 불길에 휩싸이게 되고 말았다.

제2장 독일의 전쟁준비

제1절 젝트(Seeckt)의 비밀재군비(秘密再軍備)

영토의 변경, 배상금 지불 및 군비제한을 골자로 한 베르사유 조약이 독일의 입장에서 볼 때, 강요되고 명령된 강화(Diktat)였음은 이미 지적한 바와 같다. 그 중에서도 군비제한조항은 독일군에게 가장 치명적인 타격을 준 것인데, 그 내용은 요약하면 대략 다음과 같다.

① 육군은 총병력 100,000명으로 제한하며 그중 장교는 4,000명을 초과할 수 없다. 이 100,000명의 병력은 보병 7개 사단, 기병 3개 사단 이하로 구성되어야 한다. ② 참모본부(Generalstab), 또는 이와 유사한 기관은 용납치 않는다. ③ 병기, 탄약 및 기타 전쟁물자의 제조를 엄격히 제한하며, 이의 수입 및 수출을 금지한다. ④ 군의 징병제도를 폐지하고 지원병제도를 채택할 것이며, 복무연한은 장교 25년, 사병 12년으로 규정하고, 연간 장교의 전역비율(轉役比率)은 전체유효병력의 5%를 넘을 수 없다. ⑤ 강화성립 후 3개월 이내에 라인강 동방 50km 이내의 모든 군사시설을 철폐해야 하고, 독일의 남방 및 동방 국경지대의 요새시설은 현상을 그대로 유지해야 한다. ⑥ 해군은 병력 15,000명과 전함 6척, 경순양함 6척, 구축함 12척, 어뢰정 2척으로 제한하며, 잠수함은 비록 상용(商用)일 경우에도 일절 보유할 수 없다. ⑦ 군용비행기나 비행선의 제조 및 소유를 금지한다.

이상과 같은 군비제한조치에 의하여 전쟁 전 세계에서 가장 강력한 군사력을 보유했던 독일은 이제 예전 수준의 1/8도 안 되는 국가방위군(Reichswehr)을 유지할 수밖에 없게 되었다. 그러면 이처럼 제한된 군대를 가질 수밖에 없었던 독일이 과연 어떻게 해서 2차대전과 같은 전쟁을 치를 수 있을 정도로 성장했을까? 이 수수께끼를 풀어주는 인물이 바로 젝트(Hans von Seeckt)이다. 1차 대전에서 슐리펜의 역할을 빼어놓을 수 없듯이 젝트는 2차 대전에서 가장 중요한 발판이 되었던 사람이다. 슐리펜이 1차 대전 발발 10년 전에 은퇴해서 1년 전에 사망한 사실과, 젝트가 2차 대전이 터지기 10년 전에 은퇴해서 3년 전에 죽은 사실 또한 역사상의 아이러니라 아니할 수 없다. 어쨌든 젝트는 1차 대전 결과 완전히 붕괴되어 버린 독일군을 재건하는 데에 온갖 정력을 다 기울여 마침내 1933년 이후 실시된 경이적인 군비확장을 가능케 한 토대를 마련했을 뿐만 아니라, 나아가 군대 역사상 대단히 귀중한 사상적 기여를 했던 것이다.

젝트는 원래 1차 대전이 발발했을 때 제3군단의 참모장이었는데, 쑤아쏭(Soissons) 돌파전에서 용맹을 떨친 후, 막켄젠 장군의 신편(新編) 제11군의 참모장으로 발탁되어 동부전선으로 갔다. 거기에서 그는 1915년 5월에 실시된 고를리체-타르노프 돌파전을 계획하여 대성과를 거두었다. 그 후 계속 막켄젠 장군을 보좌하여 항상 빛나는 업적을 이룩하였기 때문에 "막켄젠 있는 곳에 젝트가 있고, 젝트가 있는 곳에 승리가 있다"(Where Mackensen is, Seeckt is, Where Seeckt is, Victory is.)라는 명성을 얻었던 것이다. 패전 후 그는 독일대표단의 한 자문위원으로서 파리강화회의에 참석하여 끓어오르는 울분을 참을 수 없었으며, 이로부터 군비제한조치를 역이용할 방안을 모색하기 시작했다. 이리하여 젝트는 우선 선대의 교훈을 찾아내어 샤른호르스트(Scharnhorst)가 나폴레옹의 눈을 피해 어떻게 프러시아군을 육성했는가를 면밀하게 검토하였다. 그러던 중 그는 마침내 1920년에 독일국방군의 참모총장이 됨으로써 재군비작업(再軍備作業)을 실천에 옮길 수 있게 되었다. 이와 같은 젝트(재임기간: 1920-1926)의 계획을 뒤에서 적극적으로 밀어준 사람은 국방장관 오토 게블러(Otto Gebler, 재임기간: 1920-1929)였다.

젝트의 업적 가운데서, 제일 첫 번째 꼽을 수 있는 것은 제한된 수의 국가방위군을 "이중의 목적을 가진 간부화된 정예군"으로 만든 것이었다. 즉, 장차 군대가 확장될 때 모든 사병은 하사관의 역할을, 하사관의 대부분은 초급장교의 임무를 담당하며, 모든 장교는 대부대(大部隊)의 지휘를 능숙하게 할 수 있는 고급지휘관이 될 수 있도록 엘리트 군대를 육성했던 것이다. 이러한 목적을 달성하기 위하여 장교의 선발에 우선 최대의 신중을 기했다. 특히 장교는 고도의 지식과 용기, 신의를 지녀야 했기 때문에 더욱 엄격한 구비조건을 필요로 했다. 대학졸업장 없이는 장교로 지원할 수조차 없었으며, 비록 대학졸업장이 있다하더라도 임관을 위해서는 4년 6개월의 훈련과정을 또 필해야 하였다. 뿐만 아니라 임관 후에도 계속되는 새로운 훈련과정과 자격시험이 뒤따랐으며, 여기에서 낙제하면 즉시 해임 당하였다. 학력과 더불어 그가 극히 관심을 기울였던 것은 귀족 및 구(舊)군벌가문 자제들의 다수를 장교로 임관시키려 한 것이었다. 이는 신생공화국의 군대 내에서도 독일의 전통적인 군국주의사상을 그대로 지속시켜야 한다는 그의 신념에 의한 것이었다. 이와 같은 태도는 민주주의자나 사회주의자들로부터 심한 반발을 받기도 했지만, 그는 군의 중립성을 방패로 이를 극복하였다. 출신성분과 학력의 요소는 사병선발에도 중요하게 적용되었다.

베르사유 군비조항에 의하여 징집제도가 지원병제도로 바뀜에 따라 17세에 달한 남자는 누구나 자유롭게 군에 지원할 수 있었음에도 불구하고 지원자 선발에는 종교, 사회적 위치, 직업 및 정치적 신분 등이 심도 깊게 고려되었다. 이러한 기준에서 선발된 사병들은 육체적으로나 정신적, 또는 기술적으로 철저한 직업군인이 되도록 교육과 훈련을 받았기 때문에 다른 어떤 나라의 군대보다도 우수하게 육성되었다.

젝트의 두 번째 업적은 후일 독일군 전략사상에 근본적 영향을 미친 새로운 전략이론을 제공한 점이다. 1차 대전 후 연합국의 정치 · 군사지도자들이 전승의 안도감에서 방어전 원리에만 집착하고 있을 때, 젝트를 위시한 독일군 지도자들은 패전의 원인을 분석하고, 새로운 전략이론을 도출해내는데 전력을 다하였다. 이들은 전쟁에서의 승리가 공격에 의해서만 쟁취될 수 있다는 공격 전략의 우위성을 강조했는데, 공격을 성공적으로 수행하기 이해서는 질적으로 우수하고 고도로 기동화된 소규모 단위 정예부대가 절실하게 필요함을 깨닫게 되었다. 이리하여 1924년 초에 브라우힛취(Brauchitsch) 중령은 차량화(車輛化) 부대와 항공기의 협동작전 가능성을 검토하는 기동연습을 실시하였고, 구데리안(Heinz Guderian) 대위는 전차부대의 전술적 운용에 대한 연구를 진행하였다. 풀러(J. F .C. Fuller)나 리델하트(Liddell Hart), 또는 드골(De Gaulle) 등에 의해 이론적 기초가 마련되었으며, 구데리안 등에 의해 완성된 기계화 부대 및 전격전(電擊戰)의 이론은 1921년 젝트가 "독일군 재건에 관한 기본사상"(Grundlegende Gedanken fur den Wiederaufbau unserer Wehrmacht)을 발표한 이후 더욱 발전되었다.

요컨대 젝트의 지도하에 독일국방군은 제한된 규모와 부적당한 장비를 가지고도 방어에 집념하지 않았고, 오히려 기동성을 주로 한 공격의 우위를 강조하여 훗날 전 세계를 전율케 한 전격전의 기반을 다졌던 것이다.

젝트의 업적 가운데 세 번째로 언급할 것은 다양하고 복잡한 각종의 비밀재군비 활동이다. 그 구체적 사례를 몇 가지로 나누어 보면, ① 가장 중요시되었던 것은 샤른호르스트 이래 군의 중추신경 역할을 맡아왔고, 베르사유 조약에 의하여 그 설치를 금지당한 총참모부(Generalstab)의 전통과 기능을 여하히 존속시키느냐 하는 문제였다. 젝트는 총참모부의 제반기능을 정부 각 부처에 이관시킴으로써, 그 안에서 은밀히 임무를 계속할 수 있게 했다. 즉 몇 가지의 업무는 국방성내의 군무국에서, 문서보관 및 전사연구는 국가문서실에서, 지형연구는 내무성에서, 군 철도관리는 교통성에서 담당하였으며, 정보업무의 일부는 외무성에 이관시켰는데, 그곳에서 국방군의 참모장교들은 민간인의 자격으로 그들의 업무를 수행하였다. 그리고 슐리펜백작협회라는 위장된 단체를 조직하여 여기에서 새로운 전략이론을 논의케 하였다. 아울러 새로운 참모부요원의 양성을 위하여 성적이 특출한 사람을 후보자로 선발, 7개의 군관구(軍管區)에 설치된 군사학교에서 2년간의 훈련을 받게 하고(1923년 10월 이후부터는 2년의 훈련기간이 추가됨), 그 중에서 가장 유능한 장교들을 다시 선발하여 베를린에 있는 국방성으로 전입시켜 거기에서 총참모부 요원으로서의 훈련을 쌓게 하였다. 이와 같은 제도는 1935년 재군비선언이 있을 때까지 성공적으로 지속되었다.

② 다음으로 젝트가 중요하게 여긴 것은 동원체제와 예비군제도의 유지였다. 장기적인 동원계획을 위하여 무엇보다도 긴요한 것은 인력자원에 관한 모든 자료를 수집하는 것이었으며, 이러한 업무는 연금국(年金局)의 소관으로 존속시켰다. 이때 예비군의 역할을 담당한 것은 경찰과 노동군(勞動軍, Arbeits Kommando)이었다. 일명 흑색방위군(黑色防衛軍, Schwarzen Reichswehr)으로 알려진 노동군은 원래 1923년 프랑스의 루르 점령시 동부국경수비를 위한 보조군(補助軍)으로 육성된 것인데, 공식적으로 이들은 단기계약에 의하여 고용된 민간인 노동자였지만, 군복을 입고 군으로부터 급여, 훈련, 명령을 받았으며 병사에 숙박하였다. 말할 것도 없이 이들은 베르사유 조약을 위반하고 존재한 예비군이었으며, 그 숫자는 1923년 9월까지 5~8만여 명에 달하는 것으로 추산되었다. 이들의 대부분은 주로 복크(Fedor von Bock) 중령이 참모장으로 있는 제3군관구 지역에서 활동하고 있었다. 젝트가 보유한 또 하나의 예비군은 보안대(Schutzpolizei)라고 부르는 경찰로서, 이들은 국방군의 전투력을 보강할 수 있도록 조직되고 훈련되었다. 연합국은 애당초 독일경찰의 전투력을 인식하고 그 수를 제한하였지만, 이들은 보안경찰 · 지방경찰 등의 명칭으로 계속 존재하였으며, 장교출신자에 의해 훈련받고 모든 군사훈련에도 참가하였다.

③ 젝트는 엄격한 비밀계획 하에 고도의 기술훈련 및 전기연마(戰技硏磨)를 게을리 하지 않았으니, 수많은 항공기 조종사들은 민간항공사에서 비행훈련을 받았으며, 베를린 공과대학에 파견된 다수의 장교들은 과학기술의 적용가능성을 연구하였고, 많은 참모장교들과 군사전문가들이 일본 · 중국 · 남미제국 · 발틱제국 · 소련 등지에서 현대장비를 다룰 수 있는 위탁훈련을 받았는데, 특히 소련과의 관계는 매우 깊었다.

④ 소련과 맺은 소련비밀군사협조 관계는 애당초 전후 소련과의 본격적인 외교관계 재개로부터 활기를 띠고 전개되었다. 젝트는 소련과 접근하여 비밀의 장막으로 가려진 소련 영토 안에서 조약상 금지된 군사훈련 및 제반무기의 획득을 꾀하고자 했던 것이다. 이리하여 1920년 말 국방성 내에 러시아특별국(Sondergruppe Russia)이라는 비밀분국이 설치되어 적군(Red Army)과의 협조가능성을 모색하였으며, 뒤이어 산업촉진사(GEFU: Gesellschaft zur Forderung Gewerblicher Unternehmungen)라는 위장된 사설무역회사가 베를린과 모스크

바에 설치되었다. 산업촉진사의 주요업무는 전쟁과 혁명으로 파괴된 소련 내의 항공기공장, 독가스공장, 탄약공장, 탱크공장 및 잠수함공장 등을 재건 또는 신설하는데 소요되는 재정적 · 기술적 원조를 독일이 제공하고, 그 대신 독일이 필요로 하는 요원의 훈련과 무기의 공급을 소련이 담당하도록 촉진시키는 것이었다. 이후부터 독일은 소련의 군수공업 재건을 돕고, 소련은 베르사유 조약상 금지된 여러 가지 무기들을 독일에 제공하기 시작했다. 뿐만 아니라 소련 내의 항공학교에서는 독일의 조종사들이, 전차학교에서는 독일의 전차전문가들이 전기(戰技)를 연마할 수도 있게 되었다. 독 · 소간의 이러한 협조관계는 아이러니컬하게도 레닌(Lenin)이 언급한 바와 같이 "…독일은 복수를 원하고, 우리는 혁명을 원한다…"는 동상이몽적 이해관계에 의해서 가능할 수 있었던 것이다.

⑤ 젝트는 또한 비밀재군비에 있어서 대단히 커다란 비중을 차지하는 군의 보급 및 국가 경제력 동원에도 대비했는데, 장기적이고도 대규모적인 경제동원체제를 갖추기 위해 1924년 국방성 내에 동원국(Rustungsamt)이라는 비밀특별국을 설치했다. 이곳에서는 일종의 경제담당 참모본부의 역할을 맡았으며, 국내뿐만 아니라 오스트리아 · 스위스 · 스웨덴 · 스페인 · 네덜란드 및 이탈리아 등지에까지 손을 뻗쳐 여러 산업체와 협조를 모색하는 임무를 수행하였다.

이상에서 젝트의 빛나는 업적을 요약해서 살펴보았는데, 그의 공헌이 결코 여기서 그친 것만은 아니었다. 더구나 그의 피나는 노력이 베르사유 조약의 엄격하고도 냉혹한 제약 속에서 이루어졌다는 사실을 상기할 때, 우리는 경탄을 금할 수 없는 것이다.

그러나 그의 비밀재군비 활동에 전혀 과오가 없었느냐 하면 반드시 그렇지는 않다. 젝트의 재군비과정 자체, 또는 그 여파가 가져온 과오 역시 적지 않았다. 그 중 가장 중대한 것을 세 가지만 꼽아보기로 하겠다.

첫째, 군의 재건과정에서 사회적 가치를 올바르게 수행할 수 있는 군대를 만들지 못했다는 점이다. 젝트가 충원과정에서 귀족세력이나 구 군벌가문의 자제들을 우대한 것은 군대의 민주화 경향이 이미 뚜렷해지고 있었던 1920년대의 상황으로 볼 때 시대역행적인 조치였으며, 결과적으로 독일군대는 당시의 사회와는 동떨어져 제국시대와 같은 군국주의적 성격을 면치 못하게 되어 "국가 안에 또 하나의 국가"를 형성하게 되었다. 훗날 독일 군부가 "나치즘의 칼날"로 전락한 중요한 이유 중의 하나는 바로 이것이었다.

둘째, 군사교육에 있어서 지나치게 기술적인 합리성만 강조하여 군의 지도자들에게 필수적으로 요청되는 역사와 정치에 대한 포괄적인 안목을 결여케 하였다. 이는 군의 기능적인 필요성만을 고려한 조치였으며, 군의 사회적 필요성을 등한시했다는 점에서 첫 번째 지적한 과오와도 일맥상통하는 바가 있다 아울러 상대적으로 융통성이 결핍됨을 피할 수 없게 되었다.

셋째, 참모제도 운용상 작전분야에만 치중한 나머지 정보업무나 행정업무 등은 종속적이고 제2차적 위치에 국한되고 말았다. 그 결과 제2차 세계대전시 독일의 참모본부는 연합군의 장기전 전략과 그 수행능력에 대한 올바른 판단을 내리지 못함으로써 패전의 한 원인을 자초하고 말았다. 작전에 능한 독일군이 정보업무나 기타 행정업무가 부실하여 결정적인 국지전투에서 패한 예는 앞으로 상세히 전개될 전역들에서 충분히 평가하기로 하겠다.

이처럼 영욕과 공과(功過)가 엇갈린 젝트의 비밀재군비작업은 1926년 그가 사임한 이후 후임자인 헤이에(Wilhelm Heye: ~1930년)와 하머슈타인(Kurt von Hammerstein; ~1934)에 의해 지속됨으로써 후일 히틀러(Adolf Hitler)가 대규모적인 재군비를 할 수 있는 기초를 마련해주었다.

제2절 전쟁으로의 길

독일과의 전쟁을 특히 "히틀러의 전쟁"(Hitler' s War)이라고 부르는 사가(史家)도 있다. 사실 히틀러라는 인물 없이는 독일이 제2차 세계대전을 벌일 수 없었을는지도 모른다. 이 전쟁의 원인이 그렇게 간단한 것 아님은 이미 납득하고 있는 바와 같지만, 한 가지 확실한 사실은 전쟁의 원인이 되는 불씨들 위에 기름을 부은 사람이 바로 히틀러라는 점이다.

히틀러가 정권을 잡기까지의 도정(道程), 그리고 정권을 잡은 후 그가 차츰차츰 전쟁의 문을 향하여 다가간 일련의 교활하고도 치밀 대담한 정책과정은 그러한 연유로 해서 반드시 열어보고 넘어가야 할 제2차 세계대전의 서막인 것이다.

1922년 히틀러는 당시 미미한 군소정당 중의 하나였던 국민사회당(National Socialist Party), 곧 나치당의 당수가 되었다. 이리하여 패전으로 인한 국민정신의 피폐와 경제적 궁핍 때문에 독일이 점차 공산주의의 침식에 깎여 들어가고 있을 무렵인 1923년 11월에는 폭력에 의하여 정권을 탈취할 목적으로 뮌헨에서 폭동을 일으켰으나 실패로 그치고, 1925년까지 감옥생활을 하였다. 루덴도르프 장군을 등에 업고 결행했던 이 폭동이 바로 나치즘의 실질적인 발단이었던 것이다. 수감중 그는 『나의 투쟁』(Mein Kampf)을 저술하여 장차 실천할 모든 과업을 그 속에 표명하였다. 그는 폭동에 의하여 정권을 탈취하려는 기도가 위험천만한 경거망동임을 인식하고 차후부터는 조직을 통한 보다 합법적인 운동에 의해 정권을 장악하고자 결심했다. 이로부터 나치는 모든 정치활동에 있어서 표면상 합법을 표방하였고, 다만 가장 강력한 적이며 모든 정당이 공동의 적으로 여기고 있었던 공산당에 대해서만은 무자비한 테러를 감행하면서 차츰 세력을 뻗쳐 나아가기 시작했다.

이러한 시기에 국민을 심리적으로 유혹한 2개의 사이비 이론이 떠돌고 있었다. 하나는 "배후로부터의 중상이론(中傷理論)"(stab in the back theory)으로서 1차 대전에서 독일이 굴복한 것은 군대가 패배했기 때문이 아니라 독일 내에 잠복한 비독일적인 요소, 즉 사회주의자 및 공산주의자, 자유주의자, 그리고 유태인들이 전쟁수행을 방해하고 내응(內應)했기 때문이라는 주장이다. 사실 대다수의 독일국민이 패전의 원인을 석연치 않게 여기고 있던 차라 이 이론은 급속하게 대중 속으로 파고 들어갔다. 왜냐하면 1차 대전이 종결될 때까지 독일군은 계속 승리하고 있었으며 적의 영토 안에서만 싸웠고, 국토는 조금도 적에게 유린당하지 않은 채, 어느 날 갑자기 패배했다는 발표가 나왔기 때문이었다.

또 다른 하나의 사이비 이론은 "생활권"(Lebensraum) 철학이었다. 원래 이 철학을 도출해낸 장본인은 하우스호퍼(Karl Haushofer)로서, 그는 영국의 지정학자(地政學者) 맥킨더(Halford Mackinder)의 "대륙 중심 지정학"(Heartland theory)에 교묘한 탈을 씌워, 지리를 지리학적인 사실의 분석으로서가 아니라 하나의 정신적 무기로서 가르치기 시작했다. 예컨대 이 지구상에는 인력(引力)이 작용하는 중심적 지역이 있는데, 이곳을 장악하는 종족이 지구상의 지배권을 장악할 수 있다는 것이다. 그리고 이와 같은 중심지역에 "생활권"을 마련한다는 것은 경제적 관점에서 볼 때는 바로 "자급자족"(Autarkie) 체제의 달성을 의미한다. "생활권" 철학은 1919년 이후 거의 20년 이상이나 독일내의 환상주의자들을 몽상 속에서 헤매게 하였고, 마침내는 전 세계를 재난에 빠뜨린 신기루가 되고 말았던 것이다.

여하튼 이러한 사이비 이론에 대한 난무(亂舞), 전후의 불경기와 악성인플레, 막대한 배상금의 부담, 군국주의에 대한 강렬한 회고(回顧)로 인하여 조직된 수많은 자유군단(Frei Korps) 및 각종 정치·사회단체 간에 벌어진 테러와 폭동사태, 그리고 이와 같은 문제점들을 치료하기에는 너무도 힘이 모자랐던 정치적 불안정 등등은 한 마디로 이 시대의 사회상을 압축해 놓은 조감도(鳥瞰圖)였다. 이렇게 되면 사람들은 허울 좋은 자유보다는 이를 포기하는 한이 있더라도 권위에 의탁하여 안정을 얻고자 하는 강렬한 욕구가 생각나게 마련이다.

이리하여 "생활권" 및 자급자족체제, 그리고 대제국에의 영광을 약속하면서 권위의 위임(委任)을 호소한 나치의 선전(宣傳)은 독일국민을 매혹하기에 충분하였던 것이다. 더욱이 1929년부터 세계를 휩쓴 대공황은 히틀러에게 결정적인 행운을 안겨 주었으니, 절망할 대로 절망한 독일국민은 마침내 나치당에 그들의 운명을 내맡겨, 전년까지 12석의 소수정당에 불과했던 나치당에게 1932년 7월 선거에서 무려 1,400만 표를 던져 주었다. 드디어 독일의회(Reichstag)의 제1당이 된 나치당의 당수 히틀러는 1933년 1월 힌덴부르크 대통령에 의해 숙원이던 독일수상에 임명되었다. 샤이데만(Scheidemann)의 표현을 빌리자면 "바이마르(Weimar) 공화국은 우단(右端)과 좌단(左端)에서 동시에 불타고 있는 양초"였는데, 히틀러는 우단의 불꽃에 부채질을 함으로써 그의 목적을 달성할 수 있었던 것이다.

이로부터 히틀러는 오래 꿈꾸어 온 대제국에의 망상을 용의주도한 방법에 의해 실천에 옮기기 시작했으니, 그것이 이른바 "잠식전술(piecemeal tactics)"였다. 이는 "목표를 일괄적·급진적으로 달성하는 것이 아니라 부분적·점진적으로 추진하되, 제한된 소규모의 무력이나 압력을 지속적으로 투입하여 성과를 계속적으로 획득, 누적함으로써 궁극에 가서는 기도했던 목표를 달성하는" 전술이며, 히틀러는 이 전술을 사용함에 있어서 무력, 또는 압력을 가하는 강약정도 및 진퇴의 시기를 결정하기 위하여 국제정치상의 상황변동에 극히 민감한 대응조치를 취했을 뿐만 아니라 교묘한 정치적 기동까지도 병행시켰다. 이제 그 구체적인 사례들을 나열해 보기로 하겠다.

히틀러의 행동은 1933년 10월 국제연맹 및 군비축소위원회의 탈퇴를 통하여 개시되었다. 그리고 1934년 1월에는 폴란드와의 불가침조약에 서명하여 그 자신을 이성적인 인물로 대외에 부각시켰을 뿐만 아니라, 프랑스가 기도한 대독일 봉쇄망(封鎖網)에 최초의 구멍을 뚫어 놓았음은 물론, 폴란드군이 아직도 독일군보다 우세했던 시기 동안 내내 아무런 행동도 취하지 못하게 했다.

전략적 요지이며, 철광이 풍부한 자르 분지(盆地)는 1935년 1월 국민투표 결과 90%의 찬성으로 독일에 복속되어 나치의 위신을 크게 고양시켰으며, 그 해 3월 16일에는 무솔리니의 이디오피아 침공에 의해 조성된 위기상황을 틈타 베르사유 조약의 군비제한조항을 일방적으로 부인 폐기시켰다. 이것은 사실상 독일이 군대를 확충하겠다는 공식 성명이었다. 이제 독일국방군은 이미 젝트가 마련해 놓은 기반 위에서 급속도로 팽창되기 시작했다. 아울러 영국과 맺은 해군협정(Naval Agreement)으로 인하여 독일은 영국으로부터 해군의 확충을 인정받게 되었는데, 이로 말미암아 영·불 양국간의 유대에는 균열이 생기게 되었으며, 이에 놀란 프랑스는 소련과의 동맹관계를 모색하려 하기에 이르렀다. 히틀러는 이 기회를 놓칠세라 프랑스의 행동이 독일에 대한 명백한 위협이라는 구실을 붙여, 1936년 3월 7일 로카르노(Locarno) 조약을 비난 폐기함과 동시에, 라인란트에 진주(進駐)하여, 이 지역을 무장시켰다. 이 조치는 사실 일종의 투기였다. 당시 프랑스는 히틀러를 분쇄시킬 수 있는 충분한 힘이 있었지만, 프랑스나 영국 그 어느 쪽도 행동을 취하지 않았다. "평화"를 위해서 냉정을 유지한다는 표시를 하는 정도로 그치고 만 것이다. 히틀러는 그가 취한 조치로서 연합국이 결속해 있지 않음을 확인한 셈이었다. 이제 히틀러는 라인 대안(對岸)의 요지를 장악하였으며 서부방벽(West Wall;일명 Siegfried Line, 1937년 착공)을 구축하여 서부로부터의 위협에 대처할 수 있게 되었다.

한편 1936년 7월 18일부터 1939년까지 벌어진 스페인 내란(內亂) 중 독일은 이탈리아와 더불어 국민파(Nationalist)인 프랑코(Francisco Franco) 장군을 지원한다는 구실로 -(이때 소련은 같은 방법으로 왕당파(Loyalist)를 지원하였다)- 새로운 무기와 전술을 실험하고 실전경험도 얻게 되었다. 스페인 내란은 한마디로 "미래전의 예고편"이었음과 동시에 그 "연습장"이었던 것이다.

이 무렵 전비확충도 본궤도에 올라 어느 정도 자신을 갖게 된 히틀러는 "하나의 민족, 하나의 제국, 하나의 지도자(ein Volk, ein Reich, ein Fuhrer)"를 외치면서 1938년 3월 돌연 오스트리아를 합병하였으며, 같은 해 9월에는 체코의 주데텐란트에 거주하는 300만 독일인을 해방시킨다는 명목을 내세워 이를 점령하고, 뮌헨협정을 통하여 영 · 불로 하여금 이 사실을 승인토록 하였다. 이 회담에서 영국과 프랑스는 "우리 시대에 있어서 평화"(peace in our time)를 보장받으려는 희망 때문에 또 한번 굴복하고 만 것이다. 체코는 이제 유럽의 고아가 되어 1939년 3월 10일 히틀러가 삼킬 때까지 멀뚱멀뚱 기다리는 수밖에 없었으며, 드디어 체코가 넘어가자 독일은 스코다(Skoda) 조병창(造兵廠)에서 생산되는 우수한 장비들을 획득할 수 있게 되었음은 물론, 폴란드를 삼면으로부터 포위할 수 있게 되었다.

이제부터 히틀러의 슬로건은 "독일인의 통일"로부터 "생활권"으로 바뀌었다. 다음 목표는 명백하게 폴란드뿐이었다. 이에 따라 단치히와 폴란드 회랑(回廊)을 양도하라는 강력한 압력이 폴란드에게 가해졌다. 영국과 프랑스를 비롯한 연합국은 비로소 히틀러의 야망이 무엇인가를 깨닫게 되고, 뒤늦게나마 맹렬한 항의를 제기하는 한편 유사시 폴란드 지원을 공약하고 나섰다. 그러나 이미 히틀러를 견제할 수 있는 아무런 사슬도 남아있지 않았다. 지난 6년간에 걸친 히틀러의 전쟁준비에 대해 유화정책(Appeasement Policy)으로만 일관해온 연합국이 이 시점에서 후회해보았자 때는 이미 늦은 것이다. 더구나 히틀러는 1939년 8월 23일 스탈린과 불가침조약을 체결하여 상호중립과 비적대(非敵對)를 약속하였다. 역사상 가장 많은 인류에게 전율과 공포를 안겨준 두 범죄자는 엉큼한 속마음을 감추고, 서로를 무마시키기 위해 잠정적인 화해에 도달한 것이다. 이로 말미암아 독일은 양면전쟁의 위험을 일시적으로나마 면하게 되고, 오로지 더욱 침략적인 미래의 계획을 위해 준비에 열중할 수 있게 되었다. 대소불가침조약이야말로 제2차 세계대전의 대서막 중 히틀러가 마련한 마지막 무대장치였다.

이제 아무 거리낄 것도 없는 히틀러는 마침내 1939년 9월 1일 폴란드를 노리고 잔뜩 웅크린 충성스런 군대의 고삐를 풀어놓고야 말았다. 2일 후 영국과 프랑스도 유약한 "평화에의 환상"에서 벗어나 대독선전포고를 내리기에 이르렀다.

제3장 전격전(Blitzkrieg)

제1절 전격전의 개념

전격전(Blitzkrieg)이라는 용어는 제2차 세계대전의 개전기(開戰期)에 독일이 수행한 일련의 신속한 공격작전에서 유래되는 것이지만, 그 의미나 한계가 명확히 규정된 학술적 개념이라기보다는 통속적 일반적 용어로서 상대적 의미로 사용되는 경우가 많다. 이를테면 어느 한 시대에 있어서 그 시대가 지닌 과학기술의 수준 또는 전쟁수행 방식의 일반적 양상에 비추어 보아 예상되지 않았던 특수한 무기 장비 혹은 기동수단을 사용하거나, 예기치 않았던 전혀 새로운 전술을 도입하여 기습을 달성함으로써, 작전이 의외로 급진전되어 어느 한편의 압도적 승리가 확실해질 때, 우리는 그것을 전격전이라고 부른다. 따라서 고대에도 전격전이라 부를 만한 전투들이 있을 수 있다. 예컨대 기마민족(騎馬民族)이 철제무기를 장비하고서 청동제 무기를 가진 보병위주의 적을 격파했다면 이것은 전격전이었다고 할 수 있는 것이다. 그러나 엄밀한 의미에서 전격전의 시발은 역시 제2차 세계대전 초 독일의 공격전술에서 비롯되었다고 보아야 한다.

그렇다면 독일군의 전격전은 어떠한 사적(史的) 배경과 교훈으로부터 도출된 것일까?

우리는 보통 제1차 세계대전 중 출현한 신무기 가운데서 가장 특이한 존재로 항공기와 전차를 들고 있다. 항공기는 제1차 세계대전 말기에 등장하여 최초에는 정찰, 연락, 지휘 및 관측용으로 사용되기 시작해서 차츰 지상전투를 근접 지원하는 방향으로 관심을 돌리게 되었으나, 결정적 무기로 개발되기 전에 전쟁이 종료되고 말았다. 그렇지만 장애물에 별다른 구애를 받지 않고 신속하게 적의 인구집결지나 산업 및 군사 시설 등에 위협을 가할 수 있다는 점에서 많은 군사전문가들은 깊은 인상을 간직하게 되었다. 특히 이탈리아의 두헤(Guilio Douhet), 미국의 미첼(Mitchell), 세베르스키(Seversky) 등을 중심으로 항공전략이론이 대두되기 시작했다. 이들의 주장은 한마디로 항공기가 장차 전쟁양상을 획기적으로 변화시킬 것이며 제공권을 장악하는 쪽이 궁극적 승리를 차지할 수 있다는 것이었다.

한편 전차는 최초 영국에서 발명되어 제1차 세계대전 기간 중 1917년의 깡브레 및 아미앙 지역 전투에서 집단적으로 사용된 바가 있으나, 후속 지원수단의 미비라든가 기계적 결함(당시 속도 3mph 정도) 등으로 인하여 연합군 측에서는 더 이상의 별다른 관심을 보이지 않았다. 그러나 독일군은 당시 일대충격을 받은 관계로 오히려 전차의 가치를 중시하게 되었으며, 그 때문에 전후 리델하트, 풀러 등 영국의 군사이론가들이 전차의 중요성을 강조한 점에 깊은 관심을 갖게 되었다. 풀러의 이론에 의하면, 장차 전쟁에서는 전차를 공격무기로 먼저 사용하는 편이 대승리를 거둘 것이므로 전차부대를 독립시켜 집중 사용하는 방안을 마련해야 된다고 했다. 동시에 그는 현대전의 속도에 적응할 수 있도록 보병의 기동력을 향상시킬 것과 군의 전반적인 기계화를 주장하였다.

이와 같은 군사이론가들의 사상적 영향은 독일군이 제1차 세계대전의 패인을 분석 · 연구함에 있어서 결정적 도움을 주었다. 즉 독일은 1918년 루덴도르프 대공세시 사용한 후티어 전술이 돌파에 성공할 수 있었음에도 불구하고 돌파구 확대나 그 이상의 전과확대에 번번이 실패한 이유를 면밀히 분석 · 검토한 결과, 공격부대의 화력, 기동력, 수송력의 부족에 기인하였다는 결론을 얻었다. 왜냐하면 공격부대의 기동력이 부족했기 때문에 그 사이에 연합군은 철도나 차량 등을 이용하여 신속히 예비대를 이동시킴으로써 독일보다 우세한 병력을 돌파구 전면(前面)에 집결시킬 수 있었으며, 수송력의 부족 때문에 예비대 증원 및 충분한 보급지원이 불가능하게 되어 공격부대의 전투력이 약화되었고, 포병이 신속하게 진격하는 보병부대를 따라갈 수 없었기 때문에 후속 지원화력이 결핍됨으로써 전장을 제압할 수 없었던 것이다. 그리하여 독일군은 상기 결점을 보완하는 방법으로서 기동력의 부족은 공격부대를 기계화하고, 수송력의 문제는 대규모의 차량화부대 및 보급지원부대를 편성하여 해결하고, 화력은 전차와 포병의 자주화(自走化), 항공기의 폭격으로 보강하게 하였다. 결국 독일군은 구데리안의 전차부대 운용방안이 결실을 맺어 기갑사단(Panzer Division)을 편성하게 되었고, 이에 덧붙여 브라우힛취 등이 급강하폭격기(Stuka)와 지상부대간의 협동작전을 연구한 결과, "전차중심의 기계화부대와 전술항공대가 협동된 경이적인 공격력"을 갖추게 된 것이다.

이처럼 강력한 공격부대에 의해 전개되는 전격전은 3대 요결(要訣)로서 "3s" 즉 기습(surprise), 속도(speed), 화력의 우위(superiority)를 갖추고 있었다. 기습이란 적에게 심리적 충격을 가하여 전의를 상실케 하는 것이며, 이러한 기습효과는 제5열의 활동에 의해서 그 일부가 달성되기도 하고, 선전포고 없는 급작스런 침공으로 얻어지기도 한다. 기습에는 보통 전략적 기습, 전술적 기습, 기술적 기습의 3가지가 있는데, 전략적 기습이란 예기치 않은 시간과 방향으로부터 공격을 당하는 경우이고, 전술적 기습이란 이전과 전혀 다른 전술 예컨대 기갑부대와 급강하폭격기간의 협동된 공격전술은 종래의 포병화력에 의해 지원 받는 경우에 비해 볼 때 새로운 전술이었으며, 기술적 기습이란 새로운 무기나 새로운 기동수단의 사용에 의하여 초래되는 기습을 말한다.

속도(Speed)는 기계화부대가 적진 깊숙이 침투함으로써 적으로부터 후퇴 또는 재편성의 여유를 박탈하는 것을 뜻하는데, 한편으로는 기습효과를 보장해주는 하나의 요소로 작용하기도 하고, 다른 한편으로는 적진 깊숙한 곳에서 벌어진 혼란을 틈타 진격부대로 하여금 막대한 안전의 이점을 누리게도 해준다.

마지막으로 화력의 우위(Superiority)란 전차포, 자주포, 급강하폭격기 등에 의한 압도적 지원화력의 우세를 의미하는 것이다.

이상과 같은 3대 요결을 갖춘 전격전은 한마디로 "적을 섬멸하는 것이 아니라 적을 마비시키는" 특징을 가지고 있다. 슐리펜식 섬멸전이 적을 장벽에 몰아붙인 다음 망치머리로 후려쳐서 분쇄하는 것이라고 한다면, 전격전이란 창이나 칼로 재빠르게 적의 중추신경을 찔러 적의 조직력을 와해(disorganization)시키고 저항력을 박탈(demoralization)한 뒤에, 무력화된 적의 병력을 "수집(收集)"하는 것이라고 할 수 있다. 이러한 의미에서 전격전 전술은 지연전 전술(遲延戰 戰術, Fabian Tactics)의 반대개념인 것이다.

이제 전격전의 수행과정을 알아보자.

① 적의 후방에서 오열활동(五列活動)을 전개하여 정보를 수집하고, 민심을 교란하여 적 국민의 싸우고자 하는 의지를 약화시킨다.

② 공군은 기습적 일격으로 적의 공군력을 분쇄함으로써 제공권을 장악하고, 아울러 적 후방의 도시 · 부대집결지 · 지휘소, 그리고 통신시설 및 교통시설 등을 폭격하여 지휘조직과 동원체제를 마비시키고, 동시에 심리적 충격을 가한다.

③ 한편 전차, 자주포, 차량화된 보병 · 공병 및 병참지원부대가 하나의 팀을 이루어 적의 방어가 약한 전선의 좁은 정면에 대해 기습적으로 집중 공격함으로써 돌파구를 형성한

다. 이때 돌파를 담당하는 것은 보병이며, 따라서 돌파부대의 최첨단에는 보병이 위치하게 마련이다.

④ 기갑부대가 이 돌파구로 신속하고도 깊숙이 침투하여 적의 주력을 차단 · 포위함으로써 적으로 하여금 재편성할 시간적 여유를 주지 않는다. 이때 포병지원이 신속히 전진하는 기갑부대를 따라가지 못할 경우에는 급강하폭격기가 화력증원을 담당한다.

⑤ 포병의 지원을 받는 보병이 기갑부대에 접속 전진하여 차단 · 포위된 적을 소탕한다.

이처럼 독일군에 의하여 발전되고 수행된 전격전이 내포하는 전사 상의 의의는 1차 대전 후 방어제일주의 사상으로 인하여 일시 침체되었던 전술교리에 새로운 활력을 불어넣음으로써 "공격이 전장의 왕자"임을 재확인시켜주었다는 점이며, 이로부터 무적 독일국방군(Wehrmacht)의 신화는 창조되기 시작했던 것이다.

제2절 폴란드(Poland) 전역

히틀러가 지금까지의 "piecemeal tactics"를 벗어나 "생활권"을 향한 그의 결심을 최초로 실천하고자 했을 때, 그는 혈전이 불가피함을 인식하고 있었다. 그러나 본격적인 대전투를 치르기 전에 그는 독일국방군의 위력을 시험해보고자 했다. 되도록 짧은 기간 내에 전투력의 테스트를 겸한 작전이 필요했던 것이다. 그 결과 히틀러의 구미를 당긴 먹이로 폴란드가 선택되었다.

히틀러가 폴란드를 공격하기로 결심한 이면에는 대략 다음과 같은 상황판단이 작용하고 있었다. 우선 폴란드는 독일에 의해 3면으로 포위된 상태이기 때문에 공격이 용이하고 단시일 내에 작전이 종료될 수 있으며, 폴란드가 격멸될 때까지 영국이나 프랑스는 군사행동을 취할 준비가 되지 않을 것으로 보았다. 즉 독일은 폴란드와 1,250마일이나 되는 국경을 접하고 있는데다가 체코슬로바키아의 점령으로 그 길이는 500마일이 더 늘어났으며, 이로 인하여 폴란드는 마치 독일의 딱 벌린 입에다 머리를 들이밀고 있는 형세가 되었던 것이다. 둘째, 서쪽의 프랑스에 대한 공격은 마지노선(Maginot Line)이 너무 완강할 뿐만 아니라 당시 독일군의 힘으로써는 프랑스 공격이 시기상조로 보였다. 그러나 만일 독일이 폴란드를 공격하고 있는 동안에 서쪽으로부터 연합군이 공격해 오는 경우에는 서부방벽으로 저지 가능할 것으로 판단했다. 마지막으로 폴란드에서의 신속한 승리는 장차 루마니아, 유고슬라비아 및 헝가리 등에 대한 작전시 커다란 도움을 가져올 것으로 믿었다.

이상과 같은 판단은 이미 폴란드에 대한 공격 5개월 전인 3월 말 경에 이루어지고 있었다.

독일군은 1935년의 징병제 부활 이후 급격한 팽창을 거쳐 1939년 9월에는 이미 150만의 병력으로 총 120개 사단을 편성하고 있었다. 그리고 폴란드 전역을 위해서는 약 125만(60-70개 사단)의 가용병력을 보유하고 있었다. 이 가운데서는 중장갑사단(重裝甲師團)이 5개, 경장갑사단(輕裝甲師團)이 4개, 차량화사단이 4개 있었고, 나머지는 우마수송에 의존하는 전형적인 3각 편제의 보병사단이었다. 즉 1개 보병사단은 3개 보병연대와 1개 포병연대로 구성되었고, 보병연대는 3개 대대, 대대는 다시 3개 중대로 편성되어 있었으며, 1개 사단 총병력은 15,150명이었다. 각 중대는 12문의 중기관총과 6문의 80mm 수류탄 발사총을 갖고 있었다. 사단의 포병연대는 4개 대대로, 대대는 3개 포대로 구성되어 있었으며, 연대가 보유한 포는 105mm 곡사포 36문과 150mm 곡사포 8문이었다. 공군은 총 4천대의 항공기를 보유하고 있었으며 그중 40-50%에 해당하는 1,500-2,000대가 폴란드 전선에 투입되었다. 독일의 공군과 해군은 완전히 육군으로부터 독립되어 있었지만, 폴란드 전역에 투입된 해 · 공군의 각 부대는 협동과 통제의 원활을 기하기 위하여 육군사령관 브라우히취(von Brauchitsch) 장군 지휘하에 통합 운용되었다. 3군이 분리된 독일군의 편제상 특이한 점은 대공포와 낙하산부대가 공군에 소속되었고, 해안방어는 해군의 담당이었다는 점이다.

1939년 9월 1일 당시 독일국방군 수뇌부의 편성은 다음 표와 같다.

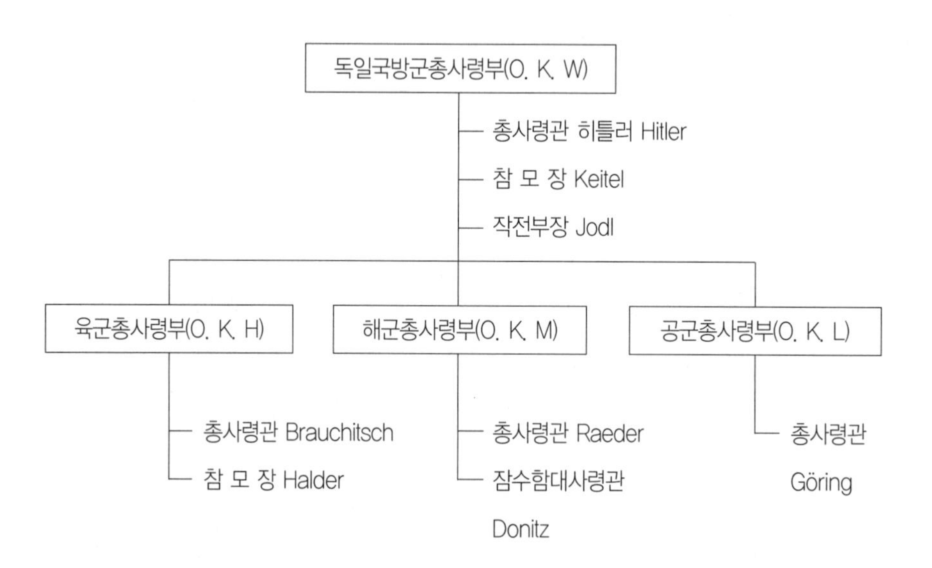

한편 폴란드의 평시 병력은 약 280,000명이었고 2,500,000명의 예비군이 동원 가능한 것으로 추산되었다. 그러나 개전 시까지 폴란드는 약 600,000명을 동원했을 뿐, 독일군이 철도망을 조기에 파괴한 관계로 그 이후의 동원에 차질을 빚어 종전 시까지 동원된 총병력은 100만명 미만이었다. 당시 폴란드군은 30개 보병사단, 12개 기병여단, 1개 기갑여단으로 편성되어 있었으며, 공군은 약 500대의 항공기를 보유하고 있었다.

그들의 무기와 장비는 독일군에 비해 너무도 구식이었으며, 다만 병사들과 초급장교들의 훈련도 및 인내심만이 폴란드군을 지탱하는 요소였다.

폴란드의 지형은 일반적으로 평탄하여 기계화부대 작전에 대체로 적합하였다. 비록 남부 국경지대에 표고 8천 피트를 오르내리는 타트라(Tatra) 및 카르파티아(Carpathia) 산맥이 장애물로서 버티고 있었지만, 여기에도 몇 개의 주요한 통로들이 있었으며 그중 야블룽카(Jablunkov) 통로가 가장 중요하였다. 또한 폭이 넓고 흐름이 완만한 비스툴라(Vistula), 나레브(Narew), 산(San) 및 바르타(Warta)강 등은 무시할 수 없는 장애요소였지만, 이것 역시 1939년 가을의 유별난 가뭄 때문에 수심이 얕아져서 심지어 비스툴라강까지도 도섭이 가능한 상태였으며, 무더위로 인해 대부분의 습지가 메말라 기계화부대 작전에 매우 유리하였다.

먼저 독일군의 공격계획을 보면 슐리펜의 고전적인 섬멸전 사상에 입각하여 복합적 양익포위를 실시한다는 것이었다. 즉 최초의 양익포위는 바르샤바(Warsaw) 동쪽에 집중하여 서부 국경지대에 배치된 폴란드군 주력이 천연적 방어진지인 나레브–비스툴라–산강 선으로 후퇴하기 전에 포착 · 섬멸하는 것이었으며, 만일의 경우 최초의 양위포위가 실패할 때를 대비하여 비스툴라 및 산 강 동부 고지대를 연하는 2차 포위망을 설정해 놓았다. 그리고 서부에서 영 · 불이 개입을 기도할 경우에 배후를 경계할 수 있도록 약 20개의 현역 및 예비사단을 서부 방벽에 배치하여 소극적인 방어에 임하였다.

이와 같은 작전개념을 실현하기 위하여 독일군은 공격부대를 2개의 집단군으로 편성하였다. 하나는 복크(Fedor von Bock) 장군의 북부집단군이었으며, 다른 하나는 룬드쉬테트(Gerd von Rundstedt) 장군의 남부집단군이었다. 우선 북부집단군 예하 2개 군 중 쿠에흘러(Georg von Kuechler) 장군의 제3군은 양익포위의 북쪽 주공으로서, 바르샤바를 향해 남하하는 한편 일부를 서쪽으로 벌려 4군을 맞아들이기로 하였으며, 클루게(Guenther von Kluge) 장군의 제4군은 폴란드회랑의 남부지대를 곧바로 횡단하여 이를 차단함으로써 동프러시아와 연접을 맺는 한편, 북쪽으로는 기디니아(Gdynia)를 점령하기로 계획하였다. 그리고 일단 폴란드회랑이 점령되면 북부집단군의 전(全)병력은 바르샤바 방면으로 집중될 예정이었다.

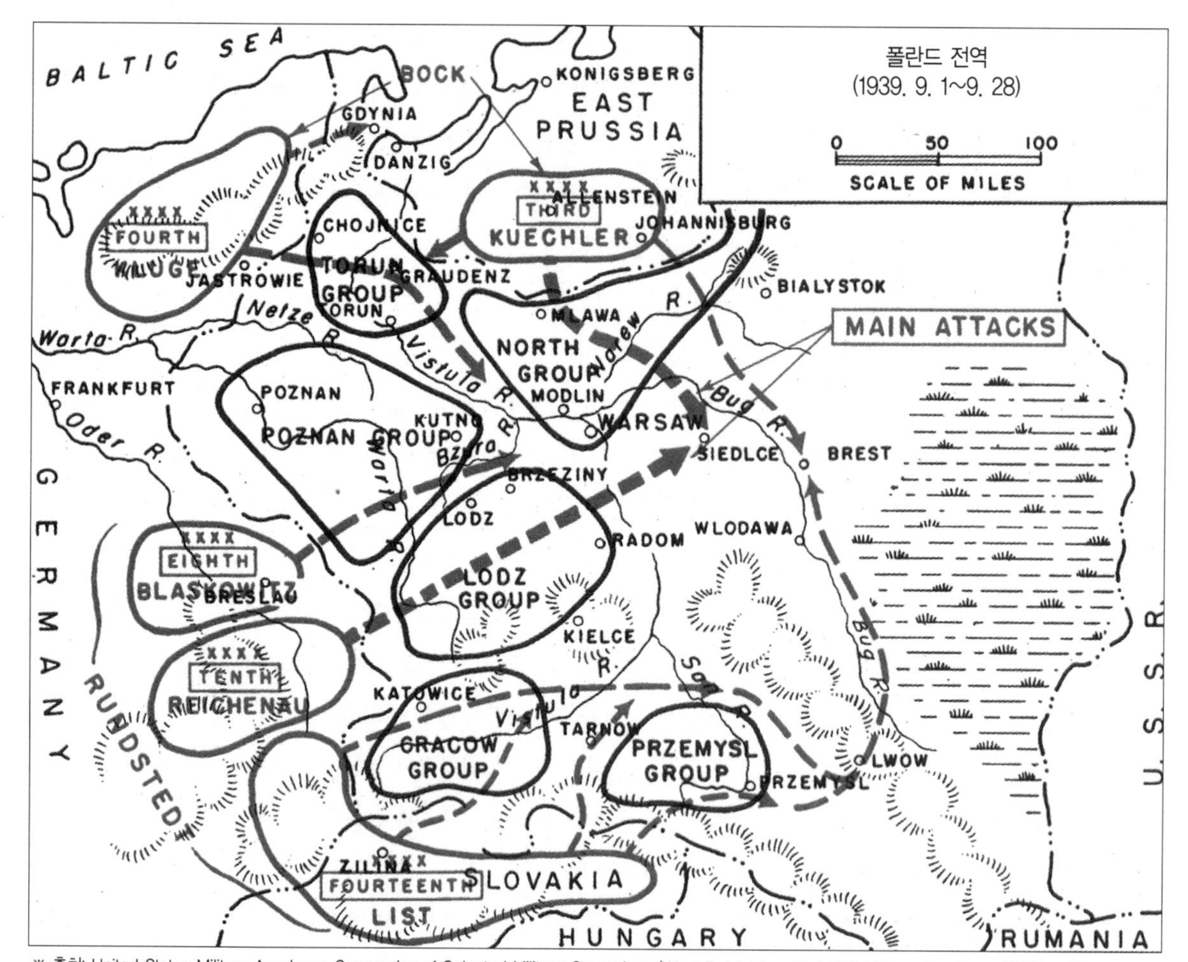

폴란드 전역
(1939. 9. 1~9. 28)

※ 출처: United States Military Academy, *Summaries of Selected Military Campaigns* (West Point, New York: US Military Academy, 1953), p. 111.

반면에 남부집단군은 북부보다 더욱 중요시되어 3개 군으로 편성되었다. 그 중 라이헤나우(Walter von Reichenau) 장군의 제10군은 주공으로서 바르샤바를 향해 진격하고, 블라스코비쯔(Johannes Blaskowitz) 장군의 제8군은 로쯔(Lodz) 방면으로 전진하여 제10군의 좌익을 엄호하며, 리스트(Wilhelm List) 장군의 제14군은 크라코프(Cracow) 방향으로 진격하면서 제10군의 우익을 엄호하기로 되어 있었다.

이처럼 북부와 남부가 증강됨으로써 생기는 중앙부의 약점은 오데르 요새지역의 방어진지로 메웠으며, 국경선 방어부대가 이를 보완하고 있었다.

한편 해군의 임무는 폴란드 해안을 봉쇄하고, 단치히 및 기디니아(Gdynia)와 헬(Hel)을 공격 · 제압함으로써 독일 본토와 동프러시아간의 해상통로를 확보하는 것이었다. 그러나 독일 해군력의 대부분은 프랑스와 영국의 위협에 대비하여 북해 및 대서양지역에 잔류해 있었다.

끝으로 공군에게는 제공권 장악과 교통통신망 파괴, 그리고 적의 지휘소 및 군수산업시설을 폭격하는 임무가 하달되었으며, 특히 지상군의 작전을 근접 지원하도록 강력히 지시되었다.

한편 폴란드의 입장에서 볼 때 그들이 독일군의 공격에 효과적인 대처를 하기 위해서는 나레브-비스툴라-산강(江) 선으로 철수하여 연합국이 지원을 개시할 때까지 그 지역을 고수하는 계획이 바람직하였다. 그러나 이러한 계획은 폴란드의 서부에 집중되어 있는 산업시설과 인구밀집지역을 그대로 포기하는 것인 만큼, 궁극적인 패배를 의미하는 것이나 다름없어 보였다. 이리하여 폴란드군 사령관 리쯔(Edward Smigly Rydz) 장군은 가용 병력의 대부분을 여섯 개의 방어집단으로 나누어 국경선을 따라 배치하고 말았다. 이것은 사실상 제1차 세계대전 때와 같은 전투양상을 예상하고 세운 방어계획이었으며, 국경선에서 독일군의 진격을 지연시키는 동안에 예비군 동원을 완료할 심산이었다. 그러나 독일 공군의 공습으로 동원체제가 허물어지자 폴란드는 예비대가 거의 결여된 상태에서 전쟁을 수행하지 않으면 아니 되었다. 돌이켜보면 폴란드의 방어계획은 애당초 그 인구구성상의 특징에서 근본적인 약점을 배태하고 있었으며 독일의 체코점령으로 인하여 결정적인 혼란에 빠지고 말았던 것이다. 그리고 스스로의 군사력에 대한 과신 및 서구연합국의 지원을 기대한 망상 또한 올바른 판단을 저해하였다.

대개의 침략행위가 그렇듯이 독일의 폴란드 침공도 조작된 시나리오에 의해 채색되어 있다. 침략 하루 전, 즉 전쟁개시를 명한 지령 제1호(Directive No.1)에 히틀러가 서명을 한 8월 31일 밤에, 친위대 소속의 수개(數個) 부대들은 국경선 지역을 연하여 "사변"(incident)을 연출해내도록 명령받고 있었다. 그 중에서도 가장 악랄한 예는 실레지아 지방의 글라이비쯔(Gleiwitz)에 있는 라디오 방송국 습격사건이었다. 친위대의 지령을 받은 한 범죄자집단이 폴란드군으로 가장하여 독일의 장악 하에 있던 이 방송국을 습격 · 점령하고는, 폴란드 말로 독일을 비방하는 방송을 내보냈다. 이는 폴란드가 먼저 위기를 조성했다는 날조된 증거를 만들어 독일의 침략행위를 숨겨 보자는 얕은 연극술이었던 것이다.

9월 1일 04시 40분 마침내 독일군은 선전포고 없이 국경선을 넘기 시작했다. 전쟁 전의 오랜 긴장 상태에도 불구하고 독일군의 침공은 완전한 기습이었다. 조기경보망도 없었고 대공방어시설도 허술했으며, 분산이나 위장조차 되어 있지 않았던 폴란드 공군은 공격 개시 수 시간 만에 대부분이 지상에서 궤멸되고 말았다. 또한 독일 공군은 제5열이 제공하는 정확한 정보에 의하여 폴란드군 사령부가 이동하는 곳마다 따라가면서 폭격을 가했으므로 폴란드군의 통신망은 조기에 파괴되었고, 따라서 리쯔 장군은 예하 부대에 대한 효과적인 통제력을 상실해버렸다. 독일군 공격의 제1단계인 돌파는 대략 9월 5일경에 완료되었다. 북부집단군 예하 제4군은 이 기간 중 폴란드회랑을 횡단하여 차단 완료하는 한편, 제3군은 남동쪽으로 맹진격하여 9월 7일에는 벌써 그 일부가 바르샤바가 북쪽 25마일 지점인 나레브 강가에 도달하였다. 남쪽에서의 진격도 눈부시게 전개되었다. 9월 7일까지 제10군의 선두부대는 바르샤바 남서쪽 36마일 지점에 도달하였고, 8군과 14군도 착실히 전진하여 전선의 균형을 맞추었다. 그러나 폴란드군의 저항이 결코 약한 것만은 아니었다. 기병이 탱크를 향해 돌격하는 모습은 전선의 도처에서 보였으며, 이것은 폴란드군의 용감성을 단적으로 나타낸 좋은 본보기였다. 그렇지만 기병이 탱크의 상대가 될 수는 없었다. 폴란드 정부는 급기야 9월 6일에 바르샤바를 떠나 루블린(Lublin)으로 피했다.

폴란드군을 지리멸렬상태에 빠뜨린 전과확대(戰果擴大) 단계는 9월 6일 이후 14일까지 전개되었다. 이 기간 중 독일군은 각처에서 폴란드군을 차단 분리하는 한편, 폴란드군의 주력이 비스툴라강 동쪽으로 탈출할 것에 대비하여 부그(Bug)강 배후 쪽에 계획된 제2의 포위망을 형성하였다. 이즈음 쿠트노(Kutno) 근방에서 포위되어 있던 포쯔난(Poznan)군이 바르샤바방면으로 탈출하고자 급작스러운 맹반격을 가해왔다. 이 반격으로 독일 제8군은 한때 고전을 면치 못했으나, 제4군의 지원 및 바르샤바 쪽으로 향하던 제10군의 방향전환으로 폴란드군의 필사적인 탈출을 저지하는데 성공했다. 그 이후 독일군은 작전의 마지막 단계인 섬멸단계로 접어들었다. 섬멸전 단계는 9월 19일에 완료된 쿠트노 지역의 소탕으로 절정을 이루어 여기에서만도 100,000명의 포로가 잡혔는데, 실질적으로 폴란드군 주력부대에 의한 저항은 이로써 소멸된 셈이었다. 이후의 작전은 단지 도처에 분산 와해된 폴란드군을 수집하는 일이 남아 있을 뿐이었다. 그런데 설상가상으로 9월 17일 소련군이 동부로부터 밀어닥쳤다. 원래 소련은 8월 23일의 독소간 비밀 합의에 의해 나레브-산-비스툴라 이동(以東)을 점령하기로 되어 있었으며, 9월 3일에 독일로부터 행동개시를 요구받았지만 시기가 무르익을 때까지 기다리고 있었던 것이다. 그렇지 않아도 지리멸렬상태에 빠져있던 폴란드는 배후로부터의 강타에 의하여 극도의 혼란에 빠졌으며, 적어도 217,000명으로 추산되는 병력이 소련군의 포로가 되었다.

이제 폴란드는 동과 서로부터 완전히 찢기우고 말았다. 그러나 그들의 저항이 이것으로 끝난 것은 아니었다. 바르샤바 및 모들린(Modlin) 지역에서의 처참한 저항이 기아와 장티푸스 만연으로 종막을 고한 것은 각각 9월 27일과 28일이었고, 북쪽에 고립된 해안요새인 헬(Hel)

은 공군의 폭격과 중포 및 함포사격에도 불구하고 10월 1일까지 버텼으며, 마지막으로 콕크가 함락된 것은 10월 6일이었다.

이리하여 9월 19일에 이미 결판이 난 폴란드 전역은 35일간의 처절한 전투로서 막을 내렸다. 독일은 단지 13,981명의 실종자와 30,322명의 사상자만으로 폴란드군 694,000명에게 피해를 입혀 승리를 거둔 것이다.

돌이켜보면 독일군의 승리는 병력의 수, 훈련, 사기, 장비, 지휘 등 모든 면에서의 압도적 우세로터 기인하였을 뿐만 아니라, 제5열의 눈부신 활동, 그리고 공세 · 기습 · 집중 · 기동 등 전쟁의 모든 원칙을 최대한으로 구사함으로써 획득된 것이었다.

사실 독일의 폴란드 정복작전은 당시로서는 전혀 상상조차 할 수 없을 만큼 급속하고도 압도적인 것이었으며, 이것은 장차 벌어질 서방제국과의 극적인 전쟁을 암시하는 조짐이기도 하였다. 그러나 영국이나 프랑스 그 어느 쪽도 공격이 전장의 왕좌에 재차 군림하게 되었다는 사실을 깨닫지 못했다.

반면에 독일은 이 전역을 통하여 공군과 기갑부대간의 협동에 약간의 취약점을 발견해서 보강하는 한편, 기갑부대는 도시나 요새지역을 우회해야 한다는 교훈을 얻음으로써 전격전 전술을 더욱 강력하게 다지게 되었다.

그러나 폴란드 전역이 남겨준 보다 귀중한 교훈은 기동성 있는 공격력에 대하여 선방어는 전혀 무력하다는 사실이 입증되었다는 점, 그리고 독일군이 보여준 공군운용을 통해서 전술공군의 임무가 무엇인가 하는 새로운 교리상의 실마리가 잡히기 시작했다는 사실 등일 것이다.

제3절 소련 · 핀란드 전쟁

소련 · 핀란드 전쟁(Soviet-Finnish War)은 1939년의 독소불가침조약이 영구히 준수되지 않을 것이라는 사실을 스탈린이 인식하게 됨으로써 비롯되었다고 할 수 있다. 그리하여 스탈린은 폴란드를 독일과 분할 점령함으로써 독 · 소 국경 사이에 완충지역을 유지코자 했던 것이다. 그런데 폴란드전역에서 나타난 독일의 위력이 생각했던 것보다 훨씬 막강하다는 사실을 깨닫게 되자 스탈린은 더욱 광대하고 방어에 효과적인 완충지역을 갖기로 결심했다. 이에 따라 라트비아 · 리투아니아 · 에스토니아를 상호방위협정이라는 올가미를 씌워 합병해버렸으며 나아가 핀란드에까지 손을 뻗치게 된 것이다.

소련은 핀란드에 대하여 상호원조를 골자로 하는 조약을 제안하는 한편 항고(Hango:

Hanko) 항구의 30년 간 조차(租借) 및 핀란드만(灣)에 있는 4개의 섬을 할양(割讓)할 것, 그리고 북해 연안의 리바키(Rybachi) 반도와 레닌그라드 북쪽의 카렐리아(Karelia) 지협 등의 할양을 요구했다. 핀란드는 처음에는 협상에 의해 이 문제들을 해결하고자 했으나 소련의 요구가 지나치게 완강하자 이를 거부하고야 말았다. 마침내 1939년 11월 30일 소련 항공기가 헬싱키와 비이푸리(Vipuri)를 선전포고 없이 폭격함으로써 전쟁은 개시되었다.

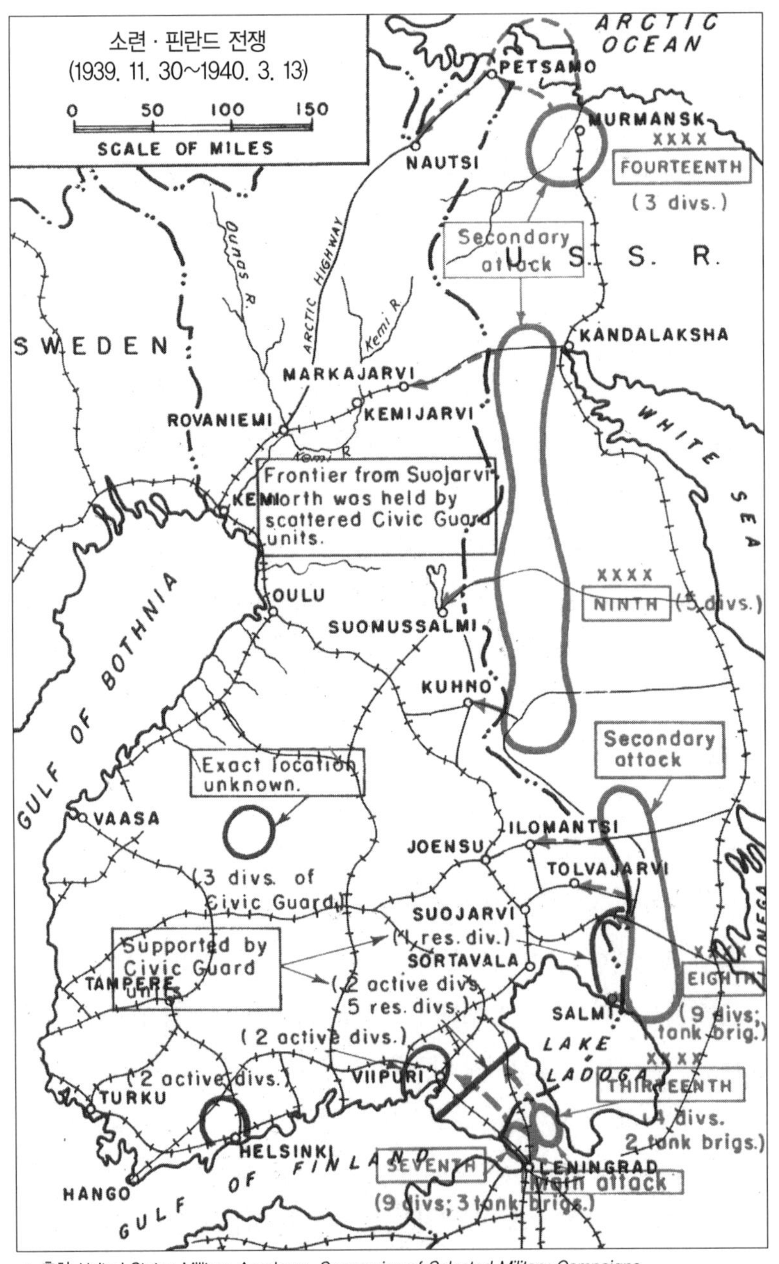

※ 출처: United States Military Academy, *Summaries of Selected Military Campaigns* (West Point, New York: US Military Academy, 1953), p. 113.

핀란드는 소련이 터무니없는 요구를 해왔을 때부터 이미 소련과의 전쟁이 불가피함을 깨닫고 동원과 방어준비에 전력을 기울여왔었다. 핀란드가 동원한 총병력은 약 300,000명에 달했으며, 이외에 100,000명의 여성보조대원(The Lotta Svard)이 행정업무를 도맡아 전방전투력의 상대적 증가를 가져오게 하였다. 그러나 핀란드군은 중포를 비롯한 현대식장비가 극히 결여되어 있는 구식군대였다. 다만 그들은 자국영토가 지니고 있는 자연적 요건, 즉 울창한 삼림과 수없이 산재한 호수 및 늪지들을 최대한으로 이용할 수 있도록 효과적인 방어선을 구축하고 있었다. 그 대표적인 예가 카렐리아 지협에 구축한 만넬하임선(Mannerheim Line)이다. 핀란드군 총사령관 만넬하임(Baron Carl G. E. Mannerheim) 장군은 6개 사단을 만넬하임선에, 2개 사단은 라도가(Ladoga) 호수 북편에 배치하였으며, 나머지는 예비로 보유하였다. 북해 근방의 국경지역은 수개 대대 규모의 극히 미세한 병력이 배치되었을 뿐, 사실상 핀란드군의 전(全)주력은 핀란드의 심장부 헬싱키와 교통의 요지 비이푸리에 이르는 최단 접근로인 카렐리아 지협에 집중된 셈이었다. 반면에 소련군은 티모센코(Semyon K. Timoshenko) 장군 휘하에 총병력 100만에 달하는 4개 군을 투입하였으며, 1,000대의 탱크와 800대의 항공기가 이를 지원하였다. 소련군은 압도적인 병력의 우세로써 전(全)국경선에 걸쳐 일시에 공격한다면 쉽사리 승리할 것으로 믿고, 별다른 기동계획 없이 일제 공격을 가했다. 그러나 결과는 의외로 예상을 뒤엎고 말았으니, 소련군은 도처에서 혹심한 피해를 입고 패퇴하였던 것이다. 동부중앙 지역의 수오무살미(Suomussalmi)에서는 1개 사단 미만의 핀란드군이 1대 3이라는 수적 열세에도 불구하고 소련군 2개 사단(제113 및 제44사단)을 격파하였으며, 라도가 호수 북편의 톨바야르비(Tolvajarvi)에서도 소련군 1개 사단이 포위되어 항복하였다. 만넬하임선에서의 전투는 더욱 격심했다. 이 지역의 핀란드군은 계속적으로 파상공격(波狀攻擊)을 가해오는 소련군을 너무나 많이 사살했기 때문에 나중에는 구토증을 느낄 정도였다. 당시 핀란드군은 "조각내기 전술"(motti tactics)을 개발하여 적용함으로써 이와 같은 승리를 가져올 수 있었다. "모티(motti)"란 핀란드의 삼림이 많은 지형에 알맞도록 고안된 작고도 매우 치밀한 포위망으로서, 예컨대 소련군 1개 사단을 약 10개의 "motti"에 의해 조각낸 뒤 각개 격파하는 것이 이 전술의 요점이었다.

소련군은 1940년 1월이 되자 더 이상의 공격을 중지하였으며 전투는 일시 소강상태에 빠졌다. 이 동안 소련군은 전 국경지역에 걸쳐 공세를 전개했던 종전의 계획을 수정하고 카렐리아 지협에 압도적인 대병력을 집중시킬 준비를 하였다. 그들은 비로소 건전한 판단에 도달한 것이다. 2월 1일 드디어 소련군은 제2차 공세를 개시하였으며, 2월 13일에는 만넬하임선의 일부가 무너지기 시작했다. 이제 핀란드군의 패배는 시간문제였다. 더 이상 버티는 것이 무의미함을 깨달은 핀란드 정부는 3월 6일에 대표를 모스크바에 파견하여 조건부 항복의 뜻을 전하고 3월 12일을 기하여 전투는 종식되었다.

핀란드군은 용감히 싸웠고 아직도 전선을 지탱하고 있었지만, 약 25,000명의 전사 및 실종자와 43,500명의 부상자가 발생함에 따라 더 이상 전투를 계속할 인력이 부족하게 되었던 것이다. 소련군의 피해는 이보다 더욱 참혹해서 전사자 48,800명, 부상자 159,000명 등 거의 20여만의 인명손실을 입었다. 그러나 소련은 이러한 피의 대가로 애당초 핀란드에 강요하였던 대부분의 요구조건을 관철시키는데 성공하였다.

돌이켜볼 때 소련 · 핀란드전쟁은 비록 약소하나 과감하고 철통같은 의지를 가진 한 국가가, 압도적으로 우세한 적에 대항하여 단기간이나마 성공적인 전투를 수행한 훌륭한 교훈을 남겨주고 있다. 즉 핀란드는 일찍부터 전쟁의 불가피성을 깨닫고 그들의 모든 자원과 인력을 동원하였으며, 국토가 지니고 있는 지형과 기후에 적합한 방어계획을 수립하여 전 국민이 혼연일치로 싸웠던 것이다. 이에 비해 초기전투에서 소련군이 저지른 과오는 너무나도 대조적이었다. 그들은 작전지역의 기후 및 지형 분석에 소홀하여 동계작전에 대비한 충분한 장비 · 피복 · 훈련 등이 결핍되어 있었으며, 적을 가볍게 여긴 나머지 세밀한 작전계획조차 세우지 않았다. 더구나 1937년의 군부 대숙청으로 말미암은 혼란 때문에 지휘부의 역량이 미흡하였고, 역시 같은 해에 제정된 법령에 의하여 정치장교가 군사지휘관과 대등 내지 우월한 권한을 행사하게 됨에 따라 초래된 이원적인 지휘체제는 군의 통수(統帥)조직을 더욱 혼란시켰던 것이다.

그러나 아이러니컬하게도 핀란드 전역에서 저지른 과오와 실패는 훗날 독소전쟁시 오히려 전화위복이 되었으니, 소련군은 그들의 약점을 보완한 반면 히틀러와 다수의 독일군 장성들은 소련군의 지휘력 · 무기체계 · 전술 등을 과소평가한 나머지 혹독한 대가를 치렀던 것이다.

제4장 북유럽 및 프랑스 전역

독일이 폴란드에 침입한 지 이틀 후인 1939년 9월 3일에 영국과 프랑스는 대독선전포고를 한 바 있다. 그러나 폴란드 전역이 끝날 때까지도 영 · 불은 독일에 대하여 이렇다할 만한 군사적 조치를 취하지 못했으며 1940년 봄까지 서부전선 일대에서는 소강상태가 계속되었다. 개전과 동시에 이처럼 소강상태에 빠진 기묘한 현상을 일컬어 "가짜전쟁"(Phony War)이라고 하는데 이 기간 중 프랑스는 국지적인 진지강화와 다소의 훈련 및 장비보충을 했을 뿐이다. 반면에 독일은 폴란드 전역에서 나타난 기계화부대 작전의 결함을 보완하고 병력을 보충하는 한편 새롭고 우수한 장비들을 갖춤으로써 만반의 전쟁준비를 완료하였다. 이제 전쟁의 불씨는 동쪽으로부터 서쪽으로 옮아왔다. 스칸디나비아(Scandinavia)도 예외는 아니었다.

제1절 북유럽전역

독일이 노르웨이와 덴마크를 점령하기로 결심한 이유는 대략 다음과 같은 경제적 및 전략적 고려 때문이었다. 독일의 철광석 소비량의 약 70% 이상은 스웨덴과 노르웨이에서 수입되었는데, 그 대부분은 주로 서부 스웨덴의 키루나(Kiruna)에서 산출되었으며, 그곳에서 노르웨이의 나르비크(Narvik) 항구까지 철도로 운반되었다가 거기에서 다시 해상으로 독일까지 운송되었다. 더구나 발틱해(海)는 겨울이면 얼기 때문에 위와 같은 경로가 유일한 운송로였다. 히틀러는 독일이 노르웨이와 덴마크를 장악하지 못한다면 영국해군이 철광석의 수송을 방해하거나 저지할 것으로 판단했다. 결국 독일 군수산업의 생명선이라고 할 수 있는 스웨덴의 철광석을 확보하기 위해서 무엇보다도 우선 노르웨이와 덴마크의 점령이 요구되었던 것이다.

둘째로는 연합국의 대독 봉쇄망을 사전에 타개하기 위한 의도가 작용하였다. 제1차 세계대전때 연합군의 해안봉쇄에 곤욕을 겪은 독일은 노르웨이해안을 점령하여 행동의 자유를 보다 원활케 함으로써 경제봉쇄를 미리 벗어나고자 했던 것이다. 끝으로 독일은 이 지역에 해군 및 공군기지를 설치하여 영국본토에 압박을 가하고 나아가 영국 침공의 발판으로 사용할 생각이었다.

이리하여 1940년 2월 21일 히틀러는 팔켄호르스트(Nikolaus Falkenhorst) 장군을 침공군 사령관에 임명하고 공격준비를 시켰다. 한편 영국도 역시 노르웨이 해안의 중요성을 인식하고 이곳 해역에 기뢰(機雷)를 부설할 계획을 세웠다. 그런데 공교롭게도 독일의 공격예정일과 영국의 기뢰부설 날짜는 같은 날인 4월 8일이었다.

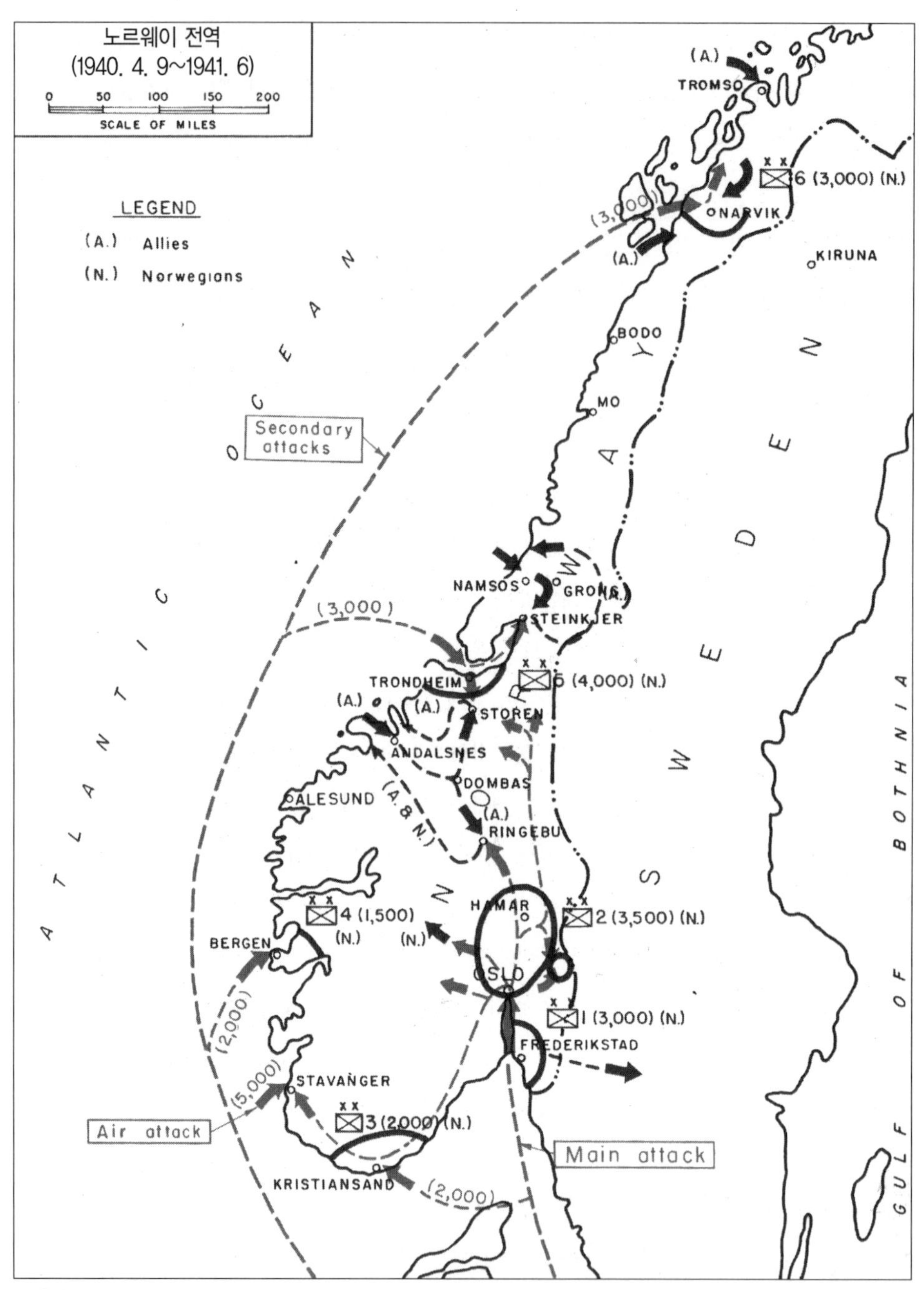

※ 출처: United States Military Academy, *Summaries of Selected Military Campaigns* (West Point, New York: US Military Academy, 1953), p. 114.

독일의 공격계획은 우선 경무장한 비교적 소규모의 부대를 노르웨이의 오슬로(Oslo), 크리스챤산드(Kristiansand), 베르겐(Bergen), 트론하임(Trondheim) 및 나르비크(Narvik)에 상륙시키는 한편, 스타방에르(Stavanger)에는 공정부대(空挺部隊)를 투하할 예정이었다. 독일은 이러한 기습공격에 의해 노르웨이 정부가 쉽사리 항복하리라고 기대했던 것이다. 그러나 만일 노르웨이가 저항을 시도한다면 증원부대를 투입하여 이를 분쇄할 계획도 세워 놓았다.

마침내 독일은 1940년 4월 9일 유틀란드 반도 너머로 침공을 개시하여 당일로 덴마크의 항복을 받는 한편, 같은 날 앞에서 언급한 노르웨이의 6개 항구에 대하여 성공적인 상륙작전을 전개하였다. 그러나 독일의 기습효과는 그다지 크지 못했다. 왜냐하면 영국 해군이 독일의 수송선단을 해상에서부터 괴롭혔기 때문이다. 더구나 총 15,300명밖에 안되는 노르웨이 군 중 반수는 소련 · 핀란드 전쟁의 여파에 대비하여 북극지방에 배치되어 있었다. 노르웨이군은 놀랄 만큼 선전하였고, 특히 오슬로에서는 독일군의 진격이 저지되기까지 했다. 이로 인하여 노르웨이 국왕과 정부는 내륙으로 도피할 시간 여유를 얻었고 노르웨이의 항전은 보다 장기화될 기미가 엿보였다.

이러는 동안 해상에서는 영국해군과 독일의 해군 및 공군 사이에 치열한 전투가 전개되었다. 양쪽 해군의 피해는 제1차 세계대전 이후 최초로 가장 극심한 상태에까지 도달하였다.

한편 일단 상륙에 성공한 독일군은 잇따라 도착된 증원부대와 중장비들로써 신속히 해안교두보를 확보한 후에 내륙으로 전진하기 시작하였다. 독일군의 목표는 해안 교두보와 교두보 사이, 특히 트론하임과 남부 노르웨이를 연결하는 것이었다.

영 · 불 양국은 사태가 더욱 악화되기 전에 트론하임을 탈환하여 독일군을 남과 북으로 분리한 뒤 이를 격파하려고 결심했다. 이리하여 4월 18일부터 23일에 걸쳐서 약 30,000명의 연합군이 남소스(Namsos)와 안달스(Andalsnes)에 상륙하였다. 그러나 공군력, 포병화력, 훈련, 기타 장비 면에서 월등히 우세한 독일군은 연합군의 상륙부대를 바다로 몰아붙여 격퇴시키고 말았다. 남부 노르웨이에서의 조직적 저항은 5월 5일을 기해서 종식되었다. 그러나 최북단의 나르비크는 사정이 좀 달랐다. 나르비크의 연합군은 이 지역의 독일군을 격퇴하고 스웨덴 국경의 산악 쪽으로 맹추격을 가했다. 하지만 이 무렵 프랑스 전역에서 연합군이 붕괴되는 바람에 나르비크의 연합군도 6월초에 철수할 수밖에 없었다.

이것으로 노르웨이는 완전히 독일군 수중으로 넘어가고 말았다. 이제 독일군은 철광석의 공급원을 확고하게 장악하였을 뿐만 아니라 북측면의 안전을 확보하였고, 이곳으로부터 발진하는 항공기 및 잠수함은 연합군의 수송선단 및 영국해안 일대를 괴롭히기 시작했다.

이 전역에서 한 가지 특이한 사실은 독일 해군이 입은 피해에 비해 결코 경미하다고 할 수 없는 영국 해군의 피해가 대부분 독일 공군에 의해 발생했다는 점이다. 이것은 항공력에 의해 엄호되지 않은 함대가 적의 지상기지 항공기의 행동권 내에서 활동하는 것이 얼마나 위험하고 무모한가를 명백히 입증해준 최초의 전례였다.

또 한 가지 독일이 전개했던 심리전의 양상은 이 전역에서 매우 발전된 단계를 보여주었다. 독일은 폴란드 전역의 처참한 폭격장면을 담은 필름을 스칸디나비아와 덴마크 국민들에게 보여줌으로써 공포를 자아내고 전의를 상실시켰는데, 덴마크가 항전을 포기한 것은 이에 크게 기인하는 것이었다. 나아가 히틀러가 시도한 간접접근전략의 하나로 '퀴슬링 전략'이 있었다. '퀴슬링 전략'이란 "정치권력의 투쟁에 있어서 상대편 세력 내에 자파(自派)의 동조자를 침투시켜 반정부음모를 꾸밈으로써 정권을 장악케 한 후에 스스로 자기에게 굴복하게 만드는 전략"으로서, 노르웨이 전역 당시 히틀러가 노르웨이의 군인 정치가이며 나치신봉자였던 퀴슬링(Vidkun Quisling: 1887-1945)을 매수한데 그 어원이 있다. '퀴슬링 전략'은 노르웨이에서 비록 결정적인 효과를 발휘하지는 못했지만, 노르웨이 내정을 교란시키고 결과적으로 노르웨이의 항전태세를 흔들리게 한 효과만은 컸다고 보아야 할 것이다.

제2절 프랑스 전역

1. 일반상황 및 작전지역의 특성

앞서 지적한 바와 같이 영 · 불 양국은 1939년 대독선전포고를 한 이후에도 전쟁을 치르기 위한 군사 · 정신적 준비가 거의 되어 있지 않았다. 동원은 극도로 느렸고 군수산업 또한 본격적인 궤도에 오르지 못하고 있었다. 또한 영 · 불 양국은 제1차 세계대전의 경험 때문에 방어제일주의(防禦第一主義)라는 열병에 걸려 있었다. 독일을 봉쇄하여 차츰차츰 교살(絞殺)한다면 독일은 불가불 공세를 취하게 될 것이며, 진지로부터 먼저 뛰쳐나온 쪽이 패배할 것이라는 1차 대전식의 전쟁개념을 상정하고 있었던 것이다. 결국 영 · 불 양국은 선제권 장악에 관해서는 처음부터 염두에 두지도 않았다. 그리하여 프랑스는 마지노선(Maginot Line)이라는 방벽을 쌓고는 독일의 공격이 이 요새에 부딪혀 산산조각이 날 것이라는 달콤한 환상에 젖어 있었다. 그러는 가운데에서도 영국은 1939년 9월부터 고오트(Gort) 장군 휘하에 영국원정군을 유럽 대륙에 파견하기 시작했다.

한편 히틀러는 폴란드 전역이 끝난 직후인 1939년 10월 6일 영·불에 대하여 화의를 요청했으나 묵살된 바 있다. 그리하여 히틀러는 11월 중순에 서부전선에서 공세를 취하고자 했으나 악천후의 연속, 준비의 불충분, 육군 장성들의 반대 등으로 수차 연기되다가 이윽고 1940년 봄을 맞은 것이다.

이제 전기는 무르익어 바야흐로 칼자루를 쥐고 있는 독일이 언제 어디로부터 어떠한 방식으로 공격할 것이냐 하는 문제만이 남아 있을 따름이었다.

그러면 작전지역의 중요한 특징부터 몇 가지 알아보자. 벨기에의 동남지역은 룩셈부르크(Luxembourg)와 프랑스의 국경 사이에 위치하고 있는데, 그 지세는 험악하고 산악이 많으며 깊은 계곡으로 구획되어 있을 뿐만 아니라 울창한 아르덴느(Ardennes) 삼림으로 덮여있다. 아르덴느 삼림의 서쪽으로는 긴 능선이 벨기에와 프랑스 국경 배후에서부터 멀리 영불해협의 깔레(Calais)와 불로뉴(Boulogne)까지 연장되어 있다. 이 산맥은 벨기에와 북부 프랑스간의 분수령을 형성한다. 그리고 이 능성군의 동단과 아르덴느 산악군과의 사이에는 폭이 겨우 5백 야아드 미만인 좁고 깊은 뫼즈(Meuse) 계곡이 가로놓여 있다. 뫼즈강의 강폭은 요충지인 세당(Sedan)과 메찌에르(Mezieres) 부근에서 약 70 야아드 정도 밖에 안 되지만 골짜기가 깊고 유속(流速)이 급하여 도하가 어렵다.

벨기에와 북부 프랑스에 있는 강들은 복잡한 운하시설과 더불어 중대한 군사적 의의를 지니고 있다. 그중 특히 중요한 것은 폭이 넓은 벨기에의 알베르(Albert) 운하로서, 이것은 앤트워프(Antwerp)로부터 리에즈(Liege)까지 뻗쳐있다. 이 운하는 운송과 방위의 두 가지 목적을 겸해서 제1차 세계대전 후에 건설된 것이다. 이밖에 프랑스의 중심부에는 지류가 많은 센(Seine)강이 흐르고 있으며, 네덜란드의 저지대와 해안지대 일부의 습지를 제외한다면 대부분의 지형은 기계화부대의 기동에 매우 알맞은 평탄한 지형이다. 또한 인구가 조밀한 이 작전지역은 밀집되고 양호한 철도망이 거미줄처럼 얽혀 있는데, 독일군의 경우 대부분 자동차 수송에 의존했기 때문에 이 철도망이 1차대전시와 같이 중요하게 여겨지지는 않았지만, 연합군에게는 매우 중요한 기동수단으로 간주되었다.

2. 양군의 작전계획 및 전력배치

연합군의 전쟁계획은 주로 영구요새(永久要塞)에 크게 의존하는 방어전략이었다. 그 중에서도 가장 대표적인 것이 프랑스의 마지노선으로서 이것은 스위스 국경지대로부터 몽메디

(Montmedy)까지 연결된 요새지대이며 빵레브(Painlev) 국방상 때에 구상하여 마지노(Maginot)가 1930-1934년 사이에 구축한 것이다. 그러나 몽메디에서 해안까지의 벨기에·프랑스 국경지역에는 연결된 요새가 아닌, 띄엄띄엄 고립된 소규모의 축성진지들이 있을 뿐이었다. 특히 아르덴느 삼림 배후지역에는 요새시설이 거의 없었으며 프랑스는 수풀이 우거진 산악지대와 뫼즈 계곡을 큰 방호물로 여기고 있었다. 프랑스인들이 철벽같이 믿고 있었던 마지노선 방어개념이란 강력한 국경수비대를 유지하여 독일의 어떠한 공격도 여기에서 지연시키는 동안 국내에서 동원을 완료하고, 이어서 반격을 취한다는 제1차 세계대전식 개념에 입각한 것이었다. 이리하여 프랑스국민들은 "가장된 안전의식" 속에서 살게 되었다. 그러나 이러한 『마지노 사상』에 대해서 전혀 반대가 없었던 것도 아니었다. 특히 드골(De Gaulle) 장군은 1940년 1월 26일에 프랑스군 최고사령부에 보낸 건의서에서 마지노선은 무기력한 자의 환상에 지나지 않는다고 통박하면서, 마지노선은 붕괴되고야 말 것이라고 예언하였다. 또한 그는 독일군을 물리치기 위해서 프랑스는 기계화부대를 창설해야 하며 공격정신을 부활시켜야 한다고 주장했다. 그러나 과거의 망상에 안착해 있었던 수뇌부에서는 이를 전혀 고려의 대상으로조차 삼지 않았다.

한편 벨기에의 전방방위선은 앞서 살펴본 알베르 운하와 뫼즈강을 따라 전개되어 있었는데, 독일군의 진격을 저지시킬 목적보다는 지연시킬 것을 더 큰 목적으로 하고 있었다. 따라서 알베르 운하선을 상실할 경우에는 앤트워프로부터 쉘데(Schelde)와 디일(Dyle) 양강(兩江)을 따라 남쪽으로 내려온 뒤 나무르(Namur) 근방에서 뫼즈강과 연결되는 소위 디일선(Dyle Line)에서 방어하기로 계획하였다. 이러한 2중의 방어선 가운데 중요한 요충지는 역시 리에즈와 나무르였는데, 벨기에는 1914년 독일군이 리에즈 북방을 돌파했을 때와 같은 비극을 되풀이하지 않기 위해서 뫼즈강과 알베르 운하가 연결되는 지점에 에벤 에마엘(Eben Emael) 요새를 새로이 구축하여 보강했다.

네덜란드의 방어진지는 3중으로 되어 있었는데, 주로 특유의 지리적 특성을 살려 북쪽의 쭈이더 쩨에(Zuider Zee)를 비롯한 저지대를 침수시키는 방위체제였다. 최전방진지는 지연진지였고 중앙에 있는 그레베-피일선(Grebbe-Peel Line)이 주방어진지였으며, 최후로 로테르담·헤이그·암스테르담을 지키기 위한 네덜란드요새가 있었다. 그러나 이 모두가 영구보루화(永久堡壘化)된 진지는 아니었다.

이처럼 서부유럽의 각국이 독일의 침공에 대처하여 그들 나름대로의 방어준비를 하고는 있었지만, 문제는 동일한 위협에 대한 각국간의 통일되고 협조된 준비가 이렇다할 만하게 없었

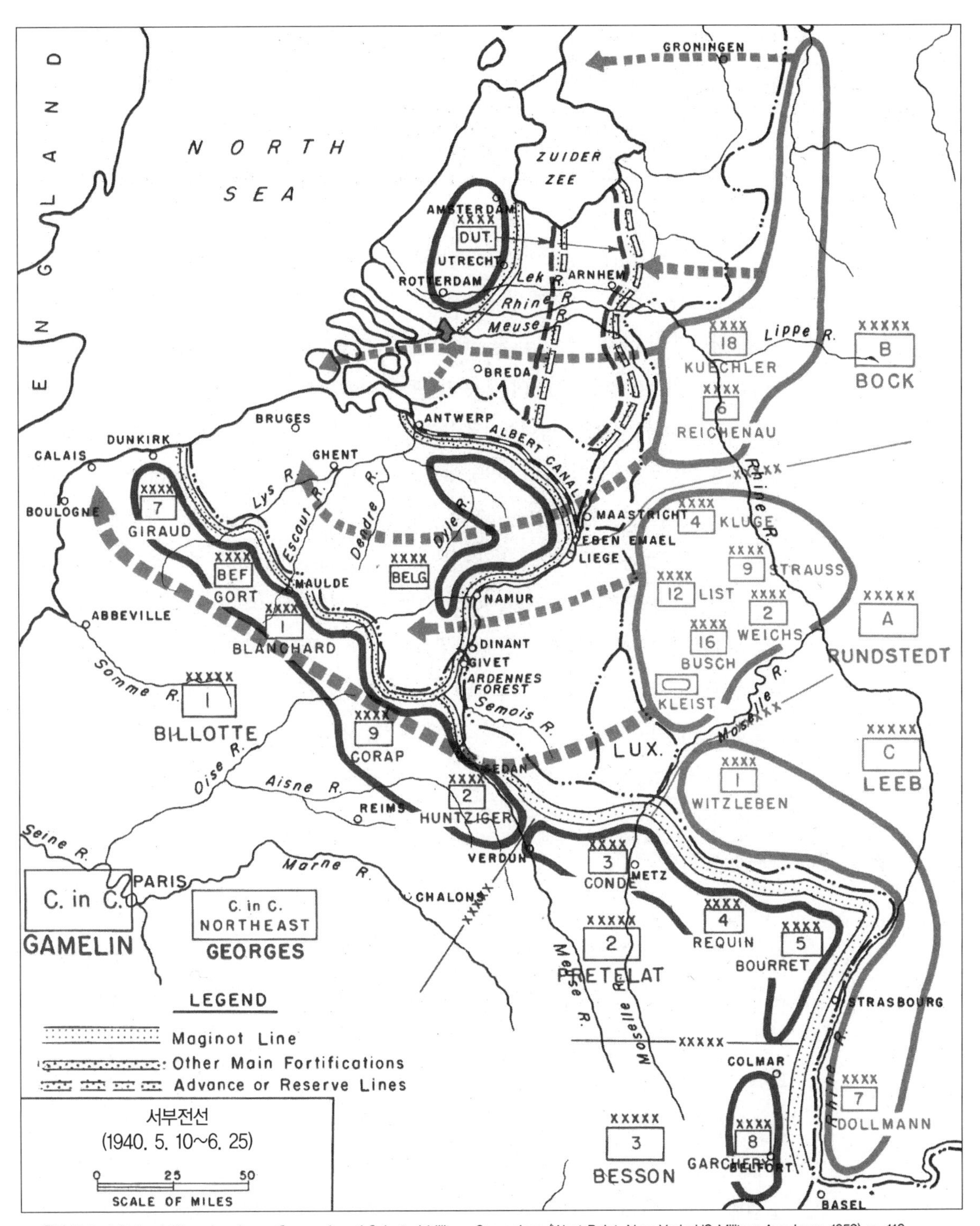

※ 출처: United States Military Academy, *Summaries of Selected Military Campaigns* (West Point, New York: US Military Academy, 1953), p. 116.

다는 점이다. 즉 벨기에와 네덜란드가 엄격한 중립을 고집함으로써 연합군은 명확한 방어계획을 수립하기가 매우 곤란했던 것이다. 독일이 침략을 개시할 경우에는 마지노선에 대한 정면공격을 회피하고 저지대로 통해서 올 것이 확실시되었음에도 불구하고 영 · 불 양국이 독일의 공격 이전에 벨기에나 네덜란드에 개입한다는 것은 중립국의 중립을 연합국 측에서 스스로 짓밟는 행위였던 것이다.

이리하여 1940년 5월 10일 이전에 연합군의 작전계획은 몇 차례나 변경되는 혼란을 면치 못했다. 1939년 9월의 작전계획은 단순히 프랑스를 방어하는 것이었다. 그리고 만일 벨기에가 침공당하면 지원군을 에스코(Escaut) 강선까지 파견할 예정이었다. 이것이 『E계획』(Plan E)이었다. 그러다가 영국원정군이 점차 증강됨에 따라 계획도 차츰 대담해져서 디일선(Dyle Line)까지 깊숙이 기동하여 방어하기로 변경하였다. 이것이 『D계획』(Plan D)이었다. D계획에 의하면 주방어선은 디일선으로 하되, 벨기에군은 앤트워프와 루벵(Louvain)간을 담당하고 영국원정군은 루벵과 와브르(Wavre)간을 방어하며, 프랑스군 가운데 가장 강력하고 기계화된 제1군은 와브르와 나무르간의 소위 젬불루 틈새(Gembloux Gap)를 방어하는 한편, 두 번째로 강력한 부대인 프랑스 제7군을 예비로 확보하여 연합군 좌후방에 위치시키도록 되어 있었다. 그리고 2급 야전군인 프랑스 제9군은 독일군의 공격력이 비교적 경미하리라고 예상되는 나무르와 세당간을, 또 하나의 약체부대인 프랑스 제2군은 세당과 마지노선 사이의 다리역할을 하도록 배치하였다. 그 후 D계획의 일부를 변경하여 제7군을 네덜란드의 브레다(Breda)까지 진출시킴으로써 독일군의 진격을 측면에서 강타하도록 하였다(브레다 변경안). 연합군의 방어계획은 이처럼 혼란을 거듭하여 프랑스 제7군이 브레다로 기동하는 도중에 독일군의 공격이 개시되고 말았다.

이상과 같은 방대한 방어계획을 실행에 옮기기 위해서 연합군은 다음과 같은 규모의 병력을 동원했다. 우선 전쟁발발 당시 유럽에서 최강으로 인정되고 있었던 프랑스군은 동북전선(스위스~영불해협)에 총 92개 사단(현역사단 35, 제1예비역사단 17, 제2예비역사단 14, 기갑사단 3, 경(輕)기갑사단 5, 경(輕)기계화사단 3, 요새수비사단 13, 독립기병여단 4(2개 사단규모))을 보유하고 있었으며, 그밖에 이탈리아와 대치한 동남방전선에 7개 사단, 북아프리카전선에 8개 사단, 중동전선에 3개 사단, 총사령부 예비로 20개 사단을 확보하고 있었다.

가믈렝(Maurice G. Gamelin) 장군이 지상군 총사령관으로서 전(全)부대를 장악하였으며, 그 밑에 죠르쥬(Georges) 장군이 지휘하는 동북전선 총사령부 예하에 3개 집단군이 있었다. 비요트(Billotte) 장군이 지휘한 제1집단군은 제1 · 2 · 7 · 9군 등 4개 군을 포함하고 있었으며, 쁘레뜰라(Pretelat) 장군의 제2집단군에는 제3 · 4 · 5군이 소속되었고, 베송(Besson) 장군의 제3집단군에는 제8군단 하나가 있었다.

프랑스군의 항공기는 1,400대 미만으로 추산되고 있었는데 폭격기와 수송기가 특히 부족하였다. 그리고 대공포와 대전차포는 각 부대마다 보유인가량보다 33% 내지 50%가 부족한 상태였다.

영국원정군은 고오트(Gort) 장군 휘하에 10개 사단을 보유하고 있었지만 장비, 대포, 탄약 등이 낡거나 부족한 약점을 안고 있었다. 영국군은 또한 프랑스에 약 300대의 전투기를 주둔시키고 있었다.

벨기에군은 레오폴드(Leopold) 국왕 지휘하에 보병 20개 사단, 기병 2개 사단 등 약 600,000명의 병력을 가지고 있었으며, 빈켈만(Winkelman) 장군이 지휘하는 네덜란드군은 9개 사단 약 400,000명을 보유하고 있었다. 그러나 벨기에군과 네덜란드군은 공히 장비와 훈련상태가 만족스럽지 못하였다.

한편 독일은 총 159개 사단 가운데서 123개 사단을 서부전선에 투입하였다. 그중 보병사단이 104개, 기계화사단이 9개, 기갑사단이 10개였으며 이 부대들은 3개 집단군으로 나뉘어서 편성되었다. 이 가운데서 룬드쉬테트(von Rundstedt)가 지휘하는 A집단군의 규모가 가장 컸다. A집단군에는 클라이스트가 지휘하는 야전군규모의 기갑부대(2개 기갑군단)를 포함하여 2 · 4 · 9 · 12 · 16군의 6개 군이 있었는데, 벨기에 및 룩셈부르크 국경지대를 따라 협소한 정면에 배치되었다. 이보다 북쪽에서 네덜란드와 마주보는 곳에는 복크(von Bock) 휘하의 B집단군이 6군과 18군의 2개 군을 거느리고 있었으며, 1군과 7군으로 편성된 레에프(von Leeb)의 C집단군은 마지노선과 대치하는 독 · 불 국경지역을 담당하고 있었다. 그리고 폴란드 전역 때와 마찬가지로 브라우힛취(von Brauchitsch)가 총사령관에 임명되었다.

이 무렵의 독일공군은 약 5천대의 항공기를 보유하고 있었는데 이중에서 3,500대가 서부전선에 투입되었다.

독일군의 작전계획을 보면 그들은 우선 작전지역의 특성을 고려하여 네덜란드점령작전을 하나의 독립된 전역으로 분리시켰다. 이것은 강폭이 넓은 라인강 하류(Waal강)와 뫼즈강 하류(Maas강)로 인하여 네덜란드 지역의 대부분이 사실상 기타 서부 유럽지역으로부터 따로 떨어져 있기 때문이었다. 네덜란드를 떼어놓고 나서 독일이 공격을 취할 수 있는 곳이라고는 마지노선 북단인 롱귀용(Longuyon)으로부터 라인강 하류 쪽에 있는 니메겐(Nijmegen)까지의 지역만이 남게 되는데, 이 지역은 다시 리에즈와 나무르 주변의 견고한 요새지대로 인하여 남북으로 양분된다. 따라서 독일은 주공을 리에즈 북방에 두느냐 아니면 남방에 두느냐 하는 문제에 봉착했다. 독일국방군 최고사령부는 최초에 아르덴느 삼림지대를 피하여 리에즈 북방으로 침공하는 슐리펜식 기동계획을 수립하였다. 이것이 이른바 『황색계획』(Fall Gelb: Plan Yellow)이었다. 그런데 당시 A집단군 참모장이었던 만슈타인(Erich von Manstein) 장군은 이 계획에 반대하고 리에즈 남방인 아르덴느 쪽에서 주공을 취하자고 주장하였다. 만슈타인 장군의 견해에 의하면 황색계획은 슐리펜 계획의 반복이기 때문에 기습을 달성할 수 없고, 연합군의 주력과 조우하게 될 것이 예상될 뿐만 아니라, 비록 이 계획이 성공할 경우라 할지라도 연합군을 후퇴시키고 해협 항구를 점령할 수 있을 뿐, 적에 대하여 섬멸적인 타격을 가할 수는 없다는 단점을 가지고 있다. 반면에 아르덴느 지역으로 주공을 실시할 경우에는 다음과 같은 이점이 있다는 것이다. 첫째, 기습효과를 거둘 수 있다. 아르덴느 지역은 연합군이 소홀히 생각하여 병력배치가 약할 뿐만 아니라, 비록 지형이 험하다고 하지만 기갑부대의 기동은 가능하며, 울창한 삼림은 오히려 부대기동을 은폐시켜주기 때문에 연합군의 의표(意表)를 찌를 수 있다는 것이다. 둘째, 일단 돌파에 성공하면 영 · 불 연합군을 분리시킬 뿐만 아니라 독일군 주공이 세당(Sedan)을 도하하여 돌파하게 되면 프랑스군은 파리에 대한 위협을 느껴 수도방위상태에 들어갈 것이며, 영국군은 그들 병참선에 대한 위협으로 보고 해협항구에 주의를 돌림으로써 양분되기 쉽다 북프랑스 및 벨기에 방면에 배치된 연합군의 배후를 통하여 해협까지 용이하게 진출함으로써 북부에 주둔한 연합군의 주력을 차단 포위할 수 있다. 이것이 소위 "회전문(moving door)"의 개념인 것이다. 셋째, 북프랑스 및 벨기에 주둔 연합군의 보급로를 조기에 차단할 수 있다. 이와 같은 만슈타인의 계획은 대부분의 고급지휘관과 참모본부로부터 반대를 받았지만, 그는 히틀러에게 직접 건의하여 이 계획을 승인 받고야 말았다.

이리하여 독일군은 주공을 리에즈 북방으로부터 남방으로 옮기고 주공부대인 A집단군에 10개 기갑사단 중 7개 사단을 배치하는 등 총 44개 사단을 집중하였던 것이다.

독일군의 공격계획은 전반적으로 볼 때 2단계로 구성되어 있었다. 제1단계는 돌파로부터 해안까지의 진격을 통하여 연합군의 주력인 좌익을 완전 포위한 다음 섬멸하는 단계로서, 이를 위하여 복크의 B집단군이 네덜란드와 벨기에에 대하여 조공(助攻)을 실시하고 레에프의 C집단군이 마지노선 정면에서 견제공세를 취하는 동안에, A집단군은 아르덴느 지역을 돌파하여 해안까지 진격함으로써 솜(Somme)강 이북의 연합군을 차단 포위하고, 이어서 B집단군과 협조하여 이를 섬멸토록 되어 있었다. 제1단계작전 중 네덜란드 방면에 대한 조공부대(助攻部隊)는 독일군의 우익 엄호와 더불어 연합군의 네덜란드 상륙을 저지하는 임무를 띠고 있었으며, 벨기에 방면에 대한 조공부대는 연합군을 벨기에로 유인해 들여옴과 동시에, 나중에 가서 포위망을 좁힐 때 포위된 연합군의 좌익을 고정시키는 임무를 부여받고 있었다.

작전의 제2단계는 제1단계작전이 완료되자마자 가능한 한 빠른 시일 내에 실시하되, 조공인 B집단군이 솜강 하류에서 남서쪽을 진격하고, 주공인 A집단군은 파리 동부를 돌파하여 프랑스군을 마지노선 배후 쪽으로 몰아붙인 다음 C집단군과 협조하여 섬멸시킨다는 것이었다.

여기에서 양군의 계획을 볼 때 연합군의 계획은 독일군 계획의 성공가능성을 더욱 증대시켜주는 것이었으니, 이는 연합군이 네덜란드와 벨기에 영내로 깊이 진주(進駐)할수록 독일군에 의하여 차단될 가능성이 커지기 때문이다.

3. 작전경과

1940년 5월 10일 자정부터 새벽까지 독일군은 네덜란드와 벨기에에 대하여 무차별폭격을 가한 후 일출 무렵이 되자 지상군을 투입하기 시작했다. 이와 동시에 낙하산부대는 로테르담(Rotterdam)과 헤이그(Hague) 부근에 투하되어 바알(Waal)강과 마스(Maas)강상(江上)의 주요교량을 비롯한 교통의 요지들을 장악하였다. 네덜란드에 침공한 쿠에흘러(Kuechler) 장군의 제18군은 3개종대로 나뉘어 그로닝겐(Groningen), 우트레흐트(Utrecht) 및 브레다(Breda) 방면으로 맹진격을 개시함으로써 당일로 네덜란드의 제1 · 2 방어선을 돌파하였다.

이튿날 불 제7군은 독일 공군의 치열한 공중공격을 무릅쓰고 네덜란드군을 지원하기 위해 브레다에 도착하였다. 그러나 이틀이 못 가서 이들은 격퇴 당했으며, 네덜란드군의 최후방어선인 네덜란드 요새지역으로 몰리고 말았다. 하는 수없이 빌헬미나(Wilhelmina) 여왕과 네덜란드 정부는 빈켈만(Winkelman) 장군에게 전권을 위임하고 영국으로 망명하였다. 네덜란드의 붕괴는 이제 시간문제였다. 14일이 되자 독일군은 만약 저항이 계속된다면 로테르담과 우트레흐트를 폭격으로 쓸어버리겠다고 경고한 다음, 그들의 위력을 과시하고 공포를 조성하기 위해 로테르담의 상업지역을 맹폭(猛爆)하였다. 이 폭격으로 적어도 30,000명의 시민이 죽거나 부상당하였다. 마침내 14일 오후 네덜란드군은 항복하고 말았다.

한편 벨기에로 침공한 라이헤나우 장군의 제6군 역시 허다한 수중장애물에도 불구하고 낙하산부대의 요충지 선점(先占)에 힘입어 진격을 취할 수 있었다. 특히 11일에 실시된 가장 극적인 작전은 당시 단일지역으로서 세계최강이라고 평가되었던 에벤 에마엘(Eben Emael) 요새에 대한 공정작전이었다. 약 80명의 독일군 공정부대원(空挺部隊員)들이 이 요새에 기습 낙하하여 당황한 1,200여 명의 수비대를 항복시켰던 것이다. 이로 말미암아 강력한 알베르(Albert) 운하선은 무용지물이 되었고 벨기에군은 디일(Dyle)선으로 철수하여 그곳에서 영·불군과 합세하였다. 독일군은 불과 3일 내에 연합군을 디일선까지 격퇴시켰으며 16일 아침까지에는 나무르 북방 돌파에 성공하였던 것이다. 이처럼 제6군의 공격이 워낙 맹렬했기 때문에 연합군은 독일군의 주공이 애당초 예상했던 대로 북쪽이라는 믿음을 가지게 되었다.

그러는 동안 주공을 담당한 A집단군은 클라이스트(Kleist) 장군의 기갑집단을 선두로 하여 아르덴느 지역을 신속히 진격하고 있었다. 그 가운데서 선두를 담당한 구데리안 장군의 기갑군단은 프랑스군 기병대의 저항을 물리치면서 5월 13일 뫼즈강에 도달하였으며, 세당 부근에서 즉시 도하를 감행하였다. 프랑스군은 독일군이 비록 뫼즈강에 도착하였다고 할지라도 후속부대의 도착과 도하준비를 위하여 최소한 5~6일은 걸릴 것으로 판단하고, 그 동안에 충분히 방어진을 강화할 수 있다고 생각하고 있었다. 그러나 구데리안 장군은 급강하폭격기와 전차 및 자주포(自走砲)의 지원 하에 적전(敵前)에서 부교를 가설하고 야간을 틈타 도하를 강행함으로써 14일 새벽까지 전(全)군단이 도하를 완료하였던 것이다. 구데리안의 이와 같은 결단은 기습에 있어서 시기의 문제가 얼마나 중요한가를 단편적으로 보여주고 있는 전례라 아니할 수 없다. 한편 이보다 북쪽에서는 또 하나의 기갑군단인 라인하르트(Reinhardt) 장군의 부대가 몽떼르므(Montherme)와 메찌에르(Mezieres) 부근에서 하루 늦은 15일에 뫼즈강을 도하하였다. 그러나 뫼즈강을 최초로 도하한 영광은 이들 2개 기갑군단이 아니라 제4군에 속해 있었던 롬멜(Erwin J. E. Rommel) 장군의 제7기갑사단이 차지했다. 롬멜의 부대는 이미 13일 저녁 무렵에 디낭(Dinant) 부근에서 도하에 성공했던 것이다.

여하튼 A집단군은 프랑스 제2군과 제9군 사이에 약 50마일 넓이의 간격을 형성함으로써 돌파에 성공하였으며, 이로 인하여 연합군의 D계획은 완전히 뒤집혀지고 말았다.

일단 뫼즈강을 도하한 후 해안으로 향한 독일군 기갑부대의 진격은 참으로 경탄할 만한 것이었다. 독일군은 18일에 세당으로부터 해안까지의 중간지점인 쌩 깐땅(St. Quentin)을 통과하여 솜강에 연한 페론느(Peronne)에 도달하였으며, 이튿날에는 아미엥(Amiens)을 점령하였다. 20일에는 아베빌(Abbeville)이 함락되고, 21일에는 불로뉴(Boulogne)가 독일군 공격하에 놓이게 되었다. 이로 인하여 영국원정군의 병참선은 차단되었으며 프랑스도 역시 남북으로 동강나고 말았다. 룩셈부르크의 동쪽 국경을 출발하여 해안에 도달하기까지의 11일간에 걸친 진격작전에서 독일군은 총 240마일 이상을 진격한 셈으로서, 이것은 하나의 군사작전이라기보다 드라이브와 같은 양상이었다.

이 기간 중 프랑스군의 유일한 반격작전은 17일과 19일 두 차례에 걸쳐 라옹(Laon) 근방에서 전개되었는데, 이는 드골 장군이 이끄는 신편(新編) 제4기갑사단에 의한 것이었다. 이 두 차례의 공격은 모두 국지적인 성공을 거두고 독일군에게 적지 않은 손실을 입혔지만, 제9군이 완전히 붕괴되어 협조가 불가능했을 뿐더러 독일 공군의 치열한 폭격으로 더 이상의 효과를 거두지 못하고 말았다.

한편 19일 저녁에 가물렝 장군 후임으로 임명된 웨이강(Weygand) 장군은 즉시 북방군과 연결을 이루기 위한 계획에 착수하였다. 그는 이 방법만이 연합군을 절망의 구렁텅이로부터 구출할 수 있는 유일한 길임을 느꼈던 것이다. 그러나 플랑데르(Flanders) 지역에 있는 영국군과 프랑스 제1군은 너무도 가혹한 격전을 치렀기 때문에 반격을 취해 남쪽으로 빠져 나올 여력이 없었으며, 솜강 남쪽의 프랑스군 역시 23일 이후 독일군에 의해 북진이 저지 당해 버렸다. 설상가상으로 고오트(Gort) 경은 영국 육군성의 지시에 따라 영국군을 해안 쪽으로 철수시키기 시작했다. 이러한 사태는 웨이강 장군으로 하여금 그의 계획을 포기하지 않을 수 없게 만들었으며, 실패의 책임을 영국군에게 전가할 수 있는 구실을 아울러 남겨두었다. 이 동안 독일군은 깔레와 북쪽의 오스땅(Ostend)마저 점령하여 북부전선 연합군의 퇴로는 이제 덩케르크(Dunkerque)만이 남게 되었다. 그런데 사태는 더욱 악화되었으니, 그 동안 악전고투하면서 사력을 다해 버텨왔던 레오폴드 국왕 휘하의 벨기에군이 28일에 항복하고 만 것이다. 벨기에군의 항복으로 말미암아 영군과 프랑스 제1군의 좌익인 이제르(Yser)강 방면이 붕괴되었으며, 마침내 영 · 불군은 덩케르크에 고립되어 풍전등화의 위기에 처하게 되었다. 고오트 경은 영국정부로부터 이제 그가 당면한 유일한 과제는 가능한 한 최대의 휘하병력을 영국본토로 철수시키는 일이라는 지시를 받았다. 이리하여 연합군은 덩케르크로부터 병력을 철수시키기 위하여 『다이나모작전』(Op. Dynamo)을 펴게 되었다. 그러나 당시로서 이 작전의 성공 여부는 극히 절망적이었다. 왜냐하면 철수부대들이 덩케르크 지역으로 속속 몰려들기 시작하면서 별다른 엄호물이나 은폐시설마저 없는 좁은 해안지대에 수십만의 병력이 밀집하게 되었고, 이러한 현상은 극도의 공포와 혼란을 불러일으켜 효과적인 작전수행을 불가능하게 만들고 있었기 때문이다. 반면에 독일 공군에 의한 맹렬한 폭격과 더불어 포위망은 시시각각 좁혀 들어와 그 안의 연합군은 어망에 갇힌 물고기 신세가 되고 말았다. 그러나 이 무렵 기적과 같은 일이 벌어지고 있었다. 어망을 막 건져 올리기 직전의 순간에 선장은 어부들로 하여금 일체의 동작을 중지시킨 것이다. 즉 5월 24일 전 지상군의 진격을 중지시키는 히틀러의 불가사의한 명령이 돌연 하달되었고, 이로부터 3일간 독일군은 덩케르크 전방 10마일 지점에서 머물러 있게 되었던 것이다. 이 때문에 연합군은 어느 정도 숨을 돌릴 수 있게 되었으며 완전한 파멸의 어둠 속에 한줄기 구원의 빛이 비치기 시작했다.

그러면 어째서 히틀러는 독일군의 진격을 중지시켰을까? 이 의문은 아직도 수수께끼로 남아 있지만 대략 다음과 같은 이유들을 추리해낼 수가 있다.

첫째, 늪지가 많은 이 지역에 기갑부대를 투입하는 것은 효과가 적다고 생각했을 것이다. 둘째, 배후의 2단계작전을 위해서 기갑부대를 확보하고 재편성할 필요가 있었다. 셋째, 공군만으로도 연합군의 철수작전을 충분히 저지할 수 있다고 호언장담한 공군사령관 괴링(Göring)의 진언이 히틀러에게 받아들여졌을 것이다. 실제로 지상군의 정군 기간중(停軍期間中) 공군만이 더욱 치열한 공격을 전개했던 사실은 이를 잘 뒷받침하고 있으며, 승리의 영광이 육군에게만 독점되는 것을 막고 자기 휘하의 공군에게도 행운의 기회를 나눠주기 위해서 괴링이 그와 같은 탄원을 했을 가능성이 매우 짙다. 네째, 히틀러 자신이 영군을 격멸시킬 의도가 없었으리라는 추측도 가능하다. 일찍이 히틀러는 "영국과 카톨릭 교회는 세계의 평화와 세력균형을 유지함에 있어서 필요 불가결한 존재"라고 말한 바 있으며, 당시로서는 영국의 위신을 손상시키지 않음으로써 화의(和議)가 가능하리라고 보았던 것 같다. 이러한 추측은 히틀러가 공격을 개시하기 전에 협상을 제기한 점, 프랑스 전역이 끝난 후 즉시 영국에 화평(和平)을 제의한 점, 부총통 헤스(Hess)가 히틀러의 밀명을 받고 단신 도영(渡英)하여 평화교섭을 기도하였다는 점, 또한 독일군은 영국침공 준비가 전혀 없었다는 점 등을 고려할 때 어느 정도 수긍이 가기도 한다.

어쨌든 히틀러의 변칙적인 명령 덕분으로 연합군의 다이나모 작전은 숨통이 트인 것이다. 이 철수작전에 동원된 선박은 해군구축함으로부터 어선 · 유람선 · 요트 · 전마선 · 구명보트 등에 이르기까지 각양각색이었으며 그 숫자는 848척을 헤아렸다. 이들은 독일공군과 장거리 화포의 탄우(彈雨) 속에서 문자 그대로 군인을 물에서 건져 올리는 작업에 참여하였다. 이리하여 5월 28일부터 6월 4일까지 8일간에 걸친 철수작전에서 영국군 224,000명, 프랑스군 및 벨기에군 113,641명 등 총 338,226명의 병력이 구출되었다. 그러나 연합군은 모든 중장비와 보급품을 대륙에 방치한 채 몸만 빠져나갔기 때문에 영국본토는 무방비상태에 빠지게 되었다.

덩케르크가 함락된 당일인 6월 5일 독일군은 제2단계작전을 개시했다. 이 공격은 제1단계작전에 의해 병력의 거의 절반을 상실한 반신불수의 프랑스를 쓰러뜨리기 위한 것이었다. 애당초 강력한 마지노 요새선 배후에서의 방어작전을 기대했던 프랑스군은 이제 마지노선의 좌단(左端)으로부터 영국해협에 이르는 광대한 무방비지역에서 야지전투를 강요당하게 되었다.

조공부대인 복크 장군의 B집단군이 솜 하구와 아미엥 부근에서 도하공격을 개시한 지 나흘 후인 6월 9일, 주공부대인 A집단군은 파리 동방의 렝스(Reims) 부근에서 구데리안의 기갑부대를 선두로 공세를 전개하기 시작하였다. 그리고 12일에는 결정적인 타격을 가하고 돌파에 성공함으로써 이후 대추격전을 감행하기에 이르렀다. 설상가상으로 6월 10일 이탈리아가 대불선전포고와 동시 남프랑스 국경지대에서 공격을 개시하여 프랑스군은 완전히 지리멸렬상태에 빠지고 말았다. 6월 14일 파리가 무혈점령되었고, 15일이 되자 독일군이 프랑스 전역을 석권할 것이 명백하게 되었다. 이에 레이노(Reynaud) 수상은 보르도(Bordeaux)에 피난해 있던 정부를 북아프리카로 철수시켜 전쟁을 계속하기로 결심했다. 그리고 16일 처칠은 이를 뒷받침이나 하듯 영불 양국의 "결속"(Indissoluble Union)을 제안하였다. 그러나 때는 이미 늦은 것이다. 내각의 대부분은 뻬땡의 주창 하에 독일에 대하여 휴전을 요구하기로 결정했다.

이러는 동안 구데리안군은 6월 17일에 스위스 국경에 도달하여 프랑스군을 동서로 양분하고 마지노 요새 안에 500,000명에 달하는 프랑스군을 가두고 말았다. 또한 제1단계 작전기간 중 마지노 요새 정면에서 견제공격을 취하고 있었던 레에프의 C집단군도 전면 공격을 개시하여 14일에는 자르브뤼켄(Saarbrucken)에서, 16일에는 콜마르(Colmar)에서 마지노선을 돌파하였다. 마침내 레이노의 사퇴에 뒤이어 수상이 된 뻬땡은 21일에 엉찌게르(Huntziger) 장군을 수석으로 하는 대표단을 파견하여 독일군과 협상을 시작하기에 이르렀다. 프랑스로서 더할 수 없이 치욕스럽고 뼈아픈 사실은, 1918년 11월에 포쉬 장군이 독일의 항복사절을 접견했던 바로 그 꽁삐뉴(Compiegne) 숲 속의 열차 안에서 히틀러가 프랑스의 대표단을 맞이했다는 점이었다. 영광된 전승의 자리에서 과거의 승자는 치욕스런 순간을 맞게 된 것이다. 참으로 역사에는 영원한 승자도 없고 영원한 패자도 없다는 사실이 입증된 셈이었다. 휴전조약은 22일에 조인되었고, 25일 0시 35분을 기하여 모든 전투행위가 종식되었다. 46일간에 걸친 전투에서 독일군은 전사 27,000명, 실종 18,000명을 포함하여 총 156,000명의 병력손실을 입었으며, 영국은 68,000명, 프랑스는 전사 및 실종이 123,600명, 포로 20만의 손실을 당했다.

돌이켜 보건대 공군을 제외하고 병력 · 장비 등 거의 모든 면에서 결코 우세했다고 볼 수만도 없는 독일군이 이와 같은 경이적인 승리를 거둘 수 있었던 것은 기습달성을 가능케 한 우수한 계획, 전격전을 실시할 수 있도록 잘 편성되고 장비된 공격부대의 보유, 유능한 지휘관의 과감하고도 효과적인 작전 수행 등의 요인에 의한 것이었다. 반면에 연합군은 경제봉쇄와 마지노선에 대한 과신 때문에 과감하고 능동적인 전쟁준비를 하지 못함으로써 패배의 쓴잔을 들게 되었던 것이다.

한편 프랑스 전역을 통해서 특기할만한 교리상의 문제점이 몇 가지 있는데 첫째는 전차(戰車)의 운용에 관한 것이다. 연합군은 전차의 숫자에 있어서 오히려 약간 우세했음에도 불구하고 전차를 보병의 보조물로만 인식한 나머지 이를 분산 운용했기 때문에 위력을 충분히 살리지 못했으며, 이러한 경향은 프랑스군이 특히 심했다. 반면에 독일군은 전차를 사단급 내지 군단급의 대규모 독립부대로 집중 운용함으로써 가공할만한 위력을 보였던 것이다. 전차 자체의 성능을 비교해본다면 독일군의 전차는 속도 면에서 특히 우세했을 뿐이고, 연합군전차는 대부분이 보병의 지원무기로서 생산된 관계로 화력과 장갑 면에서 우세했지만, 속도나 순항거리는 매우 뒤떨어졌다. 둘째는 공수부대의 운용에 관한 것이다. 독일군은 늪지와 하천이 많은 네덜란드 지역을 공격함에 있어서 낙하산부대로 하여금 주요 교량이나 비행장 등 요충지를 기습적으로 선점함으로써 대규모작전을 효과적으로 수행하기 위한 특수부대의 운용사례를 보여주었으며, 에벤 에마엘 요새를 기습 점령한 예는 특히 공정부대의 가치를 잘 나타내주고 있다. 셋째는 포병의 운용에 관한 것으로서, 독일군은 신속히 전진하는 기계화부대를 포병이 적시에 지원하지 못하게 되자 급강하폭격기 등 전술항공기로 대치시킨 예가 많았는데, 그 결과 포병 지원을 과소평가하게 되었고 이후 포병의 확장발전을 저해하는 요인이 되었다. 이로 말미암아 대전의 중반기 이후 독일군은 편제상 포병화력이 우수한 소련군 및 미군과 접전했을 때 값비싼 대가를 지불해야만 되었다. 넷째는 공군의 운용에 관한 것인데 이는 영국전투에서 언급하기로 하겠다.

끝으로 서부전선에 있어서 승패의 원인을 한마디로 간추려 본다면 결국 양군간의 차이는 수량과 질의 문제라기보다는 "현대전의 수행방식에 대한 개념"의 차이라고 보아야 마땅할 것이다.

제5장 영국 및 발칸 전역

제1절 영국전투

대불작전 종료 후인 1940년 7월 19일 히틀러는 대영 평화제의를 하였으나 처칠에 의해 거부되고 말았다. 이에 히틀러는 영국정복을 결심하고 침공계획 즉 "Sea Lion(See Lowen)"작전을 명하게 되었다. 당시 영국은 덩케르크 철수작전에서 대포를 비롯한 중장비 일체와 기타 수많은 전쟁 물자를 그대로 대륙에 남겨 놓았기 때문에 본토방비를 위한 야전전투력이 전혀 결여된 상태였다. 이때 만일 독일군이 상륙에 성공만 한다면 영국의 패망은 명약관화한 사실이었다. 그러나 아직도 영국에는 세계최강을 자랑하는 해군(Royal Navy)이 완전한 상태로 남아 있었으며 공군(Royal Air Force) 역시 약59개 전투비행중대를 보유하고 있었다. 따라서 독일군이 영국본토에 상륙하려면 무엇보다도 우선 도버(Dover) 해협을 비롯한 상륙지역의 제해권 및 제공권의 장악이 선행되어야만 했다. 그런데 독일은 영국 해군에 도전할 만한 해군력을 보유하지 못하고 있었기 때문에 독일 공군은 영국공군에 대하여 절대적 우세를 확보해야 되었을 뿐만 아니라, 상륙군의 해협횡단을 방해하지 못하도록 영국해군까지도 제압해야 하는 이중의 임무를 안게 되었다. 만약 이 두 가지 조건이 해결되지 않는다면 영국 본토 공격은 실패할 수밖에 없었다. 이와 같은 고려에 의하여 Sea Lion 작전은 공중공격에 의한 제공권의 장악, 잠수함 및 공군에 의한 영국 봉쇄와 도버 해협의 제압, 침공부대의 상륙 등 몇 단계로 나누어졌다.

그리고 이 작전의 수행을 위해서 독일은 우선 프랑스와 네덜란드를 비롯한 점령지역 일대에 추진비행장(推進飛行場)을 건설하는 동시에 다량의 보급품과 장비를 집적하기 시작했으며 8월 10일까지에는 2,700대의 항공기를 투입 가능하게 되었다. 이때부터 10월말까지 전개된 독일군의 공중공격은 대략 4단계로 구분될 수 있다.

제1단계는 8월 10일부터 18일까지였는데, 이 기간 중 약 5백대에 달하는 독일군 항공기는 주로 영국의 남동부 해안 도시를 비롯하여 호송선단, 비행장 및 항공기 생산 공장, 레이더 기지 등 수많은 목표에 대하여 무차별 폭격을 가하였다. 이로 말미암은 영국의 피해는 막심하였으나 독일은 공격을 너무 광범위하게 분산한 결과 제1단계 작전을 실패해 버리고 말았다. 더구나 전투기의 폭격기 엄호 방법이 졸렬하였을 뿐만 아니라 엄호 전투기의 숫자 역시 부족하여 폭격기의 피해가 극심하였다. 독일군의 엄호 전투기는 통상 폭격기보다 5,000 내지 10,000피트 높은 상공에서 엄호를 실시하였는데 영국 공군은 이 허점을 교묘히 이용하였다. 즉 영국 전투기의 일부가 독일의 엄호 전투기에 대하여 견제공격을 가하고 있는 동안에, 다른 일부의 영국 전투기들은 엄호 전투기의 보호로부터 노출된 독일폭격기들을 집중 공격한 것이다. 독일의 급강하폭격기는 특히 공중전에 취약해서 피해가 심했기 때문에, 이러한 영국 공군의 반격에 의하여 독일 폭격기의 거의 1/3을 점하는 급강하폭격기는 전장으로부터 철수하지 않을 수 없게 되었다.

제2단계는 8월 24일부터 9월 5일까지 수행되었는데, 여기서 독일은 그들의 전술을 수정하였다. 즉 공격 목표를 항구지역으로부터 영국 남동부지역의 내륙 항공기지로 전환하는 한편 엄호 전투기의 고도를 낮추어 영국 전투기의 반격에 대비하였다. 이제 영국의 전투기사령부(Fighter Command)는 심각한 위기에 직면하였다. 영국 조종사들은 계속되는 출격으로 과로하였으며, 이를 대체할 훈련된 예비력이 없었기 때문에 점차 피해가 늘어갔던 것이다. 그런데 독일은 영국의 전투기사령부가 소멸 직전에까지 도달했을 무렵 갑자기 이에 대한 공격을 중지하고 공격목표를 옮기고 말았다. 당시의 사태를 처칠은 이렇게 말하고 있다. "독일의 공격이 9월 7일부터 런던으로 이동하고 또한 독일군의 계획이 변경되었음을 알았을 때 전투기사령부는 비로소 구제되었다는 느낌을 가지게 되었다.

독일군이 그들의 공격목표를 변경한 것은 대략 다음과 같은 이유 때문이었다. 우선 그들은 영국 공군의 손실이 얼마나 심각했던가를 모르고 있었다. 내륙 항공기지의 공격에 의하여 영국 공군이 파멸 일보 직전까지 몰리고 있었다는 사실을 독일이 간파했던들 그들은 여하한 희생을 무릅쓰고라도 그와 같은 공격방법을 계속했을 것이다. 그러나 히틀러가 이 계획을 포기하고 갑자기 런던공습을 명령하게 된 가장 직접적인 원인은 영국 공군의 베를린 공습에 대한 보복, 바로 그것이었다. 연전연승으로 축제의 분위기에 들떠 있었던 한밤중의 수도 베를린에 난데없이 폭탄이 떨어졌다는 사실은 나치지도자들의 신경을 극도로 거슬리게 했던 것이다.

여하튼 독일 공군은 9월 7일부터 런던 지역을 공습하기 시작해서 그달 내내 그리고 10월 초순까지 계속하였는데 이것이 3단계 작전이었다. 독일은 이 기간 중 폭격대 엄호를 위한 전투기 배정량을 증가시키는 한편, 대공포화를 피하기 위해 15,000-20,000피트 고도에서 공격을 취했다. 런던의 유서 깊은 건물과 거리는 곳곳에서 파괴되고 수많은 시민들이 사상 당하였다. 반면에 독일 공군의 피해도 나날이 늘어가서 드디어 Sea Lion 계획은 암초에 걸리고 말았다. 히틀러는 9월 17일을 기하여 Sea Lion 계획의 실패를 잠정적으로 인정하고, 이 계획을 무제한 연기하도록 지시하기에 이르렀다. 그렇지만 그는 갑자기 공격을 중단함으로써 실패를 나타내고 싶지 않았다. 따라서 제4단계의 공습은 10월 초순부터 말일까지 지속되었다. 다만 독일은 피해를 줄이기 위해서 주간 폭격을 가능한 한 피하고 주로 야간공습에 의존하였다. 이때에도 역시 주요 목표는 런던을 중심으로 한 도시 지역이었다. 그러나 영국은 마치 불침전함(不沈戰艦) 같이 꿋꿋이 버티고 항쟁하여 위기를 극복하고야 말았다. 독일은 그들이 호전적인 침략을 개시해온 이래 최초로 좌절의 고배를 마셨던 것이다. 영국전투 기간 중 양군의 항공기 피해는 독일이 1,389대, 영국이 790대에 달하였다. 그러면 독일이 영국전투에 실패한 원인은 무엇일까?

첫째는 전투기의 성능에 있어서 영국 쪽이 우세했다는 점이다. 영국 전투기의 주요 기종인 스피트파이어(Spitfire)는 독일의 메서쉬미트(Messerschmidt-109)에 비하여 속도는 다소 떨어졌지만 회전반경이 작고 상승능력이 뛰어나 기동력에서 앞서 있었으며, 화력 또한 우세했다. 둘째, 영국은 기술적 기습을 달성했다. 즉 레이더 시설로 독일군의 공격을 미리 탐지하여 공격 측이 장악하게 마련인 선제권을 박탈함으로써 사태를 역전시켰던 것이다. 셋째, 독일은 영국 조종사들의 능력을 과소평가했다. 영국 조종사들의 용맹성과 노련함, 그리고 불타는 애국심은 독일 조종사들을 능가하여 조국을 위기에서 구했던 것이다. 처칠이 영국 의회에서 "인류의 투쟁사에 있어서 이처럼 많은 사람이 이처럼 적은 사람에게 이토록 크게 의존한 적은 없었다"라고 말한 것은 결코 영국조종사들의 역할을 과대평가한 것이 아니었다. 넷째, 독일은 목표의 원칙을 위배하였다. 독일 공군의 최우선 목표는 영국의 전투기사령부(Fighter Command)를 제압하여 제공권부터 장악하는 것이어야 했다. 그러나 그들은 처음에 항구와 선박을 공격하다가, 한때 제대로 비행장에 달려드는가 하더니, 이윽고 런던을 비롯한 도시로 목표를 옮기고 말았다. 결국 독일은 지나치게 광범위한 목표를 공격했을 뿐만 아니라 결정적인 목표에 집중하는 문제에서도 실패했던 것이다. 그러나 이상과 같은 네 가지 패인(敗因) 외에 본질적으로 볼 때 무엇보다도 중요한 패인은 독일이 전략 공군력의 개념을 이해하지 못했다는 점이다. 독일의 군사지도자들은 공군력의 사용이 지상군의 지원임무에 한정되어야 하며 공군은 독자적 임무를 가질 수 없다고 하는 고정관념에 집착했는데, 이는 급강하폭격기의 위력을 과신하게 된데서 기인한다. 즉 폴란드 전역과 프랑스 전역에서 지상군에 대한 급강하폭격기의 전술지원에 크게 만족하고 고무되어 이러한 편견에 빠지게 된 것이다. 그렇지만 영국전투는 폴란드나 프랑스 전역과 달리 일종의 전략적 과제였으며, 무엇보다도 먼저 제공권 획득이 이루어져야만 했었다.

제2절 발칸(Balkan) 전역

프랑스 전역 기간 중 이탈리아가 참전하고 영국전투에서 독일이 실패하자 교전국들의 관심은 지중해 방면으로 쏠리게 되었다. 그중에서도 "유럽의 화약고(火藥庫)"로 불려 온 발칸 지역과 북아프리카 일대에 군사적 관심이 집중되었는데, 이는 모두가 지중해와 그 주변 해안의 지배권을 둘러싸고 각국의 이해관계가 복잡하게 얽혀있었기 때문이었다. 특히 이탈리아는 독일이 거둔 승리에 견줄 만한 성과를 거두기 위해 이 지역에 더욱 집요한 야망을 가지고 있었다. 그리하여 1940년 8월에 영국령 소말리랜드(Somaliland)에 침입하고, 9월 중순에는 이집트에 침입을 개시했다. 그리고 나아가서는 10월 28일에는 동지중해에 작전기지를 획득하고자 이미 점령하고 있었던 알바니아(Albania)로부터 그리스에 침공하기에 이르렀다. 그리스로의 진격은 북아프리카에서 그라찌아니(Graziani)의 부대가 진격하는 것과 더불어 이집트에 있는 영국군의 목덜미를 조이게 될 것을 생각한 것이다. 이처럼 이탈리아와 그리스가 교전상태(Italo-Greek War)에 돌입하게 됨으로써 전쟁의 불꽃은 서부로부터 발칸 방면으로 옮겨 붙게 되었다.

당시 알바니아에 주둔하고 있던 이탈리아군은 쁘라스카(Visconti Prasca) 장군 휘하에 10개 사단 약 162,000명의 병력을 보유하고 있었으며, 그리스는 파파고스(Papagos) 장군이 지휘하는 150,000명의 정규군을 가지고 있었다. 이탈리아군의 공격계획을 보면 주공(主攻)은 교통의 요지인 쟈니나(Janina)로 진격하여 아테네(Athens)를 최종 목표로 하며, 조공(助攻)은 병참기지인 살로니카(Salonika)로 침입한다는 것이었다. 반면에 그리스군은 알바니아 국경에 연한 산악지를 이용하여 침공군을 저지하는 한편, 그동안 예비 병력을 동원하여 총반격을 취하기로 하였다.

전투는 4개 방면에 걸친 이탈리아군의 기습공격으로 시작되었다. 공격 첫 주일에 이탈리아군은 4개 공격지점에서 각각 10~20마일에 달하는 돌파구를 형성하였으나 점차 진격속도가 둔화되고, 3주일이 지난 11월 18일경에는 각 지역에서 그리스군이 주도권을 탈취하기 시작했다. 이어서 그리스군은 이탈리아군의 병참선을 차단하는 한편 총반격을 감행하여 이탈리아군을 격퇴하고, 오히려 알바니아 국경 너머로 추격전을 실시했다. 그리하여 12월 6일에는 포르토 에다(Porto Edda)를 점령하고, 23일에는 히마라(Himara)를 함락하여 알바니아 영토 안으로 약 50마일이나 북진하였다. 그러나 이 무렵 이탈리아군의 병력이 증원되고 한편으로 그리스군도 탄약을 비롯한 병참물자가 부족했으므로 전선은 잠시 소강상태에 빠졌다. 이탈리아군은 이듬해 3월초에 소강상태를 깨고 그리스군을 격퇴하고자 재차 공격을 취했으나 겨울철의 기후와 그리스군의 완강한 저항으로 또 다시 실패하고 말았다. 이처럼 그리스와의 전쟁에서 패배한 것과 더불어 이탈리아 해군은 1940년 11월 11일의 타란토(Taranto) 해전과 이듬해 3월 28일의 마타판곶(Cape Matapan) 해전에서 영국의 지중해 함대에 의해 거의 궤멸에 이르는 패배를 당함으로써 이탈리아의 위신은 땅에 떨어지고 말았다.

돌이켜보면 이탈리아군은 작전지역의 산악지형 및 기후에 대한 세심한 고려를 등한시 했을 뿐만 아니라, 전투력의 결정적인 우세를 기하기도 전에 성급히 공격함으로써 패배를 맛보았다. 이에 비해 그리스군은 방어에 유리한 지형을 교묘히 이용하여 산악전투를 효과적으로 전개하였으며, 조국을 지키겠다는 애국심과 사기(士氣)면에서 이탈리아군을 압도하여 예상외의 승리를 획득하였다. 이 전투에서 우리는 정신적인 요소가 물질적 요소의 열세를 극복하고 전승을 가져온 좋은 예를 볼 수 있는 것이다.

한편 소련은 언젠가 독일군이 침공해 올 것을 예상하고 독일과의 완충지대를 확보하기 위해 발틱 3국을 병합하는 한편 독일군의 대불작전 기간 중 루마니아로부터 벳사라비아(Bessarabia) 지방을 탈취한 바 있다. 히틀러는 이러한 소련의 서진정책(西進政策)에 견제를 가하고, 나아가 그리스에 있는 영국의 지상 및 공군기지를 박탈함으로써 이미 점령한 루마니아의 플로에스티(Ploesti) 유전지대를 보호할 목적으로 발칸 개입을 결심하게 되었다. 히틀러는 만일 이와 같이 해서 발칸을 정복하게 된다면 소련에 대한 침공시 배후의 안전을 기할 수 있으며, 또한 영국의 지중해 세력을 강타함으로써 영국전투의 실패를 만회할 수도 있다는 일거양득의 효과를 노렸던 것이다. 아울러 독일은 알바니아에서 고전 중인 이탈리아군을 지원한다는 명분도 염두에 두고 있었다.

이리하여 독일은 헝가리와 불가리아를 회유와 협박에 의해 동맹 측에 가입시키는 한편, 유고 또한 설복(說服)하는데 성공하여 바야흐로 피 한 방울 흘리지도 않고 발칸의 절반 이상을 점령하기에 이르렀다. 그러나 1941년 3월 25일 유고에서는 반독(反獨) 민중봉기가 일어나 친독정부(親獨政府)인 폴(Paul) 정권을 무너뜨리고 소련과 단독으로 불가침조약을 맺는 사태가 발생하였다. 이에 격분한 히틀러는 즉각 유고 침공을 명하였으며, 당시 독일국방군최고사령부는 대소작전계획을 세우느라고 분주한 가운데도 불과 10여일 이내에 유고침공계획을 작성하여 독일군 참모부의 탁월한 능력을 다시 한번 입증하였다.

독일군의 작전계획 중 우선 대(對)유고작전을 보면, 바이흐스(Weichs) 장군 휘하의 제2군이 유고 북방으로부터 공격하여 자그레브(Zagreb)를 함락한 뒤 드라바(Drava)강과 사바(Sava)강 사이를 통하여 베오그라드(Belgrad)로 진격하고, 클라이스트의 제1기갑집단(lst Panzer Group)은 불가리아 방면으로부터 침공하여 베오그라드로 향하도록 함으로써 유고군이 서부 산악지대로 철수하기 전에 포착 섬멸하고자 하였다. 한편 그리스방면에 대해서는 리스트 장군의 제12군 예하 3개 군단이 동원되어, 그중 1개 군단은 소피아(Sofia) 남서쪽으로 유고영토를 경유하여 마케도니아평원 서쪽에서 그리스국경을 넘고, 1개 군단은 그리스군의 메타삭스(Metaxas) 방어선을 돌파한 뒤 살로니카(Salonica)로 향하며, 나머지 1개 군단은 그리스와 불가리아 국경의 동쪽 끝에서 공격할 계획이었다. 이 계획에 의하면 그리스에 대한 주공방향은 살로니카 방면인 셈이었다.

반면에 연합군의 상황을 보면 유고는 1,700마일에 달하는 국경선을 가지고 있었음에도 불구하고 신식장비나 기동성이 결핍된 100만 명 이하(예비동원력 포함)의 병력을 보유하고 있었을 뿐이며, 그나마 세르비아인과 크로아티아인간의 내분으로 국내정세가 혼란하여 별다른 방어계획조차 세우지 못하고 다만 국경선 여기저기에 초선방어진(初線防禦陣)을 구축했을 뿐

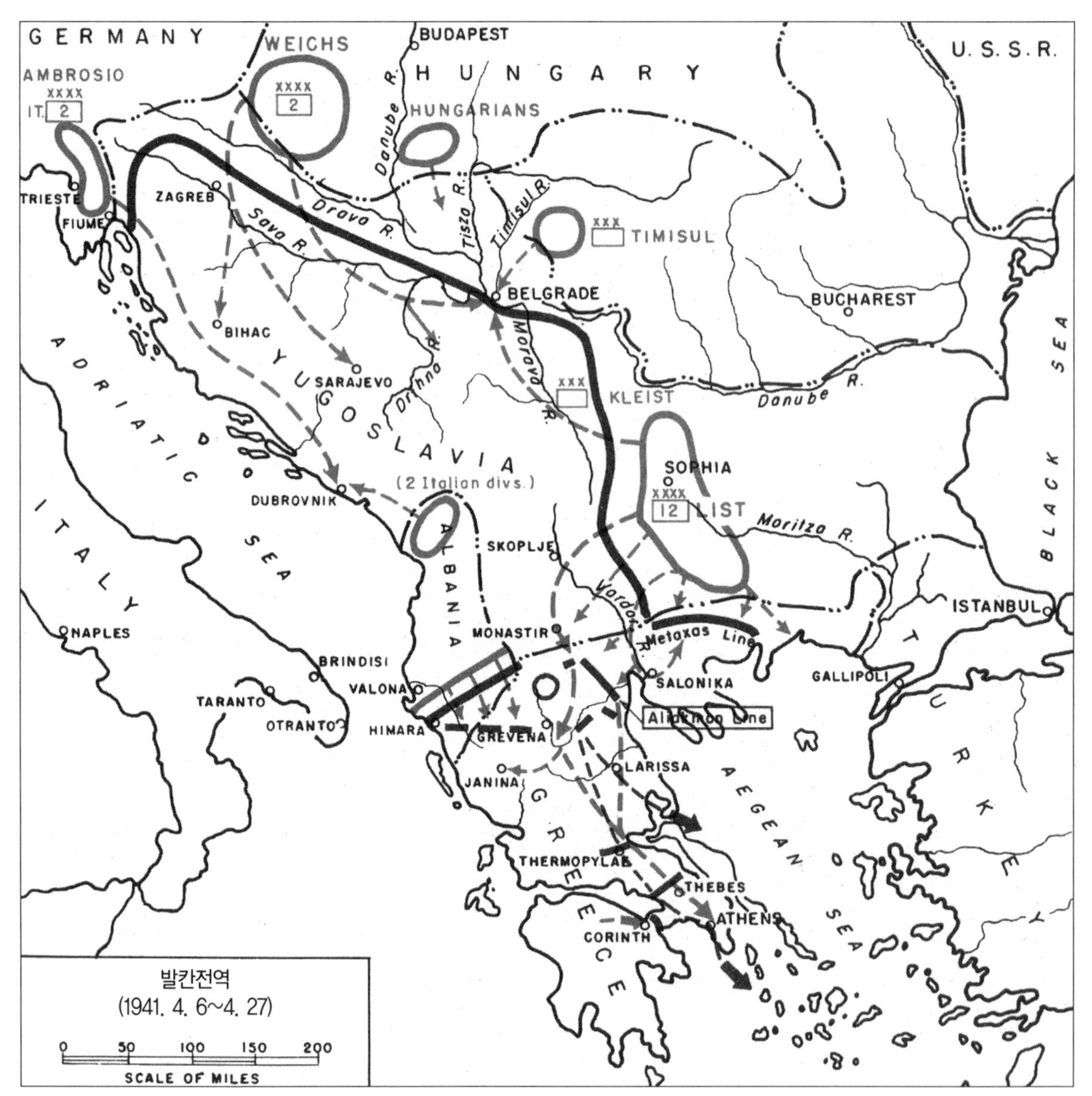

발칸전역
(1941. 4. 6~4. 27)

※ 출처: United States Military Academy, *Summaries of Selected Military Campaigns* (West Point, New York: US Military Academy, 1953), p. 121.

이었다. 그리스는 유고보다 다소 나은 편이어서 파파고스(Alexander Papagos) 장군 휘하에 430,000명의 원기왕성한 일선부대가 있었으며, 윌슨(Sir H. M. Wilson) 장군이 지휘하는 영국군 62,500명이 북아프리카로부터 지원차 도착하여 있었다. 그러나 유고군과의 사전 연합 작전계획이 없어서 살로니카 방어가 곤란하였으므로, 그리스 · 영국 연합군은 메타삭스 방어선(Metaxas Line)에 소규모 병력을 잔류시키는 한편 주방어는 올림푸스산(Mt. Olympus) 북방의 알리아크몬선(Aliakmon Line)에서 실시하기로 하였다.

독일군의 공격은 4월 6일에 개시되었다. 이날부터 연 3일간 독일 공군이 베오그라드를 맹폭(猛爆)한 뒤 지상군은 일제히 국경을 넘었다. 조기에 통신망이 붕괴된 유고군은 군사작전의 통제라든가 협동 따위를 염두에 둘 사이조차 없이 허물어져 갔다. 설상가상으로 자그레브 방면의 크로아티아인 부대들은 독일군을 해방군으로 맞아들이는 촌극까지도 연출하였다. 유고군의 조직적 저항은 15일로 끝나고 17일에는 항복문서가 조인되었다. 이 기간 중 이탈리아도 역시 해안을 따라 조심조심 진격하여 독일에 동조하였다. 양측의 피해상황은 독일군의 인명피해가 558명이었고, 유고는 총 550,000명 동원병력 가운데 334,000명이 포로로 잡혔다. 북방에서 유고가 곤욕을 치르는 동안 그리스도 예외는 아니었다. 유고에 침입한 같은 날인 4월 6일 독일군은 메타삭스선(線)을 돌파하고, 9일에는 살로니카를 점령하였다. 또한 유고를 경유하여 남쪽으로 내려온 공격부대는 4월 10일 모나스티르(Monastir)를 점령함으로써 영국군과 알바니아 방면의 그리스군 사이에 쐐기를 박았다. 이로 말미암아 좌익과 배후를 위협당한 영국군은 올림푸스산 쪽으로 후퇴하였으며, 나중에는 테르모필레(Thermopylae) 부근까지 밀려나게 되었다. 영국군이 이처럼 일련의 후퇴작전을 전개하고 있는 동안에 그리스군은 도처에서 붕괴되어 4월 21일에는 주력부대인 제1군이 투항하고, 뒤이어 23일에는 전(全) 그리스가 항복하였다. 이날부터 27일까지 5일간에 걸쳐 영국군은 마침내 아테네와 펠로폰네소스(Peloponnesos)를 통하여 발칸에서 철수하고 말았다. 이때 빠져나간 영국군은 50,662명이었으니 그리스에서 당한 영국군의 병력피해는 약 12,000명에 달하였다. 이에 비해 독일은 11,000명의 전사자와 4,000명의 실종 및 중 · 경상자를 내었다.

발칸 전역에서 특기할만한 사실중 하나는 유고 침공시 독일군이 취한 공격전법이다. 독일군은 이 전역이 급작스럽게 전개되었기 때문에 충분한 병력의 집중을 기할 수가 없었는데, 그렇다고 후속부대의 도착을 기다릴 시간적 여유도 없었다. 이리하여 독일은 "최초 목표 점령에 소요되는 병력만 집결되면 즉시 작전을 개시하고, 그 동안 후속부대가 집결지에 모이면 이를 기동시켜 선두부대를 초월 전진하는" 이른바 『Flying Start 전술』을 사용했던 것이다. 이것은 일종의 축차적 공격방법이었지만 독일군이 구비한 뛰어난 기동력과 강력한 지원화력은 축차투입의 약점을 충분히 보강하고 오히려 시간적으로 기습적 효과를 가져왔던 것이다. 그러나 보다 중대한 교훈은 일반적으로 기갑부대의 대규모사용이 불가능하다고 인식되어 왔던 산악지형에서 독일군이 전차의 위력을 십분 발휘시켰다는 점이다. 독일군 기갑부대는 발칸지역의 험악한 산악지형을 극복하고, 기동성, 화력 및 충격 효과 면에서 결정적인 위력을 발휘하여 최단 시간 내에 섬멸적 승리를 가져오게 했던 것이다. 이를 한국의 지형과 대비하여 고려할 때 우리는 다시 한번 새로운 기갑전의 양상을 연구할 필요를 느낀다. 아울러 유고군이 취했던 선방어는 기동성 있는 공격 앞에 무력하였다는 점 역시 간과할 수 없는 교훈이 될 것이다.

발칸 전역의 결과 독일은 플로에스티 유전지대에 대한 영국 공군의 위협을 제거하고 동(東)지중해 일대에 강력한 영향을 발휘하게 되었으며, 전 세계는 또 한번 독일군의 가공할 만한 공격력에 경악을 금치 못하였다.

제3절 크레타(Crete)섬 작전

동(東)지중해 한 가운데 둥실 떠 있는 것처럼 크레타섬은 그 지리적 위치로 말미암아 매우 중대한 의미를 지니고 있는데, 특히 독일의 입장에서 볼 때 다음과 같은 전략적 중요성을 띠고 있었다.

첫째, 방어적 측면에서 보면 크레타섬은 발칸지역 내의 독일군 시설 보호 및 아드리아해(Adriatic Sea)로부터 에게해(Aegean Sea)에 이르는 동맹군의 항로를 안전하게 확보하기 위한 요충지이다.

둘째, 공격적 견지에서 보면 크레타섬은 영국의 지중해 함대와 수에즈운하에 대한 공격적 전진기지가 될 수 있다.

셋째, 정치적 상황으로 볼 때 독일이 크레타섬을 점령하게 되면 터키를 비롯한 근동의 중립제국은 동맹 측에 가담하든가 아니면 최소한 동맹 측에 우호적으로 될 수밖에 없는 입장에 처해질 것이다. 이러한 사항을 고려해볼 때 크레타섬은 먹음직스러운 먹이임에 틀림없었지만, 당시 히틀러는 소련에 눈독을 들이고 있던 터라 처음에는 쉽사리 마음이 내키지 않았다. 그러나 제11항공군단을 지휘하고 있던 쉬투덴트(Kurt Student) 장군의 진언에 의하여 크레타섬은 공정작전만으로 쉽사리 점령될 수 있고, 또한 이 작전이 예정된 소련침공작전에 부담을 주지 않으리라는 확신이 서게 되자, 급기야 4월 25일 작전을 지시하기에 이르렀다.

독일군의 작전계획을 보면 우선 공격개시 약 3주일 전부터 작전지역에 대한 제공권 장악을 목표로 공중활동을 활발히 전개하고, 공격 당일 말레메(Maleme) · 레팀논(Rethymnon) · 헤라클레이온(Heracleion) 등 크레타섬 북부 해안에 인접한 비행장들을 낙하산 및 글라이더부대의 공격에 의해 점령하기로 되어 있었다. 그리고 나서 이 비행장에 산악사단을 공수로 이동시키는 한편, 선박수송에 의한 증원병 및 중장비 상륙을 병행시켜 충분한 병력의 우위를 장악하게 되면 일제공격으로 적을 격퇴한다는 것이었다. 독일군은 이 작전을 위해 공수사단 1, 산악사단 1, 그리고 1개 글라이더 연대를 투입하였다.

한편 영국은 그리스에서 철수할 때 이미 동(東)지중해 일대의 중요한 작전기지로 크레타섬을 염두에 두고 있었지만, 이를 보루화할 시간적 여유나 지원능력은 거의 결핍되어 있었다. 영국이 크레타섬 수비를 위해 가용한 병력은 영국군 30,000명, 그리스군 14,000명이었으며, 이들은 뉴질랜드 출신의 프레이버그(Bernard Freyberg) 장군 휘하에 통합되었다.

그러나 이들의 대부분은 그리스에서 철수해왔으므로 장비가 빈약하였을 뿐만 아니라 겹친 피로로 말미암아 사기도 침체되어 있었다. 더구나 이들을 지원해줄 항공력은 거의 전무한 상태였다.

영국은 애당초 크레타섬을 사수하는 것이 불가능함을 깨닫고 독일군의 공격개시 수일 전에 항공기의 대부분을 이집트로 철수시켰던 것이다. 프레이버그 장군은 가용병력 거의 전부를 주요 비행장 일대에 배치하여 방어토록 하였으며 그 중 말레메 지역에 가장 중점을 두었다.

독일군의 공격은 5월 20일에 개시되었는데 말레메, 카니아(Khania), 레팀논, 헤라클레이온 등 4개 비행장에 폭격과 기총소사(機銃掃射) 직후 제7공수사단의 낙하산병과 글라이더부대들을 착륙시켰다.

영국군의 저항은 완강하였고 독일군의 손실은 예상외로 컸다. 특히 말레메 지역에서의 전투는 격심하여 독일군은 쉽사리 비행장을 점령할 수가 없었다. 그러나 5월 21일 독일군은 손실을 무릅쓰고 미처 안전을 확보하지 못한 말레메 비행장에 제5산악사단을 수송기로 투입하였다. 마침내 영국군은 병력의 열세로 점차 격퇴되기 시작하였다. 말레메는 공격개시 3일 만에 완전히 장악되었다. 이 동안 해상에서도 치열한 전투가 벌어졌다. 영국 해군은 독일수송선단을 공격하여 상륙대원을 만재(滿載)한 독일 함선 다수를 격침시켰다. 그러나 영해군도 이 작전 중 독일 공군에 의하여 순양함 2척, 구축함 3척을 격침당하고 기타 수척의 함선이 대파되었다. 영국의 지중해 함대는 부득이 크레타 해역에서 철수하지 않으면 안 되었다.

이제 크레타섬 안의 영국군은 고립무원이 된 채 도처에서 격파 당하였다. 그리고 덩케르크와 그리스에서의 철수에 뒤이어 다시 한번 철수와 대손실을 면치 못하게 되었다.

철수작전은 두 군데에서 실시되었다. 5월 28일과 29일 사이에는 헤라클레이온 지역에서, 31일 밤에는 말레메와 카니아 지역에서 퇴각한 부대가 남부 해안의 스파키아(Sfakia)에서 승선하여 이집트의 알렉산드리아(Alexandria)로 철수하였다. 그러나 레팀논 지역에 배치된 부대는 철수로가 막혀 30일에 항복하였다. 영국 해군은 이 철수작전에서 또 다시 순양함과 구축함 각각 2척의 희생을 치르고 약 16,500명의 병력을 구출하였다.

크레타전투 중 양군의 피해상황을 보면 영국은 포로 11,835명을 포함하는 17,325명(해군 2,011명 포함)의 병력손실과 함선격침 9척, 파손 17척의 피해를 입었으며, 독일의 손실은 병력손실 5,678명, 항공기 격파 151대, 파손 120대였다.

독일의 크레타섬 점령작전은 두 가지 점에서 전사상(戰史上) 기념비적인 특징을 지니고 있는데, 그 하나는 원거리도서를 공수원정군(空輸遠征軍)이 점령한 사상 최초의 전례라는 사실이고, 다른 하나는 이 작전에서 독일군이 입은 예상외의 큰 손실이 히틀러로 하여금 공수부대의 가치를 의심하게 만들고, 나아가 독일군의 공수부대 발전에 결정적 장애요소로 작용했다는 점이다. 심지어 히틀러는 쉬투덴트 장군에게 "공수부대의 시대는 지나갔다"고 까지 극언할 정도였다.

우리는 이 전역을 통하여 항공지원이 없는 함대의 취약성을 다시 한번 확인할 수 있었으며, 기동성이 결여된 수비는 공수작전에 대해 무력하다는 점, 공수작전시는 낙하지점을 명확히 선정해야 하고 낙하와 동시에 중장비도 갖출 수 있는 방안을 모색해야 한다는 점, 그리고 비행장은 철수하기 전에 적이 사용하지 못하도록 파괴해야 한다는 점 등 몇 가지 교훈을 얻을 수 있다.

독일은 크레타섬 점령으로 말미암아 서두에서 지적한 몇 가지의 전략적 이점을 누릴 수 있게 되었지만, 계속하여 대소작전(對蘇作戰)에만 몰두한 히틀러의 지령에 의하여 소규모 수비대만 남겨놓고 주력 특히 공군을 이 지역으로부터 철수시키고 말았다. 결과적으로 독일은 동지중해 일대에서 값비싼 희생의 대가를 찾지 못했고, 알렉산드리아로 도피했던 영국의 지중해 함대는 다시금 소생할 계기가 마련되었다.

제4절 연합국의 전략방향

제2차 세계대전과 같은 세계차원의 전쟁에 있어서는 군사지휘관의 군사전략과 국가정책 수준의 대전략 사이에 구분이 애매모호하였다. 그래서 미국의 저명한 전략이론가인 웨드마이어(Albert C. Wedemeyer) 장군 같은 사람은 전략을 이렇게 정의하고 있다. "전략이란 국가목표를 달성하기 위하여 모든 자원을 운용하는 기술 및 과학이다"

그러면 제2차 세계대전 중 연합국 측의 전략은 어떻게 수행되었을까? 우선 연합국의 전략 방향을 결정하고 이끌어간 주체는 미·영의 국가원수 및 그 보좌관들이었으며, 이들이 최초로 세계전략상의 모든 문제를 논의하기 위해 회동한 것은 일본이 진주만을 기습한 바로 직후였다. 즉 처칠이 워싱턴으로 가서 루즈벨트와 회합한 ARCADIA 회담이 그 시초였으며, 여기에서 미·영 양국은 앞으로 계속적인 전략계획의 수립과 협동을 위해 상설기구를 만들기로 합의하였다. 연합참모본부(CCS: Combined Chiefs of Staff)는 이렇게 해서 생겨난 것이다. CCS는 미·영을 중심으로 한 국가원수와 3군 참모총장 및 기타 연합국의 대표자로 구성되었으며, 그 기능은 다음과 같다. ① 통합작전을 위한 전략을 수립한다. ② 통합작전시 지휘관을 선정한다. ③ 각국이 수행할 작전의 책임과 권한을 규정한다.

한편 미·영 양국은 각각 자국의 작전수행을 위한 합동참모본부(JCS: Joint Chiefs of Staff)를 가지고 있었는데, JCS는 말하자면 자국내의 최고전쟁수행기구로서 그 나라의 국가원수와 3군 참모총장으로 구성되었다.

결국 세계전략의 방향은 1941년 12월의 ARCADIA회담으로부터 그 후 1945년 7월까지 10회에 걸쳐서 개최되었던 연합국 수뇌회담에서 결정되었고, 여기에서 결정된 기본전략 방침은 워싱턴에 상주한 CCS에서 세부적인 전략계획으로 구체화되었으며, 이것은 다시 각국의 JCS에서 보다 세분화된 전략 및 전술계획으로 실현되었던 것이다.

연합국 수뇌회담을 순서대로 열거하면 다음과 같다.

회 담 명	장 소	연 월
ARCADIA	워 싱 턴	1941. 12
LONDON	런 던	1942. 4
WASHINGTON	워 싱 턴	1942. 6
CASABLANCA	카사블랑카	1943. 1
TRIDENT	워 싱 턴	1943. 5
QUADRANT	퀘 벡(제1차)	1943. 8
SEXTANT-EUREKA	카이로-테헤란	1943. 11
OCTAGON	퀘 벡(제2차)	1944. 9
ARGONAUT	얄 타	1945. 2
TERMINAL	포 츠 담	1945. 7

상기 회담 중에서 스탈린이 참석했던 것은 테헤란 · 얄타 · 포츠담 회담 등 세 번이었으며, 카이로 회담에는 장개석도 참석했었다.

10차에 걸친 회담의 내용과 성격은 앞으로의 제 전역을 살펴보면서 부분적으로 언급하겠지만, 특히 ARCADIA회담은 연합군의 주력 목표를 "선독일 후일본(先獨逸 後日本)"으로 결정한 회담일 뿐만 아니라 전반적인 전략방침을 설정했다는 점에서 중시된다. 독일을 우선 패배시켜야 된다고 결정한 주(主)요인은 대략 다음과 같다.

첫째, 일본에 대결하기 위해 미국이 급선무로 필요했던 것은 해군력이었는데 진주만 기습으로 일선 해군력을 상실했기 때문에 일본과의 조기결전은 불가능했다. 둘째, 영국은 지리적으로 보아 우선 유럽 쪽부터 신경을 안 쓸 수 없었으며, 소련의 경우는 나치즘과의 갈등이라는 정치적 이유 때문에 대독작전이 우선이었다. 셋째, 독일과 일본의 공학적 역량을 비교해볼 때 일본은 그들이 획득한 자원을 군수 물자화하는데 보다 많은 시간이 걸릴 것이므로 독일부터 무찔러야 했다. 넷째, 가능한 한 보다 많은 독일군을 동부전선에 흡수하기 위해서는 소련이 전열(戰列)에서 이탈하지 않도록 해야 되었는데, 미국의 도움 없이는 소련이 1942년까지 버텨주지 못할 것으로 판단되었다.

이상과 같은 이유들로 인하여 연합군은 일본을 뒤로 젖혀놓고 대독전쟁에 주력하게 되었지만, 그 과정에서 스탈린은 처음부터 비협조적 태도를 보임으로써 미 · 영을 괴롭혔다. 즉, 스탈린은 열의와 냉담의 양극을 오락가락하면서 항시 이익만을 취했던 것이다. 스탈린과 그의 측근들이 보여주었던 냉혹하고 이기적이며 비인도주의적이었던 처사들은 앞으로 각 전역을 고찰하면서 기술하겠다.

제6장 독일군의 소련침공

19세기의 유명한 병학자(兵學者) 조미니(Antonie Henry Jomini)는 일찍이 "러시아는 들어가기는 쉬우나 나오기는 힘든 나라"라고 말한 바 있다. 이 말은 러시아가 18세기와 19세기에 걸쳐서 매 세기마다 한번씩 당대의 명장으로부터 대침공을 당한 전례에 의하여 명백히 입증되고 있으며, 20세기에 들어서서 히틀러 역시 같은 경험을 보여주고 있다.

18세기 초 스웨덴과의 전쟁(The Great Northern War; 1700-1721)시 러시아는 찰스 12세

의 침공을 받아 난국에 처해졌지만 폴타바(Poltava) 전투에서 표트르 대제(Peter the Great)가 승리를 거둠으로써 이를 극복했고, 1812년 겨울에는 모스크바까지 침입한 나폴레옹에게 가혹한 타격을 입혔던 것이다.

이제 우리는 20세기의 광인 히틀러가 어떠한 과정을 밟아 그들과 똑같은 패망의 길로 내달았는가를 살펴보고자 한다.

제1절 바바롯사 계획(Barbarossa Plan)

히틀러는 일찍부터 소련의 광대한 영토와 무진장한 자원을 탐내왔다. 그의 저서 『나의 투쟁』(Mein Kampf)에는 우크라이나의 곡창, 우랄의 지하자원, 카프카즈의 유전, 시베리아의 삼림자원 등에 대한 열병과 같은 욕망이 표현되어 있으며, 이것이 이른바 생활권(Lebensraum)이라는 환상으로 뭉뚱그려지고 있다. 그리고 생활권의 확보를 위해 "동쪽으로의 돌진(Drang Nach Osten)"이 필연적으로 뒤따르게 된 것이다.

그럼에도 불구하고 이미 알고 있는 바와 같이 히틀러는 스탈린과 더불어 불가침조약을 맺은 바 있다. 이는 물론 서부유럽에 대한 공략시 배후로부터의 위협을 제거하고자 한 히틀러의 의도와, 적군(Red Army)을 정비하고 제반 전쟁준비에 필요한 시간을 얻고자 한 스탈린의 속셈이 투합하여 빚어진 결과였지, 결코 상호간에 화합을 목표로 한 것이 아니었다. 따라서 스탈린은 독일군의 폴란드 침공시 동부 폴란드를 탈취하였고, 이어서 레닌그라드 방어를 강화하기 위하여 핀란드에 침입, 카렐리안 지협(Karelian Isthmus)을 획득하였으며, 독일군이 프랑스 공략에 몰두하고 있을 때 발틱 3국과 루마니아의 벳사라비아 지방을 손아귀에 넣음으로써 장차 예상되는 독일과의 전쟁에 대비한 완충지대를 구축했던 것이다.

그러나 마침내 시간이 흐름에 따라 각기 돌아앉아 칼을 갈고 있던 두 거인은 마주보고 격돌할 찰나에 도달하였다.

그러면 어째서 히틀러는 서부에서의 불길을 채 끄기도 전에 소련을 공격하여 독일이 가장 꺼려 온 양면전쟁의 수렁에 빠지게 되었던가?

경제적인 이유 때문에 소련을 점령하려 했다는 의도는 앞에서 지적한 바 있거니와 사상적인 면에서도 나치즘과 볼셰비즘은 견원지간이었고, 실제로 이러한 관계는 나치즘의 태동 및 성장과정을 통해 너무나도 잘 알려져 있다. 그러나 히틀러가 소련을 공격하게 된 보다 직접적인 동기는 군사적 이유 때문이었다.

독일이 장차 영국을 정복하기 위해서는 해·공군의 확충이 절대 필요하다는 점이 영국전투에서 드러난 바 있으며, 그러기 위하여는 상대적으로 육군의 비용을 절감하지 않을 수 없었는데, 당시 소련군의 팽창속도로 보아 동부에서의 위협이 증가 일로에 있었던 만큼 섣불리 육군의 규모를 감축할 수도 없었다. 그렇다고 시간을 지체하게 된다면 소련은 더욱 강대해질 것이고, 영국이 소련을 참전토록 유혹할 경우 유리하다고 판단되는 시기가 오면 스탈린의 구미가 당기리라는 점 역시 예상되고도 남음이 있었다. 더구나 영국이 미국의 원조에 의해 급속히 전투력을 회복해 가고 있었기 때문에 독일은 동부나 서부 어느 쪽에든 재빨리 손을 써야만 되었다. 결국 시기적으로 보아 영국은 아직도 본토방어에 여념이 없었고, 프랑스는 전열에서 이탈하였기 때문에 그런 대로 서부로부터의 위협은 당분간 없을 것으로 판단한 나머지 조속한 시일 안에 소련을 굴복시킨다면 양면전쟁을 피할 수 있다고 보았던 것이다.

그리하여 히틀러는 1940년 7월 31일 베르크트스가든(Berchtesgaden) 별장(別莊)에서 군수뇌부와 회합하여 전반적인 추이를 검토한 후, 마침내 1940년 12월 18일 "지령 제21호"(Directive No.21)로서 대소침공에 대한 최초의 정식명령을 하달하였으니 그것이 바바롯사 작전계획이다.

바바롯사 계획의 주요 내용은 대략 2단계로 구성되어 있다. 첫째는 국경지역에 배치되어 있는 소련군의 주력이 내륙으로 철수하여 지연전을 펴지 못하도록 침투와 포위에 의해 조기에 포착 섬멸하는 것이었고, 둘째는 급속한 진격으로 소련공군이 독일본토에 대한 폭격작전을 할 수 없는 곳까지 점령지역을 확대하는 것이었다. 따라서 소련 침공작전의 종국적인 목표는 볼가(Volga)강으로부터 카잔(Kazan)을 거쳐 북극해에 연한 아창겔(Archangel)까지 확보하는 것이었으며, 필요에 따라서는 공군력으로 우랄(Ural) 공업지대를 파괴한다는 내용도 포함되어 있었다.

제2절 작전지역의 특성 및 양군의 계획

1. 작전지역의 특성

동유럽전쟁에 있어서 작전지역의 지형 및 기후 요소는 다른 어떤 전쟁에서보다도 중대한 의미를 가지고 있다. 우선 작전 정면(正面)만 하더라고 북극해에서 흑해까지가 2,000마일이고, 종심은 엘베(Elbe)강에서 볼가강까지 1,700마일이나 되므로 작전규모가 방대해질 수밖에

바바롯사 계획과 초기전투(1941. 6. 21~9. 30)

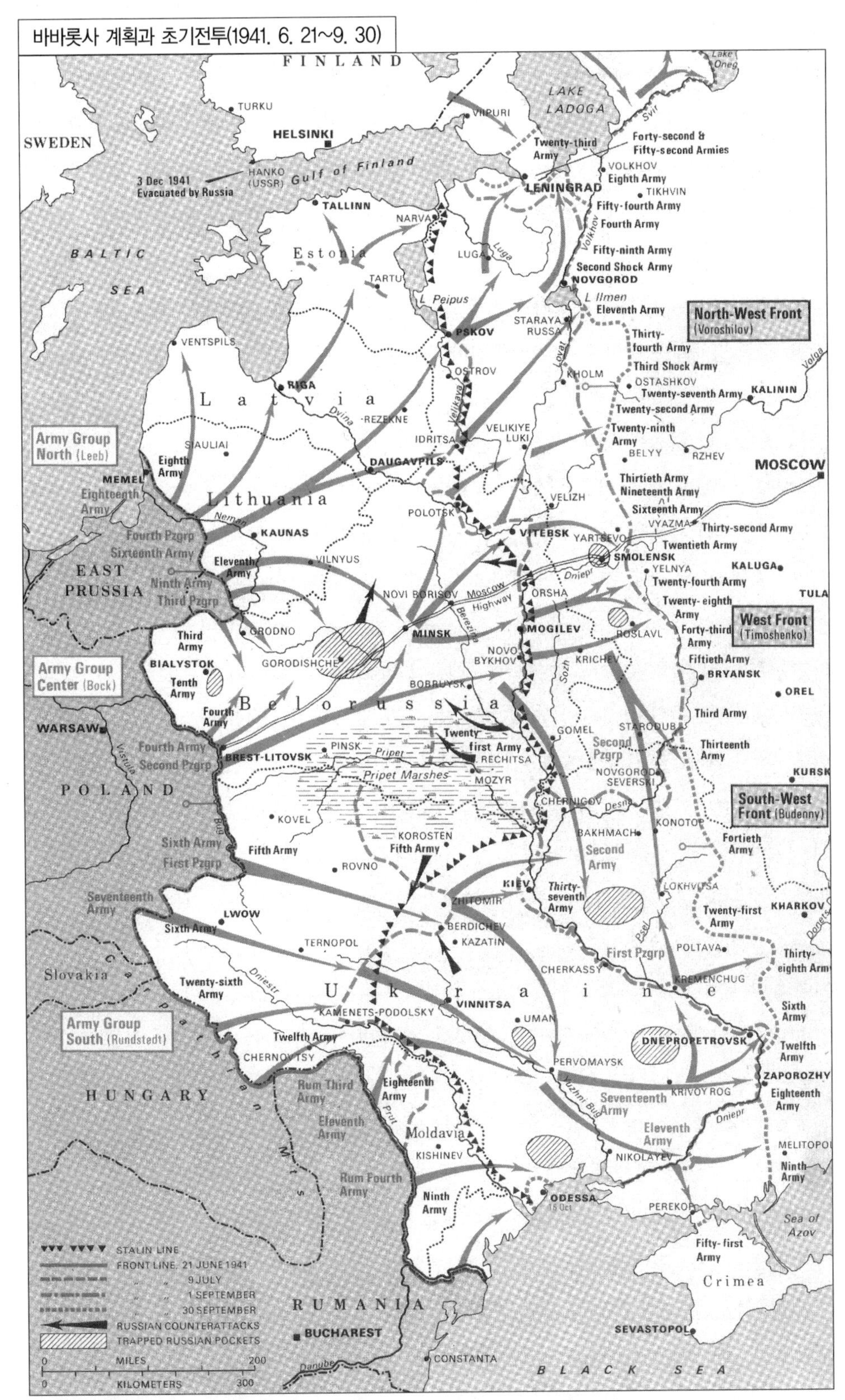

※ 출처: Richard Natkiel, *Atlas of 20th Century History* (London: Bison Books, 1982), p. 119.

없었으며, 더구나 이처럼 광대한 지역의 대부분이 개발되지 않은 황야였기 때문에 도로망이 극히 빈약하였다. 따라서 철도가 병참선을 유지하는 가장 중요한 수단이었지만, 철도망 역시 보잘 것 없었을 뿐만 아니라 유럽철도에 비해 광궤도(廣軌道)였으므로 독일의 기관차와 화차를 소련철도에서는 운행할 수가 없었다.

교통망의 결핍은 공격측 특히 전격전을 주무기로 하는 독일 공격부대에게 난점을 안겨준 반면, 자연적 지세는 방어에 유리한 조건이 되었다. 드니에페르(Dnieper), 도네츠(Donets), 돈(Don) 및 볼가(Volga) 등 4대강은 서쪽으로부터의 침입에 대해서 폭이 넓은 연속방벽(successive barrier)을 형성하고 있었으며, 통행이 불가능한 프리펫 늪지(Pripet Marshes)와 라도가(Ladoga) 호수 및 일멘(Ilmen) 호수 주변의 늪지 역시 커다란 장애물이었다. 또한 모스크바로부터 서쪽의 민스크(Minsk)까지, 그리고 북서쪽의 레닌그라드(Leningrad)까지의 지역은 울창한 삼림으로 덮여 있어 기계화부대 기동에 커다란 장애물이 되었다.

그러나 이러한 지형에도 불구하고 서쪽으로부터 내륙 중심지역으로 이르는 비교적 양호한 자연통로가 두 갈래 있었다. 하나는 나폴레옹이 지나간 약간 고지대의 통로로서 바르샤바(Warsaw)-민스크(Minsk)-스몰렌스크(Smolensk)-모스크바(Moscow)로 연결되는 직통로이며, 다른 하나는 찰스 12세가 택했던 통로로서 남부 폴란드의 르보프(Lwow) 동남쪽에서 출발하여 부그(Bug)강과 드니에페르강의 분수지대를 따라 전진하다가, 다시 동북쪽으로 회전하여 드니에레르강을 도하함으로써 중앙 우크라이나(Ukraine)에 이르는 통로이다. 그러나 이러한 전진로(前進路)가 있다고는 하지만 중장갑부대가 대륙을 횡단해서 기동한다는 것이 결코 용이한 일은 아니었다.

이와 같은 지형조건 외에 기후조건 또한 극복하기 어려운 것이었다. 소련의 전형적인 대륙성기후는 계절에 따른 기온의 변화가 극심하고, 거의 반년이나 계속되는 동계는 모든 것이 얼어붙는 가혹하고 황량한 계절이다. 봄이 오면 대지는 해빙과 더불어 진흙 구렁텅이로 변하고, 건조기인 여름에 들어서면 진흙의 땅이 말라서 먼지가 한치나 쌓인다. 그리고 한달 남짓한 짧은 가을 동안 차가운 비가 내려 대지가 다시금 진흙 밭이 된 다음, 아무런 경고도 없이 서둘러 겨울이 찾아온다. 따라서 작전은 건조한 여름과 지면이 동결되는 겨울에만 수행가능하며, 그나마 겨울은 일조시간이 짧다는 제약이 있다.

어쨌든 소련은 "동장군"과 "진흙장군"이라는 영원불변의 동맹군이 있으므로 해서 백만 대군의 위력을 능가하는 이점을 안고 있는 셈이었다.

2. 소련군의 상황

소련의 국방군인 적군(Red Army)은 1918년 3월 트로츠키(Trotsky)가 군사인민위원장이 되면서 창설되기 시작했는데, 처음에는 방편상(方便上) 제정러시아 군대의 장교와 교리 및 제도를 이용하여 어느 정도의 기틀을 잡게 되었다.

그러나 적군이 확고하게 근대화된 군대로 발전하기 시작한 것은 1차대전과 내란(Russian Civil War)을 겪고 난 뒤부터였다. 즉 레닌이 죽고 스탈린이 집권한 이후 전개된 수차의 5개년 계획경제를 통하여 소련은 급격히 공업화되기 시작했고, 이에 따른 군수공업의 뒷받침 하에 적군은 기계화되고 직업 군대화되기 시작했던 것이다. 특히 1936년 이후 전국민을 군사훈련으로 몰아넣어 막강한 인력을 전투 요원화하고, 1939년 평시징병제를 채택하여 적군을 완전히 정규군화(正規軍化)시킨 것은 결정적인 발전 계기가 되었다.

2차 대전 무렵 소련군의 주요 지휘계통을 보면 제일 상부에 전시최고정치기구인 인민국방위원회(People' s Commissariat for Defense)가 전쟁의 전국면을 지휘하게 되어 있었으며, 그 밑에 육·해군의 주요 장교 30-40명으로 구성된 총사령부격인 스타브카(Stavka)를 두어 정기적으로 전반적인 전략을 토의하게 하였다. 스타브카는 독일국방군 총사령부(O.K.W : OBERKOMMANDO des Wermacht).와 유사한 기구인 셈이었다. 그리고 스타브카 밑에 적군총참모부(Red Army General Staff)가 있어서 스트브카에서 결정된 전반적인 계획에 따라 보다 세부적인 작전계획을 수립하도록 되어 있었다.

한편 소련군의 야전부대 편제는 타국과 대동소이하지만, 단지 가장 규모가 큰 단위부대로서 "Front"라고 하는 특이한 존재가 있었다. 그러나 이보다 더욱 특징적인 사실은 2차 대전중 소련군의 편성이 방어시와 반격시에 따라 차이가 있었다는 점이다. 1941년 6월부터 1942년 12월까지의 방어기간중 보병은 기존의 군단제를 폐지하고 사단으로 재편성했으며, 독립보병연대까지도 생겼다. 기갑은 전차사단과 기계화사단을 폐지하고 독립탱크여단과 독립전차 대대를 만들었으며, 포병은 통합시켜 총예비포병으로 편성했고, 공병은 10개의 야전공병군으로 편성하여 최고사령부의 지휘하에 후방방어진을 구축했다. 그러다가 1942년 이후 반격기간 중에 보병은 여단을 폐지하는 한편 군단을 부활시키고 집단군까지도 편성했으며, 기갑은 혼성전차군으로 개편되었다. 포병은 돌격포병사단, 군단고사포병사단, 대전차포병여단 등으로 세분되었으며, 공병 역시 강습공병여단, 화염방사탱크연대 등으로 단위대 규모를 세분화했다. 결국 방어 시에는 보병과 기갑이 세분화되고 포병과 공병이 집중 운용되었다가, 반격 시에는 반대로 보병과 기갑이 통합 집중화되고 포병과 공병은 기능별 또는 단위대별로 각 전선에 분할 배치되었다는 특징이 있다. 또한 공군도 지상군과 마찬가지로 편성상의 변화를 나타내고 있는데, 방어 시에는 공군연대의 보유기수를 61대에서 22-32대로 줄이고 사단내의 연대수도 4-6개 연대에서 2개 연대로 줄이는 등 세분화한 반면에, 반격 시에는 최고사령부 직할 하에 항공사단 또는 군단 규모로까지 통합 운용하였다.

이외에 소련군의 제도 가운데 특기할만한 것으로는 정치위원(Commissar)제도 및 빨치산(partisan)과의 관계를 들 수 있다. 정치위원제도는 애당초 트로츠키가 적군을 창설할 때 이용한 제정 러시아군대의 장교들을 감시 · 감독하기 위하여 만든 것으로서, 오늘날 공산국 군대의 일반적 특징인 정치장교의 모체가 바로 이것이다.

소련 빨치산 조직의 기원은 1941년 7월 3일 스탈린의 소위 "조국해방전쟁" 선언에 시발을 두고 있지만, 그들의 본격적인 활동은 모스크바전투 당시부터 전개된 것으로 보아야 한다. 소련 빨치산의 두드러진 특징은 정규군과 긴밀한 협동작전을 전개했다는 점인데, 적군의 야전군급 사령부에는 정규군과 빨치산과의 작전 협조를 담당하는 지역참모까지 있었고, 빨치산은 심지어 교범(教範)까지 갖고 있었다. 더구나 빨치산의 기본단위는 여단으로서 그 규모 또한 작지 않았으니, 소련의 빨치산은 단순한 게릴라부대라기보다 오히려 준(準)정규군에 가까웠다고 할 수 있다.

2차 대전기의 소련군 규모는 오늘날도 군사비밀로 남아 있어서 자료에 따라 적지 않은 차이가 있는데, 203개 사단과 46개 기갑 및 기계화 여단이 있었던 것으로 추산된다. 이 가운데 33개 사단과 5개 여단은 극동쪽에 배치되어 있었다. 따라서 서부국경지역의 총 병력은 약 230만 명으로 추산된다. 그러나 동원 가능한 예비군의 총수는 1,200만에 달하여 인력 자원면에서 근본적으로 독일과 큰 차이를 보이고 있었다. 전차는 약 20,000대를 보유하고 있었으나 질에 있어서는 독일군 탱크에 비해 다소 떨어지는 편이었다. 그러나 신형전차들이 한창 생산단계에 있었고, 그 중 T-34형 전차는 중량, 장갑, 화력, 기타 성능 면에서 독일군의 가장 중형 전차인 판저-4 (Panzer IV)를 능가하여 당시로서는 세계최강이라 할만했다.

소련군의 항공기는 약 7,500대로서 독일군에 비해 거의 3배의 수적 우세를 차지하고 있었지만, 대부분이 구식인데다 비행장 시설과 조종사의 부족으로 독일 공군의 상대가 되기에는 부족한 점이 많았다.

그리고 소련군 전반을 통해 볼 때 지휘부의 능력이 대단히 미약하였고, 경험이나 훈련 면에서도 독일군보다 현저히 뒤떨어져 있었다.

독일의 침공에 대비한 소련의 방어계획을 보면 한 마디로 명확한 것이 없었다고 해도 과언이 아니다. 그러나 전통적으로 소련이 즐겨 사용한 개념은 "공간을 팔아서 시간을 얻는다"는 것이었다. 즉 소련은 예비군의 동원과 장비 및 무기의 완비를 위한 "시간"이 절대 필요했으므로, 광대한 국토 자체가 지니고 있는 깊은 종심을 이용하여 독일군 침공부대의 예기(銳氣)를 점차 둔화시킨 뒤, 그 동안 준비했던 공격력을 집중하여 일제히 반격을 취한다는 개념에 의존하였다. 이에 따라 소련의 전국토는 다시 한번 초토화(scorched earth)의 홍역을 치르지 않을 수 없게 된 것이다. 여하튼 시간을 벌기 위해 소련은 국경지역에서부터 방어에 임할 계획이었다. 소련군은 작전지역이 북(北) · 중(中) · 남(南)의 3개 방면으로 구분되리라고 예상하고, 이에 따라 방어지역을 3개 전선(Front)으로 구분했다. 북쪽에는 32개 사단으로 구성된 보로쉴로프(Voroshilov) 원수의 서북전선(North-West Front)을 배치했고, 중앙에는 티모셍코(Timoshenko) 원수가 지휘하는 서부전선(West Front)의 47개 사단이 배치되었으며, 남쪽에는 69개 사단으로서 가장 규모가 큰 부데니(Budenny) 원수 휘하의 서남전선(South-West Front)이 배치되었다. 소련군은 독일군 기계화부대의 주공이 비교적 평탄한 남쪽의 우크라이나 쪽으로 공격해 오리라 예상했던 것이다.

한편 스탈린은 독일의 맹방인 일본과 1941년 4월 13일에 불가침조약을 맺음으로써 동쪽으로부터의 위협에서 당분간 벗어나 오로지 대독전쟁에만 전념할 수 있게 되었다. 이 조약은 전쟁을 불과 두 달 남짓 앞둔 시기에 체결된 것으로서 소련의 정치적 기습이었을 뿐만 아니라, 군사적으로도 시베리아의 소련군을 서부로 이동할 수 있게 되어 전쟁기간 동안 내내 독일군의 큰 부담이 되었다.

3. 독일군의 계획 및 전력배비

바바롯사 계획에 명시된 목표를 달성하기 위해서 독일은 3개 방면으로부터의 공격을 꾀했다.

룬드쉬테트 원수의 남부 집단군(Army Group South)은 키예프(Kiev)를 주요목표로 삼고 진격하여, 서부우크라이나 지역에서 방어 중인 소련의 서남전선(Budenny)이 드니에페르강을 건너 동쪽으로 후퇴하기 전에 차단 · 포위한 다음 흑해쪽으로 몰아 붙여 섬멸하며, 복크 원수의 중앙집단군(Army Group Center)은 민스크와 스몰렌스크 두 곳에서 2회에 걸친 대양익포위작전(大兩翼包圍作戰)을 벌여 백(白)러시아 지역의 소련 서부전선(Timoshenko)을 격멸함으로써 모스크바에 이르는 직통로를 개방하고, 레에프 원수의 북부 집단군은 동프러시아 지역으로부터 침공하여 발틱 지역의 소련 서북전선(Voroshilov)을 격파함과 아울러 레닌그라드를 점령하기로 되어 있었다. 그러나 독일은 이들 3개 방면 중 주공을 어디로 할 것인지를 결정짓지 못하였다. 주요 목표는 레닌그라드, 모스크바, 그리고 남쪽의 우크라이나로 대별되었지만, 이들 지역이 서로 멀리 떨어져 있기 때문에 각각 별개의 작전이 될 수밖에 없었고, 또한 히틀러와 군수뇌부 사이에 의견대립이 있었기 때문이었다. 히틀러는 볼셰비즘의 요람(搖籃)이며 북부의 공업지대인 레닌그라드를 석권하고 싶어했으며, 광대한 곡창과 도네츠공업지대를 품고 있는 우크라이나에는 더욱 군침을 흘렸던 것이다. 또한 우크라이나는 카프카즈유전에 보다 가깝게 도달할 수 있는 문턱이었기 때문에 그는 특히 남쪽에 주공을 두고자 했다. 그러나 군수뇌부의 대부분은 소련군의 주력을 빠른 시일 안에 격파해야만 차후의 모든 작전이 순조로울 것이라는 판단 하에 모스크바로 직행하기를 주장했다. 모스크바는 소련의 정치적 · 이념적 중심지이며 아울러 군수공업과 철도망의 중심지였기 때문에 소련군의 핵심이 이 지역에 배치될 것으로 보았던 것이다.

이와 같은 히틀러와 군수뇌부간의 견해 차이로 말미암아 독일은 개전초에 주공방향을 결정짓지 못하고, 다만 국경선지역 전투가 끝나는 대로 그때에 가서 다시 주공방향을 결정짓기로 유보하고 말았다.

이러한 견해 차이는 동유럽전쟁 전반을 통해서 독일군이 확고한 목표를 향해 집요한 공세를 펴지 못하게 만든 반면에, 광대한 작전지역 여기저기를 전전함으로써 국부적인 전술상의 승리는 도처에서 획득하였으나, 궁극적으로는 전쟁의 흐름을 결정짓는 시기(timing) 포착에 실패하여 전략적 패배를 맛보게 하였다.

한편 병력배치상황을 보면 중앙집단군쪽이 가장 강력하였고, 두 번째가 남부집단군, 마지막이 북부집단군이었으니, 이때까지만 해도 군수뇌부의 견해가 어느 정도 반영되고 있었다고 할 수 있다.

이처럼 독일군이 주공방향조차 결정짓지 못한 채 침공을 개시했다고는 하나, 그들의 세부 작전계획은 대단히 우수하고 치밀하였다. 독일군은 대소작전(對蘇作戰)을 위하여 '카일 운트 케셀' (Keil und Kessel; Wedge and Trap) 즉 '쐐기와 함정' 이라는 새로운 전법을 창안하였다. 이 전법은 한마디로 폴란드와 프랑스 전역에서 위력을 발휘한 전격전(Blitzkrieg) 전술을 작전지역의 특징과 소련군의 배치상황에 알맞도록 발전시킨 "전격전의 변형전술"이었다. 소련군은 광대한 전(全)국경지대에 걸쳐 병력을 분산 배치하여 종심이 깊지 못하였으므로 독일군으로서는 전선 어느 곳에서나 쉽게 돌파가 가능한 반면, 소련군을 국경지대에서 포착 섬멸하지 못하고 일단 내륙을 후퇴하게 한다면 다시 포착하기란 쉬운 일이 아니었다. 따라서 독일군은 전방에 배치된 소련군이 내륙으로 깊숙이 후퇴하기 전에 차단 섬멸하기 위하여 '카일 운트 케셀' 전법이라는 일종의 양익포위전술을 구상해냈던 것이다.

이 전법의 구체적인 내용은 다음과 같다. ① 최초 정면의 적을 고착시키기 위하여 조공부대인 보병이 견제공격을 실시하고, 조공부대의 양측방에 각각 주공을 둔다. ② 양익에 위치한 주공의 첨단에는 보병이 위치하여 돌파구를 만들고, 이 돌파구로 기갑부대가 깊숙이 침투하여 적의 후방목표를 유린함과 아울러 포위망의 외환(外環)을 형성한다. ③ 차량화보병부대가 기갑부대를 후속 전진함으로써 기갑부대의 측방을 엄호함과 동시에 포위망의 내환(內環)을 형성한다. ④ 차량화보병부대는 정면에서 견제공격을 수행하던 보병부대와 협조하여 포위망 안의 적을 소탕한다. 이때 기갑부대는 차기작전을 위한 재편성 및 병참보급을 받는다.

이와 같은 치밀한 작전계획 못지않게 동유럽전쟁에 투입된 독일군의 전력배비 또한 막강한 위용을 자랑하고 있었다. 당시 독일군은 총 205개 사단을 보유하고 있었는데, 대소작전에 투입된 것은 기갑사단 19개, 기계화사단 12개를 포함하여 148개 사단이었다. 여기에 루마니아군 14개 사단 약25만 명이 가세되어 개전초의 총병력은 305만 명에 달하였다. 그리고 3,350대의 탱크, 7,184문의 각종 대포, 600,000대의 차량, 625,000필의 말이 동원되었으며, 공군은 2,500대의 항공기를 투입하였다. 뿐만 아니라 독일군의 질적 우세는 월등하였다. 독일군은 훈련도와 장비 면에서 소련군을 완전히 압도하고 있었으며, 폴란드 전역 이후 쌓아올린 전투경험 및 빛나는 승리에 대한 긍지와 자신감으로 인하여 사기 또한 충천하였다.

히틀러가 마음먹은 공격개시일은 최초 1941년 5월 15일로 예정되어 있었다. 그러나 대(對)발칸작전으로 말미암아 공격은 6월로 연기되지 않을 수 없게 되었다. 그리고 마침내 히틀러가 공언한 바, 바바롯사 작전이 개시될 때 전 세계는 숨을 멈추게 될 것이라던 날이 다가오고야 말았다.

제3절 초기 전투

1. 국경지역전투

독일의 공격은 1941년 6월 22일 새벽 3시경에 개시되었다. 이날은 1812년 나폴레옹이 러시아를 공격하기 위해 니이멘(Niemen)강을 도하한 제129주년이 되는 유서 깊은 날이었으며, 아울러 꽁삐에뉴 숲 속에서 프랑스가 항복문서에 서명한 1주년 기념일이었다.

레에프 원수가 지휘하는 북부집단군은 소련군의 완강한 저항과 울창한 삼림, 그리고 많은 늪지를 무릅쓰고 예정대로 진격하여 발틱 3국을 정복하였으며, 8월말에는 레닌그라드를 고립시키는데 성공했다. 이 동안 드비나(Dvina)강 서안의 소련군 약 12 내지 15개 사단이 격파되었다. 그러나 9월에 들어서면서 시작된 레닌그라드 점령작전은 소련군의 필사적인 저항으로 말미암아 좌절되고, 이로부터 장장 30개월이나 계속된 레닌그라드 공방전의 막이 올랐다.

룬드쉬테트 원수의 남부집단군은 소련군의 효과적인 지연전과 때마침 내린 비로 인하여 진격이 그다지 순조롭지 못하였다. 그럼에도 불구하고 예하의 제1기갑군(Kleist)은 꾸준한 진격 끝에 7월 중순경 키예프 외곽선까지 도달하는데 성공했다. 그러나 키예프 방면에서 소련군은 사력을 다해 저항을 시도하면서 그 동안 주력주대를 드니에페르강 동쪽으로 철수시키고 말았다. 이후 룬드쉬테트군은 우만(Uman) 부근에서 미처 철수하지 못한 소련군 약 16-20개 사단을 격파하는 등 초토화된 우크라이나를 휩쓸었지만, 키예프는 여전히 소련군의 장악 하에 버티고 있었다.

이처럼 남쪽과 북쪽에서 예상보다 저조한 작전이 전개되고 있는 반면에 복크 휘하의 중앙집단군은 눈부신 전과를 올리고 있었다. 중앙집단군 예하 제2기갑군(Guderian)과 제3기갑군(Hoth)은 '카일 운트 케셀' 전법을 사용하여 이미 공격 첫 주일에 비알리스톡(Bialystock) 및 민스크(Minsk) 부근에서 거대한 포위망을 형성하고 포로 290,000명, 탱크 2,500대, 포 1,400문을 포획한데 뒤이어 7월 초순에는 또다시 스몰렌스크(Smolensk) 방면에서 포위망을 완성하여 포로 100,000명, 탱크 2,000대, 포 1,900문을 노획하였다. 이로 말미암아 이 지역의 소련군은 완전히 지리멸렬상태에 빠지고 모스크바로 통하는 직통로는 사실상 개방된 것이나 다름없게 되었다. 복크군은 18일 동안에 400마일을 진격하는 실로 경이적인 공격력을 나타낸 것이다.

그런데 이처럼 스몰렌스크 포위망으로 인하여 7월 중순경에 모스크바 통로가 개방되었음에도 불구하고 복크의 중앙집단군은 9월초까지 약 6주일 동안을 스몰렌스크 지역에서 그냥 머무르고 있었다. 왜냐하면 키예프 방면의 돌출부의 남측면이 위협받고 있었을 뿐만 아니라, 너무나 신속히 진격한 나머지 보급추진이 뒤따르지 못하여 병참사정이 악화되었고, 그 동안의 전투에서 기계화 부대의 약 50%와 보병의 약 65%가 정비 또는 보충을 요했기 때문이었다. 더구나 국경지역 작전이 완료되고 난 후 결정하기로 한 주공방향의 선정(選定)이 타(他)전선의 작전부진으로 말미암아 아직 미결상태로 남아 있었기 때문이기도 하였다.

이리하여 중앙집단군이 7월 중순 이후 정군(停軍)하고 있는 동안 남쪽과 북쪽 전선의 작전이 그런 대로 진전되어, 대략 8월 말경에는 공세의 첫 단계인 국경지역전투가 완료되었다. 이 10주간에 걸친 전투에서 소련군은 무려 100만에 달하는 인명손실을 입고 내륙 깊숙이 격퇴당했지만, 독일군의 예기(銳氣)를 둔화시킬 만큼의 타격을 독일군에게 가할 수 있었다. 독일군도 역시 450,000명에 이르는 사상자를 냈던 것이다.

결국 소련군의 주력을 국경지역에서 포착 섬멸하고자 한 독일군의 최초계획은 사실상 좌절된 셈이 되었다.

할더(Halder)는 1941년 8월 11일자의 일기에서 이렇게 쓰고 있다.

"…상황의 모든 추이로 보아 점차 명백해지는 것은 우리가 거인 러시아를 과소평가했다는 사실이다…. 그들의 사단은 우리의 기준에서 볼 때, 무기와 장비가 거의 결핍되어 있으며, 지휘 또한 서투름을 드러내고 있다. 그러나 그들은 여전히 우리를 가로막고 있다. 만일 우리가 그들의 사단 한 타스를 궤멸시키면, 그들은 다시 다른 한 타스의 사단을 대치시킨다. 시간이란 요인은 점차 그들에게 유리하게 작용한다. 왜냐하면 우리는 우리의 기지에서 점점 멀어져 감에 반하여, 그들은 자꾸만 그들의 보급기지에 가까워 지고 있기 때문이다…"

2. 키예프(Kiev) 포위전

국경지대 전투가 끝난 뒤 바야흐로 주공방향을 결정함에 있어서 독일군의 수뇌부는 또다시 의견이 엇갈렸다. 대부분의 고위장성들은 곧바로 모스크바로 진격하여 결정타를 가하자고 주장하였다. 소련의 심장부인 모스크바를 점령하기만 한다면 자동적으로 볼가강 서쪽에서의 조직적 저항이 종식되리라고 보았던 것이다. 그러나 히틀러는 우크라이나 쪽을 끝내 고집하였다. 키예프 돌출부에서 항전(抗戰)중인 소련군을 격멸함으로써 풍부한 곡창과 도네츠 광공업지대(Donets Basin)를 품고 있는 우크라이나가 손아귀에 들어오게 되면, 나아가 소련군의 카프카즈 유전을 차단하고, 크리미아(Crimea) 반도에서 출격하여 독일군의 루마니아 유전(Ploesti 유전지대)을 위협해 온 소련군의 항공기지를 제거할 수 있다는 것이었다. 그리하여 히틀러는 군부의 반대를 물리치고 8월 21일 키예프 포위전을 명하였다. 이를 위하여 복크의 중앙집단군은 현(現)전선을 유지하는 한편, 예하 부대 가운데 가장 강력한 제2기갑군(Guderian)과 제2군(Weichs)을 남쪽으로 전향시켜야만 했다.

키예프 돌출부에 대한 독일군의 공격계획은 제6군이 정면에서 견제공격을 실시하고, 제1기갑군(Kleist)과 제2기갑군이 남과 북에서 협격(挾擊)하여 돌출부내의 적을 차단 포위하는 것이었다. 이때 제2군은 6군과 2기갑군 사이의 간격을 메우며, 제17군은 제1기갑군의 우익을 엄호하기로 되어 있었다. 8월 25일 구데리안과 바이흐스의 부대는 남쪽으로 기동을 개시하였고, 드디어 9월 16일에는 키예프 동쪽 150마일 지점인 루브니(Lubny) 부근에서 제1기갑군과 합류하여 포위망을 완성하였다. 키예프시(市)는 19일 함락되었으며, 포위망 안의 소련군은 26일 항복했다. 이로써 독일군은 중앙집단군과 남부집단군 사이에 쐐기처럼 박혀 있던 대돌출부를 제거하였고, 동시에 포로 665,000명, 탱크 890대, 포 3,700문을 포획하는 경이적인 대전과를 거두었다.

그런데 키예프 포위전은 전술적 견지에서는 사상 미증유의 대승리였지만, 전략적으로 볼 때는 커다란 실책이었다고 말할 수 있다. 왜냐하면 소련군은 키예프에서 흘린 피의 대가로 독일군을 1개월이나 이 지역에 흡수시킴으로써 이 시간을 이용하여 모스크바 전면의 방어진을 강화할 수 있었고, 아울러 대부분의 공업시설을 우랄(Ural) 동쪽으로 철수시킬 수 있었기 때문이다. 소련군의 병력손실이 비록 컸다고는 해도, 이를 보충하는 것은 무진장한 인적자원으로 볼 때 그다지 큰 문제가 아니었으므로, 소련은 귀중한 시간을 얻었다는 점에서 오히려 전화위복을 맞이한 셈이었다. 이리하여 독일군이 모스크바를 점령할 수 있는 기회는 우크라이나의 가을 바람과 더불어 먼 곳으로 날아가 버렸다.

3. 모스크바(Moscow)의 겨울

키예프 대승리에 만족하고 이제 우크라이나에서 더 이상의 저항이 없으리라고 생각한 히틀러는 룬드쉬테트군(軍)이 증원 없이도 도네츠 분지를 점령할 수 있고 카프카즈로의 진출도 무난하리라고 판단한 나머지 눈길을 모스크바 쪽으로 돌렸다. 이에 따라 스몰렌스크 지역에서 6주간을 주저앉아 있던 복크군은 제2기갑군과 제2군을 재편입하고, 제4기갑군(Hoeppner)을 북부집단군으로부터 증강받아 10월 2일에 모스크바로 향한 대공세를 전개하게 되었다.

그로부터 2주일 이내에 독일군은 세 개의 거대한 포위망을 형성하였는데 두 개는 브리얀스크(Bryansk) 부근에서, 다른 한 개는 비아즈마(Vyazma) 서쪽에서 이루어졌다. 이 포위작전에서 독일군은 또다시 663,000명의 포로를 획득하였으며, 이로써 모스크바로의 통로는 개방된 것처럼 보였다. 그러나 사태는 새로운 방향에서 악화되기 시작하였다. 날씨가 갑자기 변하여 며칠 동안 비가 내린 후 기온이 급작스럽게 내려갔다. 소위 "나폴레옹 기후"(Napoleon Weather)가 위세를 떨치기 시작했고, 이로 말미암아 동계작전 준비가 전혀 없었던 독일군은 동장군과 진흙 장군이라는 골치 아픈 상대와 마주치게 된 것이다. 더구나 신장된 병참선은 보급의 악화를 가져왔고, 무진장한 인적 자원을 보유한 소련군은 새로운 부대를 피로에 지친 독일군 정면에 끊임없이 투입하였다. 독일군의 진격속도는 눈에 띄게 둔화되어갔다. 사태가 이렇게 되자 브라우힛취와 할더 등은 부대를 철수하든가 아니면 정돈시켜 봄이 될 때까지 공격을 중지하자고 건의하였다. 그러나 히틀러는 혹한이 닥치기 전에 작전을 종결시킬 결심하에 모스크바를 향한 최종공세를 명령하였다.

『타이푼(Teifun) 작전』으로 명명된 독일군의 모스크바 최종공세는 제4군사령관 클루게(Kluge)의 총지휘 하에 제4군은 모스크바의 정면을 공격하고, 제4기갑군과 제3기갑군은 북쪽에서, 제2기갑군은 남쪽에서 공격하여 모스크바를 양익 포위하려는 것이었다. 11월 15일 독일군의 공격은 개시되었다. 제4기갑군은 11월 25일 모스크바에서 볼가강으로 통하는 운하선에 도달하였고, 제2기갑군은 툴라(Tula)를 우회하여 남쪽으로부터 압력을 가하였으며, 제4군은 모스크바 방어선의 최종관문인 나라(Nara) 강선(江線)에 진출하였다. 그러나 11월이 채 끝나기도 전에 기온은 이미 영하로 내려갔으며, 월동준비를 갖추지 못한 독일군은 추위와 불면증에 시달리게 되었다. 뿐만 아니라 부동액이 없는 전차와 트럭은 이제 한낱 고철 덩어리에 지나지 않았다. 날씨는 더욱 악화일로를 치달았다. 대낮에도 수 미터 앞을 볼 수 없을 만큼 안개가 심했으며, 오후 3시만 되면 해가 저물어 이내 사방이 캄캄해졌다. 반면에 소련군은 점점 더 증강되어 갔다.

12월 5일 독일군의 장병과 기계가 더 이상 움직일 수 없는 상태가 되었을 때, 모스크바에 가장 근접했던 북쪽 부대는 시가지를 15마일 앞두고 있었다. 결국 독일군의 진격은 나라 강선에서 저지되고 만 것이다. 독일이 폴란드를 침공하여 전쟁을 일으킨 이후 그들 군대가 힘에 지쳐 멈춘 것은 이곳이 처음이었다. 마침내 소련군은 기운이 다하고 추위에 떠는 독일군에 대해 반격을 취할 단계가 되었다.

12월 6일 아침 주코프(Georgi K. Zhukov) 장군이 지휘하는 소련군 서부전선(West Front)은 약 100개 사단으로 반격을 개시했다. 브라우힛취를 비롯한 독일군 고위장성들은 즉각 철수를 주장했으나, 히틀러는 현 전선을 고수하도록 명령했다. 그러나 현 전선 고수는 희망사항이었을 뿐이며 달성 가능한 목표는 아니었다. 독일군은 전 전선에 걸쳐서 무너지기 시작했다. 그렇지만 역시 독일군이 여전히 세계최강의 정예군대였음에 반하여 소련군은 아직도 대규모

작전에 그다지 능숙하지 못하였다. 따라서 독일군은 1812년 나폴레옹이 겪었던 바와 같은 궤멸을 간신히 모면할 수 있었다. 독일군은 축차적인 철수와 적시적절한 견제공격을 조화시키면서 이듬해 2월 중순까지 약 2달 반에 걸치는 철수작전을 전개한 끝에, 원래의 출발선까지 물러서고 말았다. 그리고 3월이 되자 전선은 교착되었다. 그런데 이 동안 수많은 독일군 장성들이 허락되지 않은 철수를 감행했다는 이유로, 또는 모스크바 공격작전의 실패에 대한 문책으로 해임 혹은 파면당하였다. 제4기갑군의 회프너(Hoeppner)와 제2기갑군의 구데리안이 파면되었고, 레에프 · 룬드쉬테트 등 2개 집단군사령관도 경질되었다. 육군총사령관 브라우힛취는 이미 12월 19일에 해임되어 히틀러 자신이 그 자리를 겸임하고 있었다. 이후로 독일 육군은 히틀러의 이른바 천재적 직관에 의하여 광대한 유럽의 지도 위를 여기저기로 뛰어 다니는 신세가 되고 말았다.

어쨌든 무적을 자랑하던 독일국방군의 신화는 모스크바 문턱에서 여지없이 깨졌다. 그리고 이것은 천재였지만 정신병자였던 한 미치광이가 꿈꾸어 온 환상적 제국이 파탄의 길로 들어선 첫 시작이었다.

그러면 대소작전(對蘇作戰)을 단기에 결판내려 했던 독일의 최초 계획이 이처럼 실패하게 된 요인은 무엇인가?

첫째는 정치적 요인이다. 소련은 전체주의체제 특유의 선전술과 강압을 통하여 그들의 무진장한 자원과 인력을 총동원하였으며 전(全)인민의 저항의식을 결집하는 데에도 성공하였는데, 히틀러는 애초부터 볼셰비키 제도의 이러한 역량을 과소평가했던 것이다. 뿐만 아니라 독일이 취한 정복자로서의 자만과 피정복민에 대한 가혹한 처우는 점령지역 주민의 반항심을 증대시켜 그들로 하여금 빨치산 활동에 동조하게 만들었다. 더구나 독일이 일소불가침조약(日蘇不可侵條約)의 체결을 사전에 저지하지 못했기 때문에 소련은 마음 놓고 시베리아 방면의 대부대를 모스크바 정면으로 이동시킬 수 있었던 것이다.

둘째는 경제적 요인이다. 소련은 이미 1928년부터 시작된 계획경제를 통하여 상당한 정도의 산업화에 성공해 있었고, 철수시에는 공장시설의 철저한 철거 및 철수지역의 초토화로써 독일군의 진격효과를 감소시켰는데, 원래 자원이 제한되어 있었던 독일은 경제적으로 소련을 압도할 수 없었고, 따라서 병참지원문제는 전선이 동쪽으로 이동해감에 따라 점점 더 독일측에 불리해졌던 것이다.

셋째로는 군사적 및 전략 · 전술적 요인을 들 수 있다. 적군은 주로 농민병들로 구성되어 있었는데, 짜르 시대 이래로 러시아의 농민들이 지녀온 숙명적 복종심과 인내심은 극한적인 전투상황 속에서 강인한 전투력으로 발휘되었다. 본래 농민들이 토지에 대하여 가지고 있는 신앙에 가까운 애착심은 그 사회의 의식구조가 덜 근대화되어 있을수록 강한 법인데, 그들의 토지가 침략자에 의해 짓밟혔을 때 농민들의 저항의지는 더욱 불타 올랐던 것이다. 이러한 교훈은 이미 나폴레옹의 대육군(Grand Army)이 무너질 때 너무나도 명백하게 입증된 바 있다. 그런가 하면 독일군은 처음부터 소련군을 격파하기에는 준비가 불충분하였다. 대소침공 전 독일의 기계화 부대는 이미 장기간 전투를 계속해 왔고, 침공에 대비하여 충분한 정비와 보충을 받지 못한 상태였던 것이다. 더구나 소련군의 능력을 과소평가하여 3-4개월이면 소련을 정복할 수 있다고 믿었기 때문에 장기전을 위한 군수지원준비가 되어 있지 않았으니, 그 단적인 예가 바로 동계작전준비의 결핍이었다. 뿐만 아니라 국경지대에서 소련군 주력을 격멸하지 못한 것은 독일군으로서 뼈아픈 실패요인이었다. 그러나 무엇보다도 중요하게 지적되어야 할 요인은 독일군이 수차에 걸쳐 목표의 원칙을 위배하였다는 점이다. 전략적으로 중요한 3개의 목표, 즉 모스크바, 레닌그라드, 우크라이나는 서로 너무나 멀리 떨어져 있기 때문에 각 방면의 작전은 전혀 별개의 작전이 될 수밖에 없었다. 따라서 충분히 강력하지 못한 독일군은 어느 한 목표에 주력해야 했음에도 불구하고 전쟁계획상 확고한 주공방향을 결정하지 못했으며, 제2차 목표의 선정도 하지 않은 채 개전에 임했던 것이다. 그리고 국경지대 전투가 끝난 후 키예프 작전으로 인한 중앙집단군의 6주간에 걸친 정군은 소련군으로 하여금 모스크바 방어를 강화할 수 있는 시간을 허용하였으며, 다시 모스크바로 방향을 돌렸을 때는 이미 모스크바에는 철벽과 같은 방어태세가 갖추어진 후였다.

마지막으로는 자연적 요인을 들 수 있다. 러시아의 자연조건은 사실상 다른 어떤 요소보다도 소련군에게 중대한 기여를 하였다. 러시아의 영원한 우방인 동장군, 그리고 막강한 독일의 기계화부대를 붙잡아 맨 진흙장군, 늪지 그리고 개척되지 않은 광활한 황야 등은 공자(攻者)에게 불리한 반면에 방자(防者)에게는 유리한 조건으로 작용하였다. 기후나 지형은 물론 양쪽에 똑같이 영향을 주는 것이지만, 소련군은 겨울 기후에 보다 잘 적응되어 있었고, 평소부터 그에 대비한 적절한 준비도 갖추고 있었으며, 진흙과 늪지 역시 소련군보다 더욱 기계화되어 있었던 독일군의 이점을 박탈하는 효과를 발휘했던 것이다. 또한 그 자체가 일종의 깊은 종심이 되었던 광대한 영토는 독일군을 흡수하여 분산 소진케 함으로써 무력화시켰던 것이다. 이외에도 발칸(Balkan) 출병으로 소련침공의 시기가 늦어졌다던가, 1941년의 겨울이 여느 해보다 빨리 찾아왔고, 또 유달리 추웠다던가 하는 이유들도 간혹 독일군의 실패요인으로 지적되곤 한다.

이처럼 소련은 필사적인 노력 끝에 일단 모스크바를 방어하고 독일군을 저지하는데 성공하였지만, 그들이 흘린 피의 대가는 너무나도 참담하였다. 1941년 11월말 현재 소련은 석탄생산량의 2/3, 철광과 망간광의 3/4, 그리고 인구 3,500만을 포함하고 있는 광대한 지역을 상실하였으며, 인명피해만도 400만에서 500만 명 사이로 추정되고 있었다. 반면에 독일군도 1942년 4월말 현재 1,167,835의 인명피해를 입고 있었다.

그러나 이것으로 동유럽전쟁의 불꽃이 사그라진 것은 아니다. 침략자는 마지막 열매를 따려 할 것이고, 피침략자는 잃었던 것을 되찾고자 할 것이기 때문이다. 따라서 양군은 건곤일척(乾坤一擲)의 대접전을 향해 다시금 치닫기 시작했다.

제7장 소련군의 반격

제1절 스탈린그라드(Stalingrad) 전투

1. 1942년 독일군의 하계공세

1942년 봄이 되자 히틀러는 전년도에 모스크바 방면에서 당한 실패를 보상하고, 전쟁의 주도권을 되찾기 위하여 하계공세(夏季攻勢)를 취하고자 하였다. 그러나 광대한 전(全)전선에 걸쳐서 병력의 우세를 얻는 것이 불가능하였기 때문에 어느 한 지역에 집중할 수밖에 없었다. 그 결과 히틀러는 남부에 눈길을 돌렸다. 즉 북부와 중부에서는 현 전선을 유지하도록 했고, 카프카즈와 스탈린그라드를 목표로 삼은 것이다.

한편 할더는 약화된 독일군으로 공격을 취하는 것은 무리이며 설령 스탈린그라드를 점령한다 하더라도 확대된 전선을 유지하기가 어렵다는 이유를 들어, 1942년에는 소련군의 돌출부를 제거하는 제한된 작전을 취하면서 동부전선을 안정시키고, 공격력을 보완한 뒤인 1943년에 총 공세로 나아갈 것을 주장하였다. 그러나 히틀러는 소련군이 전년도의 대손실로부터 완전히 회복되지 못하였기 때문에 강화되기 전에 조속히 공격하는 것이 유리하고, 또한 1943년에는 서부로부터 연합군의 반격이 예상되기 때문에 1942년 내로 동부전선을 타결 지어야 한다고 생각했다. 그리고 카프카즈와 스탈린그라드를 점령한다면 소련의 유원(油源)을 박탈하는 동시에 고갈상태에 직면한 독일군의 유류난을 해소할 수 있다는 고려 하에 즉각 공세를 고집하였다. 이리하여 1942년 4월 5일 하계공세를 위한 지령 제41호(Directive No. 41)가 하달되었다. 결국 히틀러는 소련의 군대와 유원, 두 가지 중에서 유원을 택함으로써 그 자신의 운명에 낙인을 찍고야 말았다.

독일군의 공세계획은 4단계로 나뉘어 있었다. 제1단계는 쿠르스크(Kursk) 방면에서 제2군(Weichs)과 제4기갑군(Hoth)이 양익포위를 실시하여 돈(Don)강 만곡부(彎曲部)의 북부지역을 소탕한 다음, 북측방을 방호하기 위하여 제2군이 보로네쯔(Voronezh) 근방에서 방어진을 구축하며, 제2단계는 제1단계작전을 완료한 제4기갑군이 남하하여 하르코프(Kharkov) 방면에서 북으로 진격하는 제6군(Paulus)과 합류함으로써 또 하나의 포위망을 구축하는 것이었다. 제3단계는 제2단계를 완료한 제4기갑군과 제6군이 돈강을 따라 남동쪽으로 진격하여, 로스토프(Rostov) 북쪽에서 도네츠(Donets) 강을 건너 북동쪽으로 진격하는 제17군(Rouff) 및 1기갑군(Kleist)과 합류함으로써 돈강 만곡부 내의 전 소련군을 소탕하는 것이었고, 마지막 제4단계에서는 3단계 작전을 끝낸 제6군과 제4기갑군은 스탈린그라드로, 제1기갑군과 제17군은 카프카즈 방면으로 진격하게 되어 있었다.

그런데 독일군의 공격준비가 끝날 무렵인 5월 12일 소련군이 갑자기 이찌움(Izyum) 돌출부로부터 하르코프쪽으로 공격해왔다. 독일군은 즉시 제6군과 제1기갑군으로 협격하여 골칫거리였던 돌출부를 제거하는 동시에 24만의 포로를 획득하는 전과를 올렸다. 그리고 반격이 지니는 탄력성(彈力性)을 이용하여 공세를 개시하였다.

독일군의 제1단계 공격은 6월 28일 개시되어 7월 6일에는 보로네쯔를 점령하였으며, 한편 6월 30일 제6군의 공격으로 시작된 제2단계 작전도 7월 7일 제4기갑군과 발루이키(Valuiki) 북쪽에서 합류함으로써 성공적으로 끝났다. 이러는 가운데 독일군은 남부 집단군을 해체하여 7월 7일에는 리스트 휘하에 A집단군을, 9일에는 B집단군을 새로이 편성하였으며, 뒤이어 13일에는 B집단군 사령관 복크를 바이흐스(Weichs)로 교체시켰다. 제3단계 작전은 7월 9일부터 개시되었는데 남쪽인 로스토프(Rostov) 방면의 저항이 의외로 완강하자, 히틀러는 제1기갑군과 제17군을 계획대로 동북쪽으로 진격시키는 대신에 남쪽으로 전향시키고 말았다. 이 때문에 돈강 만곡부 내의 소련군을 차단 포위하는데 실패하였고, 다만 7월 22일까지 만곡부 일대를 점령하여 3단계 작전을 가까스로 완료했을 뿐이다.

그런데 제4단계 작전부터 독일군의 계획은 일대 차질을 빚기 시작했다. 원래 계획에 의하면 돈강 만곡부를 소탕한 다음에 제4기갑군과 제6군은 스탈린그라드로 진격하게 되어 있었는데,

제1기갑군이 로스토프 방면에서 고전하고 있었기 때문에 이를 지원하기 위하여 제4기갑군을 남쪽으로 전향시켰던 것이다. 이러한 제4기갑군의 방향전환은 큰 실책이었으니 약 2주일 후 제4기갑군이 스탈린그라드 쪽으로 되돌아왔을 때 소련군은 이미 강력하게 증강되어 있었기 때문이다. 더구나 유류보급(油類補給)의 부족은 기갑부대의 발을 묶어 놓아 스탈린그라드 조기 점령의 기회는 이제 물거품처럼 사라져 버릴 찰나에 놓였다.

한편 카프카즈를 향해 진격해 들어간 A집단군은 로스토프 동쪽에서 돈강을 도하한 이후에는 비교적 진격이 순조로워서, 유전지대인 마이코프(Maikop)를 점령하고 철도수송의 요지인 모즈도크(Mozdok)에 육박하였다. 그러나 카프카즈 산맥의 험악한 지형과 유류보급의 부족(소련군은 마이코프를 초토화시켰다)으로 인하여, 독일군의 진격은 차츰 부진해지기 시작했고, 특히 8월 하순부터 스탈린그라드 방면으로 병력까지 차출 당하자 진격은커녕 확대된 전선조차 유지하기가 어려워졌다.

2. 스탈린그라드(Stalingrad) 전투

A집단군의 카프카즈 진격과 보조를 맞추어 스탈린그라드로 전진하던 B집단군은 애당초 유류와 탄약의 부족으로 신속한 진격이 어려웠다. 그러나 점진적이고도 집요한 공격을 계속하여 제6군은 마침내 8월 23일에 스탈린그라드 북쪽의 볼가(Volga) 강변에 도달하였고, 남쪽에서는 제4기갑군이 동시(同市)의 25마일 전방까지 육박하였다. 그러나 소련군도 필사적인 저항을 벌여 한치 한치의 땅을 놓고 연일 치열한 공방전이 전개되었으며, 9월말부터는 마침내 시가전이 시작되었다.

이때가 소련군으로서는 실로 위기의 순간이었으니 우크라이나의 도네츠 분지의 곡창 및 공업지대를 상실하였고, 카프카즈에서는 마이코프 유전지대가 점령되었으며, 소련의 동맥인 볼가강을 차단하고자 독일군이 스탈린그라드에 맹공을 퍼붓고 있었던 것이다. 그러나 독일군의 역량도 그 한계에 도달하였으니, 확대된 전선을 유지하기 위해 루마니아, 헝가리, 이탈리아 등 동맹군 군대로 충당하였고 병참보급은 날이 갈수록 악화되어 갔다. 더구나 폭이 1마일이나 되는 볼가강의 장애로 스탈린그라드에 대한 포위기동이 불가능하였기 때문에, 손실이 크고 효과가 적은 정면공격을 되풀이할 수밖에 없었다. 뿐만 아니라 10월말부터는 북아프리카의 전황마저도 불리해져서 독일은 여러모로 곤경에 빠지게 되었다.

그러는 동안에 스탈린그라드의 전투는 점점 치열해갔다. 히틀러는 이제 이 도시의 전략적 가치보다도 도시의 이름에 대한 증오심으로 인하여 스탈린그라드를 필사적으로 탈취하려 하였고, 스탈린도 마찬가지로 동시(同市)의 방어에 그의 운명을 걸게 되었다. 이렇게 되자 전 세계의 이목은 스탈린그라드에 집중되었고 히틀러는 자기의 위신이 스탈린그라드 탈취 여하에 달렸다고 생각하게 되었다. 따라서 그는 차출 가능한 전 병력을 스탈린그라드에 투입하도록 명령하였는데, 예비대가 부족한 독일군으로서는 양측방의 전선으로부터 병력을 계속 차출할

스탈린그라드 전투(1942. 6. 28~11. 18)

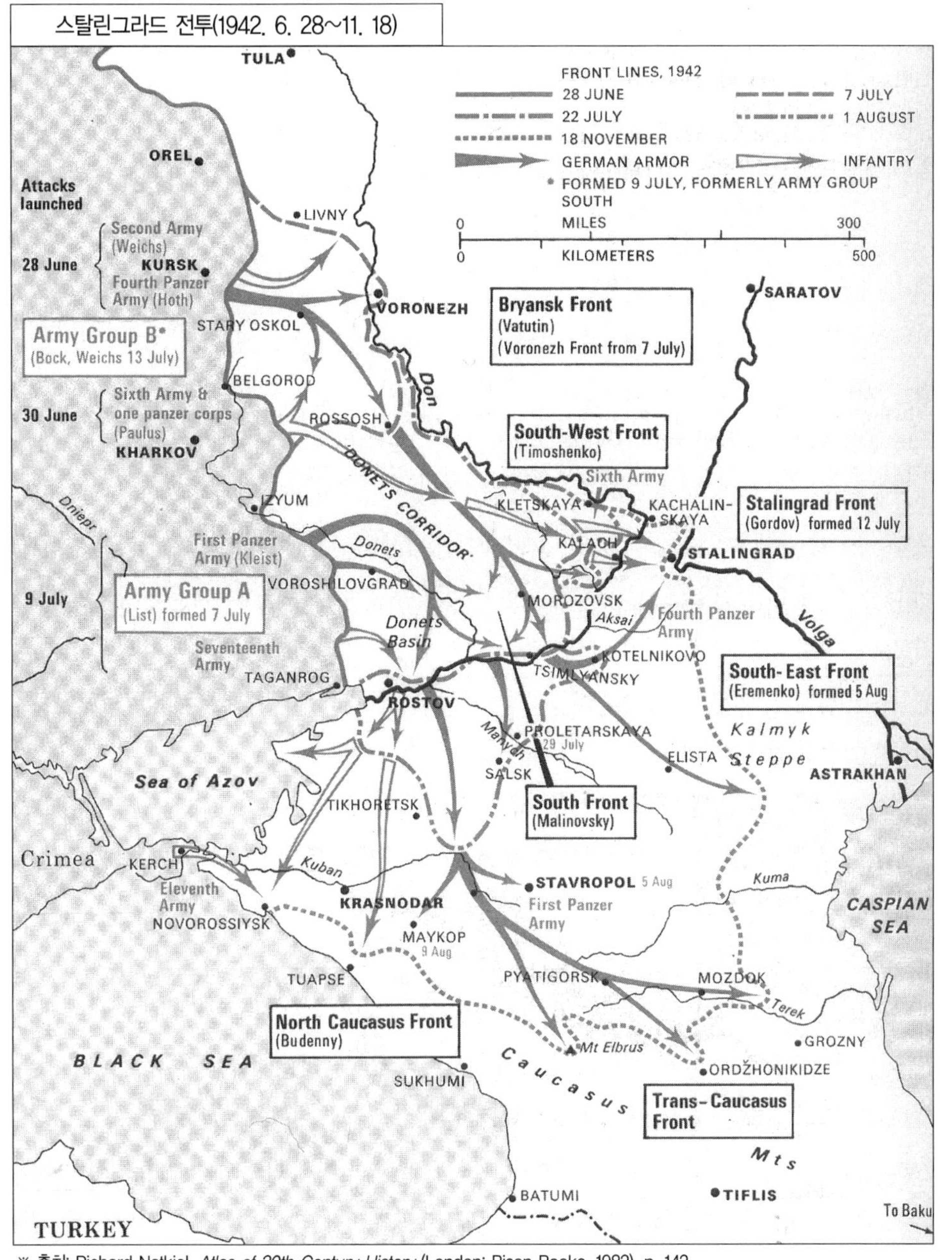

※ 출처: Richard Natkiel, *Atlas of 20th Century History* (London: Bison Books, 1982), p. 142.

수밖에 없었다. 그러나 스탈린그라드 수비를 담당한 츄이코프(Vasili I. Chuikov) 장군의 소련 제62군은 완강한 저항을 계속하였기 때문에 건물 하나하나, 골목 하나하나를 다투는 치열한 시가전이 9월 하순부터 무려 11월 중순까지 계속되었다. 제62군이 얼마나 비장한 각오로 싸웠는가는 그들이 내건 슬로건만 보더라도 잘 알 수 있다. "우리에게는 볼가강 건너 저쪽으로 아무 땅도 없다!"

츄이코프 장군은 일찍부터 독일군 전술을 연구하여 그 약점을 간파하고 있었으며, 따라서 휘하 부대를 소규모로 분산 조직하여 독일군에 대해 근접전(近接戰)을 시도했다. 그는 이렇게 말하고 있다. "독일군과 싸우는 가장 좋은 방법은 근접전 방식이다…. 우리는 가능한 한 적에게 가까이 접근해야 하며, 그렇게 한다면 적의 항공기는 아군의 전초부대나 참호에 대하여 폭격을 가하지 못하게 될 것이다. 또한 독일군 병사는 그들 자신이 언제 어디서나 아군의 총구에 의해 겨누어지고 있음을 느끼게 될 것이다." 이리하여 시가전은 그야말로 총구와 총구가 맞닿을 만큼의 근접전이 되어, 때로는 하나의 건물에 위층은 소련군, 아래층은 독일군이 들어있는 경우도 허다하였다. 이처럼 격렬한 시가전이 계속되는 동안 독일군은 속속 스탈린그라드에 흡수 소진되어 갔고, 이에 따라 독일군의 양 측방은 점점 더 약화되어 갔다.

한편 소련군 최고사령부의 주코프 장군은 스탈린그라드의 혈전이 장기간 계속되고 도시의 운명이 백척간두에 놓였음에도 불구하고, 냉철한 전략적 판단에 의하여 스탈린그라드 수비대에 대한 병력증원을 최소한으로 억제하는 한편, 반격을 위한 강력한 예비대를 돈강 만곡부에 연하여 스탈린그라드 양 측방에 집결시켰다. 여기에서 주코프가 보여준 병력절약 및 집중의 원칙은 1914년과 1918년의 암담하던 시기에 취했던 죠프르(Jofre)와 포쉬(Foch)의 결단을 오히려 능가하고 있다고 하겠다.

전쟁의 흐름은 11월에 들어서면서 역류의 기미를 보이기 시작했다. 히틀러에게 있어서 11월은 실로 암흑의 달이었다. 엘 알라메인(El Alamein)의 비보에 뒤이어 연합군의 『토오취 작전』(Op. Torch)이 성공했다는 소식이 전해짐에 따라, 북아프리카의 독일군 전황이 이제 절망적임을 히틀러 자신도 쉽게 느낄 수 있었다.

마침내 11월 19일부터 소련군의 대반격이 개시되었다. 11월 19일 로코소프스키(Rokossovski) 장군의 돈전선(Don Front)과 바투틴(Vatutin) 장군의 서남전선(South-West Front)은 북쪽에서, 11월 20일 예레멩코(Yeremenko) 장군이 지휘하는 스탈린그라드 전선(Stalingrad Front)은 남쪽에서, 약화된 독일군의 양 측면을 향해 마치 눈사태처럼 밀어 닥쳤다. 그리고 이들은 11월 22일 스탈린그라드 서쪽 40마일 지점인 깔라쉬(Kalach)에서 합류함

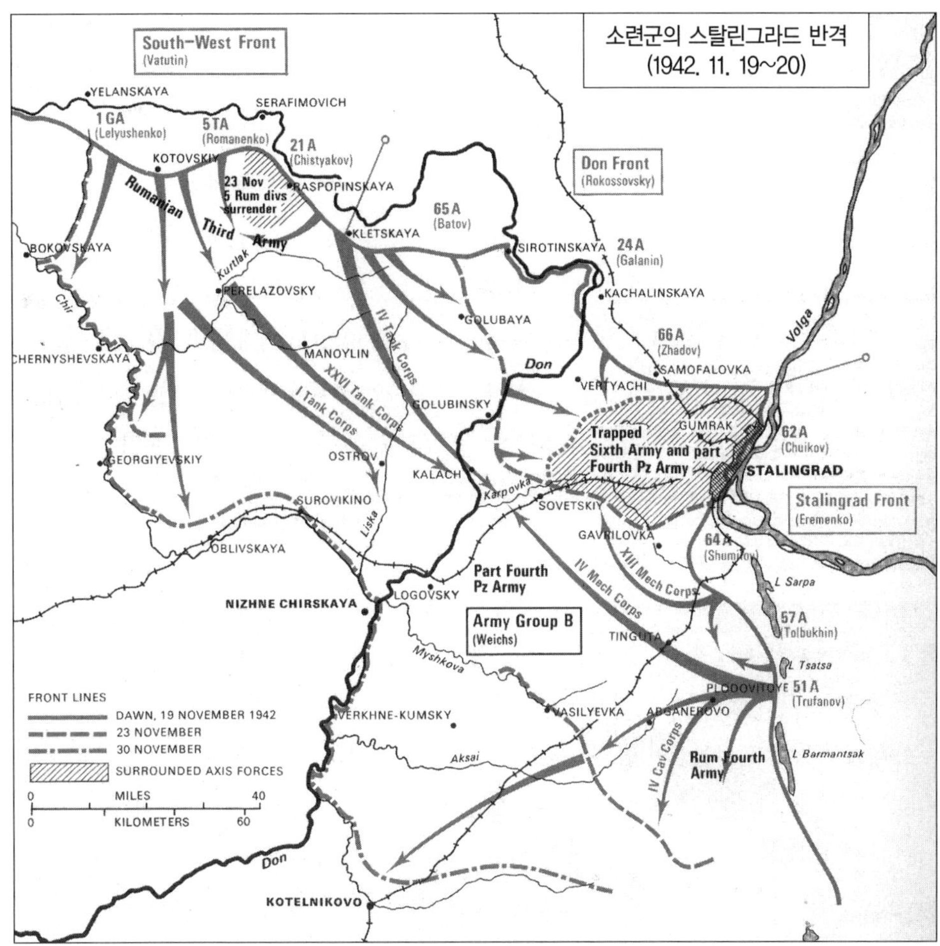

※ 출처: Richard Natkiel, *Atlas of 20th Century History* (London: Bison Books, 1982), p. 144.

으로써 독일 제6군 및 제4기갑군의 절반에서 해당하는 약 280,000명을 포위망 안에 가두고 말았다. 이 반격작전에서 나타난 소련군의 능력과 전술은 그들이 마침내 대부대작전을 훌륭히 수행할 수 있는 단계로 발전했음을 여실히 드러내고 있으며, 독일군이 전매특허처럼 사용하여 그동안 무던히도 소련군을 괴롭혔던 '카일 운트 케셀' 전법을 이번에는 역으로 되갚은 셈이 되었다. 소련군은 이 전역을 한니발과 바로의 전투인 칸나에(Cannae)의 재판이라고까지 자화자찬하고 있다.

이미 10월중에 히틀러에 의하여 여하한 경우를 막론하고 철수를 금지당한 바 있었던 파울루스 휘하의 독일군 제6군은 이제 폭 25마일, 길이 40마일 정도의 공간 안에서 최후의 순간까지 저항하도록 명령받았다.

그리고 히틀러는 독일군 가운데서 가장 뛰어난 야전사령관의 한 사람인 만슈타인 장군의 지휘 하에 새로이 돈 집단군을 편성하여 파울루스 군을 구원하는 임무를 맡겼다. 그러나 히틀러는 돈 집단군의 진격에 호응하여 제6군이 서쪽으로 돌파작전을 감행하도록 허가해 달라는 만슈타인 장군의 진언을 거절하였다. 서쪽으로 돌파하려는 제6군의 호응 없이는 그들이 구원될 가능성이란 거의 없었음에도 불구하고 히틀러는 볼가에서의 후퇴를 계속 거부했다. 하는 수 없이 만슈타인은 12월 12일 단독으로 구원작전을 개시하였으며 19일에는 휘하의 제4기갑군이 스탈린그라드 포위망 35마일 전방까지 육박하였다. 밤이 되면 포위망 안의 독일군은 눈 덮인 평원을 넘어 멀리 구원군의 조명신호를 바라볼 수도 있었다. 이때 만일 제6군이 탈출을 시도했더라면 거의 확실하게 성공했을 것이라고 만슈타인은 훗날 회상하고 있다. 그러나 히틀러는 끝내 이를 용납하지 않았다. 이리하여 파울루스 군에 대한 구원작전은 목전에서 실패로 돌아가고, 만슈타인 군은 소련군의 엄청난 압력에 밀려 다시금 서쪽으로 후퇴하지 않으면 안되었다.

그런데 이 후퇴는 새로운 위기를 조성했다. 왜냐하면 소련군이 아조프(Azov) 해에 연한 로스토프(Rostov)에 도달할 경우 카프카즈에서 작전중인 클라이스트의 A집단군이 차단당할 위험이 있었기 때문이다. 따라서 만슈타인의 돈 집단군은 열세한 병력으로나마 압도적인 소련군의 공격을 저지하지 않으면 안 될 상황에 처해졌다. 그러나 만슈타인 군이 홀로 소련군의 진격을 막아낸다는 것은 그 누구의 눈에도 불가능한 것으로 비춰졌다. 이렇게 되자 제6군에 뒤이어 클라이스트 군마저도 소련군의 그물에 걸린다면 그야말로 치명적이라고 생각하게 된 히틀러는 12월 29일 마지못하여 클라이스트 군의 철수를 허가하였다.

그런데 이때 소련군은 로스토프로부터 불과 50마일 밖에 떨어져 있지 않았고, 클라이스트 군은 거의 350마일이나 떨어져 있었기 때문에 철수의 성공은 거의 가망이 없어 보였다. 그러나 만슈타인 군은 압도적인 소련군의 공격을 받으면서도 로스토프를 필사적으로 확보하였고, 그 동안 클라이스트 군은 강행군을 실시한 끝에 1943년 2월 1일 로스토프에 도달함으로써 아슬아슬하게 소련군의 덫을 벗어났다.

기적처럼 성공한 이 철수작전은 물론 만슈타인과 클라이스트의 공적(功績)때문이었지만, 추위와 기아에 시달리면서도 희생적 저항을 계속했던 파울루스의 제6군이 없었더라면 실패했을 것이 틀림없다. 제6군이 로코쏘프스키 군을 포위망 주변에서 붙들어 두지 못하고 일찍 항복했더라면 만슈타인이 로스토프를 고수하기란 불가능했을 것이기 때문이다.

그러나 파울루스 군이 그 동안 견뎌낸 고난은 실로 말로 다할 수 없는 것이었다. 제6군이 포위망 안에 갇히자마자, 괴링은 공수(空輸)를 통해 요망되는 모든 보급물자를 보내주겠다고 허풍을 떨었다. 그런데 루마니아 군 2개 사단까지 합쳐서 총 22개 사단에 달하는 인원이 하루에 필요로 하는 보급량은 최소한 750톤이었지만, 독일 공군은 하루 평균 100톤 정도도 실어 나르지 못했다. 그리고 이것마저 날이 갈수록 줄어들어 1월 24일 이후에는 아무 것도 보내주지 못했다. 애당초 독일 공군에게는 수송기가 절대 부족하였을 뿐만 아니라 날이 갈수록 소련 공군의 활동이 활발해져 갔기 때문에 괴링으로서도 어쩔 수가 없었던 것이다. 제6군은 기아에 허덕이다 못해 말(馬)마저도 있는 대로 잡아먹었다. 대지는 너무도 꽁꽁 얼어붙어 바람을 피할 참호조차 팔 수가 없었다. 동토 위에서 겨울 외투마저 지급 받지 못한 독일군 병사들은 하루에도 수백 명씩 얼어 죽었다. 소련군에 의한 최초의 항복요구는 1월 8일에 있었고 두 번째는 1월 24일에 있었지만, 두 번 다 파울루스는 히틀러의 명령대로 거부하였다. 그러나 버티는 것에도 한계가 있어 1월 30일 파울루스는 히틀러에게 최후통첩을 바라는 전문을 보냈다. 이 통신을 받은 히틀러는 파울루스에게 원수의 칭호를 수여하고, "독일군사에는 원수가 포로당한 전례가 없었음"을 상기시켰다. 그리고 117명의 다른 장교도 계급이 껑충 뛰어 올랐다. 히틀러는 이러한 명예가 피비린내 나는 전장에서 영광스러운 죽음을 맞이하는 그들의 결의를 강화해줄 것으로 기대했던 것이다. 그러나 아무도 기뻐하는 자가 없었다. 모두가 바라는 원수의 반열에 올라선 파울루스조차도 전혀 무감각했다. 이러한 조치는 오히려 "죽음의 축전"과도 같은 분위기를 자아냈다. 제6군의 마지막 메시지는 1월 31일 저녁 무렵에 보내졌고 파울루스는 당일 소련군에 투항하였다. 그리고 최후의 부대가 항복한 것은 2월 2일 정오 조금 전이었다.

깊은 눈에 뒤덮이고 붉은 피로 물든 전장에는 이제야 정적이 흐르기 시작했다. 24명의 장군을 포함한 91,000명의 독일군은 굶주리고 동상과 부상으로 만신창이가 된 채, 핏덩이가 덕지덕지 묻은 모포를 들러 쓰고서 영하 30도의 동토 위로 시베리아를 향해 한없이 한없이 끌려갔다. 항공로로 탈출한 약 20,000명의 루마니아 군과 29,000명의 부상병을 제외하고, 그것이 2개월 전 280,000명을 헤아리던 긍지 높은 제6군의 남아있는 전부였다. 그리고 시베리아 포로수용소로 끌려갔던 91,000명의 독일군 장병 중에서 생명을 부지하여 다시 조국의 땅을 밟을 수 있었던 행운아는 불과 6,000명뿐이었다.

독일군은 스탈린그라드 혈전에서 무려 60,000대의 차량 1,500대의 탱크, 6,000문의 대포, 그리고 280,000명의 인원을 상실하였지만, 이 전투가 지니는 의미는 그보다 훨씬 심각한 것이었다. 이 결전이야말로 엘 · 알라메인 전투와 더불어 제2차 세계대전 중 가장 결정적인 전투로 손꼽히고 있으며, 실로 전쟁의 운명을 판가름 지은 위대한 전환점(turning point)이었기 때문이다. 독일이 제6군의 궤멸을 국민들에게 발표하면서 방송했던 베토벤의 교향곡『운명』

의 제2악장처럼, 히틀러와 그가 꿈꾸었던 제국의 "운명"은 이제 불가강을 따라 영원히 흘러가 버리고 말았던 것이다.

제2절 독일군의 후퇴 : 1943-1944

1. 쿠르스크(Kursk) 전투

쿠르스크 전투를 기술하기 전에 우리는 스탈린그라드의 여파가 어떻게 마무리되어졌는가를 살펴보기 위해 시선을 잠시 남쪽으로 돌려보기로 하자.

스탈린그라드 포위망 안의 독일 제6군이 투항하자 독일은 스탈린그라드와 카프카즈로부터 완전히 격퇴된 꼴이 되었다. 그러나 히틀러는 도네츠(Donets) 분지만은 무슨 수를 써서라도 확보하려고 하였기 때문에 이 지역에서 사수(死守)를 명하였다.

한편 승리에 용기를 얻은 소련군은 계속 공세를 취하여 2월 16일에 하르코프(Kharkov)를 탈환하고 드니에페르 강선에 육박함으로써 돈 집단군과 B집단군 사이에 100마일에 달하는 간격을 뚫어 놓았다. 따라서 도네츠 분지 일대의 독일군은 다시금 차단될 위기에 빠졌다. 사태가 이토록 위급하게 되었음에도 불구하고 히틀러는 계속 현지 고수를 명령하였고, 오히려 만슈타인은 히틀러의 재촉을 묵살한 채 소수의 예비대를 가지고 조용히 반격의 시기를 기다리고 있었다. 그는 소련군이 보급의 곤란으로 인하여 공격의 예기가 꺾이고 조만간 정군할 것으로 판단하였으며, 그때를 반격의 적기로 생각하고 있었던 것이다.

과연 만슈타인이 예측한 대로 소련군의 공세가 주춤해지자 그는 2월 18일 스탈리노(Stalino) 방면에서 반격을 개시했다. 비록 소수의 병력으로 시작되었으나 만슈타인의 반격은 완전한 기습이었다. 소련군은 대혼란에 빠져 8일간의 격심한 전투가 끝났을 때 전차 600대, 대포 1,000문을 상실하였으며, 마이우스(Mius) 강 및 도네츠 강선까지 되물러 서고 말았다. 만슈타인은 여세를 몰아 3월 11일에 하르코프를 재점령하였으나 워낙 병력이 열세하였기 때문에 더 이상의 진격은 불가능하였고, 전선은 곧 해빙기를 맞아 소강상태로 들어갔다. 이 반격작전은 8대 1의 열세 속에서 오로지 만슈타인의 뛰어난 재능에 의해 달성된 성과였으며, 사실상 동부전선에서 독일군이 거둔 마지막 승리였다.

한편, 동부전선이 세 번째 여름을 맞이하면서 전 세계의 이목은 다음과 같은 해답을 얻기 위해 동부로 쏠렸다. 독일은 또다시 겨울 동안의 패배로부터 회복하여 새로운 승리를 거둘 것인가? 아니면 소련이 오랜 우방인 동장군의 도움 없이도 전쟁의 주도권을 계속 장악할 것인가? 이에 대한 해답은 이제부터 전개될 쿠르스크 전투에서 밝혀질 것이다.

1943년 봄에서 여름으로 접어들 무렵, 해빙기 동안의 소강상태에서 어느 정도의 전투력을 회복한 독일군은 새로운 하계공세를 준비하였다. 히틀러는 이 공세를 통하여 동부전선에서의 주도권을 회복하고자 했던 것이다. 이에 따라 그는 눈을 쿠르스크(Krusk) 주변의 거대한 돌출부로 돌렸다. 돌출부 내의 소련군을 차단 섬멸함으로써 소련군 전선에 간격을 만들고, 이 간격을 통하여 깊숙이 진격한다면 전세는 다시금 역전될 것으로 기대했던 것이다. '씨타델작전'(Op. Citadel; Zitadelle)이라고 명명된 쿠르스크 전투 계획이 하달된 것은 6월 12일이었다. 이 계획에 의하면 작전은 전통적인 양익포위의 개념에 입각하여, 제9군(Model)과 제2기갑군(Schmidt)이 돌출부의 북쪽에서 공격하고, 제4기갑군(Hoth)과 제8군(Kempf)이 남쪽에서 공격함으로써 돌출부를 차단하며, 이때 정면에서는 제2군(Weiss)이 견제공격을 가하기로 했다.

그러나 1943년 여름, 소련군의 전투력과 그 잠재력은 가히 절정에 달해 있었다. 뿐만 아니라 소련군은 처음으로 대대적인 하계공세준비를 이미 완료하였음에도 불구하고 독일군의 '씨타델 작전' 기도를 간파하게 되자 독일군이 먼저 공격하기를 기다리고 있었다. 소련군은 독일군의 주력은 물론 예비대까지 모두 소진케 한 후 역습을 취하는 계획으로 전환했던 것이다. 그리하여 쿠르스크 돌출부 내의 전 지역을 지뢰지대, 대전차호, 대전차포진지 등으로 구축한 3개의 중복된 방어선으로 요새화하고, 그 후방에는 역습을 위한 강력한 기갑부대를 대기시켜 놓았던 것이다.

이처럼 철저한 준비를 갖춘 소련군에 대하여 독일군은 7월 5일 공격을 개시하였다. 최초 3일간은 그런 대로 순조로운 공세가 지속되었으나, 9일이 되자 북쪽의 제9군(Model)은 저지되고 말았다. 그리고는 한 발짝도 더 나아가지 못했다. 제9군은 불과 10마일 내외의 진격을 했을 뿐, 그들의 돌파기도는 끝내 실패로 돌아가고만 것이다. 남쪽의 제4기갑군(Hoth)도 비슷한 사정에 빠졌다. 11일까지 15마일 넓이에 9마일 깊이의 돌파구를 형성했을 뿐 역시 진격이 저지되었다. 독일군은 이러한 상황을 타개하려고 모든 예비대까지 투입하여 필사적인 파상공격(波狀攻擊)을 감행했지만 소련군의 방어선은 철벽같이 두터웠다. 공세는 좌절되었다. 그리고 독일군은 비로소 소련군의 함정에 빠졌다는 사실을 알게 되었다. 13일이 되자 고집불통인 히틀러도 하는 수 없이 '씨타델 작전'의 전면취소를 명하고야 말았다.

마침내 독일군의 공세가 좌절되자 소련군은 이를 놓칠세라 공세로 전환하였다. 반격은 북쪽의 오렐(Orel)과 남쪽의 하르코프 방면으로 전개되었으며, 이미 예비대를 소진한 독일군 전선으로 뚝 터진 강물처럼 밀어 닥쳤다. 결국 8월 5일에는 오렐이, 23일에는 하르코프가 함락되었다.

쿠르스크 전투는 사상 최대규모의 전차전(戰車戰)이었으며, 이 전투 이후 예비대가 극도로 부족한 독일군은 전 전선에 걸쳐서 소련군의 압도적인 공세에 밀려 철수에 철수를 거듭하는 도망자의 신세가 되고 말았다.

당시 독일군의 인력난은 매우 극심했는데 '씨타델 작전' 종료 후 3개월간에 있어서 만슈타인 장군의 남부집단군은 133,000명의 손실을 입었음에도 불구하고 33,000명만이 보충되었을 뿐이었다.

오렐과 하르코프를 점령한 여세를 몰아 총공세로 전환한 소련군을 맞이하여, 독일군은 경제적으로 중요한 우크라이나를 확보하려고 필사적으로 저항했지만 압도적인 소련군은 1개월만인 9월에 드니에페르강을 따라 4개의 교두보를 확보하는데 성공하였다. 그리고 11월말까지 북으로는 벨리키 루키로부터 남으로 흑해에 이르는 광대한 전선에 걸쳐서, 여기 혹은 저기에서 교대로 계속적인 공세를 가하였다. 11월 6일 키예프가 탈환되고 11월말까지에는 우크라이나의 절반이 해방되었으며, 북쪽에서는 1939년 이전의 국경에 접근해 가고 있었다. 그리고 나서 전선은 잠깐 동안의 소강상태에 접어들었다.

2. 1944년 소련군의 7대 승리

1943년 말 동부전선의 독일군은 겨우 300만 명 선을 유지하고 있었던 반면에 소련군은 570만의 병력을 확보하고 있었으며 탱크와 대포에 있어서도 월등한 우세를 차지하고 있었다. 더구나 서부에서 미영 연합군에 의한 유럽 침공의 가능성이 농후해짐에 따라 독일은 이미 1943년 11월 3일 총통지령 제51호(Directive No. 51)에 의하여 서부전선을 강화하기 시작했고, 그 결과 동부전선에서는 수세를 면치 못하게 되었다. 이리하여 1944년 동부전선은 이제 완전히 소련군의 주도권 아래 놓이게 되고, 소련군은 모든 전선에 걸쳐서 연속적인 승리를 거두어 갔다. 그 가운데서 중요한 내용 7가지를 시간적으로 살펴봄으로써 1944년의 동부전선을 개관해보고자 한다.

1944년 소련군의 7대 승리 중 첫 번째는 레닌그라드(Leningrad) 해방작전이다. 1월 15일 포병의 탄막사격에 잇따라 양개 종대로 진격한 소련군은 5일간의 치열한 전투 끝에 마침내 장장 30개월에 걸친 독일군의 레닌그라드 포위망을 붕괴시켰다. 그 결과 히틀러의 좌익이 무너지고, 독일의 북부집단군은 2월 19일을 기하여 에스토니아(Estonia) 국경 부근인 소위 『판터 라인』(Panther Line; Narva 강-Peipus 호수-Pskov 호수를 잇는 선)까지 철수하고 말았다.

두 번째 승리는 우크라이나 방면에서 거두어졌다. 2월부터 3월까지 사이에 바투틴(Vatutin) 휘하 제1우크라이나 전선의 지원을 받은 제2우크라이나 전선은 코네프(Konev)의 지휘하에 드니에페르 강에 연한 코르순(Korsun) 돌출부 내의 독일군 8개 사단을 차단 · 포위하는데 성공했다. 만슈타인 휘하에 속해 있던 이 독일군부대들은 필사적인 탈출을 기도하였으나 적어도 100,000명에 달하는 사상자와 포로를 남겼다. 이러한 손실은 엷게 배치된 독일군으로서는 보충할 길이 없는 큰 타격이었기 때문에 이 전투는 간혹 "작은 스탈린그라드"(Little Stalingrad)라고 불리우기도 한다. 주목할 만한 사실은 전투기간 중인 3월 30일에 남부집단군의 만슈타인과 A집단군의 클라이스트가 해임되고 모델과 쇠르너(Ferdinand Schorner)로 교체되었다는 점인데, 이유인 즉 "기동의 대가", 혹은 "전술의 대가"는 이제 필요 없다는 것이었다. 즉 방어 시에는 필사적으로 현지고수를 하는 지휘관이 보다 적합하기 때문에 기동방어를 주장한 만슈타인이나 클라이스트는 이에 맞지 않는다는 것이었다. 그러나 당시 독일군이 취할 수 있었던 가장 바람직한 방어형태는 기동방어였다. 왜냐하면 병력이 열세한 독일군이 광대한 전선을 고수하는 진지방어를 펼 경우, 병력의 분배비율이 낮고 종심이 깊지 못한 관계로 어느 곳에서든지 돌파당할 위험이 있었기 때문이다. 따라서 적을 유인하여 피로케 한 후 반격을 취하여 격파하는 신축성 있는 기동방어가 적합한 것이었다. 그런데 기동방어는 지역의 대대적인 포기가 수반되는 것이기 때문에 진지고수를 고집한 히틀러는 절대 용납될 수가 없었다. 이리하여 독일군 가운데 천부적 재능을 지닌 야전사령관 두 사람이 전선으로부터 물러나고 말았다.

소련군의 세 번째 승리는 크리미아(Crimea) 반도에서 이루어졌다. 4월 8일 제4우크라이나 전선(Fourth Ukrainian Front)은 페레코프(Perekop) 지협의 독일군 제17군에 압박을 가하여 16일에는 세바스토폴(Sevastopol)로 독일군을 몰아넣었다. 독일군은 그곳에서 5월 초순까지 버텼으나 끝내 루마니아의 콘스탄짜(Constanza)까지 해로를 통하여 철수할 수밖에 없었다. 그러나 독일군은 65,000명중에서 겨우 30,000명 미만이 탈출에 성공했을 뿐이다. 세바스토폴은 5월 9일에 탈환되고 소련군은 크리미아를 되찾았다.

6월이 되자 전투의 불꽃은 최북단인 핀란드 방면에서 섬광을 일으켰다. 고보로프(Govorov)군은 핀란드군의 만넬하임선(Mannerheim Line)을 돌파하고 비이푸리(Viipuri)를 탈취함으로써 레닌그라드 북쪽의 위협을 완전히 제거하였다. 이 승리는 소련군이 거둔 4번째 열매였다.

소련군의 다섯 번째 승리는 백러시아(Belorussia) 해방작전이었다. 중부에서는 조용한 여름이 될 것으로 예상하고, 히틀러는 중앙집단군의 병력을 이동시켜 소련군의 공격이 예상되는 우크라이나 방면을 강화하였다. 그 결과 중앙집단군은 탱크부대의 80%를 그보다 남쪽인 북부우크라이나 집단군(Army Group North Ukraine)에게 빼앗기고 대단히 약화되고 말았다. 그런데 소련군은 히틀러의 예상을 뒤엎고 중앙집단군에 대하여 기습공격을 가해왔다. 6월 22일과 23일 사이에 주코프의 제1 및 제2 백러시아전선(Belorussian Front)은 보브뤼스크(Bobruisk) 방면에서, 바실레프스키(Vasilevsky)의 제1발틱전선 및 제3백러시아전선은 비테브스크(Vitebsk) 방면에서 동시에 공격을 개시했다. 7월 3일에는 민스크가 포위되었고, 신속히 진격한 소련군은 18일에 드디어 폴란드 국경을 넘어 23일에는 루블린(Lublin)을, 28일에는 브레스트-리토브스크(Brest-Litovsk)를 탈취함으로써 바르샤바 점령을 눈앞에 두게 되었다. 이 기간 중 독일군도 중앙집단군의 38개 사단 가운데 25개 사단이 궤멸당하여 인명손실만도 350,000에 달하였으니 이것은 스탈린그라드 이후 가장 참담한 피해였다. 1841년에 점령한 이 지역을 고수하고자 한 히틀러의 고집에 의하여 이미 우회당한 부대조차도 철수가 절대 불가했기 때문에 이처럼 막심한 피해를 입었던 것이다. 그러나 불과 6주일 남짓 동안 거의 350마일을 진격한 소련군은 8월 초순에 이르러 바르샤바 전방의 비스툴라 강선에서 진격을 멈추었다. 이것은 모델군의 필사적인 저지와 소련군 자체의 피로 및 병참문제의 궁핍 때문이기도 했지만, 더욱 중요한 이유는 정치적 고려 때문이었다. 즉 독일이 패전하게 되면 폴란드는 필연적으로 소련의 손아귀에 들어올 것이기 때문에 스탈린은 이 지역에서 쓸데없는 피를 흘리고 싶지 않았던 것이다. 그래서 공세를 계속하는 대신에 바르샤바를 중심으로 한 폴란드 지하조직의 봉기를 유인함으로써 독일군으로 하여금 가장 골치 아픈 문제에 몰리게 만들었다. 그리고는 폴란드인의 봉기가 독일군에 의하여 무자비하게 탄압되고, 탄압에 비례하여 봉기가 더욱 격화되어 가는 동안 비스툴라 강 동안(東岸)에서 가만히 구경만 하고 있었다. 독일군과 폴란드 애국의용군 사이의 싸움이 격화되어 서로간의 손실이 커질수록 장차 소련의 폴란드 점령은 더욱 용이해지고, 점령 후 폴란드를 통치함에 있어서도 한층 유리한 조건이 형성될 것이기 때문에, 스탈린은 돌을 던지지 않고도 두 마리의 새를 잡게 된 것이다. 스탈린과 그의 측근들이 시행한 놀랍도록 냉철한 이 정책은 공산주의자들이 세계적화를 위하여 전쟁과 국가정책간의 상호관계를 어떻게 적용했는가 하는 본보기로서 후세에 영원히 기억될 것이다.

폴란드에서 불필요한 피를 흘리지 않기로 작정한 스탈린은 그 대신에 눈길을 남쪽으로 돌려 전후에 독자적으로 처리 가능한 발칸반도와 도나우 계곡을 침공했는데, 소련군에게 여섯 번째의 승리를 안겨다 준 이 공격 역시 스탈린의 음흉한 전략적 안목이 여실히 드러난 본보기라 할 수 있다. 백러시아해방작전 기간 중 휴식과 재편성을 완료한 우크라이나 방면의 소련군은 8월 20일 아침 제2우크라이나전선(Malinovsky)과 제3우크라이나전선(Tolbukhin)이 연합하여 독일의 남부우크라이나 집단군(Friessner)에게 맹격을 가했다. 남부우크라이나 집단군은 독일군과 루마니아군의 혼성부대였는데 소련군은 루마니아군 정면을 집중 강타하여 이를 쉽게 돌파하였다. 8월 25일에는 이미 전세(戰勢)가 결판이 나서 독일군은 16개 사단이 키쉬네프(Kishnev) 근방에서 차단 포위된 후 60,000명의 사상자와 포로 110,000명의 피해를 입었다. 같은 날 루마니아는 소련과의 휴전(조인은 9월 12일)을 수락하고, 뒤이어 이제까지의 맹방이었던 독일에 대하여 선전포고를 발하였다. 8월 30일 말리노프스키 군은 발칸 최대의 유전지대인 플로에스티(Polesti)를 점령하고 이튿날에는 부카레스트(Bucharest)에 입성하였다. 한편 톨부우힌 군의 침공을 받은 불가리아도 9월 9일에 소련과 휴전하는 동시에 독일에 대하여 선전포고를 발하였다. 이어서 소련군은 9월말에 유고와 헝가리에 대한 공격을 개시하여 10월 20일 베오그라드(Belgrad)를 점령하고, 트란실바니아 산맥을 넘어 도나우 계곡으로 진출했다. 그러나 11월에 접어들어 부다페스트(Budapest) 근방에 도달할 무렵부터 소련군의 진격속도는 차츰 둔화되기 시작했다. 이것은 헝가리 방면 동맹군의 저항이 갈수록 치열하게 전개되었기 때문이다. 하지만 12월 30일 헝가리도 독일에게 선전포고를 하게 됨에 따라 독일은 이제 발칸에서의 발판을 잃고 말았다.

한편 발칸에서의 공세와 거의 동시에 소련은 북쪽에서 1944년의 마지막 승리를 장식하고 있었다. 백러시아전역 직후 발틱 해안 방면으로 진격한 소련군은 에스토니아(Estonia), 라트비아(Latvia) 및 리투아니아(Lithuania)의 대부분을 탈취하여 10월 10일경까지 독일 북부집단군에게 대타격을 가하였으며, 아울러 이미 6월 9일부터 개시된 핀란드 침공 전에서도 순조로운 전과를 올리고 있었다. 9월 19일에는 핀란드와 휴전조약을 맺었으며, 이로 인해 핀란드에서 발판을 상실한 독일 제20산악군(20th Mountain Army)은 4개월 동안에 무려 5백 마일이나 북쪽으로 퇴각하여 끝내는 니켈 광산으로 유명한 펫사모(Petsamo)까지 내놓고 노르웨이로 물러나고 말았다.

그러면 여기서 1944년 소련군 공세의 일반적인 특징을 잠깐 고찰해 보기로 하자. 어떤 한 지역에만 초점을 맞추어 본다면 소련군의 진격형태는 대략, ① 신속한 진격 ② 일단 정지 ③ 병참보급 및 재편성 ④ 새로운 진격 등의 순서로 볼 수 있다. 여기서 한 가지 흥미 있는 사실

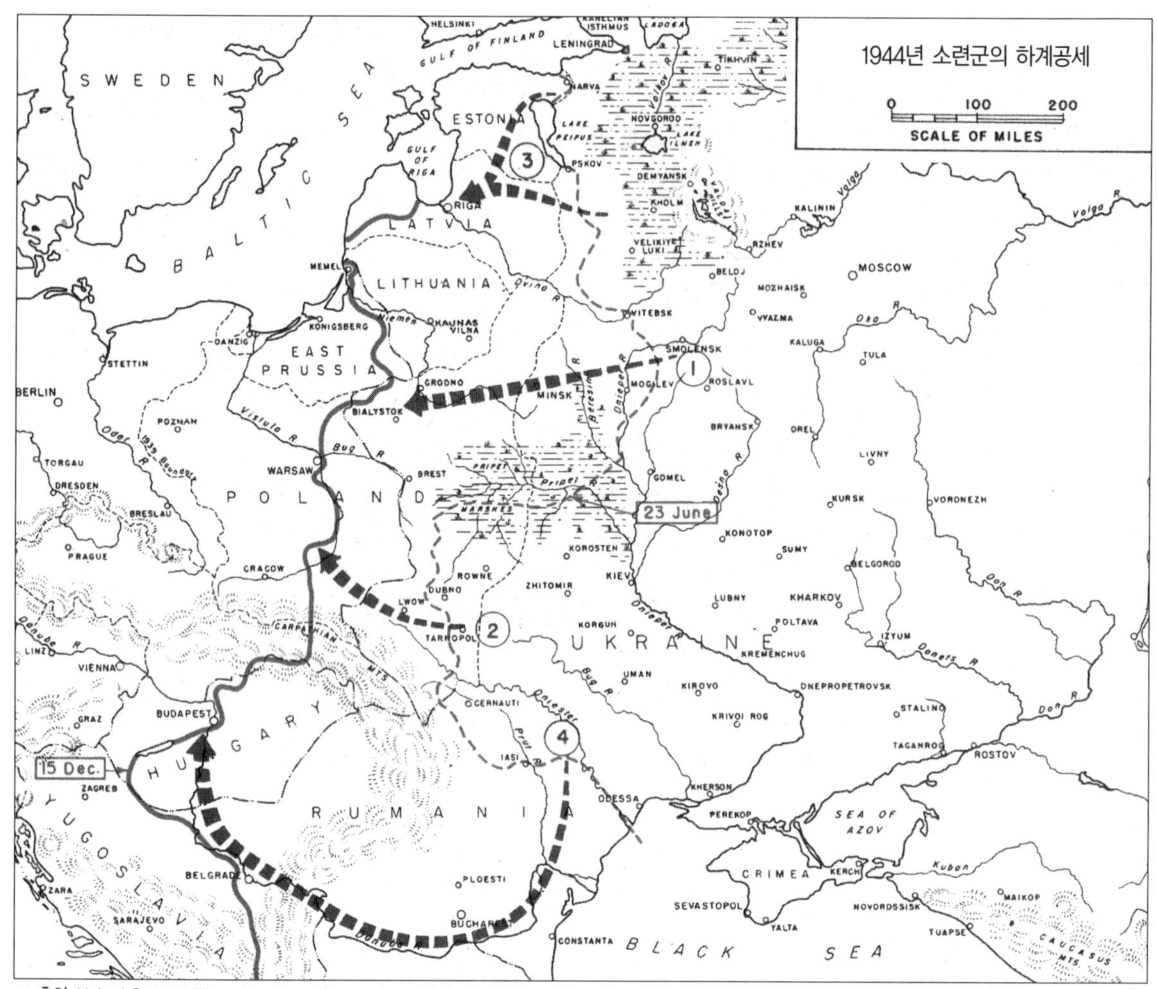

※ 출처: United States Military Academy, *Summaries of Selected Military Campaigns* (West Point, New York: US Military Academy, 1953), p. 140.

은 일단 정지의 시기가 병참물자의 고갈(枯渴)전(前)이라는 점이다. 공격의 탄력은 보통 병참물자의 고갈에 의하여 약화되고, 이 시기는 적의 반격에 대하여 매우 취약한 때가 된다. 소련군은 스탈린그라드 승리 직후 도네츠 분지 일대에서 만슈타인의 역습을 받고 이러한 교훈을 배웠으며, 1934년 여름 쿠르스크(Kursk) 주변 전투에서 독일군이 똑같은 원리에 의하여 쓴잔을 마셨다는 사실을 알고 있었다. 따라서 소련군은 1944년 그들의 반격이 절정에 달한 시기에 있어서도 항상 이 점에 유의하였던 것이다. 비록 퇴각을 하고 있을 망정 독일군은 아직도 세계 최강의 군대임에 틀림없었으며, 언제 소련군의 약점을 뚫고 역습을 가해 올지 알 수 없는 일이었다. 그래서 소련군은 만일의 경우 독일군의 역습이 있을 때일지라도 최소한의 방어대책을 세우기 위하여 공격의 탄력성이 아직 남아있는 상태에서 (즉 병참물자의 고갈 이전) 진격을 멈추었던 것이다.

여하튼 소련군은 어떤 한 지역을 놓고 볼 때 상기와 같은 진격형태를 취했지만, 전선(戰線) 전체에 걸쳐서 볼 때는 수 개 지역에서 교대로 공세를 취함으로써 전장의 주도권을 계속 장악하였다. 다시 말하자면 한 지역에서 공세를 취하는 동안 타 지역에서는 장차의 진격을 위한 병참보급 및 재편성을 실시하며, 공격하던 지역에서 공세가 일단 정지되는 순간 쉬고 있던 타 지역에서 새로운 공격을 시작하는 것이다. 예를 들면 소련군은 우크라이나, 백러시아, 발칸 방면, 발틱 지역 등지에서 교대로 피스톤운동과 같은 연속적인 공세를 취했는데, 이러한 연속적인 공격은 시간적으로나 공간적으로 균형과 조화를 이루고 있었기 때문에 소련군은 계속 주도권을 확보할 수 있었던 것이다.

더구나 이와 같은 소련군의 공격은 예비대가 부족한 독일군에게 항상 기습적 효과를 달성할 수 있었다. 왜냐하면 병력의 전반적인 우세를 점하고 있었던 소련군에 비하여 원래부터 인력이 부족한 독일군은 예비대를 이미 공격받고 있는 지역에 투입했기 때문에 이후 추가적으로 발생하는 전투지역에 투입할 예비전력이 없었기 때문이다. 즉 한 지역에서 공격을 받고 퇴각하는 동안에 필사적인 노력으로 예비대를 긁어모아 적의 진격을 가까스로 저지시키는 순간, 또 다른 공세를 타 지역에서 대처해야 하는 상황은 글자 그대로 속수무책의 기습이었던 것이다.

이리하여 1944년 소련군의 공세는 독일에게 숨쉴 수 없는 압박을 가하여 점차 패망의 나락으로 밀고 갔다.

그런데 1944년 소련군의 공세가 이처럼 경이적인 성공을 거둔 이면에는 연합국들의 무기대여(Lend Lease Aid)라는 요소가 중대하게 작용하고 있었다.

1941년 10월 이후 소련에 대여된 무기의 수송경로는 다음의 3가지가 있었다.

① 북대서양경로 : 북대서양–무르만스크(Murmansk), 또는 아창겔(Archangel)–모스크바

② 페르시아만 경로 : 지중해–페르시아만–카스피해

③ 블라보스톡(Vladivostok) 경로 : 알라스카–북태평양–블라디보스톡–시베리아 철도–모스크바

이와 같은 3개 경로를 밟아 수송된 품목 중 중요한 것만 꼽아보더라도 트럭 409,526대, 탱크 및 자주포 12,161대, 항공기 14,000대, 폭탄 325,784톤 등이었으며, 이밖에도 유류, 식량, 심지어는 군화(軍靴) 등등 이루 헤아릴 수 없을 만큼의 많은 품목이 원조되었다. 이 가운데 미국의 원조액만도 돈으로 환산하여 110억 달러를 상회하였다.

소련군이 반격으로 전환하면서 놀라울 정도로 급속한 기동성을 발휘한 것은 이러한 무기대

여에 힘입은 바 크며, 그 효과는 1944년에 이르러 절정에 도달했던 것이다.

제3절 1945년 소련군의 최종공세

비스툴라 강선에서 정군하고 있던 소련군은 1945년 1월 12일 전 전선에 걸쳐 공세를 재개하였다. 17일에는 바르샤바가 쉽사리 함락되었고, 로코쏘프스키 군은 동프러시아의 단치히(Danzig)를 향하여, 주코프 군은 중부 폴란드를 가로질러 독일의 심장부를 향하여, 코네프 군은 남부 폴란드를 경유하여 실레지아(Silesia) 산업지대 방면으로, 그리고 보다 남쪽에서는 페트로프 군이 카르파티아 산맥을 넘어 오스트리아 방면으로 각각 맹진격을 감행하였다. 1일 평균 20 내지 25마일의 속도로 신속히 진격한 소련군 주력은 2월 3일 베를린 동쪽 36마일 지점인 오데르(Oder) 강선에 도달하였고, 3월 초순에는 실레지아 소탕을 완료하였으며, 그후 일단 나이세(Neisse) 강선에서 정군하여 베를린을 향한 최종공세 준비에 들어갔다. 한편 이보다 남쪽의 헝가리 방면에서는 2월 13일에 부다페스트가 함락되었고, 3월 16일부터 시작된 오스트리아 점령작전은 도나우 강선과 발라톤(Balaton) 호수 근방의 독일군 저항이 워낙 완강하여 3월 30일에야 겨우 오스트리아 국경을 돌파할 수 있었다. 그리고 비엔나(Vienna)가 점령된 것은 4월 13일이었다.

오데르-나이세 강선에서 일단 정군했던 소련군 주력은 로코쏘프스키 휘하의 제2백러시아전선, 주코프의 제1백러시아전선, 코네프가 지휘하는 제1우크라이나전선으로 재편성을 완료한 뒤, 마침내 4월 16일 베를린을 향한 최종공세로 돌입하였고, 4월 24일 저녁 무렵에는 베를린을 완전 포위하였다. 그리고 이튿날에는 소련 제5친위군(5th Guards Army)이 엘베(Elbe) 강변의 토르가우(Torgau)에서 영국 제1군과 상봉함으로써 독일은 완전히 풍비박산 되었다. 실질적으로 전쟁은 완전히 끝난 셈이었다. 그러나 연합국이 요구한 "무조건 항복" 때문에 자극을 받은 독일군은 광적인 저항을 계속 하였으며, 베를린 시내에서는 10일간의 혈전이 지속되었다. 그러나 4월 30일 히틀러가 자살하고 5월 2일 베를린 수비대가 투항하자, 드디어 독일군은 더 이상의 저항을 포기하고 5월 7일 후임총통인 되니쯔(Donitz) 제독에 의해 파견된 요들(Jodl) 장군이 랭스(Reins)에 있는 아이젠하워 사령부에서 항복조문에 서명하였다. 이로써 유럽에서의 전쟁은 종결되었다.

돌이켜보건대, 동유럽전쟁의 재산 및 인명피해는 제2차 세계대전 중 가장 참혹하였다. 소련만 하더라도 750만의 인명피해(민간인 손실도 이와 거의 대등)를 입었고 독일 또한 285만의 손실을 당했으며, 더구나 볼가강 서쪽, 즉 독일과 일본을 합친 것보다도 더 넓은 소련 영토가 이 두 추축국(樞軸國)의 본토에 비하여 훨씬 더 참혹하게 파괴되었다.

이처럼 상처투성이의 영광을 쟁취한 소련이 그나마 승리할 수 있었던 것은 무엇보다도 우선 절대적으로 우세한 병력 때문이었으며, 전쟁초기에 얻은 쓰라린 경험을 교훈 삼아 작전 및 지휘 면에서 급속한 발전을 보았다는 점, 그리고 볼셰비즘의 광신적 사상에 의하여 동원된 소련인들의 숙명적 복종심 역시 간과할 수 없는 요인들이었다.

제8장 북아프리카 전역

제1절 초기 전투

1. 중동의 전략적 중요성

제2차 세계대전 초기에 있어서 북아프리카는 유럽의 주(主)전장으로부터 멀리 떨어져 있었기 때문에 그곳에서 벌어지는 사태들이 전쟁 전반에 대하여 결정적인 영향을 미치지는 못한다고 생각되어왔다. 따라서 북아프리카 전역은 애당초 제2전선으로서의 의미를 가지고 있었다. 그러나 북아프리카를 비롯한 중동지역은 연합국의 전반적인 전쟁계획상 빼놓을 수 없는 중요한 전구(戰區)이며, 나아가 전쟁의 승패에 무시할 수 없는 영향을 미치리라는 점 역시 틀림없는 사실이었다. 이러한 사실은 작전이 진행됨에 따라 점차 뚜렷해졌으며, 나중에 가서는 주전장 못지않은 관심과 격전의 지역이 되었다. 이리하여 황량한 불모지인 북아프리카 사막에서는 가장 발달된 전투양상이 전개되기에 이르렀다.

그러면 북아프리카와 중동이 지니는 전략적 중요성은 어떤 것일까? 중동의 가치는 예나 지금이나 주로 3개 대륙을 연결하는 그 지리적 위치에서 비롯되는 것이지만 제2차 세계대전 중에는 한 걸음 더 나아가 육로로 주작전지역인 유럽에 이르는 접근로라는 점, 그리고 지중해 항로 및 수에즈(Suez) 운하를 제압할 수 있다는 점에서 한층 중요성을 띠고 있었다. 이밖에도 만일 연합군의 중동지배력이 박탈된다면 다음과 같은 몇 가지 사태가 나타날 것으로 예상되었다. 터키를 비롯한 중동의 중립국가들은 고립되어 동맹군과의 협조를 강요당할 것이고, 동맹군은 카프카즈, 이란, 이라크 등지의 유전을 확보할 수 있으며, 연합국의 대소(對蘇) 무기대여 경로인 페르시아만 통로가 차단될 것이다. 또한 독일과 일본은 소련과 중국에 대한 교살망(絞殺網)을 압축할 수 있는 군사력 합세의 직통로를 확보하게 될 것이며, 연합군은 독일군 후방을 공격할 수 있는 가장 좋은 지점을 상실하게 될 것이다.

프랑스전역 직후 독일은 중동지역을 점령할 수 있는 힘이 충분히 있었다. 그러나 히틀러는 이 지역의 가치를 등한시 했을 뿐만 아니라 소련쪽에 군침을 흘리고 있던 터라 즉각적인 행동을 취하지 못했다. 그러다가 이탈리아가 벌여놓은 싸움에 끼어들게 된 것이다. 그런데 이탈리아는 중동 방면으로 곧바로 뛰어들지 않고 북아프리카의 리비아(Lybia)로부터 이집트 쪽으로 공격을 개시하였다. 이 때문에 전투는 중동이 아닌 북아프리카에서 불꽃을 튀기게 되었던 것이다.

작전의 주무대가 된 북아프리카는 트리폴리(Tripoli)로부터 알렉산드리아(Alexandria)에 이르는 약 1,400마일의 서부사막(The Western Desert)이 가로놓여 있고, 이 광대한 지역에는 하천이나 산맥 등의 자연장애물이 전혀 없으며, 지중해에 면한 몇 개의 항구들이 해안을 따라 동서로 뻗은 단일공로(單一公路)에 의하여 연결되고 있다. 따라서 기갑부대 작전에 유리한 반면 병참문제가 극히 곤란하였다. 그래서 독일 장군 라펜슈타인(von Ravenstein)은 서부사막을 가리켜 "전술가의 낙원이며 병참장교의 지옥"이라고까지 했던 것이다. 이와 같은 작전지역의 특징으로 인하여 북아프리카에서의 작전양상은 보급유지에 절대적으로 필요한 항구를 얻기 위하여 기갑부대가 우회하여 고립시키고 보병이 해안공로를 따라 진격하는 유형이 반복되었다.

1940년 6월 프랑스가 항복하자 영국은 중동지역 방위의 책임을 떠맡지 않을 수 없었다. 그런데 영국은 덩케르크에서 구사일생으로 철수한 후 본토방어에 급급하였기 때문에 중동지역을 염두에 둘 여력이 없었다. 더구나 프랑스의 통치를 받던 시리아(Syria)와 튜니지아(Tunisia)가 완충지대의 역할을 하지 못하게 되고 프랑스 함대마저 이탈한 관계로 영국은 소규모의 지중해 함대만으로 지중해를 지켜야 했다. 당시 카이로(Cairo)에 있던 영국군의 중동사령부는 예하 총병력이 100,000명에 불과했고, 중동방어의 관문인 이집트에는 겨우 2개 사단이 있었을 뿐이었다. 이처럼 암담한 시기에 불굴의 수상 처칠은 1개 기갑사단을 이집트에 파견하기로 결심하고, 8월 중순경 이를 단행하는 전략적 용단을 내렸다. 이는 참으로 위인다운 그의 안목을 드러낸 결단이었다. 그의 판단에 의하면 영국의 국가목표는 단순히 영국본토가 침략을 면한다거나 혹은 단순히 히틀러와 더불어 휴전을 체결하는 것이 아니었다. 영국의 국가목표는 어디까지나 나치 독일과 사활을 건 싸움에서 이기는 것이었는데, 그렇게 함으로써만 영국의 진정한 평화와 번영이 약속될 수 있기 때문이었다.

처칠이 볼 때 1개 기갑사단 정도는 만약 독일군이 영국본토에서 상륙했을 경우에는 아무런 효과를 발휘하지 못할 것이며, 또 만일 영국의 공군과 해군이 상륙을 저지해준다면 역시 그 부대는 불필요한 것이었다. 따라서 그는 기갑부대가 효과적으로 활용될 곳을 물색했던 것이며, 결국 중동이 바로 그 곳이라고 판단했던 것이다.

한편 이탈리아는 리비아에만도 200,000명의 병력이 있었고, 공군력 역시 우세를 차지하고 있었다. 히틀러의 위용을 동경한 무솔리니의 팽창야망은 드디어 1940년 8월 영국령 소말리랜드(Somaliland)에 대한 침공으로 폭발되었고, 9월 13일에는 그라찌아니(Graziani) 원수가 지휘하는 5개 사단이 리비아로부터 이집트에 밀어닥쳤다.

압도적으로 우세한 이태리군은 영국군의 저항을 물리치고 9월 16일까지 약 70마일을 진격하여 시디 바라니(Sidi Barani)를 점령하였다. 그러나 처칠의 결단 덕분에 영국군은 이태리군의 진격을 가까스로 저지할 수 있었고, 기동력의 결핍과 보급 및 행정지원 체제가 미비했던 이태리군은 주저앉은 자리에서 방어진을 구축한 채 보급사정이 개선되기를 기다리는 수밖에 없었다. 이리하여 전선은 최초의 진전속도와 다르게 약 3개월간의 소강상태로 빠져 들어갔다.

이 3개월 동안 새로운 1개 기갑사단을 더 증강 받은 중동지구 영국군 총사령관 웨이블(Wavell) 대장은 이탈리아군이 계속해서 소극적인 것을 간파하고 반격을 결심하였다. 12월 9일 영국군은 1개 기갑사단과 1개 보병사단으로 이태리군 진지의 간격을 침투 돌파한 후, 후방으로부터 맹공을 가하였다. 최초 교란을 목적으로 시도된 이 공격이 예상외로 이탈리아군을 대혼란에 빠뜨리자, 웨이블은 신속하게 전과(戰果) 확대 단계로 이전하여 파죽지세로 진격하였다. 12월 11일 시디 바라니가 탈환되고 12월 16일에는 살룸(Sallum)이, 1941년 1월 4일에는 바르디아(Bardia)가 점령되었다. 이어서 1월 22일 토부룩(Tobruk)을 함락시킨 영국군은 드디어 2월 5일 베다 폼(Bedda Fromm)에서 이태리군의 퇴로를 차단하는데 성공하였고, 퇴로가 막힌 이탈리아 제10군은 2월 7일 항복하고 말았다. 이리하여 웨이블은 2개월만에 500마일을 진격하여 전 키레나이카(Cyrenaica) 전 지역을 석권했으며, 불과 31,000명의 병력으로 포로 130,000명, 전차 400대, 포 850문을 노획하는 대승리를 거두었던 것이다. 이 기간 중 영국군의 손실은 전사 500명, 부상 1,373명, 실종 55명으로 매우 경미한 것이었다.

그러나 영국군은 소말리랜드 방면의 위협 증대와 독일군의 발칸 침공으로 인하여 병력을 그리스로 차출해야 했기 때문에, 더 이상의 진격을 하지 못하고 다만 키레나이카를 방어하기로 결정하였다.

2. 사막의 여우 롬멜

그라찌아니군이 시디 바라니에서 정군하고 있을 무렵 무솔리니는 히틀러에게 지원을 요청하였다. 영국전투와 대소공격준비로 분망하던 히틀러는 별로 마음이 내키지 않았지만, 동맹국의 호소에 무관심할 수 없었다. 그런데 웨이블의 반격으로 이탈리아군이 더욱 곤경에 빠지자 히틀러는 드디어 2개 기갑사단을 파견하기로 하고, 당시 군사적 명성이 한창 높아지고 있던 롬멜(Erwin Rommel) 장군을 지휘관으로 임명하였다.

1941년 2월 12일 트리폴리에 도착한 롬멜은 패배한 이태리군의 사기와 전투력이 극도로 저하되어 있음을 보고 독일군이 모든 책임을 지지 않으면 안 된다는 사실을 깨달았다. 더구나 사태는 매우 시급하였다. 왜냐하면 독일군이 상륙할 수 있는 항구라고는 거의 무방비상태인 트리폴리밖에 없었는데, 독일군은 3월 25일까지 1개 사단이 도착하고, 나머지 1개 사단은 5월 말에야 도착할 예정이었으므로 만일 독일군이 상륙 완료하기 전에 영국군이 공격해온다면 큰 일이었기 때문이다. 그러나 롬멜은 만약 아무런 저항도 없다면 영국군은 계속 진격해오겠지만 약간의 저항이라도 한다면 신중한 영국군은 충분한 공세준비가 완료될 때까지 정군할 것이라고 판단하였다. 따라서 이미 도착한 소수병력만으로 저항을 함으로써 독일군 주력이 상륙할 수 있는 시간을 얻을 수 있다고 보았던 것이다.

그런데 당시 영국군도 웨이블 휘하 40,000의 병력이 그리스로 차출됨에 따라 약화된 나머지 공격보다는 방어진지 구축에 여념이 없었다. 이를 재빨리 간파한 롬멜은 영국군의 방어태세가 강화되기 전에 공격하는 것이 유리하다고 보고 비록 공격을 위한 충분한 병력이 없었음에도 불구하고 공격을 감행하기로 마음먹었다.

3월 22일 롬멜은 엘 아게일라(El Agheila) 전면의 영국군에 대하여 기습공격을 감행하여 이를 격파하고, 의외로 영국군이 대혼란에 빠지는 것을 보자 즉시 맹렬한 추격을 실시하여 영국군으로 하여금 재편성할 여유조차 주지 않고 밀어붙였다. 4월 3일 벵가지(Benghazi)가 점령되고, 7일에는 영국군의 오코너(O' Connor) 장군과 니임(Neame) 장군이 생포되었다. 4월 11일 독일군은 토부룩을 포위하는 한편 이집트 국경지대인 바르디아(Bardia)와 살룸(Sallum)선까지 진출하여 영국으로 하여금 수에즈 운하에 대한 위협을 느끼게 만들었다.

이처럼 심각한 사태에 직면하여 웨이블은 토부룩을 사수하기로 결심하고 호주 제9사단과 제18여단에게 그 임무를 부여하였다. 4월 13일부터 5월 4일까지 롬멜은 세 차례에 걸친 공격을 가했으나 토부룩은 여전히 꺾이지 않고 버티었으며, 그동안 영국군은 가까스로 이집트 국경지대에 대한 방어선을 구축하고 독일군을 저지할 수 있었다.

이제 롬멜은 토부룩을 제외한 전 리비아를 석권하였지만 계속적인 보급지원을 위한 항구로서 토부룩을 확보하지 못하는 한 보급난과 후방차단의 우려 때문에 더 이상의 진격은 불가능하게 되었다. 결국 롬멜은 토부룩을 장기 포위하기로 결심하였다. 그러나 토부룩의 영국군은 해군의 보급지원에 힘입어 구출될 때까지 무려 7개월간이나 견뎠다.

한편 토부룩을 구출하라는 본국으로부터의 정치적 압력 때문에 웨이블은 준비가 불충분함에도 불구하고 6월 11일 롬멜의 노출된 남 측면으로 우회공격을 가했다. 그러나 롬멜은 교묘한 유인전술로 이를 물리쳤다. 즉 소규모부대를 가지고 영국군 기갑부대를 유인하여 은폐된 대전차포진지로 이끌어 들인 다음, 후면에 대기시켜 놓았던 기갑부대로 영국군의 퇴로를 차단하고, 대전차포 및 전차의 협동공격에 의해 영국군 기갑부대를 격멸시켰던 것이다.

당시 롬멜이 사용했던 88밀리 대전차포는 원래 독일군의 대공포(對空砲)로 개발되었던 것인데, 롬멜은 이 포의 관통력이 뛰어난 점에 착안하여 대전차포로 이용하였다. 88밀리 포는 어떠한 형태의 영국군 전차도 여지없이 격파할 만큼 위력이 막강했으나, 다만 본래부터 대공포로 만들어졌던 관계로 체고(體高)가 높다는 약점이 있었다. 웨이블의 반격은 노련한 롬멜의 교묘한 전술에 걸려 격퇴되었지만, 영국군은 여전히 토부룩을 고수하고 있었기 때문에 롬멜의 이집트 침공은 아직도 불가능했다. 그리하여 전선은 11월 중순부터 소강상태에 접어들었다.

이 기간 중 영국군 지휘부에는 일대개편이 있었다. 7월 5일 웨이블 대장은 인도방면으로 발령되고, 후임 중동지구 영국군 사령관에 오친렉(Auchinleck) 장군이 부임하였다.

오친렉의 임무는 토부룩을 구출하고 서쪽으로 진격하여 시레나이카를 점령하는 것이었다. 이를 위하여 영국군은 '크루세이더작전'(Op. Crusader)을 계획하고 8월부터 군비를 증강하기 시작했다. 9월 18일 영국군은 증원된 병력을 근간으로 종래의 '서부사막군'(Western Desert Force) 대신에 제8군(Eighth Army)을 새롭게 편성 완료하고, 사령관에는 커닝엄(Alan Cunningham; Andrew Cunningham 제독의 동생) 중장을 임명하였다. 제8군의 전력은 1개 기갑사단과 3개 기갑여단의 탱크 680대, 그리고 6.5개 사단 규모에 상당하는 보병 약 118,000명이었으며 이밖에도 영국군은 약 1,000대의 항공기와 500대의 탱크를 예비로 보유하고 있었다.

이는 3개 기갑사단(독일 2, 이태리 1)의 탱크 390대와 7개 보병사단(독일 1, 이태리 6) 약 119,000명을 보유하고 있었던 롬멜군과 비교해볼 때, 탱크와 항공력에서 압도적인 우세를 점했다고 할 수 있다. 그러나 전차포 및 대전차포의 성능에 있어서는 독일군이 월등히 앞서 있었다. 즉 독일군의 50밀리 전차포는 4.5파운드의 포탄을 발사할 수 있었지만 영국군의 1형(Matilda) 탱크는 불과 2파운드짜리 포탄을 쏠 수 있었다. 뿐만 아니라 75밀리 및 88밀리 대전차포는 영국군 기갑부대로서는 공포의 대상이었으며, "사막의 여우"가 직접 이끄는 『아프리카 군단』(Africa Korps) 기갑병들의 훈련도와 사기는 영국군을 압도하고 있었다. 그렇지만 롬멜을 괴롭혔던 가장 골칫거리 문제는 유류를 비롯한 보급물자의 부족이었다. 롬멜이 병참문제로 이토록 고심한 가장 주된 요인은 시실리(Sicily)와 리비아를 잇는 동맹군 측의 지중해 병참선이 "침몰하지 않는 항공모함"(the unsinkable aircraft carrier)이라고 불려진 몰타(Malta)섬에 의하여 차단되고 있었기 때문이다. 지도를 들여다 볼 때 이탈리아 반도와 시실리 섬의 위치는 마치 장화발끝으로 돌 뿌리를 걷어차는 형국을 하고 있으며, 몰타 섬은 그 돌 뿌리로부터 톡 떨어져 나온 한 알의 모래알처럼 조그마한 섬이지만, 이 섬으로부터 출동한 영국의 해 · 공군은 북아프리카에 보급품과 증원병을 수송하는 독일 및 이탈리아 선박을 무던히도 괴롭혔다. 1941년 8월중에는 수송량의 35%가 손실을 당했으며, 10월에는 무려 63%에 달했다.

이처럼 롬멜이 핍박한 보급사정에 빠져 있는 반면 영국군의 증원상태는 나날이 호전되어 갔다.

이리하여 약 5개월간의 소강상태 동안 충분한 준비를 갖춘 오친렉은 드디어 11월 18일 롬멜의 노출된 남 측면을 우회하여 기습함으로써 선제공격을 개시했다. 그러나 영국군 기갑부대는 토부룩 남쪽에서 또다시 롬멜군의 대전차포에 의하여 대손실을 입고, 혈전의 보람도 없이 토부룩과의 연결에 실패하고 말았다. 오친렉은 제8군 사령관 커닝엄을 해임하고 리취(Neil M. Ritchie) 소장을 후임에 임명하는 한편, 12월 5일부터 재차 강력한 공세를 가하였다. 마침내 12월 10일 토부룩은 7개월간의 포위에서 풀려났으며, 독일군은 전투력의 열세와 병참사정의 악화로 말미암아 저항을 포기하고 퇴각의 길을 택하였다. 12월 24일 벵가지가 다시금 영국군의 장악 하에 들어옴으로써 오친렉은 토부룩의 구출과 키레나이카 전 지역 점령을 기도했던 『크루세이더 작전』을 모두 끝마쳤다.

일단 엘 아게일라 선까지 작전상 후퇴를 단행했던 롬멜은 즉시 반격준비에 착수하였고, 피로와 오랜만의 승리에 도취하여 방심하고 있던 영국군에 대하여 허를 찌르는 공세를 취하였다. 1942년 1월 21일 독일군의 기습공격을 받은 영국군진지는 대혼란에 빠져 와해되었으며, 롬멜의 맹렬한 추격에 의하여 벵가지의 보급품마저 고스란히 빼앗긴 채 2월 4일 가잘라(Gazala)로 후퇴하였다. 그런데 처음부터 열세한 병력으로 반격을 취했기 때문에 롬멜은 더 이상 진격을 하지 못하고, 2월 4일 이후 양군은 가잘라-비르 하케임(Gazala-Bir Hacheim)

선에서 대치하여 4개월간의 교착상태로 들어갔다.

롬멜은 이 기간 중 벵가지에서 원수로 승진했는데 초기 전투에서 보여준 그의 대담성과 치밀한 작전계획, 그리고 적의 약점을 교묘하게 이용하는 재치 등은 그의 명성을 더욱 드높여 주었으며, 가히 "사막의 여우"(Desert Fox)라는 별명을 얻을 만 하였다.

3. 가잘라-비르 하케임(Gazala-Bir Hacheim) 전투

가잘라 지역의 교착상태가 계속된 4개월 동안에 영국군은 가잘라로부터 비르 하케임에 이르는 약 40마일 길이의 방어선을 지뢰와 철조망으로 강화하였으며, 계속적인 증강으로 병력, 탱크, 항공기에 있어서 우세를 점할 수 있게 되었다. 이 방어선 일대에서 가장 중요한 지점은 소로교차점(小路交叉點)인 나이츠브리지(Knightsbridge)로서, 이 때문에 자료에 따라서는 이 전투를 『나이츠브리지 전투』라고도 부른다. 영국군이 이처럼 방어선을 강화하고 병력을 증강하자 롬멜은 시간이 흐를수록 점점 더 상황이 불리해지리라고 판단하고 선제공격을 취하기로 결심하였다. 롬멜의 계획은 노출된 영국군의 남 측면을 신속히 우회하여 영국군 기갑부대를 격파한 다음 토부룩을 점령하려는 것이었다.

5월 27일 밤, 황량한 사막의 모래 위에 은은한 달빛이 무늬져 흐를 무렵 롬멜은 포문을 열었다. 이와 동시에 해안방면과 전선 중앙부에서는 이탈리아군이 견제공격을 가하고 정예 아프리카군단은 영국군의 좌익으로 쇄도해 들어갔다. 그런데 영국군은 이와 같은 롬멜의 기도를 예측하고 있었기 때문에 강력한 기갑부대를 남쪽에 대기시켜 놓았었고, 따라서 양군의 기갑부대는 지뢰지대 동쪽에서 3일간이나 치열한 탱크전을 벌이게 되었다. 이처럼 후방에서 격렬한 전투가 계속되었음에도 불구하고 방어선 일대의 영국군은 여전히 진지를 고수하고 있었으며, 이 때문에 롬멜은 길게 노출된 병참선을 위협받아 시간이 흐를수록 병참사정이 악화되어갔다. 탱크와 연료와 탄약, 그리고 식량과 물을 실어 나르는 롬멜의 보급차량은 영국 사막공군(Desert Air Force)의 폭격 때문에 숨을 곳도 피할 곳도 없는 사막 한가운데서 계속적으로 파괴되었다. 이제 롬멜은 조기에 승리를 쟁취하기가 어려움을 깨닫고 그의 아프리카 군단을 서쪽으로 철수시키기로 마음먹었다. 그런데 이때 이변이 일어났다. 롬멜이 88밀리 대전차포의 교묘한 엄호를 받아가면서 철수하고 있는 동안에 의외로 이탈리아군이 정면의 지뢰지대에 2개의 통로를 개척하고 그 동쪽에 돌출부를 형성한 것이다. 이것은 롬멜에게 행운의 열쇠가 되었다.

롬멜은 이 통로를 통해 즉각 새로운 병참선을 확보하고 퇴각을 멈추었으며, 전투를 계속하도록 명령하였다. 영국군은 이 돌출부를 "가마솥"(Cauldron)이라고 불렀는데, 롬멜의 장병들은 "가마솥"을 통하여 부족하나마 보급사정을 완화시키는 한편 그들 특유의 강인성과 기교로써 침착하게 사태의 악화를 막아냈다.

6월 2일부터 10일까지 영국군은 "가마솥" 교두보를 제거하려고 수차에 걸쳐 기갑부대를 투입하였으나, 번번히 롬멜의 대전차포에 의해 격파되고 말았으며, 그러는 동안에 마침내 비르하케임(Bir Hacheim)에서 끈질기게 버티어 온 자유프랑스(Free French) 부대가 진지로부터 축출됨에 따라 영국군의 방어선은 붕괴되기 시작했다. 롬멜은 재빨리 교두보로부터 진격해 나왔으며, 일련의 새로운 전차전이 나이츠브리지 동남쪽에서 전개되었다. 그러나 한번 밀린 영국군은 롬멜군을 저지할 수 없었고, 다만 북부의 보병을 급히 퇴각시킴으로써 피해를 줄이고자 하였다. 드디어 2주일간이나 무승부로 이끌려 온 가잘라-비르 하케임 전투는 6월 13일 밤을 기하여 롬멜의 승리로 끝났다. 이 전투는 북아프리카 전역중 최대규모 전차전의 하나였으며, 롬멜은 또 한 번 그 자신이 기갑전의 천재임을 드러냈다.

영국군은 "가마솥" 제거작전을 비롯한 몇 차례의 전차전을 통하여 축차공격은 아무런 효과도 없는 낭비에 불과하다는 점, 보병의 엄호 없이 탱크를 적진에 투입하는 것은 매우 위험하다는 점, 그리고 미리 배치된 대전차포 진지에 기갑부대를 투입함은 무모한 행동에 지나지 않는다는 사실 등 많은 교훈을 배웠으며, 이를 다시는 망각하지 않았다.

일단 영국군을 격파한 롬멜은 그 즉시 맹렬한 전과확대 및 추격을 개시하여 6월 21일 영국군 저항의 상징이었던 토부룩을 함락시킴과 동시에 막대한 보급물자를 노획하였다. 이어서 이집트 국경을 넘어 영국군의 산발적인 저항을 물리치고 급기야는 6월 30일에 엘 알라메인(El Alamein) 전방까지 도달하였다. 이제 알렉산드리아(Alexandria)와 수에즈운하는 바로 목전에 있었고 전략적으로 중요한 중동지역의 운명은 풍전등화와 같이 위태롭게 되었다.

그러나 8만의 병력을 잃고 숨쉴 틈도 없이 쫓겨온 영국군은 사막공군과 새로 증원된 뉴질랜드사단의 도착에 힘입어, 장거리 추격과 보급난으로 인하여 영국군 못지않게 기진맥진한 롬멜군을 엘 알라메인 전방에서 가까스로 저지할 수 있었다. 그리하여 전선은 다시금 교착상태로 빠져들어 갔고, 누가 먼저 증원을 받느냐에 따라 차후의 승부가 결정되게 되었다.

제2절 엘 알라메인(El-Alamein) 전투

롬멜이 북아프리카에서 영국군을 격파하고 알렉산드리아 문호에 육박한 1942년 여름은 연합군으로서는 최악의 시련기였다. 소련에서는 카프카즈가 독일군의 발굽 아래 짓밟히고 있었으며, 태평양 방면에서는 말라야 · 필리핀 · 동인도제도 등이 이미 일본군의 손아귀에 들어가 있었다. 그러나 연합군은 아직도 반격을 취할 수 있는 준비는커녕 점점 더 궁지로 몰리는 감이 짙었다. 이처럼 암담하고 무더운 1942년 여름 루즈벨트와 처칠은 워싱턴에서 재차 회담을 열고, 서부유럽에 대한 상륙을 연기할 것과 그 대신 북아프리카 상륙을 가을에 시행하기로 합의하였다. 그러나 무엇보다도 급선무는 영국 제8군을 지원하여 롬멜군이 더 이상 수에즈 운하 쪽으로 진출하지 못하도록 해야 한다는 것이다.

이와 같은 시점에서 중동방면 영국군 사령부는 다시금 체제를 바꾸어 중동지역 사령관 오친렉 장군 후임에 알렉산더(Harold G. Alexander) 대장이 부임하였으며, 제8군 사령관에는 리취 장군 대신에 몽고메리(Bernard L. Montgomery) 중장이 임명되었다.

패배로 인하여 사기가 저하된 제8군을 인계 받은 몽고메리는 즉시 부대재정비에 착수하고 맹렬한 훈련을 통해 사기 및 전투력 회복을 꾀했다. 또한 그는 이제까지의 모든 철수계획을 모두 폐기하고 엘 알라메인 방어에 모든 노력을 투입케 했으며, 사막공군사령부와 제8군사령부를 동일지역에 위치시킴으로써 공지합동작전의 원활을 꾀했다. 아울러 그는 포병과 기갑부대의 집중적 운용을 위하여 롬멜의 아프리카 군단에 대응할 수 있는 기갑예비군단을 편성하였으며, 그밖에도 장병들의 복지향상과 각급 지휘관의 지휘력 함양에 특히 중점을 경주하였다.

몽고메리의 이와 같은 노력으로 제8군은 차츰 사기와 전투력을 회복하였으며, 롬멜의 이름만 들어도 도망쳤던 영국군은 이제 어느 정도 자신감도 가지게 되었다.

한편 전선이 소강상태를 지속해 온 7월과 8월에 있어서 '보급전'(battle of supply)은 가장 중요한 작전임무였는데, 독일군에 대한 보급수송이 간헐적이었던 반면 영국군은 끊임없이 증원되어 나날이 강화되어 갔다. 당시 히틀러는 스탈린그라드와 카프카즈 방면에 몰두해 있었던 관계로 "한 개의 훈장보다 한 대의 전차"를 호소한 롬멜을 돌아볼 겨를이 없었으며, 롬멜의 병참선 자체도 길게 신장되어 있었을 뿐만 아니라 제해 · 제공권의 상실로 말미암아 계속 위협받고 있었으므로 보급사정은 커다란 난관에 봉착해 있었던 것이다. 이러한 상황에 처하여 시간이 흐르면 흐를수록 점점 더 불리해진다고 생각한 롬멜은 선제공세를 취함으로써 난국을 타개코자 하였다.

반면에 몽고메리는 롬멜이 먼저 공격해 오기를 기다렸다. 알렉산드리아로부터 서쪽으로 불과 60마일 떨어져 있는 영국군의 엘 알라메인 방어선은 해안에서부터 남쪽의 카타라 저지대(Quttara Depression)에 이르는 전장(全長) 35마일의 강력한 진지였는데, 몽고메리는 방어지역 가운데서 엘 알라메인 동남쪽의 알람 할파 능선(Alam Halfa Ridge)이 가장 요충지라고 판단했다. 왜냐하면 이 능선은 사막을 멀리 감제(瞰制)할 수 있으며, 만약 롬멜이 영국군의 주전선에 대한 포위를 성공시키려면 반드시 이 능선을 점령해야만 했기 때문이다. 몽고메리는 이 능선을 강력한 요새로 구축하여 보병 1개 사단과 기갑 2개 여단, 그리고 대전차포부대를 롬멜의 공격방향으로 예상되는 능선 남쪽에 주로 배치하였으며, 아울러 지뢰 및 야포의 탄막으로 보강시켜 놓았다.

이처럼 만반의 준비를 갖춘 몽고메리군에 대하여 롬멜은 8월 31일 밤 공격을 개시했다. 롬멜은 나이츠브리지 전투에서처럼 영국군 방어선을 남쪽으로부터 우회하여 라길 저지대(Ragil Depression)를 돌파한 다음 북으로 밀고 올라갔다. 이제 몽고메리가 알람 할파 능선 일대에 구축해 둔 진지는 큰 역할을 담당하게 되었다. 몽고메리는 롬멜군을 맞아 싸우기 위하여 광활한 사막으로 나아가지 않고, 휘하 병력을 진지 내에 머물게 하여 독일군으로 하여금 함정으로 빠져들도록 유인하였다. 롬멜은 철벽과 같은 영국군의 알람 할파 진지를 굴복시키려고 3일간이나 맹공을 가했으나 오히려 적의 기갑부대와 대전차포에 의하여 대손실을 입었으며, 영국군의 맹렬한 공중공격으로 병참선마저 차단당할 위기에 빠지자 실패를 자인하고 재빨리 퇴각하고 말았다. 그러나 몽고메리는 철수하는 롬멜군을 추격하지 않고 9월 7일에 원래의 방어선을 메우는 정도로 전투를 중지시켰다. 애당초 몽고메리의 작전계획에는 추격계획이 없었으며, 섣불리 전과확대를 꾀했다가 도리어 롬멜의 교묘한 역습에 걸린다면 애써 획득한 승리를 놓칠 우려도 있었으므로 그는 추격을 포기했던 것이다. 이는 몽고메리의 "사막의 생쥐"(Desert Rat)다운 면모를 잘 드러낸 조치로서, 실제로 롬멜은 이전에도 여러 번이나 패배의 위기에서 승리자로 둔갑한 예가 있었으며 영국군은 아직도 "롬멜 공포증"으로부터 완전히 헤어나지 못했던 것이다.

이렇게 해서 몽고메리는 엘 알라메인 전투의 서전(序戰)이라고 할 수 있는 알람 할파 전투를 승리로 장식하였다.

이제 롬멜과 몽고메리의 입장은 바뀌어 롬멜은 이전에 영국군이 방어를 하고 있었던 지역에 대치하여 진지를 구축하고 영국군의 공격을 기다리는 입장이 되었다. 알람 할파 전투에서 롬멜군을 격퇴한 다음에도 영국군은 계속 증강되었고 막대한 양의 전쟁물자를 비축하여 10월 15일 경에는 모든 면에서 독일군을 압도할 수 있게 되었다. 이와 같이 만반의 공격준비가 갖추어졌음에도 불구하고 몽고메리는 훈련과 예행연습의 반복, 그리고 치밀한 작전계획을 검토하고 또 검토하느라고 공격시기를 연기시키기까지 하였다.

엘 알라메인 전투(1942. 10. 23~11. 14)

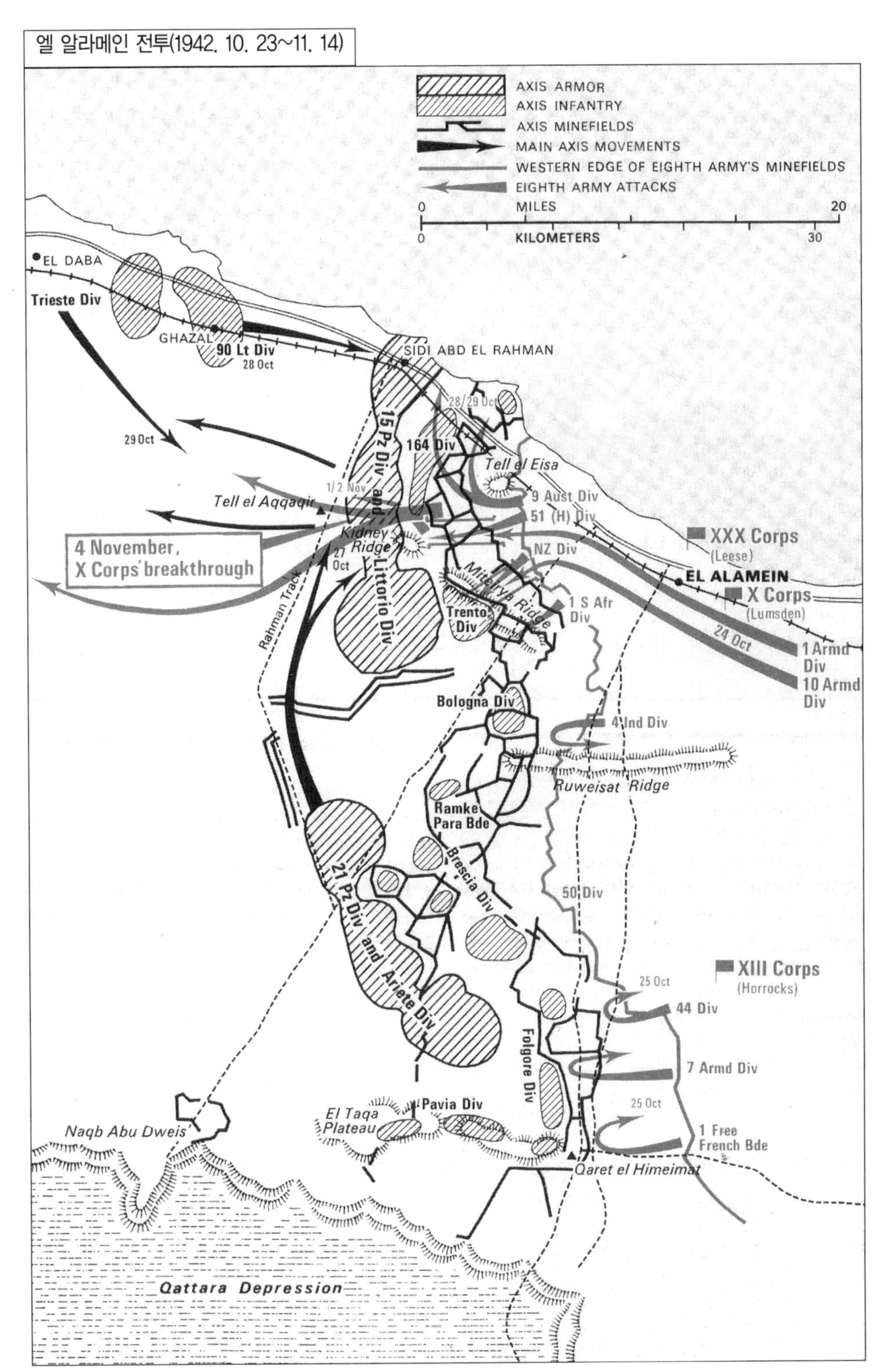

※ 출처: Richard Natkiel, *Atlas of 20th Century History* (London: Bison Books, 1982), p. 149.

몽고메리의 작전개념은 통상 남쪽에 주공방향을 두어 온 종래의 제(諸)작전형태와 정반대로 해안 쪽인 북쪽에 주공을 두어 적 전선을 돌파한다는 것이었고, 이를 위하여 그는 압도적으로 우세한 병력과 화력을 주공정면에 집중시켰다. 몽고메리의 세부 공격계획은 제13군단이 남쪽에서 조공을 실시하는 한편 제30군단이 북쪽에서 침투하여 돌파구를 만들고, 기갑부대인 제10군단이 후속하여 돌파구를 확대함으로써 적을 격파한다는 것이었다. 이에 따라 공격은 3단계로 나뉘어 실시될 예정이었다. 제1단계인 "break in"은 보병이 적진에 돌입하는 단계이고, 두 번째의 "dogfight"는 최후의 일격에 저항할 수 없을 정도로 적군을 소모시키는 혼전단계로서 이때 기갑부대는 적 기갑부대의 역습에 대비하여, 제3단계는 최후의 강타로 적 전선을 돌파하여 그들을 격멸 시키는 "break out"단계였다.

10월 21일 몽고메리는 중령급 이상 전(全) 장교를 집합시켜 상세한 계획을 설명하였고, 마침내 10월 23일 밤 9시 40분 엄청난 규모의 준비포격을 실시한 후 공격을 개시하였다. 영국군의 공격은 시간, 방향, 규모에 있어서 완전한 기습이었으니 공교롭게도 롬멜은 공격 당시 북아프리카전선에 있지도 않았을 뿐만 아니라, 독일군은 공격개시 3일 후에야 비로소 주공방향이 북쪽인 것을 알아챌 정도였다. 영국군 보병부대는 공군과 포병 및 기갑부대의 완전 무결한 지원을 받으면서 서서히 전진을 계속하여 500,000개 이상의 지뢰로 강화된 독일군의 종심진지를 돌파하였다. 보병이 대검(帶劍)과 탐침(探鍼)으로 일일이 지뢰를 제거하는 동안 기갑부대는 후방에서 초조하게 기다렸으며, 일단 돌파구가 형성되자 기갑부대는 그 간격을 통하여 물밀 듯이 쇄도해 들어갔다. 그리고는 참으로 처절한 혼전이 벌어졌다. 비엔나 남쪽의 휴양지 제머링(Semmering)에서 간장과 혈압을 치료하면서 요양 중이던 롬멜이 황급히 복귀하여 전선에 도착했을 때 사태는 이미 기울어가고 있는 중이었다. "롬멜이 있는 곳에 기적이 있다"라고 칭송되어 온 롬멜이라 할지라도 압도적으로 우세한 병력과 화력, 그리고 공중지원을 받는 영국군을 저지하기에는 시간이 너무 늦어 있었다.

10일간의 격전 끝에 영국군은 11월 2일 전선돌파에 성공하였다. 롬멜은 마지막 안간힘으로 역습을 취하기 위하여 잔존 기갑부대를 집결시키고자 하였으나 영국공군의 폭격으로 부대집결이 불가능하였고, 연료와 탄약의 부족은 더 이상의 저항을 무의미하게 만들었다. 하는 수 없이 롬멜은 잔여부대를 수습하고 퇴각을 개시하였다.

롬멜이 철수를 시작하자 몽고메리는 즉시 맹렬한 추격을 시작했다. 그러나 롬멜은 영국공군의 방해와 우세한 적 기갑부대의 가혹한 추격을 받으면서도 능숙한 솜씨로 이를 뿌리치고 질서정연한 퇴각을 실시하였다. 다만 그의 휘하에 있었던 이태리군 보병사단의 대부분은 그대로 방기된 채 영국군 수중에 떨어지고 말았다. 롬멜의 철수는 12월 23일 엘 아게일라에서 멈추어지고 이곳에서 3주일간 쉬었으나, 이내 영국군의 집요한 추격에 이하여 다시 부에라트(Buerat)선까지 퇴각하였고, 1943년 1월 23일에는 트리폴리마저 영국군의 장악 하에 들어갔다. 여기까지 영국군은 3개월 동안 무려 1,400마일을 추격하는 왕성한 정력을 과시하여 롬멜군이 숨돌릴 여유조차 주지 않았으나 이후의 추격전은 다소 완화되었다. 이 무렵 이미 지난해 11월 8일에 시행된 연합군의 북아프리카 상륙작전(Op. Torch)으로 인하여 배후의 상황이 불리해졌으므로 롬멜은 스스로 튜니지아(Tunisia)로 철수하여 3월 20일 마레트(Mareth)선에 포진하였다.

이리하여 제2차 세계대전 중 가장 결정적인 전투의 하나였던 엘 알라메인 전투는 "사막의 생쥐"가 "사막의 여우"를 몰아세워 최후의 굴로 쫓은 장면에서 막을 내리게 되었다. 처칠은 "엘 알라메인 이전에 우리에게는 승리가 없었고, 엘 알라메인 이후에 우리에게는 패배가 없었다"고까지 이 전투의 의의를 높이 평가하고 있다. 확실히 엘 알라메인 전투는 스탈린그라드 전투와 더불어 제2차 세계대전의 흐름을 바꾸어 놓은 전환점이었으며, 이로부터 동맹군의 중동접근 위협은 제거되었고 연합군의 사기는 크게 고양되었던 것이다.

제3절 토치 작전(Op. Torch)

1942년 여름 루즈벨트와 처칠이 워싱턴 회담에서 북아프리카 상륙을 결정했다는 사실은 이미 밝힌 바 있다. 연합군이 이 작전을 수행하고자 한 목적은 대략 다음과 같다. ① 지중해 병참선을 안전하게 확보한다. ② 북아프리카의 평정으로 중동에 대한 동맹군의 위협을 제거한다. ③ 동맹군의 힘을 이 지역으로 분산케 함으로써 간접적으로 소련 전선에 대한 압박을 완화시킨다. ④ 동맹국 전체에 대한 연합국의 포위망을 압축한다. ⑤ 다카르(Dakar)의 독일군 잠수함(U-boat) 기지를 무력화시킨다. ⑥ 북아프리카지역의 프랑스 레지스탕스 세력에게 근거지를 마련해준다.

이러한 목표들을 달성하기 위하여 몽고메리의 제8군을 주축으로 하는 알렉산더 장군 휘하의 중동방면 영국군은 연합군의 거대한 협공작전에 있어서 동쪽 날개를 형성하고, 아이젠하워(Dwight D. Eisenhower)가 통합 지휘하는 서북아프리카 상륙군은 서쪽 날개를 이루어 그 안에 갇힌 동맹군을 격멸한다는 계획이 세워졌다. 즉 상륙군은 프랑스령 북아프리카의 정치 · 경제 · 교통의 중심지인 카사블랑카(Casablanca), 오랑(Oran), 알지에(Algiers)를 점령하고, 동쪽으로 진출하여 시실리 해협의 요충지인 튜니스(Tunis)와 비제르테(Bizerte) 등을 계속 탈취한 다음, 리비아(Libya)로부터 진격중인 영국군과 합류하여 롬멜군을 섬멸할 작정이었다. 이 상륙작전에는 연합군의 반격개시를 뜻하는 "횃불"(Torch)이라는 암호명이 붙여졌다.

프랑스령 북아프리카에 대한 상륙작전을 보다 명확히 파악하려면 우선 당시에 그 지역을 감싸고 있었던 정치적 상황을 살펴 볼 필요가 있다. 북아프리카에 있었던 프랑스인들은 대체로 3파로 갈라져 있었다. 하나는 드골(Charles De Gaule) 장군의 자유프랑스(Free French)를 지지하는 세력이었고, 또 하나는 '프랑스 해방운동' (French Liberation Movement)이라는 지하조직으로서 앙리 지로(Henri Giraud) 장군에 의해 대표되고 있었으며, 마지막 하나는 비시정부(Vichy French)를 지지하는 세력으로서 노원수(老元帥) 뻬땡(Petain)에 대한 감성적인 충성심을 가지고 있었다. 이 마지막 부류는 독일에 협조하는 것이 프랑스의 장래를 위해서 유익하리라고 믿고 있었으며, 프랑스함대 사령관 다를랑(Jean Darlan) 제독이 대표자였다.

연합군은 북아프리카지역 프랑스인들의 대부분을 점하고 있었던 비시정부 지지세력이 상륙작전에 완강한 저항을 보일 것으로 예상하고, 이를 완화시키는 한편 작전의 원활을 꾀하기 위해서 주로 프랑스 해방운동과 비밀리에 접촉을 유지하였다. 그러나 사태의 추이는 전혀 미지수로서 큰 기대를 걸기는 어려웠다.

상륙군은 3개의 특수임무부대로 편성되었다. 패튼(George S. Patton) 소장이 지휘하는 서부특수임무부대(Western Task Force)는 35,000명의 미군으로 구성되어 있었으며 카사블랑

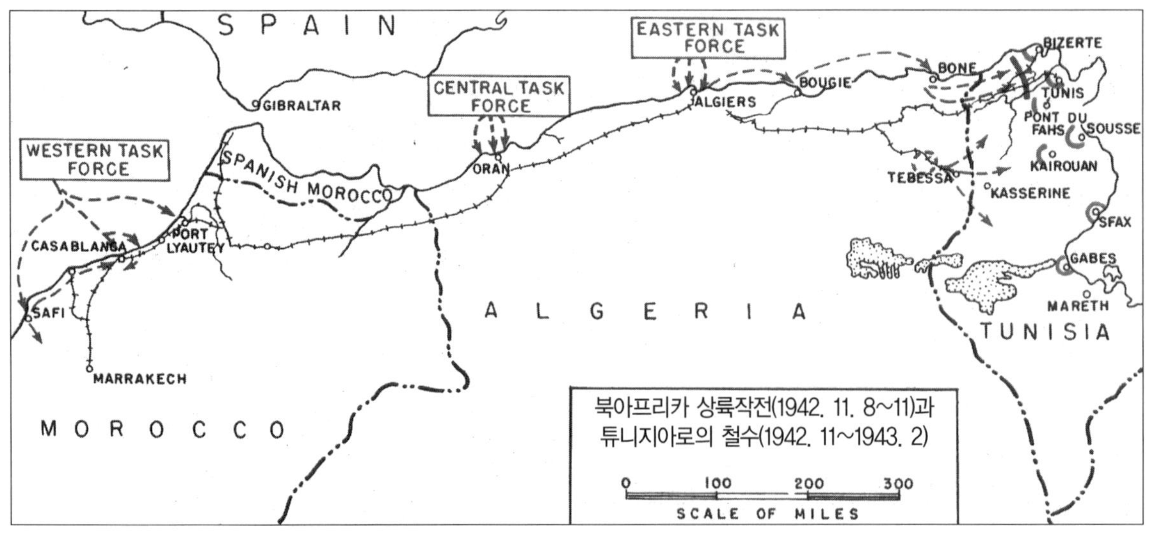

※ 출처: United States Military Academy, *Summaries of Selected Military Campaigns* (West Point, New York: US Military Academy, 1953), p. 125.

카를 점령하도록 되어 있었다. 프레덴달(Llyod R. Fredenall) 소장 휘하 29,000의 미군으로 편성된 중앙특임대(Center Task Force)는 오랑으로 향했으며, 미 · 영 혼성부대인 33,000명의 동부특임대(Eastern Task Force)는 라이더(Charles W. Ryder) 소장의 지휘하에 알지에를 점령하기로 하였다. 공격개시 예정일(D-day)은 1942년 11월 8일이었다. 상륙군은 초기목표 달성 후에 중앙 및 서부특임대는 오랑과 카사블랑카를 연결하는 스페인령 모로코(Morocco)로부터의 독일군 위협에 대비하고, 동부특임대는 앤더슨(Anderson) 휘하 영국 제1군으로 편입되어 튜니지아 방면으로 진격할 계획이었다.

아이젠하워는 상륙군을 통합 지휘하기 위하여 11월 6일 지브롤터(Gibraltar)에 도착하였으며, 예정일에 맞도록 미국 및 영국에서 미리 출항한 상륙부대는 계획대로 11월 8일에 3개 지역에서 일제히 작전을 개시하였다. 예상대로 프랑스인들은 즉시 저항을 시작하였으나, 알지에는 상륙 당일인 8일 오후에 항복하였고, 오랑도 10일 정오에는 장악되었다. 그러나 유일하게 미 본토로부터 항진해 온 패튼의 서부특임대는 카사블랑카에서 가장 맹렬한 항전에 부딪혀 곤욕을 면치 못하였으며, 11일에 가서야 다를랑의 중재에 의하여 전투를 끝냈다. 비시정부 지지세력의 대표였던 다를랑 제독은 의외로 연합군에 호의적 조치를 취했는데, 이는 프랑스 주둔 독일군이 휴전조항을 무시한 채 갑자기 11월 11일에 프랑스의 비점령잔여지역을 점령한 사태에 자극을 받은 때문이 아닌가 추측되나, 확실한 이유는 아직도 수수께끼로 남아있다. 다만 마샬 원수의 보고서가 가장 신빙성 있는 자료를 제공해줄 뿐이다.

어쨌든 수개월간의 준비와 3일간의 전투로써 이 상륙작전을 성공적으로 끝냈는데, 이 작전의 가장 큰 의의는 미 · 영 혼성의 100,000명의 병력과 258척의 함선, 그리고 수백 대의 항공기가 단일합동참모부의 지휘하에서 일사불란한 작전을 수행함으로써 연합작전 및 상륙작전사상 새로운 기원을 이룩하였다는 점이다.

제4절 튜니지아(Tunisia) 전투

토치(Torch) 작전을 끝내자 마자 연합군은 즉시 튜니지아를 향해 진격을 개시하였다. 즉 앤더슨 장군이 지휘하는 영국 제1군 산하 영미군은 11월 10일 행동을 개시한 이래 튜니지아의 요충지대인 비제르테와 튜니스를 목표로 맹진격을 감행했던 것이다. 그러나 이에 대응한 독일군의 조치 또한 매우 신속하고 강력하였다. 독일군은 엘 · 알라메인 전투 이후 리비아를 횡단하여 아직도 퇴각중인 롬멜군에게 유일한 피난처가 될 튜니지아를 반드시 확보할 필요가 있었으며, 만일 이에 실패한다면 동맹군 세력은 북아프리카에서 끝내 축출될 것이고 지중해와 이탈리아를 비롯한 남부유럽이 연합군의 위협에 직면하게 될 것으로 판단했다. 이리하여 연합군과 동맹군 사이에는 튜니지아, 특히 보급항인 튜니스를 선점하기 위하여 치열한 경쟁(The Race for Tunis)이 벌어졌는데, 병참선이 짧았던 독일군이 경쟁에서 승리하여 12월말경에는 튜니스 서쪽 40마일 선에서 양군이 대치하게 되었다. 그리고 이 사이에 롬멜은 2월초 마레트(Mareth)선에 도달하여 아르님(von Arnim) 장군이 지휘한 구원군(독일 제5군)과 합류하는데 성공하였다.

이제 튜니지아지역 동맹군의 사령관이 된 롬멜은 행동의 발판을 넓히고 서쪽으로부터의 위협을 제거하기 위하여, 2월 14일 동부도오살구릉대(Eastern Dorsal Range)의 페이드통로(Faid Pass)로부터 공세를 개시하여 카세린(Kasserine) 방면으로 돌진해왔다. 이 공격은 자칫 연합군 전선을 붕괴에 빠뜨릴 뻔하였으나 압도적인 공군력의 지원을 받은 연합군의 즉각적인 반격으로 저지되고 말았다. 그러나 해안까지 돌파하여 북쪽의 아르님군과 남쪽의 롬멜군을 양분시키려 했던 연합군의 계획은 이로써 좌절되었고 롬멜은 애초 그가 목표로 했던 기동공간을 어느 정도 확보할 수 있게 됨으로써 전투는 좀더 시일을 끌게 되었다.

3월이 되자 연합군은 새로운 계획, 즉 몽고메리군을 피스톤으로 하고 서쪽의 연합군이 실린더 벽을 형성하여 그 안의 동맹군을 압축 섬멸한다는 작전을 구상하였다. 이리하여 3월 21일 마레트선에 대한 몽고메리의 공격이 개시되었다. 몽고메리는 제30군단으로 정면에서 주공을 실시하고 뉴질랜드군단은 남서쪽으로 마레트 진지를 우회하여 롬멜의 우익을 협공하도록 계획하였으며, 한편 패튼의 미국 제2군단이 가프사(Gafsa) 방면으로부터 롬멜의 후방병참선을 위협하는 작전도 이에 병행하였다. 그러나 몽고메리의 주공은 독일군의 저항으로 저지되었고, 반면에 조공부대인 뉴질랜드군단이 예상외의 성공을 거두었다. 이에 몽고메리는 즉각 주공방향을 바꾸고 뉴질랜드군단에 강력한 예비대를 투입하여 측면으로 침투하였다. 마침내 병참선과 우익에 동시에 위협을 느낀 롬멜은 마레트 진지를 포기하고 북으로 퇴각하였으며 4월 20일 북동튜니지아에 새로운 방어선을 구축하였다.

연합군은 이제 피스톤-실린더 계획의 최종단계를 수행할 차례가 되었다. 4월 25일 이후 강력한 공중작전으로 동맹군의 전장외 병참선을 봉쇄하여 전장을 고립시키는 한편, 5월 3일부터 전 연합군은 동시에 최종공세를 감행하여 혼전 끝에 열흘 후인 13일 모든 저항을 종식시켰다. 동맹군은 아르님 장군 이하(롬멜은 신병 때문에 이미 본국으로 소환되어 갔다) 248,000명의 포로(125,000명은 독일군)를 내고 패배한 것이다.

이로써 1940년 6월부터 1943년 5월까지 만 3년에 걸친 북아프리카 전역은 모두 끝났으며, 이 기간 중 동맹군의 피해는 950,000명의 인원손실과 240만 톤의 선박피해 그리고 항공기 8,000대, 각종 포 6,200문, 탱크 2,500대, 트럭 70,000대에 달하였다.

돌이켜보건대 북아프리카전역은 신무기의 시험 및 사막기갑전과 같은 신전술의 창안 등 전술교리상 새로운 기원을 이루었으며, 연합군으로서는 특히 장차의 유럽 침공을 위한 육·해·공의 합동 및 미·영을 중심으로 한 연합작전의 기초를 체득한 훈련장이기도 하였다. 반면에 동맹 측에서는 이탈리아의 취약성이 여지없이 폭로되어 이탈리아가 동맹국전열에서 이탈될 날이 멀지 않았음을 드러내었으며, 독일 역시 힘의 한계점을 노출함으로써 위신이 크게 손상되었다. 연합군은 남부유럽에 침공하기 위한 최단·최적의 발판인 튜니지아를 비롯하여 북아프리카 일대를 석권함으로 말미암아 지중해의 지배권을 손아귀에 넣었을 뿐만 아니라, 결과적으로는 제2전선이었던 북아프리카전역을 통해서 전략적 전환점을 마련한 셈이었다.

제9장 시실리 및 이탈리아 전역

제1절 시실리(Sicily) 전역

북아프리카 작전이 막바지로 치닫고 있을 무렵인 1943년 1월, 미·영 수뇌부는 카사블랑카에서 회의를 열고 차기작전을 구상하였다. 물론 영국쪽으로부터 해협을 건너 서부유럽에 대규모 침공군을 상륙시킴으로써 결전을 벌이겠다고 하는 애당초의 계획(Round Up 작전)에는 변함이 없었으나, 아직껏 그러한 준비가 완전히 갖추어지지 않은 상황에서나마 계속적으로 동맹군에게 압박을 가할 수 있는 제2전선의 유지가 절대 필요했던 것이다. 그 결과 지중해병참선을 확보하고, 차기의 전략적 기동범위를 확장하기 위하여 시실리에 대한 작전-허스키(Husky)작전-이 결정되었다.

튜니지아로부터 동북쪽 90마일 지점에 있는 시실리는 지중해를 동서로 양분할 뿐만 아니라, 만일의 경우 남부유럽에 대한 상륙작전이 실시될 때 교두보가 될 수 있는 전략적 위치를 점하고 있다. 아울러 『허스키작전』은 소련전선의 독일군 견제와 더불어 이탈리아에 대한 압박을 견고히 한다는 부가적인 효과도 노릴 수 있었다.

연합군의 작전계획에 의하면 패튼의 미 제7군과 몽고메리의 영 제8군이 알렉산더 대장 휘하에 제15집단군을 이루어 시실리 중남 및 동남쪽 해안에 상륙하도록 되어 있었다. 튜니지아 전역 중 알제리아에서 편성된 미 제7군은 제2차 세계대전에 투입된 최초의 미국 야전군이었다. 한편 지상군을 지원하기 위하여 테더(Tedder) 원수가 지휘한 연합공군과 커닝엄(Andrew Cunningham) 제독 휘하의 해군이 동원되었는데, 아이젠하워 총사령부가 통합한 이 모든 부대들의 규모는 병력 160,000명, 차량 14,000대, 전차 6,000대, 대포 1,800문, 항공기 3,700대 및 함선 3,000척이었다. 공격일시는 1943년 7월 10일 02시 45분으로 예정되었다.

이에 맞선 동맹군은 항공기 1,600대의 지원을 받은 약 350,000명의 병력을 보유하고 있었으나 장비와 지원화력이 모두 열세했고, 실제로 전투의지가 있었던 숫자는 75,000명의 독일군뿐으로 이태리군은 이미 전쟁에 염증을 느끼고 있었다.

연합군의 공세는 7월 9일 자정부터 투하된 공수부대 공격으로 시작되었는데, 겔라(Gela)와 시러큐스(Syracuse) 근방에 낙하된 미 제82공수사단 및 영 제1공수사단 예하의 공정대(空挺隊)는 때마침 불어온 시속 40마일의 강풍으로 풀씨앗 날리듯 분산되어 소기의 성과를 거두지 못하고 말았다. 그러나 상륙작전은 예정대로 진행되어 공격 당일에 약 2-3마일의 해안교두보를 확보하였다. 그리고 7월 15일경에는 그동안 맹렬히 시도된 독일군의 역습을 물리치고 옐로우선(Yellow Line)-적의 장거리포격으로부터 해안교두보를 보호할 수 있는 거리를 미리 산정해 놓은 선-을 돌파하여 블루선(Blue Line) 적 반격 대비선 까지 육박함으로써 안전한 거점을 확보하였다. 이후 미 제7군은 서북쪽으로 진격하여 7월 22일 시실리 최대의 도시인 팔레르모(Palermo)를 점령한 후 다시 동쪽으로 방향을 전환하였으며, 영 제8군은 계속 동북해안을 따라 북상하여 에트나(Etna) 화산까지 진격하였다.

이제 동맹군은 주력부대의 안전한 철수를 위하여 에트나 화산 서북쪽에 완강한 방어진을 구축하고 지연전을 꾀했다. 그러나 연합군은 방어진 정면에 강력한 압박을 가하여 독일군을 서서히 격퇴시키는 한편, 방어선 배후로 소규모 상륙작전을 시행하여 후방 철수로를 위협하였다. 이렇게 되자 독일군은 철수를 서둘러 8월 11일 이후 메시나(Messina)를 거쳐 이탈리아 반도의 발끝으로 퇴각하기 시작했으며, 17일에는 시실리에서의 모든 전황이 막을 내렸다.

38일간의 시실리섬 작전을 통하여 연합군의 손실은 미군 6,896명, 영국군 12,843명이었으며, 동맹군은 독일군 32,000명을 포함하여 164,000명의 피해를 입었다. 그러나 독일군은 산, 계곡, 교량, 건물 등 모든 지형적 장애물을 이용하여 최대한 지연전을 전개하면서 주력부대의 대부분인 60,000명 이상의 병력을 안전하게 철수시키는데 성공함으로써 그 우수성을 과시하였다.

시실리 및 이탈리아 전역(1943. 7~1944. 6)

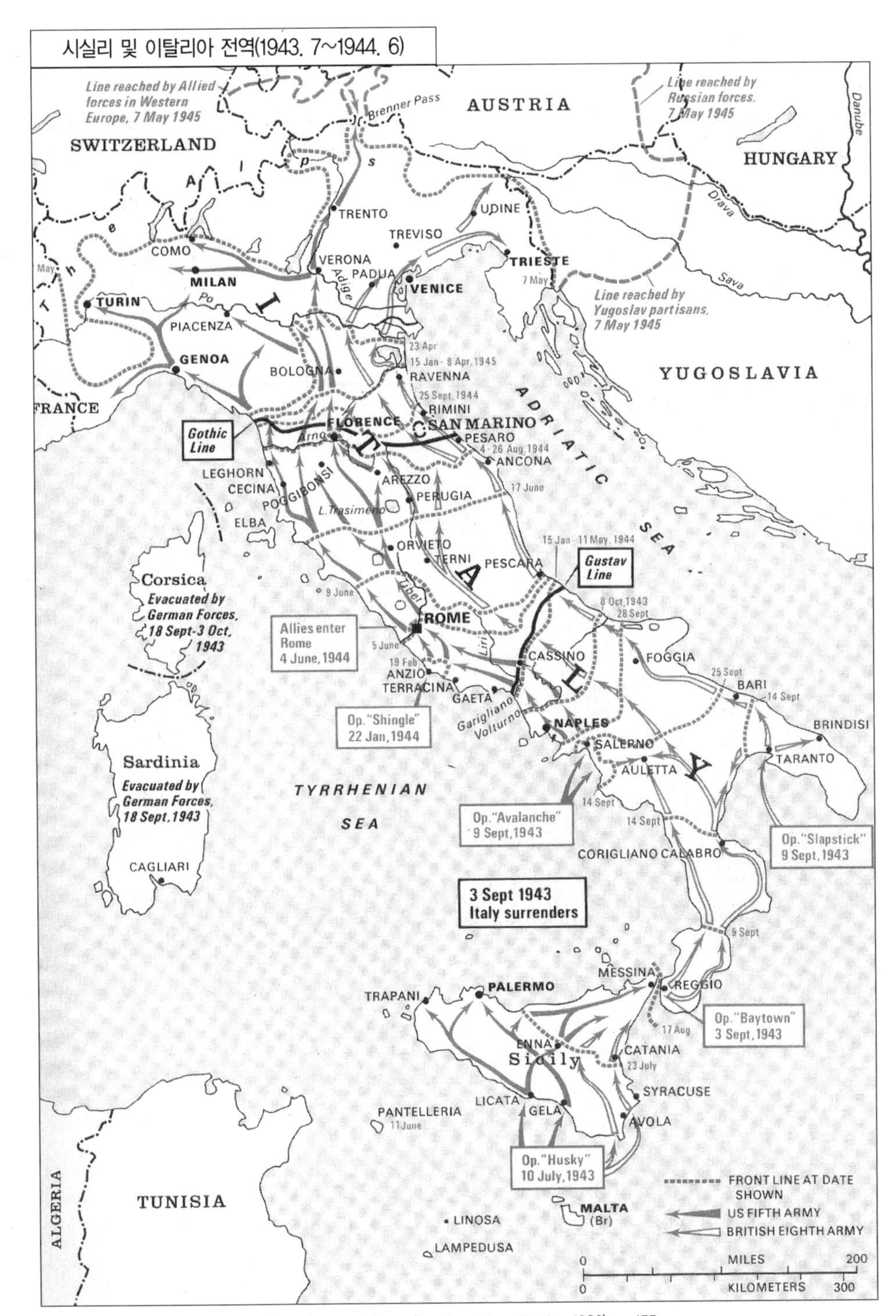

※ 출처: Richard Natkiel, *Atlas of 20th Century History* (London: Bison Books, 1982), p. 155.

한편 이탈리아는 시실리 전투의 여파로 말미암아 저항력을 완전히 상실하고 동맹군 전열로부터 이탈하고 말았다. 즉 7월 25일 이탈리아 국왕 빅토르 에마뉴엘 3세(Victor Emmanuel Ⅲ)는 무솔리니를 궁정(宮廷)으로 불러 체포 · 구금한 뒤 노원수 바돌리오(Pietro Badoglio)에게 신정부의 수립을 위임하였는데, 바돌리오는 즉시 연합군과 비밀협상을 개시하여 단독강화의 길을 모색하였다. 그 결과 9월 3일 시실리의 시러큐스에서 연합군과 이탈리아 간에 휴전조약이 조인되었으며, 9월 8일에 정식으로 조약이 발효되었다. 그러나 독일군은 재빨리 로마(Rome)를 점령하여 이탈리아군을 무장 해제시킨 뒤 이탈리아에서 연합군에 저항할 태세를 갖추었다.

제2절 이탈리아 본토작전

1. 살레르노(Salerno) 상륙

시실리 전투를 성공리에 끝마친 연합군은 일단 장악한 전략적 선제권을 계속 유지하고 유럽대륙 내에 제2전선을 형성하기 위하여 독일에 대한 압박을 계속할 필요가 있었다. 이에 따라 연합군 수뇌부는 1943년 8월의 퀘벡(Quebec)회담에서 이탈리아 공략을 결정지었다. 이탈리아반도는 유럽의 복부에 해당하는 지역으로서, 이 전역은 연합군에게 지중해 지배권의 완전장악과 독일군사력의 흡수 · 견제라는 이점을 안겨다 줄 것이며, 아울러 북이탈리아 · 오스트리아 · 남부독일의 공업지대 및 루마니아의 유전지대 등 독일의 전략기지를 폭격할 수 있는 항공기지를 제공해 줄 것으로 판단되었다.

아이젠하워 총사령부 통할(統轄) 하에 이탈리아 공략의 주공(主攻)은 클라크(Mark W. Clark) 중장의 미 제5군이 담당하고, 몽고메리의 제8군은 조공(助攻)을 맡기로 하였다. D일 H시는 1943년 9월 9일 03시 30분으로 예정되었으며, 몽고메리의 조공부대는 이미 D-6일인 9월 3일에 시실리의 메시나로부터 장화발끝의 레기오 칼라브리아(Reggio Calabria)쪽에 상륙하였고, 또 하나의 조공부대인 영 제1공수사단은 9월 9일 장화 발꿈치 방면의 타란토(Taranto)에 투하되었다. 이탈리아가 항복한 이튿날인 9월 9일 미명(未明), 주공 제5군은 나폴리(Naples) 남쪽 30마일 지점인 살레르노만(灣)에 기습적으로 상륙하였다. 원래 상륙예정지로는 살레르노만과 나폴리 북쪽의 가에타(Gaeta)만(灣) 두 곳이 물망에 올랐으나, 시실리섬으로부터의 공중지원 가능거리 때문에 살레르노가 결정적으로 선택되었던 것이다.

살레르노에 상륙한 제5군은 독일군의 즉각적이고도 맹렬한 반격에 부딪쳐 1주일간이나 해안교두보의 확보를 위한 사투를 벌인 끝에 15일에 가서야 겨우 위기를 넘길 수가 있었다. 이렇게 되자 독일군은 남쪽으로부터의 조공부대와 제5군 사이에서 포위될 것을 우려한 나머지 북쪽으로 철수하였으며, 9월 16일 나폴리 동남쪽에서 제5군과 제8군은 합류하였다. 이후 제5군은 나폴리를 목표로 서해안을 따라 북진하였으며, 제8군은 포기아(Foggia)를 향하여 북상하였다. 그리고 마침내 10월 1일 나폴리가 점령되고 연합군은 볼투르노(Volturno)강으로부터 트리뇨(Trigno)강에 이르는 선까지 진출하여 10월 6일까지 전선을 정비하였다. 연합군은 주공 상륙 이후 27일 만에 최초 목표를 달성하는데 성공한 것이다.

2. 구스타프선(Gustav Line) 전투

볼투르노 강선에서 일단 전선을 정비한 연합군은 차후 작전을 놓고 미 · 영간에 다소의 견해차가 생겼다. 처칠은 이탈리아반도 내에서의 북진과 더불어 트리에스테(Trieste) 방면으로 상륙군을 보내어 발칸을 비롯한 동부 유럽이 전후에 적화되는 사태를 막아야 한다고 주장한 반면, 루즈벨트는 이탈리아 내에서의 작전에는 찬성하면서도 궁극적으로는 연합군의 제1전선이 영국으로부터의 해협횡단 상륙작전(cross channel invasion)에 의하여 북프랑스 일대에 형성돼야 하기 때문에 이탈리아 전역이 해협횡단 침공작전 그 자체에 지장을 초래할 만큼 확장되어서는 안되며, 또 발칸에 대한 침공은 병참지원의 난점을 수반하기 때문에 어렵다고 맞섰던 것이다.

물론 당시의 상황으로 볼 때 미국안이 보다 현실성을 띠고 있었으며, 또한 미국안에 대하여 영국이 끝끝내 반대할 수 없는 처지였기 때문에 처칠은 자신의 고집을 꺾고 말았지만, 우리는 이미 앞에서 살펴본 바와 같이 마찬가지로 스탈린의 야욕에 의하여 동부 유럽이 점령되고 그로 말미암아 전후 오늘날까지 비극의 씨앗이 잉태되어 온 사실을 볼 때, 그 시기에 벌써 공산주의의 위협을 간파한 처칠의 혜안에 새삼 감탄을 금할 수가 없는 것이다.

여하튼 10월 13일 이후 연합군이 근 한 달간의 악전고투 끝에 볼투르노강선을 돌파하고 북상하였을 때, 그들은 곧 하나의 장벽에 부딪치고 말았다. 그것은 가릴리아노(Garigliano)강 전방으로부터 카미노(Camino)산을 거쳐 콜리(Colli)에 이르는 윈터선(Winter Line)이었으며, 이탈리아 방면 독일군사령관 케셀링(Kesselring) 원수가 구축한 최초의 본격적 지연진지였다. 양군은 윈터선에서 11월 15일부터 1943년 말에 이르기까지 치열한 전투를 벌였으며, 수적으로 열세한 독일군은 험준한 지형을 이용하여 조금도 물러서지 않고 버티어냈다. 이 동안

케셀링은 윈터선 수마일 후방에 가릴리아노강으로부터 라피도(Rapido)강을 경유하여 상그로(Sangro)강을 연(連)하는 강력한 방어진지 구스타프선을 구축하였는데, 구스타프선은 로마로 이르는 가장 양호한 직통로인 리리(Liri)계곡의 문턱을 가로막고 있는 주진지로서 윈터선도 결국은 구스타프선의 전초진지에 불과했던 것이다. 구스타프선 가운데 가장 중요한 요충지는 카시노(Cassino)시(市)이며, 이 때문에 간혹 카시노선이라 불리우기도 한다.

구스타프선 정면에 대한 연합군의 공격은 지형적 이점과 철저한 축성으로 강화된 독일군의 저항에 부딪쳐 아무런 진전도 보지 못하고 쌍방간에 피해만 늘어갔다. 이제 정면공격만으로는 더 이상 어쩔 수 없다는 판단을 내린 연합군은 로마 부근의 적 전선 배후에 상륙군을 침투시키는 방안을 꾀했다. 즉 구스타프선 정면에서 강력한 공격을 가하여 독일군을 최대한 고착시키고 제5군 예하 제6군단이 루카스(Lucas) 소장 지휘 하에 안찌오(Anzio)로 상륙한다는 것이었다.

이 계획은 1944년 1월 17일 카시노 방면에 대한 정면공격으로 개시되었고 22일에는 안찌오 상륙이 예정대로 성공하였다. 그러나 루카스 장군은 보다 많은 증원군이 도착하기 전에는 해안교두보를 벗어나서 진출하지 않겠다고 결정했다. 그런데 독일군은 즉시 병력을 투입하여 교두보를 봉쇄하고 말았으며, 결과적으로 대담성과 신속성의 결여로 말미암아 제6군단은 2월 2일경에는 안찌오해안 일대에 고립되고 말았다. 이리하여 연합군의 정면공격과 상륙공격은 모두 아무런 성과도 거두지 못한 채 좌절되고 만 셈이다.

처칠은 안찌오에서 옹색하게 버티고 있는 6군단을 가리켜 "좌초된 고래"(a stranded whale)라고 비꼬기까지 했다. 2월 이후 연합군은 구스타프선을 돌파하기 위하여 다시금 정면공격을 재개하였으나 다만 의미 없는 몸부림에 불과하였다. 더구나 이 무렵에는 노르망디의 침공작전을 위하여 노련한 병력의 다수가 영국으로 전출되어 간 관계로 - 아이젠하워, 테더, 몽고메리 등 수뇌부는 이미 1943년 말에 떠났으며, 아이젠하워 후임에는 윌슨(H.M. Wilson) 대장이 임명되었다 - 공격력마저 감퇴되어 있었다. 그리하여 전선은 1944년 5월까지 교착상태에 빠지고 말았다. 다만 이 기간 중 연합군은 무모한 물량폭격만을 반복하여, 한 예로 카시노시는 생물(生物)이라고는 찾아볼 수 없을 정도로 폐허화되었고 시내에 있었던 세계 최고의 성 베네딕트(St. Benedict)수도원도 잿더미로 변하였다.

3. 로마(Rome)지구 전투

구스타프선에서 교착상태가 계속되는 동안에 연합군은 착실히 증강되어 휴식과 재편성을 완료하였으며 새로운 공격계획도 수립하였다. 이제까지 전선 우익에서 조공만을 담당해온 제8군이 카시노 방면에서 주공을, 제5군은 카시노시 서쪽에서 조공를 담당하며, 안찌오의 제6군단도 이에 호응하여 교두보를 벗어나 로마로 통하는 주도로로 진출함으로써 독일군 배후를 위협한다는 것이었다.

공세는 5월 11일 맹렬한 포격과 동시에 개시되었으나 주공은 또다시 카시노 방면에서 저지되고 말았다. 그러나 예상 밖으로 조공인 제5군 예하 폴란드 군단이 카시노시 좌측에서 방어선을 돌파하여 독일군의 주진지 측면을 위협하게 되었다. 이 때문에 독일군은 17일에 카시노를 포기하고 퇴각하기 시작했으며, 제5군은 25일 안찌오로부터 남하한 제6군단과 합류하였다. 이로부터 연합군은 퇴각하는 독일군을 맹렬히 추격하여 구스타프선 배후의 예비진지인 히틀러선(Hitler Line)마저 여지없이 분쇄하고 마침내 6월 4일 로마에 입성하였다. 계속해서 추격의 고삐를 늦추지 않은 연합군은 7월 20일경, 대략 로마 북쪽 160마일 지점인 아르노(Arno)강 부근까지 도달했다. 그러나 독일군은 험준한 아펜나인 산맥의 지세를 이용하여 다시 한번 연합군의 진격을 저지할 수 있었고, 연합군도 이 무렵 남프랑스 해안에 대한 안빌상륙작전(Op. Anvil, 혹은 Op. Dragoon) 준비차 다수의 병력을 차출하였으므로 더 이상의 진격을 포기할 수밖에 없었다.

구스타프선 돌파 후부터 아르노강에 도달할 때까지 연합군이 펼쳤던 진격작전은 이탈리아 전역 중 가장 뛰어난 것이었지만, 케셀링이 지휘한 독일군 역시 모든 교량과 도로를 파괴하면서 교묘하고도 질서정연한 퇴각을 실시하여 그들의 우수성을 십분 과시하였다.

4. 고딕선(Gothic Line) 전투

독일군이 이탈리아반도에 최종적으로 구축한 방어선은 피사(Pisa)로부터 플로렌스(Florence)를 거쳐 리미니(Rimini)에 이르는 전장 150마일의 고딕선이었다. 고딕선은 아르노강과 아펜나인산맥의 지형적 이점을 최대한으로 살린 종심 깊고 견고한 방어진지로서 그 배후에는 포 계곡(Po Valley)이라는 역시 만만치 않은 지형적 난관이 도사리고 있었다. 그러나 일단 이 방어진지가 붕괴되는 경우에는 그 뒤로 멀리 알프스 산맥까지 별다른 장애가 없었으므로, 독일군은 필사적으로 고딕선을 지키지 않을 수 없었다.

7월 말경 서쪽으로는 아르노강 일대에서부터 동쪽으로는 안코나(Ancona) 부근에 연하는 선에서 소규모 작전을 계속하던 연합군은 7월 23일 피사를, 8월 4일에는 플로렌스를 점령하는 성과를 올렸으나 이에 만족하지 않고 드디어 8월 25일부터 대규모 공세에 들어갔다. 이 공세의 주공은 우익인 제8군이 맡고 조공은 제5군이 실시하였는데, 쌍방간에 손실이 많은 혈전을 거듭한 끝에 9월 21일 리미니를 함락하고 10월말에는 아펜나인 산맥에서 독일군을 거의 몰아낸 뒤, 포 계곡 일대에서 교통의 요지인 볼로냐(Bologna) 전방 15마일까지 진격했다. 그러나 종심 깊은 고딕선을 끝내 돌파하지는 못하고 이후부터 이듬해 봄까지 전선은 소강상태에 들어가고 말았다.

전선교착 기간 중인 12월 12일 지중해 방면 연합군 최고사령관 윌슨 장군이 워싱턴의 영국군사대표단장으로 전출하자 후임에는 알렉산더 원수가 임명되고 제15집단군은 클라크가 지휘하게 되었다. 새로 개편된 지휘부 밑에서 봄이 될 때까지 만반의 준비를 갖춘 연합군은 4월 초순 최후의 총공세를 개시함으로써 오랜 소강상태를 깨뜨렸다. 4월 9일 조공부대인 제8군은 아드리아해 방면에서, 14일에는 주공인 제5군이 볼로냐 남서쪽에서 각각 포문을 열고 북상하기 시작했으며, 21일에는 볼로냐를 점령하였다. 막대한 양의 공중폭격과 더불어 실시된 이 공세는 독일군을 완전히 와해시켰기 때문에, 4월말경 알프스산맥으로의 추격은 마치 "단체 술래잡기"처럼 뿔뿔이 흩어진 독일군을 쫓고 쫓기는 양상이 벌어졌다. 그리고 마침내 5월 2일 독일 서남집단군의 무조건항복으로 600일간의 이탈리아 전역은 모두 끝났는데, 역사상 이탈리아가 남쪽으로부터 침입한 군대에 의하여 정복된 것은 이것이 처음이었다.

기간 중 양군의 인명피해는 동맹군이 556,000명이었고 연합군은 312,000명(이 가운데 59,000명은 제8군)에 달했다.

돌이켜보건대 연합군이 이탈리아전역을 계획한 당초 의도는 이 지역에 제2전선을 형성하여 되도록 많은 동맹군을 흡수 견제하겠다는 것이었지만, 결과적으로 이 목적은 제대로 달성되었다고만 볼 수 없다. 왜냐하면 견제를 목표로 했다면 독일군과 대등 내지 우세할 정도의 군사력을 구태여 유지할 필요가 없었던 것이며, 만일 견제가 아니라 돌파가 목표였다면 보다 많은 역량을 집중하여 단시일 내에 작전을 끝냈어야 옳았을 것이다. 연합군은 견제도 섬멸도 아닌 어중간한 입장을 취함으로써 별다른 이점도 중요성도 없는 작전을 종전이 될 때까지 질질 끌어온 것뿐이며, 사실 그만한 병력과 물자를 보다 유익하고 중요한 작전 예컨대 처칠의 주장대로 발칸이나 동부유럽에 투입하였다면 훨씬 나은 결과가 초래되었을 것임에 틀림없다. "전사상 그토록 전략적 판단력과 전술적 창의력이 결여된 작전은 없었다"고까지 혹평한 풀러(J.F.C. Fuller)의 견해를 구태여 인용하지 않더라도, 이탈리아작전은 결론적으로 말해서 연합군이 케셀링 휘하의 독일군에 의하여 오히려 견제당한 전역이었다고 평가되어야 할 것이다.

제10장 노르망디(Normandy) 상륙

제1절 오버로드(Overlord) 계획

유럽지역의 전쟁에 있어서 연합국 지도층이 가장 중요하게 생각하고 있었던 과제는 역시 서부유럽에 대한 상륙이었다. 이 문제가 구체화되기 시작한 것은 1943년 1월의 카사블랑카 회담부터였으며, 그해 3월 해협횡단 침공작전을 계획하기 위한 참모본부로서 COSSAC(Chief of Staff to the Supreme Allied Commander)이 런던에 설치된 데 이어, 5월에 워싱턴에서 개최된 트라이덴트(TRIDENT)회담에서는 이 작전에 "Overlord"라는 암호명칭이 정식으로 붙여졌다. COSSAC에서 최초로 작성된 Overlord작전개념은 프랑스를 해방하고 독일본토로 진격하기 위한 대병력의 발판을 서부유럽 내에 확보한다는 것이었는데, 최초단계인 상륙작전은 3내지 5개 사단 규모로써 1944년 5월에 실시할 예정이었다. 아울러 상륙예정지는 서부유럽의 전 해안지역 가운데서 6군데의 후보지를 놓고 다음과 같은 몇 가지의 고려사항을 비교 평가한 끝에 노르망디(Normandy)해안으로 선정되었다. 고려사항이란 해안의 지세 및 기상조건, 적 방어능력의 강약도, 해안으로부터 내륙으로의 통로상태, 그리고 공중지원 및 수송과 관련된 거리문제 등이었다.

첫째로 네덜란드 및 벨기에 해안은 거리가 멀고 내륙통로에 하천과 습지가 많아서 기갑부대 및 대부대 기동이 어렵다는 이유 때문에 제외되었다. 둘째, 빠 드 깔레(Pas de Calais) 해안은 영국으로부터 가장 가까우므로 공중 엄호와 수송이 용이하다는 장점은 있으나, 해안일대에 강풍이 많이 불고 사구(砂丘)가 많다는 단점, 그리고 무엇보다도 이 지역에 대한 독일군의 방어태세가 가장 강력하다는 이유로 거부되었다. 셋째, 센(Seine)강 하구지역은 강으로 인하여 병력이 양분되고 따라서 각개 격파 당할 우려가 있었으므로 제외되었다. 넷째, 부레타뉴(Brittany)반도 서쪽 해안은 거리가 멀고 절벽이 많으며 프랑스 중심부에서 멀리 떨어져 있다는 이유로 제외되었으며, 다섯째의 비스카이(Biscay) 해안도 같은 이유로 탈락되었다. 마지막 남은 노르망디는 해안조건이 좋고 내륙통로도 양호할 뿐만 아니라 특히 독일군의 방어태세가 비교적 약하다는 장점이 있었다. 물론 깔레에 비하여 거리는 멀지만 공중엄호 가능거리였으므로 별 문제가 되지는 않았다. 이렇게 해서 노르망디는 역사적 작전의 무대로 선정되었던 것이다. COSSAC는 또한 상륙공격군에 대한 압력을 줄이는 방안으로서 6월중에 남프랑스해안에 대한 견제 상륙(Anvil작전)도 계획하였다.

그러나 1943년 12월, COSSAC이 연합원정군 총사령부(SHAEF; Supreme Headquarters Allied Expeditionary Forces)로 개편되고 총사령관에 아이젠하워 대장이 임명되면서 이 계획에는 약간의 수정이 가해졌다. 즉 제1파 상륙군(第1波上陸軍)의 전력이 현저하게 증강되지 않고서는 오버로드작전이 성공하기 어렵다는 판단 하에 상륙예정일을 5월에서 6월로 연기한 것이다. 이는 독일군의 해안방어가 예상보다 훨씬 막강하리라는 상황판단으로부터 연유된 조치로서, 안빌상륙작전 역시 오버로드작전에 필요한 상륙용 주정(舟艇)의 부족을 메우기 위해서 2개월간 뒤로 미루어졌다.

최종적으로 확정된 오버로드작전의 세부계획은 아래와 같은 5단계로 구성되어 있다.

① 예비단계 : 전략폭격을 비롯하여 적의 저항력을 약화시킬 수 있는 모든 노력을 경주하고, 상륙군에 대한 훈련을 실시하며, 위계전파(僞計電波) 발신 등 상륙예정지에 대한 기만방책을 구사한다.

② 준비단계 : 공격부대가 영국의 여러 항구에서 승선하는 동안 강력한 공중폭격으로 교량 및 철도망 등을 파괴함으로써 독일군 예비대의 이동을 저지하고 상륙해안 일대를 고립화시킨다.

③ 상륙공격단계 : 상륙해안에 대한 전술폭격 및 함포사격을 실시하고, H시부터 3개 공수사단을 투하하여 양 측방을 엄호케 하며, 오르느(Orne)강과 꼬땅뗑(Cotentin) 반도 사이의 노르망디 해안에 최초 5개 사단 및 추가 2개 사단이 초일(初日)에 상륙한다. 아울러 해군으로 하여금 깔레 지역에 대한 양동작전을 수행하도록 한다.

④ 교두보 확장단계 : 해안교두보로부터 돌파를 실시하여 쌩 · 로(St. Lo)에서 까앙(Caen)을 잇는 선까지 진출하며, 쉘부르(Cherbourg)항을 점령한다.

⑤ 근거지 확보단계 : 독일 심장부로의 대규모적인 진격작전에 필요한 병력과 물자를 집적할 수 있도록 센강과 루아르(Loire)강선까지 진출하여 충분한 공간을 확보한다. D+90일까지 제5단계가 끝나게 되면 Overlord계획은 모두 종료된다.

이와 같이 방대한 오버로드계획을 달성하기 위하여 SHAEF 산하에는 제21집단군(Montgomery), 연합원정공군(Leigh-Mallory), 연합원정해군(Ramsey)이 예속되었고 부사령관 테더(Arthur Tedder) 공군원수가 아이젠하워를 보좌하고 있었으며, 그밖에 미 전략공군(Spaatz)과 영 폭격기사령부(Harris)도 직접 아이젠하워의 통제하에 운용되었다.

이처럼 획기적인 대작전을 위해서 연합군은 영국본토 내에 방대한 양의 전쟁물자와 병력을 집결하기 시작했는데, 이 일 또한 치열한 전투를 수반하는 작전이었다. 왜냐하면 미국으로부터 영국으로 향하는 연합군의 모든 수송함대는 대서양 일대에 출몰하는 독일 잠수함의 집요한 공격을 극복해야만 되었기 때문이다.

개전 직후부터 대서양을 무대로 하여 연합군을 각종 선박을 괴롭혀 온 독일 잠수함대는 한때 대서양의 제해권을 거의 장악할 단계에까지 이른 적도 있었으나, 연합군의 대잠수함작전 역량의 향상과 잠수함기지 및 생산공장에 대한 전략폭격의 효과가 나타남에 따라 대서양전투는 1943년 이후부터 차차 연합군에게 유리하게 기울기 시작했고, 이에 힘입어 영국본토로의 수송작전은 그해 8월 이후 본격화되기 시작했다. 이리하여 1944년 5월 현재 영국에 집결된 미군의 숫자만 해도 130만 명(지상군 90만, 공군 40만)에 달했고, 5월 한 달간 미국으로부터 영국에 수송된 물자는 190만 톤이나 되었다. 이처럼 방대한 보급품들은 병참지원 업무의 원활을 기하기 위하여 이미 1942년 봄에 설치된 블레로(BOLERO)라고 하는 군수기구의 장악하에서 운용되었다.

오버로드작전을 성공시키기 위한 예비조치로서 또 하나 빼놓을 수 없는 것은 전략폭격이다. 1942년 8월 17일 미 제8공군의 중폭격기가 유럽대륙에 대한 최초의 폭격을 실시한 이래 연합군은 적의 산업시설을 파괴함으로써 군수공업을 비롯한 전반적인 경제체제를 와해시키고, 도시를 폭격함으로써 적 국민의 전투의지를 분쇄하며, 또는 직접 군사기지 및 병참선을 강타하는 등 광범위한 전략폭격을 전개해왔다. 더구나 1943년 오버로드계획이 구체화된 이후부터는 폭격목표에 일정한 우선순위를 정하고 이에 의하여 더욱 조직적인 폭격을 가하였는데, 예를 들면 잠수함 건조소 및 기지, 항공기공장 및 비행장, 볼 베어링(ball-bearing)공장, 정유시설, 인조고무공장, 차량공장 등의 순이었다. 아울러 미국과 영국 공군 간에는 임무수행상 약간의 차이가 있었는데 미 공군은 주로 주간에 정밀폭격을 실시하였고, 영 공군은 야간폭격에 많이 의존하였다. 이러한 전략폭격은 1944년 2월 20일부터 6일간 계속된 독일 항공기공장에 대한 집중폭격으로 절정에 달했으며(이를 Big Week라 함), 이에 부수해서 전개된 맹렬한 공중전과 더불어 이 "Big Week"는 제공권 쟁탈전에 있어서 획기적인 전환점이 되었으니, 이로부터 유럽대륙에는 연합군의 항공기가 장악하게 되었다.

이렇게 해서 모든 준비가 갖추어진 5월 말 현재 오버로드작전을 위하여 동원된 연합군의 총규모는 병력 2,876,000명, 각종 함선 5,300척, 항공기 12,000대에 달하였으니 실로 사상최대의 작전이라 아니할 수 없다.

그러면 독일군의 상황은 어떠하였는가? 서부전선 독일군 총사령부(OB West;

Oberbefehlshaber West)는 룬드쉬테트 원수가 지휘하고 있었으며, 이 예하에는 서부유럽의 전 해안을 담당한 롬멜 원수의 B집단군과, 비시 프랑스를 점령하고 남부지중해를 맡고 있었던 블라스코비쯔(Blaskowitz) 중장의 G집단군이 소속되어 있었다.

1944년 6월 현재 룬드쉬테트 휘하에는 58개 사단(기갑 10, 보병 17, 해안방어 및 교육사단 31)이 있었으나 질적으로는 그다지 우수하지 못하였다. 룬드쉬테트는 1942년 3월에 초임한 이래 우수한 부대를 많이 양성하였으나 모조리 동부전선으로 빼앗기고, 그 대신 병약자, 비독일인 지원병, 전향포로들로 편성된 부대를 상당수 보충 받았던 것이다. 또한 자주포 및 대전차포의 부족은 큰 약점이었으며, 연료의 부족과 연합군의 폭격으로 인한 기동력의 저하도 간과할 수 없는 점이었다. 그러나 무엇보다도 큰 결함은 전략예비대의 부족과 공군력의 열세였다. 예비대로 가용한 것은 10개 기갑사단 가운데 해안방면에 고정 배치된 7개 사단을 제외한 3개 사단뿐이었으나, 파리 근방에 있었던 이 부대들마저도 히틀러의 사전승인 없이는 움직일 수 없었던 것이다.

공군력의 경우도 겨우 400대의 가용전투기가 있었으나 부속품, 연료, 조종사의 부족으로 절반 정도만이 작전에 투입될 수 있었다. 뿐만 아니라 룬드쉬테트는 공군과 해군 지원부대들을 직접 통제할 수 있는 제도적 권한이 없었으며, 공수부대와 대공포부대가 공군 소속이고 대부분의 해안포부대가 해군의 관할 하에 있었던 편제상의 특징은 그의 지휘력과 더불어 전체적인 군사역량의 효용을 크게 감소시켰던 것이다.

해안방어를 계획함에 있어서 룬드쉬테트와 롬멜은 전혀 상반된 견해를 가지고 있었다. 룬드쉬테트는 연합군이 막대한 물자와 압도적인 병력의 우세로써 충분히 준비한 후에 상륙할 것이기 때문에 최초 상륙을 저지할 수는 없으며, 따라서 최초 상륙은 허용하되 교두보를 강화하기 전에 기동성 있는 강력한 전략예비대로서 역습 격퇴시키자고 하는 소위 "전략적 기동방어"를 주장하였다. 반면에 롬멜은 제공권이 없는 상황에서는 예비대 이동이 불가능하기 때문에 기동방어를 할 수 없다고 반대하면서, 일단 연합군이 상륙한 다음에는 격퇴하기가 어려우므로 기갑부대를 포함한 모든 병력을 해안 가까이 배치하여 적의 상륙을 해안에서 저지해야 한다고 주장했다. 이것이 이른바 "전술적 선방어(線防禦)"개념인 것이다. 롬멜은 "전쟁의 승부는 해안에서 결정된다. 그것도 처음 24시간이 가장 결정적일 것이다"라고 말함으로써 저 유명한 "가장 긴 하루"를 예언했던 것이다. 현대식 기동전의 창시자라고 일컬어지는 롬멜이 선방어를 주장했다는 사실은 매우 아이러니컬한 일이며, 여기에 바로 롬멜의 천재성과 그의 한계점이 동시에 드러나고 있다고 하겠다.

독일군 수뇌부 가운데서도 구데리안은 룬드쉬테트에게 동조하고 요들은 롬멜에게 찬동하는 등 의견이 엇갈렸는데, 궁극적인 결정권을 가진 히틀러는 롬멜의 견해를 지지하였다. 이리하여 중요한 항구는 보루화되고 포대와 기관총좌(機關銃座)는 콘트리트화되었으며, 지뢰 · 철조망 · 수중장애물의 설치, 그리고 낙하산과 글라이더의 착륙을 저지하기 위한 인공습지 및 항목설치 등등 대대적인 해안방어공사가 이루어졌다. 이렇게 해서 독일군은 2,500마일에 달하는 해안선에 '대서양방벽'(Atlantic Wall)을 쌓고 모든 전투력을 해안에 집중시킨 상태로 운명의 날을 기다리게 되었다.

제2절 노르망디(Normandy) 상륙

원래의 상륙예정일(D-day)은 1944년 6월 5일이었다. 그러나 6월 4일 새벽 출격시간이 되자 기상이 악화되기 시작하여 비바람이 몰아닥쳤다. 아이젠하워는 결단의 기로에 서게 되었다. 악천후를 무릅쓰고 공격을 단행할 것인가? 아니면 연기할 것인가? 만일 그대로 단행하다가 폭풍우 때문에 실패한다면…? 그러나 연기한다면 상륙해안의 조수조건(潮水條件)때문에 다시 한 달을 더 기다려야 되는데, 이로 말미암은 공격군의 사기침체는 사태를 그르칠 수도 있다…. 참으로 피를 말리는 하루가 흘러갔다. 그리고 역사적인 날은 6월 6일로 결정되었다. 그런데 일기불순은 오히려 전화위복이 되었으니, 독일군의 초계정(哨戒艇)들이 풍랑 때문에 모두 귀항한 탓으로 연합군선단은 노르망디 해안까지 발각되지 않고 도달할 수 있었던 것이다.

상륙해안은 유타(Utah), 오마하(Omaha), 골드(Gold), 쥬노(Juno), 스워드(Sword) 등 5개 지역으로 미리 구분되어 있었는데, 유타 및 오마하 해안에는 브래들리(Omar N. Bradley) 중장이 지휘하는 미 제1군 예하 제7군단(Collins)과 제5군단(Gerow)이 각각 상륙하고, 뎀프시(Miles C. Dempsey) 중장이 지휘하는 영 제2군 예하 제30군단(Bucknall)은 골드해안에, 제1군단(Crocker)은 쥬노와 스워드 해안에 상륙하기로 예정되었다.

새벽 1시 30분부터 미 제82 및 제101공수사단은 유타해안 서쪽에 낙하하였다. 제 82사단의 임무는 메르데레(Merderet) 강상의 교량들을 점령하여 배후에 쉘부르항 공격을 용이케 하는 것이었고, 제101사단에게는 유타해안에 대한 독일군의 반격을 저지하여 제4사단의 상륙을 엄호하라는 임무가 부여되었다. 같은 시각 까앙시 동쪽에 투하된 영 제6공수사단도 오르느(Orne) 강상의 교량을 점령함으로써 상륙군의 좌익을 엄호할 임무를 띠고 있었다. 이들은 비록 강풍으로 인하여 분산되기는 하였지만 주어진 임무를 효과적으로 수행하였다. 3시 14분,

예정보다 조금 빠르게 상륙해안에 대한 공군의 전술폭격이 개시되었고, 5시 35분 상륙선단에 대한 독일군 해안포대의 포격이 시작되었다. 일출 직후인 5시 50분 함포사격이 해안일대를 뒤덮기 시작했으며, 6시 30분 유타 및 오마하 해안에 미 상륙부대들이 도착하였다.

유타해안에 상륙한 미 제4사단은 공수부대 덕택에 별다른 저항을 받지 않고 불과 3시간 만에 교두보를 확보하였으며, 전(全) 상륙부대 가운데서도 가장 경미한 피해를 입었다. 그러나 오마하해안은 상륙지역 중에서 가장 강력한 방어시설이 있었을 뿐만 아니라, 마침 그 부근에서 훈련 중이던 독일 제352사단의 즉각적인 반격으로 수많은 사상자가 발생하였다. 높은 파도와 탄우 때문에 상륙용 주정들은 제대별로 상륙하지 못하고 이리저리 섞였으며, 서로 혼합을 이루어 뒤죽박죽이 된 부대들은 엄폐물조차 전혀 없는 해안에서 대혼란에 빠졌다. 피에 물든 몇 시간이 지난 후 미군은 겨우 소집단으로마나 통제력을 회복하고 전투공병대의 협조 하에 방어진을 돌파할 수 있었다. 그러나 밤이 되어 그런 대로 교두보가 자리를 잡게 될 때까지 사상자는 무려 3,000명에 달했다.

영국군 상륙부대들은 미군보다 조금 늦은 7시 20분경 해안에 도달하였다. 3군데의 해안 모두에서 예상보다 비교적 경미한 저항이 있었을 뿐, 영국 및 캐나다사단들도 당일로 교두보 확보에 성공하였다. 일단 상륙에 성공한 연합군은 서로 떨어져 있는 교두보를 연결하기 위하여 즉각적인 공세를 전개하였으며, 후속부대와 물자의 양륙(揚陸)을 서둘러 D+6일까지 326,547명의 병력과 54,186대의 차량, 104,428톤의 보급품을 양륙하였다.

이제 독일군이 연합군을 해안에서 몰아낼 수 있다는 희망은 물거품처럼 사라져 버렸고, 가득찬 물그릇에서 물이 넘쳐흐르듯 연합군의 물결은 내륙으로 밀려들기 시작했다. 6월 27일 쉘부르항이 점령되었고 7월 18일에는 쌩로(St. Lo)가 24일에는 까앙이 함락되었다. 이로써 오버로드계획의 제4단계인 교두보확장이 달성되었으며 유럽대륙에 발판을 구축하고자 했던 연합군의 오랜 숙원이 이루어졌다.

한편 상륙작전이 시행된 직후 해안에는 새로운 명물이 생겨났는데, 그것은 바로 "멀버리(Mulberry)"라고 불린 조립식 인조부두였다. 해안 앞 바다에 거대한 콘크리트 상자와 기둥들을 가라앉히고 그곳으로부터 해안까지 강철교량이 가설됨으로써 이 급조부두는 완성되었으며, 수많은 낡은 선박들이 그 배후에 자침(自沈)되어 훌륭한 방파제도 마련되었다. Mulberry는 처칠의 구상에서 비롯되어 영국에서 만들어진 것으로서, 전체의 폭은 약2마일 정도였고 미군과 영국군 상륙지역에 각각 하나씩 부설되었다. 양륙능력은 하루에 6,000톤 규모였는데 아깝게도 미군지역에 만들어진 것은 40년 내의 대폭풍으로 사흘만인 6월 1일에 파괴되고 말았다. 그러나 영국군 것은 그 뒤로도 내내 연합군의 병력과 물자양륙에 커다란 도움을 주었다.

롬멜의 참모장이었던 쉬파이델(Speidel) 장군도 멀버리가 오버로드작전의 성공을 위해서 "결정적으로 중요한" 공헌을 하였다고 평가한 바 있다.

그러면 독일군은 어째서 힘없이 물러서고 말았던가? 전반적으로 볼 때 독일군의 전투력이 열세했던 것이 주요인이기는 했으나, 대체로 다음과 같은 요인들이 사태를 그르치게 만들었다. 첫째, 제공 · 제해권의 상실, 특히 연합군 공군의 폭격은 독일군의 병력이동을 방해하여 효과적인 반격을 불가능하게 하였다. 원래 상륙부대에 대한 역습의 성패는 예비대의 집중속도에 좌우되는 것인데, 노르망디 방면으로 향한 독일군의 이동은 폭격으로 극심한 제한을 받아 소규모적이고 단편적인 투입만이 가능하였다. 이 때문에 수차에 걸친 독일군의 축차적 반격이 격퇴당했을 뿐만 아니라, 나중에는 오히려 시시각각으로 증강되어가는 연합군의 압력마저도 지탱해 내기가 어렵게 되었다.

둘째, 독일군은 연합군의 기만방책과 그들 자신의 편견으로 인하여 빠 드깔레에 지나치게 집착하였다. 독일군은 일찍부터 연합군이 만일 해협을 건너 상륙해 온다면 대부대상륙을 위해서 최단거리인 깔레쪽을 택할 것이며, 1940년 깔레 바로 우측에 있는 덩키르크에서 당한 참패를 역시 같은 그쪽에서 갚으려고 할 것이라고 판단했던 것이다. 더구나 연합군이 노르망디에 상륙한 뒤에도 그 규모가 전(全)공격군의 20% 미만이라는 잘못된 정보판단을 내림으로써, 장차 패튼이 이끄는 주공부대가 깔레로 상륙하리라고 오산하였다. 깔레 방면이 주공이 될 것이라는 독일군의 확신은 D-데이 6주 후까지도 이 방면에 제15군 예하 19개 사단을 요지부동으로 묶어놓게 만들었으며, 결과적으로 노르망디 방면에 대한 조기대책을 취할 수 없게 하였다.

셋째, 노르망디가 주공이라고 판명된 후에도 이를 격퇴시킬 만한 전략예비대가 부족하였다.

제3절 교두보 돌파

7월 24일까지 쌩 · 로에서 까앙을 잇는 선을 점령하여 교두보 확장단계를 완료한 연합군은 장차의 대규모적인 공격을 위해서 대대적인 준비를 하고 있었다. 매일 평균 30,000톤의 보급품과 30,000명의 병력이 하선되었으며, 패튼이 지휘하는 제3군도 대륙에 도착하였다. 이에 반하여 독일 측은 적지 않은 내부적 혼란을 겪고 있었다. 쉘부르항 점령 직후 룬드쉬테트와 롬멜은 방어에 보다 용이한 센강선까지의 철수를 히틀러에게 건의하였다가 오히려 7월 3일 룬드쉬테트가 해임당하였으며, 17일에는 롬멜도 의문의 공중공격을 받고 부상을 당하여 물러

서고 말았다. 이 두 사람의 빈 자리는 클루게(Kluge)의 겸직에 의하여 메워졌다. 엎친 데 덮친 격으로 7월 20일에는 히틀러 암살 미수사건이 발생하여 국내가 소란해지고, 히틀러는 측근 보좌관들마저 불신하게 됨으로써 군사작전을 거의 독단에 의하여 이끌어 가게 되었다.

1. 코브라작전(Op. Cobra)

확장된 교두보 안에서 만반의 준비를 갖춘 연합군은 이제 프랑스내륙으로의 돌파작전을 계획하고 "코브라"라는 명칭을 붙였다. 이 계획에 의하면 강력한 공중폭격과 제1군의 지상공격으로 독일군 방어선에 간극(間隙)을 형성하고, 뒤에서 도사리고 있던 8군단이 간극을 통하여 코브라의 머리처럼 뛰쳐나가기로 되어 있었다. 그런데 독일군도 결사적인 각오로 돌파를 저지하고자 유리한 지세를 이용하여 방어선을 구축하고 있었다. 그 지세란 일종의 장벽(Hedgerows)으로서 몇 미터나 되는 제방 위에 수년씩 자란 관목이 덮인 둑이었다. 이 둑을 돌파하기 위하여 브래들리는 큘린(Curtis G. Culin Jr.)이라는 한 기병하사의 건의대로 전차 앞머리에 강철의 뿔(steel horn)을 장치함으로써 커다란 성과를 얻었다.

코브라작전은 7월 25일 09시 30분 공군의 융단폭격(carpet bombing)으로 막을 올렸다. 2,500대의 항공기가 쌩·로 서쪽 철로를 따라 길이 7마일, 폭 2마일 정도의 면적에 4,000톤 이상의 폭탄을 투하하였으며, 11시부터 미군 3개 사단이 맹공을 가하여 돌파구를 형성하였다. 8군단이 돌파구를 통하여 물밀 듯이 밀어 닥쳐 7월말까지 그랑빌(Granville) 및 아브랑쉬(Avranches)를 점령하였다. 이로써 연합군은 브레타뉴 반도로의 통로를 열었을 뿐만 아니라, 독일군의 좌익을 위협하면서 동쪽으로 급선회하여 센강과 파리 방면으로 진출할 수 있게 되었다.

2. 럭키 스트라이크작전(Op. Lucky Strike)

코브라작전이 끝난 8월 1일 브래들리는 제1군의 지휘관을 핫지스(Courtney H. Hodges) 중장에게 이양하고, 제1군과 제3군으로 새로이 편성된 제12집단군을 지휘하게 되었다. 그리고 같은 8월 1일 패튼의 제3군은 새로운 진격을 개시하여 3일에 렌느(Rennes)를 점령하고 브레타뉴 반도를 고립시켰다.

이때 아이젠하워 사령부는 최초로 오버로드계획을 일부 수정하였으니, 원래 패튼의 제3군

독일군의 역습과 팔레에즈 - 아르장땅 포위전(1944. 8. 1~13)

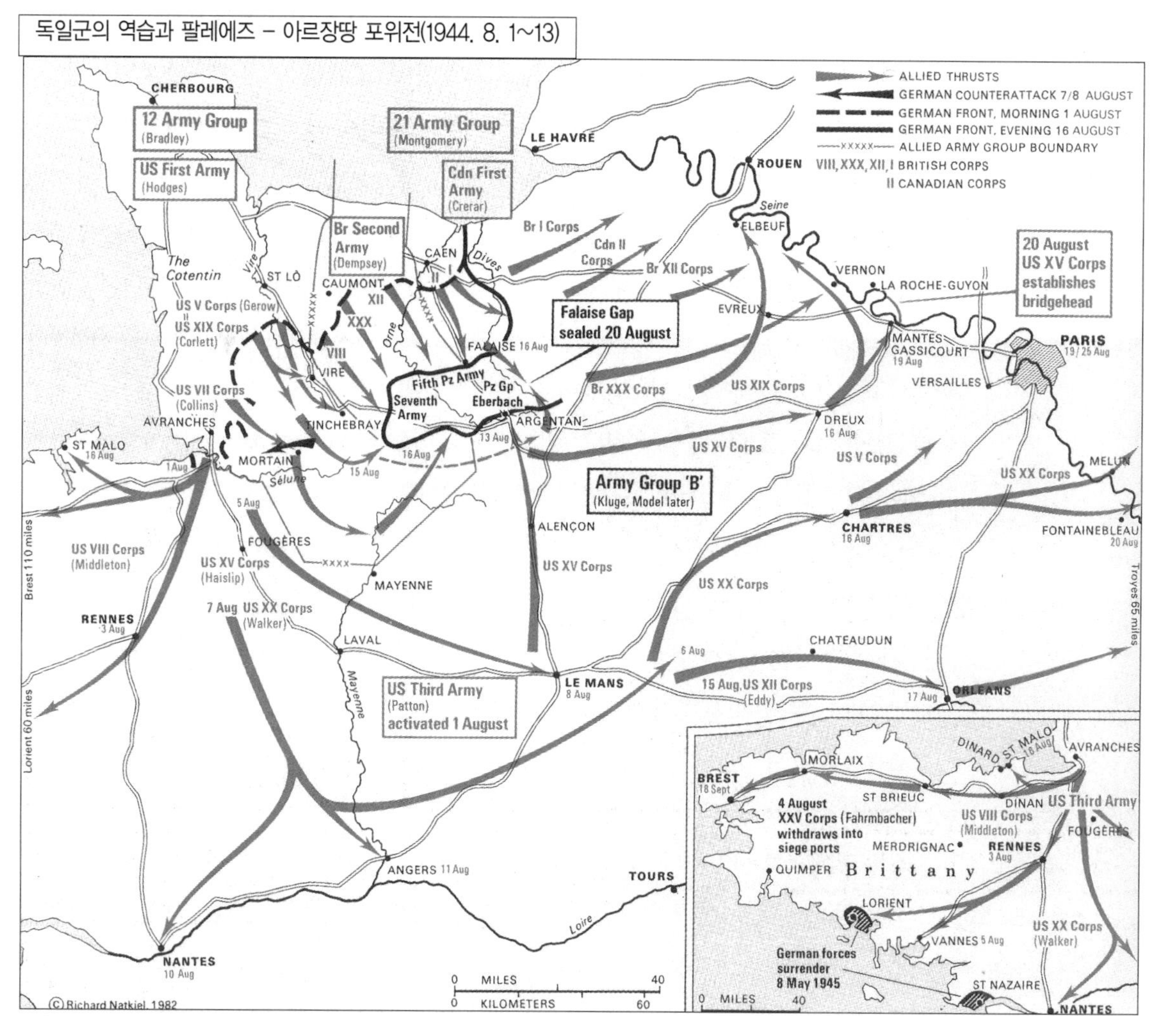

※ 출처: Richard Natkiel, *Atlas of 20th Century History* (London: Bison Books, 1982), p. 172.

은 브레타뉴 반도를 소탕하고 브레스트(Brest)항을 비롯한 제(諸) 항구를 개방하는 것이 임무였으나, 항구들을 점령한다하더라도 쉘부르항의 경우처럼 독일군에 의해 파괴될 것이 틀림없었으므로 아무런 이득이 없다고 판단한 나머지 본래의 계획을 변경시켰던 것이다. 그리하여 패튼에게는 제8군단 하나만을 브레타뉴 방면으로 보내서 본래의 임무를 수행토록 하고, 그 자신은 직접 3개 군단의 주력부대를 이끌고 동쪽으로 급회전하여 센강 서쪽지역을 조기에 확보하라는 명령이 하달되었으니 이것이 바로 '럭키 스트라이크 작전' 이었다. 결국 고삐 풀린 말처럼 거침없고도 맹렬한 패튼의 진격으로 벌써 8월 8일에는 100마일이나 떨어져 있던 르 · 망(Le Mans)이 점령되었고, 이 때문에 독일군의 좌익은 잘 드는 칼에 의하여 썩 베어져 나간 꼴이 되고 말았다.

3. 팔레에즈-아르장땅(Falaise-Argentan) 포위전

패튼의 제3군이 아브랑쉬 지협을 돌파하고 프랑스평원으로 진출하자, 클루게는 그 예기(銳氣)를 도저히 저지할 수 없다고 판단하고, 히틀러에게 센강선으로 후퇴하여 방어할 것을 건의하였다. 그러나 히틀러는 오히려 모든 기갑부대를 동원하여 모르뗑(Mortain) 방면에서 반격하도록 명령하였다. 히틀러의 의도는 모르뗑 쪽으로부터 아브랑쉬로 진격하여 이를 재점령한다면 패튼의 제3군은 차단 고립될 것이고, 노르망디 방면에 대한 압축도 가능하리라는 것이었다. 그리하여 히틀러는 클루게의 반대에도 불구하고 에버바흐(Eberbach) 장군 지휘하에 특수기갑군(6개사단)을 편성하여 8월 7일 새벽 기습공격을 개시했다. 그러나 연합군의 즉각적인 예비대 투입과 맹렬한 공중폭격으로 독일군의 진격은 모르뗑에서 저지되고 말았다.

일단 독일군의 예봉을 꺾은 연합군은 이를 차단 · 섬멸하기 위하여 패튼군을 르 · 망으로부터 아르장땅(Argentan) 방면으로 북상시키고, 크레라르(Crerar) 휘하 캐나다 제1군은 팔레에즈(Falaise)쪽으로 남진시켰다. 모르뗑 방면에 병력을 집중시켰기 때문에 측면이 약화된 독일군은 연합군의 공격을 저지할 수 없었고, 패튼은 13일에 아르장땅을, 크레라르는 16일에 팔레에즈를 탈취하여 바야흐로 올가미가 완성될 단계에 놓였다. 그러나 독일군의 주력부대는 아르장땅-팔레에즈 사이의 약 15마일 정도의 간극을 통하여 결사적인 탈출에 성공하였으며, 20일 샹부아(Chambois)에서 연합군이 합류하여 포위망이 닫혔을 때 독일군은 50,000명의 포로와 10,000명의 사상자를 남겼다.

이처럼 비록 궤멸을 면했다고는 하지만 독일군이 이 포위전에서 입은 상처는 매우 심각했다. 왜냐하면 보다 조직적이고 완강한 방어선을 구축할 수 있었던 시간과 병력을 소진당함으로써, 독일군은 방어에 유리한 센강을 쉽사리 돌파당하고 급기야는 독일-프랑스 국경선까지 일사천리로 패퇴하고 말았기 때문이다.

여하튼 8월 25일 파리(Paris)가 해방됨으로써 오버로드 계획의 최종단계인 근거지확보는 예정보다 10일이나 빨리 성취되었다.

4. 안빌(Anvil) 상륙작전

노르망디에 상륙한 부대들이 성공적인 작전을 전개하고 있는 동안에 연합군은 남프랑스해안에 대한 또 하나의 상륙작전을 실시하였다. 『Anvil 작전』 또는 『드라군(Dragoon) 작전』이라고 호칭

된 이 상륙작전의 목적은 남프랑스지역에 있는 독일군이 노르망디 방면으로 이동하지 못하도록 견제하는 것이었으며, 아울러 지중해의 제(諸)항구 특히 마르세이유(Marseille)를 통한 연합군의 부차적인 병참선을 확보하려는 의도도 내포되어 있었다.

패취(Alexander M. Patch) 중장이 지휘하는 미 제7군 예하 제6군단(Truscott)은 8월 15일 아침 칸느(Cannes)와 툴롱(Toulon) 사이의 해안일대에 상륙하였다. 당시 그 지역에 있던 독일 제19군(Wiese)은 제노아(Genoa) 부근에 상륙이 시행될 것으로 예상하였기 때문에 이렇다 할만한 저항을 가해오지 못했으므로, 연합군은 첫 날에만도 86,000명의 병력과 12,000대의 차량, 46,000톤의 보급품을 양륙(揚陸)하는 대성공을 거두었다. 그로부터 며칠 새에 교두보를 벗어난 미군사단들은 그레노블(Grenoble)을 향하여 북상하든가 로오느(Rhone)강을 따라 독일군을 추격하였으며, 타시니(Tassigny) 휘하 프랑스 부대(후에 프랑스 제1군)는 일로 서진하여 8월 28일 툴롱과 마르세이유를 탈환하였다. 로오느계곡을 거슬러 올라간 부대들은 9월 3일 리용(Lyon)을 점령하고 11일에는 마침내 디죵(Dijon)에서 아이젠하워의 부대와 상봉하였다. 그리고 15일 미 제7군과 프랑스 제1군은 데버어스(Jacob L. Devers) 중장 지휘하에 제6집단군으로 신편되었으며, 역시 아이젠하워의 총지휘를 받게 되었다.

작전 기간중 양군의 손실은 독일군 80,000명, 연합군 7,200명이었으며, 남프랑스에 상륙한 연합군은 예상외의 큰 성과를 거두고 이제는 대륙내 전(全)연합군 전선의 남익(南翼)을 담당하게 되었다.

제4절 서부방벽(West Wall)으로의 추격

연합군은 원래 오버로드계획을 완료하고 난 뒤 재편성과 병참문제 해결을 위하여 센강선에서 3개월간 정군할 예정이었으나, 팔레에즈-아르장땅 포위전 결과 독일군의 전력이 극히 쇠약해졌고 안빌상륙작전도 예상외의 호조를 나타내자, 당초의 계획을 변경하고 독일국경선을 향하여 계속 진격하기로 결정하였다.

연합군의 진격로는 대략 아르덴느삼림을 기준으로 하여 그 북쪽통로와 남쪽통로가 있었는데, 아이젠하워는 아미엥(Amiens)-몽(Mons)-리에즈(Liege)를 거쳐서 독일의 산업중심지인 루르(Ruhr) 지방으로 직접 연결되는 북쪽통로에 주공을 두기로 결심하고 몽고메리의 제21집단군에게 그 임무를 맡겼다. 북쪽통로에는 모든 병참문제 해결의 열쇠가 될 거대한 앤트워프(Antwerp) 항구가 있으며, 또한 영국을 무던히도 괴롭혀 온 V-로켓의 발사기지(암스테르담

서부방벽으로의 진격(1944. 8. 26~9.14)

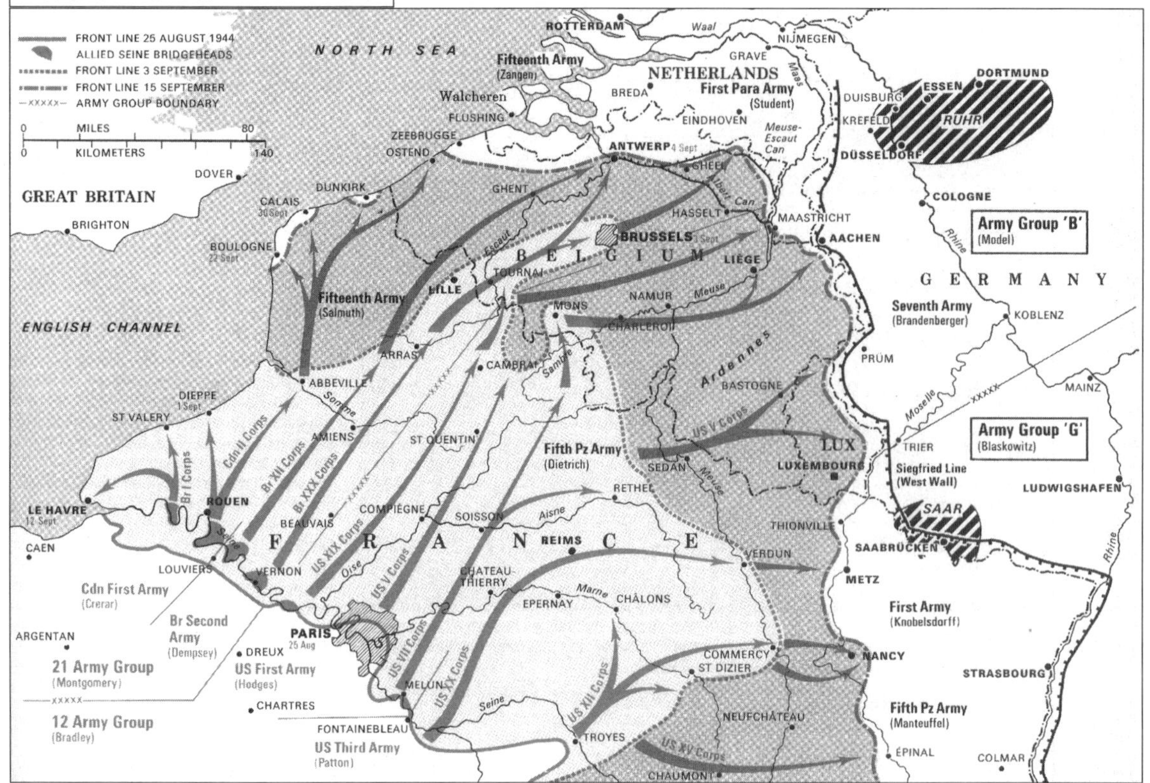

※ 출처: Richard Natkiel, *Atlas of 20th Century History* (London: Bison Books, 1982), p. 173.

근처)도 있어서 우선순위가 앞섰던 것이다. 따라서 베르됭(Verdun)–메쯔(Metz)를 거쳐 또 하나의 공업지대인 자르(Saar)로 이르는 남쪽통로는 조공이 되었고, 브래들리의 제12집단군이 이를 담당하되 좌익의 제1군은 몽고메리군을 지원키로 하였다.

공세는 8월 26일부터 시작되었다. 몽고메리 휘하 캐나다 제1군(Crerar)이 해안을 따라 북동쪽으로 전진하면서 좌익을 엄호하는 동안, 영 제2군(Dempsey)은 아미엥을 거쳐 9월 3일 브뤼셀(Brussels)을 해방시키고, 이 이튿날에는 앤트워프를 점령하였다. 그러나 앤트워프로부터 해안까지 약60마일에 달하는 쉘데 하구(Schelde Estuary)를 아직도 독일군이 장악하고 있었기 때문에 이 항구를 사용할 수는 없었다. 영국군은 쉘데 하구의 즉각적인 소탕에 실패하였던 것이다.

한편 몽고메리의 우익을 강화하기 위하여 증원된 브래들리 휘하 미 제1군(Hodges)은 9월 3일 몽(Mons)을 점령하고, 거기에서 동쪽으로 전향하여 7일에 리에즈를 탈취하였으며, 다시 10일에는 룩셈부르크(Luxembourg)시를 해방시켰다.

주공이 이처럼 성공적인 작전을 전개하고 있는 동안 홀로 조공방향인 남쪽통로로 진격한 패튼의 미 제3군은 이미 8월 29일 렝스(Reims)를 점령하고 31일에 베르됭을 해방시켰으며,

9월 7일에는 메쯔 남쪽의 모젤(Moselle)강에 교두보를 확보하였다.

도처에서 풍지박산이 된 독일군은 지상과 공중으로부터 끊임없는 추격을 받으면서 프랑스를 횡단하여 서부방벽으로 밀려들었다. 이리하여 연합군은 대략 9월 14일경에는 거의 모든 전선에서 독일국경선에 도달하였다.

그러나 독일군이 이토록 비참한 퇴각을 했다고 해서 그들이 완전히 붕괴된 것은 결코 아니었다. 노르망디 이래 서부방벽까지 쫓겨오는 동안 독일군의 병력손실은 120만 명에 달했지만 아직도 그들은 1,000만이 넘는 군대를 가지고 있었으며, 밤낮을 폭격에 시달렸다고는 하나 아직도 독일의 공장들은 고도의 생산력을 발휘하고 있었다. 더구나 독일군은 스스로 마음 든든히 여기고 있는 울타리가 있었으니, 그것이 바로 '서부방벽' (West Wall; Siegfried Line)이었다. 스위스 접경으로부터 라인강 하류 네덜란드와의 국경지역까지 구축된 서부방벽은 1936년 히틀러가 라인란트에 진주한 직후 착공되어 1939년에 완성된 국경방어선으로서, 수백 개의 콘크리트 벙커와 대전차 용치장애물(dragon' s teeth) 등 각종 방어시설로 요새화되어 있었다. 뿐만 아니라 서부방벽은 종심이 3마일이나 되어 진지 내에서 기동전마저 가능할 정도였다. 그중에서도 자르 지방이 가장 강력하고 라인강 상류와 하류 쪽은 비교적 경미하게 구축되어 있었다. 이외에도 히틀러는 흐트러진 전열의 재정비와 사기진작을 위하여 9월 5일 룬드쉬테트를 최고사령관에 다시 기용하는 조치를 취했다.

한편 이 무렵 연합군은 병참사정의 악화로 전진속도가 차츰 늦춰지는 난관에 봉착하였다. 보급난이 얼마나 심각했는가는 아이젠하워 자신의 보고서만 보아도 알 수 있다. "대가품목으로서 매월 36,000정의 소총과 700문의 박격포, 100문의 야포, 500대의 전차, 2,400대의 차량이 필요하였고, 야전용 전선은 월평균 66,400마일, 야포 및 박격포탄 소모량은 월평균 800만 발이었다." 그러나 아이젠하워의 진짜 고심은 대륙내의 병참물자고갈에 있는 것이 아니라, 때로는 500마일 이상이나 떨어져 있는 전방부대까지 어떻게 해서 보급품을 운반해주느냐 하는 것이었다. 이 문제를 해결하기 위해서 한때는 '레드볼 익스프레스(Red Ball Express)' 라고 명명된 긴급수송작전도 전개되었다. 즉 리(J.C.H. Lee) 장군 총 지휘하에 북프랑스의 모든 항구로부터 보급품을 실은 약 7천대의 트럭이 호송체제(convey system)에 의하여 매일 20시간씩 전선으로 일방 운행되었으며, 도중에 운전수만 교대시켰던 것이다. 그렇지만 1개 사단이 하루에 600 내지 700톤의 보급품을 필요로 하고 있었던 당시의 보급난은 'Red Ball Express' 같은 비상대책으로서도 완전히 해소시킬 수 없는 것이었다. 따라서 앤트워프항(港)의 개항은 무엇보다도 시급한 과제였다.

제11장 독일의 패망

제1절 마켓-가든(Market-Garden) 작전

1944년 9월, 연합군의 대부대가 서부방벽에 도달할 무렵 아이젠하워는 연합군의 계속적인 공세가 북쪽에서 더욱 강력하게 취해져야 한다는 입장을 지지하였다. 이것은 앞에서도 이미 언급한 바와 같이 보급난 해소를 위한 앤트워프의 개항, 네덜란드에 있는 V-로켓 기지의 제거라는 과제 외에도 서부방벽을 돌파함에 있어서 지세가 험한 남쪽보다는 방어망이 비교적 약한 북쪽으로 우회하는 쪽이 유리할 것이라는 판단에서 나온 조치였다.

이에 따라 주공을 맡게 된 몽고메리는 우선 차기작전을 용이하게 하기 위해서 라인강 대안(對岸)에 교두보를 확보하는 작전부터 실시하였는데, 이것이 이른바 『마켓-가든(Market-Garden) 작전』이었다. 이 작전은 3개 공수사단으로 하여금 마스(Maas)강, 바알(Waal)강 및 네더 · 리인(Neder Rijn) 강상(江上)의 교량을 점령토록 하는 『Market 작전』과, 영 제2군이 점령된 교량을 통하여 신속히 북상함으로써 공수부대들과 연결을 이루는 『Garden 작전』의 결합체였다. 만일 이 작전이 성공한다면 몽고메리는 서부방벽을 우회하여 북부독일 평원으로 진출함으로써 루르 지대를 북쪽으로부터 포위할 수 있게 되는 것이다.

9월 17일 오후 2시, 브레레튼(Lewis H. Brereton) 중장이 지휘하는 제1공수군 예하 영 제1, 미 제82 및 제101공수사단은 아른헴(Arnhem), 니메겐(Nijmegen), 아인트호벤(Eindhoven)에 각각 투하되었다. 이 3개 사단은 적어도 7개 이상의 교량이 가로놓여 있는 65마일 깊이의 좁고 긴 회랑(回廊)을 장악하고 영 제2군의 진격을 기다려야만 했다. 공수낙하는 완전 기습이었다. 아인트호펜의 미 제101사단과 니메겐의 미 제82사단은 그런대로 부여된 임무를 달성하고 이미 17일 오후 2시 30분부터 북상을 개시한 영 제2군과 합류하는데 성공하였다. 그러나 영 제2군의 진격은 독일군의 필사적인 저항과 파괴된 교량 때문에 니메겐에서 지연되고 마침내는 아른헴 바로 전방에서 저지되고 말았다. 한편 아른헴에 투하된 영 제1사단은 목표지점으로부터 너무 멀리 분산되어 아른헴을 점령하지 못하고 영 제2군과의 연결에 실패하였을 뿐만 아니라, 불운하게도 마침 그 지역에서 재편성 중이던 독일 제9SS기갑군단의 강력한 반격으로 궤멸당하고 말았다. 당초 투하되었던 약 10,000명 가운데 9월 25일 밤부터 이튿날 새벽 사이에 탈출한 인원은 불과 2,163명뿐이었고, 나머지는 전사 1,130명, 포로 6,450

명이었다. 독일군은 작전기간 중 그들의 손실을 3,300명으로 추산하였다.

결국 제2차 세계대전 중 최대규모의 공수작전이었던 Market 작전은 이로써 Garden 작전과 함께 실패로 끝나고 말았다. 독일군 한가운데로 65마일이나 뻗친 회랑을, 그것도 수많은 하천 및 교량을 덧붙여 고수한다는 것은 애당초 무리한 계획이었으며, 그밖에 공중지원을 여의치 못하게 만든 계속적인 일기불순, 그리고 제9SS기갑군단의 출현 등도 실패요인으로 지적될 수 있겠다.

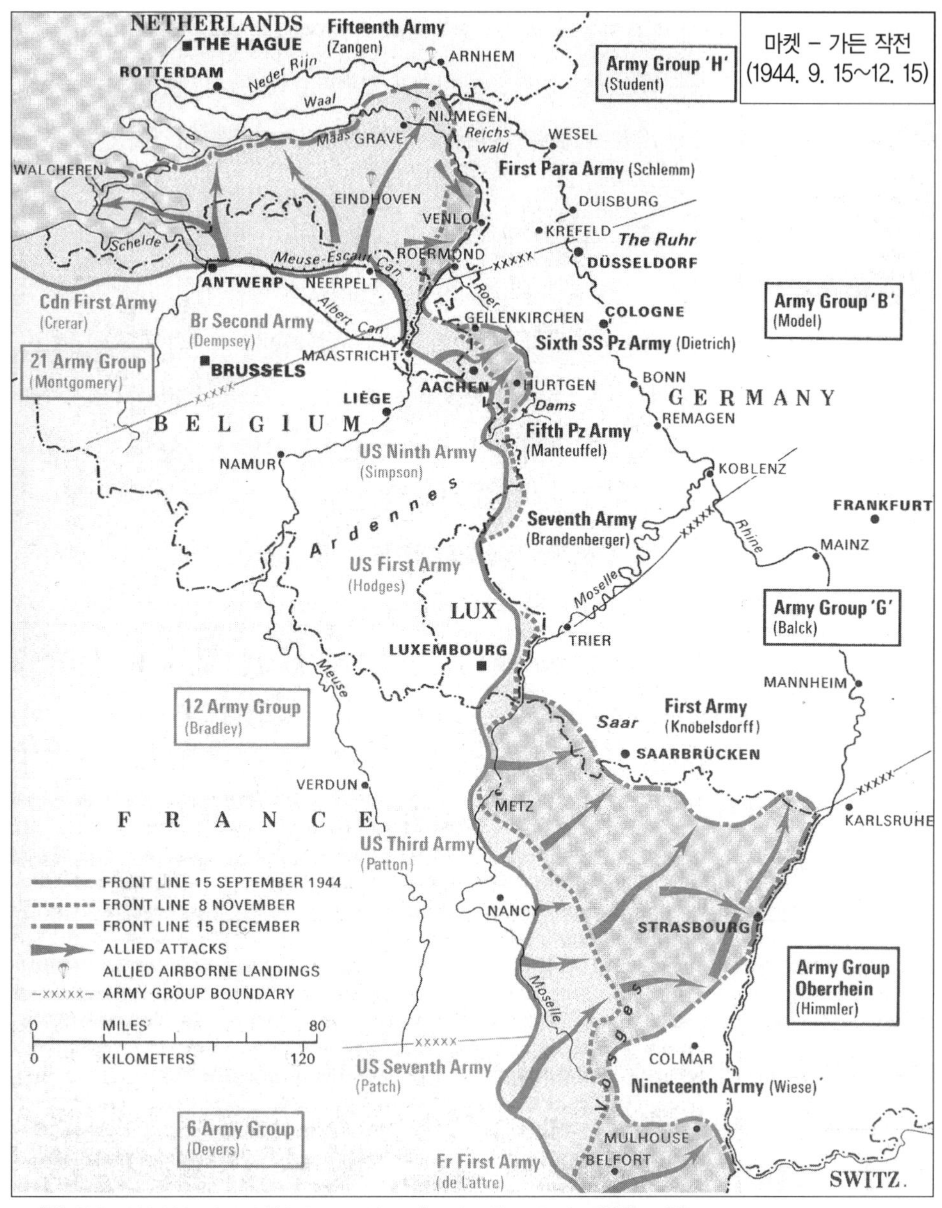

※ 출처: Richard Natkiel, *Atlas of 20th Century History* (London: Bison Books, 1982), p. 175.

'마켓-가든(Market-Garden) 작전' 이 실패로 돌아감으로써 센 강선으로부터 서부방벽까지 장장 3개월여에 걸친 연합군의 대추격은 종말을 고하고, 10월에 접어들면서 전선의 대부분은 교착상태에 빠졌다. 병참문제의 해결 없이는 연합군도 더 이상의 공세를 취할 수가 없었기 때문이다. 따라서 몽고메리는 앤트워프 항구를 개항하기 위하여 10월 6일부터 쉘데 하구 소탕전을 실시하여 약 1개월간의 혈전 끝에 11월 8일 작전을 끝냈다. 그러나 아직도 쉘데 하구 일대의 기뢰(機雷)를 제거해야 되었기 때문에 앤트워프항은 11월 28일에 가서야 겨우 제 기능을 발휘할 수 있었다. 이제 매일 25,000톤씩의 보급품이 이 항구를 통하여 양륙되고, 이에 따라 연합군의 보급난이 차츰 해소되어 갔으므로, 아이젠하워는 12월 중순에 총공세를 취하기로 결심하였다. 그런데 12월 16일 독일군은 아르덴느 방면에서 갑자기 공격을 가해 왔다.

제2절 발지(Bulge) 전투 : 독일의 아르덴느(Ardennes) 반격

앤트워프를 개항하여 병참사정이 호전되기 시작하자 연합군은 라인강 하류지역과 자르 지역 두 군데에서 강력한 공세를 가하기로 계획하고 병력과 물자를 이 두 지역으로 집중하기 시작했다. 이에 따라 라인강 하류와 자르 사이에 위치한 아르덴느 지역은 상대적으로 약화되었다.

히틀러가 그의 마지막 카드를 던진 곳은 바로 이 지역이었다. 이미 7월부터 서부전선에서의 대반격을 구상해온 히틀러는, 동부전선이 비스툴라 강선에서 소강상태에 빠져 있고 이탈리아 방면마저 고딕선(線)에서 정체해 있는 틈을 타서 전세를 역전시키고자 모험적인 승부를 걸어온 것이다.

독일군이 아르덴느를 반격지점으로 택한 이유는 다음과 같다. 첫째, 이 지역에 대한 연합군의 병력배치가 극히 미약하다는 사실을 알고 있었다. 둘째, 독일군이 아르덴느 정면으로 집결하는 동안 연합군에 의한 양익으로부터의 치명적인 타격은 피할 수 있다고 판단했다. 즉 아르덴느 북쪽인 아아헨(Aachen) 지방은 쉬미트(Schmidt)시 부근의 로어(Roer) 댐을 폭파함으로써 연합군을 저지시킬 수 있고, 남쪽인 자르 지방은 가장 강력한 요새지대이므로 충분히 방어할 수 있다고 본 것이다. 셋째, 아르덴느 지역의 지형이 비록 험하다고는 하지만 1940년 전역의 경험으로 보아 대부대 기갑작전이 가능하다고 판단했다. 넷째, 아르덴느의 무성한 삼림은 가장 두려운 존재인 연합군 공군으로부터 은폐 여건을 제공해줄 것으로 보았다.

그리하여 독일군은 11월중으로 아르덴느 동쪽인 아이펠(Eifel) 삼림지역에 2개 기갑군과 2개 야전군으로 편성된 총 25개 사단을 집결시켰다. 독일군의 작전개념은 아르덴느를 돌파한 후 서북쪽으로 진격하여 앤트워프를 점령함으로써 바스토뉴(Bastogne)–브랏셀(Brussels)–앤트워프를 연결하는 선(線) 이북의 연합군을 차단 · 섬멸한다는 것이었으며, 그 구체적인 공격계획은 다음과 같다. 주공인 제6기갑군(Dietrich)은 리에즈 서남쪽에서 뫼즈(Meuse)강을 도하한 뒤 앤트워프로 진격한다. 조공인 제5기갑군(Manteuffel)은 주공의 좌익을 엄호하면서 병행 전진하여 나무르(Namur)를 경유, 브뤼셀로 향한다. 제15군(Zangen)은 제6기갑군의 우익을, 제7군(Brandenberger)은 제5기갑군의 좌익을 엄호한다. 한편 보조작전으로서 영어에 능통한 요원들로 구성된 특수부대는 스코르쩨니(Otto Skorzeny) 중령 지휘 하에 미군복장과 미군차량으로 장비하고 미군전선 후방에 침투하여 지휘계통과 통신망을 교란시킴과 아울러, 뫼즈강상의 수 개 교량을 확보하여 주력부대의 진격을 돕도록 되어 있었다. 그리고 모든 작전은 연합군 공군력의 효과를 감소시키기 위하여 일기가 불순한 시기를 택하여 실시하기로 하였다.

독일의 아르덴느 반격 계획(1944. 12. 16~1945. 1. 16)

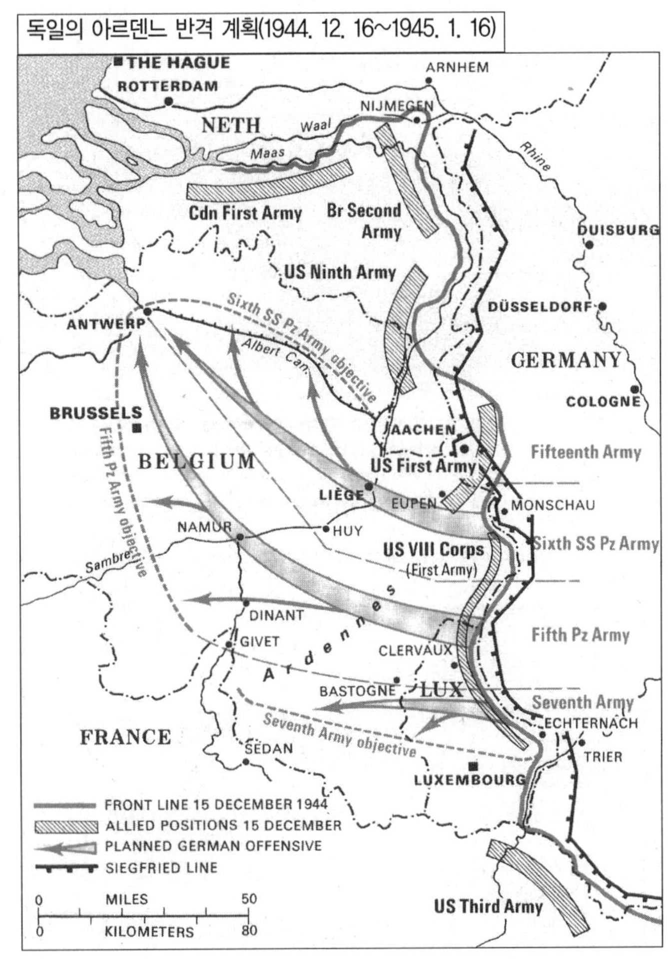

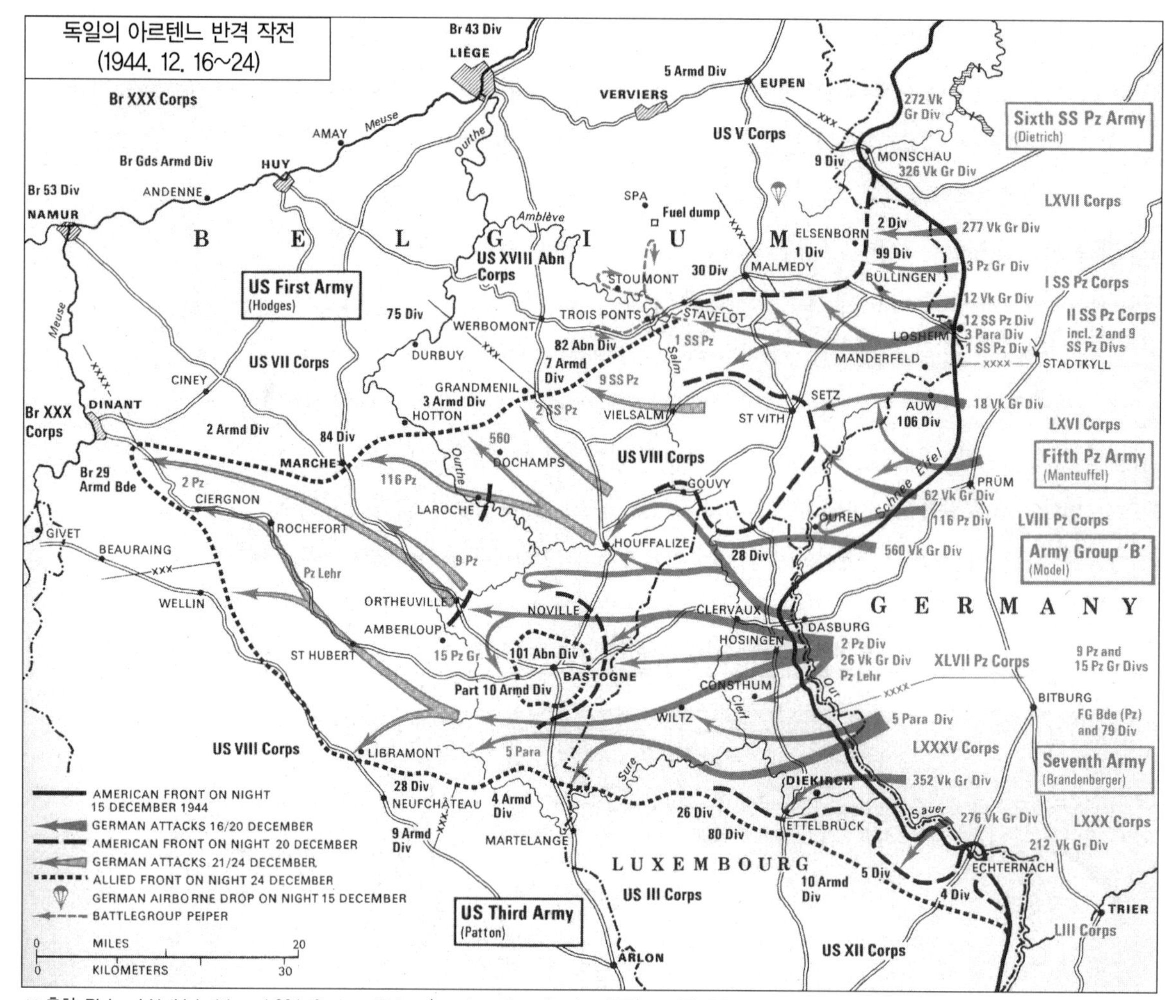

독일의 아르텐느 반격 작전
(1944. 12. 16~24)

※ 출처: Richard Natkiel, *Atlas of 20th Century History* (London: Bison Books, 1982), pp.176-177.

12월 16일 새벽 5시 30분, 짙은 안개를 헤치고 독일군의 공격은 개시되었다. 그것은 완전한 기습이었다. 그러나 주공인 제6기갑군은 첫 관문인 아이젠보른(Eisenborn) 능선에서 의외로 완강한 미 제5군단의 저항에 부딪쳐서, 사흘간의 치열한 공격에도 불구하고 당초의 진격방향인 리에즈 쪽으로의 전진이 꺾이고 말았다. 이리하여 제6기갑군은 서북쪽이 아닌 서쪽으로 머리를 내밀게 되었다.

반면에 조공인 제5기갑군은 순조롭게 진격하여 미 제8군단을 격파하고 서쪽으로 물밀 듯이 밀어닥쳤다.

연합군은 처음에 독일군의 공격을 위력정찰(威力偵察) 정도로 생각했으나 16일 하오에 이르러 사태가 심상치 않음을 인식하고 즉각적인 조치를 취하기 시작했다. 우선 아이젠하워는 총사령부 예비대인 제 18공수군단(Ridgway)을 즉시 돌출부의 양측면에 투입하여 돌파구 확대를 저지하는 한편, 브래들리 휘하 부대 가운데 돌출부에 의하여 북쪽에 남게 된 미 제1군 및 제8군은 지휘통제의 편의상 일시적으로 몽고메리의 통제 밑에서 돌출부 봉쇄임무를 수행하도록 조치하였다. 아울러 패튼에게는 현위치에서 북쪽으로 방향을 바꾸어 돌출부의 남측면을 강타하도록 명령하였다.

전 전선에 걸쳐서 혹심한 전투가 계속되었다. 특히 교통의 요지인 쌩 비트(St. Vith)와 바스토뉴(Bastogne)에서의 혈전은 쌍방간에 사활을 건 싸움이었다. 이 두 지역은 마치 제방을 무너뜨리고 밀어닥치는 격류 속에 버티고 선 바윗돌처럼 공격해 오는 독일군의 물결을 분쇄하였다.

21일에 가서야 함락된 쌩 비트는 독일군의 시간계획(time table)을 완전히 흩어 놓았으며, 바스토뉴는 끝끝내 고수되어 독일군 돌출부내에 단단한 쐐기를 이루었다. 결과적으로 독일군의 돌파구는 원추와 같이 압축되었으며, 그 원추의 첨단은 뫼즈강에 연한 디낭(Dinant) 3마일 전방에서 마침내 뭉그러지고 말았다.

12월 23일부터는 그동안 독일군에게 유리하였던 흐린 날씨가 맑게 개임에 따라 5,000대도 넘는 연합군 항공기들이 독일군의 기갑부대와 병참선을 강타하기 시작하였으며, 26일에는 패튼 휘하 미 제4기갑사단이 바스토뉴의 포위망을 풀고 고군분투해 온 제101공수사단을 구출하였다. 공격이 실패로 돌아간 것을 깨달은 룬드쉬테트는 돌출부로부터 즉시 철수할 것을 건의하였다. 그러나 돌출부를 유지함으로써 타지방에서 연합군 공세를 저지할 수 있다고 생각한 히틀러는 철수를 불허하였고, 따라서 돌출부를 유지하기 위해서는 바스토뉴의 점령이 무엇보다도 필요하게 되었다. 이리하여 바스토뉴 공방전이 다시금 치열하게 전개되었으며 12월 31일 하루에만도 무려 17회의 독일군 공격이 실시되었다. 그러나 패튼군의 바스토뉴 사수로 말미암아 돌출부의 유지가 불가능함을 인식하게 되자 히틀러도 하는 수 없이 1월 8일 전면적인 철수를 허락하고 말았다.

그 이튿날부터 패튼은 바스토뉴를 벗어나 우팔리즈(Houffalize) 방면으로 북진을 시작했고, 이미 1월 3일 북쪽으로부터 우팔리즈를 향하여 남진을 개시한 핫지스와 16일에 합류하였다. 이로써 돌출부의 한가운데가 동강나고 만 것이다.

한편 철수 중이던 독일군은 12일부터 동부전선에서 개시된 소련군의 동계공세로 인하여 더욱 혼란에 빠졌으며, 제6기갑군마저 동부전선을 증원하기 위하여 이동해가자 순식간에 붕괴되고 말았다. 그리하여 미 제1군과 제3군은 1월말까지 돌출부 전체를 제거하고 독일군의 반격이 개시되기 이전의 전선까지 도달하였다.

결국 히틀러는 그의 운명을 걸었던 최후의 대공세에서 완전히 실패하고 말았다. 그리고 값비싼 대가를 지불하였다. 연합군의 인원손실은 76,980명인데 반해서 독일군은 70,000명의 사상자와 50,000명의 포로, 600대의 전차 및 1,600대의 항공기 손실을 입은 것이다. 이로써 독일군의 예비대는 완전히 소진당했을 뿐만 아니라, 회심의 일격이 무위로 끝남으로써 독일 전체가 받은 충격은 절망 바로 그것이었다. 이처럼 혹독한 대가로 독일군이 얻은 것이라고는 단지 연합군전선을 60마일 정도 침투했었다는 사실과 연합군의 진격을 6주일간 지연시켰다는 것뿐이었다.

그러면 독일군의 아르덴느 반격작전(Bulge 전투)이 실패로 돌아간 요인은 무엇인가? ① 지나치게 야심적이고 과중한 임무에 비하여 병력이 부족하였다. ② 유류 및 기계화 부대의 각종 부속품, 그리고 수리공이 부족하였다. ③ 제공권이 연합군 측에 있었다. ④ 바스토뉴 점령의 실패로 보급지원이 난관에 빠졌다. ⑤ 공격부대의 훈련이 미숙하였다. 대부분의 병사는 10주 미만의 교육을 받은 신병들이었던 것이다. ⑥ 연합군의 예비대(제 18공수군단) 투입이 신속 적절하였다. ⑦ 반면에 독일군은 예비대 운용에 실책을 저질렀다. 공격의 계획표는 주공인 제6기갑군이 아이젠보른 능선에서 저지되었을 때 이미 어긋나기 시작했으며, 따라서 룬드쉬테트와 모델은 예비대인 제2SS기갑군단을 보다 순조롭게 진격하고 있었던 제5기갑군 쪽에 투입코자 하였다. 그러나 예비대는 최초계획을 고집한 히틀러에 의하여 제6기갑군쪽에 투입되었고, 결과적으로는 일말의 희망을 보여주던 조공마저 좌절에 빠뜨리고 말았던 것이다.

이렇게 해서 독일군의 처절한 몸부림은 종말을 향하여 한발 한발 다가가고 있었다.

제3절 라인란트(Rhineland) 작전

아르덴느 돌출부를 완전히 제거한 연합군은 서부방벽을 돌파하고 독일 본토로 진출하기 위하여 재편성을 실시하는 한편 로어몽(Roermond) 삼각지대와 콜마르(Colmar) 돌출부를 제거하여 전선을 정비하였다. 그리고 나서 연합군은 라인강으로 접근하여 이를 도하한 후, 북쪽으로부터 루르 지역을 포위하려는 일련의 계획을 수립하였다.

4단계로 나누어진 이 작전 계획의 개요는 대략 다음과 같다. 제1단계, 몽고메리 휘하 캐나다 제1군이 니메겐 부근으로부터 동남쪽으로 진격하여(Op. Veritable) 뫼르스(Mors) 방면으로 북동진해 오는 미 제9군(Op. Grenade)과 합류한다. 두 번째 단계, 1단계와 거의 동시에 브래들리 휘하 미 제1군이 로어 댐을 점령하여 라인하류작전을 용이하게 하는 한편 미 제

3군은 아이펠 삼림을 가로질러 라인강에 도달한다(Op. Lumberjack). 제3단계, 데버어스의 제6집단군은 1,2단계의 최종기에 로레인(Lorraine) 지방으로부터 서부방벽을 돌파하고 팔라티나테(Palatinate) 지방을 석권한다(Op. Undertone). 마지막 단계, 연합군의 전 전선이 라인강변에 도달할 무렵 몽고메리는 에머리히(Emmerich)와 베에젤(Wesel) 사이에서 라인강을 도하한 후, 북독일 평원으로 진출하여 루르 지역을 북쪽으로부터 포위한다(Op. Plunder).

상기와 같은 계획 하에 라인강으로의 총 진격은 2월 8일부터 개시되었다. 그러나 1단계작전은 초반부터 순조롭지 못하여 미 제9군의 경우 23일까지 로어강을 건너지 못했다. 왜냐하면 미 제1군이 로어댐을 점령하기 전에 독일군이 이를 폭파하여 강하류가 범람되었기 때문이다. 하지만 3월 2일 경에는 뒤셀도르프(Dusseldorf) 부근에 당도하여 작전을 완수하였다.

작전기간 중인 2월 22일 공군은 약 10,000회의 기록적인 출격으로 독일 전역의 수송시설, 특히 철도망을 집중 폭격함으로써(Op. Clarion), 독일군 수송조직의 90%를 파괴하였으며, 전장차단 효과도 아울러 거두었다.

한편 미 제1군 예하 제9기갑사단은 3월 7일 오후 레마겐(Remagen)에서 전쟁기간중 최대의 행운을 잡았다. 전방을 정찰 중이던 2개 대대의 특수임무부대가 아직껏 폭파되지 않은 루덴도르프(Ludendorff) 철교를 탈취함으로써 라인강 동안에 최초의 교두보를 확보하게 된 것이다. 독일군은 이 철교를 폭파하기 위하여 최초의 제트전투기인 ME-262기와 수뢰(水雷) 등 온갖 수단을 동원한 끝에 17일 드디어 장거리포로써 폭파시키는데 성공하였지만, 그동안 연합군은 부교를 가설하고 확고한 교두보를 구축하였다. 이로 말미암아 독일군이 믿었던 천혜의 최후방어선은 그 심장부가 뚫려버렸고, 격분한 히틀러는 룬드쉬테트를 해임하고 대신 케셀링 원수를 임명하였다.

제3군 역시 패튼의 열화와 같은 맹진격으로 3월 3일부터 11일까지 아이펠 일대를 석권하고, 더 나아가 제6집단군이 담당할 예정이었던 자르 및 팔라티나테 지역마저 유린한 뒤 3월 22일에는 오펜하임(Oppenheim)에서 라인강을 도하하여 독일군과 연합군 모두를 경악케 하였다. 왜냐하면 패튼의 무자비한 맹돌격은 연합군의 최초계획에도 없었을 뿐만 아니라 그 성과가 예상외로 컸기 때문이다.

이리하여 대략 3월 20일을 전후하여 연합군의 전 부대는 라인강 일대에 도달하였으며 그동안 독일군은 250,000명의 인원손실을 입었다.

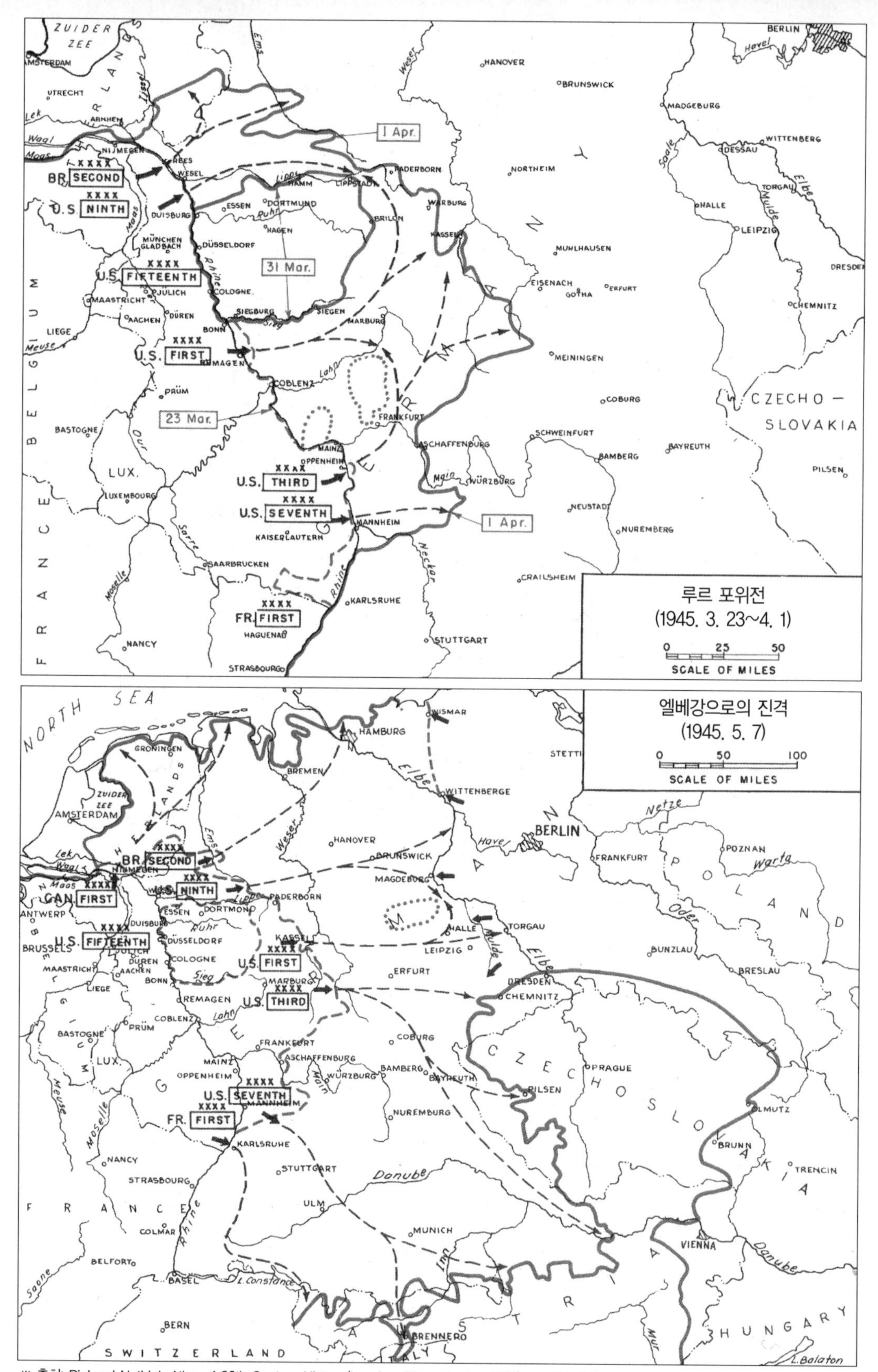

※ 출처: Richard Natkiel, *Atlas of 20th Century History* (London: Bison Books, 1982), pp 150–151.

제4절 루르(Ruhr) 포위전

이상에서 살펴본 바와 같이 레마겐과 오펜하임에 예상외의 교두보를 확보하였지만 아이젠하워는 최초 계획대로 라인강 하류에 주공을 두고 도하키로 하였다(Op. Plunder). 이에 따라 몽고메리의 제21집단군은 3월 23일 밤부터 도하를 개시하였으며, 이튿날 이른 아침에는 영 제6공수사단과 미 제17공수사단이 1,572대의 수송기와 1,326대의 글라이더에 분승하여 라인강 동안에 낙하, 지상군의 도하작전을 지원하였다(Op. Varsity). 이틀 이내에 정면 25마일, 종심 6마일의 교두보를 장악한 제21집단군은 루르 북쪽에서 독일군의 완강한 저항을 물리치면서 착실히 전진하기 시작했다.

한편 브래들리의 제12집단군 예하 미 제1군 및 3군도 레마겐과 오펜하임으로부터 진출하여 독일내륙으로 깊숙이 침투하였다. 그런데 이들의 야생마와도 같은 맹진격이 의외로 신속하였으므로 아이젠하워는 루르지대를 북쪽으로부터 일익포위하려던 당초의 계획을 변경하여 주공을 제12집단군으로 돌리고 루르를 양익포위하기로 결심하였다. 그리고 마침내 4월 1일 미 제9군과 1군은 파더보른(Paderborn) 서쪽 17마일 지점인 립쉬타트(Lippstadt)에서 합류하여 사상최대의 양익포위를 성공시켰다. 지름이 80마일이나 되고 총면적 4,000평방 마일에 달하는 루르 포위망(Ruhr Pocket) 안에는 모델의 B집단군 주력인 제5기갑군 및 제15군, 그리고 H집단군의 제1공수군 등 총 18개 사단이 갇힌 것이다. 소탕전은 매우 치열하였지만 남과 북에서 마주보고 조여 들어간 연합군이 14일 하겐(Hagen)에서 합류함으로써 18일까지에는 모든 저항이 종식되었다. 루르 포위전에서 생포된 독일군은 무려 325,000명이나 되었으며, 독일군 장성 가운데 가장 유능한 사람의 하나인 모델 원수 자신은 두이스부르크(Duisburg)의 숲 속에서 자살하고 말았다.

이처럼 소탕전이 벌어지고 있는 동안에도 연합군의 주력부대들은 동진을 계속하여 미 제9군은 4월 12일 엘베(Elbe)강에 연한 마그데부르크(Magdeburg)에 도달하였고, 미 제1군은 18일 라이프찌히(Leipzig)를 점령함으로써 독일군을 남북으로 양분시켰다. 당시 엘베강으로의 진격작전에서 연합군의 진격속도는 하루 평균 20 내지 30마일로서 마치 드라이브를 즐기는 형국이었다.

제5절 독일국방군의 최후

순전히 군사적인 측면에서만 본다면 독일의 패배는 이미 루르 포위전으로서 결판난 것이다. 왜냐하면 독일의 주력군과 공업시설이 회복불능의 상태로 파괴되었기 때문이다. 그러나 카사블랑카 회담 직후 연합국이 내건 "무조건항복" 요구 때문에 독일은 궁지에 몰린 짐승처럼 최후까지 발악을 계속하고 있었다. 즉 나치는 바바리아(Bavaria) 및 오스트리아령 티롤(Austrian Tirol)지방에 소위 "민족의 도피처"(National Redoubt)를 구축하고 마지막 결전을 할 준비가 되어 있다고 선전하면서, 그곳은 불사불멸의 비밀조직인 "Werewolves"에 의하여 수호되기 때문에 결코 무너지지 않을 것이라는 풍문을 퍼뜨림으로써 독일국민의 저항의지를 고취시키려 하였다.

이리하여 연합군의 주력이 엘베강선에 육박한 4월 중순경 아이젠하워는 전후에 논쟁의 대상이 된 중대한 결단을 내리게 되었다. 그는 영 · 미 연합군의 어떠한 부대도 엘베강을 건너 동진하지 못하도록 지시하는 한편, 그의 우익을 남쪽으로 전향시켜 티롤 지방으로 진격케 했던 것이다. 이 결단은 정치적 측면을 도외시하고 오로지 군사적 관점에만 입각하여 취해진 것이었지만, 어떤 면에서는 연합국 정치지도자들의 결정사항에 순응한 조치이기도 했다. 만일 당시 영 · 미군이 엘베강변에 주저앉아서 소련군의 도착을 기다린 대신 그대로 진격했더라면, 불과 60마일 밖에 있었던 베를린은 틀림없이 그들의 수중에 떨어졌을 것이다.

아이젠하워의 결단에 의하여 브래들리는 엘베강선에서 정군하였고, 몽고메리는 함부르크(Hamburg) 방면으로 북상하면서 소탕전을 계속하였으며, 이제까지 조공의 위치에만 머물러 있던 데버어스의 제6집단군은 바야흐로 도나우(Danube) 계곡을 향하여 마지막 철퇴를 휘두르게 되었다. 그리고 브래들리 휘하부대 가운데는 유일하게 패튼의 미 제3군이 제6집단군의 좌익에서 남동진하여 체코와 북부 오스트리아로 진출하였다. 4월 20일 제6집단군은 뉘른베르크(Nurnberg)를 점령하고 22일에 도나우강을 도하하였으며, 4월 30일 나치의 발생지인 뮤니히(Munich)를, 5월 4일에는 최후의 저항거점인 베어흐테스가덴(Berchtesgaden)을 점령하였다. 패튼도 5월 4일까지 린쯔(Linz)를 점령하고 일부는 체코의 필젠(Pilsen)으로 육박하였다.

한편 동부전선의 소련군도 4월 16일부터 베를린으로 향한 총공세를 개시하여 5월 2일까지 모든 저항을 종식시켰다. 이제 지리멸렬에 빠진 독일군은 도처에서 항복하였고, 이미 4월 30일 베를린에서 자살한 히틀러의 최후통첩에 의하여 총통이 된 되니츠(Donitz) 제독은 전권대표 요들(Jodl)을 렝스(Reims)의 아이젠하워 사령부로 파견하였다. 마침내 5월 7일 새벽 2시 41분, 요들은 무조건 항복문에 서명하였다. 이로써 5년 8개월에 걸친 유럽에서의 대전이 막을 내렸다. 연합군 사령부는 이튿날인 5월 8일을 전승기념일(V-E Day; Victory in Europe)로 선포하였다.

제12장 태평양전쟁의 개전

제1절 중일전쟁(中日戰爭)

제2차 세계대전의 시발(始發)을 어디에 둘 것이냐 하는 문제는 논란의 여지가 있다. 하지만 극동(極東)의 경우 전쟁의 불꽃은 이미 독일의 폴란드 침공보다 2년 2개월이나 빠른 1937년 7월 7일에 불타올랐으며, 이것을 실질적인 대전의 시발로 보아도 무리는 없을 것 같다. 즉 혼란에 빠진 유럽이 스페인내전으로 동요되고 있을 때 일본은 선전포고도 없이 중일전쟁을 향해 박차를 가했던 것이다.

전쟁은 조작된 소위 "지나사변"(支那事變, China Incident)에 의해서 시작되었다. 일본은 근대화된 산업력에 바탕을 둔 잘 훈련된 300,000명의 정규군과 일본군장교에 의해 지휘되는 만주인 및 몽골인 부대 150,000명, 그리고 약 200만 명에 가까운 예비군을 보유하고 있었으며, 당시 세계 제3위의 막강한 해군력과 육군 및 해군항공대가 이를 지원하고 있었다. 반면에 중국군은 숫자상 약 200만으로 추산되고 있었으나 그런 대로 무장을 갖춘 부대는 불과 100,000명 미만이었다. 더구나 외부로부터의 원조로 보급문제를 해결하고 있었던 장개석 군(軍)은 해군도 없었을 뿐만 아니라 항공력 역시 거의 전무한 상태였다.

일본은 주공을 만주국으로부터 취하고 조공은 상해방면에서 전개하기로 결정했다. 이 계획은 이미 점령하고 있었던 만주지방의 기지를 적절히 이용할 수 있다는 이점과 더불어, 장개석 군이 중국 서부산악지대로 철수하기 전에 포위할 수도 있다는 가능성마저 포함하고 있었다. 북쪽에서 우익을 보호하기 위하여 8월중에 포두(包頭, Paotow)를 점령한 일본군은 9월부터 남진을 개시했다. 그러나 철도를 따라 3갈래로 뻗은 이 진격은 중국군의 완강한 저항과, 주로 야간에 통신망과 보급로를 차단하는 게릴라의 활동으로 말미암아 11월에 이르러 지지부진한 상태에 빠지고 말았다. 사실상 이와 같은 일본군의 좌절은 상해방면에서 더욱 많은 병력이 필요해짐에 따라 공격력이 약화된 데에도 크게 기인하고 있다.

8월에 시작된 상해에서의 전투는 예상외로 격렬하였다. 독일식으로 훈련된 장개석 군의 정예 제88사단이 일본군의 지원 병력이 도착할 때까지 일본군 상륙부대를 상해에 묶어 놓았던 것이다. 그러나 지원부대에 의해 증강된 일본군은 마침내 상해교두보를 벗어난 후 12월 13일에는 남경을 점령했다. 이동안 일본군 항공기들은 중국의 여러 도시들에 대하여 무자비한 폭격을 가했다.

그러나 일본의 군사지도자들은 전쟁 첫해에 그들이 쟁취한 성과에 대해서 실망하고 있었다. 그들은 장개석이 중국 내의 내분을 통합하기 전에 장개석의 조직화된 군사력을 분쇄하고자 했으며, 대중국전쟁이 일본경제에 부담을 끼치기 전에 끝나 주기를 바랬었다. 그렇지만 일본의 그러한 의도는 중국이 시간을 벌기 위해 공간을 포기하는 등 결정적 전투를 회피한 관계로 좌절되고 말았던 것이다.

상해를 잃어버린 것이 커다란 타격이기는 했지만, 장개석 군은 아직도 대부분의 항구와 4개의 대외 주요보급로를 장악하고 있었다. 하이퐁(Haiphong)에서 곤명(Kunming)간 철도, 랭군(Rangoon)에서 라쉬오(Lashio)를 거쳐 곤명에 도달하는 철도 및 도로, 그리고 러시아에 이르는 2개의 도로가 그것이었다.

해를 넘긴 1938년의 작전에 있어서 일본의 가장 주된 계획은 아직도 중국군의 장악 하에 있는 롱해(朧海, Lunghai) 회랑을 봉쇄하는 것이었다. 따라서 첫 번째 목표는 중요한 철도중심지인 서주(徐州, Suchow)였다. 중국의 저항은 완강했지만 북쪽으로부터 남하해 온 두 갈래의 공격에 의해 일본군은 5월에 이르러 서주를 거의 점령하기에 이르렀다. 6월이 되자 일본군은 한구(漢口, Hankow)로 통하는 철도를 봉쇄하고자 정주(鄭州, Chengchow)로 진격하기 시작했다. 그러나 이 진격은 중국군이 황하의 제방을 무너뜨려 주변 지역을 강물로 범람시켰기 때문에 수렁에 빠진 꼴이 되고 말았다.

그러는 동안에도 일본군은 장개석 정부의 수도인 한구로의 공격을 더욱 가열시켜, 8월에는 40,000명의 병력을 영국령 홍콩으로부터 20마일쯤 북쪽에 상륙시킴으로써 광동(廣東, Canton)을 쉽사리 점령했다. 이 때문에 한구는 그 주요보급로가 차단당하게 되었으며, 결과적으로 9월에 가서 장개석은 5개월간에 걸친 혈전의 보람도 없이 한구를 포기하지 않을 수 없게 되었다. 이후 장개석은 산업시설들을 보다 내륙으로 소개(疏開)시키는 등 초토화전략(scorched-earth strategy)을 전개하는 한편, 수도를 중경(重慶, Chungking)으로 옮겼다.

일본은 1938년 말까지 중국의 노른자위에 해당하는 지역들을 장악했지만, 그 지역 내에서 아직도 계속적인 난관에 봉착하고 있었다. 게릴라의 활동은 나날이 격화되어 가고, 일본의 비인도적 행정통치와 군인들의 갖은 난동으로 주민들의 적개심 또한 깊어만 갔다. 쉽사리 항복할 것으로 생각했던 중국군은 꿋꿋하게 저항을 계속하고 있었고, 미국은 점점 더 많은 원조를 장개석 군에게 제공함으로써 원기를 돋우어 주고 있었다.

2년 만에 신속한 승리를 쟁취하고자 했던 당초의 의도가 이처럼 좌절되자 일본은 1939년에 접어들면서 최소의 군사력으로 전략적 요충을 점거하는 봉쇄전술로 전환하게 되었다. 즉 중국의 해안지대를 점령하여 대중국 보급로를 봉쇄하는 경제적 교살정책(絞殺政策)으로 바꾼 것이다. 그러나 중일전쟁은 대륙적 기질을 발휘한 중국인의 끈질긴 저항으로 종전시까지 내내 지속되었다.

제2절 일본의 전쟁계획

일본이 미 · 영을 비롯한 연합국과 전쟁을 벌이려고 결정한 것은 결코 일조일석에 이루어진 것이 아니다. 일본이 1931년 만주를 침략하면서부터 꿈꾸어 온 이른바 "대동아공영권"(The Greater East Asia Co-Prosperity Sphere)이라는 망상은 필연적으로 연합제국과 충돌을 일으킬 것이 명백하였으며, 일본도 이 점을 잘 알고 있었다. 그리고 그러한 충돌의 징후는 1940년에 들어서면서 점점 심각해지고 현실화되어 가고 있었다. 그해 1월 미국은 경제적 압력을 통하여 일본의 야망을 억제할 목적으로 대일수출금지(對日輸出禁止) 조치를 취했던 것이다. 그러나 일본은 아랑곳하지 않고 9월에 독일 · 이태리와 더불어 동맹관계를 수립하였고, 1941년 4월에는 소련과 5년간의 불가침조약을 맺음으로써 북방의 위협을 제거하였다. 또한 7월에는 프랑스와 비시(Vichy)정부에 압력을 가하여 프랑스령 인도차이나에 진주, 대중국 봉쇄망을 더욱 강화하였다.

미국의 대응책도 점차 격화되어갔다. 일본상품의 수입거부, 미국내 일본인의 자산동결, 그리고 영국 · 네덜란드 · 중국과 더불어 정치적 · 경제적 · 군사적으로 일본을 봉쇄하기 위한 ABCD(American-British-Chinese-Dutch)선을 구성하기까지 했다. 이렇게 되자 일본은 전쟁물자생산에 필수적인 고무 · 석유 · 주석 등 원료수입의 길이 막혀버리고 말았다. 마침내 일본은 그들의 국수주의적 팽창야망을 포기하든가, 아니면 일전(一戰)을 벌여 봉쇄를 타파하고 남방자원지대를 점령함으로써 자급자족의 길을 모색하든가 하는 양자택일의 기로에 서게 되었다. 일본은 일면으로 미국과 외교적 교섭을 계속하는 한편, 전력을 경주하여 전쟁준비를 진행시키는 조치를 취했다. 결국 전쟁은 피할 수 없게 된 것이다.

1941년 여름 유럽에서의 전쟁이 독일에게 대단히 유리하게 전개되고 있었던 사실은 일본의 입장에도 크게 도움이 되었다. 프랑스와 네덜란드가 이미 탈락하였고, 영국은 본토와 북아프리카에서 사활을 건 싸움에 매달려 있었으며, 소련마저도 독일군의 맹공 앞에 붕괴 직전이었으므로, 태평양의 세력균형은 일본에게 유리하도록 작용하고 있었다. 더구나 미국은 아직 전

시체제로의 전환이 이루어지지 않아서 전쟁잠재력이 동원되려면 장시일을 요할 것이 분명하였다. 반면에 일본은 즉시 사용가능한 병력이 월등 우세했을 뿐만 아니라, 4년 반에 걸친 중일전쟁을 통하여 얻은 실전경험은 자신감을 더욱 북돋아주었다. 이리하여 일본은 공세의 최적시기가 1941년 말이라는 판단을 내리게 되었다.

1941년 12월 7일 현재 일본군은 240만의 정규군과 300만의 예비군, 7,500대의 항공기와 230척의 주력함선을 보유하고 있었으며, 600만 톤 규모의 수송선이 이를 뒷받침하고 있었다. 뿐만 아니라 일본군은 그 전략적 배치상황이 대단히 유리하였다. 중앙태평양의 위임통치령 팔라우(Palau) 섬, 캐롤라인(Caroline) 제도, 마리아나(Mariana) 군도, 마샬(Marshall) 군도 등은 동으로 하와이 · 미드웨이 · 웨이크, 서로는 필리핀, 남으로는 비스마르크 · 솔로몬 · 뉴기니아 · 호주 등지에 대한 공격기지가 될 수 있었으며, 쿠릴(千島) 열도 역시 알류산 열도와 북태평양 방면에 대한 작전기지가 될 수 있었다. 또한 대만 · 오키나와 · 해남도 및 중국해안 지역의 각 기지는 남진하는 일본군을 보호할 수 있었고, 프랑스령 인도차이나로부터 출격하는 항공기는 말라야 반도와 싱가포르를 제압 가능하였다.

한편 하와이 서쪽지역의 연합군 총규모는 병력 350,000명, 전함 90척, 항공기 1,000대 정도였으나, 언어와 관습과 이해관계가 각양각색인 여러 나라 군대가 뒤섞여 지휘를 비롯한 모든 계획상의 통일이 결핍되어 있었다. 더구나 이 부대들은 동서로는 웨이크섬에서 버마(현재의 미얀마)까지, 남북으로는 홍콩으로부터 호주에까지 광범한 지역에 분산되어 있을 뿐만 아니라, 대부분이 일본의 기지에 의하여 포위 또는 고립된 상태였다.

미국의 경우 1941년 12월 7일 현재 병력 150만(이중 100만은 훈련 미필), 항공기 1,157대, 전함 347척, 수송선 총 1,000만 톤을 보유하고 있었으나, 이미 시행중인 "선독일(先獨逸)"정책 때문에 대부분이 전쟁물자를 유럽방면으로 유출한 관계로 전반적인 군비는 만족할만한 것이 결코 못되었다.

이상에서 살펴본 바와 같이 연합제국이 그들의 전 역량을 태평양에 기울일 수 없었던 반면에 일본은 자못 유리한 고지를 점하고 있었다. 그러나 전쟁잠재력이 상대적으로 열세한 일본은 서방열강의 연합 군사력과 대결하여 장기전을 벌일 수는 없었다. 다만 신속하고도 결정적인 공격으로 초반에 승세를 굳히고, 연합국이 반격으로 나오기 전에 전쟁을 종결시키는 방법만이 이길 수 있는 길이라고 판단했다. 따라서 기습에 의한 개전, 공세작전주의, 속전속결에 입각한 단기결전의 작전개념이 바람직할 것으로 기대되었다.

최고군사지휘권을 행사할 목적으로 설치된 「대본영」에서 확정지은 전쟁의 기본계획은 다음

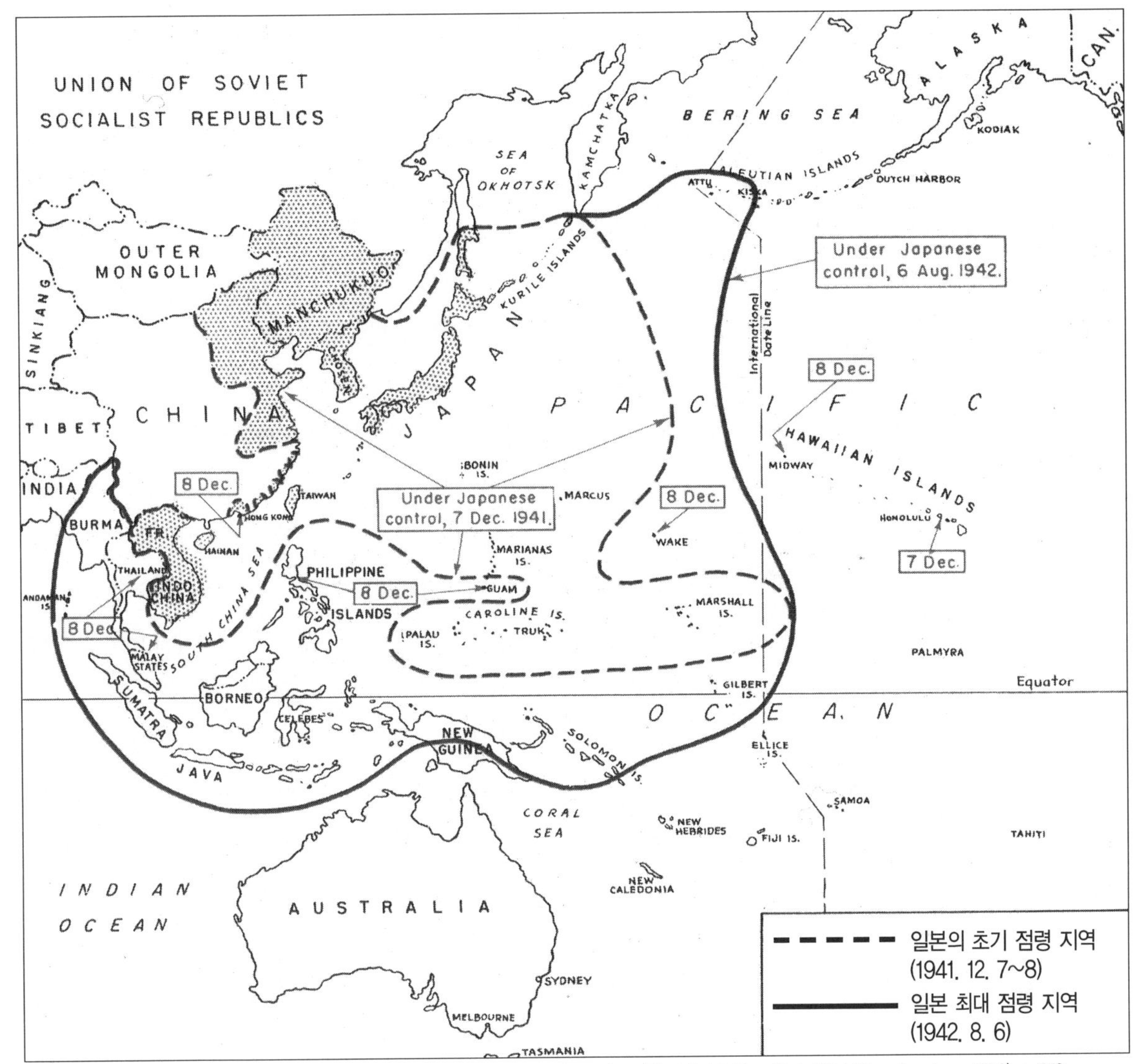

※ 출처: United States Military Academy, *Summaries of Selected Military Campaigns* (West Point, New York: US Military Academy, 1953), p. 152.

과 같은 3단계로 대별될 수 있다.

제1단계는 전략적 공세 단계로서 미국 태평양함대의 무력화, 극동에 고립된 연합군의 제거 및 남방자원지대 점령, 일본 본토 및 남방자원지대 방어에 필요한 외곽지대의 점령 등이 여기에 포함된다.

제2단계는 주변방어선 강화 단계로서 쿠릴 열도 · 웨이크섬 · 마샬 군도 · 길버트 군도 · 비스마르크 제도 · 북부 뉴기니아 · 티모르섬 · 자바 · 수마트라 · 말라야 · 버마(현재의 미얀마) 등지를 연하여 강력한 외곽방어선을 구축하여 확보한다.

제3단계는 제한된 소모전 단계로서 주변방어선 안으로 침투해오는 여하한 공격부대도 저지 격멸함으로써, 주적(主敵)인 미국의 전의가 분쇄될 때까지 제한된 지구전을 결행한다. 즉 어떠한 공격도 일본의 외곽방어선을 뚫지 못한다고 판단하게 되면, 미국은 일본이 이미 장악한 지역을 기정사실로 인정하고 협상에 의한 종전에 동의할 것으로 기대했던 것이다. 그러한 시기가 무르익을 때까지 한정된 기간을 소모전으로 버틴다는 의미에서 "제한된 소모전"인 것이다. 결국 일본의 전쟁목표는 미국이나 기타 연합국의 패망을 노린 것이 아니라 대동아공영권(大東亞共榮圈)만을 확보하자는 것이었으며, 그러한 측면에서 볼 때 제한된 전쟁목표였다고 할 수 있다.

이러한 기본계획 중에서도 가장 중요한 것은 제1단계작전이었다. 왜냐하면 2단계 · 3단계작전의 성패는 1단계의 성공 여부에 따라 결정될 것이었기 때문이다. 따라서 제1단계에서는 진주만 · 웨이크 · 괌 · 등 동쪽과 홍콩 · 말라야 · 필리핀 등 서쪽에 대하여 동시에 신속한 강타를 가할 필요가 있었다. 이를 위하여 일본은 원심공격법(遠心攻擊法, Centrifugal Offensive)을 고안해냈다. 이 전법은 병력집중의 원칙에 어긋나지만, 전략적 배치 및 내선상의 이점과 즉시 가용한 전투력의 우세를 이용한다면 최단시간 내에 최대효과를 얻을 수 있을 뿐만 아니라, 연합군으로 하여금 일본군의 진정한 목표가 어딘지 모르게 한다는 장점도 지니고 있었다.

이리하여 일본은 유일하게 노출된 좌익의 위협을 제거하기 위하여 진주만을 기습 공격하는 한편, 양대 주공을 말라야와 필리핀으로 두어 극동의 연합군을 분쇄한 이후, 자바에서 합류함으로써 남방자원지대를 점령한다는 세부계획까지 완료하였다.

끝으로 이러한 작전의 무대가 될 태평양지역의 특수성을 살펴보기로 하자. 첫째, 광대한 작전지역 내의 각 전장에 병력과 물자를 수송함에 있어서 공중 및 해상병참선만이 사용 가능하였다. 둘째, 부대와 물자의 안전수송을 위해 해 · 공군의 기지확보가 절대 필요하였으나, 기지로서 적합한 섬들은 극히 적었다. 셋째, 각 전장들이 서로 멀리 떨어져 있는데 반하여 해상수송률은 비교적 완만하였기 때문에 원대한 장기계획이 요망되었다. 넷째, 고도의 훈련과 특수장비를 필요로 하는 개인전투, 상륙작전, 정글작전이 특히 중시되었다. 다섯째, 육 · 해 · 공의 긴밀한 합동작전이 무엇보다도 중시되었다.

제3절 진주만(Pearl Harbor) 기습

1941년 2월 일본은 미국과의 견해 차이를 조정하기 위해 노무라(野村) 기찌사부로 제독을 워싱턴에 파견한 바 있는데, 노무라와 미 국무장관 헐(Cordell Hull) 사이에 진행되어 온 협상은 그해 초가을에 접어들면서 결렬될 기미가 농후해졌다. 더구나 주전론자인 도조 히데키(東條)가 10월 17일에 정권을 장악하면서부터 협상은 다만 기습준비가 완료될 때까지 미국을 기만하는 방책으로 지속되었을 뿐이었다. 도조 군국정부(軍國政府)는 곧바로 전쟁의 길로 달음질 쳐서 11월 5일 대본영 작전명령 제1호를 발령하였으며, 12월 1일에는 야전사령관들에게 개전 확정통보를 하달하였다. 개전일(X-day)은 12월 8일(날짜변경선 동쪽은 12월 7일)로 정해졌다. 일본이 진주만을 공격하기로 결정한 것은 미태평양함대를 최소한 3 내지 6개월간 무력화시킴으로써, 남방자원지대를 점령하고 외곽방어선을 구축하는 동안 아무런 방해를 받지 않으려 했기 때문이었다. 이 과제는 개전과 동시에 기습적으로 달성되어야만 했는데 일본으로부터 하와이까지 약 3,500마일이나 되는 거리를 발각되지 않고 접근하기란 사실상 기대하기 어려웠다. 그러나 연합함대사령관 야마모토 이소로쿠(山本 五十六) 제독은 미태평양함대의 위협을 제거하지 않고는 전쟁을 계획대로 이끌어 나아갈 수 없다고 믿었기 때문에, 이미 1941년 1월부터 공격요원들을 선발하고 비밀리에 훈련시켜왔다. 야마모토는 항공기에 의한 기습만이 유일한 가능성을 포함하고 있다고 믿었다. 따라서 그는 공격부대를 항모 중심의 기동부대로 편성하였다. 나구모(南雲) 중장이 지휘하는 제1항공함대는 함재기 총 414대를 실은 6척의 항모를 중심으로 전함 2 · 중순양함 2 · 경순양함 2 · 구축함 9 · 잠수함 3 · 유조선 8척으로 편성되었으며, 11월 26일 쿠릴열도의 히토가푸(단관만, 單冠灣)를 출항하였다. 접근항로는 일기불순과 연료 재보급의 애로가 많음에도 불구하고 비교적 발각될 염려가 적은 북태평양 항로를 택했다. 그리고 야마모토 자신은 대 함대를 이끌고 인도차이나해역에서 기동훈련을 실시하여 세계의 이목을 말라야 방면으로 집중시킴으로써 제1항공함대의 동태를 감추고자 하였다.

한편 하와이에는 쇼오트(Short) 장군이 지휘하는 59,000명의 지상군이 있었고, 킴멜(Kimmel) 제독 휘하의 태평양함대는 전함 9 · 항모 3 · 중순양함 2 · 경순양함 18 · 구축함 54 · 잠수함 22척을 보유하고 있었으며, 항공기는 육 · 해군 합쳐서 450대가 있었다.

일본 제1항공함대의 항해는 비교적 순조롭게 진행되어 12월 7일 06:00시에는 오아후(Ohau)섬 북쪽 200마일 해상에 도착했다. 그리고 아직 새벽의 어둠이 채 걷히기도 전에 함재기들은 갑판을 떠났다. 공격은 제1파와 제2파, 2차에 걸쳐 시행되었다. 07시 50분 183대의 제1파공격대(第1波攻擊隊)는 항만 내에 정박 중인 함선과 히캄(Hickam) 및 휠러(Wheeler) 비행장, 그리고 포드(Ford)섬의 해군 공창(工廠)을 맹폭하기 시작했다. 폭음과 화염이 조용한 휴일 아침을 산산조각으로 깨뜨렸다. 08시 25분경 제1파 공격대가 물러가고 나자 08시 50분에는 180대의 제2파 공격대가 들이 닥쳐 다시 한번 진주만을 휩쓸었다. 09시 45분경 모든 공격기들은 항만을 뒤덮은 검은 연기 저 너머로 사라져갔다. 진주만은 불과 2시간 동안에 폐허나 다름없이 파괴되었다. 전함 7척을 포함한 18척의 함선이 격침 또는 대파되었고, 항공기는 폭파 188대, 파손 159대였으며, 해군이 대부분인 인원손실은 전사 2,403명을 포함해서 총 3,581명에 이르렀다. 다만 불행중 다행은 항공모함 3척이 피습 당시 항만 내에 있지 않으므로 해서 피해를 모면했다는 사실이다. 반면에 일본군은 불과 29대의 항공기와 5척의 소형잠수함 및 1척의 대형잠수함을 잃었을 뿐이다.

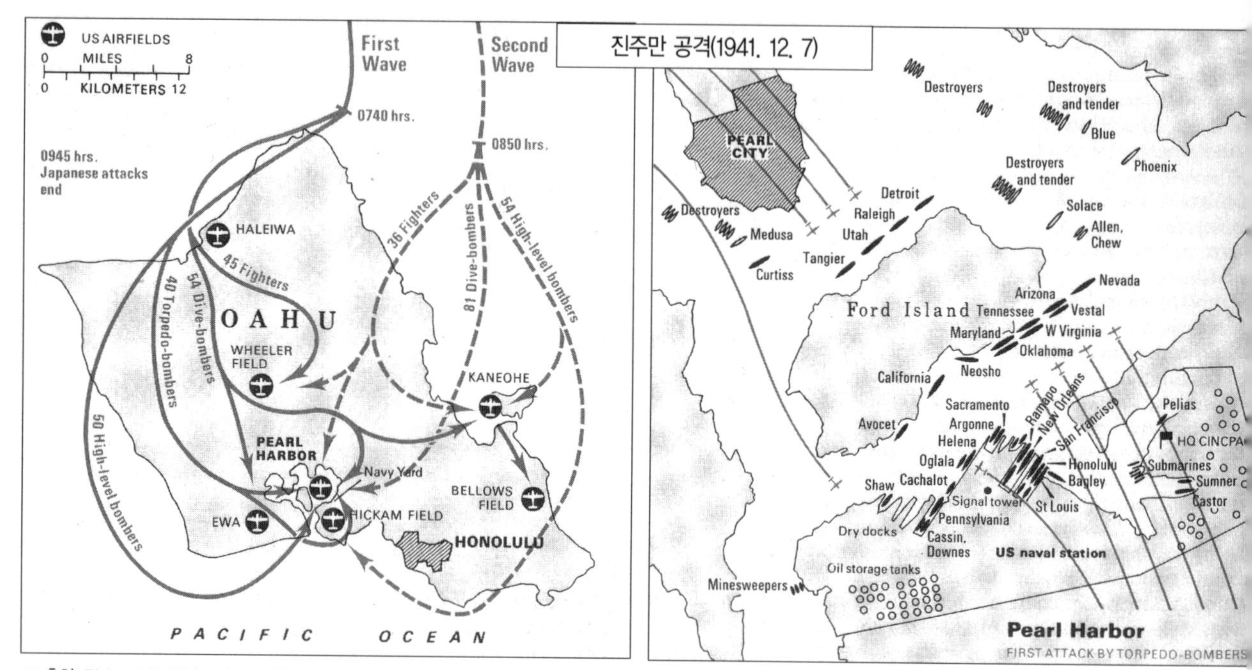

※ 출처: Richard Natkiel, *Atlas of 20th Century History* (London: Bison Books, 1982), p. 132.

이제 미태평양함대는 반신불수가 되었고, 일본군은 마음 놓고 남방자원지대로 진격할 수 있게 되었다.

그러면 진주만기습의 성공요인은 무엇인가? 첫째, 시간적으로 완전기습이었다. 일본은 평화를 가장한 협상기간을 이용하여 기습준비를 완료하였을 뿐만 아니라, 일요일을 공격일로 택하였다. 둘째, 방향상의 기습이었다. 일본은 대함대와 병력을 동남아방면에 집중시킴으로써 세계의 이목을 그곳으로 돌리게 한 뒤, 미 대륙의 인후부(咽喉部)인 하와이를 공략하였다. 또한 접근로를 북쪽으로 택한 것도 방향상의 성공요소였다. 셋째, 수단상으로 기습이었다. 진주만 기습은 사상최초의 도양기습(渡洋奇襲)이었으며, 항공모함을 이용한 공중공격이라는 점에서 신기원을 이루었다. 즉, 이로부터 해전양상에 새로운 국면이 전개되기 시작했으니, 종래 해양을 지배해왔던 거함거포주의(巨艦巨砲主義)의 화신인 전함이 물러나고 항공모함이 해상의 새로운 왕자로 등장하기 시작한 것이다. 넷째, 일 제1항공함대는 무전사용을 일절 금지함으로써 기도비닉(企圖秘匿)을 달성하였다. 끝으로 일본은 첩보활동을 통하여 진주만의 항만시설, 함선 정박상태 등 상세한 정보를 획득하였다.

반면에 미군 측의 실패요인은 주로 경계 · 협조 및 판단의 측면에서 찾아볼 수 있다. 우선 쇼오트와 킴멜 간에는 통합지휘가 이루어지지 않고 지휘권이 분립되어 있었는데, 이 때문에 양 지휘관은 경계문제에 있어서 서로 상대 쪽만을 믿고 있었다. 즉 쇼오트 장군은 해군이 충분한 시간여유를 앞두고 경고해 주리라고 믿었으며, 킴멜 제독은 육군이 진주만을 충분히 보호해 주리라고 믿었던 것이다. 다음은 두 지휘관의 판단착오로서, 이미 11월 27일에 태평양지역 전 미군에 대하여 전쟁경보가 하달되었음에도 불구하고, 두 지휘관은 즉각적인 전투태세에 돌입하는 대신 훈련강화만을 지시했을 뿐이다. 더구나 킴멜은 일본군의 예상접근로인 서쪽 및 서남쪽에 대해서만 정찰을 실시하고 있었고, 쇼오트는 일인교포들의 태업(怠業)에 대비하여 부대를 집결시키고자 일선방어진지의 병력마저 철수시켰던 것이다.

돌이켜 보건대 일본군의 진주만 기습은 최단 시간 내에 태평양의 제해권을 장악하게 되었다는 점에서 전술적인 대성공이었지만, 전략적으로 볼 때는 도리어 벌집을 쑤신 꼴이 되고 말았다. 왜냐하면 소극적이고 사분오열되어 있던 미국민의 여론을 자극하여 분기시킴으로써 미국으로 하여금 전 역량을 집중하여 전쟁의 길로 돌입케 하였기 때문이다. 당시 미국을 뒤덮었던 "진주만을 상기하라!"라는 구호는 너무나도 유명하다. 뿐만 아니라 일본군은 선박수리소와 450만 배럴이나 저장하고 있었던 유류저장고 등을 폭파하지 못했기 때문에 진주만의 급속한 복구를 허용하고 말았으며, 그 결과는 불과 6개월 후에 미드웨이 해전에서의 참담한 패배로 되갚아 졌던 것이다.

한편 진주만 기습과 동시에 일본의 원심공세(遠心攻勢)는 동남아시아와 남태평양으로 뻗어나가, 영국의 극동 전초기지인 홍콩은 18일간의 저항 끝에 크리스마스 날에 함락되었고, 괌섬은 이미 12월 10일에, 웨이크 섬은 25일에 점령되었으며 미드웨이는 30분간의 함포사격만을 받았을 뿐 무사하였다.

제13장 일본의 공세

제1절 말라야(Malaya) 전역

말라야는 아시아대륙의 남단에 비죽하게 돌출된 반도로서 인도양과 남지나의 분기를 이루고 있으며, 해상교통의 길목인 말라카(Malacca) 해협을 끼고 있다. 또한 고무 · 주석 · 망간 · 니켈 등 전략자원이 매우 풍부할 뿐더러 네덜란드령 동인도제도(오늘날의 인도네시아)로의 중요 접근로가 될 수 있다. 그런가 하면 반도의 남단에는 천혜의 항구이며 영국 극동세력의 아성(牙城)인 싱가포르(Singapore)가 위치하고 있다. 남북으로 500마일에 달하는 반도는 전 면적의 70% 이상이 고온다습한 정글로 덮여 있고, 그 사이로 약 250개의 대소 하천이 흘러서 부대작전에 막대한 지장을 초래한다.

말라야 반도는 퍼시발(Percival) 중장이 지휘하는 약 80,000명의 영국연방군이 방어하고 있었는데, 장비는 대부분 노후하였고 훈련 상태는 보잘 것 없었다. 항공기는 모두 합쳐 336대가 있었으나 전투 가능한 신형항공기는 겨우 158대에 불과하였다. 해군의 경우도 전함 프린스 오브 웨일스(The Prince of Wales)호와 전투순양함 리펄스(The Repulse)호가 12월 2일에 도착하여 강화되기는 했지만, 영국의 극동함대는 일본함대에 비길 바가 못 되었다.

퍼시발은 싱가포르가 바다로부터의 공격에 대해서는 난공불락이며, 만일 일본군이 반도북부로부터 공격해 온다하더라도 지형적 이점을 이용하여 방어한다면 능히 저지할 수 있으리라고 생각했다. 그러나 지나치게 낙관한 나머지 정글 전투를 위한 훈련이나 준비에는 아무런 힘도 기울이지 않았다.

한편 일본군은 야마시타 토모유키(山下奉門) 중장이 지휘하는 제25군(4개 사단 규모)이 투입되었으며, 프랑스령 인도차이나에 기지를 둔 제2함대 및 약 400여대의 항공기를 보유한 제3항공집단이 이를 지원하였다. 야마시다의 작전개념은 바다로부터 싱가포르를 공략하는 것이 아니라 반도북부로부터 배후로 공격하는 것이었으며, 이를 위한 세부계획은 다음과 같았다. 제공권 장악을 위한 공중공격과 동시에 지상군은 태국의 크라(Kra)지협 동해안인 싱고라(Singora), 파타니(Patani), 그리고 북부 말라야의 코타 바루(Kota Bahru) 등 세 곳에 상륙한다. 상륙부대는 주공을 서부해안에, 조공은 동부해안에 두고 남진하여 합류한 뒤 싱가포르를 함락한다.

일본군의 공격은 진주만 기습과 같은 날인 12월 8일 개시되었다. 일본공군은 3일 만에 영국

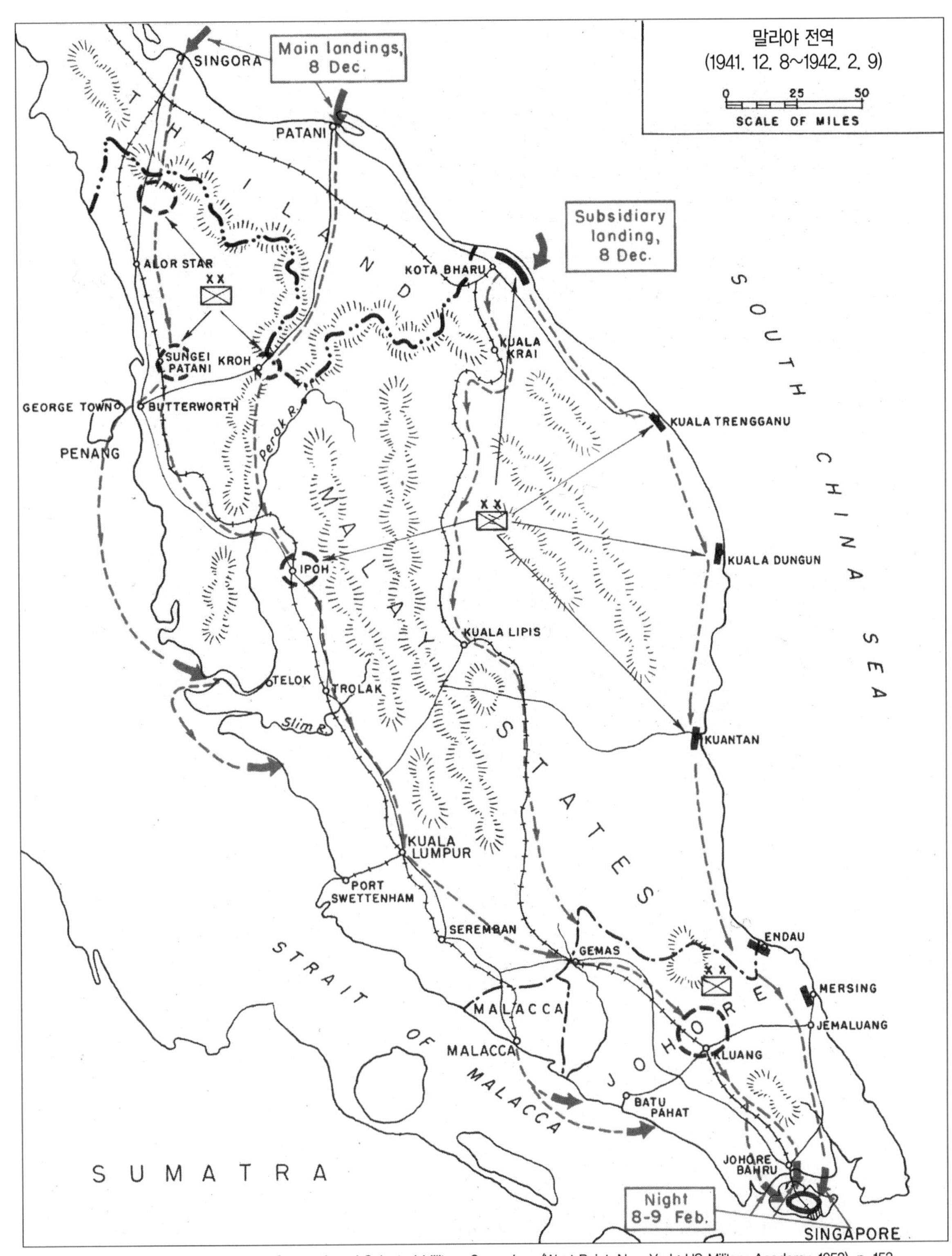

※ 출처: United States Military Academy, *Summaries of Selected Military Campaigns* (West Point, New York: US Military Academy, 1953), p. 153.

공군을 완전히 제압하였으며, 무저항으로 상륙한 지상군은 2개 종대를 서부해안으로, 1개 종대는 동부해안으로 진출시켜 맹렬한 속도로 남하하기 시작했다. 이 무렵 전 세계를 놀라게 한 또 하나의 극적인 사건이 벌어졌으니, 12월 10일 콴탄(Kuantan) 동쪽 해상에서 프린스 오브 웨일스 호와 리펄스 호가 일본 항공기에 의하여 격침당한 것이다. 이는 현대식 주력함이 오로지 공중공격에 의하여 침몰당한 사상 최초의 전례로서, 공중엄호가 없는 함대의 무력성을 여지없이 입증하였다.

한편 일본 지상군은 도처에서 영국군을 격파하고 남진하여 이듬해인 1942년 1월 14일에는 반도 내에서의 최후저항선인 죠호르(Johore) 선까지 도달하였다. 이처럼 남진해오는 동안 일본군이 사용한 전술상의 특징을 몇 가지로 요약보면 첫째는 침투 및 우회전술이다. 즉 경장비와 수 일분의 식량을 휴대한 각개병사는 소집단으로 분산되어 정글을 뚫고 영국군 진지를 침투 또는 우회하였으며, 후방의 예정 집결지에 집결한 뒤 배후로부터 영국군에게 기습공격을 가하였다. 정글에서의 이러한 침투 및 우회전술은 고도의 훈련과 개인전투력을 필요로 하는 것인데, 일본군은 이를 매우 효과적으로 수행하였다. 둘째는 전차운용 및 자전거부대의 활용이다. 당시까지만 해도 서양의 전술이론가들은 전차가 정글지형에서는 거의 쓸모가 없을 것이라고 믿고 있었다. 그러나 야마시다는 전차를 효과적으로 운용함으로써 신속하게 영국군 진지를 돌파하였으며, 아무리 정글지형이라 하더라도 전차는 그것에 대응할만한 아무런 무기나 장비를 갖추지 못한 상대방에게 치명적인 존재가 될 수 있다는 사실을 여실히 증명하였다. 또한 협소한 소로(小路)에는 자전거부대를 이용하여 기동력을 현저히 증가시키기도 했다. 셋째는 항공기의 근접지원으로서, 포병사용이 곤란한 정글지대에서는 항공기에 의한 화력지원을 실시했던 것이다. 넷째는 수륙합동전술로서 최초의 상륙시는 물론이고 남진 중에도 정글을 통한 침투나 우회가 어려운 경우에는 해안을 우회 상륙하여 돌파를 기도했던 것이다. 이리하여 야마시다는 계속적으로 압력을 유지할 수 있었고 영국군은 미처 방어진지를 채 구축하기도 전에 일본군의 공격을 받아 후퇴하지 않으면 안 되었던 것이다.

이상과 같은 전술은 영국군이 결사적으로 방어하고자 한 죠호르 선에 대해서도 예외 없이 사용되었으며, 워낙 일본군의 공격기세가 강력하였기 때문에 영국군은 부득이 1월 31일에 싱가포르 섬으로 철수하고 말았다. 일본군은 여세를 몰아 2월 8일부터 싱가포르 공략전을 벌였으며, 15일에는 퍼시발 이하 70,000명의 항복을 받았다.

일본군은 약 2개월 만에 대소 96회의 전투에서 영국군을 격파하고 거의 600마일의 남진을 하였으며, 난공불락(難攻不落)을 자랑하던 싱가포르 요새마저 탈취한 것이다. 이로써 일본은 세계생산량의 42%에 달하는 고무와 27%의 주석, 그리고 인도양으로의 출구를 획득하였다.

영국군의 패인(敗因)은 제공 · 제해권의 조기상실, 정글전 미숙, 토착민의 전의부족(戰意不足), 그리고 작전상 불필요한 지역을 분산 방어하려 한 때문에 죠호르 선으로의 철수가 지연되었다는 점 등이며, 결과적으로 연합군의 극동방어는 심대한 타격을 받게 되었다.

제2절 필리핀(Philippines) 전역

필리핀은 대소 7,100개의 섬이 남북으로 1,100마일, 동서로 700마일 넓이에 광범위하게 분산되어 있는 도서국(島嶼國)이며, 1898년 미-스페인전쟁 결과 미국의 식민지가 된 후 미국의의 극동근거지가 되어왔다. 그러나 미국은 필리핀을 통치함에 있어서 가능한 한 많은 자치를 허용하였고, 장차 독립시키기로 결정한 바 있다. 그래서 신생 필리핀의 군사력 건설을 위하여 맥아더(Douglas MacArthur) 장군이 1935년부터 군사고문으로 있었다. 맥아더 장군은 1937년에 미 육군에서 퇴역했으나 일본과 미국간의 관계가 차츰 악화되어가고 장차 일본군의 침공이 예상되자 1941년 초 현역으로 재소집되었다. 그리고 미국은 필리핀군을 미군에 편입시켜 그해 6월 26일에는 맥아더 휘하에 미극동지상군(USAFFE; United States Army Forces in the Far East)을 창설하였다.

당시 필리핀의 총병력은 약 130,000명이었으며, 그중 미군은 13,500명이었다. 항공기는 277대가 있었으나 전투 가능한 것은 142대에 불과했으며, 해군력 역시 보잘 것 없었다. 미국 본토로부터는 새로 20,000명의 병력과 50만 톤의 보급품이 도착할 예정이었지만 일본군의 공격이 먼저 개시되었다.

맥아더의 필리핀 방어계획은 증원군이 도착할 때까지 가능한 한 장기간 루존 섬을 방어하되, 사태가 여의치 못하게 되면 바탄(Bataan) 반도로 철수하여 마닐라만(灣)을 끝까지 확보함으로써 증원군 상륙의 발판을 마련한다는 지구전 개념이었다. 이리하여 최소한 4-6개월간 지연전을 계속하는 동안에 미국 본토로부터 증원군이 도착하면 반격을 취할 생각이었다. 이에 따라 맥아더는 이미 1941년 1월부터 바탄 반도에 방어진지를 구축하기 시작했고, 코레기도르(Corregidor)를 비롯한 마닐라만 입구의 4개 도서도 요새화시켰던 것이다. “무지개 계획”(Rainbow Plan)으로 알려진 이 작전개념은 해군에 의하여 보급이 계속 유지된다는 전제하에 수립된 것이었다. 필리핀은 지하자원이 많기는 하지만 국내에 중공업이나 군수공업이 없을 뿐만 아니라, 유류도 전적으로 미국 본토로부터의 보급에 의존해야 되었기 때문이다.

맥아더는 휘하병력을 북부 루존부대(Wainwright)와 남부 루존부대(Parker) 그리고 맥아더 자신이 직접 장악하는 미 극동군예비대로 편성하여 방어에 임하였다.

한편 필리핀에 침공한 일본군은 홈마(本間) 중장이 지휘하는 제14군 예하 2개 사단과 1개 여단이었으며, 제3함대 및 제2함대의 일부, 그리고 대만에 기지를 둔 제5항공집단(500기)이 이를 지원하였다. 일본군의 공격계획은 대략 다음과 같은 4개 단계로 되어 있었다. 우선 미 극동공군을 격파하고 제공권을 장악한다. 두 번째, 필리핀을 고립화시키기 위하여 웨이크 및 괌 섬 점령으로 하와이와의 연결을 끊고 민다나오(Mindanao) 섬의 다바오(Davao)를 점령하여 남부병참선도 차단한다. 세 번째, 루존 섬의 남 · 북단에 조공부대를 상륙시켜 미군주력을 유인하고 주공은 동서해안에 상륙하여 마닐라를 협공 점령한다. 마지막으로 잔여지역을 점령하고 지상군을 소탕한다.

필리핀에 대한 일본군의 공격은 진주만 및 말라야 공격과 같은 날인 12월 8일부터 개시되었다. 일본군 항공기들은 루존 섬의 비행장과 중요기지에 조직적인 폭격을 가하여, 항공기를 분산시킬 비행장과 조기경보망 및 대공포가 부족한 미 항공력에 대손실을 입혔다.

12월 10일에는 북부 루존의 아파리(Apari)와 비간(Vigan)에 조공부대가 상륙하여 비행장 건설에 착수하였으며, 12일에는 남부 루존의 레가스피(Legaspi)에 역시 조공부대가 상륙하였다. 그러나 맥아더는 조공에 기만당하지 않고 장차 예상되는 주공에 대비하고 있었다. 12월 18일부터 일본군 항공기는 루존 기지에서 작전을 개시하게 되었다. 이에 따라 제공권을 확고히 장악하게 되자 12월 23일 새벽 서해안의 링가옌(Lingayen)만에, 24일에는 동해안의 라몬(Lamon)만에 각각 주공부대가 상륙하였으며, 이들은 즉시 마닐라를 향한 맹진격에 들어갔다.

맥아더는 이제 바탄으로의 철수를 서두르기 시작했다, 공군력과 기동력이 부족한 상황 하에서는 개활지작전(開闊地作戰)이 불리하며, 훈련이 잘된 우세한 적과 결전을 한다는 것은 무모한 짓에 불과했기에, 맥아더는 산악과 밀림으로 뒤덮인 바탄의 천연적인 지형을 이용하여 지연전을 전개함으로써 장차 증원될 전력의 발판이 될 마닐라만을 끝까지 확보하기로 결심했던 것이다.

그런데 남부 루존부대의 바탄 철수를 위해서는 북부 루존부대의 성공적인 지연작전이 수행되어야만 하였고, 북부 루존부대에 의한 팜팡가(Pampanga) 강의 교량 확보 여부가 곧 성공의 열쇠였다. 이리하여 북부 루존부대는 D-1선으로부터 D-5선에 이르는 5개의 저지선에서 단계적으로 지연전을 펴기 시작했고, 그 동안에 남부 루존부대는 결사적인 강행군을 실시하여 마침내 1942년 1월 2일 무사히 강을 건너 바탄으로 철수하였다. 남부 루존부대를 추격해온 일본군은 같은 날 마닐라에 무혈 입성하였다.

마닐라만 입구에 있는 바탄 반도는 동서가 20마일, 남북으로 30마일 정도 되는 자그마한 반도로서, 미군은 주(主)진지를 나티브(Natib) 산 일대에, 예비진지를 사마트(Samat) 산 일대에 구축하였으며, 일본군의 후방상륙에 대비하여 해안방어진지도 준비했다.

일본군은 미국군의 바탄 철수를 전혀 예상하지 못했고 마닐라를 점령함으로써 필리핀 전역이 끝나리라고 생각했기 때문에, 홈마군의 주력인 제4사단을 마닐라 점령 직후 자바(Java) 방면으로 이동시켰다. 따라서 일본군은 제16사단의 일부와 제65독립혼성여단만으로 바탄의 미국군을 격파하지 않으면 안 되었다. 한편 바탄 반도 내에는 약 15,000명의 미군을 포함하여 80,000명의 병력이 있었으나, 식량과 의약품이 매우 부족하였고 사기 역시 크게 저하되어 있었다.

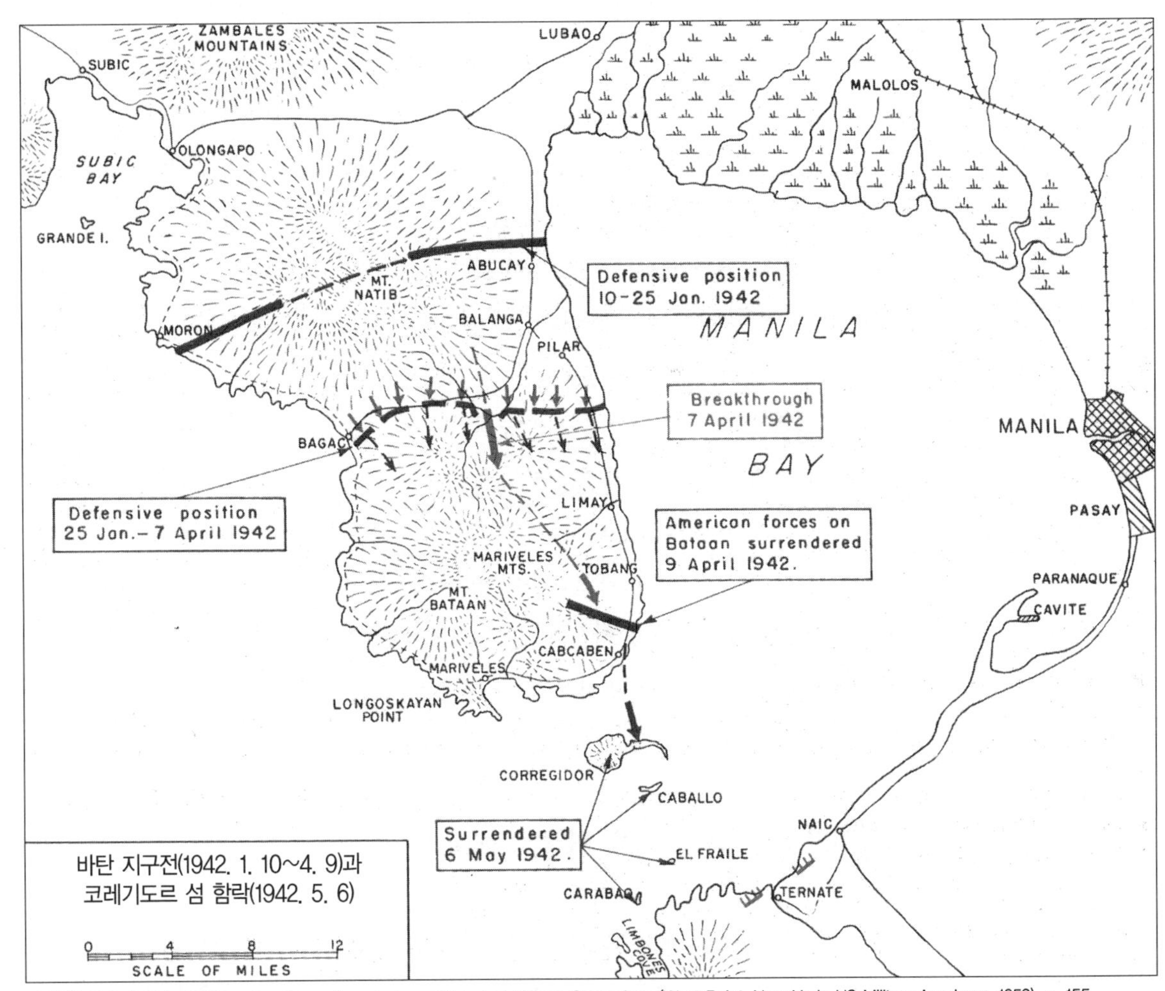

바탄 지구전(1942. 1. 10~4. 9)과 코레기도르 섬 함락(1942. 5. 6)

※ 출처: United States Military Academy, *Summaries of Selected Military Campaigns* (West Point, New York: US Military Academy, 1953), p. 155.

수적으로 열세하기는 하였지만 주도권을 쥔 일본군은 1월 9일부터 주(主)진지에 대하여 공격을 시작했다. 그러나 미국군의 저항은 의외로 완강하여 일본군은 1월 21일에야 겨우 서부해안 쪽으로 돌파할 수 있었다. 그러나 미국군은 질서정연하게 퇴각하여 26일까지 예비진지로 들어갔다.

천신만고 끝에 주진지는 돌파하였지만 현존 병력만으로 바탄의 미군을 격파하기가 어려움을 느낀 홈마는 장기간의 포위로써 굴복시키고자 했다. 그러나 대본영에서는 국내여론과 전쟁전반에 걸친 계획상의 차질을 우려한 나머지 조기점령을 재촉하였다. 그리하여 정글을 통한 침투와 해안을 통한 우회를 수차 시도하였으나 일본군은 번번이 격퇴당하고 말았다.

바탄은 이제 저항의 상징이 되어 전 세계의 이목을 쏠리게 하였으며, 일본군은 작전을 바꾸어 포위를 지속시키는 한편 병력을 증가함으로써 총공세를 위한 준비에 착수했다. 그런데 이무렵 미국군의 식량사정은 악화 일로에 빠져 정량의 1/2이었던 급식은 다시 1/3으로 줄었고 나중에는 말과 나귀까지 잡아먹는 정도였다. 대부분의 장병은 영양실조와 신경쇠약에 허덕이고, 전투력은 나날이 감퇴되어 갔다. 그러는 동안 맥아더 장군은 서남태평양 지역 사령관으로 임명되어 3월 11일 호주로 탈출해갔으며 웨인라이트 중장이 그 뒤를 이었다.

일본군의 병력증강은 3월말까지 완료되어 보병 30,000명, 포 200문, 전차 50대, 항공기 100대를 바탄에 집중시켰으며, 포병사격술의 권위자인 하시모도(橋本) 대좌도 특파되어 왔다. 그리고 3월 31일부터 일본군의 총공세가 개시되었다.

4월 3일 조직적인 포격과 돌파에 의해 미군진지의 우(右)중앙부가 붕괴되기 시작했고, 4월 9일에는 마침내 반도 내의 미군 약 54,000명이 투항하고 말았다. 그러나 웨인라이트는 다시 코레기도르로 철수하여 한 달간을 더 버틴 끝에 5월 6일 일본군의 상륙으로 포로가 되었다.

이로써 일본군은 필리핀을 완전 장악하게 되었고 차기작전을 위한 전진기지를 획득하였으나, 이곳에서 받은 인적·물적 및 시간적 손실은 뉴기니아와 솔로몬 방면에 대한 일본의 공세계획에 치명적인 타격을 입혔다. 결과적으로 미군은 필리핀을 상실한 대가로 5개월이라는 시간을 얻었으며, 이 시간적 여유는 반격준비에 필요한 황금의 열쇠였음이 나중에 밝혀졌다.

제3절 버마(Burma, 현재의 미얀마) 침공

일본군이 버마를 공략하게 된 목적은 첫째로 그 수도인 랭군(Rangoon)을 탈취하고, 둘째로 연합군의 대중국 보급로인 "버마 통로" (Burma Road)를 차단하며, 끝으로 모든 여건이 순조롭게 진척된다면 인도방면으로 침공할 기회를 포착하기 위한 것이었다.

이이다(飯田) 휘하 일 제15군은 1942년 1월 16일 태국 쪽으로부터 침공을 개시했다. 허튼(T.J. Hutton) 중장이 지휘한 영(英)연방군은 말라야에서와 마찬가지로 일본군을 과소평가하고 있었기 때문에 별다른 방어준비를 하지 않았다. 그러나 일본군의 전술적 능력이나 기동성은 영국연방군을 훨씬 능가하였고, 따라서 영연방군은 쉽사리 붕괴되어 뿔뿔이 흩어지고 말았다.

3월7일 랭군이 함락되었고, 이어서 만달레이(Mandalay)가 점령되었으며, 4월 29일에는 랭군-만달레이-라쉬오(Lashio)-곤명(昆明)-중경(重慶, 혹은 長沙)을 잇는 버마 통로가 완전히 두절되었다. 기간중 장개석의 참모장으로 활동해 온 미 육군의 스틸웰(Joseph W. Stilwell) 소장은 중국 제5군 및 제6군을 이끌고 버마 전역에 참전하여 용전분투하였으나, 역시 인도방면의 임팔(Imphal)로 패주하였다. 스틸웰은 정글을 뚫고 도망 나온 당시의 상황을 가리켜 "지옥에서의 탈출"이라고까지 말하고 있다.

그런데 일본군은 때마침 우기(雨期)가 닥쳐오고 타 전선에 보다 많은 신경을 써야 했기 때문에 더 이상 작전을 진전시킬 수가 없었다. 이리하여 5월 20일경 일본군이 버마의 대부분을 장악함으로써 초기전투는 끝났는데 이 동안 연합군은 무려 900마일이나 철수를 거듭하였다. 그렇지만 숨통을 끊긴 중국은 이로부터 버마의 정글 속에서 결사적인 저항을 전개하기 시작했다.

제4절 남방작전

1. 네덜란드령 동인도제도(East Indies) 작전

네덜란드령 동인도제도 (오늘날의 인도네시아)는 이루 헤아릴 수 없을 만큼의 무수한 섬들이 동서로 약 3,000마일이나 되는 넓이에 산재해 있으며, 그 가운데서 자바(Java)만이 비교적 잘 개발되었을 뿐, 대부분의 도서는 미개발지대로서 내륙통로가 거의 없었다. 따라서 항구와 비행장이 있는 중요한 해안도시를 점령한다면 나머지 지역은 저절로 지배될 수 있었다.

당시 네덜란드령 동인도제도는 푸어텐(Heinter Poorten) 중장 휘하 약 85,000명의 네덜란드군이 수비하고 있었는데, 중견장교를 제외하고는 거의 전부가 토착인이었으며, 훈련이나 장비가 다같이 저조하였다. 뿐만 아니라 해 · 공군이 열세한 네덜란드군으로서 광대한 도서지역을 방어하기란 지극히 곤란하였다.

한편 연합군은 1941년 12월 23일, 워싱턴에서 개최된 ARCADIA회담에서 극동지역연합군의 공동보조를 약정한 바 있으며, 이에 따라 1942년 1월 10일 미 · 영 · 네덜란드 · 호주 통합사령부(ABDA Command: American-British-Dutch-Australian Command)를 자바에 설치하고 사령관에는 북아프리카에서 명성을 떨친 웨이블 대장을 임명했다. 연합군의 극동방어전략은 말라야 반도-수마트라-자바-북부 호주를 잇는 소위 "말레이방벽" (Malay Barrier)을 견지하는 것이었다. 그러나 ABDA 통합사령부는 이 임무를 효과적으로 수행하기도 전에 일본군의 조기침공으로 와해되고 말았으며, 다만 차후 연합작전의 기반이 되었다는 점에서 그 의의를 찾을 수 있을 뿐이다.

일본군은 원래 그들의 전쟁기본계획상 말라야와 필리핀으로 진격했던 양개종대(兩個縱隊)가 자바에서 통합하기로 되어 있었으며, 이미 웨이블이 자바에 도착한 이튿날인 1월 11일부터 예비작전에 돌입하였다. 즉 보르네오(Borneo), 셀레베스(Celebes), 몰루카(Molucca), 티모르(Timor) 등지의 중요 해안 도시들을 차례로 점령함으로써 자바의 동쪽을 위협하였고, 싱가포르 함락 직전인 2월 14일에는 동인도제도 최대의 유전지대인 수마트라의 팔렘방(Palembang)에 공수부대를 투하하여 서측면마저 에워쌌다.

기간 중 수차에 걸친 해전에서 열세한 연합국 해군은 용전분투하였으나, 2월 27일의 자바해전에서 대패하여 사실상 전멸되고 말았다. 이제 제공권과 제해권을 완전 장악한 일본군은 그동안 점령한 전진기지로부터 자바를 3면으로 포위할 수 있게 되었으며, 2월 28일에는 이마무라(今村) 중장이 지휘하는 제16군이 바타비아(Batavia)와 세마랑(Semarang)에 동시 상륙하였다. 그리고 3월 9일 네덜란드군의 항복으로 일본은 마침내 숙원이었던 남방자원지대를 손아귀에 넣게 되었다.

작전기간 중 일본군은 특이한 전술개념을 적용하였는데, 그것이 바로 "와조전술(蛙跳戰術)"이다. 이 전술은 주로 민다나오로부터 보르네오와 셀레베스로 향한 이또오(伊藤) 소장의 동부분견대(東部分遣隊)가 수행한 것으로서, 내륙통로가 거의 없는 도서작전에서 기지건설에 필요한 지역만을 육 · 해 · 공의 합동하에 점령하고 기타 지역은 그냥 건너뜀으로써 단기간 내에 기지를 추진시키는 전술이었다. 그 구체적인 과정은 다음과 같다.

① 공격기지에서 제공 및 제해권을 장악

② 목표지역을 공중과 해상으로부터 공격

③ 지상군 투입으로 국지를 점령하고 비행장 건설

④ 항공기를 추진시키고 국지적인 제공 및 제해권 장악

⑤ 다음 목표에 대하여 공중 및 해상공격, 이때 지상군은 보급 및 재편성 실시

이상과 같은 과정을 순환적으로 반복 수행하되, 특히 강점(强點)을 점령함으로써 나머지 지역이 저절로 제압되도록 한다는 것이 와조전술의 가장 주요한 특징이었다.

2. 남태평양 공세

태평양전쟁의 개전 이래 패퇴일로를 걷고 있었던 연합군은 경황이 없는 중에도 장차의 대일 전략을 위해 책임지역을 설정하였는데, 1942년 3월말 현재 확정된 전구(戰區)는 다음과 같다.

전구구분	태평양지역				중국지역	인도-중동지역
	서남태평양	태평양(니미츠)				
		남부	중앙	북부		
책임국가	미국	미국	미국	미국	미국	영국
사령관	맥아더	고믈리	니미츠	니미츠	장개석 (참모장-스틸웰)	웨이블

한편 미국은 일본군이 괌 · 웨이크 섬 등 중앙태평양을 제압하고 있었기 때문에 호주의 맥아더군을 지원하기 위하여 남태평양으로 우회하지 않으면 안 되었다. 즉 미국 서부연안-하와이-팔미라(Palmyra)-칸톤(Canton)-사모아(Samoa)-피지(Fiji)-뉴칼레도니아(New Caledonia)-브리스베인(Brisbane)을 연결하는 호선상(孤線上)의 여러 도서를 기지화하여 맥아더군의 병참선을 유지하고 장차는 반격의 도약대로 이용할 계획이었는데 이를 "Arc Line"이라고 불렀다. 맥아더는 이 Arc Line의 뒷받침 하에 파푸아(Papua : 동남 뉴기니아)의 포트모레스비(Port Moresby)를 항공기지화하고, 그곳을 반격의 전초 기지로 삼고자 하였다.

한편 남방자원지대에 대한 작전과 병행하여 일본군은 절대국방권(絕對國防圈)의 외곽지대를 점령하기 위하여 이미 1941년 12월 하순부터 남태평양방면으로 공세를 취한 바 있다. 이리하여 길버트 제도의 메이킨(Makin)과 타라와(Tarawa)에 상륙하였고, 이듬해 1월 23일에는 비스마르크 군도의 라바울(Rabaul)을 점령하였다.

이로써 일본은 전쟁기본계획의 제1단계를 완료하였으며, 점령한 지역의 광대함과 소요된 시간 및 지불한 희생을 비교해볼 때 사상 그 유례를 찾아보기 어려운 대성공이었다. 이제 일본은 제2단계계획에 따라서 획득한 지역에 방어선을 강화해야만 했다. 그러나 제1단계가 예상외로 쉽게 달성되자 일본은 원래의 계획을 변경하는 욕심을 부렸다. 즉 이미 획득한 전과를

확대하기 위하여 솔로몬 군도와 포트 모레스비를 점령하기로 결정한 것이다. 『MO작전』으로 명명된 이 계획이 성공하게 되면 일본은 Arc Line을 차단하게 되고 호주에 대해서도 치명적인 위협을 가할 수 있게 될 것이다.

그리하여 일본군은 5월 3일 남부솔로몬의 툴라기(Tulagi)를 점령하였고, 포트 모레스비를 해상으로부터 공격하기 위하여 항모부대와 수송선단을 산호해(珊瑚海, Coral Sea)로 진출시켰다. 그러나 일본함대의 포트 모레스비 공격기도를 탐지한 미군은 플레쳐(F.J. Fletcher) 제독의 항모특수임무부대를 출동시켜 이에 맞섰다. 양군 함대는 5월 7일과 8일 이틀 동안에 서로 약30마일의 간격을 둔 채 함재기만으로 교전하였는데, 이로써 사상 최초의 항공모함전이 이루어졌다. 양군의 피해는 일본군이 항모 대파 1척 · 함재기 손실 80대였으며, 미군은 항모 2척 및 함재기 66대의 손실을 입었다. 장차의 해상전투 경향을 암시해준 이 "산호해 해전"은 전술적으로 볼 때 일본군이 다소 승리한 전투였으나, 포트 모레스비 상륙기도가 좌절되었다는 점에서 볼 때는 일본군의 전략적 패배였다고 할 수 있다.

제14장 연합군의 반격

제1절 미드웨이(Midway) 해전

야마토(大和) · 무사시(武藏) 등 세계최대의 전함을 보유한 일본 해군보다 해군력이 열세했던 미국은 특히 진주만 피습으로 대부분의 전함마저 작전불능상태가 되자, 항공모함을 중심으로 한 기동함대를 편성하고 잠수함의 보조 하에 유격전법으로 대항하였다. 이 전술이 적중하여 미국은 산호해 해전을 성공적으로 수행했으며, 일본군의 주변방어선 각 기지에 대해서도 수차에 걸쳐 적지 않은 타격을 입힐 수 있었다. 특히 1942년 4월 18일에는 두리틀(James H. Doolittle) 중령이 지휘하는 B-25폭격기 16대가 항모 호넷(Hornet) 호에 의하여 일본 동쪽 650마일 지점까지 호송되고, 그곳에서 출격하여 동경을 폭격한 후 중국으로 날아간 사건까지 일으켰다. 두리틀의 동경폭격은 비록 커다란 피해를 입히지는 못했지만 일본의 전승 무드에 찬물을 끼얹고 미군의 사기를 크게 높였다는 점에서 심리전적 효과가 매우 컸다고 할 수 있다. 이 때문에 일본은 주변방어선을 확대하고 그 부근의 미 육상기지를 제거할 필요를 절실히 느끼게 되었던 것이다.

결국 일본은 그들의 주공방향을 남쪽으로부터 동쪽으로 전환시켰으니, 연합함대사령장관 야마모토 제독은 미 해군의 항모 전부가 산호해 방면에서 작전 중이기 때문에 미드웨이 방면이 비어 있을 것이라고 판단하고 미드웨이를 점령하기로 결심한 것이다. 미드웨이를 점령한다면 일본 본토의 안전을 도모할 수 있음은 물론이거니와 나아가서 미 태평양함대를 결전(決戰)으로 유인할 수 있을 것이며, 만일 이 결전에서 승리한다면 협상에 의한 조기종전도 가능하리라고 생각했던 것이다. 그리하여 알류산(Aleutian) 방면으로 양공(陽攻)을 취하고 연합함대의 주력은 미드웨이로 향하게 되었다.

미드웨이공략을 위하여 야마모토 제독은 개전 후 처음으로 일본의 전 해군력을 총동원하였다. 최선두에는 진주만 이래 역전의 용사들로 구성된 나구모 중장의 제1항공함대가 아카기(赤城)·가가(加賀)·히류(飛龍)·소류(蒼龍) 등 4척의 항모와 250대의 함재기로 위용을 떨치고 있었으며, 이보다 약 200마일 후방에는 야마모토 스스로가 직접 이끄는 전함위주의 주력함대가 따랐고, 그 남쪽으로 미드웨이 상륙부대 약 5,000명을 실은 수송선단이 항진하였다. 그리고 최북단에는 알류산 공격함대가 줄을 이었다. 이 대함대의 총규모는 항모 5척·전함 11척·순양함 14척·구축함 58척·잠수함 17척 및 기타 보조함선 수십척으로서 그 위세는 가히 전 태평양을 압도할 만 하였다.

한편 암호해독으로 일본군의 기도를 미리 간파한 미국은 산호해 방면의 전 해군력을 미드웨이로 집결시켜 만반의 태세를 갖추었다. 미군은 엔터프라이즈(Enterprise)·호넷·요크타운(Yorktown) 등 3척의 항모와 순양함 8척·구축함 14척·잠수함 25척을 동원하였으며, 함재기 225대와 미드웨이 기지에 증강된 130대의 육상항공기를 보유하고 있었다. 그러나 일본군은 그들의 기도가 탐지된 사실도 물론 몰랐거니와 연전연승에 도취되어 적을 경시한 나머지 사전탐색조차 실시하지 않는 과오를 저질렀다.

6월 4일 새벽 6시 30분 미드웨이 서북쪽 230마일 지점에서 출격한 일본 함재기 108대는 미드웨이 기지를 덮쳤다. 그러나 미군은 미리 대비하고 있었기 때문에 제1파 공격은 별다른 성과를 거두지 못했다. 따라서 일본군은 제2파 공격을 위해 전 함재기에 폭탄을 장착하기 시작했다. 그런데 제2파 공격대가 발진하기 직전 정찰기가 미 항모 발견신호를 보내왔으므로 일본군은 항모공격을 위해 폭탄을 어뢰로 바꾸는 작업에 착수하였다. 그리하여 약 2시간 만에 걸친 치환작업이 마무리되어 갈 무렵, 갑자기 구름 속으로부터 나타난 미 항공기편대가 내습해왔다.

일본함대는 대혼란에 빠졌다. 아카기 · 가가 · 소류 등 3척의 항모는 미군기의 맹공으로 순식간에 대파되었으며, 발진대기 중이던 일본 함재기의 폭탄과 어뢰가 연쇄 폭발하여 사태는 더욱 악화되었다. 이 3척의 항모는 6월 5일을 넘기지 못하고 폭발되었거나 미 잠수함의 어뢰를 맞아 격침되고 말았다. 그러나 남아있는 히류 호(號)로부터 출격한 일본 함재기는 요크타운 호를 대파하고 엔터프라이즈 호에 대 손실을 가했으며, 요크타운 호는 3일 후 예인(曳引) 도중에 일본 잠수함에 피격되어 침몰하였다. 그러나 히류 역시 엔터프라이즈로부터 발진한 함재기의 공격을 받고 대파된 후 침몰되었다.

역사적인 대해전은 6월 4일 불과 하루 동안에 결판이 난 셈이다. 나구모의 항공함대가 전멸하자 미드웨이 공략이 실패로 돌아갔다고 판단한 야마모토 제독은 전 함대를 철수시켰던 것이다. 양군의 피해를 보면 일본이 항모 4척과 250대의 함재기를 잃었고, 미국은 1척의 항모와 147대의 항공기를 잃었다.

미드웨이 해전은 태평양전쟁에 있어서 결정적인 전투의 하나였으며, 일본의 동쪽으로의 팽창은 이곳에서 저지되었다. 그리고 미 태평양함대를 격파하고자 한 야마모토의 야심적인 계획이 좌절됨에 따라 조기종전의 가망성도 수포로 돌아가고 말았다. 이제 일본은 미군의 반격에 대비할 강력한 제공 · 제해력을 상실했을 뿐만 아니라, 이로부터 태평양의 세력판도는 점차 미국 측에 유리하도록 기울어져 갔다.

제2절 과달카날(Guadalcanal) 전투

일본군이 “모(MO)작전”을 실시하여 남부 솔로몬의 툴라기를 점령했다는 사실은 이미 언급한 바 있거니와, 미드웨이해전에서 대패한 일본군은 또다시 눈길을 남쪽으로 돌려 1942년 7월 6일부터 툴라기 섬의 대안(對岸)인 과달카날 섬에 상륙하고 비행장건설에 착수하였다. 만일 과달카날의 비행장으로부터 일본항공기가 작전을 개시하게 되면 “아크라인(Arc Line)”이 차단당할 우려가 있었으므로 남부태평양지구사령관인 고믈리 제독은 이 비행장을 탈취하고 솔로몬 군도로부터 일본군을 축출코자 하였다(Watchtower 작전).

이리하여 1942년 8월 7일 반데그리프트(Alexander A. Vandegrift) 소장이 지휘하는 미 제1해병사단은 툴라기와 과달카날에 기습 상륙하였다. 툴라기는 당일로 점령되고 미완성의 과달카날 비행장은 48시간 내로 장악되어 “핸더슨”(Henderson) 비행장으로 명명되었다. 이것은 앞으로 6개월에 걸쳐서 바다와 육지에서 벌어질 치열한 공방전의 서막이었다.

미군이 과달카날에 상륙하자 라바울(Rabaul)과 부인(Buin)에 기지를 둔 일본기는 공격 첫 날부터 상륙을 방해하였고, 일본함대는 8월 8일 밤 사보(Savo) 섬 앞 바다에서 미 함대를 야습하여 대파하였다. "사보도 해전" 또는 "제1차 솔로몬 해전"으로 불리는 이 전투에서 미 해군은 4척의 중순양함을 잃었다. 이렇게 되자 미 함대는 어쩔 수 없이 철수하지 않으면 안 되었고, 과달카날에 고립된 미 해병대는 비행장을 중심으로 길이 7마일, 폭 4마일의 공간에서 사주방어(四周防禦)를 취하는 한편, 항공기가 작전할 수 있도록 비행장 완성에 전력을 기울였다.

일본지상군의 제1차 공격은 8월 18일부터 개시되었다. 이치기 대좌가 지휘하는 1,000명의 병력은 미군을 경시한 나머지 후속부대의 도착을 기다리지도 않고 상륙과 동시에 공세를 취하였다. 그러나 19,000명에 달하는 미 해병대에 의하여 테나루(Tenaru) 강 부근에서 전멸당하고 말았다.

이 무렵 해상에서는 또 한 차례의 격전이 벌어졌다. 트럭(Truck) 기지로부터 남하한 일본 제2 및 제3함대는 8월 24일 밤 동부 솔로몬해에서 미 기동함대와 조우하여 항공모함전을 벌였으며, 쌍방간에 대 손실을 입고 각각 퇴각하였다. 그러는 동안에도 일본군은 야간을 틈타 병력과 물자를 과달카날에 꾸준히 투입하였는데, 주로 구축함이나 경순양함과 같이 속도가 빠른 배를 이용한 이 수송방법을 미군은 "동경특급"(Tokyo Express)이라고 불렀다. 이렇게 해서 가와구치(川口) 소장 휘하에 약 6,000명의 병력을 집결시킨 일본군은 9월 12일 밤부터 핸더슨 비행장에 대하여 맹공을 가했다. "에드슨 능선전투(Battle of Edson's Ridge)"로 불리우는 이 공격에서 일본군은 한때 비행장까지 돌입하는 등 위세를 떨쳤으나 미군은 일본군의 파상공세(波狀攻勢)를 끝까지 막아내었다. 14일 일본군이 퇴각하고 난 뒤 전장에는 2,000구의 일본군 시체가 뒹굴고 있었다.

2차의 공세가 무위로 끝나자 일본군은 이제 햐쿠다케(百武) 중장이 이끄는 제17군의 주력을 투입하기 시작했다. 그런데 10월 11일 밤 미국함대는 에스페란스곶(Cape Esperance)에 정박중인 일본함대와 수송선단을 야습하여 대파함으로써 일본군의 대규모적인 지상군 투입을 결정적으로 방해했다. 그러나 햐쿠다케 중장은 단편적으로 도착한 부대를 수습하여 10월 24일부터 사단규모의 전면공세를 개시하였다. 피를 뿜는 격전이 48시간이나 지속되었다. 그리고 일본군은 격퇴되었다. 이번에는 육군 1개 연대의 증강을 받은 미 해병이 반격으로 전환하여 일본군을 서서히 밀어내기 시작했다.

한편 "에스페란스곶 해전" 직후에 고믈리의 후임으로 임명된 할제이(W. Halsey) 제독 휘하의 미 기동함대는 10월 26일 밤 과달카날로 접근 중인 일본 함대를 산타 크루즈(Santa Cruz)

섬 앞 바다에서 격퇴하였다. 이 해전에서 미국 해군은 항모 호넷 호를 격침당하고 엔터프라이즈 호와 사라토가(Saratoga) 호가 큰 피해를 입었지만, 과달카날의 지상군을 지원하려는 일본 해군의 기도를 좌절시켰다. 이렇게 되자 과달카날의 일본 지상군은 극심한 보급난에 빠져 점차 수세에 몰리게 되었다. 라바울로부터 수송되는 보급량의 겨우 20%만이 과달카날에 닿을 수 있었다는 사실만 보더라도 일본군이 얼마나 보급난에 허덕였나를 잘 알 수 있다.

"동경특급"만으로 난국을 타개할 수 없음이 확실해지자 일본군은 마지막 카드를 꺼냈다. 즉 대 함대를 동원하여 과달카날 해역의 제해권을 탈취코자 한 것이다. 이리하여 11월 12일부터 3일간에 걸쳐서 건곤일척(乾坤一擲)의 대해전이 벌어졌다. 그러나 일본군은 전함 2척 · 순양함 1척 · 구축함 3척 및 병력을 가득 실은 수송선 11척을 잃고 대패하였다. 할제이 스스로 "과달카날 전역 중 가장 결정적인 해전"이라고 일컬은 이 "과달카날 해전"(Naval Battle of Guadalcanal)에서 승리를 거둠으로써, 미군은 그동안 부분적으로 누려 온 과달카날 연해(沿海)의 제해 · 제공권을 완전 장악하게 되었고, 이에 따라 과달카날 섬의 일본지상군은 고립무원의 상태에 빠졌다.

1943년 1월 4일 패취(Alexander M. Patch) 소장의 미 제14군단은 제1해병사단과 교대하였고, 이로부터 1개월간의 소탕전 끝에 2월 9일 모든 전투는 종식되었다. 6개월간에 걸친 과달카날 격전에서 일본군은 전사 14,800명, 병사 9,000명, 포로 1,000명을 내고 13,000명이 탈출하였으며, 미군은 전사 1,600명, 부상 4,245명의 손실을 입었다.

일본군은 육군과 해군 간에 긴밀한 협조가 부족하였고 병력을 축차적으로 투입함으로써 패배의 쓴잔을 마셨으며, 미군은 이 전역에서 승리함으로써 Arc Line에 대한 일본군의 위협을 제거했음은 물론 제공 · 제해권을 장악하여 총반격으로 나아갈 수 있는 기틀을 마련하였으니, 이로부터 남태평양에 있어서 전세(戰勢)의 흐름은 결정적으로 뒤바뀌기 시작했다.

제3절 파푸아(Papua) 전역

산호해 해전 결과 해상으로부터 포트 모레스비를 점령하려던 일본군의 기도는 좌절되었지만, 그들은 포트 모레스비에 대한 미련을 끝내버리지 못했다. 그리하여 일본군은 육상으로 포트 모레스비에 접근하는 이른바 'L호 작전'을 계획하고, 1942년 7월 22일 도미타로 호리이 소장이 지휘하는 4,400명의 병력을 고나(Gona)에 상륙시켰다. 상륙 직후 부나(Buna)를 점령한 일본군은 7월 28일 오웬 스탠리(Owen Stanley) 산맥의 요충인 코코다(Kokoda)에 도착하여 포트 모레스비를 32마일 전방에 두게 되었다.

사태가 이토록 급급해지자 맥아더는 급기야 호주군 제7사단을 공수로 투입하여 일본군의 남하를 저지하는 한편, 고나에 이르는 일본군의 해상보급로를 공중공격으로 차단했다. 그리고 9월 하순부터는 미 제32사단까지 추가 투입하여 서서히 반격으로 전환하였다. 양군은 정글과 말라리아와 보급난에 허덕이면서 사투에 사투를 거듭하였으며, 촌토(寸土)를 다투는 격전에 두 달 이상이나 지속된 끝에 드디어 11월 하순 미군은 일본군을 고나 및 부나 지구로 몰아넣는데 성공했다.

그러나 그동안 일본군은 고나와 부나 지역에 강력한 요새진지를 구축해 놓은 결과 그곳에서 완강하게 저항할 수 있게 되었다. 승부가 나지 않는 혈전이 다시 6주간 지속되었다. 그리고 마침내 해를 넘긴 1943년 1월 2일 부나가 함락되었으며, 거의 아사지경에 빠진 일본군의 저항은 1월 22일에 가서야 종지부를 찍었다. 기간 중 일본군의 손실은 12,000명에 달했고, 호주군 2,000명, 미군 850명이 전사하였다. 연합군은 이 전역에서 태평양전쟁 중 최초의 공수작전을 전개하였으며, 개전 후 처음으로 공세작전을 통하여 일본군을 패배시켰다(과달카날 전역은 아직 진행 중이었다).

제4절 솔로몬(Solomon) 소모전

과달카날과 파푸아에서 승리한 미군은 1943년 초부터 남태평양지구의 육 · 해군을 맥아더의 휘하에 통합시켰다. 이리하여 맥아더는 뉴기니아 방면에 크뤼저(Walter Krueger) 중장의 제6군과 솔로몬 방면에 할제이 군을 거느린 양개 축의 공격을 취할 수 있게 되었으며, 우선 서남태평양에 있어서 일본군의 최대 전진기지인 라바울을 고립시킨 후 뉴기니아를 거쳐 필리핀으로 진격할 계획이었다.

이에 대하여 일본군은 이마무라(今村) 대장 휘하에 제8방면군을 창설하여 라바울에 사령부를 두었으며, 예하 제17군은 햐쿠다케 중장 지휘 하에 부인(Buin)에 본부를 설치하여 솔로몬을 방어하고, 아다치(安達) 중장의 제18군은 후온(Houn)만 일대에서 제6군의 진격을 저지하고자 하였다.

파푸아 전역을 끝낸 후 맥아더는 제6군의 일부 병력을 와우(Wau)로 공수하는 한편 라에(Lae) 및 살라마우에(Salamaue) 지역의 일본군에 대하여 수륙양면으로 공격을 개시했다. 그러나 정글을 이용한 일본군의 저항은 매우 완강하여 수차에 걸친 미군의 공격을 물리쳤다. 이

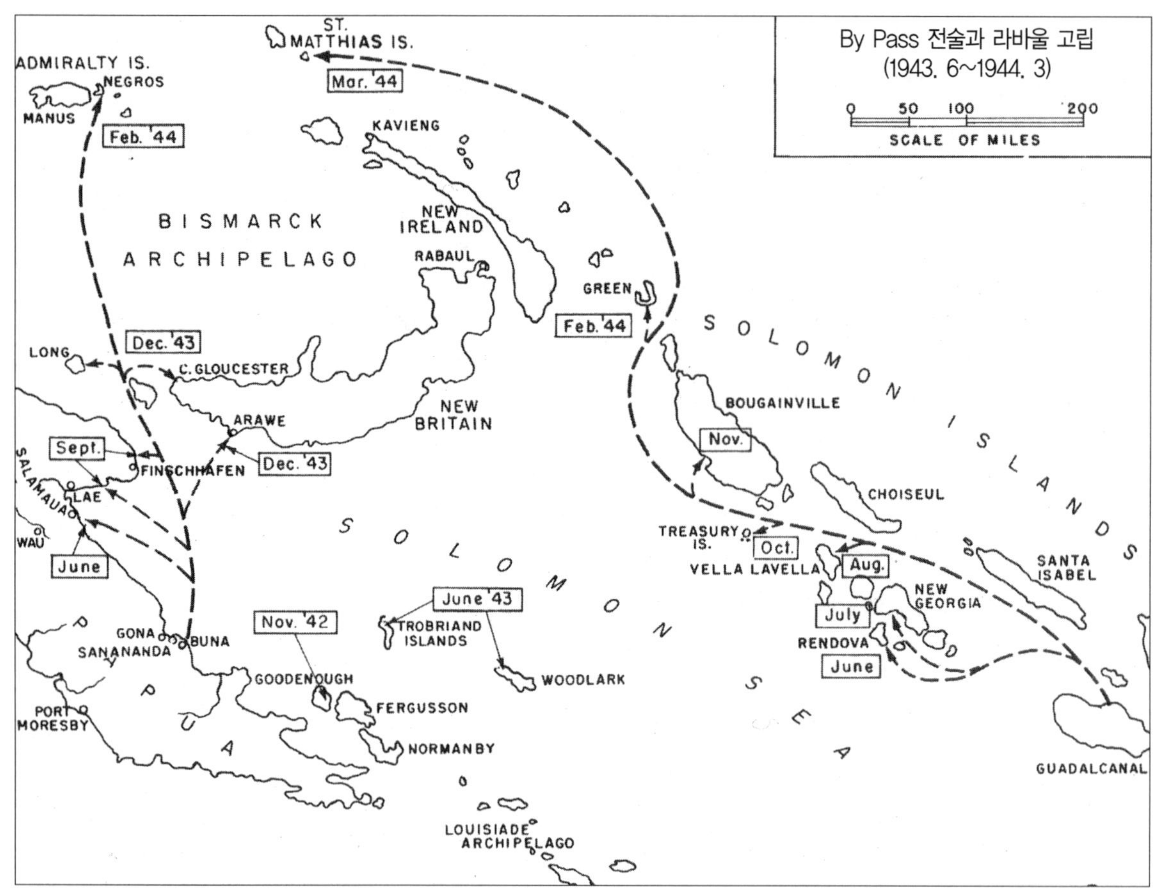

※ 출처: United States Military Academy, *Summaries of Selected Military Campaigns* (West Point, New York: US Military Academy, 1953), p. 157.

무렵 비스마르크 제도에서 라에 지구로 향하던 일본군의 대선단이 비티아즈(Vitiaz) 해협에서 격멸되어 일 제18군은 라바울(Rabaul)로부터 완전히 차단 고립되었다. 그리하여 제18군은 편의상 메나도(Menado)에 본부를 둔 아나미(阿南) 대장의 제2방면군 휘하로 들어가고 이마무라는 솔로몬 군도 방어에만 전념하게 되었다. 그러나 라에 지구의 일본군은 북동 뉴기니아 해안의 육로를 따라 지원되는 극소량의 보급품에 의존하여 완강한 저항을 계속하였고, 4월 초순부터 9월말까지 일진일퇴의 격전이 정글 속에서 전개되었다. 미군은 10월 중순에 가서야 기아와 질병에 찌들은 일본군을 압도하고 후온만(灣) 일대를 소탕하는데 성공했다.

한편 북동 뉴기니아 작전과 병행하여 할제이 제독은 과달카날로부터 솔로몬 군도를 거슬러 올라가는 작전을 전개했다. 할제이의 최초 목표는 뉴죠지아(New Georgia) 섬의 문다(Munda) 기지였으며, 그는 우선 6월 30일에 렌도바(Rendova) 섬부터 점령한 후 그곳으로부터의 포병 지원 하에 7월 2일 문다 동쪽에 상륙하여 8월 5일까지 점령 완료하였다. 그리고 나서 할제이는 수비가 견고한 콜롬방가라(Kolombangara) 섬을 우회하여 8월 15일 벨라 라벨라(Vella Lavella) 섬에 상륙함으로써 콜롬방가라 섬의 일본군을 고립시켰는데 이러한 전술이 소위 "by pass전술"이었다.

"by pass전술"이란 적의 강점을 측방 또는 후방으로 우회하여 비교적 방어준비가 약하고 기지건설에 적합한 주변지역을 점령한 뒤, 그곳으로부터 차단 고립된 적의 강점을 해 · 공군을 이용 무력화시키는 전법으로서, 벨라 라벨라 섬 공략을 필두로 이후 맥아더와 니미츠가 즐겨 사용하였다. 이 전술의 기본 개념은 일본군의 "와조전술(蛙跳戰術)"과 같은 상황에서 출발한 것이지만 가장 뚜렷한 차이점은 "와조전술"이 강점을 공략한 반면에 "by pass전술"은 약점을 파고들었다는 사실이다. 일본군의 마츠이치 이노 장군은 이렇게 말하고 있다.

"그것은 우리가 제일 싫어하는 전법이다. 미군은 최소의 손실로 약점을 점령한 후 그곳에 비행장을 건설하여 우리의 병참선을 차단했다. … 우리의 강점은 점차로 말라 비틀어져 갔다. 우리 일본군은 독일식을 닮아 단도직입적으로 공격하기를 좋아한 반면에, 미군은 약점으로 파고 들어와 뒤집어엎는다. 마치 물이 얇은 곳으로 스며들어 배를 침몰시키는 것처럼…"

미군은 "by pass전술"을 사용함으로써 전진효과를 극대화하고 피해를 최소한으로 줄였으며, 일본군의 의표를 찔러 기습효과를 달성하는 등 많은 이점을 누렸다. 11월 1일에는 부겐빌(Bougainville) 섬의 서북해안에 상륙하여 부인(Buin)을 고립화하고, 1944년 3월 중순까지는 마누스(Manus) 도와 세인트 · 마티아스(St. Matthias) 제도 및 뉴브리튼(New Britain) 도의 서안을 장악함으로써 라바울마저 고립시키는데 성공했다.

지금가지 살펴본 바와 같이 과달카날 전투 6개월, 라바울을 고립화시키기까지의 1년여에 걸친 솔로몬 전역을 통하여 미일 양군은 엄청난 물량 및 전투력을 소모했는데, 이를 일컬어 "솔로몬 소모전"이라고 한다. 특히 일본은 야마모토 제독을 비롯하여 정예장병의 대부분을 이곳에서 상실했고 해군항공기의 손실마저도 7,600여대에 달하였으니 이로부터 일 해군은 항공기의 엄호를 거의 받을 수 없게 되었다. 이것은 개전 당시 일본해군기의 총수가 1,300대였음을 생각할 때 전쟁잠재력이 열세한 일본으로서 도저히 회복할 수 없는 타격이었으며, 궁극적으로는 솔로몬 소모전이야말로 일본을 패망으로 이끌어 간 함정이었던 것이다.

솔로몬 소모전 이후 맥아더군은 뉴기니아 북해안을 따라 "by pass전술"을 사용하면서 서진하기 시작했고, 1944년 5월 27일에는 비아크(Biak) 섬을, 다시 9월 15일에는 모로타이(Morotai) 섬을 점령함으로써 필리핀의 턱밑까지 도달하였다.

제5절 마리아나(Mariana) 및 레이테(Leyte) 로의 진격

수세에 몰렸던 미군이 남태평양에서 전세의 흐름을 뒤바꾼 후 일본의 소위 절대국방권 한가운데로 진격해 들어가는 과정은 니미츠 군의 마리아나 제도 작전과 맥아더 군의 레이테 전역을 통해서 그 윤곽이 밝혀질 것이다.

1. 마리아나(Mariana) 전역

서남태평양 지역에서 맥아더 군이 반격을 취하고 있었던 것과 때를 같이 하여 중앙태평양에서도 니미츠 군에 의한 반격이 진행되고 있었다. 1943년 5월 알류산의 아투(Attu) 섬을 탈환하여 북 측방을 안정시킨 니미츠는 그해 11월 21일 길버트(Gilbert) 제도의 메이킨(Makin)과 타라와(Tarawa)에 상륙하여 이를 점령하였고, 1944년 1월 31일에는 마샬(Marshall) 군도의 콰잘레인(Kwajalein)에, 2월 17일에는 에니웨톡(Eniwetok)에 상륙하여 마리아나 제도에 육박하였다.

마리아나 제도는 중앙태평양의 요충으로서 만일 일본이 이를 상실한다면 남북으로 연결되는 태평양병참선이 차단되고 중앙태평양 최대의 기지인 트럭 섬이 고립될 것이며, 반면에 미군은 일본 본토를 폭격할 수 있는 B-29폭격기의 기지를 얻게 되어 일본의 절대국방권 중앙에 쐐기를 박는 결과를 초래할 것이다. 따라서 일본은 마리아나 사수를 결정하고 나아가 이곳에서 결전을 실시하기로 마음먹었다. 즉 마리아나-캐롤라인 제도-뉴기니아를 잇는 선에서 미군을 저지 격멸함으로써 전세를 만회코자 한 것이다. 일본은 이를 '아(ア)호 작전' 이라고 불렀다.

연합함대사령관 고가(古賀) 제독은 '아(ア)호 작전' 의 성패가 미 기동함대의 격파 여부에 달려있다고 판단하고, 종래 전함 중심의 함대를 전함이 호위하는 항모 중심의 기동함대로 개편함으로써 미 기동함대와 대결코자 하였다. 이리하여 전함 중심인 구리다(栗田) 제독의 제2함대와 항모 중심인 오자와(小澤) 제독의 제3함대를 합쳐서 제1기동함대를 편성하고 오자와에게 총지휘를 맡겼다. 아울러 티니안(Tinian)을 비롯한 각 기지에는 스노다(角田) 중장이 지휘하는 기지항공대 1,644대를 배치하여 오자와 함대를 보강시켰다. 한편 대본영에서는 마리아

나에 대한 미군의 침공 시기를 1944년 9월 하순경으로 예상하고 이미 3월초부터 각 도서에 진지공사를 실시하였으며, 오바다(小畑) 중장 휘하에 제31군을 신편하여 도서수비에 임하게 하였다.

그런데 '아(ア)호 작전' 을 성공적으로 수행하기 위해서 무엇보다도 필요한 것은 "시간"이었다. 왜냐하면 솔로몬 소모전에서 노련한 조종사의 대부분을 상실하여 일본기동함대의 조종사는 거의가 신병이었고, 더구나 유류 부족으로 충분한 훈련조차 하지 못했기 때문이다. 이러한 사정은 기지항공대 역시 마찬가지였다. 그러나 고가 제독은 9월까지는 요망되는 훈련수준에 어느 정도 도달할 수 있다고 생각하였다. 이처럼 야심적인 작전을 준비하던 도중 고가 제독은 3월 27일 비행기 추락사고로 사망하였으며, 새로 연합함대사령장관이 된 도요다(豊田) 제독은 '아(ア)호 작전' 수행을 전적으로 오자와에게 일임하였다.

한편 니미츠 군은 마샬 군도의 에니웨톡을 점령한 직후부터 마리아나에 대한 예비작전을 전개하여 기동함대는 사이판(Saipan) · 티니안 · 괌 등에 맹폭을 가하고 잠수함대는 일본수송선단을 집요하게 괴롭히고 있었다. 그리고 일본의 예상보다 3개월 앞선 6월 11일 일본군의 기지항공대에 치명적인 타격을 가한 후 드디어 15일에는 제5해병군단이 사이판에 상륙하였다. 이 공격은 일본군의 의표를 찌른 완전한 기습이었다. 왜냐하면 시기적으로 대본영의 예상을 뒤엎었을 뿐만 아니라 일본군은 뉴기니아 방면에 대한 맥아더 군의 공세에 견제당했기 때문이다. 즉 5월 27일 맥아더 군은 비아크 섬에 상륙한 바 있는데 대본영에서는 이를 필리핀 공격을 위한 전초작전으로 판단한 나머지 티니안 섬의 기지항공기 480대를 할마헤라(Halmahera) 섬으로 이동시키고, 제1기동함대마저 민다나오의 서쪽인 타위타위(Tawitawi)에 그대로 머무르게 함으로써 마리아나를 텅 비웠던 것이다.

그러나 제1기동함대는 미군이 사이판에 상륙하자 '아(ア)호 작전' 에 의거하여 즉시 마리아나 해역에 출동하였다. 미 해군은 오자와 함대의 이러한 동태를 탐지하고 이를 추격하기 위해 스프루언스(Raymond A. Spruance) 제독의 제5함대를 사이판 서쪽 200마일 해상에 대기시켰는데, 스프루언스 함대는 오자와 함대에 비하여 약 2배의 강세를 유지하고 있었다. 그러나 함재기의 항속거리는 미군기가 최대 280마일인데 비해서 일본기는 400마일이나 되었기 때문에 오자와는 미군기가 도달할 수 없는 350마일 거리에서 출격하여 미 항모를 공습하는 이른바 'Outrange 전법' 을 구상하였다.

6월 19일 새벽 250대의 일본기가 출격하였다. 그러나 미 함대 150마일 전방까지 접근했을 때 미군은 레이더로서 이를 탐지하고 함대 전방 30마일 해상에 대규모 격추편대를 대기시켰

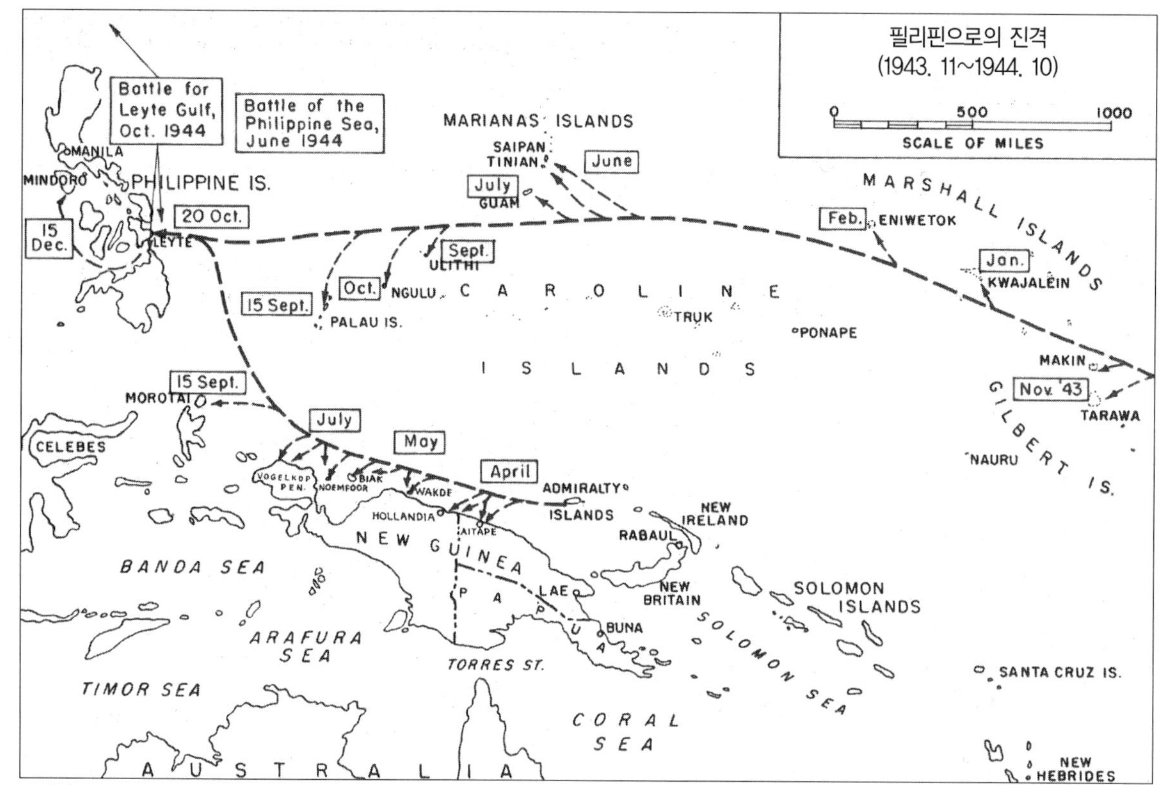

※ 출처: United States Military Academy, *Summaries of Selected Military Campaigns* (West Point, New York: US Military Academy, 1953), p. 158.

다. 그리하여 마리아나 해상에서는 일대공중전이 벌어졌고 대부분의 일본기는 격추되고 말았다. 소수의 일본기가 미군의 경계망을 뚫고 미 함대 상공까지 접근했지만 별다른 피해를 입히지는 못했다. 이런 식으로 오자와는 전후 4회에 걸쳐서 미 함대를 공격했으나 그때마다 피해만 막심했다. 일본군은 무려 400여대의 항공기를 하루 동안에 잃어버렸다. 이때의 상황을 미군들은 "마리아나의 칠면조사냥"(Marianas Turkey Shoot)이라고까지 풍자하고 있다.

6월 19일의 공중전에서 사실상 일본의 항공력이 궤멸되었다고 판단한 스프루언스는 20일 일찍부터 일본함대를 찾아 서진을 개시했으며, 드디어 오후 3시 40분경 오자와 함대를 발견하고 216대의 함재기를 출격시켰다. 공중엄호를 거의 받지 못한 오자와 함대는 항모 3척을 격침당하고(2척은 잠수함에 의해 격침), 항모 4척 · 전함 1척 · 순양함 1척 · 기타 함선 수척 등을 대파당한 채 야음을 틈타 퇴각하였다. 이틀간의 전투에서 미군은 불과 130대의 함재기를 상실했을 뿐이었다. 이처럼 일본군이 참담한 패배를 당한 것은 조종사들이 모두 신병들이어서 노련한 미 조종사들의 적수가 되지 못했던 까닭이며, 또한 레이더에 의해 일본군의 공격이 포착 당했기 때문이었다.

"필리핀 해전"(혹은 마리아나 해전) 결과 일본은 솔로몬 소모전에서 입은 손실을 보상하기 위하여 사력을 다해 건조한 항공모함대를 말살 당했으며, 이로써 마리아나 제도상의 일본군은 완전히 고립된 채 절망적인 싸움을 계속하지 않으면 안 되었다. 7월 9일 사이판의 조직적인 저항이 종식되었고, 미군은 7월 21일 괌에, 24일에는 티니안에 상륙하였다. 마리아나의 상실은 일본이 꿈꾸어 온 대동아공영권의 붕괴를 알리는 전주곡이었으니, 이 때문에 도조 내각은 7월 18일에 총사퇴하고 고이소(小磯) 내각이 뒤를 이었다.

마리아나를 정복한 후 니미츠 군은 9월 15일 팔라우(Palau)에 상륙하고 울리티(Ulithy)에 기지를 건설함으로써 맥아더 군의 필리핀 공략을 측면으로부터 지원할 수 있게 되었다.

2. 레이테(Leyte) 전역

'아(ア)호 작전'이 실패로 돌아가자 대본영에서는 필리핀-대만-유구(琉球)-본주(本州)-북해도-쿠릴(千島) 열도를 잇는 일련의 방어선을 설정하고, 이 선상의 어떤 지역으로든지 공격해 오는 적에 대해서는 신속히 병력을 집중하여 격퇴한다는 "첩호작전(捷號作戰)"을 계획하였는데, 1호는 필리핀, 2호는 대만 및 유구, 3호는 본주, 4호는 북해도 및 쿠릴 열도에 대한 병력집중 계획이었다. 첩1호 작전에서 보여 지는 바와 같이 필리핀은 남방자원지대와 일본 본토를 연결하는 위치에 있기 때문에 일본은 그들의 생명선 같은 필리핀을 고수하지 않으면 안 된다고 생각했다. 그리하여 사이공(Saigon)에 있었던 데라우치(寺內) 원수의 남방군총사령부를 마닐라로 옮기고 구로다(黑田) 중장 휘하에 제14방면군을 창설하여 필리핀방어임무를 맡겼다.

당시 대본영의 지배적인 사상은 항공결전주의로서 필리핀을 결전장으로 할 경우에도 역시 주요수단은 항공기라고 생각하였다. 따라서 필리핀에 건설되는 항공기지에서 항공기를 여하히 집중 운용하느냐 하는 점이 성패의 열쇠라고 믿은 나머지 육군부대마저 훈련을 중지시키고 비행장 건설에 투입코자 하였다. 그러나 구로다 중장은 필리핀방어를 위해서는 민다나오를 비롯한 여러 도서에서 지연전을 전개하고 루존 섬에서 결전을 시도해야 한다고 맞서면서, 이를 위해 비행장 건설보다는 전투훈련 및 진지강화를 실시해야 한다고 주장하였다. 이에 대본영은 구로다를 해임하고 그 대신 야마시다 대장을 임명하였다.

한편 9월 15일 모로타이 섬까지 북상해온 맥아더 군은 필리핀은 공략하기 위하여 "머스킷티어(Musketeer) 작전"을 세웠다. "Musketeer 작전"은 둘로 나뉘어 있었는데 제1호는 11월말 민다나오에 상륙하는 것이었고, 제2호는 12월말에 레이테에 상륙하는 것이었다. 그런데 제3기동함대를 이끌고 9월 중순부터 필리핀 각 기지를 공습했던 할제이는 일본군의 저항이 예상외로 약하고 특히 중부에서의 저항이 보잘 것 없음을 알게 되자 예정을 앞당겨 바로 레이테 방면으로 침공할 것을 JCS에 건의하였다. 이에 JCS에서는 니미츠와 맥아더의 동의를 얻어 제1호 계획을 철폐하고 10월 20일에 곧바로 레이테에 상륙하기로 결정했다. 침공은 제7함대(Kincaid)의 지원 하에 제6군(Krueger)이 담당하며 할제이 함대는 일본연합함대에 대비하는 한편 필리핀내의 일본군 항공력을 제압하기로 하였다.

1944년 10월 20일 항모 17척을 비롯하여 각종 함선 720척으로 구성된 상륙부대는 레이테를 엄습하였고, 21일까지에는 132,000명의 병력과 200,000톤의 보급품을 양륙(揚陸)하였다. 레이테에는 스스키(鈴木) 중장의 제35군 예하 제16사단이 수비하고 있었는데 곧 내륙으로 후퇴하고 말았다.

그러나 스스키는 레이테에서의 전황을 숨기고 증원군만 있다면 미 상륙군을 격퇴할 수 있다고 야마시다에게 허위 보고하였다. 야마시다는 이 보고를 믿고 레이테 결전을 결심하여 제14방면군 예하 정예 4개 사단을 즉시 파견하였다. 이리하여 레이테에서는 치열한 공방전이 벌어졌다.

한편 미군의 레이테 상륙 보고를 접한 도요다는 연합함대의 주력을 투입하여 전세만회를 위한 결전을 꾀하였다. 일본 해군의 작전계획을 보면 구리다의 제2함대는 시부얀(Sibuyan)해와 산 베르나르디노(San Bernardino) 해협을 통과하여 10월 25일 새벽 북동쪽으로부터 레이테 만에 돌입하고, 제2함대로부터 갈라져 나온 니시무라(西村)의 C별동대는 술루(Sulu)해와 수리가오(Surigao) 해협을 통과하여 남서쪽으로부터 돌입하며, 시마(志摩)의 제5함대는 C별동대와 같은 항로를 1시간 뒤에 따르기로 하였다. 그리고 오자와의 제3함대는(유일한 항모보유함대) 할제이의 미 제3함대를 북쪽으로 유인하여 다른 일본함대가 레이테만에서 자유로이 활동할 수 있게 하라는 지령을 받았다. 따라서 오자와 함대는 유인목적을 위해서는 막강한 할제이 함대에 의해 전멸당할 각오까지 해야만 했다. 마지막으로 필리핀 전역에 걸쳐서 약 700대의 기지항공기를 보유하고 있었던 제1 및 제2항공대는 일본함대들을 엄호하기로 하였다. 이리하여 10월 25일 3개 방면에서 거의 동시에 3개의 대해전이 벌어졌는데 이것을 총칭하여 "레이테 해전"이라고 한다.

수리가오 해협으로 진출한 C별동대는 새벽 2시경 잠복대기 중이던 킨케이드의 미 제7함대에 의해 전멸 당했으며, 뒤따르던 시마 함대도 막심한 손실을 받고 패퇴하였다(Surigao 해전).

구리다 함대는 브루네이(Brunei)로부터 출항하자마자 미 잠수함의 공격을 받았으며, 시부얀해에 들어선 24일 정오경에는 할제이 함대 함재기의 공격을 받아 무사시(武藏) 호를 비롯한 다수의 함선을 잃고 급기야는 서쪽으로 퇴각하지 않을 수 없었다. 그러나 밤이 되자 구리다는 선수(船首)를 되돌려 산 베르나르디노 해협을 통과하고 25일 아침 사마르(Samar) 섬 동남해안에 도달했다. 이때 미 제7함대는 수리가오 해전을 치르고 난 직후라서 방심하고 있다가 구리다 함대의 습격을 받고 대혼란에 빠졌다. 그러나 구리다는 미 제7함대의 본격적인 반격이 시작되면 승산이 없다고 판단한 데다가 오자와 함대를 격파한 할제이 함대가 급히 남하 중임을 알고 후퇴를 개시했다(Samar 해전).

같은 25일 아침 오자와 함대에 의해 북쪽으로 유인당한 할제이 함대는 엥가노(Engano) 원해(遠海)에서 압도적인 항공력으로 오자와 함대를 공격하여 4척의 항모를 포함한 일본군 함대를 사실상 전멸시켰다. 그러나 오자와 함대는 할제이 함대를 거의 하루 동안이나 훌륭히 견제했다(Engano 원해 해전). 그 후 킨케이드의 구원 요청을 받고 급히 남하한 할제이 함대는 시부얀 해를 통과하여 퇴각 중이던 구리다 함대를 포착하여 대파하였다.

이와 같이 "레이테 해전"은 미 해군의 결정적 승리로 끝났다. 일본 해군은 항모 4, 전함 3, 중순양함 6, 경순양함 3 및 구축함 11척을 상실했으며, 미 해군은 경항모 1, 호송 항모 2, 구축함 3척을 잃었다. 이로써 일본의 연합함대는 반신불수가 되어 재기불능에 빠졌고, 이후로 다시는 대규모 해전을 전개할 수조차 없게 되었다.

한편 레이테 섬에서 결전을 기도했던 스스키 부대는 일본해군의 대패로 고립되어 병참보급에 막대한 지장을 받았으나 완강하게 버텼다. 그러나 미 제6군은 12월 7일 서해안의 오르목(Ormoc) 근방에 상륙하여 동서 양(兩)해안으로부터 좁혀 들어갔으며, 21일 일본군의 조직적 저항은 막을 내렸다.

맥아더 군의 레이테 상륙으로 필리핀은 그 허리가 잘리고, 이제 일본의 전력원인 남방자원지대와 일본 본토 사이에는 커다란 쐐기가 박혔다.

1944년에 중앙태평양 및 서남태평양에서 실시된 미군의 상륙작전을 보면 한마디로 엄청난 화력을 퍼부어 해안을 폐허화시킨 후 상륙하는 것을 특징으로 하고 있다. 1943년 타라와에서 고전하였던 경험을 살려 미군은 먼저 기동함대를 출격시켜 제공권을 장악하고 목표지역을 고립시킨 다음, 상륙지원함대가 함포사격으로 상륙해안을 완전히 폐허화시키고, 맨 나중에 통상 방어부대의 2~5배의 공격부대를 파상(波狀)으로 상륙시켰다. 일본군은 미군의 상륙을 저지하기 위하여 필사적으로 싸웠으나 정신력만으로 압도적인 미군의 물량을 당할 수는 없었던 것이다.

제6절 버마(Burma) 지구 최종작전

1942년 5월에 버마 통로를 차단하고 연합군을 구축한 일본군은 그 후 남방작전에 골몰하느라고 전선확대를 할 겨를이 없었다. 반면에 연합군도 반격을 취할 여력이 없었다. 따라서 버마 전선은 1943년 가을이 될 때까지 소강상태를 유지해왔다.

그러나 연합군은 1943년 1월의 카사블랑카 회담에서 대중국병참선의 재개와 버마 탈환을 결의한 바 있다. 이에 따라 인도의 아삼(Assam) 지역으로부터 히말라야 산맥을 넘어 중국의 운남고원(雲南高原)에 이르는 공중보급로가 개설되었는데 이를 "Air Hump Route"라고 불렀다. 그리고 1943년 8월 QUADRANT 회담에서는 마운트바텐(Lord Louis Mountbatten) 제독 휘하에 동남아사령부(Southeast Asia Command: SEAC)를 창설하기로 합의하여 이 방면 연합군을 통합 지휘하도록 하였다.

1943년 10월 장개석의 참모장인 동시에 마운트바텐의 부사령관이 된 스틸웰 중장은 중국군 2개 사단과 메릴 유격대(Merrill's Marauders)를 이끌고 레도(Ledo)로부터 후카웅(Hukawng) 계곡으로 진입하여 미이트취나(Myitkyina) 쪽으로 진격하기 시작했다. 그러나 일본군은 이 진군을 완강하게 저지하는 한편, 이듬해 3월 15일부터는 오히려 임팔(Imphal)과 코히마(Kohima) 방면을 공격하여 두 도시를 포위함으로써 스틸웰군의 남방 병참선을 위협하였다. 연합군은 즉시 슬림(William J. Slim) 중장의 영 제14군으로 반격을 취하게 하고, 윈게이트(Orde Wingate) 소장의 특수부대(The Chindits) 5개 여단을 일본군 후방에 공수 투하하여 병참선을 차단하였다. 이렇게 되자 노새와 인부에 의한 원시적 보급에만 의존했던 일본군은 더 이상 임팔 포위망을 유지할 수 없게 되고 드디어 7월 초순부터 철수를 개시했으며, 임팔 작전의 실패로 결정적인 타격을 받은 나머지 일본군은 버마 전역에서의 주도권을 상실하게 되었다.

이제 북쪽의 스틸웰 군은 더욱 강력하게 남진하여 8월 3일 미이트취나를 점령하고, 이곳에 비행기지를 건설함으로써 수송기들이 히말라야 준령을 넘는 대신 보다 안전하고 보다 빠르게 중국을 왕래할 수 있게 되었다. 그러나 스틸웰의 목표는 더욱 남진하여 버마 통로와 연결함으로써 레도로부터 중국으로 이르는 육상보급로를 개통하는 것이었다. 그런데 이 무렵 장개석과의 관계가 극도로 악화된 결과 스틸웰은 10월 18일 해임되어 귀국하고 말았다. 그의 후임에는 웨드마이어(Albert C. Wedemeyer) 중장이 임명되었으나 다만 중국방면만 담당하고, 버마 지역은 술탄(Daniel I. Sultan) 중장 휘하에 신편된 인도-버마전구사령부가 떠맡게 되었다.

8월 이후 영미 연합군은 총공세를 전개하여 12월 말까지 북부 버마를 장악하였으며, 1945

년 1월 7일에는 라쉬오(Lashio) 북쪽의 완팅(Wanting)을 점령하여 대망의 '레도 통로'(Ledo Road; 일명 Stilwell Road)가 뚫렸다. 레도 통로는 캘커타(Calcutta)에서 레도까지 철도로 연결되고, 레도부터는 구곡양장(九曲羊腸)의 도로가 미이트취나와 바모(Bhamo)를 거쳐 완팅에서 구(舊)버마통로와 연결되며, 그 뒤로는 버마 통로와 마찬가지로 곤명(Kunming)을 지나 중경으로 이어졌다. 연합군은 계속 남진하여 4월 중순 만달레이선(線)을 돌파하였으며, 5월 3일에는 랭군 강 서안에 공수 투하된 영국군이 랭군 시(市)로 입성하였다. 이로써 사실상 버마 전역은 종결되었다. 다만 몬순기(monsoon)가 도래하여 연합군은 대규모공세를 중지하고 5월 이후 부분적인 소탕전에 들어갔을 뿐이다.

버마 전역 결과 연합군은 중국으로의 육상보급로를 재개하고 버마 영토를 탈환하려던 목표를 달성했으며, 반면에 일본군은 비록 패퇴하였지만 열세한 병력으로 종전 시까지 연합군을 효과적으로 견제하여 병력절약의 원칙을 훌륭히 보여 주었다. 이 전역에서 특기할 만한 사실은 연합군이 남진할 때에 대부분 공수에만 의존하여 병참문제를 해결했다는 점이며 이것은 또한 승리의 결정적 요인이기도 하였다.

한편 1944년 여름부터 중국 남부지역에서 전개된 일본군의 공세는 주로 일본 본토에 대한 폭격기지(B-29 기지)들을 제거하기 위해서 시작된 것이었는데, 이듬해 4월경에는 의외로 급진전하여 곤명을 위협함으로써 중국을 전열에서 거의 이탈시킬 상황에까지 몰고 갔다. 이에 웨드마이어는 버마와 북중국으로부터 각각 2개 및 4개 사단씩을 공수로 이동시켜 광동(廣東) 서쪽에 투입하였다. 이들은 미 제 14공군의 지원 하에 일본군의 진격을 저지하였고 5월 초부터는 증강된 미·중 연합군과 함께 반격을 개시했다. 일본군은 소련군의 침공에 대비하여 다수의 병력을 만주와 한반도로 차출하게 되자 6월 이후 수세를 면치 못하였고 점차 격퇴당하던 도중 종전을 맞게 되었다.

제15장 일본의 패망

제1절 루존(Luzon) 지구전

레이테 섬의 점령으로 남지나해(南支那海)를 향한 창문을 갖게 된 맥아더 군은 남지나해를 비롯한 서태평양 일대를 효과적으로 제압하기 위하여 해·공군기지가 산재한 루존 섬을 점령하기로 하였다. 아울러 이 작전은 개전 초 맥아더가 당했던 쓰라린 패배에 대한 되갚음도 될 수 있었다. 그리하여 레이테 작전이 진행 중이던 1944년 12월 15일 맥아더군은 민도로(Mindoro) 섬에 상륙하여 전진 기지를 만들었으며, 루존 섬을 고립시키기 위하여 할제이의 미 제3함대로 하여금 대만과 유구 방면에 대한 끊임없는 공중공격을 가하게 하였다. 그리고 루존 섬상의 일본 기지에 대한 폭격도 점차 강화시켰다.

맥아더는 휘하부대 가운데 최정예를 자랑하는 제6군(Krueger)을 공격부대로 선정하였으며, 제7함대(Kincaid)의 지원 하에 중부 루존의 링가옌(Lingayen) 만으로 상륙할 계획이었다. 상륙예정일(S-Day)은 1945년 1월 9일이었다.

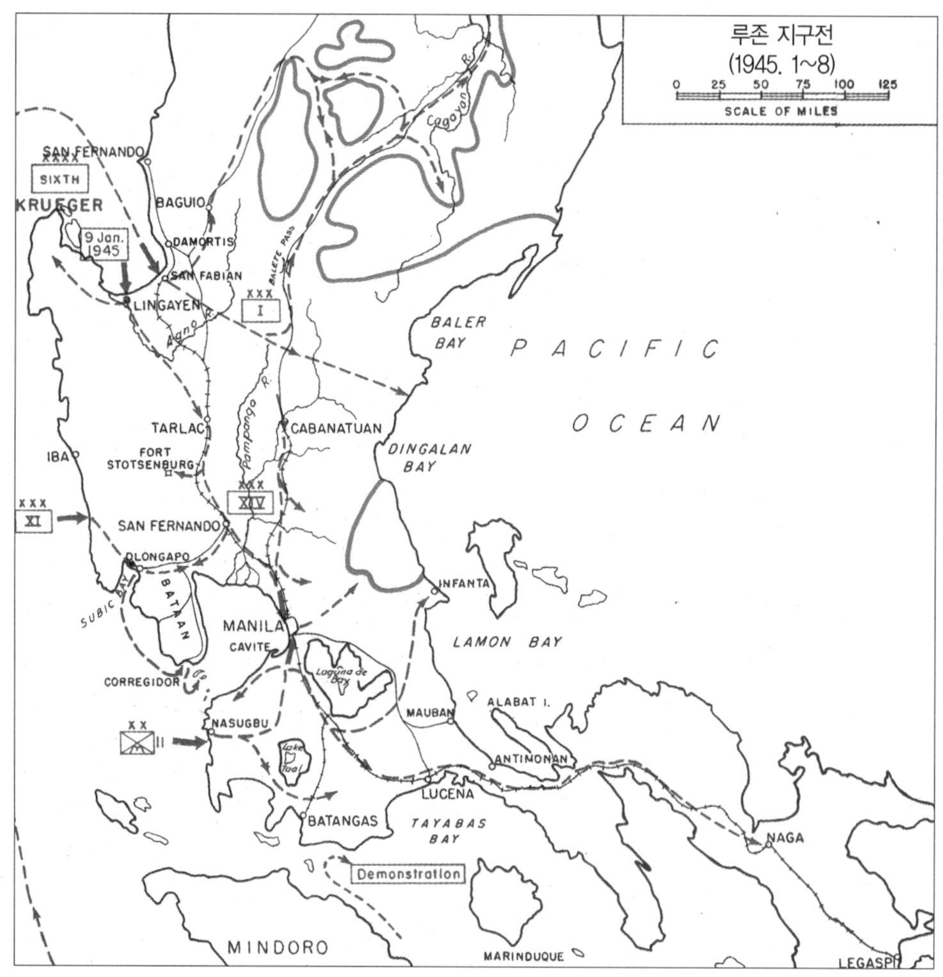

※ 출처: United States Military Academy, *Summaries of Selected Military Campaigns* (West Point, New York: US Military Academy, 1953), p. 160.

한편 레이테 작전에서 정예부대의 대부분을 상실한 야마시다(山下) 대장은 제공 · 제해권이 박탈되어 고립화된 상황 하에서는 루존 섬 확보를 위한 결전이 불가능하다고 판단한 나머지 예하병력을 3개 집단으로 나누어 최대한의 지구전을 실시하기로 결심했다. 야마시다 자신이 지휘하는 쇼오부(尙武) 집단은 북부의 카라발로(Caraballo) 산악지대를 중심으로 특히 링가옌만(灣) 방어에 주력하고, 중부의 켐부(建武) 집단은 쓰카다 중장 지휘 하에 마닐라만 북쪽의 클라크(Clark) 비행장 일대를 방어하며, 남부의 심부(振武) 집단은 요코야마(橫山) 중장 지휘 하에 마닐라 동쪽산지를 근거로 해서 남부 루존을 방어하기로 하였다. 일본군의 병력은 쇼오부(尙武)집단이 140,000명, 켐부(建武)집단이 30,000명, 심부(振武)집단이 80,000명 등 총 250,000명이었으며, 150대의 항공기가 이를 지원하고 있었다.

1945년 1월 4일 850척의 대 함대는 레이테를 출발하였다. 항해도중 3차에 걸친 가미가제 특공대(神風特攻隊)의 공격을 받아 함선 17척이 격침되고 20척이 대파되는 피해를 입었으나, 공격부대는 예정대로 1월 9일 오전 9시 30분 링가옌만을 엄습했다. 제14군단을 우(右)로, 제1군단을 좌(左)로 한 이 상륙전은 거의 무저항 하에 이루어졌으며, 저녁까지 68,000명의 병력이 상륙하여 넓이 15마일 종심 약 3-4마일의 교두보를 확보하는데 성공했다. 이후 제1군단이 카라발로 산악 방면을 견제하는 동안 제14군단은 신속히 남진하여 1월말까지 클라크 비행장 일대를 장악하였다. 이 무렵 레이테 및 민다나오 방면에서 작전 중이던 미 제8군(Eichelberger)에 의하여 2개의 조공이 취해졌다. 1월 29일 제11군단이 수빅(Subic)만(灣) 서북쪽의 산 안토니오(San Antonio) 근방에 상륙하여 일본군의 바탄으로의 철수를 미리 차단하는 한편, 1월 31일 제11공수사단은 바탕가스(Batangas) 부근에 상륙하여 마닐라를 목표로 북진을 개시한 것이다.

일본군은 최초 마닐라시(市)를 포기하려고 했으나 해군측이 출구를 확보해야 한다고 주장함에 따라 마닐라 방어를 결심하게 되었다. 그리하여 마닐라에서는 무려 한 달간의 치열한 시가전이 벌어졌으며 미군은 3월 4일에야 마닐라를 점령할 수 있었다. 이제 3개 집단의 일본군은 미리 구축해 놓은 산악동굴진지들로 속속 철수하기 시작했으며, 이로부터 본격적인 루존 지구전이 벌어지게 되었다.

켐부집단은 원래 병력이 가장 적고 조기에 미 제14군단의 맹공을 받아 분산되었기 때문에 쉽사리 소탕되고 말았다. 그러나 마닐라 동쪽의 심부집단과 카라발로 산맥의 쇼오부집단은 압도적으로 우세한 미군의 집중공격에도 불구하고 끈질기게 버텼다. 일본군은 야음을 틈타 마을과 평야지대를 약탈하여 군량을 조달하였으며 동굴과 험악한 지형을 이용하여 결사적으로 저항한 것이다. 특히 쇼오부집단이 장악하고 있던 발레테(Balete) 고개와 살락삭(Salacsac) 협로에서의 전투는 매우 처절하였다. 미군은 밤만 되면 일본군의 약탈과 야습에 대비하여 탐조등까지 동원하였으며, 낮이면 맹렬한 폭격과 포격으로 정글을 태우고 불도저로 도로를 개척한 후 이 도로를 통하여 추진된 전차와 야포의 지원 하에 동굴 하나하나를 소탕해 나아갔다. 이와 같은 정글과 동굴 소탕작전에서는 특히 화염방사기가 위력을 발휘했다.

이처럼 혈전에 혈전을 거듭하여 미군은 점차로 일본군의 근거를 박탈해 나아갔지만 종전시까지도 일본군의 저항을 종식시키지 못하고 말았다. 7개월에 걸친 루존 지구전에서 양군의 병력손실은 미군이 전사 8,000명을 포함해서 38,000명인데 반하여, 일본군은 확인된 전사자만도 170,000명에 달했다. 결국 레이테상륙 이후의 필리핀 해방전에서 맥아더군은 사살 317,000명 및 포로 7,236명의 피해를 일본군에게 입혔으며, 미군 손실은 전사 10,000명을 비롯하여 총 60,000명에 불과하였다. 건서(John Gunther)는 맥아더의 필리핀 해방전을 가리켜 "역사상 가장 혁혁한 승리의 하나"였다고 까지 극찬하고 있다. 그러나 루존 섬 전투를 놓고 볼 때 맥아더의 작전이 완전한 성공이었는가 하는 점에 대해서는 의문의 여지가 있다. 왜냐하면 야마시다는 불리한 여건 속에서도 맥아더군을 효과적으로 견제하여 7개월씩이나 루존 섬에 묶어놓았기 때문이다. 그러면 1941-1942년의 개전 초에 루존 지구전을 비교해봄으로써 이 문제의 결론을 얻어 보기로 하겠다.

양자(兩者)는 동일한 전장에서 제공 · 제해권을 상실한 채 여하한 지원도 기대할 수 없는 고립된 상황에도 불구하고 압도적으로 우세한 적과 싸우지 않으면 안 되었다. 맥아더는 병력수는 많았으나 훈련과 장비가 보잘 것 없었고 식량과 의약품이 매우 부족했으며, 야마시다는 잘 훈련된 병력을 보유했으나 장비와 보급이 극히 부족했다. 이러한 상황 하에서 맥아더는 가능한 한 전 병력을 협소하고 험준한 바탄 반도로 집결시켜 저항하였으며, 야마시다는 산악동굴을 이용한 분산방어를 실시했던 것이다. 그리하여 맥아더는 홈마(本間)군을 5개월이나 견제하여 일본군의 기본전쟁계획에 지대한 차질을 초래케 하여 연합군에게 전열을 정비할 수 있는 여유를 제공했으며, 야마시다는 맥아더군을 7개월이나 루존 섬에 고착시킴으로써 오키나와 작전에 참여치 못하게 만들었다. 결국 개전 초에 맥아더가 시도한 지연전이 성공적이었다고 한다면, 종전기에 야마시다가 기도했던 루존지구전 역시 성공적이었다고 평가되어야 마땅할 것이다.

제2절 유황도(硫黃島, Iwo Jima) 혈전

남지나해의 제공 · 제해권을 상실하므로 말미암아 전력원인 남방자원지대로부터 차단되었지만, 일본은 그들의 영토가 아직 침공되지 않았기 때문에 항전의식(抗戰意識)을 버리지는 않았다. 그러나 언젠가는 본토에서 전투가 벌어질 날이 오리라고 예견하고 있었다. 따라서 본토결전준비에 필요한 시간을 얻기 위하여 대본영은 대만–유구–유황도를 연결하는 외곽선을 강화하고 결사적인 지연전을 전개하기로 계획하였다.

이오지마(유황도)는 화산활동에 의하여 생성된 화산 군도 중의 한 섬으로서 4.5×2.5평방마일의 면적을 가지고 있으며, 동경으로부터 남쪽으로 약 720마일, 마리아나 군도의 사이판도로부터 북쪽으로 약 630마일 되는 위치에 있다. 즉 마리아나와 일본 본토와의 중간쯤에 있는 셈이다. 그런데 유황도는 그 크기에 전혀 비교가 안될 만큼 중요한 섬이었다. 일본 측에서 볼 때 유황도는 본토방어의 전초진지인 동시에 마리아나의 B-29기지를 위협할 수 있는 요격기지였으며, 한편 미군 측에서 본다면 B-29의 엄호를 위한 전투기 기지가 될 뿐만 아니라 B-29의 불시착 장소로 사용할 수도 있었다.

유황도에는 다다미치 구리바야시(栗林直道) 중장 휘하에 제109사단을 기간으로 하는 약 23,000명의 수비대가 있었으며, 이미 1944년 8월부터 진지공사에 착수하여 섬 전체를 동굴진지와 교통호 및 특화점으로 마치 벌집처럼 만들어 놓았다. 대부분의 동굴진지는 어떠한 포격이나 폭격에도 견딜 수 있도록 최소한 35피트 이상의 두께를 가지고 있었으며, 대포와 박격포 진지를 교묘히 배치하여 섬의 어느 구석까지라도 화력이 미치도록 해 놓았다. 또한 구리바야시는 전(全)장병에게 "일인십살(一人十殺)"의 구호를 내세워 목숨이 붙어 있는 한 최후까지 싸울 것을 선서시키기도 했다.

미군은 유황도를 공격하기 위하여 스프루언스의 제5함대와 3개 사단으로 구성된 슈미트(Harry Schmidt) 소장의 제5해병군단을 동원하였다. 거의 6개월간에 걸친 준비공격으로 유황도에는 어떠한 생물도 살아남지 못할 지경이 되었지만, 특히 D-3일인 1945년 2월 16일부터는 밤낮을 가리지 않고 맹렬한 함포사격이 가해졌다. 그리고 나서 2월 19일 오전 9시 제4 및 제5해병사단은 동시에 유황도의 남안에 상륙하기 시작했다. 일본군의 저항은 극히 미약하였으며 10시쯤에는 선발대가 내륙으로 300미터 가량 진출하였다. 바야흐로 해안은 상륙군으로 붐비기 시작했다. 모든 사태는 순조롭게 진행되어 가는 것처럼 보였다. 그러나 바로 이때 쥐죽은 듯이 잠잠하던 일본군이 갑자기 되살아났다. 섬 남단에 있는 167미터 높이의 스리바치

(摺本)산으로부터 맹렬한 포격과 함께 역습이 시작된 것이다. 미처 전열을 갖추지도 못했고 적당한 엄폐물조차 없었던 상륙부대는 순식간에 엄청난 피해를 입었다.

약 1시간 뒤 일본군이 물러갔을 때 처음 상륙한 병력의 40%가 전투력을 상실하였으며, 해안의 모래는 피로 물들었다. 그러나 미군은 계속적인 공격으로 오후 6시경에는 섬을 횡단하여 스리바치산을 고립시켰다. 2월 23일 끈질기게 버티던 스리바치산이 점령되고, 이튿날에는 예비로 남아있던 제3해병사단마저 상륙했다.

이로부터 한발 한발을 다투는 치열한 혈전이 전개되었다. 유황도는 워낙 지역이 협소한 데다가 대부분의 해안이 암벽으로 되어 있어서 우회기동이 불가능했기 때문에 미군은 부득이 정면공격을 반복할 수밖에 없었고, 이 때문에 병력손실은 나날이 증가되어 갔다. 미군은 동굴 하나 하나를 실로 이 잡듯이 뒤지면서 전진했던 것이다. 일본군의 조직적인 저항이 종식된 것은 3월 16일이었으며, 최후의 소탕전은 21일에야 끝났다.

불과 한 달간의 전투에서 일본군은 포로 216명을 제외한 전원이 전사하였고, 미군도 전사 6,821명을 포함하여 24,891명의 손실을 당함으로서 동일전장에서 단시간에 받은 최대피해를 기록하였다. 그러나 미 해병대의 희생은 결코 헛된 것이 아니었으니 3월 17일 마리아나로 귀항 중이던 B-29 16대가 불시착한 이래 종전 시까지 2,251대의 폭격기가 이 섬을 이용하여 최소한 24,761명의 승무원이 구조되었다.

돌이켜보건대 유황도는 태평양전쟁 전 기간을 통하여 가장 강력하게 요새화된 섬이었으며, 일본군은 이 전투에서 옥쇄전술(玉碎戰術, suicide tactics)의 전형적 예를 보여주었다.

제3절 오키나와(Okinawa) 전역

유구열도에 대한 상륙작전의 가능성은 이미 1943년 8월의 퀘벡회담에서 논의된 바 있으며, 1944년 10월에는 유구열도 가운데 가장 큰 섬인 오키나와가 공격목표로 선정되었다.

규슈(九州) 남서쪽 350마일 해상에 위치한 오키나와는 길이가 65마일 폭이 2-18마일이며, 면적은 약 485평방 마일이었다. 1879년 이래 일본의 영토가 되어온 이 섬에는 양호한 항구와 비행장 건설에 적합한 평지가 많았다. 따라서 오키나와는 일본 본토 침공을 위한 대규모 기지로서 매우 알맞았으며, 만일 이 섬이 미군에게 장악된다면 일본의 남방군은 본토로부터 차단 고립될 수밖에 없었다. 당시 오키나와에는 우시지마(牛島) 중장이 지휘하는 제32군 77,000명의 병력과 약 20,000명으로 추산되는 의용군이 있었으며, 대만과 규슈에 기지를 둔 약

오키나와 전역(1945. 4. 1~6. 21)

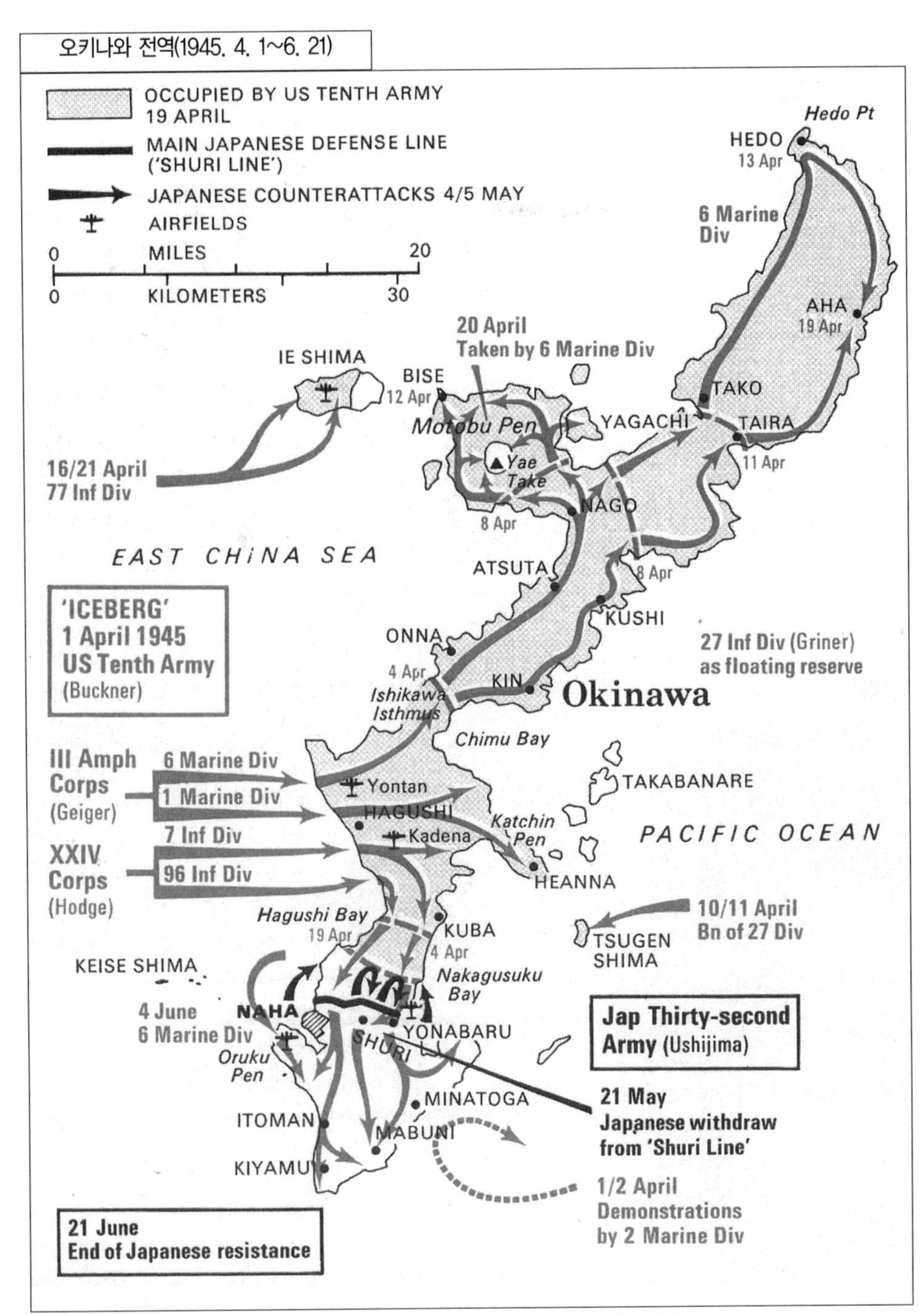

※ 출처: Richard Natkiel, *Atlas of 20th Century History* (London: Bison Books, 1982), p. 192.

2,000-3,000대의 항공기가 이를 지원하고 있었다. 일본군의 작전계획을 보면 일단 미군의 상륙은 허용하되 특공작전에 의하여 미 지원함대를 철수케 한 뒤 섬 안에 고립된 상륙군을 격멸한다는 것이었다.

한편 1945년 1월 미합참본부(JCS)는 '아이스버그(Iceberg) 작전' 이라고 명명된 오키나와 상륙작전의 최종계획을 확정지었는데 공격예정일(L-Day)은 4월 1일이었다. 원래 오키나와 공략은 루존도와 유황도 작전을 끝낸 후 맥아더군과 니미츠군이 합동으로 실시할 예정이었으나, 맥아더군이 야마시다군에 의하여 루존 섬에서 고착당했기 때문에 니미츠군 단독으로 실시할 수밖에 없게 되었다. 니미츠는 제5함대사령관 스프루언스 제독을 총사령관으로 임명했으며 상륙임무는 버크너(Simon B. Buckner, Jr) 중장의 제10군에게 주어졌다. 제10군은 4개 사단으로 구성된 육군 제24군단(Hodge)과 3개 사단으로 구성된 제3해병군단(Geiger)을 거느리고 있었으며 총병력은 전투요원 172,000명, 지원 부대 115,000명이었다.

상륙예정지는 서남해안인 하구시(Hagushi)만 일대였는데, 이곳은 상륙군에 대한 병참지원과 엄호가 가능한 유일한 지역이었으며 아울러 해안과 가까운 2개의 비행장을 상륙과 동시에 점령하여 사용할 수 있다는 이점을 지니고 있었다. 미군은 또한 상륙에 앞선 예비작전으로서 오키나와 서쪽의 게라마(慶良間) 제도를 점령하여 선단의 정박지와 수리 및 보급시설을 마련하고 게이세(鍵關) 섬을 점령하여 상륙군을 엄호하기 위한 포대도 구축하기로 하였다.

작전은 3월 18일 전장(戰場)고립화를 위한 대규모 폭격으로 막을 올렸다. B-29와 미춰(Mitscher) 제독의 제58기동함대의 출격한 함재기들은 이날부터 규슈와 대만 등지를 강타하여 일본군의 항공력을 약화시키고 전장을 고립화시키기 시작했다. 3월 26일 제77사단은 게라마 제도를 공격하였으며 31일에는 게이세 섬을 점령했다.

4월 1일 새벽 드디어 1,300여척의 대선단이 하구시 만 앞바다를 뒤덮었다. 4개 사단의 상륙군은 거의 8마일에 달하는 상륙정(上陸艇)의 전열을 형성하면서 오전 8시 30분까지 해안에 닿기 시작하였다. 일본군의 저항은 거의 없었다. 오후 6시까지 미군은 50,000명의 병력이 상륙하여 길이 8마일, 종심 3마일이나 되는 교두보를 확보하였으며, 이튿날부터 제24군단은 남쪽으로 제3군단은 북쪽으로 진격하기 시작했다.

북쪽으로 진격한 해병대는 비교적 경미하게 방비된 섬의 북부를 4월 19일까지 소탕 완료하였고, 거대한 비행장이 있는 이에(伊江) 섬은 16일에 점령되었다. 그러나 남쪽으로 공격을 취한 제24군단은 마치나도(牧港)선에서 완강한 저항에 부딪쳐 저지되고 말았다. 마치나도선은 가가즈(嘉數) 능선을 중심으로 한 벌집 모양의 동굴진지로 구축되어 있었기 때문에 돌파하기가 매우 어려웠으나, 네이팜탄과 무반동총 등 신무기들을 동원한 두 차례의 총공격으로 4월 24일에 붕괴되었다. 우시지마 군은 슈우리(首里)선으로 철수하여 부대를 재편성하였으며 5월 4일 야간에는 오히려 역습을 개시하였다. 그러나 치열한 육박전 끝에 일본군의 역습은 격퇴되었으며, 이로써 일본육군 최후의 공세는 실패로 돌아갔다.

일본군의 역습을 물리친 벅크너 군은 제3군단을 우로, 제24군단을 좌로 하여 슈우리선을 양 측면에서 돌파하고자 했으나 종심이 워낙 깊은 이 방어선에서 양군은 문자 그대로 혈전에 혈전을 거듭하였다. "Sugar Loaf"라고 명명된 제3군단 정면의 소(小)고지는 무려 10여 회에 걸쳐서 주인이 바뀌었으며 매 1야드 전진하는데 거의 1,000명의 손실을 당하는 격전이 2주일 이상이나 계속되었다. 그러나 5월 23일부터 일본군 진지는 부분적으로 와해되기 시작했고 31일에는 전 방어선이 돌파되었다. 일본군은 마지막으로 최남단의 동굴진지로 퇴각하였다.

벅크너 군은 6월 12일부터 최종공세를 취하여 동굴 하나하나를 이 잡듯이 소탕하였으며 일본군은 20일에 집단별로 항복하기 시작했다. 그리하여 오키나와 전투는 6월 21일로 공식적인 막을 내렸다. 그러나 이 전투를 승리로 이끈 벅크너 중장은 그 종말을 보지 못하였다. 그는 6월 18일 최전방 시찰 도중 일본군이 쏜 포탄의 파편에 맞아 전사했던 것이다. 한편 우시지마 중장도 6월 22일 황혼 녘에 할복 자결하였다.

약 3개월간에 걸친 오키나와 전역은 제2차 대전 최후의 주요전투였는데, 기간중 미군은 전사 12,520명을 포함하여 49,151명의 병력손실을 입었고, 일본군은 전사 110,071명과 포로 7,401명을 내었다. 그리고 미해군은 격침 36척, 대파 368척의 함선피해를 당했는데 이것은 대부분 일본군의 특공작전에 의한 손실이었다. 반면에 일본군은 항공기 7,830대를 상실하였다. 오키나와 전역에서 양군의 인명손실비율은 약 3대 1로서 유황도의 5대 4, 사이판의 2대 1, 타라와의 5대 3에 비한다면 그리 심한 편은 아니었다.

오키나와 전역 결과 일본군은 재기불능의 나락으로 한 걸음 더 밀려갔으며, 미군은 일본 본토 350마일 권내에 거대한 기지를 획득함으로써 일본 본토 침공을 위한 발판을 마련하였다.

제4절 특공작전(特攻作戰)

일본군이 대전말기에 접어들면서 전개하기 시작한 각종 특공의 사례를 정리하고, 그 의미를 음미해보는 일은 그 나름대로 의의가 있으리라고 생각된다.

특공하면 보통 가미가제(神風)를 연상하는데 가미가제의 연원(淵源)은 멀리 1281년까지 거슬러 올라간다. 고려말 쿠빌라이 칸(Kublai Khan)의 야망 때문에 여 · 몽 연합군은 제2차 일본원정에 나섰으나 때마침 불어온 태풍으로 인하여 패퇴하고 말았다. 어느 일본작가는 이를 소재로 『풍도(風濤)』라는 소설까지 썼는데, 어쨌든 이로부터 일본인들은 이 바람을 "가미가제"이라고 불렀다.

옛날의 "가미가제"에 현대식 옷을 입힌 사람은 오오니시(大西) 제독이었다. 제1항공함대 사령관 오오니시 해군중장은 1944년 10월 레이테 해전의 일부인 사마르해전 시 구리다 함대를 도와 미 제7함대에 대하여 최초의 가미가제 특공을 가했다. 즉 '첩호작전'에 의하여 레이테에서 해전은 벌였지만 항공력이 워낙 열세했던 일본군은 궁여지책으로 미 항모에 비행기를 출동시켜 열세를 만회코자 했던 것이다. 그리하여 세키(關) 대위가 지휘하는 26기가 출격하였으나 미 항모엄호기의 추격을 받아 별다른 성과를 거두지는 못했다. 그 후 1945년 1월 4일부터 8일 사이에 미군의 루존 섬 공격선단에 대한 3차의 특공에서 격침 17척, 대파 20척의 손실을 가한 바 있다.

이처럼 일시방편으로 지원자에 한하여 실시했던 제한된 특공작전이 오키나와 전역을 목전에 두고 계획된 '천호작전(天號作戰)'에서는 전군적으로 확대되었다. 즉 대본영에서는 대만 및 오키나와로 접근해오는 미군에 대하여 최대한의 손실을 가하고 또한 본토결전을 용이케 하기 위하여 대만에 있는 제10방면군을 중심으로 특공을 실시케 한다는 '천호작전'을 세웠으며, 이에 따라 지상군을 제외한 전 부대를 특공위주로 편성했던 것이다. 가미가제 특공은 이제 '국수작전(菊水作戰)'이라는 이름으로 보다 흔히 불리게 되었는데, 그 방법은 두부(頭部)에 폭약을 장치한 특공기가 목표에 도달할 수 있을 만큼의 연료만 가지고 미 함선으로 돌입하는 것이었다. 오키나와 전역 기간 중 절정에 달한 가미가제 특공으로 미 해군은 격침 36척, 대파 368척의 손실을 입었으나, 그들이 받은 심리적 충격효과는 이보다 더욱 큰 것이었다. 그러나 물량적 손실을 재빨리 메울 수 없었기 때문에 가미가제 특공은 차츰 열기가 수그러들었고, 드디어 1945년 6월 22일 45기의 출격을 끝으로 막을 내렸다.

가미가제 특공 이외에 공중특공의 하나로 '오오카'(櫻花)라는 것도 있었다. 이것은 목제 글라이더 두부에 약 1톤의 폭약을 장진하고 모기(母機)에 예인되어 비행하다가 약 1,800미터 상공에서 모기로부터 이탈하여 미 함선에 돌입하는 것이었다. 오오카 특공은 '신뢰작전(神雷作戰)'이라고 명명되었다. 그러나 유능한 글라이더 조종사가 부족하였을 뿐만 아니라 글라이더 예인으로 인하여 모기의 속도가 느려져서 격침받기가 쉬웠기 때문에 별로 성과를 거두지는 못했다.

한편, 연합함대사령장관 도요다 제독은 미군이 오키나와에 상륙한 직후인 4월 7일 초대형 전함 야마토(大和)호를 비롯한 잔존함대를 총 출격시켜 오키나와의 미 함대에 함대돌격을 실시코자 하였다. 그러나 이들은 규슈 서남쪽의 반 디이멘(Van Diemen) 해협에서 미쳐의 미 제58기동함대에 의해 피격되어 야마토 호를 포함한 5척의 주력함을 격침당하고 물러섰다.

그밖에도 진양(震洋), 복룡(伏龍) 등의 특공이 있었는데 진양은 목제의 고속모터 보트 두부에 폭약을 장진하고 미 함대에 충돌하는 것이었고, 복룡은 잠수부가 기뢰를 가지고 함선 밑바닥에 충돌하는 것이었다. 그러나 해상특공 가운데 가장 효과가 컸던 것은 역시 가이덴(回天)이었다. 이것은 잠수함 발사용인 93식 산소어뢰를 일인승 잠수함으로 개조한 것으로서 두부에 152킬로그램의 폭약을 장착하고 모잠수함으로부터 발사된 뒤 특공대원이 부상(浮上), 잠항(潛航), 변속(變速), 방향전환 등을 자유자재로 조종하여 미 함선에 충돌하는 것이었다. 속도는 약 30노트였으며 23킬로미터까지 항진할 수 있었다. 보통 잠수함 1척당 4기의 가이덴을 적재하였는데 그 명중률은 거의 100%이었다. 일본은 울리티(Ulithy) 기지를 중점적으로 공격하였으며, 미군은 계속되는 원인불명의 폭발로 전전긍긍했던 것이다. 가이덴에 의하여 종전 시까지 약 30척의 미 함을 격침시켰으나, 이것도 잠수함의 부족으로 인하여 대규모적인 사용이 불가능했다. 결국 오오카가 인간폭탄이라고 한다면 가이덴은 인간어뢰인 셈이었다.

한편 지상군에 의한 개인특공은 그 종류와 방법이 이루 헤아릴 수 없을 만큼 다양하였는데 가장 대표적인 것으로 만세돌격(萬歲突擊)이 있었다. 이것은 최후의 순간에 부상자마저도 부축하여 적진에 돌입하는 것으로서 비오듯 쏟아지는 포화 앞에 온 몸을 드러내는 자살행위였다. 만세돌격에도 참가하지 못할 만큼의 중상자는 자결하였으며, 자결할 힘도 없었던 자는 미군에게 죽여주기를 애원하기까지 했다. 이것이 이른바 옥쇄(玉碎)였다.

태평양전쟁의 전세가 절망적으로 전개되자 일본군 지도부는 전세 역전을 노리며 특공작전을 도입하였으나, 그 효과는 기대에 미치지 못했다. 일본 해군이 주도한 가미카제의 경우 1944년 10월에 처음 시행했을 때에는 30%에 달하는 성공률을 보였으나, 미군의 대비태세가 강화됨에 따라 성공률은 현저하게 낮아졌다. 오키나와 전역(戰役)에서는 1,900여 대의 가미카제 항공기가 출격하였으나, 미 해군 함정을 '타격'한 것은 7%에 불과했다. 또한 특공작전이 무리하게 진행됨에 따라 장기간 훈련을 거쳐 숙련된 조종사의 숫자가 감소하여 일본군의 정규작전 수행에도 차질을 빚었다. 그리고 단기 비행훈련만 이수한 신참 조종사를 가미카제 공격에 투입하는 비율이 높아짐에 따라 자살공격의 성공 확률은 더욱 낮아졌다.

한편, 미 해군은 일본군의 자살공격에 대하여 전술적, 기술적 측면에서 대응하였다. 가미카제 공격이 등장한 초기에 심각한 타격을 입었던 미 해군은 함대별로 초계함과 대기 항공기를 상시 운용하여 대비하였다. 이후 일본군의 가미카제 공격이 증가하자 레이더를 통합 운용하여 적을 조기에 식별하고, 즉각 항공기를 출동시켜 대응케 하였다. 항공 대응에 실패한 경우에는 함대 내 함정들을 분산시켜 피해를 최소화함과 동시에, 가미카제 항공기를 제압하기 위해 함포를 통합 운용하였다. 이와 같은 미군의 대응은 효과를 발휘하여 점차 가미카제 공격에 의한 피해는 감소하였다.

돌이켜보건대, 특공작전은 일본군 지도부가 현대전쟁 수행에 대하여 얼마나 이해가 부족했는지 알 수 있는 단적인 증거이며, 동시에 일본군 전쟁수행 방식의 한계를 여실히 보여준 사례이다. 개전 초기부터 기습 공격을 통해 태평양지역에 주둔하는 미 해군력을 제압하기만 하면 유리한 상황을 전개할 수 있을 것이라고 판단했던 일본군 지휘부는 현대전쟁에서 승리하기 위해서 반드시 갖추어야 할 필수적인 요소들에 대한 전반적인 준비가 부족했다. 그러다 보니 일본군은 월등한 전쟁수행 능력과 압도적인 전투력을 보유한 연합군에게 대항하기에 역부족일 수밖에 없었다. 이러한 상황 속에서 일본군 지휘부는 개별 전투원을 다양한 형태의 자살공격으로 내몰았는데, 이것은 국가와 군대에 의해서 개인의 무고한 희생이 강요되는 군국주의 사회의 특징이라 할 수 있다.

제5절 원자탄 투하와 일본의 항복

미 합동참모본부(JCS)는 1945년 4월 6일을 기하여 태평양지역의 전 지상군을 맥아더 휘하에 통합시키고, 해군은 니미츠가 장악하도록 하여 대일 최종작전을 실시하도록 명하였다. 그리고 스파츠(Carl Spaatz) 대장이 통할하는 미육군전략항공대(United States Army Strategic Air Force)는 오키나와의 제8공군(Doolittle)과 마리아나의 제20공군(Twining)으로 편성되어 본격적인 일본 본토 폭격을 수행하기 시작했다. 종전까지 지속된 폭격으로 일본의 66개 주요도시에 100,000톤 이상의 폭탄이 투하되어 최소한 169평방마일에 달하는 면적이 불타거나 파괴되었으며, 민간인 260,000명이 사망하고 412,000명이 부상당했을 뿐만 아니라 가옥 손실이 2,210,000동이나 되어 이재민 만도 9,200,000명을 헤아렸다.

그러나 일본은 1945년 4월 8일에 발령된 '결호작전(決號作戰)'에 의하여 지상전 중심의 본토결전계획을 세워놓고 있었다. 유황도와 오키나와 전역 중에도 본토방어준비를 위하여 피나는 절약을 한 끝에 이 무렵 일본은 아직도 2,000,000명의 병력과 각종 항공기 8,000대를 보유하고 있었다.

맥아더는 니미츠와 협동하여 일본 본토 상륙을 위한 두 가지 계획을 수립했는데, 하나는 1945년 11월에 제6군을 규슈(九州) 남쪽에 상륙시키는 것이었고(Olympic 작전), 다른 하나는

소련의 태평양 전쟁 개입(1945. 8. 9~8. 15)

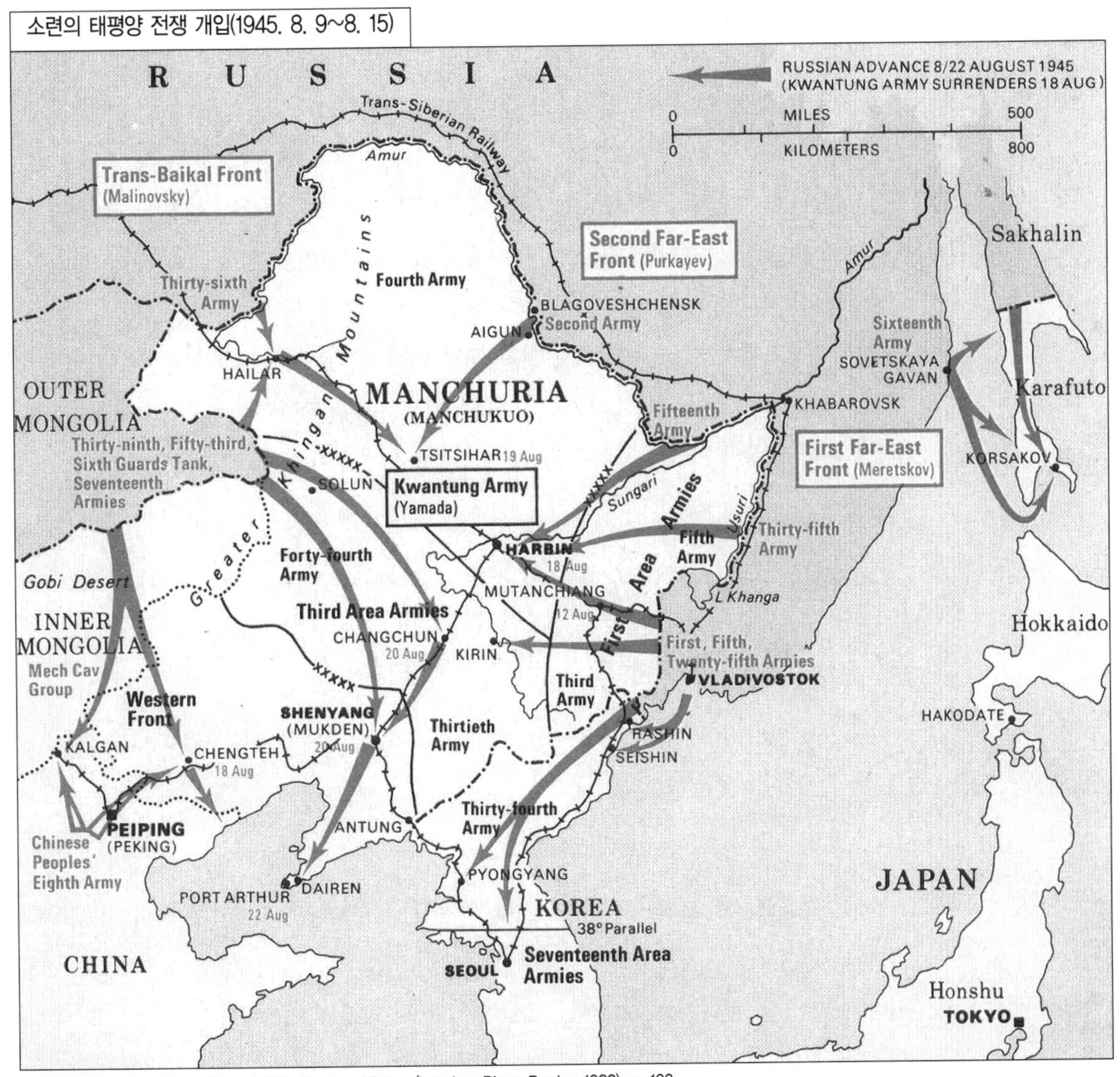

※ 출처: Richard Natkiel, *Atlas of 20th Century History* (London: Bison Books, 1982), p. 193.

1946년 3월에 제8군과 제10군을 혼슈(本州)의 간토(關東) 및 도쿄(東京) 평야에 상륙시키는 것이었다(Coronet 작전). 이것은 물론 일본이 거국적인 자살전법으로 나올 경우에 대비한 계획으로서 미군은 일본 본토공략을 위해서 적어도 1,000,000명의 병력손실을 예상하고 있었다.

그러나 한편으로 미국은 전쟁을 조속히 종결짓기 위한 모종의 계획을 추진시키고 있었다. 그것은 바로 원자폭탄의 제조였다. 미국은 1945년 7월 16일 뉴 멕시코(New Mexico) 사막의 앨라모고도(Alamogordo)에서 원자폭탄 실험에 성공했으며, 일본정부가 7월 26일의 포츠담 선언을 거부하자 이의 사용을 결심하게 되었다.

이리하여 8월 6일 오전 8시 15분 일본 제7위의 대도시인 히로시마(廣島)에 원자탄이 투하되어 도시의 60%를 파괴했는데, B-29 100대분(TNT 2만톤)에 해당되는 이 폭격으로 78,000명이 죽고 10,000명이 실종되었으며 37,000명이 부상을 입었다. 8월 8일에는 그동안 기회만 노려 오던 소련이 대일선전포고를 발하였으며, 이튿날부터 바실레프스키(Alexander M. Vasilevsky) 원수가 지휘하는 3개 집단군은 만주의 관동군을 공격하기 시작했다. 다음날인 8월 9일 오전 11시 2분 원자탄 제2호가 나가사키(長崎)에 투하되어 도시의 45%를 쓸어버렸다.

8월 10일 일본정부는 급기야 포츠담선언에 준한 평화협상을 요망하기에 이르렀고, 8월 15일 일본 천황의 무조건항복 수락으로 태평양전쟁은 3년 8개월 25일 만에 종결되었다. 항복조인식은 9월 2일 도쿄만 내에 정박한 전함 미주리호 함상에서 맥아더와 일본대표 시게미츠(重光) 및 우메즈(梅津) 사이에 이루어졌으며, 연합군은 이날을 대일전승기념일(V-J Day)로 선포하였다.

제16장 제2차 세계대전 총평

1. 대전의 특징

제2차 세계대전의 성격은 한마디로 총력전(total war)이었다고 할 수 있다. 산업혁명(Industrial Revolution)의 여파가 전쟁에 도입된 이후 그 가공할 파괴력은 경쟁적으로 증대되어, 드디어 제2차 대전에 와서는 군사적 · 정치적 · 경제적 및 정신적인 여러 측면에서 국력의 모든 요소들이 총동원되기에 이른 것이다. 물론 제1차 대전에 있어서도 총력전의 성격은 뚜렷하였으나 동원(mobilization)을 통제할 상부기구가 거의 확립되어 있지 않았다는 점에서 볼 때, 명실 공히 제2차 대전이야말로 완전한 의미의 총력전이었다고 할 수 있다.

이와 같은 총력전에 있어서는 전투원과 비전투원간에 밀접한 관계가 형성된다. 즉 민간인에 의한 경제적 · 병참적 지원이 승패의 근본적인 관건이 되고 있다. 그래서 "Home Front"라고 하는 용어까지 생겨났다. 맥아더 장군은 이미 1935년에 이 문제에 대하여 예리한 통찰력을 보인 바 있다.

"미래의 대규모전에 있어서 반드시 모든 참전국들은 승리라는 단일목적을 위하여 고도의 편제를 갖추게 될 것이다…. 이 국가적인 대기구(大機構)중에서 전투부대는 다만 칼날에 불과하게 될 것이다…." 결국 총력전은 전쟁노력의 전국민화, 국민개병화(國民皆兵化), 군대의 대규모화, 전쟁의 기계화, 군사작전의 강화 등으로 특징지워 지고 있다.

한편 제2차대전은 타협 없는 무조건항복을 요구한 전쟁이었다. 무릇 전쟁은 정치적 목적을 달성하기 위한 수단이며, 따라서 전쟁 도중 협상할 수 있는 기회는 언제나 주어지는 것이다. 그러나 연합국 정치지도자들은 나치에 대한 증오감에 사로잡혀 이념형(idealtypus)으로나 존재 가능한 절대전적 사고에 빠진 나머지 협상에 의한 평화에의 길을 봉쇄하고 말았으며, 모든 독일인의 마음속에 궁지에 몰린 쥐와 같은 절망적 분노를 불러 일으켰던 것이다. 아이젠하워 장군도 1945년 2월 28일 파리에서 가진 기자회견시 무조건항복 요구의 무모함을 이렇게 지적하고 있다. "만일 여러분이 교두대에 오를 것이냐 아니면 20회의 착검돌격(着劍突擊)을 할 것이냐 하는 양자택일의 기로에 서게 된다면 여러분은 틀림없이 후자를 택할 것이다"

결국 연합군 측과 독일군 측은 1945년 1월 이후(독일군의 아르덴느 반격이 실패한 이후) 어느 때라도 평화협상에 의해 전쟁을 종결시킬 수 있었음에도 불구하고 독일군의 단말마적(斷末魔的) 저항 때문에 수개월이나 더 전투를 지속하였으며, 그로 인하여 양측이 받지 않아도 되었을 인명 및 재산상의 피해는 막대한 것이었다. 뒤늦게나마 이 사실을 깨달은 연합국 지도자들은 일본에 대해서는 그토록 무모한 요구를 하지 않기로 합의하고, 다만 일본군부에 대해서만 무조건항복을 요구하였다.

무조건항복과 더불어 또 하나 특이한 것은 전범재판(戰犯裁判)의 문제이다. 예로부터 포로가 된 적이나 특히 항복한 적은 처벌하지 않았으며, 비록 적국의 전쟁지도자라 할지라도 일단 평화를 되찾은 다음에는 예우하는 것이 하나의 관례였다. 그러나 전후 연합국은 '전쟁범죄(戰爭犯罪)' 라는 신조어를 창조하여 나치 및 일본의 전쟁지도자들을 처형하였다. 이것은 물론 제국건설의 망상에 사로잡혀 인간의 존엄성과 타민족의 생존권마저도 부정했던 그들의 소행에 비추어 볼 때 너무나도 당연한 인과응보였지만, 전범을 처형했다는 점에서는 여하튼 새로운 전례를 남겼다고 하겠다.

끝으로 제2차 대전에서 각국이 입은 인명 및 재산상의 피해를 제시함으로서 총력전으로서의 규모를 알아보기로 하겠다.

제2차 대전의 손실ⓐ

각 국	동원된 총병력(백만)	군인 사망	군인 부상	민간인 사망	경제적 및 재정적 손실(10억)
미 국	14.9	292,100	571,822	무시가능	350
영 국	6.2	397,762	475,000	65,000	150
프랑스	6	210,671	400,000	108,000	100
소 련	20	7,500,000	14,012,000	10~15,000,000	200
중 국	6~10	500,000	1,700,000	1,000,000	추정불가
독 일	12.5	2,850,000	7,250,000	500,000	300
이탈리아	4.5	77,500	120,000	40~100,000	50
일 본	7.4	1,506,000	500,000	300,000	100
기타 참전국들	20	1,500,000	추정불가	14~17,000,000ⓑ	350
총 계ⓒ	100	15,000,000	추정불가	26~34,000,000	1,600

ⓐ 이 표에서 사용된 수치의 많은 부분은 대략적인 계산 또는 추정(推定)에 의하였다.
ⓑ 유태인 6백만과 폴란드인 450만 포함.
ⓒ 제2차 대전은 제1차 대전에 비해 경제 및 재정적 손실은 5배, 군인 사망자수는 2배, 총 사망자수는 3배였다.

2. 승패요인

그러면 제2차 대전은 동맹진영에 전혀 승산 없는 전쟁이었던가? 오히려 초기에 있어서는 누구의 눈에도 동맹진영이 승리가 확실할 것처럼 보였다. 그럼에도 불구하고 그들은 패전하고 말았다. 무엇 때문인가?

제2차 대전의 승패요인을 분석함에 있어서 가장 먼저 지적해야 할 것은 자원의 문제이다. 동맹측은 인적·물적인 자원이 열세했다. 독일은 뛰어난 공업적 역량을 보유하고 있었으나 바탕이 되는 원자재가 부족하였으며, 일본은 개전과 동시에 남방자원지대를 장악하였지만 그 자원을 본토로 실어 나를 수송력이 모자랐을 뿐만 아니라, 원료를 신속하게 군수물자로 전환시킬 수 있는 공업력이 미약하였다. 이에 비해서 연합국의 군수공장이었던 미국은 자원의 절대적 우세와 선진된 산업력을 바탕으로 전 연합군에게 우세한 장비와 막강한 화력을 갖출 수 있도록 해줌으로써 전승의 근본적인 기틀을 마련하였다.

둘째는 지휘체계의 문제이다. 미 · 영을 중심으로 한 서방연합국은 연합참모부(CCS)와 같은 총괄적인 전쟁지도기구를 설립했을 뿐만 아니라, 육 · 해 · 공을 망라한 강력한 통합지휘체계를 확립하여 사상 미증유의 대작전들을 성공적으로 수행하였다. 독일도 물론 총참모부(Generalstab)와 같은 기구가 있기는 했지만, 이들은 주로 전술이나 작전분야와 같은 하부구조적 업무에만 전념하였고, 그나마 전쟁말기에 이를수록 히틀러의 간섭과 독단적 결정이 심해져서 제대로 기능을 발휘하지 못하였다. 일본의 경우에도 대본영이 있기는 하였으나 실제 작전지역에서는 육 · 해군을 통합할 수 있는 단일지휘체계를 유지하지 않았다. 태평양전쟁의 모든 전역에 있어서 일본 육군과 해군은 표면상 협조관계에 있었을 뿐이며, 그나마 전통적으로 누적되어온 육 · 해군간의 알력 때문에 손발이 맞지 않았다. 이리하여 비록 고도로 훈련되고 실전경험이 많은 일본군이라 할지라도 잘 합동된 미군에게 패배할 수밖에 없었던 것이다.

셋째는 전략개념의 문제이다. 동맹 측의 전략은 너무나도 근시안적이고 직접 접근적이었다. 독일은 제1차 세계대전 시와 마찬가지로 "전쟁의 유일한 수단은 전투이다"라고 말한 클라우제비츠의 사상에 지나치게 집착한 나머지 그들의 안목을 전장에만 국한시켜 전투에서의 승리가 곧 전쟁의 승리를 가져온다고 생각했다. 그러나 세계최강의 작전역량을 발휘하였던 독일국방군이 수많은 대소 전투에서 승리했음에도 불구하고, 독일은 국가의 역량을 총동원하여 운용하는 전략적 고려가 부족했기 때문에 제2차 대전과 같은 총력전에서 궁극적인 패배를 면치 못했던 것이다. 독일이 저지른 전략적 과오의 한 예로서 항공기 생산보다 잠수함 생산에 우선권을 두었다는 사실을 들 수 있다. 잠수함은 물자의 이동을 방해할 수는 있지만 생산력을 마비시킬 수는 없다. 반면 연합군의 전략폭격은 독일의 생산력 및 기동력을 뿌리에서부터 말살시켜 연합군의 승리에 결정적 요인이 되었던 것이다.

또 하나 독일의 과오는 양 전선을 동시에 유지했다는 점이다. 양면전쟁은 제1차 세계대전 때와 마찬가지로 독일이 가장 피하지 않으면 안 될 함정이었다. 그러나 히틀러는 그 자신의 욕망 때문에 스스로를 함정으로 몰아넣고 말았으며, 끝내는 패망의 쓴잔을 마셨던 것이다.

한편 일본 역시 단기결전에만 급급한 나머지 장기적인 안목과 계획이 결여되어 있었다. 완만한 해상수송력에만 의존하고 있었던 당시의 상황을 고려할 때, 태평양과 같은 광대한 작전지역에 있어서는 보다 원대한 장기계획이 필요했던 것이다. 예컨대 확보된 원자재를 어떻게 본토로 운송하며, 외곽방어선에 분산되어 있는 병력들을 여하히 지원함으로써 중요한 해상기지들을 유지할 것이냐 하는 문제들은 단기적으로 해결될 성질의 것은 아니었다. 결국 일본은 개전초 6개월 동안(미드웨이 해전에서 패배할 때까지)에 획득한 경이적인 성과마저 유지하지 못하고, 그 후 3년 2개월여에 걸친 미군의 끈질긴 반격에 의하여 패망하고 말았던 것이다.

대략 이상에서 논의한 문제들이 제2차 대전의 흐름을 판가름 지운 결정적인 요인들인데, 기타 소소한 요소들은 각 전역별로 이미 언급하였기에 생략하기로 하겠다.

3. 무기 및 전술교리체계

제2차 세계대전은 총력전이었던 만큼 사용된 전술 면에 있어서도 매우 다양하였다. 뿐만 아니라 제1차 세계대전에서 선만 보였던 항공기가 이제는 결정적 무기로 등장함에 따라 지상과 바다와 공중에서 그야말로 입체적인 작전이 전개되었으며, 육 · 해 · 공 3요소 간에 얼마만큼의 유기적 합동이 이루어지느냐에 따라 전투의 승패가 좌우되었다. 그러나 여기서는 우선 각 요소별로 중요한 무기체계나 전술만을 살펴보기로 하겠다.

육군 : 이 시기에 등장한 무기 체계로는 접근신관(接近信管 ; VT 신관), 세열탄(細裂彈, shaped charges), 바주카포(bazooka), 무반동총(recoilless rifle), 그리고 소련의 카츄샤포(Katyusha mortars)와 독일의 V-로켓 및 88밀리 대전차포 등이 있었다. 그러나 새로운 전술의 등장과 가장 밀접한 관계를 맺고 있는 것은 역시 기계화 장비, 즉 고속전차, 장갑차, 자주포 또는 기타 차량들일 것이다. 이 시기에 가장 특징적인 전술인 '전격전(Blitzkrieg) 전술'은 이와 같은 기계화 장비와 항공기의 개발을 바탕으로 삼아 제1차 세계대전시의 '후티어 전술(Hutier tactics)' 로부터 발전된 것이다. 전격전과 같이 신속한 작전형태에서는 휩쓸고 지나가는 기계화 부대가 보통 적의 강점을 우회하고, 소탕은 주로 후속하는 보병부대가 맡게 되는데, 이 경우 방자(防者)는 때때로 소위 『고슴도치 대형』(Hedgehog formation)이라고 불리는 종심 깊은 방어진지를 형성하곤 했다. 『고슴도치』 진지는 시기를 보아 신속한 반격을 취할 때 지원거점이 될 수도 있었다.

한편 야전포병은 제1차 대전 말기에 개발단계에 있었던 집중포화의 개념을 이 시기에 와서 더욱 발전시킨 결과, 미 야전포병학교에서는 이른바 '화력집중점' 사격법을 고안해내었다. 이로 인하여 포병화력은 구스타부스 아돌푸스 이래 가장 획기적인 향상을 달성하였다.

해군 : 제2차 세계대전시 해군의 전술교리 및 무기의 발전내용은 대략 항모작전, 상륙작전, 이동식 병참업무, 대잠수함전술 등 4가지 범주로 나누어 볼 수 있다.

첫째, 제2차 대전의 해전양상에서 가장 두드러진 특징은 항공모함이 전함의 자리를 빼앗고 주력함이 되었다는 사실인데 그 계기는 역시 진주만 사건이었다. 오로지 미국과 일본만이 고도로 발전시켰던 이 혁명적인 항모작전의 일반적인 전투대형은, 항모를 중심에 두고 이를 엄호하기 위한 기타 함선들이 원형을 이루는 것이었는데, 종래 선형대형을 취했던 전함중심의 시대와는 판이하게 다른 것이었다. 항모작전시 주 무기는 물론 함포가 아니라 함재기였으며, 보통 폭탄과 어뢰를 운반하는 공격용 기종과 방어용의 전투기로 구성되어 있었다. 항공기가 주무기로 되면서부터 한편으로는 대공방어용 장비가 개발되기 시작했는데 그중 대표적인 것은 레이더와 접근신관인 VT(variable-time)신관이다. 레이더는 적기의 내습을 미리 탐지케 하여 최소한 함대 전방 50~70마일 거리까지 요격기를 출동시킬 수 있는 시간여유를 제공해 주었다. 미 해군은 1942년 말에 레이더를 실용화했고, 일본은 이보다 약1년이 뒤늦었다. 목표 전방 70피트에 도달하게 되면 자동적으로 폭발하는 VT신관은 1943년 1월 미국이 처음으로 태평양전쟁에 도입하여 해상함대의 대공방어에 획기적 도움이 되었다. 그러나 비밀이 누설될 것을 우려한 나머지 지상목표에 대한 사용은 계속 꺼려오다가 1944년 말 발지(Bulge) 전투시에 비로소 이 제한을 풀었다.

두 번째로 언급할 것은 상륙작전이다. 사실 상륙작전은 육 · 해 · 공이 하나의 팀워크를 이루어 완전한 합동 하에 이루어지는 것이지만, 여기서는 편의상 해군전술분야에서 다루기로 한다. 제2차 대전기의 상륙작전은 제1차 세계대전시 영국군의 갈리폴리(Gallipoli) 상륙 실패로부터 교훈을 얻어 이미 제2차 세계대전이 벌어지기 20년 전에 미 해병대에서 발전시킨 개념이다. 교범화된 상륙작전의 순서는 대략 다음과 같다. ① 지휘협조 및 준비. ② 함포사격 ③ 항공지원. ④ 해안까지 주정(舟艇)에 의한 기동. ⑤ 해안교두보 확보. ⑥ 보급물자 양륙. 흥미로운 사실은 제2차 대전에서 미군의 반격작전이 태평양과 유럽 방면 다같이 상륙작전으로 개시되었다는 점이다. 그 최초의 예는 각각 1942년 8월의 과달카날 상륙 및 같은 해 11월의 북아프리카 상륙(Op. Torch)이었다.

이러한 상륙작전에 사용된 장비들은 크게 2가지의 기본형태로 분류된다. 하나는 물위에서만 활동하는 주정종류(ship & boat)이고, 다른 하나는 수륙양용차량이다. 전자에 속하는 것으로 소형에는 LCVP(landing craft, vehicle and personnel)와 LCM(landing craft, medium)이 있었고, 대형에 LST(landing ship, tank)와 LCI(landing craft, infantry)가 있었으며, 그 중간형으로 작은 LST격인 LSM(landing ship, medium)과 LCT(landing craft, tank)가 있었다. 후자에 속하는 것으로는 병력수송용인 LVT(landing vehicle, tracked)와 수

육양용전차인 LVT(A)가 있었으며, 육군에서 독자적으로 개발한 상륙용 트럭 DUKW는 물에서는 프로펠러에 의해, 땅에서는 바퀴에 의해 추진되는 것이었다.

세 번째 범주에 속하는 획기적인 작전개념은 이동식 병참체제(mobile logistics)이다. 미국에게 고도로 발달된 이동식 병참체제가 없었다면 사실 제공 및 제해권을 장악하기 위한 항모작전이나 상륙작전 등은 수행 불가능했을 것이다. 대양 한가운데서 작전하는 모든 함선들은 연료 · 탄약 · 식량 · 병력 등을 계속적으로 지원받지 않으면 안 되고, 때로는 보수도 받아야 한다. 그러나 멀리 떨어져 있는 항구까지 일일이 왕복하자면 수주일 내지 한 달 이상씩이나 전장을 비워놓지 않으면 안 된다. 이러한 불편을 없애준 것이 바로 이동식 병참체제였다. 여기에는 2가지 형태가 있었다. 가장 기본적인 것은 작전지역이 이동됨에 따라 병참부대도 그때그때 전진기지로 이동해 가는 체제로서, Lions 기지(주기지) · Cubs 기지(보조기지) · Acorns 기지(항공기지)와 같은 이동병참기지였다. 그러나 전장이 일본 본토를 향하여 점점 더 빠른 속도로 가깝게 접근해가자 이 개념은 퇴색하기 시작했다. 두 번째 형태는 바다 위에 떠다니는 보급지원부대(replenishment force)였다. 이것은 하나의 함대를 이루어 대양 어느 곳까지라도 전투부대들을 따라다니며 보급지원을 해주는 체제였으나 그 대신 규모는 전자에 비교할 바가 못 되었다. 구체적인 편성은 뒤에 언급하겠다.

해군작전교리 가운데 마지막으로 살펴볼 것은 대잠수함전술이다. 이것은 주로 북대서양에서 독일의 U-보트에 대한 영국함대의 피어린 사투에서 얻어진 결실이다. U-보트는 북대서양을 왕래하는 연합군의 수송선단을 괴롭혀 미국으로부터 이어지는 영국의 젖줄을 위협하였다. 영국은 이를 극복하기 위하여 새로 개발한 초단파 레이더(microwave radar)와 수중음파탐지기(sonar) 등을 도입하였으며, 그밖에 호위항모(護衛航母)와 연안사령부의 항공기, 그리고 재래의 구축함까지도 총동원하였다. 특히 가장 효과적인 장비는 초단파 레이더로 수면 위에 올라와 있는 U-보트를 탐색해낸 뒤 잠수 도피하기 전에 항공기나 구축함으로 추적하여 격침시켰다. 또 수송선단을 호위하는 수송함대는 sonar를 장비하여 접근해오는 U-보트를 미리 탐지할 수 있었으며, 항공기들은 끊임없이 선단주변과 해상 구석구석을 탐색하여 적극적인 공격을 가하였다. 이처럼 발전된 전자과학과 입체적인 대잠작전(對潛作戰)을 구사한 끝에 영국은 마침내 1943년 여름부터 안전한 항로를 유지할 수 있게 되었다.

이상으로 제2차 세계대전기의 가장 특징적인 해군교리들을 개관하였는데, 한 가지 주목할 만한 사실은 미국이 태평양전쟁 중 특수임무부대(task force)라는 특이한 체제를 창안하여 상기한 4가지 범주 가운데 대잠전술 외의 나머지 3개 개념들을 효과적으로 구체화시켰다는 점이다.

① 제공 · 제해권을 장악하는 임무는 항모를 중심으로 하여 전함 · 순양함 · 구축함 등으로 편성된 항모특임대(carrier task force)가 담당했고, ② 상륙작전은 각종의 상륙용 함선을 위주로 화력지원용인 전함, 항공지원용인 경항모, 대잠임무를 띤 구축함 등으로 편성된 상륙특임대(amphibious task force)가 맡았으며, ③ 보급지원업무는 유조선, 탄약적재선, 구조예인선 등을 중심으로 호위용의 경항모와 구축함, 그리고 기함안 한 척의 경순양함으로 이루어진 보급지원특임대(replenishment task force)가 담당하였다. 1944년에 들어서면서 미국은 특임대 개념을 확장시켜 2개의 기동함대(task fleet)를 편성했는데, 제3함대(Halsey)는 맥아더군을, 제5함대(Spruance)는 니미츠군을 지원하여 상기 3개 임무를 모두 수행하였다.

공군 : 제1차대전시에 선만 보였던 항공기는 제2차 대전에서 가장 결정적인 무기가 되어 승패를 갈라놓은 장본인이 되었다. 제1차 세계대전후 항공분야의 선구자들인 이탈리아의 두에(Giulio Douhet), 미국의 미첼(William Mitchell), 영국의 트렌챠드(Sir Hugh Trenchard) 등은 항공전술교리의 대의를 공중에서의 주도권, 적의 지상군에 대한 지원능력 파괴, 적국 경제력의 분쇄 등으로 예견하였는데, 결국 제2차 세계대전을 통하여 확립된 항공교리는 제공권, 장거리(소위 "전략적") 폭격, 지상군에 대한 근접지원(전술폭격) 등 서로 밀접히 관련되어 있으면서도 확연히 구분되는 3가지 분야였다.

제공권(air superiority)은 공격적 견지에서는 아군의 전략폭격이나 전술폭격을 용이케 해주고, 방어적 견지에서는 적이 그러한 행동을 취하지 못하도록 하는 기능을 발휘한다. 또한 항공기가 민간이나 군인에게 미치는 공포적 효과를 고려해볼 때, 제공권은 사기와 같은 심리적 측면에 미치는 영향도 매우 크다고 할 수 있다. 제공권을 장악하는 방법에는 크게 보아 계속적인 공중전으로 적전투기를 소모시키든가, 적의 항공시설이나 항공기 생산공장을 장기적으로 폭격하든가 하는 두 가지가 있다.

전략폭격(strategic bombardment)은 두에 등이 언급한 바와 같이, 상대국의 전쟁수행능력을 소모전(war of attrition)이나 봉쇄정책보다도 훨씬 빠르고 직접적으로 분쇄하는 기능을 발휘한다. 영국은 전쟁초기의 항공력 열세에도 불구하고 전략폭격과 같은 공격적 항공작전을 늘 염두에 두어왔으며, 따라서 영국전투 기간 중에도 독일의 산업 및 상업지대를 폭격했다. 그러나 엄호전투기의 부족과 폭격기 자체의 약점, 그리고 독일전투기의 맹위때문에 야간폭격에만 의존하였다. 한편 "날으는 요새"(Flying Fortress)라고 불린 B-17F(4발 엔진)와 같은 우수한 폭격기를 보유하고 있었던 미국은 주로 주간 정밀폭격에 임하였고, B-29를 개발한 뒤 1944년부터는 더욱 본격적으로 이 임무를 수행할 수 있었다. 이러한 전략폭격은 독일전투기들을 공중전으로 끌어들여 소모케 함으로써 독일영공의 제공권을 탈취하는데도 도움을 주었다.

세부적인 내용은 다소 상이하다해도 일본에 대한 미국의 전략폭격 역시 장거리 폭격기의 개발과 폭격기에 동반하여 엄호해줄 수 있는 장거리전투기의 등장 이후 급격히 증대되었다.

전술폭격의 가장 전형적인 사례는 아무래도 폴란드 · 노르웨이 및 1940년의 서부전선에서 독일군이 펼쳤던 전격전으로부터 찾아야 할 것이다. 이들 전역을 통하여 독일공군은 지상군을 근접 지원하는 능력에 있어서 경이적인 경지를 과시하였다. 그러나 이처럼 전술항공력의 우위를 점하고 있었음에도 불구하고, 독일은 항공력의 전략적 사용이나 독자적 운용개념에 눈을 뜨지 못하여 항공기를 다만 지상군의 보조물로만 여겼기 때문에 점차 사양길로 접어들고 말았던 것이다.

지상군은 근접 지원하거나 전장을 차단하거나 하는 전술적 임무를 수행함에 있어서도, 항공력은 지상군사령관에게 예속 분산되는 것보다는 단일 항공지휘관에 의하여 통합되는 쪽이 훨씬 신축성 있고 강력한 힘을 발휘하였다. 이것은 1942년 북아프리카전역 중 몽고메리와 사막공군사령관 코닝햄(Arthur Coningham)간의 관계에서 밝혀진 사실이다.

지금까지 살펴본 기본적인 분야 외에도 제2차 세계대전 동안 발전된 중요한 항공교리로 공수작전(空輸作戰)이 있다. 공수작전을 대규모적으로 펴기 시작한 나라는 독일이었지만, 1941년 크레타 섬 작전을 계기로 히틀러가 공수작전의 가치에 회의를 품으면서부터 독일에서는 경시되고 말았다. 그러나 이와 반면에 미국과 영국은 공수부대 발전에 박차를 가하여, 이후 이 분야에서 주도권을 잡고 각 전역에서 활발히 운용하였다. 작전형태는 주로 적 후방에서 강습투하(强襲投下)하여 수직차단을 실시하거나, 주력군의 진격로를 개척하거나, 또는 적의 지휘 및 통신망을 교란하는 것 등이었다.

이와 더불어 중수송기(重輸送機)의 개발 이후 지상군에 대한 병참지원을 공수로 실시하기로 했는데, 주로 버마 및 중국전역에서 이루어졌다.

이 시기에 새로 개발된 항공분야의 장비들은 다양하지만, 영국 전투시 위력을 발휘한 레이더와 전략폭격시 정밀폭격을 가능하게 해준 폭격조준기(爆擊照準機, bomb sight)는 그중 특이한 존재였다. 그리고 전쟁말기에 이르면서 영국과 독일은 각각 요격용 제트(jet) 전투기 개발에 심혈을 기울였는데, 독일이 먼저 성공하여 ME-262기를 1944년 11월에 생산해냈지만, 이미 기울어진 전세에 어떤 결정적 영향을 미치기에는 때가 너무 늦어 있었다.

지금까지 제2차 세계대전의 성격, 승패요인, 육 · 해 · 공군의 전술교리 및 무기체계 등에 관해서 개관하였는데, 무엇보다도 가장 획기적이고 의미심장한 사건은 역시 원자탄의 등장이었다. 1945년 8월 6일 히로시마에 버섯구름이 솟구쳐 오름으로써 세계는 새로운 핵시대로 접어들기 시작했으며, 열전(熱戰)없는 대결의 장이 펼쳐지게 되었다.

제 7 편

현대전쟁

[제 7 편 현대 전쟁]

제1장 현대전쟁의 성격

전쟁의 역사에서 현대라는 시대 구분을 의미 있게 해주는 요소는 핵무기의 등장이라고 할 수 있다. 태평양전쟁(1941-5) 말기에 일본에 투하됨으로써 실제 전쟁에서 사용된 바 있던 핵무기는 전쟁에 동원된 또 하나의 무기체계에 불과한 것처럼 보였으나, 이러한 무기체계를 동원한 전쟁은 이의 개념과 본질에 대한 새로운 차원의 분석을 요구하였다. 핵무기를 동원한 핵전쟁은 정치, 이념적인 목적을 달성하기 위하여 흔히 동원되어왔던 수단으로서 지금까지 치루어 온 전쟁과는 다른 전쟁이 될 것이라는 점이 분명해졌으며, 핵무기의 엄청난 파괴력과 잔류효과는 전쟁을 통해서 달성하려는 정치, 이념적인 목적 자체를 무의미하게 만들 수 있다는 사실도 확연하게 드러났기 때문이었다. 따라서 핵무기의 출현은 현실적으로 쉽게 치룰 수 없는 전쟁을 추가하여 전쟁을 이원화시킴으로써 전쟁사에서 새로운 시대인 현대를 열게 되었다.

핵무기의 엄청난 파괴력과 이를 사용할 경우에 발생되는 잔류효과는 정치, 이념적인 목적을 달성하기 위한 수단으로서 흔히 치루어 왔던 지금까지의 전쟁을 "재래식 전쟁(conventional war)"이라는 범주로 통합시켜 현대의 전쟁을 핵전쟁과 재래식 전쟁으로 이원화시켜 놓았다. 한 전투나 결전만으로도 전쟁을 마감할 수 있었던 고대의 전쟁에서부터 수많은 전투와 전역으로 구성된 제2차 세계대전까지를 포괄한 재래식 전쟁에 동원된 무기체계의 동력원은 기계적, 화학적 에너지였다. 소총과 야포, 전차에서 발사되는 총탄과 포탄, 그리고 비행기에서 투하되는 폭탄은 이러한 두 에너지에 의해서 발사, 관통 또는 폭발이라는 과정을 거쳐 인마(人馬)를 살상하고, 인공구조물을 파괴하였다. 이에 비해서, 핵무기는 원자핵의 분열과 융합과정에서 발생되는 막대한 양의 핵에너지를 이용하여 생물체를 살상하고, 인공구조물을 파괴하면서 지속적인 피해를 일으키는 잔류효과까지 보유하고 있기 때문에, 살상과 파괴 범위와 시간의 제한을 받지 않는 특성을 나타내고 있기도 하다. 따라서 핵무기체계는 승리와 패배의 구분을 무의미하게 만들 수 있고, 핵무기의 사용정도에 따라서, 인류의 생존자체를 거부하는 결과를 빚어낼 수 있는 전쟁을 추가시키고 있는 셈이 되었다. 이와 같이, 핵무기체계는 인류가 현실적으로 감당하기 어려운 핵전쟁과 그래도 현실적으로 치룰 수 있는 재래식 전쟁으로 전쟁을 이원화시키면서 전쟁의 역사에서 현대라는 시대를 구분해 주었다.

핵무기체계의 등장으로 전개된 현대는 전쟁사에서 몇 가지 특징을 보여주고 있다.

첫째, 전쟁의 수단으로서 동원될 수 있는 무기체계의 일부가 전쟁의 본질을 변질시켰다는 점이다. 전쟁과 외교의 역사에서 전쟁은 정치, 이념, 종교 차원의 목적을 달성하기 위한 수단으로 흔히 동원되어 왔으며, 전쟁의 역사에서 모든 무기체계는 전쟁수행의 수단으로 손쉽게 전장에 동원되어 왔다. 그러나 태평양전쟁 말기에 실제 사용된 바 있던 원자탄은 재래식 무기와 같이 심각한 고려 없이 쉽게 전쟁에 동원될 수 있는 무기체계에 속한 폭탄은 아니었고, 이 같은 무기를 전면적으로 동원한 핵전쟁은 정치나 다른 차원의 목적을 달성하기 위하여 부담없이 사용할 수 있는 수단으로 간주하기가 어렵게 되었다. 또한, 핵무기의 엄청난 파괴력과 잔류효과는 이를 동원한 전쟁에서 승패의 구분이 커다란 의미가 없게 만들었고, 승패의 의미가 없는 전쟁에서의 승리를 통하여 달성하려는 어떠한 현실적인 목적도 정당화되기가 사실상 불가능하게 되었다. 따라서 현대에 등장한 핵무기체계는 전쟁을 "다른 수단에 의한 정치(politics by other means)"라고 보아왔던 정책수단으로서의 전쟁 본질론이나 "민족 생존요구의 발현(acts for the national survival)"이라고 주장한 생존권의 확보수단으로서의 전쟁 본질론의 실천적 타당성을 부정하게 되었다. 이와 같이, 현대는 전쟁에 동원될 수 있는 무기체계의 일부가 지금까지 통용되어왔던 전쟁의 본질론을 거의 부정하는 상황을 내포하고 있으며, 이를 특징으로 나타내고 있다.

현대의 두 번째 특징은, 정책적 수단이나 다른 목적을 달성하기 위한 방편으로서 선택할 수 없는 핵전쟁을 전쟁의 한 형태로 보유하고 있으면서도, 군사외적인 목적달성을 위한 수단으로서 재래식 전쟁을 선택할 가능성은 상존하고 있다는 점이다. 이념과 체제를 달리한 두 국가가 존재하고 있는 한반도에서의 대립관계는 국가간 정상적인 관계수립을 저해하여 무력 대립의 가능성을 제거시키지 못하고 있으며, 중국과 대만 사이에서도 이러한 충돌 가능성이 남아있고, 인도와 파키스탄 사이의 영토분쟁 가능성, 그리고 종교와 인종분규에 따른 무력 충돌가능성은 여기저기에서 관찰되고 있는 실정이다. 따라서 현대는 전 세계적인 차원의 대전이나 전면전이 구체화되기 어려운 상황에서도 국지전이나 소규모 분쟁의 가능성을 완전하게 떨쳐 버리지 못한 시대적 특징을 지니고 있다.

현대가 보여준 세 번째 특징으로서, 핵전쟁을 수단으로 거의 선택할 수 없는 시대적 상황에서, 현대전은 치루어 지는 지역과 동원되는 무기체계면에서 제한될 수밖에 없다는 점이다. 현대에 구체화되는 지역적인 분쟁이나 국지적인 무력 충돌은 과거와 마찬가지로, 그 지역문제와 연관을 맺고 있는 다른 국가들의 이해관계로 확전의 과정을 밟을 가능성은 남아있다. 그러나 재래식 무기를 동원하여 치룬 과거의 전면전과는 달리, 현대의 지역적인 분쟁이나 국지적인 무력충돌이 전면적인 핵전으로까지 확대될 경우에는 인류의 생존자체가 무의미해질 가능성이 있기 때문에, 현대에 현실적으로 구체화되는 분쟁이나 무력충돌을 제한하고자 하는 노력은 관련 국가들의 개별적인 이해관계를 초월하여 기울여지게 되었다. 이러한 이유와 필요성에 근거하여 현대전은 그것이 치루어 지는 장소나 동원되는 무기 면에서 제한될 수밖에 없는 성격을 지니고 있으며, 이것이 현대의 시대적 특징으로 나타나고 있다.

인류가 감당하기 어려운 핵전쟁을 유보하고 있는 가운데 치루어 지는 현대전은, 따라서 그것이 국가간 이해의 충돌이나, 이념적인 대립, 종교 및 종족간 갈등과 같이, 어떠한 원인에서 비롯되든지 간에, 제한전(制限戰: limited war)과 대리전(代理戰: proxy war)의 성격을 띠게 되었다.

현대전은 기본적으로 제한전의 성격을 지니고 있다. 핵전으로의 확대될 가능성을 완전하게 떨쳐 버리지 못한 상황에서 치루어 지는 현대전은, 인간의 판단이 이성적으로 남아있는 한, 제한적으로 될 수밖에 없다. 현대전은 먼저 지역적으로 제한되고 있다. 지역적으로 확대되어 강대국을 포함한 여러 국가들의 이해관계를 자극할 경우에는 이들 국가들이 보유하고 있는 핵무기를 사용하지 않는다는 보장을 확신할 수 없기 때문에, 현대전은 지역적으로 제한되어 치루어져 왔다. 한국전, 월남전, 걸프전 등과 같이 강대국이 직접, 간접으로 참여한 전쟁과 중동전, 인도 · 파키스탄 전쟁, 이란 · 이라크 전쟁, 포클랜드 전쟁 등과 같은 전쟁도 지역적으로 제한되었다. 그리고 이들 전쟁에서 재래식 무기만이 동원되었다. 그리고 전쟁수행과정에서 여러 가지 이유로 공격목표도 제한되는 경우가 있었다. 특히, 전쟁의 목표자체도 제한적으로 수립하여 상대의 완전한 굴복보다는 어떠한 조건이 충족되는 선에서 전투행위를 중지하거나 자제하도록 강요되는 경우가 대부분이었다. 이와 같이, 현대전은 지역, 수단, 참여수준, 목표 등에서 제한되어 치루어 지는 제한전이라는 성격을 지니고 있다.

현대전은 또한 대리전의 성격을 가지고 있다. 현대전은 지역적으로나 동원 무기체계면에서 제한되기는 하나, 이를 국지적으로 국한시키기 위해서 거의 세계적인 노력이 기울여지고, 이를 위하여 유엔군, 다국적군, 동맹군, 그리고 평화유지군이라는 명목으로 많은 국가들의 병력과 장비가 동원되기도 하였다. 지역적으로 여러 국가들의 이해관계가 얽힌 지역의 분쟁에서 이 점이 두드러지게 드러났으며, 이들 국가들이 이념적, 실리적, 경제적 이유에서 대리전을 치루게 되었다. 이와는 대조적으로, 이란 · 이라크 전쟁과 같이 당사국이 아닌 다른 무기 생산국에서 공급한 무기로 싸워 이들 국가들에게 경제적인 이익을 안겨주고 전쟁 당사국은 거의 황폐화된 결과만을 기록한 '이상한' 대리전이 나타나기도 하였다. 국지적인 전쟁의 확전을 막으려는 세계적인 노력과 무기생산을 거의 독점하다시피한 강대국들의 위치가 현대전을 이러한 형태의 대리전으로 만들어 놓았다. 이와 같이, 현대전은, 직접 참여하여 전쟁을 수행하거나 무기의 공급을 통하여 간접적으로 참여하는 방식을 취하든지 간에, 대리전의 성격을 띠게 되었다.

따라서, 핵전을 유보한 상태에서 제한전으로 치루어진 현대 전쟁의 결과는 여러 가지 교훈적인 시사를 던져주고 있다. 첫 번째 교훈은 무력의 사용을 거부하는 시대적인 상황 하에서도 효과적인 무력사용으로 확보된 전과는 정치적인 입장을 강화시켜주는 요인이 된다는 점이다. 여러 차례에 걸친 전쟁에서의 승리를 통하여 이스라엘은 국가의 존립보장은 물론 국토를 확장할 수 있었다. 특히, 6일 전쟁에서 점령한 시나이 반도를 이집트에 양보하고 양국간 평화적인 관계를 수립한 이스라엘은 양면전을 피할 수 있게 되었고, 중동전의 결과로 확보한 전과를 바탕으로 중동에서의 평화를 구축해 가고 있으며, 포클랜드 전쟁에서 승리한 영국은 지리적으로 아르헨티나에 가까운 포클랜드섬의 영유권을 계속 보유하게 되었다. 월맹은 월남전을 승리로 마감함으로써 월남을 패망시켜 이를 흡수할 수 있었다. 쿠웨이트를 병합하려던 이라크의 의지는 외교적 교섭이나 협상이 아닌 무력사용에 의해서 꺾을 수 있었으며, 지역내 패권국의 등장을 막아 지역내 전략적 균형을 안정적으로 유지할 수 있게 되었다. 이와 같이, 현대에 있어서도 효과적인 무력사용으로 확보된 전과는 이를 확보한 국가의 대외적인 협상위치의 강화는 물론, 지역내 균형을 안정적으로 유지시켜 주는 조건과 수단이 되기도 하였다.

두 번째 교훈은 재래식 무기만을 동원한 현대전일지라도 전쟁 당사국은 엄청난 피해와 비용을 감수해야 된다는 점이다. 장기간에 걸친 전쟁을 치루고 난 후의 이란과 이라크의 모습을 통하여 전쟁의 결과가 무엇을 남겼는가를 살펴볼 수 있다. 국가적인 빈곤과 더불어 국제적인 고립을 자초한 양국의 모습에서 전쟁을 수행하는 것보다 전쟁을 억제하는 것의 중요성을 읽을 수 있다. 따라서 지금까지 구체화된 현대전은 억제를 통한 전쟁의 방지가 효과적인 전쟁의 수행보다 더욱 바람직하고, 전쟁이 강요되었을 경우에, 이를 신속하게 승리로 마감할 수 있는 전력의 구비와 전략의 수립이 억제의 지름길이라는 점을 교훈으로 던져놓고 있다.

앞으로 현대전 역시, 인간의 판단이 이성적으로 남아있는 한, 지금까지 치루어온 제한전으로 특징 지워질 것이 분명하기 때문에, 우리는 제한전과 대리전의 특성을 분석하여 이에 대비하는 것이 가장 중요하다는 점을 새겨둘 필요가 있다. 무력사용으로 현상의 변경이 어려운 가운데서도, 효과적인 무력의 사용은 현상을 변경시키는 가장 효과적인 수단이 되어왔고, 지속적인 전복전(顚覆戰: subversive war)을 수행하여 월남을 패망시킨 월맹이 있는가하면, 소모적인 지구전(持久戰)을 수행한 후에 현상의 변경 없이 피폐한 상태로 전락한 이란과 이라크의 모습에서 현대와 현대전의 이율배반(二律背反)적인 특성을 읽을 수 있다. 이러한 시대 · 상황 속에서, 아직도 냉전적인 대립관계를 청산하지 못하고 있는 우리는 어떠한 전력과 전략이 필요하고 효과적인가를 모색하여 전쟁을 억제하고, 전쟁이 강요되었을 때, 이를 신속하게 승리로 마감함으로써 새로운 질서와 평화를 구축하는 방책과 역량을 제대로 갖추어 놓는 지혜를 잃지 않아야 하리라 본다.

제2장 월남 전쟁

제1절 개 요

인도차이나 반도가 제국주의적인 서구 열강의 발굽아래 짓밟히기 시작한 것은 1858년 카톨릭 교도 탄압을 방지한다는 구실로 프랑스가 월남을 침공함으로서 비롯되었다. 프랑스는 이로부터 40여 년에 걸친 정복과정을 거쳐 1899년 지금의 월남 · 캄보디아 · 라오스 등으로 이루어진 프랑스령 인도차이나 연방을 구성하였다. 이러한 외침에 대한 본격적인 저항세력으로서 1930년 2월 영국령 홍콩에서 호치민(胡志明)을 중심으로 공산당이 조직되었다. 그 후 제2차 세계대전이 발발하여 프랑스의 비시정부에 의한 통치력이 약화된 틈을 타서 1940년 9월 일본이 인도차이나를 점령하자 이에 맞서 1941년 9월 19일 중국 유주(柳州)에서 '항불 · 항일 통일전선' (Viet Minh)이 결성되었다. 이 세력이 계속 팽창하여 1945년 5월경에는 북부 월남의 6개 성(省)을 장악하기에 이르렀다.

태평양전쟁이 일본의 항복으로 막을 내리자 바오다이 황제는 퇴위하고 베트민에 의한 공화국 수립이 선포되었다. 그러나 승전 연합국의 자격으로 프랑스군이 다시 상륙하여 일본군의 무장해제와 전후처리를 위해 설정된 16도선 이남에서 계속 영향력을 유지하게 되었으며, 1946년 2월 16도선 이북에서 전후처리를 끝낸 중국군이 철수하자 그 대역까지 겸하고자 하였다. 베트민에 의한 항불투쟁은 다시금 재연되었으며, 이로부터 월남은 혼란의 전쟁상태에 돌입하여 이른바 또 하나의 '30년 전쟁'이 막을 올리게 되었다.

1945-1975년의 30년 전쟁을 단계별로 보면 전쟁을 직접 치렀던 주역에 따라서 다음과 같은 3개기로 구분할 수 있다.

제1기(1945. 9-1954. 7) : 프랑스가 전통적인 식민통치권을 주장하고 이의 강화를 위하여 군사적인 개입을 본격화함으로써 비롯되었으며, 디엔비엔푸(Dienbienphu) 전투에서 프랑스가 패배하여 개입의 종지부를 찍게 되었다.

제2기(1954. 8-1973. 1) : 프랑스와 월맹 사이에 제네바 협정이 조인되고 프랑스 세력이 물러서자 미국이 세계전략이 일환으로 공산세력의 봉쇄라는 명분 하에 도미노 이론(Domino Theory)을 내세워 개입하게 된 기간이다. 최초 약 10년간은 비교적 간접적인 개입으로 친미적인 토착세력을 구축하려 하였으나 이것이 실패로 끝나자 '통킹만(灣)' 사건(1964. 8) 이래 약 9년간은 직접적인 군사력의 투입으로 최고 550,000명의 미군이 주둔한 적도 있었다. 그러나 미국은 과거 진영중심(陣營中心, Bloc System)적 질서에서 정치적 다원화 추세로 세계질서가 변질되자 일차적인 전초적 방위책임에서 탈피하려 하였다. 이러한 시점에서 국군의 월남파병이 실현되었던 것이다. 그러는 가운데 미국 내의 반전여론이 비등해지고 '반공성전(反共聖戰)'의 색채가 점차 퇴색해감에 따라 미국은 '명예로운 철군'을 모색하게 되었고, 그 결과 파리 평화회담이 이루어져 군사적 개입의 종식을 고하게 되었다.

제3기(1973. 2-1975. 4) : 미군철수 이후 자유월남의 패망에 이르는 기간이다. 즉 국내 정치상황의 혼란과 군의 사기저하, 리더십과 전략의 부재, 정보와 자원부족 등으로 말미암아 조직적인 항전조차 제대로 못해본 채 자유월남이 썩은 고목처럼 공산화의 나락으로 굴러 떨어진 역사적 교훈을 보여준 기간이다.

1. 제1기(1945. 9-1954. 7) : 프랑스 개입기

이 기간중 베트민의 작전은 대략 다섯 가지 국면으로 나누어 볼 수 있다. 제1국면은 교두보

제거 작전기(1946. 12-1947. 3)로서 프랑스군이 해안에 교두보를 굳히기 전에 그들을 다시 몰아낸다는 것이다. 베트민군은 미제 · 프랑스제 심지어 일제무기까지 총동원하여 정상적인 전투방법으로 프랑스군을 축출하려고 기도하였다. 이러한 시도는 초기작전에서 실패하여 프랑스군의 상륙을 허용했으나 1개 연대 병력으로서 하노이를 3개월간 성공적으로 방어하기도 하였다.

그러나 무기와 장비의 열세로 인하여 모택동(毛澤東) 전략의 이론적 지지자인 보 구엔 지압(Vo Nguyen Giap)의 주도하에 1947년 3월경부터는 게릴라전으로 전환하였다. '봉쇄와 강화' 로 특징 지워진 이 제2국면에서 베트민은 장기소모전을 수행해야 하고, 그러기 위해서는 안전한 기지와 가능하다면 성역(sanctuary)인 라오스, 캄보디아와의 항구적인 접촉을 유지해야 할 필요성을 절감하였다. 따라서 기지건설에 주력하면서 제한적인 공세작전을 수행하여 통킹만 서북쪽을 소탕하고 중앙과의 항구적인 통로를 확보하였다. 이러한 작전은 대개 1950년 10월경으로 막을 내렸다.

제3국면은 나중에 일컬어지기는 하였으나 소위 '잘못 적용된 전면공격기' 로서 특징 지워진다. 1951년 봄, 프랑스가 장악하고 있던 적강(Red River)에 대한 베트민군 수개 사단의 공격은 빈옌(Vind Yen), 마오케(Mao Khe), 다이강(Day River)으로 집중되었으나 프랑스군이 전 인도차이나 지역에서 공수로 증강되었고, 공중 및 해상의 화력지원으로 강화되자 막대한 피해를 입고 실패하고 말았다. 당시 인도차이나 주둔 프랑스군은 1947년 이래 계속 증강되어 70,000명 선을 훨씬 넘어서고 있었다. 특히 1950년 6월 이래 미국의 무기 원조액은 1954년까지 10억 달러에 이르러 각종 무기와 장비가 공급되었다. 그러나 프랑스군의 반수 이상은 원주민이었고, 기타 병력도 독일인, 화란인, 알제리아인, 모로코인, 세네갈인 등으로 구성된 외인부대로서 전투동기 자체는 별로 보잘 것이 없었다. 이는 당시 프랑스법이 식민지 전쟁에 본국인의 참전을 금지하고 있었기 때문이다.

다음 제4국면은 '전략적 방어' (1951. 1-1953. 10)단계로서 소규모 침투병력의 효과적인 사용과 주요 도시에서의 테러 행위 외에는 별다른 공격작전을 수행치 않았다. 그러나 1953년 겨울 라오스 북쪽 국경지역에서의 공세와 1954년 봄 라오스 남부국경 및 남부 평원에 대한 공격작전도 있었다. 이 기간 중 베트민은 소위 결정적 시기를 위해 힘을 축적하였다.

다시 '전면반격' 으로 전환한 제5국면(1953. 11-1954. 5)에서 베트민은 프랑스의 주력군을 섬멸할 목적으로 대규모 공세작전을 감행하였다. 그 결과 디엔비엔푸 전투와 적강 삼각주 지역의 전투가 벌어졌다.

2. 디엔비엔푸(Dienbienphu) 전투와 제네바회담

1953년 11월 프랑스군 총사령관 나바르(Henri-Eugene Navarre) 장군은 베트민군을 유인하여 포위망 안에 가둔 다음 우세한 화력으로 섬멸한다는 작전개념 하에 카스트리(Christian de la Croix de Castries) 준장 휘하 8개 대대 15,000명의 병력을 적진 깊숙이 투입하였다. 이 부대는 하노이 서북방 약 350km지점의 국경 마을인 디엔비엔푸로 진격하여 비행장을 중심으로 길이 16km, 폭 10km에 달하는 방어진을 구축하였다.

베트민군은 즉시 약 4개 사단의 압도적인 병력을 투입하여 프랑스군을 공격하였다. 프랑스군의 유인작전은 성공되는 것처럼 보였다. 그러나 베트민군은 정글과 산악지형을 이용하여 오히려 프랑스군의 병참선을 위협하면서 차츰 올가미를 조여들기 시작하여 1954년 3월말 경에는 마침내 견고한 역포위망을 구축하였다. 더구나 베트민군은 이 포위작전을 결정적인 승리로 이끌기 위하여 압도적인 병력과 더불어 200여문의 각종 화포를 동원하였다.

프랑스군은 처음부터 공중으로부터의 화력지원을 과신한 데다가 베트민군의 화력을 과소평가한 나머지 24문의 105밀리 및 4문의 155밀리 곡사포만을 장비한 터였으므로 화력에 있어서도 열세를 면치 못하고, 미끼로 던진 부대가 그대로 적의 올가미에 빠진 꼴이 되고 말았다. 더구나 몬순계절이 닥쳐오면서 포위망 안의 프랑스군이 필요로 하는 일일 약 200톤의 보급마저도 제대로 공수해 줄 수 없게 되었다.

포위망을 뚫고 활로를 개척하려는 프랑스군의 비장한 노력은 번번이 좌절되었고, 양군은 이제 이 전투에 전쟁의 운명을 걸게끔 되었다.

프랑스군의 공중지원을 조직적인 대공포화망으로 저지하면서, 베트민군은 인력을 아끼지 않는 집요한 공격을 퍼부어 포위망을 점차 조여 들어왔으며, 식량과 탄약의 고갈에 허덕인 프랑스군의 저항은 차츰 무기력해져 갔다. 그리고 마침내 1954년 5월 7일 전술과 전법보다도 끈기와 인내의 싸움이었던 디엔비엔푸 전투는 프랑스군의 참패로 끝이 났다.

프랑스군 15,094명 가운데 73명만이 탈출에 성공하였을 뿐, 5,000여명의 부상자를 포함한 약 10,000명이 포로가 되었고 나머지는 전사하였다. 반면에 베트민군의 손실도 약 25,000명에 달하여 승리에 대한 값비싼 대가를 치렀다.

디엔비엔푸 함락의 여파로 프랑스는 군의 사기저하와 아울러 세계 및 자국내 여론의 압력을 받게 되었으며, 하노이-하이퐁 회랑과 남부월남을 제외한 전 지역은 도저히 수습할 수 없는 지경에 빠지고 말았다.

디엔비엔푸 전투(1953. 11. 20~1954. 5. 7)

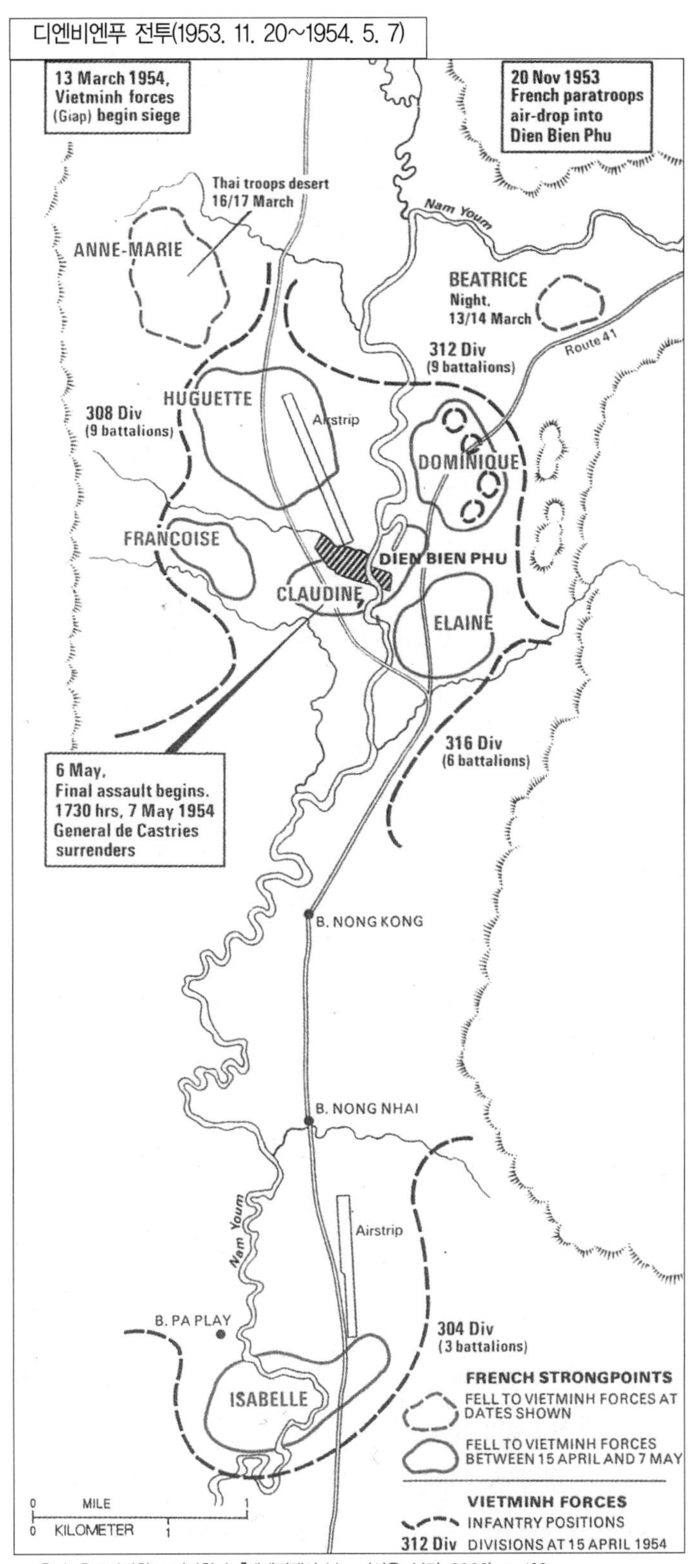

※ 출처: 육군사관학교 전사학과, 『세계전쟁사 부도』 (서울: 봉명, 2002), p. 139.

이처럼 인도차이나에 대한 프랑스의 지배력이 붕괴되어 가면서 이 지역에 이해관계를 지닌 9개국은 1954년 4월 26일부터 7월 21일까지 제네바에서 회동하였다. 이 회의 결과 라오스와 캄보디아의 독립이 보장되었고, 월남은 북위 17도선을 경계로 프랑스군과 월맹군이 갈라선 후 1956년 7월까지 남북 총선거를 실시한다는 협정이 맺어졌으며, 이로써 인도차이나에 대한 프랑스의 개입은 실질적으로 끝났다.

3. 제2기(1954. 8-1973. 1) : 미국 개입기

프랑스 대신 월남에 들어선 미국은 세계 전략적 견지에서 본 봉쇄의 전초로서 월남 전쟁을 수행한다. 1956년 7월의 총선거는 유산되고 미국의 세력을 등에 업고 이질적인 정권으로서 고딘 디엠 정권이 명맥을 유지하나 부패와 무능, 독재와 횡포 등의 고질적인 병폐는 1960년 12월 20일 베트남 민족해방전선 즉 베트콩의 조직화를 낳았다. 따라서 월남 전쟁은 17도선 북방의 모(母)세력과 월남 내에서의 반동세력, 월남, 미국 등의 대립으로 집약되었다. 이러던 중 1964년 8월 통킹만 사건을 계기로 본격적인 미 지상군의 개입이 가속화되었다. 고딘 디엠 정권의 붕괴(1963. 11. 1)와 케네디 대통령의 암살(1963. 11. 22)은 월남 전쟁의 새로운 사태진전의 계기로 간주된다. 월남에서는 미군사원조사령부(美軍事援助司令部)가 설치되고(1962. 2. 8) 미군사고문단도 4,000명 선으로 증강되었다. 한편 월맹 역시 1차 베트콩회의(1962. 2. 16)를 개최하고 중공과의 유대관계를 더욱 공고히 하려는 노력을 하였다. 이와 같이 상호 경직된 월남 전쟁 수행정책은 상반된 입장에서 전개되어 월맹 정규군은 물론 베트콩 게릴라 병력의 산발적인 공격행위와 이를 저지시키려는 북폭(北爆)의 강화, 지상군의 강화로 미국의 신축대응전략(Flexible Response Strategy)에 입각한 확전이 이루어졌다.

UN에 의한 휴전 평화회담 제의가 있었으나 확전의 북소리 앞에서는 복합적인 요소의 작용으로 평화의 호소에 귀를 기울이기 어렵게 마련이다. 65년부터 68년 초까지의 사정이 그러하였다. 65년 초 미국의 입장은 월맹이 사이공 정부를 독립국으로 인정하고 월남으로부터 공산군 철수에 동의한다는 조건을 받아들여야 협상에 응한다는 것이 미 국무성의 「월남백서(越南白書)」(65. 2. 27)에 나타난 방침이었다.

현대전의 특징적인 성격 중의 하나로서 군사작전이 정책결정에 지대한 영향을 미치면서 또 그의 밀접한 통제를 받는 현상은 월남 전쟁 역시 예외가 아니었다. 미국과 월맹 쌍방이 주고받은 평화의 조건 제시는 기본적으로 월맹의 공산화 통일이라는 방침과 미국의 봉쇄라는 상충된 것으로서 접근 불가능한 요소들이었다. 그러나 1968년 군사적 승리나 무력에 의한 문제 해결이 한계 도달하자 미국은 부분적 북폭을 중지하고 지상군 550,000명이라는 최고의 수준으로 증강하였다. 이로부터 1개월간의 탐색 외교 기간을 거쳐 그해 5월말 파리평화회담을 개최하였다. 향후 5년간 군사적전과 회담이 병행하여 실시되며 쌍방 공히 막대한 희생을 치르게 된다. 마침내 73년 1월 28일 파리평화회담에서 평화조약이 정식 조인되고 미군개입이라는 대단원의 막이 내린다.

월남 전쟁은 최신무기와 원시무기의 병존, 소위 정규전 양태와 게릴라전 양상의 엉성한 조합, 전쟁자체 논리와 정치논리와의 상응 등 새로운 다른 하나의 전쟁양상을 낳았다. 미군의 정규적인 공격작전으로서 70년 5월 캄보디아 월경작전(越境作戰), 71년 2월 라오스 월경작전 등 한국전 등에서 성역으로 여겨졌던 목표의 제한이라는 차원에서 크게 이탈하여 베트콩의 보급로와 기지를 공격하였고, 정규적 방어작전으로서 68년 구정공세(舊正攻勢)에 대한 작전과 72년 춘계공세(春季攻勢)에 대한 방어작전을 들 수 있다.

베트콩의 전략은 베트민의 대불전쟁시에 얻은 경험을 기초로 현재의 이점과 실정에 알맞게 운용시킨 것으로서 수세, 대치, 공세의 단계적 내지 독립적인 수행으로 순환적이며 유동적인 개념에 기준을 두어왔다. 따라서 베트콩 전략의 1단계(수세) 및 2단계(대치)에서는 주민의 선동과 유격전 감행으로 무장세력의 확장에 주안점을 두고, 제3단계인 총공세 시기가 조성되면 대규모 정규전과 유격전을 병행사용한 전략으로 공격하였다.

4. 국군의 참전

주월한국군(駐越韓國軍)의 파병은 1965년 월맹군의 총공세가 약화되지 않은 시기로서 주월한국군 책임지역은 촌락 77%와 인구 68%를 월맹군이 장악하고 있는 실정이었다. 이러한 현지사정으로 군사작전은 물론 월남 민간인을 베트콩으로부터 이탈시키기 위한 작전의 일환으로 대민작전의 중요성도 무시될 수 없었다.

월남지역은 정글과 무성한 삼림으로 뒤덮인 산악과 저지 및 늪지로서 전체 면적의 반을 차지하고 있다는 점이 특징이다. 주월 한국군의 전술책임지역 역시 안남산맥(安南山脈)을 포함한 중부 고원지대의 원시림 2차 상록수 및 정글지역과 동해안의 평야 및 늪지대로 형성되어 지상이나 공중관측에 있어서 제한을 받을 뿐 아니라 기동에 있어서도 많은 제한을 받았다. 기온 역시 최고 40℃ 를 상회하고 연평균 34℃ 가 되어 작전에 많은 영향을 주었다.

이러한 모든 지형조건은 게릴라전의 형태로 베트콩의 활동영역을 최대한으로 보장해주는 대신 상대적으로 한국군의 방어개념은 사주 전면방어가 되고, 베트콩의 유동적 목표형성은 전선을 유지할 수 없어 전선 없는 전쟁으로 특징 지워지게 되는 중요한 요인이 되었다.

또한 지형적으로 고립작전이 가능하고 또 강요되기 때문에 소부대작전의 중요성이 증대되는 반면 정확한 적정을 파악할 수 없는 경우가 많았다. 따라서 각개병사들의 담력과 사기는 전투행위의 중요한 요인으로 등장하였으며, 경험적인 요소가 매우 큰 비중을 차지하게 되었다.

월남에는 28개국의 군대가 파병하여 참전하였기 때문에 연합작전의 필요성이 강조된 만큼 어려웠다. 군사교리상의 문제점은 물론, 언어와 풍습상의 차이에서 오는 군사외적인 문제의 비중도 못지 않게 주요한 요인으로 등장하였다.

주월 한국군의 대표적인 작전은 군단급 작전으로서 오작교 작전, 홍길동 작전 및 독수리 작전 등 4회, 사단급 작전 26회, 연대급 186회, 대대급 955회의 작전을 전개하였으며, 이중 가장 치열한 작전으로서 19번 도로상에서 있었던 안케패스 작전을 들 수 있다. 이밖에도 미군 및 월남의 요청에 의거, 책임지역을 벗어나서 작전을 전개한 것은 1966년 라오스 국경지역인 둑코(Duc Co) 기지 방어작전과 1972년 만양 패스 경계작전(19번 도로) 등을 열거할 수 있다.

한국군이 내세운 기본 목표는 세 가지로 요약할 수 있다. 첫째 : 국위선양이다. 아시아 집단 안전보장 체제의 일환으로 우리 역사상 최초의 해외파견군으로서 외교사절 이상의 사명을 띠고 있었다. 둘째 : 조국번영에 이바지한다. 국가경제건설의 일환으로 동남아 진출의 발판을 구축하며, 셋째 : 군의 전투력 강화로 전쟁분위기를 체험하고 특수한 전쟁양상의 적응력을 배양함으로써 위험의 연속인 전쟁상황에 대한 체험을 기초로 전투력을 향상 강화시킨다는 것이었다.

대게릴라전의 기본적인 요소로서 근거지의 박탈과 주민과의 격리 및 게릴라의 분리 고립작전에 주안점을 두고 몇 가지 단계별 작전을 수행하였다. 첫째, 분산작전이다. 두 가지 면에서 실시하여 적극적인 작전으로 대민작전과 의도적인 분리를 병행 실시한다. 둘째 섬멸작전으로 고립화 내지 무력화된 베트콩을 유리한 장소와 시간에 압도적으로 우세한 병력과 화력의 집중 및 신속한 기동으로 포위 · 포착 · 섬멸한다. 셋째, 지역 확대로서 월남 전쟁, 지방군, 민병대 및 혁명개발단과 협조하여 최대한의 지원 제공으로 지역을 평정하고 부단한 탐색, 포착작전에 의한 외곽경계의 제공으로 지역 안전을 보장하는 동시에 평정된 지역을 월남 지방정부 기관에 인계하고 이미 확보된 지역을 기반으로 평정지역을 축차적으로 확대한다는 개념이었다. 이러한 기본 개념 하에 지역인수, 전술책임지역의 확보, 기타 방어의 편성(중대급), 전술

기지의 구축과 방어를 위한 수색, 정찰, 매복전술 등의 1단계와 지역 내의 적 소탕, 방어를 위한 제한적인 공세, 심리전의 강화, 전술기지의 확대, 중대 및 대대급 소탕작전에 의한 전술지역을 완전 장악하는 2단계를 거쳐 적 주력의 근거지를 소멸시키려는 3단계, 또 다음 업무수행을 위해서 이미 소탕된 지역을 인계하고 이동하는 4단계로서 크게 나누어 작전을 수행하였다. 작전 명칭 역시 작전방법과 목적에 따라서 상징적인 작전 명칭을 사용하여 토끼몰이 작전, 두더지 작전, 추수보호작전, 계곡소탕전, 야간기습작전, 매복유인작전, 수륙양면작전 등을 사용하였으며, 부대를 상징하는 것으로서 맹호작전, 번개작전, 청룡작전, 백마작전 등을 사용하였다. 주요작전과 결과는 제대별로 다르게 나타났으나 성과위주의 부작용도 없지 않았다.

제2절 작전 경과

월남 전쟁을 어디까지나 정규작전이고 어느 수준이 비정규전투인지 구분하기란 어렵고 그럴 필요도 없다. 그러나 여기서는 비중에 따라서 편의상 구분한다.

1. 정규작전

가. 1968년 구정공세

이 작전에서 베트콩은 정전양략(政戰兩略)으로 통치권을 확보하고 월남정부의 통치력을 극도로 약화시켜 공산화 통일을 주도하려 하였다. 중간 단계로서 군사적인 결과를 유리하게 전개시켜 우세한 입장에서 연합전선을 형성하려 하였다.

1967년 12월「68구정공세」계획을 완성하여 인구가 조밀한 수도 사이공이나 기타 도시에서 군사적인 활동과 정치적 활동을 하게 될 베트콩 조직자들에게 새로운 활동방법을 교육하고 책임을 분담하였다. 특히 옛날 디엔비엔푸 정신을 강조하여 정신교육을 강화하였다. 침투병력의 투입은 구정을 맞이하기 위해서 그믐날에 물건을 사러 농촌인구가 도시로 집중하는 기회를 이용하였다. 베트콩 특공대는 위조증명서를 소지하고 버스나 차량을 이용하여 도시로 잠입했다. 무기, 탄약, 폭발물들은 미리부터 이동시켜 놓은 곳에서 비밀리에 분배되었다. 시내로 무기를 운반하는 방법으로 정유탱크나 물탱크 이용, 이중바닥의 버스 이용, 식량운반차량, 장례차량 등을 이용하였다. 부대이동은 기도비닉을 위해서 야간을 이용하였으며, 각개 병사들에게는 단대호를 균일하게 교육시켜 생포 시에 투입병력의 규모를 추산하지 못하도록 하였다.

구정공세(Tet Offensive)(1968. 1. 30)

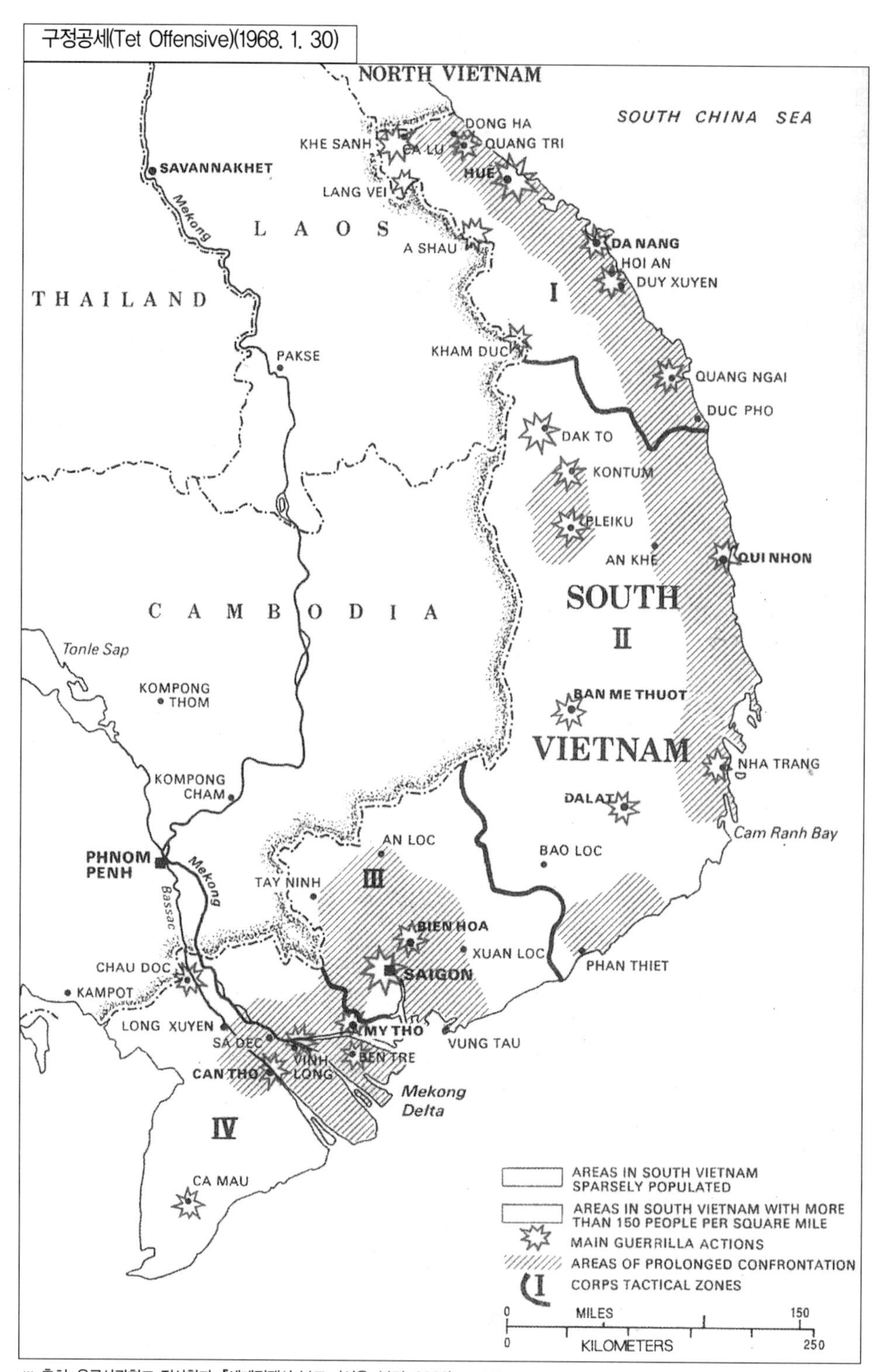

※ 출처: 육군사관학교 전사학과, 『세계전쟁사 부도』 (서울: 봉명, 2002), p. 140.

상황은 월남 전 지역에서 거의 동시적으로 실시되어 월남전역에 전선 아닌 전선을 형성하였다.

(1) 북부지역

북부지역은 월남군 제1군단 지역으로서 이곳에서는 종래의 유격전 중심으로부터 정규전 중심으로 형성된 전선에서 월맹군의 주력군이 기동과 진지공격을 병행 실시하였다.

월맹군 304, 320, 324B 사단과, 제325 C사단, 제2사단 등 총 투입병력 73,000명이었고, 연합군은 월남군 제1, 2 보병사단, 미 해병 1, 3사단, 미 제1공중 기갑사단, 미 제101공수사단, 미 제82 공수사단 제3여단, 미 Americal 사단, 한국군 해병 제2여단 등 총병력 147,000명이었다.

북부지역에 대한 적의 위협이 급증되자 중부지역에서 이동해온 미 제1공중기갑사단과 제101 공수사단의 증원부대는 이곳에 주둔하고 있는 미 제1보병사단과 보조를 같이하여 젭 스튜어트(Jab Stuart) 작전을 전개하여 콩티엔(Con Thien)과 기오린(Gio Linh) 및 동하(Don Ha) 북방 해안지대에서 활동하던 월맹군 324B 사단 예하 803연대와 이를 지원하고 있는 월맹군 270연대에게 많은 병력손실을 입혔다.

그러나 광트리성(省)의 서남쪽 지역인 라오스 국경지대와 케산 지역에서는 적의 병력이 날로 증강되어 1월 중 제3주 째에 이르러서는 케산의 미 해병전투기지가 월맹군 2개 사단에 의하여 거의 포기하기에 이르렀다.

2월 7일-14일에는 랑베이(케산 서남 5km지점)에 있는 월맹군 304사단 예하 부대 병력이 수륙양용 탱크인 PT-76을 앞세우고 침공하였다. 이 지역을 지키던 미군 그린베레(Green Berets) 특수요원 1개 소대와 CIDG(월남인 및 몬타나족의 비정규군으로 편성된 특수 임무부대)는 이들과의 혈전 끝에 400여 명 중 절반 이상이 전사하였다.

이와 같은 공세는 2월 중순부터 공격기세가 본격화되어 케산 기지의 포위망을 좁혀 들어왔다.(이 기지는 동하로부터 라오스를 연결하는 제9번 공로상에 있는 거점으로서 미 해병 3사단의 26연대 5,000여명과, 월남군 1개 유격대대 500명이 배치되어 미군 항공기와 175mm 포병의 엄호 하에 있었다)

이 기지는 고원 중턱에 있는 분지로서 3월 중순까지 우기로 구름이 낮게 뜨는 날씨가 계속되고 주변에는 해발 800-1,015m의 중첩된 고지군으로 수목이 울창한 산악지였다. 지리적인 이점을 최대한으로 이용하여 월맹군은 포위망을 좁혀 2월말에는 월맹군 325C사단이 DMZ일대에서, 제324사단은 동쪽에서, 304사단은 남쪽에서, 그리고 320사단은 동남쪽에서 일제히 공격을 감행하였다. 특히 월맹군은 152mm 중박격포를 비롯하여 로켓트탄 1,300여 발을 케산 기지에 퍼붓고, 기지 외곽선 90m 지점까지 참호를 파면서 땅속으로 접근하는 등 주도권을 잡으려 노력하였다.

이와 같은 사태에 직면한 미군은 모든 진지와 중요시설을 지하화하고 보급수송은 종전의 대형 수송기 C-130 대신 소형수송기 C-123으로 대치하고 악천후로 착륙이 곤란할 때는 공중투하로 보급하여 베트콩군이 미제 레이션을 먹으며 미군과 싸운 웃지 못할 사건이 일어나기도 하였다.

미군의 공중활동은 B-52 등 대형 폭격기가 매일 200회 이상 출격하였으며, 2월말 마지막 주에는 무려 7,000톤 이상의 폭탄을 퍼붓기도 하였다. 이로써 적의 공세가 꺾이었으나 미군의 병력이 10% 손실되고 월맹군 역시 20,000여명의 사상자를 내고 파괴된 월맹군의 화포만도 300문이 넘었다.

이밖에도 1월 30일과 31일 양일간에 월맹군 368포병연대 및 제4보병사단 예하 804연대와 베트콩 게릴라 부대의 다낭 침입, 월맹군 4, 6연대의 주력대대 및 803연대와 베트콩 세이파대대 등은 과거 수도인 투아 티엔성의 후에(Hue)시에 침입, 이를 점령하였다. 월맹군 제5연대는 꽝트리 성도를, 월맹군 2사단의 3개 연대와 베트콩 제25대대가 꽝남성의 호이안 시를, 베트콩 제70, 72대대가 꽝가이 성을 각각 침투하여 한때 점령하였다.

피탈된 꽝트리와 투아 티엔 지역에서 미 해병 제3상륙군 예하 제1, 3사단과 제1공중기갑사단, 101 공수사단 및 월남군 보병 1사단과 그 외 특전부대들이 반격작전을 감행하고, 다낭, 호이안 지역에서는 미 해병 1사단의 일부 병력과 월남군 제51보병연대, 한국군 해병 2여단이, 꽝틴과 꽝나이 지역에서는 미 Americal 사단과 월남군 제2보병사단이 적의 침공을 막고 반격작전을 감행하였다. 한국군 해병2여단이 괴룡작전(怪龍作戰)을 중심으로 한 연합군의 작전성공으로 케산 지역 일대를 소탕하고 제9번 공로(公路)를 개통하였다. 그러나 연합군은 혈전을 거듭하고 사수한 케산 기지를 포기하고 인적, 물적 자원을 절약하여 전술상 주요도시만을 방어하는 융통성 있는 병력운용과 작전전개를 하기 위하여 작전방침을 바꾸었다.

(2) 중부지역

월남의 중부지역은 지리상으로 서쪽의 고원지대와 동쪽의 저지대로 구분되고 있는데 중부고원지대의 지세는 평균해발 500~1,800m을 이 지역에는 대부분 열대성 식물이 뒤덮여 있다. 캄보디아와의 국경선이 있는 서쪽으로는 완만한 경사지대를 이루어 월맹군이 라오스를 거쳐 이 지역에 잠입하기가 용이한 지역이다. 따라서 이 지역 일대는 월맹군의 정예부대로 알려진 B-3 전선사령부 예하인 제1사단과 325C사단의 제101D연대를 비롯한 여러 개의 독립부대가 활약하고 있었다. 이 때문에 1967년 가장 치열했던 콘툼성의 닥토 지구의 혈전을 자아냈으며, 1967년 11월에 이르러서는 적은 대병력으로 중부고원지대를 석권하고, 그 여세로 안케를 거쳐 퀴논 및 나트랑 등 중부 저지대까지 손을 뻗치고자 플레이쿠를 연결하는 제 512공로상에 닥토 지역 일대를 포위한 다음 이 지역을 경계하던 월남군 및 월남특수임무부대를 공격하였다. 공격지점은 낮은 곳이고 월맹군이 주둔한 지역은 250-400m의 높은 고지군이었기 때문에 연합군은 고전을 면치 못했다.

월남 전쟁이 절정에 달했던 67년 말에는 북쪽에서 미 제1공중기갑사단이 작전을 전개하여 봉손 평원을 중심으로 한 광활한 지역에서 월맹군과 접전을 하는 동안 남쪽지역에서는 수도사단 및 제9사단이 파월 이래 처음으로 군단급작전인 오작교 작전과 홍길동 작전을 전개하여 월맹군 제5사단의 예하 병력 및 지방 베트콩 섬멸에 많은 성과를 거두었다.

중부지역 공세에 참가했던 적군은 월맹군 1, 3, 5사단과 지방 베트콩을 합하여 45,000명이었고, 연합군은 월남군 22, 23사단과 미군 4보병사단, 173공수여단, 한국군 수도사단, 9사단으로 구성된 181,000명이었다.

산발적인 공격작전 후에 68년 1월 30일에서 2월 1일에 이르는 구정휴전 기간 중에 월남 전지역의 주요도시와 연합군의 군사기지 및 시설에 대하여 일제히 공세를 취하였다. 반격전에 나선 연합군은 중부고원지대에서는 미 제3보병사단과 월남군 13보병사단이 콘툼과 플레이쿠, 달락의 성도인 반무투에 증원병력을 집중 투입하여, 기동성 있는 작전을 전개하여 점거되었던 지역을 탈환하였다. 한편 동부 해안지역인 나트랑과 퀴논 등지에서도 피아(彼我)간에 시가전까지 벌이는 등 격전이 있었으나 한국군과 미군의 반격작전 결과로 적은 많은 인명 손실을 입고 퇴각하였다.

(3) 남부지역

월남의 남부지역은 제3군단 전술지대에 속하며 지대의 북쪽은 중부고원의 산악지대와 평지로 바뀌는 준평원을 이루고 있어, 이 지역의 주민들은 대다수가 농경에 종사하고 있는 반면 캄보디아 국경으로부터 동쪽을 가로지르는 지역 일대는 울창한 삼림으로 우거져 있어서 마을과 밀림을 거점 삼아 베트콩의 출몰이 빈번하였다. 또 월맹군의 주력부대가 캄보디아 국경선으로부터 13번 공로(公路)를 따라 사이공으로 침공하기 때문에 연합군은 수도권 방위를 위하여 많은 병력을 배치해야만 하였다.

월맹군은 사이공 공격을 위해서 총 공격군을 3개로 편성하고, 이 3개 총 공격군을 다시 15개 대대로 편성하였다. 3개 공격군 중 가장 중요한 수도 사이공 공격군은 탄손누트 공항 부근 공격군을 비롯한 10개 지역 공격군을 편성하였고, 증원을 위한 증원군 271연대와 272연대, 101연대를 확보하였으며, 연합군 증원을 저지하기 위한 부대로서 각 지역 공격시마다 부대를 편성 배치하였다. 연합군은 사이공 수비 월남군 부대로서 제3대대, 해병 6대대, 제30공격대대, 제38유격대대가 있었고, 총사령부 예비대로서 A, B, C 지역으로 나누어 1, 8, 7대대가 있었다.

공격은 각 지역별로 개시되어 탄손누트 공항 지역, 푸동 기지, 방송국 지역, 미대사관 지역, 푸토 경마장 지역, 쩐흥다오 기지 등에서 산발적이고 집중적인 공격을 감행했으나 소기의 목적을 달성하지 못했다.

이로써 월남전역에서 행해졌던 구정공세는 월맹군이 몇 개의 도시를 점령한 채 막을 내렸다.

그러나 군사적으로 수도권까지 대 부대가 침투할 수 있었다는 것은 월남전역의 작전양상에 커다란 영향을 주었으며 정치 · 심리적인 영향이 컸다. 전선 없는 전쟁의 양상을 한 눈에 볼 수 있었으며, 월남군의 작전지휘와 병사들의 사기는 사실상 수준 이하의 차원에서 머물러 있다는 사실을 노정시켜 주었다. 또한 경제적인 파탄과 물가의 앙등은 시민생활을 위협하게 되었으며, 500만이 넘는 전쟁 난민들은 군사작전은 물론 정부의 전쟁수행정책에도 커다란 부담을 안겨주었고, 미군 역시 그들의 전투 행위가 무엇을 위한 것인지에 회의를 품게 되었다.

나. 1972년 춘계공세

1969년부터 미국은 월남전의 월남화 계획을 추진하고 있었으며 일방적인 철군을 개시하고, 71년부터는 월남군이 월남 전쟁의 주역을 맡도록 계획하였다. 월맹은 미국 내의 반전여론으로 인하여 닉슨 대통령이 강경한 조치를 취할 수 없으리라는 판단과 월남군의 강화를 배제하기 위하여 72년 3월말 또다시 대공세를 취하여 왔다. 월맹군의 전략은 본격적인 정규전 형태의 집중공격과 동시에 베트콩에 의한 후방교란과 하부조직에 의한 민중봉기로서 3면 입체작전을 전개하여 일거에 광대한 지역을 점령하려 하였다. 그러나 미국은 예상과는 달리 과거 어느 때보다도 신속하고 강력한 북폭을 감행하였을 뿐만 아니라, 대공세가 가능했던 무기반입을 봉쇄하기 위하여 월맹의 대 항만에 기뢰봉쇄까지 단행하였고 월남군 역시 선전하여 월맹의 전략적인 목적을 이루지 못하게 하였다.

이와 같은 춘계공세는 72년 3월 30일 월맹군 3개 사단이 휴전선을 넘어 공격을 개시하여 5월 1일에는 광트리를 점령하였고, 중부국경지역에서는 2개 사단 병력으로 둑토 지역을 점령한데 이어 콘툼을 포위하였으며, 남부에서는 월맹군 3개 사단이 록닌을 점령하고 안록을 포위하여 사이공 외곽을 위협하였다. 특히 중부지역에서 적은 콘툼 및 플레이쿠를 압박하면서 동부해안에 있는 봉손 일대를 점령하고 퀴논항으로부터 콘툼, 플레이쿠로 보급품을 수송하는 유일한 병참선인 19번 도로를 차단하는 동시에 이 선을 따라 월남을 다시 남북으로 양단하려 하였다.

적은 이와 같은 전략에 따라 우선 안케 패스를 공격하였으나, 이곳을 경계하고 있던 한국군 수도사단 기갑연대는 2주간에 걸친 혈전으로 적 3사단 12연대를 격퇴하고 19번 도로를 확보하였다.

월맹은 초기에 북부 · 중부 · 남부의 3개 전선에서 5일 내지 10일 간격을 두고 1개 전선씩 축차적인 공격을 함으로써 월남군이 주공판단을 못하도록 하고 병력을 분산시키려 하여 일단 성공을 거두었다. 그러나 미 해 · 공군의 강력한 폭격과 기뢰부설 및 함포지원 등으로 공격기세는 약화되었다. 월남군은 안록과 콘툼을 사수하고, 9월 15일 꽝트리를 탈환하였다. 그 후 베트콩과 월맹군은 11월 미국 대통령 선거를 앞두고 총공세를 시도하면서 이미 점령한 지역을 확보하려 필사적인 노력을 하였으나 소기의 목적을 달성하지 못하였다.

2. 대게릴라 작전

월남은 지형과 기후조건으로 은거지와 근거지를 가져야 하는 비정규전의 양상으로 특징 지워지는 게릴라전에 안성맞춤의 환경을 가지고 있다. 따라서 아무리 발달된 현대무기라 할지라도 죽창을 당해내지 못했던 경험적 사실을 엮었다. 월남 국토 전체가 전쟁지역으로서 피아간에 안전지역이 없었으며 적의 구성 역시 다양하여 월맹 정규군과 특정한 편제없이 잡다한 구성을 이루고 있는 베트콩과 그 동조자들로서 주민 속에 깊숙이 침투하여 매복, 저격, 부비트랩 설치 등 원시적인 방법까지도 동원하였다. 그러므로 적이 있는 곳도 없으며 없는 곳도 없다는 이율배반적인 역설을 구체화시켰다.

월남에서의 대유격작전이란 순수한 군사적인 의미만은 아니다, 거기에는 군사외적인 문제와 정치적인 요소까지를 고려한 복합적인 작전이어야 하는 자체적 요인이 많은 것이다. 특히 게릴라와 유대관계를 맺고 있는 주민들을 그들로부터 이탈시키기 위한 대민활동이 무엇보다도 중요한 작전이었다. 그러나 주월 한국군은 제한된 전술책임지역 내에서 군사작전을 위주로 하고, 환경개선과 주민 및 물자통제분야는 군사작전에 필요한 소극적인 활동에 국한하였다.

월남에 있어서 대유격작전지역은 평정수준에 따라서 A, B, C, D, E, V, N 등의 7등급으로 구분하여 실시하였다. 평정도가 제일 높은 곳이 A급 지역이고 N급 지역은 제일 낮은 지역이다. 유형별로 분류한 대유격작전은 다음과 같다. 첫째, 색출작전으로서 작전지역에서 적의 위치를 발견하고 아군의 통제권을 확보하기 위하여 수행되는 수색작전이다. 이 작전에서 중요한 것은 어떤 조그마한 징후를 가지고 상황을 명확히 판단하는 소부대 지휘관의 기지(機智)가 중요하며 끝까지 적과 접촉을 유지하려는 인내와 담력이 필수적이다. 이 작전의 목적은 적 부대의 위치 발견, 첩보 획득, 적의 고착 및 작전지역에 대한 통제권을 확보하기 위하여 실시되었다. 둘째는 소탕작전이다. 이 작전은 특정지역을 선정하여 지역 내의 베트콩을 섬멸하는 작전으로 일반 공격작전과 같은 개념으로 실시된다. 일정한 지역의 소탕임무인 만큼 대부분의 경우 포위작전을 위한 공격형태를 취하였으며 울창한 삼림과 시계의 제한은 지휘통솔의 어려움을 극복해야만 하였다. 오작교작전(1967. 3. 7-4. 18)과 홍길동작전 등이 대표적인 전례이다. 셋째 거부작전으로서 베트콩의 은거지역이나 은거예상지역을 근거지로서 사용하지 못하도록 전개하는 작전이다. 이 작전에서는 주로 화학적인 무기가 사용되었으며 지역의 거부는 가능할 수 있었으나 친베트콩 주민의 분리와 전향은 많은 문제점이 있었다.

제3절 평가 및 교훈

1973년 1월 28일 파리평화조약으로 미군개입이 종식되고 월남 자체의 두 세력간에 자웅을 겨루게 되었다. 월남화 계획이 제대로 진척되지 않은데다가 군부 내의 철저한 부정부패는 금권만능의 불신풍조를 낳았고, 이것이 군대의 사기에 미치는 바 그 영향이 적지 않았으며 군부 지도층의 형편없는 리더십은 동일체적인 상하관계가 성립될 수 없는 지경에 이르렀었다. 거기에다 병력운용과 작전을 지도하는 전략개념조차 현황을 무시한 가공적인 것이어서 적용할 수조차 없이 실현가능성이 전혀 없었다. 철수 아닌 철퇴, 그것도 아닌 도망을 일삼다가 저항의 중심조차 허공에 뜬 채 1975년 4월 30일 항복을 하고 말았다. 2차 대전보다 2배에 해당하는 TNT가 사용되었으나 아무 소용이 없었다.

월남 전쟁은 과거 서구열강의 식민지정책에 대한 반발에 근원을 두고 있다. 이러한 피압박 민족의 환경적 요인이 소위 모택동을 중심한 혁명전쟁이론과 수행방법을 설득력 있는 현실논리로 받아들여지게 하였다. 물자의 부족과 장비의 부족은 단기결전 형태의 전쟁을 불가능하게 만들어 전쟁은 장기 지구전화(持久戰化)되었고 이를 가능하게 만든 요인이 월남의 자연적 조건이었다. 상대편이 잘 때 몇 발의 박격포탄은 그들을 피곤하게 만들었고, 이러한 상황의 계속은 조그마한 자극에 대해서도 신경질적인 대응으로 물자와 탄약을 낭비하게 만들어 상대적인 피해를 계속 증가시킨다는 극히 상식적인 개념이 현실적으로 타당성 있게 구체화된 것이다.

월남 전쟁은 이유야 어쨌든 연합군의 패배요, 미국의 「미국식 퇴진(退進)」(American way of goodbye)이었다. 하지만 구태여 패전의 이유를 밝힌다면 다음과 같다. 첫째, 무엇보다도 먼저 지도층과 피지배층의 일체감의 결여이다. 다시 말해서 월남은 국민적 총화(National Integrity)가 결여되어 있었다. 이러한 현황이 빚어지기에는 많은 복합적 요인이 있을 수 있으나, 일단 능동적인 역할을 할 수 있는 쪽의 과오가 대부분이라는 것을 부인할 수 없다. 둘째, 군의 사기저하이다. 사기라함은 전투력의 한 축을 형성하고 있어서 물량적인 전투력과 맞먹는 중요성을 부여받는다. 셋째, 군사전략개념의 부실이다. 현실적인 상황을 무시한 채 개념적인 타당성만이 있었던 티우의 「요새중점전략」은 최초부터 실천 불가능한 것이었다. 넷째, 정보의 절대적 부족이다. 전쟁의 성격으로 보나 환경적인 요인으로 보나 정보의 정확성이 결여된 채 작전수행을 할 수 없는데도 불구하고, 정보의 근원 부족으로 인한 자료의 부족은 작전수행에 결정적인 장애요소가 되었다. 다섯째, 프랑스를 대신하여 반공성전(反共聖戰)에 뛰어들었던 미국의 지원이 끊긴 것은 전쟁의 승패에 치명적인 요인을 형성하였다. 그러나 진영 중심의 세계질서에서 탈피하여 민족국가 중심체제로의 복귀는 당연한 귀추라고 볼 수 있다. 월남 전쟁을 통해서 본 교훈적인 요소는 아무리 고성능의 현대무기라 하더라도 그것을 사용하려는 인간의 의지와 결합이 되었을 때 기능을 발휘할 수 있다는 사실이다. 이러한 의미에서 많은 교훈적인 시사를 우리에게 준다.

제3장 중동 전쟁

제1절 개요

구약성서에 의하면 유태민족과 아랍민족간의 투쟁은 일찍이 기원전의 먼 옛날로부터 비롯되었다. 모세(Moses), 솔로몬(Solomon), 다윗(David) 등의 이야기는 모두가 아랍민족과의 쟁투에서 유태민족을 보존하고 번영시킨 영웅들의 이야기이다. 그러나 기원후 70년에 로마황제 티투스(Titus)가 예루살렘을 파괴하고 유태민족을 팔레스타인에서 쫓아낸 이후부터 18세기

후반 시오니즘(Zionism) 운동이 다시 불붙을 때까지는 두 민족간에 심각한 갈등은 없었다.

그후 2차 대전의 전후 처리과정에서 팔레스타인에 유태민족의 국가를 건설한다는 국제적인 노력과 유태인들의 열망이 부합됨으로써 결과적으로 2,000년 가까이 잿 속에 묻혀있던 아랍민족과 유태민족간의 갈등의 불씨가 재연되기에 이르렀다.

1945년 이후 이스라엘과 아랍의 적대관계를 7기로 구분하면 다음과 같다.

① 유태인들에 의한 테러 및 게릴라전 시기; 1945-1948

② 이스라엘 독립전쟁(제1차 중동 전쟁); 1948-1949

③ 시나이-수에즈전쟁(제2차 중동 전쟁); 1956

④ 6일 전쟁(제3차 중동 전쟁); 1967

⑤ 부분적인 충돌 및 보복과 같은 소모전 시기; 1968-1970

⑥ 아랍 테러리스트들에 의한 대규모 게릴라전 시기; 1970-1973

⑦ 10월 전쟁(제4차 중동 전쟁); 1973

이상과 같은 7개기의 구분 이후의 상황을 덧붙인다면 1973-1977 기간의 팔레스타인 게릴라들에 의한 테러와 이스라엘의 즉각적인 보복, 그리고 1978년부터 특히 이집트와 이스라엘 사이에 싹트기 시작한 중동평화회담을 들 수 있다. 그러나 1979년에 미국의 중재에 의하여 극적으로 맺어진 중동평화안은 대다수 아랍국가들로부터 외면당하고 있을 뿐 아니라, 팔레스타인 문제가 근본적으로 해결되지 않는 한 전쟁재발의 가능성을 상존하고 있다고 할 수 있다.

제2절 1,2차 중동 전쟁

1. 이스라엘 독립전쟁(1948. 5. 15-1949. 2. 24)

1948년 5월 14일 벤 구리온(Ben Gurion)에 의해서 낭독된 1,100자의 독립선언문과 함께 이스라엘은 탄생하였다. 그러나 이튿날 아침(1948. 5. 15) 일찍 이집트의 항공기는 텔 아비브를 폭격하고 정오에는 20,000여명의 유태군에게 아랍 7개국 35,000명의 군대가 공격을 감행하였다. 이 전투는 5월 15일부터 6월 11일까지 계속되었는데 초전에 고전한 이스라엘은 체코로부터 공수해온 77mm 야포, 소형전차, 브렌(Bren)자동소총, 기관총 등으로 전세를 만회하였다. 11월 18일 UN에 의하여 휴전이 성립되었으나, 1949년 2월 네게브(Negev) 지역에서 이집트군과 10일간의 전투가 있었다. 이 전쟁의 결과 팔레스타인 분할안에서 주어진 14,900㎢

에다 5,900㎢의 영토를 더 획득하였고 아랍권에는 많은 피난민들이 생기게 되었다. 1948년 군사작전부장이었고 1949-1951년간 총참모장이었던 이가엘 야딘(Yigael Yadin) 장군은 우회, 기습, 측면포위의 개념을 발전시켰다.

당시 유태인 숫자는 700,000을 헤아릴 수 있었고 아랍국가들은 그의 40배가 넘는 숫자였다. 그러나 실제 동원 인원은 이스라엘이 더 많았다. 아랍권이 이스라엘의 군대를 얕보았으나 시간이 지남에 따라 상대적으로 강해졌다. 이러한 현상은 계속적인 분쟁의 한 요인으로 등장하여 끊임없는 군비경쟁의 발단이 되었다.

2. 시나이-수에즈 전쟁(1956. 10. 29-11. 4)

1954년 파룩왕을 폐위시킨 네기(Neguith)를 축출, 실권을 잡은 이집트의 나세르(Nasser) 대통령은 수에즈 운하를 국유화하고 1956년 10월 아카바만을 봉쇄, 이스라엘 선박의 통행을 막았다. 10월 29일 이집트가 아랍군을 동원하고 있다고 장담하는 사이 이스라엘은 시리아와 요르단전선을 저지시키고 주력군을 이집트로 투입했다.

이스라엘 공수부대는 시나이 반도에 진출 5일 만에 운하로부터 50마일 되는 곳까지 진출하였고, 11월 1일 프랑스마저 이집트를 공격하였다. 전쟁의 결과 이스라엘은 시나이 반도를 점령하였다. 그러나 미 · 소의 조정으로 이스라엘군은 시나이 반도에서 철수하고 샤름 엘쉐이크와 가자 지구에 UN비상군이 진주하여 완충지대를 이루었다.

이스라엘 군부에서는 1956년 시나이 전역에서 기갑부대의 종심 깊은 돌파작전에 대한 가치를 인식하고, 1954년부터 58년까지 군을 직접 지휘한 모세 다얀 장군에 의하여 '의지에 의한 공격이론' 이 발전되어 지휘관의 모범을 강조하였다.

이집트는 1957년 3월 3척의 소련제 잠수함을 구입한 것을 비롯하여 MIG기, TU-16제트 폭격기, SAM-2미사일 등을 구입하여 전투태세를 정비하였다.

제3절 6일 전쟁(제3차 중동전쟁)

1. 전쟁의 원인

전쟁이란 어느 한 가지 요인이 원인이 될 수 없다. 6일 전쟁 역시 생존권을 확보해야겠다는 이스라엘 측의 의지와 이를 거부하는 아랍 측의 의지의 상충이요 이것이 이스라엘 아랍간의 갈등상태의 원천을 이룬다. 더구나 아랍측은 성전(Jihad)사상에 기초를 두어 전쟁을 평화를 위한 다른 수단으로 간주한다. 다얀 장군이 밝힌 선제공격의 이유는 첫째 : 나세르가 티란(Tiran) 해협을 봉쇄할 것이다. 둘째 : 봉쇄에 따라 해협을 강제로 개방하려는 시도, 즉 전쟁이 있을 것이다. 셋째 : 이집트가 우세할 것이라는 판단을 이집트측이 하고 있었기 때문에 이스라엘은 선제공격을 하지 않으면 안되었다고 밝혔다.

그러나 군사적인 결과가 정치협상 테이블에서 어떠한 비중을 가진다는 것을 너무나도 잘 아는 다얀 장군은 현대전에 있어서 가장 중요한 요소는 시간이라고 판단하였다. 따라서 강대국이 개입하기 전에 군사적인 결과를 이스라엘 측에 유리하게 전개시켜야 한다는 것을 염두에 두고 전쟁을 시작하였다.

2. 군사력 비교 및 작전계획

군사력이라 함은 복합적 요소에 의해서 구성 비교되어지나 즉각 가용한 군사력은 다음 표와 같다.

항목 \ 국가	이스라엘	이집트	이집트, 시리아, 요르단	이,시,요 : 이스라엘
병 력	275,000	210,000	335,000	1.2 : 1
탱크 및 탱크포	1,050	1,100	2,542	2.4 : 1
초음속 전폭기[1]	116	258	298	2.6 : 1
저음속 전폭기	150	100	168	1.1 : 1
경폭격기[2]	24	43	47	2.0 : 1
중폭격기[3]		30	45	45 : 1
구축함	2	6	6	3.0 : 1
잠수함	4	9	9	2.3 : 1

1 : MIG -21, SU-7, MIG-19, Mirage Ⅲ 포함

2 : IL-28 Vautour Ⅱ A

3 : TU-16

이스라엘군은 그들의 작전상 융통성을 확보하기 위하여 공격, 기동력, 기습, 야간 공격에 주안을 두고 속전속결의 전략개념에 입각하여 전쟁을 수행하려 하였다. 아랍측은 최초 이스

라엘 공격을 흡수하고 1단계로 이스라엘의 공군력을 분쇄하여 제공권을 장악하고, 2단계로서 여건이 허락하는 범위 내에서 3면 공세로 이스라엘을 격멸하도록 계획하였다. 지리적인 위치로 보나 작전계획으로 보나 이스라엘은 분명히 내선상의 위치에서 고도한 기동력을 보유해야 됨은 필수적이다.

아랍측의 작전 계획은 주력군은 시나이반도 쿤틸라에서 출발 네게브를 통하여 요르단군과 합류, 에일라트와 네게브를 고립시키고, 또 한 부대는 엘아리쉬에서 텔아비브 북방으로 진격, 그곳에서 요르단군, 시리아군, 이라크군과 합류하여 3면 공세를 취하는 것이었다.

한편 이스라엘군은 공군작전 3단계, 즉 시나이반도, 수에즈운하, 카이로 지역의 이집트 공군기지 무력화, 기타 이집트, 요르단, 시리아, 이라크, 레바논 공군기지를 무력화하여 제공권 장악, 그리고 마지막으로 공군력을 해상 및 지상작전에 집중 운용하도록 계획하였다. 육군은 라빈 장군과 그의 참모들이 구상한 계획으로서 최초 2개 지점에서 돌파하고, 2단계로서 1개 기갑사단이 초월 공격 후 수에즈 동쪽으로 진격하여 퇴로를 차단하여, 3단계로서 이집트군을

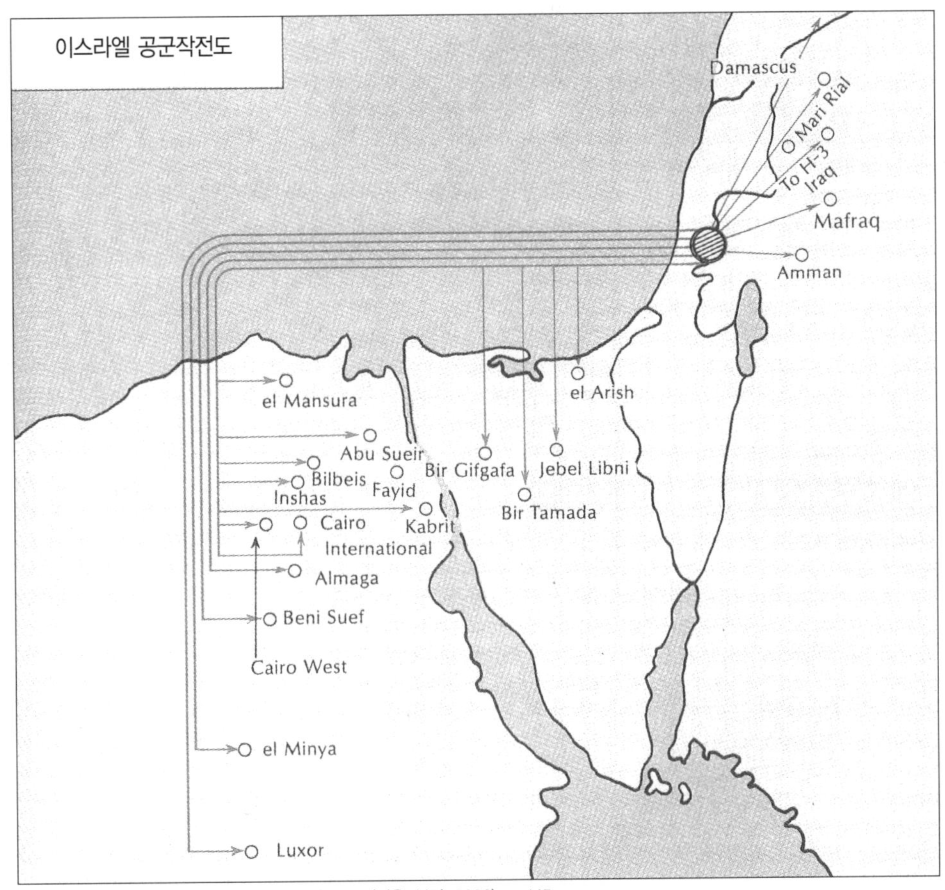

※ 출처: 육군사관학교 전사학과, 『세계전쟁사 부도』 (서울: 봉명, 2002), p. 145.

완전 소탕 격멸하는 것이었다.

3. 작전경과

이스라엘 공군은 지상 공격이 있기 1시간 전인 1967년 6월 5일 아침 7시 45분(이스라엘 시간)에 아랍군에 대한 선제 기습공격을 감행하였다. 아침 7시 45분 이집트군은 일과 시간 전 잡무에 바빠 있을 것이고 안개가 걷히는 쾌적한 조건이 시작되는 시간이다. 최초 이스라엘에 직접적인 위협이 된 비행장부터 정확한 정보를 가지고 아랍 비행기를 파괴하였다. 다음 단계로서 나머지 아랍 동맹국의 비행기와 비행장을 강타하였다. 이집트의 비행기 손실은 다음과 같다.

기 종	지상 파괴	1967. 6. 5일 중	1967. 6. 6-6. 10	계
MIG-21	163	90	100	253
SU-7	55	12	14	81
MIG-19	40	20	30	90
MIG-15/17	100	75	95	270
TU-16	30	30	30	90
IL-28	43	27	30	100
계	431	254	299	884

전쟁 발발시 시나이 반도와 가자 지구에는 이집트군 7개 사단과 900-1,000대의 전차 및 수백문의 중포가 있었다. 이스라엘군 탈(Tal) 장군이 지휘하는 사단은 라파(Rafah) 부근, 샤론(Sharon) 장군 사단은 중앙 축을 방어하는 움 가타프(Umm Gataf)와 아부 아게일라(Abu Ageila)에서, 요페(Yoffe) 장군 사단은 이집트군이 도저히 통과하지 못하리라고 판단한 모래벌판을 통과하였다. 돌파는 정면 돌파였고 편성된 진지에 대한 진격이었다. 돌파는 24시간 휴식없이 실시되어 이틀째에 탈(Tal) 준장은 부대를 양분하여 하나는(Shmeiel 대령 지휘) 엘 아리쉬(El Arish) 공항을 점령케 하고, 다른 부대는 서쪽으로 진격시켰다. 전진하는 이스라엘군은 비르 라판(Bir Lahfan)을 점령하고 난 후 전차의 장거리포를 사용, 적 일선을 무너뜨리고 모래벌판을 통과하여 진격하였다. 그 후 TAL 사단은 신속히 진격하여 루마니(Rumani)와 비르 기프가파(Bir Gifgafa)를 통과하여 이스마일리에서 합류하여, 비르 하싸나(Bir Hassana)를 통해서 오는 요페(Yoffe) 사단과 수에즈시 북방 50마일 지점에서 합류하였다. YOFFE 사단의 일부는 수에즈시 직전에서 남부로 진격, 엘라트(Elat)에서 해상을 진격해오는 병력과 합류함으로써 시나이 반도를 완전히 포위 봉쇄하게 되었다. 특히 샤름 엘 쉐이크(Sharm el Shaykh)에는

시나이 전역(1967. 6. 5~10)

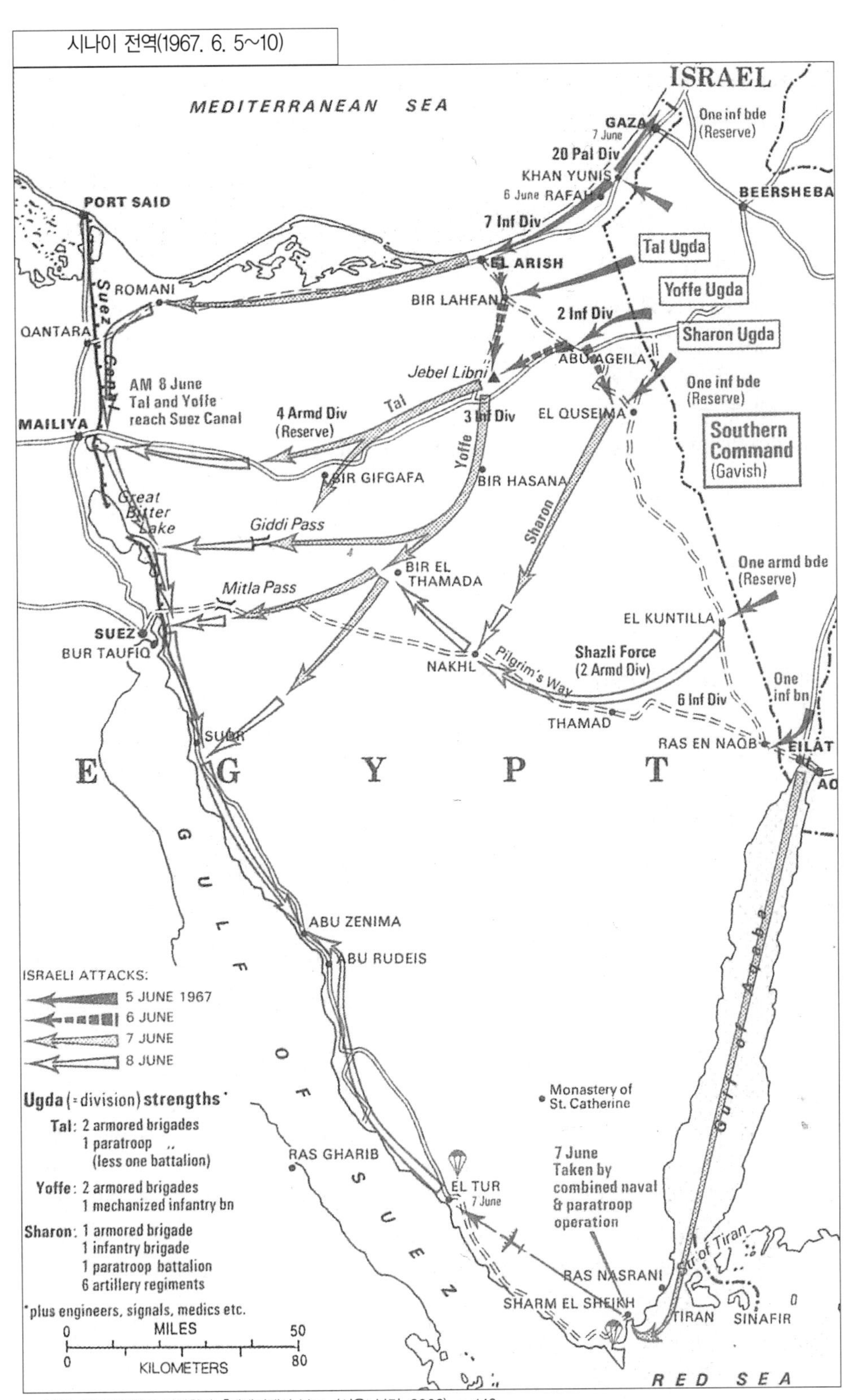

※ 출처: 육군사관학교 전사학과, 『세계전쟁사 부도』 (서울: 봉명, 2002), p. 146.

공수부대를 투하시키고 다시 헬리콥터로서 엘 투르(El Tur)까지 이동하여 북진시켰다.

한편 요르단 전역에서는 나르키스 준장 지휘하에 3개의 예비여단을 운용하였다(1개의 기갑여단, 1개의 공수여단, 1개의 보병여단). 작전 초일(6월 5일) 오후 요르단군의 공격에 역습을 실시하여 6월 8일 요르단강까지 진격하였다.

골란 고원에서는 이집트와 요르단에 대한 전투행위가 모두 끝난 6월 9일 아침에 전투가 시작되어 그 다음날 저녁 정전과 함께 끝을 맺었다. 험준한 지형과 시리아군의 저항을 극복하면서 이스라엘군은 작전초일 두 지역에서 돌파하여 6월 10일에는 쿠네이트라(Kuneitra)를 점령하고 다마스커스로 진격하려 하였다.

이 전쟁의 결과 이스라엘은 전쟁전의 영토보다 3.5배나 되는 영토를 획득하고 800여대의 전차와 수천대의 차량을 노획하였다. 특히 예루살렘을 완전 장악함으로써 정치적 내지 심리적인 이점을 확보할 수 있었다. 그러나 이러한 전쟁의 결과가 어떻게 이스라엘의 존립과 연결될 수 있는가는 매우 의문시되었다.

제4절 10월 전쟁(제4차 중동전쟁)

욤 키푸르(Yom Kippur) 전쟁이라고도 불리는 제4차 중동 전쟁(1973. 10. 6-10. 24)은 짧은 기간에 입은 막대한 피해로서 새로운 특징을 나타냈다. 6일 전쟁 이후 전쟁의 결과로 빚어진 영토의 상실과 전투력의 괴멸사태는 아랍 측 특히 이집트에게는 수치의 장이 되지 않을 수 없었다. 따라서 아랍 측(이집트, 시리아)은 국제여론이 이스라엘에 불리하게 작용하는 시기를 이용, 1973년 10월 6일 14:00를 기해 전면공격을 개시하였다. 속죄 축일(贖罪 祝日)이라서 이스라엘은 최초 병력의 동원에 지장을 받았다. 이집트군은 수에즈 운하 도하에 고속정을 사용

〈군사력 비교〉

항목 국가	인구	병력	예비병력	탱크	장갑차	전폭기	헬리콥터	전함
이집트	35,700,000	260,000	500,000	1,955	2,000	620	190	94
시리아	6,700,000	120,000	200,000	1,300	1,000	326	50	25
레바논	3,000,000	14,000	–	120	25	18	14	0
요르단	2,500,000	68,000	20,000	420	400	52	9	0
이라크	10,100,000	90,000	250,000	1,065	1,300	224	69	30
아랍측	58,000,000	552,000	970,000	4,860	4,725	1,240	332	149
이스라엘	3,200,000	95,000	180,000	1,700	1,450	488	74	49

10월 전쟁시 이집트의 공세(1973. 10. 6)

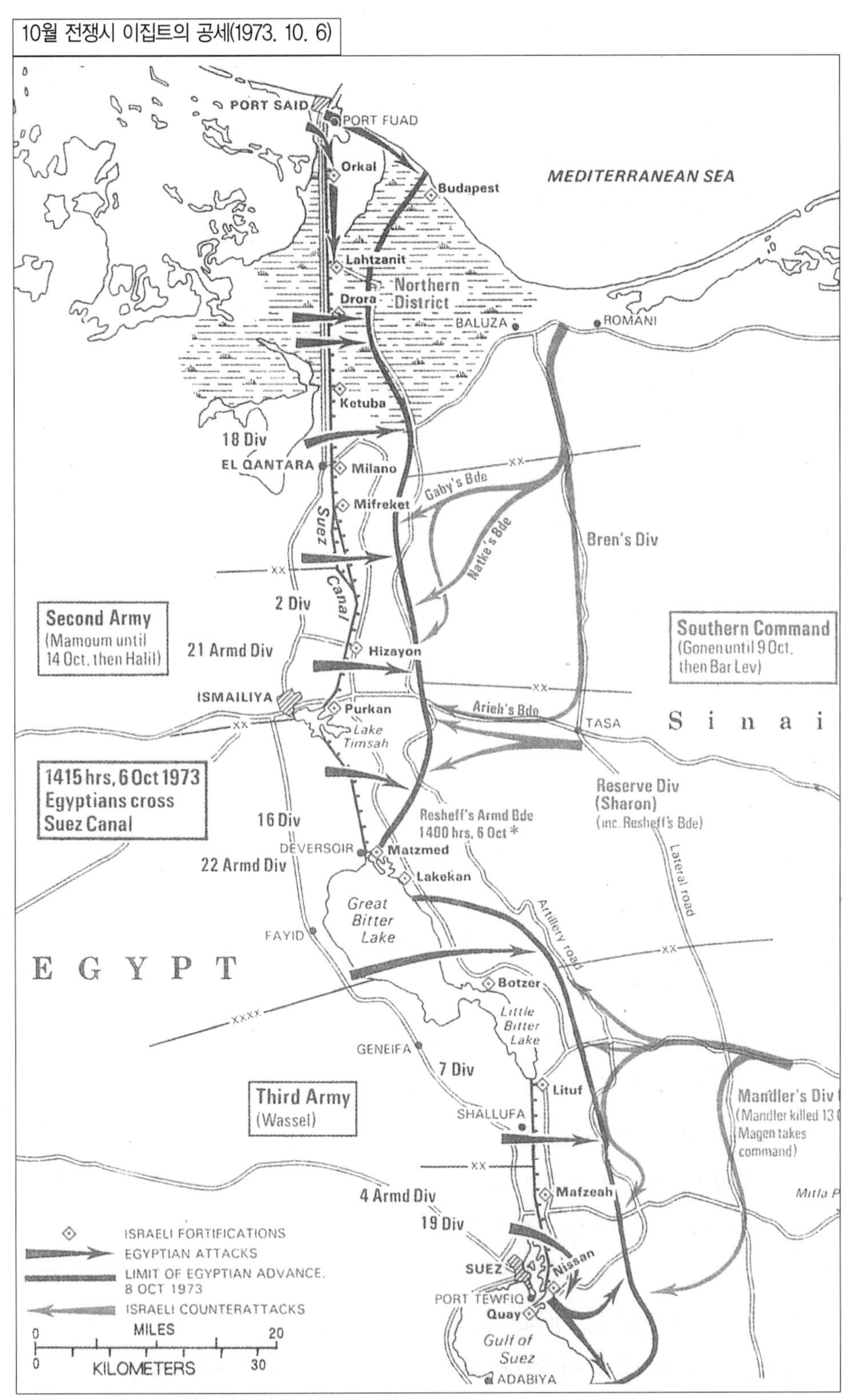

※ 출처: 육군사관학교 전사학과, 『세계전쟁사 부도』 (서울: 봉명, 2002), p. 149.

하여 이스라엘군의 예측(24-48시간 소요)을 무색케 했다. 따라서 이스라엘군이 기갑 예비대를 시나이전선에 투입하기 전에 이미 500여대의 전차를 도하시켰다.

그러나 이스라엘군은 전투 초일 야간부터 반격을 개시하여 700여대의 전차 예비대를 시나이 전선에 투입하였다. 이렇게 되자 이집트군은 바레브선을 돌파는 했으나 불과 100야드 정도 밖에 되지 않는 4개의 애로지역을 통과해야만 하였다. 전선은 교착되고 보급 면에서 이집트에 불리한 상황이 빚어졌다.

그러나 이스라엘은 전쟁이 있을 때마다 양면전을 강요당하는 터라 남부전선이 어느 정도 안정되자 먼저 북부지역에 주력을 투입하기로 결정하고 골란고원에서 공세를 취하였다. 10월 8일 이스라엘의 예비부대들은 고착된 시리아군의 선봉을 격파하기 시작하였다. 그날 밤 시리아군의 마지막 기갑사단까지 전투에 투입되었으나, 이것마저 격파당하고 말았다. 이스라엘 점령지역에 침공했던 시리아군 전차 1,250대 가운데 약 1,000대가 파괴 또는 포획당하였다. 그러나 이스라엘군 역시 보급상의 곤란 때문에 수일간의 진격 후에 다마스커스를 포격할 수 있는 사정거리 이내에 접근하자 양호한 방어지역을 점령하여 진격을 멈추었다. 이스라엘군은 보급상의 난점뿐만 아니라 더 이상 다마스커스에 접근하지 말라는 소련측의 경고를 받았으며, 중립적인 자세를 취하는 요르단 후세인(Hussein)왕을 난처한 입장에 처하지 않도록 암만-다마스커스 도로를 차단하지 않았다. 그 뒤로 전쟁이 끝날 때까지 북부전선은 대체로 정적인 상태에 있었다. 시리아와 아랍군의 공격이 있었으나 수백 대의 전차손실만 있었다.

지상전이 계속된 동안 해상에서도 몇 차례 해전이 있었다. 주로 아랍해역에서 진행된 해전에서 소련제 미사일의 명중률이 형편없이 저조하고(아마 이스라엘의 전자방해장비의 교란 때문이었을 것이다) 이스라엘이 가진 가브리엘 미사일의 우수성이 증명되자 제해권이 확보는 물론 지상에 함포사격도 가능하였다.

약 8일간의 전투로 골란 전선을 안정시킨 이스라엘은 3개 기갑사단을 시나이 전선으로 이동시켰다. 당시의 상황에 비추어 이스라엘군은 광정면 공격을 고려치 않고 좁은 정면을 돌파하여 수에즈서안으로 진출한다는 것이 당연하였다. 이스라엘은 이집트군의 공격을 기다리며 손실을 더욱 강요하다가 3개 기갑여단과 2개 기계화여단(공정)으로 구성된 증강된 1개 사단이 돌파를 감행하였다. 1개 기계화여단이 화력기지의 역할을 맡고 2개의 기갑여단이 돌파부대가 되며, 나머지 2개 여단이 도하부대가 되도록 계획하였다. 도하시 전차는 동력도선(動力渡船, barge)으로, 공정대(空挺隊)는 정선(淨船, pontoon)을 사용하였다. 10월 16일 07:03에 2개 여단이 안전하게 도하하였다. 이 증강된 사단의 사단장 아리크 사론(Arik Sharon) 장군은 카

10월 전쟁시 시리아의 공세(1973. 10. 6)

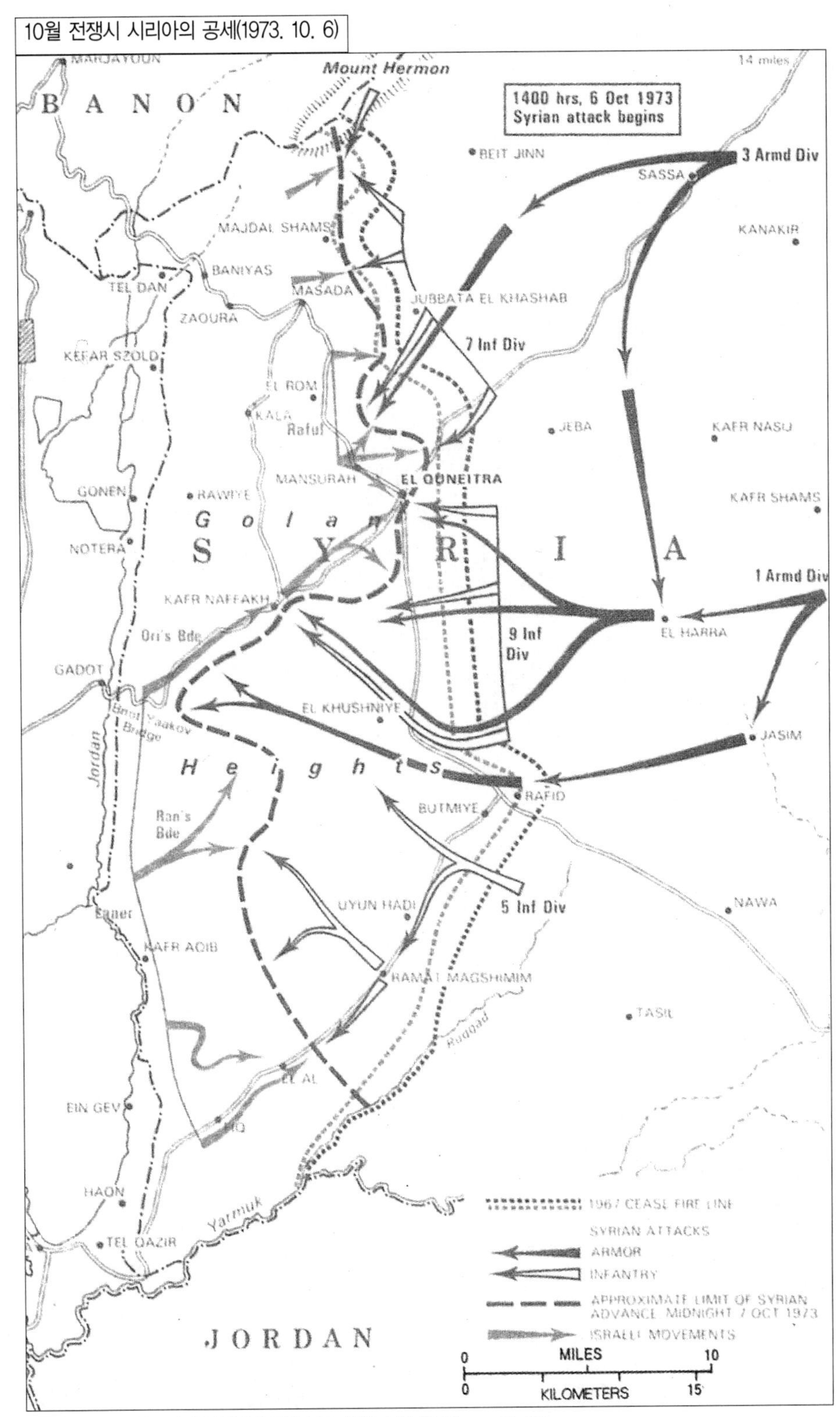

※ 출처: 육군사관학교 전사학과, 『세계전쟁사 부도』 (서울: 봉명, 2002), pp. 151-152.

이스라엘의 반격[골란고원](1973. 10. 7~22)

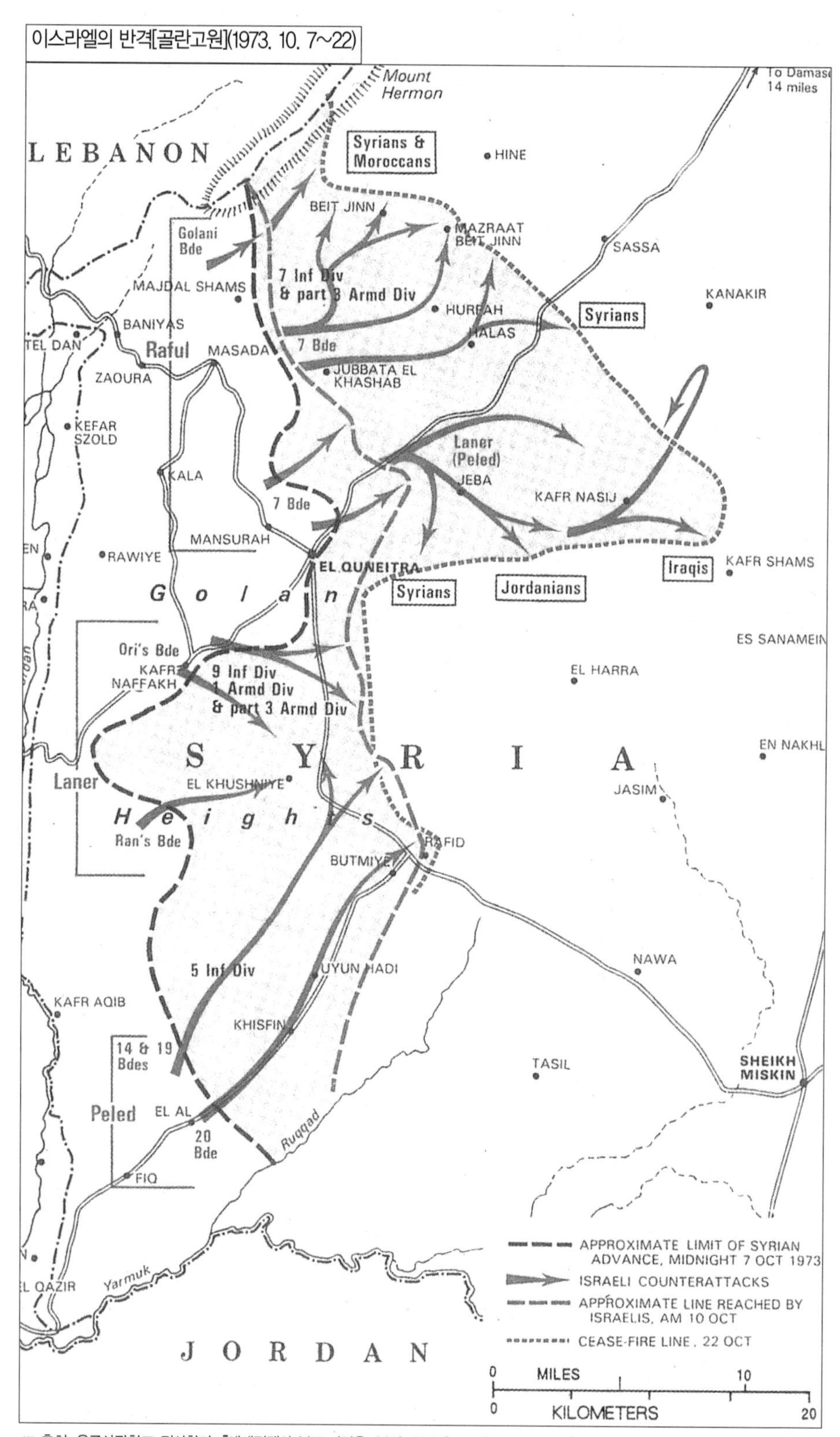

※ 출처: 육군사관학교 전사학과, 『세계전쟁사 부도』 (서울: 봉명, 2002), p. 150.

이로 진격을 구상하였다. 그러나 참모본부의 명령으로 교두보확보를 위해 수에즈시로 남진하였다. 처음 이집트군은 이 병력이 샘(SAM) 기지를 습격하는 소규모 부대로 오판하였다. 이스라엘군은 이집트의 2개군(군단규모)의 접촉점 부근을 돌파하였기 때문에 이집트군의 상황판단을 더욱 흐리게 하였다. 10월 22일 수에즈시까지 진출한 이스라엘군은 이집트 제3군을 완전히 고립시킬 때가지 진격하였다. 그동안 수에즈시 상공 공중전에서 200대 이상의 이집트 공군기(MIG, SU-7)가 격추되었고 이스라엘은 3대만 잃었다.

10월 전쟁을 통하여 이스라엘은 지상에 있는 이집트기를 격파하지 못했으나 공중전을 통해서 375대의 아랍기와 40여대의 헬리콥터를 격추시켰고 대신 10대의 공군기를 잃었다. 한편 대공무기에 의해서는 50대의 아랍기와 100여대의 이스라엘 공군기가 격추되었다. 10월 전쟁에서 대공무기로서 SAM-6이 사용되고, 대전차 무기로서 RPG-7과 PUR-64(Saggar)와 같은 보병용 소련제 무기가 사용되었으나 '최상의 대전차무기는 전차이다' 라는 오랜 격언을 실증해주듯이 이스라엘군의 전차가 아랍 측의 전차를 파괴하였다(실제 전투에서 전차 손실율은 아랍 : 이스라엘=10:1). 10월 전쟁에서 최초 기습공격을 한 이집트가 초전에 있어서는 다소 유리한 위치였으나 전사자와 전차손실율은 1956년과 1967년의 전쟁과 비슷한 비율을 기록하고 있다.

제5절 평가 및 교훈

4차례에 걸친 중동 전쟁, 특히 6일 전쟁 및 10월 전쟁과 같은 현대전의 특성을 통하여 우리는 몇 가지 중요한 교훈을 얻을 수 있다.

첫째, 데땅트 무드 하에서도 국지전은 가능하며, 오히려 어떤 면에서는 더욱 자극될 수 있다. 주로 미 · 소와 같은 초강대국의 이해대립과 조화를 통하여 약소국 간의 국지적인 분쟁이 중재되고 마무리되는 탈냉전기의 국제정치적 상황을 놓고 볼 때, 어느 분쟁지역에서 상대국에 비하여 국가이익상 불리한 위치에 있는 특정국가(예컨대 6일 전쟁 후의 이집트)는 현상을 타파하기 위하여 그 지역에 대한 미 · 소의 관심을 되돌릴 필요가 있으며, 이를 위하여 전쟁의 도발도 사양치 않게 된다는 것이다.

둘째, 현대전은 엄청난 파괴성과 소모성을 가지고 있다. 10월 전쟁시 18일간의 전투에서 쌍방은 전차 2,500-3,000대, 항공기 600기 이상을 상실하였으며 개전 9일 후에 쌍방 공히 전전에 비축해 두었던 전쟁물자가 바닥나고 말았다. 결국 현대전은 단기전이 불가피하며, 따라서 조기에 승기를 잡는 것이 무엇보다도 중요하다.

셋째, 현대전은 정보에 의해서 판가름 난다. 6일 전쟁에서 이스라엘군의 전격전이 성공했던 것은 정확한 정보에 바탕을 두고 초전에 적의 항공력을 분쇄함으로써 가능했고, 10월 전쟁에서 초전에 이스라엘이 실패한 것도 아랍의 공격의도를 잘못 판단한 때문이었다. 그런데 정보판단의 과정에는 인간적인 결함과 함께 갖가지의 한계가 따를 뿐만 아니라 공자는 항상 기만방책을 사용하기 때문에 기습의 가능성은 항시 존재한다고 할 수 있다. 따라서 정보는 중요하나 거기에는 또한 한계가 있으며, 결국 현대전에서는 적의 공격능력을 볼 것이지 함부로 적의 의도를 짐작하는 것은 금물이다. 아울러 적의 공격을 예방하는 가장 좋은 방책은 억제력의 배양이며, 또한 기습에 대해서는 이를 역이용할 수 있는 방책을 마련함도 필요하다.

넷째, 현대전에서는 제1가격(first strike)이 특히 중요한 효과를 발휘한다. 현대무기의 가공할 파괴력과 정확성으로 말미암아 기습적인 제1가격은 거의 치명적인 효과를 나타낸다. 그러나 침략전쟁을 부인하는 우리로서는 적의 제1가격에 대해서 여하히 우리의 제2가격력(second strike ability)을 보전하는가가 무엇보다도 중요하다.

다섯째, 현대전에서는 우수한 과학기술에 토대를 둔 무기체계의 중요성이 더할 나위 없이 증대되었다. 우수하고 성능이 좋은 무기는 전승의 필수적 요소이다.

여섯째, 그러나 이상의 모든 요소들보다 정신전력은 현대전에서 가장 중요한 열쇠가 된다. 전쟁은 어디까지나 인간이 하는 것이며 궁극적으로는 인간 대 인간의 의지의 대결인 것이다. 한 시대, 한 사회가 망라된 '종합적인 사회현상'으로서의 전쟁에 있어서 가장 결정적이 요소는 '인간' 그 자체이며, 인간의 대결에서는 결국 창조적이고 강한 '의지'가 이기게 마련이다.

타산지석이라 할 수 있는 중동 전쟁을 보거나 또 과거의 전례를 볼 때에, 호전적인 북한을 억제하고 그들의 기습을 뒤엎을 수 있는 가장 좋은 방책을 우리는 "방패의 두꺼움보다는 창의 날카로움"에서 찾아야 할 것이고, 승자의 논리만이 남게 되는 냉엄한 전쟁에서 이기기 위하여 우리 '군복 입은 사람'은 창조적이고 강한 의지를 길러야 할 것이다.

제4장 포클랜드(Falkland) 전쟁

제1절 포클랜드섬의 개황

포클랜드는 남아메리카 남단(서경 57도, 남위 50도)에 위치한 섬으로서, 전쟁의 당사국이었던 아르헨티나로부터는 670km, 영국으로부터는 12,832km 떨어진 지점에 위치하고 있다. 포클랜드는 동포클랜드와 서포클랜드라는 커다란 두 개의 섬과 그 주변에 샌드위치섬을 비롯한 220여 개의 작의 섬들로 구성된 군도(群島)이다.

1592년에 영국의 「존 데이비스」(John Davis)에 의해 발견된 이래, 1690년 영국인 선장이었던 존 스트롱(John Strong)이 자신의 상사 이름을 따서 '포클랜드(Falklands)' 라고 명명하였으나, 아르헨티나를 비롯한 남미국가들은 이 섬을 '말비나스(Malvinas)' 라고 부르고 있다.

이 섬의 총 면적은 11,718평방 킬로미터로서 전라남도의 면적과 비슷하다. 인구는 당시 약 1,800명으로 98%가 영국계였으며, 언어는 영어를 공용어로 사용하고 있었다. 가장 큰 도시는

초기작전(1982. 5월 상황)

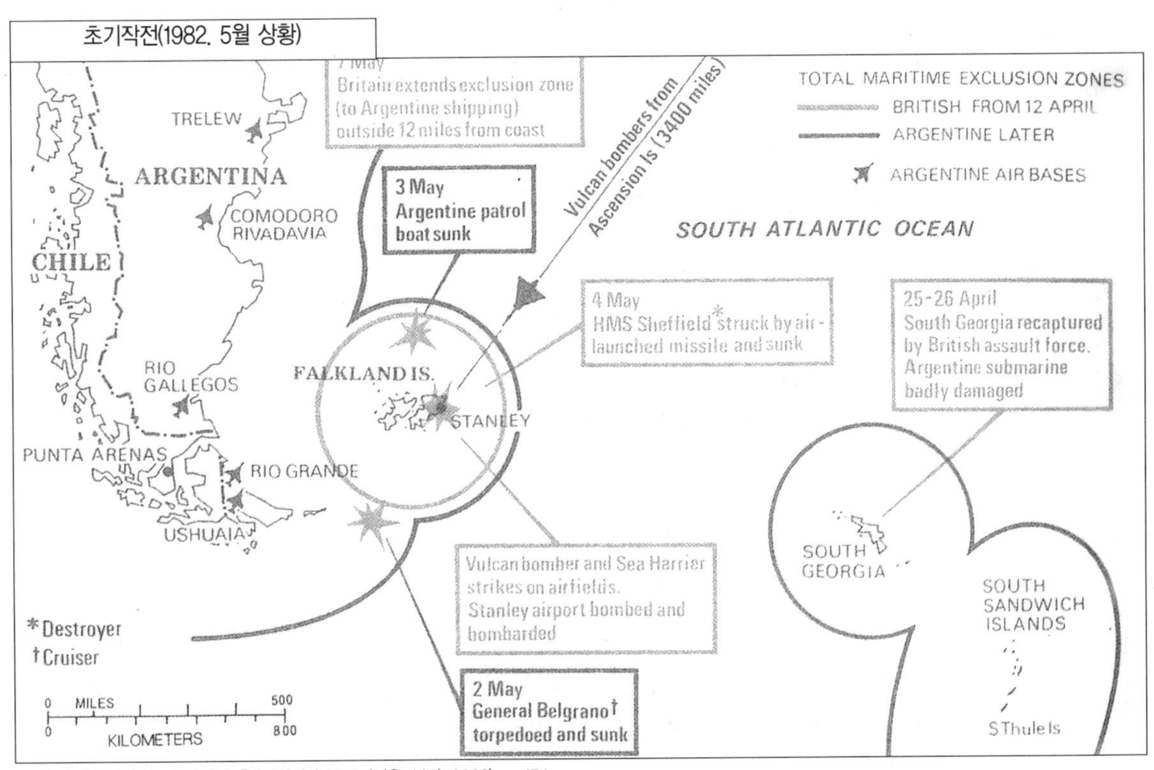

※ 출처: 육군사관학교 전사학과, 『세계전쟁사 부도』 (서울: 봉명, 2002), p. 154.

동포클랜드에 위치한 포트 스탠리(Port Stanley)로 약 1,000명의 주민이 거주하고 있었다. 민간인이 주거하는 지역은 포트 스탠리, 폭스 베이(Fox Bay), 구스그린(Goose Green), 산 카를로스(San Carlos) 등으로 주로 해변에 산재되어 있었다.

포클랜드는 남극과 비교적 가까운 거리에 위치하고 있기 때문에 남극 발전을 위한 전진기지로서 중요할 뿐만 아니라, 1975년에 영국의 지질조사단이 이 일대의 대륙붕지역에 약 2,000억 배럴의 석유자원과 다량의 천연가스가 매장되어 있다는 발표를 함으로써 경제적 가치가 크게 부각되고 있었다.

기후는 남반구에 위치한 관계로 6~8월이 동계에 해당되며, 작전기간중 (1982. 4. 25~6. 14) 기온은 최저 섭씨 영하 6도로부터 최고 섭씨 영상 9도의 분포였다. 강풍과 눈, 서리 및 습기 등에 의한 체감온도를 감안한다면, 극히 추운 날씨였으며, 주간과 야간, 지형의 고저차이에 따라 기온차가 심했다. 당시 일조시간은 일출이 08:30, 일몰이 17:00로 주간보다 야간이 길었다.

지형은 자갈, 진흙, 늪지대 등으로 형성된 야지가 대부분이어서 기동부대의 행군에 장애요인이 되고 있었다. 산악지형은 대부분이 6부 능선까지는 완만한 경사를 이루었으나, 7부 능선부터는 급경사와 석영 암석지대로 형성되어 있어 비교적 방어하기에 유리한 지형으로 판단할 수 있다. 식물은 남대서양의 해양성 기후 및 토양의 영향으로 관목의 성장이 제한되어 광활한 초지가 형성되어 있었다.

제2절 전쟁의 배경과 원인

1. 전쟁의 배경

포클랜드섬에 대한 영유권과 관련된 분쟁의 역사는 최초 1544년과 1592년에 각각 스페인 및 영국이 상호 먼저 발견했다는 주장에서부터 시작되었으나, 그 후 1816년에 아르헨티나가 스페인으로부터 독립하면서 스페인의 계승권을 주장하여 영유권을 요구하게 되었고, 1823년에는 총독을 파견하여 통치하기도 하였다.

그러나, 1833년에 영국해군이 상륙하여 이 섬에 거주하고 있던 아르헨티나인을 추방하였으며, 1892년부터는 영국의 식민지로 편입하여 영국인을 본격적으로 거주, 정착시켜 나감으로써 사실상 영국의 지배 하에 들어가게 되었다.

이후 아르헨티나와 영국 사이에 영유권 분쟁이 계속되었으며, 1964년에는 아르헨티나가 영유권 문제를 UN에 상정하여 평화적 해결을 모색함으로써 1966년부터 양국간에 영유권에 대한 협상이 진행되어 왔다. 그러나 평화적 해결의 원칙에는 합의를 이루었으나, 아르헨티나는 "영국이 강점한 불법적인 지배"임을 강조하였고, 영국은 "최초 발견한 이래 한번도 영유권을 포기한 적이 없는 합법적인 지배"임을 주장함으로써 영유권 문제의 해결이 지연되어 왔다.

이러한 가운데, 1982년 4월 2일 아르헨티나가 해군함대 및 지상군 약 2,500명으로 포클랜드섬을 점령하게 되자, 이에 영국은 4월 5일 기동함대를 본토에서 출항시켜 대응함으로써 전쟁이 발발하였다.

2. 전쟁의 원인

아르헨티나가 포클랜드섬을 무력으로 점령하게 된 원인을 다음과 같은 몇 가지로 추정해 볼 수 있다. 당시 아르헨티나는 150% 이상의 고인플레로 인한 경제적 침체와 실업자의 증가, 군부집권에 대한 국민들의 불만 누적으로 심각한 국내문제가 야기되고 있었다. 따라서 국민들의 국내문제에 대한 불만을 외부로 표출시킬 계기를 마련하려 하였다. 특히 1974년 영국이 발표한 이 지역 대륙붕 일대에 매장된 석유자원과 남극대륙의 전진기지로서의 전략적 가치는 아르헨티나 국민들의 관심을 끌 수 있는 중요한 요인으로 작용하였다. 또한 당시의 영국군은 이 섬에 80명의 수비대만 잔류시키고 있었고, 항공모함 아크 로얄호의 퇴역으로 영국의 즉각적인 반응은 없으리라는 오판을 하게 만들었다. 거기에다가 전통적인 아르헨티나의 남성우월주의 사고방식이 영국의 대처 수상을 과소평가하는 요인으로 작용되어 아르헨티나의 오판을 부채질하게 되었던 것이다.

한편, 영국은 아르헨티나군이 포클랜드섬을 점령하게 되자, 대영제국의 명예와 위신에 대한 심각한 모욕감과, 포클랜드섬의 포기로 야기될 키프로스섬과 같은 여타의 관할지역에 미칠 영향을 고려하여 한치의 땅도 타국의 무력침략 앞에 양보할 수 없다는 전 국민의 결의를 다지게 되었다. 이리하여 제2차대전 이후 가장 대규모의 함대를 파견하여 전쟁으로 대항하였다.

제 3 절 양국의 전쟁준비

1. 양국의 군사력 비교

구 분	영국 기동함대	아르헨티나
함 정	항 모 2 경순양함 2 구축함 5 프리기트함 7 상륙함 2	항 모 1 구축함 8 프리기트함 3 잠수함 3
항 공 기	씨 해리어 37 씨 킹헬기 40 기 타 22	미 라 즈 21 수퍼 에땅달 12 스카이 호크 68 기 타 114
미 사 일	엑조세 28기 외 178기 어뢰 48	엑조세 5기 외 114기 어뢰 66
지상전투력	해병대, 공정대 등 9,000명 스콜피온 전차 1개 대대 레피어 SAM 1개 대대	수비대 12,000명 전 차 15대 105미리 자주포, APC, SAM

2. 양국의 전략

당시 영국은 포클랜드섬이 계절적으로 6~8월에 동계기간이 되므로 동계이전에 전쟁을 종결시키는 것이 보다 유리할 것으로 판단하여 속전속결의 전략적 방침을 수립하였다. 반면, 아르헨티나는 영국군이 본국에서 멀리 떨어진 지역에서 작전을 수행해야하기 때문에 전투근무지원상의 난점과 동계기후의 적응에 어려움이 있으리라는 판단과 함께, 남미국가들의 정치·군사적 지원 및 각종 신형장비의 도입기간을 고려하여 장기 지구전을 전개하고자 하였다.

3. 영국군의 전투준비

영국군은 아르헨티나군이 포클랜드를 점령한 지 불과 3일 만에 전투 병력을 본토로부터 출발시켜야 했기 때문에 포클랜드의 기후나 기상에 적응하여 전투를 치를 수 있는 적응훈련이 되어있지 않은 상태였다. 물론 기타 전투준비도 제대로 갖추지 못한 실정이었다.

영국군은 이를 극복하기 위해 본토를 출발하는 1982년 4월 5일부터 상륙작전이 개시되기 직전까지 46일 동안 항해중인 함정에서 배 멀미와 추위를 견디어 가며 주·야간 전투훈련을 실시하였다. 전투에 투입되기 직전까지 함상에서 실시한 주요 훈련내용을 요약하면 다음과 같다.

(1) 전장 체험 훈련

실전을 체험해 보지 못한 병사들에게 전투라는 극한상황에서 전장심리로 야기될 수 있는 공포와 불안을 극복하는 적응능력을 배양하기 위해 함재기를 함정상공에 저공비행 시키고, 함정근처에 공중폭격을 가해 전투실상체험훈련을 실시하였다. 이로써 전장소음에 대한 적응 및 담력배양 훈련을 대신한 것이다.

(2) 사격술 훈련

사격술 능력을 향상하기 위해 함선 끝이나 해상에 표적을 설치해 놓고 개별 및 부대단위 실탄사격을 실시하였으며, 함재기를 적기로 가상하여 최신 지대공 및 함대공 장비에서 소화기에 이르기까지 대공사격훈련을 반복 실시하였다.

(3) 전술 훈련

함상이라는 제한된 공간 때문에 실제 병력을 이동시켜서 훈련을 할 수는 없었다. 따라서 헬기 탑승 및 줄사다리를 이용한 강하훈련과 소부대 단위 전술훈련을 실시하고, 그 이상 제대급의 훈련은 대대단위로 지휘관의 도상기동연습과 전투간 일어날 수 있는 상황조치훈련을 실시하였다.

(4) 포병 사격 훈련

포병 사격훈련은 해상에 가상표적을 선정하여 함포 및 야포의 요청과 화력유도훈련을 실시하였고, FDC 및 사수들은 관측장교의 요청에 의해 비사격훈련을 실시하였다.

(5) 전자전 수행 훈련

전자전 장비조작능력을 숙달시키기 위해 분야별로 적의 위치와 활동사항을 탐지하는 방법, 방해전파 발사방법, 전파 및 신호에 의해 적을 기만시키는 방법 등의 훈련을 실시하였다.

(6) 체력단련 훈련

한랭한 기후 및 기상에 적응할 수 있도록 하기 위해 단독 및 완전군장으로 구보, 집총체조, 총검술 훈련을 실시하면서 동계적응훈련을 병행 실시하였다.

4. 양국의 전투에 투입된 부대 및 규모

(1) 영국군

전투에 투입된 영국군은 기동부대지휘부 예하 5개 대대 4,500명에 불과하였으며, 제5보병여단 예하의 3개 대대 규모의 4,500명은 전쟁이 종료되기 직전 포트 스탠리 공격시에 투입되었다.

아르헨티나군은 지상군사령부 예하 제3해병여단 및 제10보병여단 예하의 총 8개 연대 12,000여 명이 투입되었다. 해군과 공군은 아르헨티나 본토에 기지를 두고 출격, 지상군을 지원하였다.

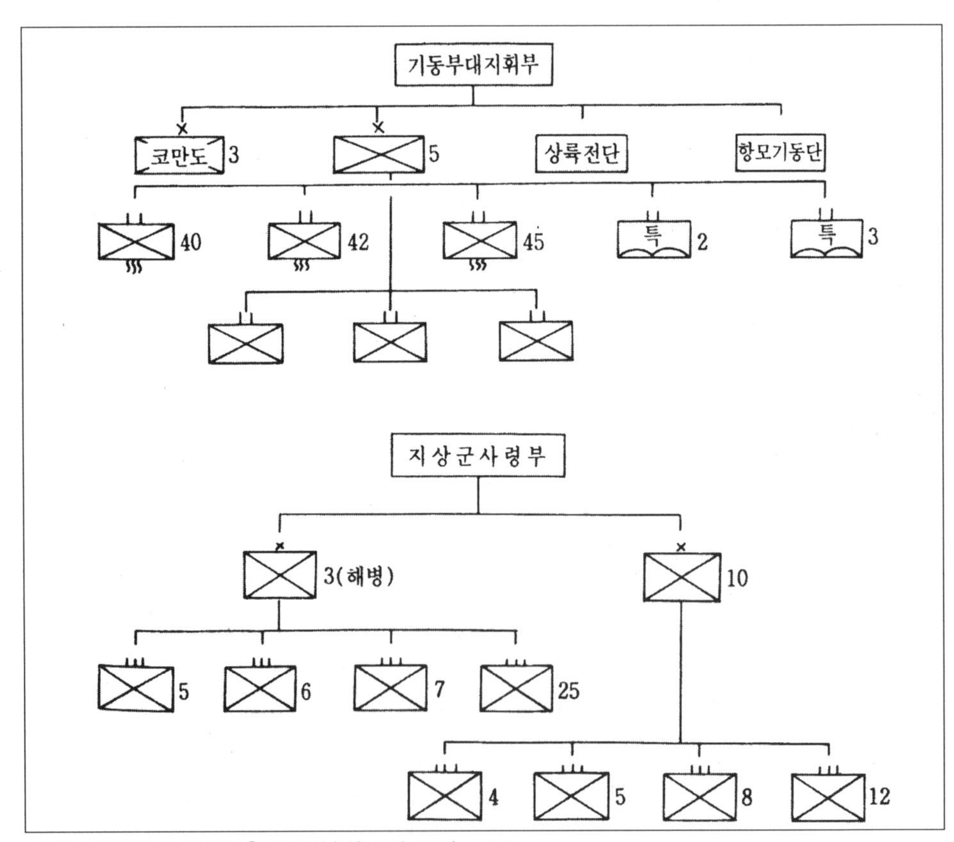

※ 출처: 육군사관학교 전사학과, 『세계전쟁사』(서울: 봉명, 2002), p. 599.

따라서 영국군의 투입병력보다 아르헨티나군이 수적으로 우세하였으며, 해 · 공군 면에서는 영국이 최신예 장비를 갖추고 있었다는 점에서 우세하였으나, 영국은 아프리카 남단의 영국령 아센션섬(포클랜드섬으로부터 동북으로 6,034km에 위치)에 기지를 두고 있었기 때문에 근거리의 본토로부터 해 · 공군의 지원과 군수지원을 받고 있던 아르헨티나군에 비해 상대적으로 불리한 입장에 있었다.

제4절 작전경과

1. 제1단계 : 발단 및 발전기(82.4.2~4.30)

(1) 아르헨티나군의 침공

포클랜드섬에 대한 아르헨티나군의 침공은 1982년 4월 2일 금요일 이른 아침, 1척의 항모와 3척의 유도탄 적재함 및 기타 전함의 지원 아래 2,500명의 지상군이 포트 스탠리에 상륙함으로써 시작되었다. 당시 포클랜드에는 불과 84명의 해병으로 구성된 영국 수비대가 주둔하고 있었을 뿐이었다.

첫날 전투에서 포트 스탠리에 주둔하고 있던 영국군 해병들은 취침 중에 기습을 당했으나, 3시간 동안 저항한 결과 한 명의 병력 손실도 없이 오히려 아르헨티나군에 전사 15명과 부상 17명의 손실을 입힌 후, 주민의 안전을 우려하여 마침내 항복하였다. 이들은 포클랜드로부터 추방되어 우루과이를 거쳐 영국으로 송환되었다.

다음날인 4월 3일에는 아르헨티나군이 22명의 영국군 해병이 주둔하고 있던 남죠지아섬의 그랜트비켄에 상륙하자 7시간의 전투 끝에 영국군은 결국 항복하였으나 아르헨티나군만 3명의 전사자와 1대의 헬기, 1척의 코비트함 손실이 있었을 뿐 영국군의 손실은 없었다.

(2) 영국의 대응

영국의 외교적인 노력에 의해 4월 3일 UN 안보회의가 개최되어, 10개국이 아르헨티나를 침략자로 규정하는 제502호의 결의사항을 채택하고 즉각적인 철수를 요구하였다. 그러나 이러한 결정이 아르헨티나에 의해 무시되자, 이후 유럽경제공동체국가들이 아르헨티나의 행동을 규탄하여 경제제재조치와 함께 무기 수출을 금지시킴으로써 아르헨티나는 커다란 타격을 입게 되었다. 특히 영국의 확실한 동맹국이었던 미국이 지지하고 나섬으로써 기타 국가들에 미친 영향이 지대하였다.

영국내 여론은 1940년 나찌-파시스트 동맹에 대항해 싸울 때와 같이 강력한 지지를 나타내었다. 당시 여론조사에 의하면 83%가 포클랜드의 탈환을 지지하였고, 53%가 무력사용에 찬성하였다. 이러한 지지를 배경으로 대처 수상의 태도가 급속히 강경해져, 4월 5일에는 경항공모함 2척과 28척의 전함이 포츠머스를 출항하게 되었다. 이후 대서양에서 구축함, 프리기트함 및 보급선이 합세하여 60척 이상의 함대를 이루었다. 4월 12일 갈티에르의 호언에도 불구하고 영국은 포클랜드 주변의 해안 봉쇄를 선언하였고, 4월 14일에는 해병 1,000명과 항공기 20대가 증파되었다.

(3) 초기전투 경과

4월 5일 영국군 대규모 함대의 본토 출항과 동시에 대두된 가장 큰 난점은 13,000여km의 원정작전을 수행하기 위한 군수지원문제였다. 영국군은 군수지원거리의 단축을 위해 아프리카 서측 끝에 위치한 영국령 아센션섬을 중간보급기지와 전략폭격기의 비행장으로 활용하였다.

한편, 상륙작전시 해군기지로 활용할 수 있도록 남조지아섬(포클랜드로부터 1,610km 이격)을 확보하기 위해 1982년 4월 25일 1개 대대 규모의 특수임무부대를 해상으로 투입하여 아르헨티나 수비군 약 1개 중대를 2시간 만에 격멸하고, 이를 확보하였다. 이 작전에서 영국군의 기습상륙으로 아르헨티나군 156명과 민간인 38명이 포로가 되었으며, 영국군은 1명이 부상하였을 뿐이다. 같은 날, 영국의 해군 헬기가 아르헨티나 잠수함 산타페호를 발견하여 공격함으로써 격침시켰다.

2. 제2단계 : 제공 · 제해권 쟁탈기(5.1~20)

당시 공군은 성능 면에서 헤리어기를 포함한 최신예 비행기를 갖추고 있던 영국이 미라즈기를 갖추고 있던 아르헨티나보다 우세한 입장에 있었으나, 아르헨티나가 본토기지에서 출격하여 단시간 내에 포클랜드 상공에서 작전을 할 수 있는 유리한 위치에 있었다.

그러나, 5월 1일 영국은 6,798km나 떨어진 아센션섬 기지에서 출격한 델타익형의 발칸 장거리 항속기를 이용하여 포트 스탠리의 활주로를 공격하였다. 발칸기는 이동간 공중급유를 통해 목표지역까지 이동하여 비행장 파괴용 신형폭탄 JP233을 투하함으로써 비행장을 파괴할 수 있었다. 발칸기가 공격한 지 3시간 후에 항모에 탑재된 헤리어기가 포트 스탠리 공항 및 구스그린 근처의 잔디 비행장까지 폭격하였다. 공중공격과 함께 영국의 전함은 공항과 연료 저장소에 포격을 가함으로써 포클랜드에 진주한 9,000명의 아르헨티나군은 포클랜드에 상륙한 병력에 대한 재보급능력을 사실상 상실하였다.

5월 3일에는 영국의 핵 잠수함 컨쿼러(Conqueror)호의 타이거피쉬(Tigerfish) 어뢰(길이 21feet, 무게 3,400 pound, 60 mile/h, 사정거리 20 mile)의 공격으로 아르헨티나 순양함 제너럴 벨그라노호가 격침되었다. 그러나 5월 4일에는 포클랜드 서쪽70마일 해상에 있던 영국의 쉐필드호가 프랑스제 수퍼 에땅달(Super Atentard)기에서 발사된 엑조세(Exocet) 미사일의 공격을 받아 격침되었다.

5월 13일 서포클랜드의 북부에 있는 페블(Pebble)섬에 대한 기습상륙작전이 개시되었다. 당시 페블섬의 잔디 활주로에는 수대의 아르헨티나 항공기가 배치되어 있어서, 영국군이 상륙한다면, 후방에서 영국군을 공격할 위험성과, 이 지역에 탄약집적소, 연료저장소 및 퍼스트산(900 피이트)정상의 레이더 기지가 있었기 때문에 좋은 공격목표가 되었다.

이 작전을 위해 영국군은 먼저 5월 11일 야간을 통해 8명의 특공대원을 카누에 태워 상륙시키려 하였으나, 해상의 높은 파고로 인해 13일에야 페블섬에 상륙하여 섬에 대한 정찰 임무와 함께 헬리콥터로 후속될 본대의 거점을 마련하기 위한 작전을 실시할 수 있었다. 14일 밤까지는 착륙지점을 설정하였고, 15일 밤 4명 1개조로 편성된 48명의 특수공정대원과 함포사격의 관측조인 1명의 해군 연락장교 및 무선기사가 강습투하 되었다. 함포사격과 함께 특공조가 활주로, 탄약 및 유류집적소를 습격함으로써 30분 만에 작전이 종료되었다. 작전결과 아르헨티나군의 11대 항공기 및 레이더 기지, 탄약 및 유류집적소가 완전히 파괴되었다.

이렇게 영국의 해상특공조가 페블 섬에 기습상륙함으로써 영국이 제공 및 제해권을 장악하고 전장에서 주도권을 결정적으로 확보할 수 있게 되었다.

3. 제3단계 : 상륙 및 탈환 작전기(5.21~6.14)

(1) 산 카를로스 상륙작전

5월 20일 04 : 00시 영국은 미국에 제공해 오던 남태평양에서의 영국과 아르헨티나의 전함 위치에 대한 정보제공을 중단하고 상륙작전준비에 만전을 기했다.

영국군의 예상 상륙지점인 산 카를로스 항구는 공정부대들의 관측보고에 의하면 불과 120

여명의 아르헨티나군이 방어하고 있었으며, 다른 정박지와는 달리 아르헨티나군의 엑조세 미사일로부터 완전히 방호될 수 있다는 지형적 이점이 있었다.

산 카를로스 지역에 상륙하기 위하여 영국의 상륙함대는 5월 20일 포클랜드 북동쪽에서 함대군으로부터 분리하였다. 상륙군을 실은 강습용 상륙공격함 피어리스(Fearless)함과 인터피드(Interpid)함은 각각 700명의 해병과 공수요원들을 싣고, 40여 척의 프리기트함과 구축함의 보호를 받으면서 서진하였다. 이와 함께 헤리어기가 교란작전을 수행하기 위해 포트 스탠리와 구스그린, 폭스 베이에 있는 아르헨티나의 진지를 폭격하고, 기타 전함들은 포트 스탠리에 대한 집중공격을 가했다.

21일 새벽 04 : 00시에 영국의 해병대 및 제40, 42, 45특공대와 제2, 3공수대대는 16대의 상륙정에 올라 06 : 30경에는 구축함과 프리기트함의 호송을 받으며 상륙해안으로 진격하였

상륙작전과 포트 스탠리로의 진격(1982. 5. 20~29)

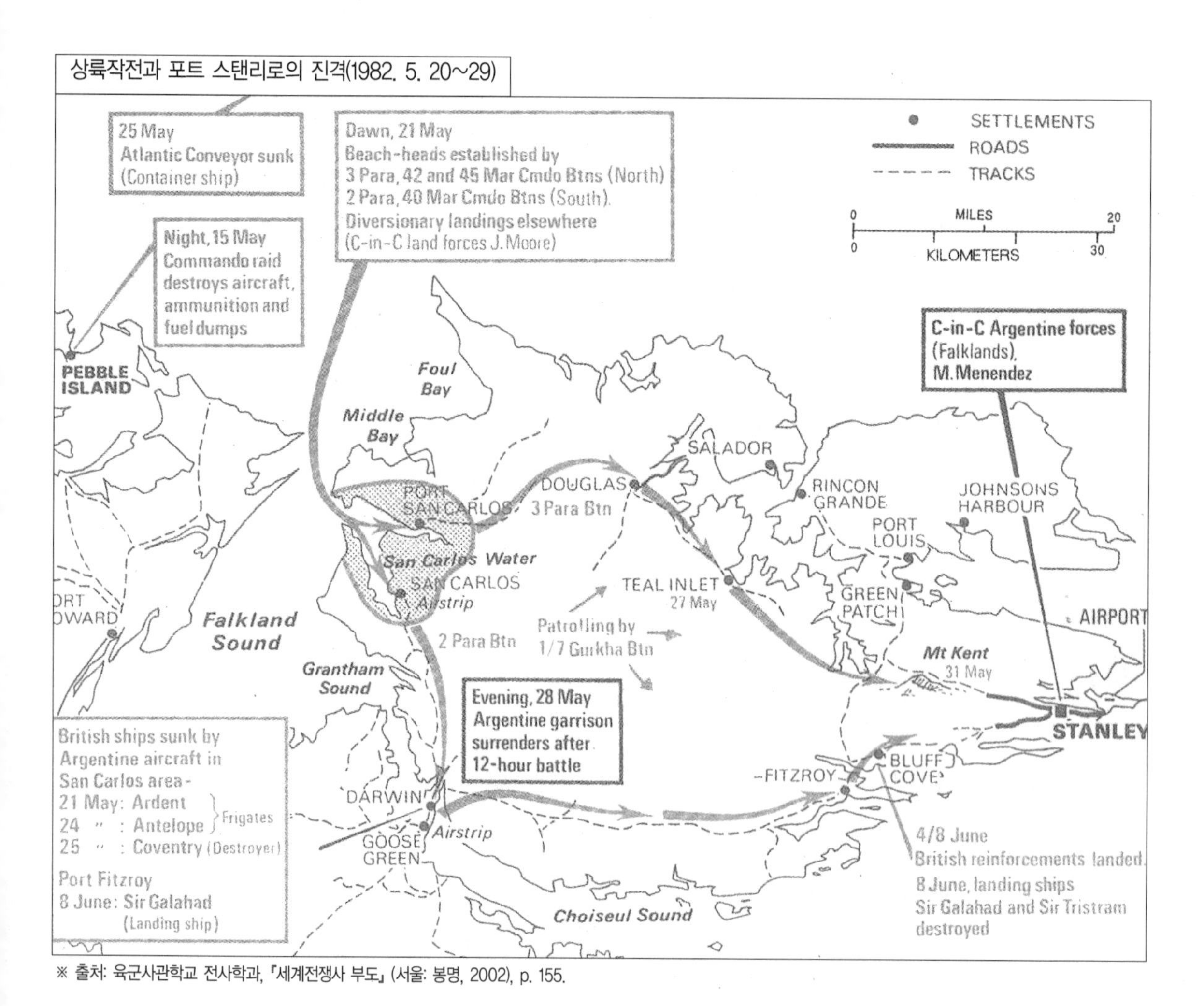

※ 출처: 육군사관학교 전사학과, 『세계전쟁사 부도』 (서울: 봉명, 2002), p. 155.

다. 상륙정은 상륙지점인 패닝 항구, 샌드 베이, 산 카롤르스 정박지, 그리고 아젝스 베이에 정확히 상륙하여 교두보를 확보하였다.

공중폭격과 지상군이 보조를 맞추고 있는 사이에 아르헨티나 푸카라 전투기들이 저공으로 공격하여 영국 공군과 전함을 공격하였으나, 피해를 주지 못한 채 대공사격을 받고 도주하였다. 이어 16대의 스카이호크기와 미라즈기가 공격하여 영국 전함 아덴트호가 폭파되었다. 이리하여 170명의 승무원 중 24명이 전사하고 30명이 부상당했다. 그러나 아르헨티나 공군기는 40여 차례의 공습 중에 영국의 헤리어기에 의해 미라즈 9대, 스카이 호크기 5대, 푸카라 전투기 2대, 헬기 4대, 기타 8대의 항공기가 격추되는 피해를 입었다.

당시 상륙한 4,500명의 영국군은 4~6일간의 보급품을 준비하였으나, 아르헨티나군은 36시간 동안 교두보를 확보한 영국군을 공격하지 않아 병참선이 그대로 유지될 수 있었다. 이는 아르헨티나 지휘관들의 경험부족에서 발생된 소치로 평가되고 있다.

(2) 내륙으로의 진격작전

5월 27일까지 교두보 확보를 완료한 영국군은 이제 내륙으로 진격하여 최종목표인 포트 스탠리를 탈환하기 위한 작전에 들어가게 되었다. 당시 아르헨티나의 지휘관이었던 메넨데즈 장군은 영국이 전통적인 협공방법을 사용하여 접근할 것으로 판단, 한 팀은 북에서 틸만-더글라스-켄트산을 경유하여 동쪽으로, 다른 한 팀은 남쪽에서 구스그린-다윈-피츠로이-브러프 코브를 경유하여 최종적으로 포트 스탠리에 진격할 것으로 판단하였다. 이러한 정보판단은 거의 정확했다.

따라서 아르헨티나군은 산 카를로스에서 포트 스탠리에 이르는 켄트산, 자매산, 텀블다운산 등 첩첩이 가로놓인 산악지형을 이용하여 종심 깊은 방어진지를 편성하였다. 특히, 영국군의 스탠리항 공격시 후방위협이 가능하고, 비행장 방호에 유리한 지역인 다윈 및 구스그린 지역에 병력을 집중 배치하도록 하였다.

이리하여 5월 27일부터 영국군이 진격함에 따라, 5월 28일 다윈 및 구스그린 지역에서의 전투, 6월 12일과 13일 최종목표인 포트 스탠리항 공격시 벌어진 롱돈산 및 텀블다운산 지역에서의 야간전투, 그리고 최종적으로 6월 14일에 포트 스탠리에서 아르헨티나군이 항복함으로써 포클랜드 전쟁은 종결되게 되었다.

이러한 기간 동안에 치루어진 주요전투의 경과를 살펴보면 다음과 같다.

(가) 다윈 및 구스그린 전투

1) 개요

작전기간 : 1982.5.28~5.29

양군의 전투력 비교

- 아르헨티나군 : 1개 연대(제12연대)
- 영　국　군 : 1개 대대(제2공수대대)

2) 작전지역 분석

이 지역은 산 카를로스 남방, 포트 스탠리 서남방에 위치한 곳으로 해발 50~100m의 구릉지대에 낮은 고지군이 산재되어 있었으나, 산림 또는 암반지대가 없는 초지였다.

작전기간중 낮은 구름 및 강풍을 동반한 기상의 영향으로 관측이 제한되어 포병 및 함포지원보다는 60밀리, 81밀리 박격포와 같은 근거리 지원사격이 보다 효과적이었다.

당시 포트 스탠리 비행장과 페블섬 비행장이 영국군의 공습 및 특공대의 기습으로 이미 기능이 마비된 상태였으나, 구스그린 비행장과 2개의 항만시설(구스그린항, 다윈항)은 양국군이 공히 증원부대의 상륙과 병참지원에 필요한 지역이었다. 특히 영국의 지상군이 산 카를로스로부터 포트 스탠리 방향으로 공격시 측후방을 위협할 수 있는 전략적 가치를 지닌 지역이었다.

3) 작전경과

당시 아르헨티나군의 방어계획은 다윈고지와 보카고지를 연하는 선에서 영국군의 공격을 저지, 격멸하고, 구스그린 비행장과 2개의 항만시설을 확보하는데 두었다. 이를 위해 아르헨티나군은 보병 제12연대를 이 부근의 주요 고지군을 중심으로 중대 및 소대 단위로 구분하여 6km에 걸친 종심다중방어진지를 구축하였다. 또한 유일한 지원화력인 105밀리 1개 포대는 구스그린 지역에서 일반지원토록 계획하였다.

한편, 영국군의 공격계획은 제2공정대대가 5월 28일 02 : 00시를 기해 공격을 개시, 제1단계로 다윈 및 보카고지를 탈취하고, 제2단계로 구스그린 비행장 및 구스그린항을 탈취하는데 목표를 두었다.

이리하여 영국군 제1공정대대는 제1단계 목표인 다윈 및 보카고지 일대를 탈취하기 위해 5월 28일 02 : 00시에 공격을 개시하였다.

당시 영국군은 강한 돌풍과 낮은 구름으로 인해 시계가 제한되어 함포사격 및 공중지원을 받을 수 없었던 반면, 아르헨티나군은 야포를 포함한 화력지원이 원활하여 예상외로 아르헨티나군의 방어가 완강하였다.

따라서 영국군은 다윈고지 전방에서 아르헨티나군의 각종 화력에 의하여 공격이 저지되고, 지휘하던 대대장은 아르헨티나군의 기관총진지를 폭파하기 위해 특공조를 편성하여 진두지휘를 하다가 전사하였다. 또한 대대부관, 중대 부중대장 등 수명의 사상자가 발생하였다.

대대의 지휘권이 부대대장에게 이양되면서, 대대 예비중대를 목표의 측방으로 투입하여 다윈고지의 측후방이 노출되게 되자, 완강하던 아르헨티나군의 방어진지가 붕괴되기 시작하였다. 마침내 영국군은 제1단계 목표인 다윈항-다윈고지-보카고지를 연하는 선을 확보하고, 제2단계 목표를 확보하기 위해 2개 중대를 구스그린 비행장의 후사면으로 공격시키자, 아르헨티나군은 완전히 포위되었다. 이때, 아르헨티나군의 지휘부에서는 구스그린 지역에 고립된 병력을 구출하기 위해 수륙양면작전으로 철수시킬 계획을 수립하였으나, 이미 제해권 및 제공권이 상실된 상태였기 때문에 해상철수로 인하여 더 많은 희생자가 발생될 것으로 판단하여 계획을 취소시키고 말았다.

이에 영국군은 지역내 주민의 안전을 고려하여 무차별 포격을 제한하고 포위망을 점차 압축시켜 가면서 전단 살포 및 방송을 통해 아르헨티나군의 항복을 종용하게 되자, 아르헨티나군이 5월 29일 14 : 00시에 항복함으로써 다윈 및 구스그린 전투는 종료되게 되었다.

(나) 롱돈산 및 텀블다운산 전투

1) 개요

작전기간 : 6.11~6.14

전투력 비교

- 아르헨티나군 : 2개 여단(-1)
- 영 국 군 : 2개 여단

2) 작전지역 분석

켄트산(Mt. Kent: 1504고지), 자매산(Mt. Two Sisters: 1080고지), 텀블다운산(Mt. Tumbledown: 750고지) 등은 포트 스탠리항에 이르는 2개의 기동로를 관제, 관측할 수 있는 곳이었다. 평균 500m~1,000m의 고지군이 중첩되어 있는 산악지형으로 수목이 없으며, 7부 능선 이상의 고지정상 일대에는 석영암석으로 형성되어 있었다.

3) 작전경과

당시 아르헨티나군은 2개 여단(-)으로 주요 고지군이 연결된 산악지형에 종심다중방어진지를 편성하여 축차적인 방어를 실시할 계획이었다. 이중 롱돈산은 포트 스탠리항에 이르는 기동로를 통제할 수 있는 가장 유리한 위치에 있어, 1개 중대 규모로 전면방어진지를 편성하고, 텀블다운산은 암석과 바위지대를 이용하여 스스로 난공불락의 요새로 호언장담할 정도로 강력한 방어진지를 구축하고 있었다. 아르헨티나군은 이 지역들은 고수함으로써 본토로부터 증원군 및 최신장비가 도착할 때까지 최대한 시간을 획득한다는 개념이었다.

한편, 영국군은 아르헨티나군이 약 2개월 동안 산악지형을 이용하여 방어진지를 구축하고 있었기 때문에 주간공격이 어려울 것으로 판단하였다. 따라서 주간에는 적과 접촉을 유지하기 위해 화력으로서 아르헨티나군의 방어진지를 고착시키고, 야간에 공격을 실시한다는 계획을 수립하였다.

제1단계 작전으로 제3코만도 여단의 여단장 책임 하에 롱돈산, 자매산, 하리엣산 등을 탈취하고, 이어 제2단계 작전으로 영국본토에서 새로 증원될 제5보병 여단을 초월 공격시켜 텀블다운산 및 와이어렛산을 확보한 후, 제3코만도 여단 및 제5보병 여단의 협조된 공격으로 마지막 포트 스탠리항을 포위 압축함으로써 아르헨티나군을 항복시키겠다는 개념이었다.

가) 롱돈산 전투

아르헨티나군은 7연대 1개 중대가 고지의 7~8부 능선(해발 4~500m)암석지대를 이용하여 전면방어진지를 편성하고, 주요접근로에 기관총 및 배속된 81밀리 박격포 1개 소대를 반단위로 전방 소총소대를 직접 지원하도록 계획하였다. 기타 지원포병은 텀블다운산 후사면에 위치하여 사전에 제원기록사격을 완료하였다.

한편, 영국군은 아르헨티나군의 강력한 방어준비를 감안하여 주간공격을 회피하고, 1개 공정대대 병력으로 야간공격을 실시한다는 계획을 수립하였다. 이에 따라 영국군 제3공정대대는 각 중대를 이끌고 서로 상이한 방향에서 공격하였다.

A중대는 6월 11일 22 : 30에 기도비닉을 유지하면서 아르헨티나군의 방어진지에 접근하여 일제히 백병전을 전개하였다. 이때 아르헨티나군 중대장이 남쪽의 2개 분대 규모의 병력을 투

영국군 최종공세(1982. 5. 31~6. 14)

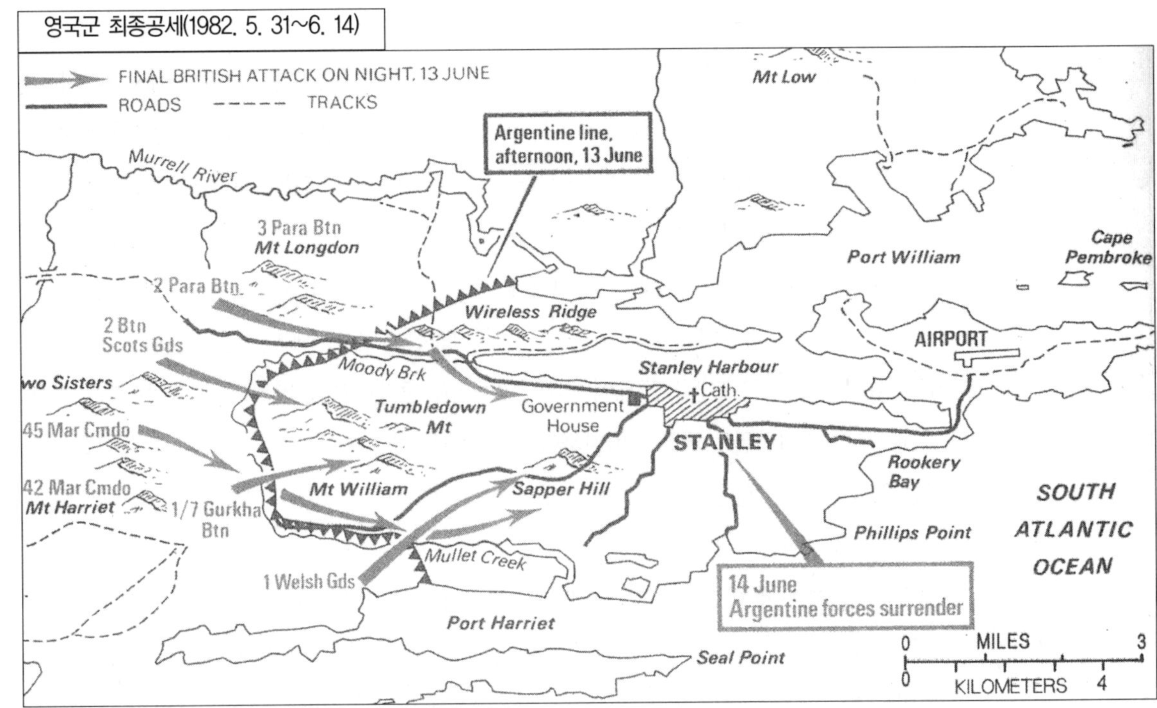

※ 출처: 육군사관학교 전사학과, 『세계전쟁사 부도』 (서울: 봉명, 2002), p. 156.

입하여 역습을 실시하였으나, 오히려 영국군에 의해 후방이 차단되었다.

C중대는 6월 12일 새벽 03 : 00시에 롱돈산 북쪽지역의 완만한 경사지를 이용하여 포병의 지원을 받으며 공격을 실시하였다. 아르헨티나군은 기관총 및 포병화력을 집중하여 비교적 완강하게 저항하였으나, 영국군이 서쪽에서 백병전을 실시하고, 북쪽에서 여명공격을 실시하여 아르헨티나군을 고착시킨 뒤에, 대대(-2)가 05 : 00경에 서 측방 후사면으로 침투하여 기습적으로 공격함으로써 아르헨티나군의 방어진지가 붕괴되기 시작하였다. 아르헨티나군은 후방에 있던 1개 중대로 역습을 시도하였지만, 이미 영국군에 의해 붕괴된 상태였기 때문에 역습에 실패하였다.

결국 아르헨티나군의 방어병력 278명중 78명만이 차후 방어선으로 철수할 수 있었고, 잔여 인원은 전사하거나 포로가 되었다. 야간전투개시 10시간 만에 롱돈산은 영국군에 의해 장악되었다.

그러나, 영국군이 목표탈취 후에 역습에 대비한 진지보강 및 재편성을 실시하였으나, 진지구축상태의 미흡으로 아르헨티나군의 집중포격에 목표탈취를 위한 야간전투 때보다 더 많은 피해를 입게 되었다.

나) 텀블다운산 전투

텀블다운산(775고지)은 스탠리항에 이르는 2개의 기동로를 통제할 수 있는 감제고지일 뿐만 아니라, 스탠리항으로부터 약 7km 거리에 있었기 때문에 맑은 날씨에는 스탠리항에 이르는 모든 차량 및 함정의 이동과 부대배치를 관측할 수 있는 곳이었다. 따라서 전쟁승패의 관건이 될 수 있는 전술적 가치를 지닌 매우 중요한 고지였다.

아르헨티나군은 6월 12일 야간전투에서 롱돈산, 자매산, 해리엇산 등 주요 고지군을 피탈당한 후, 스스로 난공불락의 요새로 불렀던 텀블다운산에 해병 1개 대대를 배치하였다. 그 중 1개 소대를 주요 접근로에 전진 배치하여 방어종심을 증가시키고, 남북으로 연하는 주요 능선 및 소하천에 중대단위로 병력을 배치하여 방어진지를 보강하는 한편, 모든 포병은 포트 스탠리항 외곽에서 텀블다운산 방향으로 포구를 지향하여 영국군에게 최대한의 피해를 줄 수 있도록 결전을 준비하고 있었다.

영국군은 제1단계 야간공격 작전에서 성공을 거둔 제3코만도 여단을 재편성한 후 적과 접촉을 유지토록 하고, 제2단계 작전인 와이어렛산, 텀블다운산, 윌리엄산에 대한 공격은 제5보병 여단으로 하여금 제3코만도 여단을 초월공격토록 하였다. 이에 제5보병 여단은 스코틀랜드대대로 하여금 텀블다운산 공격을 담당케 하여 2개 중대를 조공으로 방어진지정면을 공격시키고, 1개 중대로 방어병력을 고착시키기 위해 텀블다운산의 남 측방을 우회 침투시켜 측·후방에서 기습공격토록 하였다. 특히, 각 중대별 공격개시시간을 각각 상이하게 하여 기만 및 기습의 효과를 달성하고자 하였다.

이리하여 6월 13일 22 : 00경 야포 등을 포함한 공격준비사격을 실시한 후, 22 : 30에 1개 중대가 유조명지원 하에 주간화 공격으로 방어진지에 접근해 갔으나, 아르헨티나군의 집중화력에 전진이 저지되었다. 한편, 전방공격의 또 다른 1개 중대가 다음날 02 : 30에 중앙에서 공격을 개시하여 방어진지 전방 목표지역에 배치되어 있던 1개 소대 방어진지를 기습적으로 공격하여 탈취하였다.

아르헨티나군은 방어정면 전방의 1개 소대가 붕괴되자 예비중대를 투입하여 역습을 실시하였으나, 이미 전방소대 방어진지가 붕괴되어 병력이 철수하고 있었기 때문에 역습에 실패하였을 뿐만 아니라, 침투한 영국군 병력에 후방이 차단되어 역습병력이 분산, 퇴각하는 결과를 가져왔다. 이렇게 되자 아르헨티나군은 각 중대별로 담당지역에 대해 책임을 지고 고수하도록 명령을 하달하였다.

한편, 전방소대에 대한 공격에 성공한 영국군은 주방어진지를 일부병력이 견제하고, 나머지 병력은 야간침투식 공격으로 방어부대를 위협하였다. 스코틀랜드 대대(-2)는 텀블다운산과 윌리엄산의 중간지점에서 방어부대간의 간격으로 침투하여 텀블다운산의 측·후방을 기습적으로 공격하였다. 전방지역에만 관심을 집중하고 있던 아르헨티나군은 후방을 기습당하여 전방과 후방이 동시에 위협을 받게 되었다.

따라서 텀블다운산만은 여하한 일이 있더라도 고수하겠다던 아르헨티나군내에 심리적 동요가 일어나기 시작하였다. 순식간에 전장공포심리가 전파되면서 아르헨티나군은 개인화기조차 버리고 진지를 이탈하는 자가 속출하기 시작하였다. 전투를 지휘하던 아르헨티나군의 메넨데즈(Menendez) 장군은 모든 화기와 탄약을 버리고 철수하는 병력을 수습, 전열을 재정비하려 하였으나, 사기가 극도로 저하된 병력들을 더 이상 통제할 수 없었다. 아르헨티나군 스스로가 난공불락의 요새라고 호언장담하던 텀블다운산 진지는 6월 14일 06 : 30에 무너졌다. 최후의 방어진지가 무너진 아르헨티나군은 스탠리항을 향해 무질서하게 철수하기 시작하였다.

영국군은 공격기세를 유지하여 추격함과 동시에 스탠리항에 이르는 모든 통로를 봉쇄하고 포위망을 압축해 갔으며, 해군도 함포사격과 전투기공격을 가함으로써 1982년 6월 14일 09 : 00시 부로 아르헨티나군은 완전히 항복하게 되었다. 이리하여 약 2개월간의 포클랜드 전쟁은 영국군의 승리로 끝을 맺게 된 것이다.

제5절 전쟁결과

전쟁결과 영국군은 전사 256명, 부상 2,600명, 함정 17척, 항공기 21대의 손실로 총 22억불의 전비가 소모되었다. 한편, 아르헨티나군은 전사 670명, 부상 994명, 기타 생존자 전원인 10,951명이 포로가 되었으며, 함정 11척(잠수함 1척 포함) 및 항공기 100대의 손실로 총 60억불이라는 막대한 액수의 전비를 소모하였다.

구 분	인 명 피 해(명)				함정손실	항공기손실
	전 사	부 상	포 로	계		
영 국 군	256	2,600	·	2,856	17	21
아르헨티나군	670	994	10,951	12,615	11	100

이와 같이 단기간의 전쟁에 많은 인명손실과 최신의 함정 및 항공기가 파괴된 것은 레이더 유도무기, 컴퓨터화된 미사일 등 고도로 과학화된 현대전의 양상이 가져 온 결과임을 보여주고 있다.

제6절 교훈 분석

포클랜드 전쟁은 정치적 측면이나 군사적 측면에서 장차전의 양상을 예측하는데 많은 교훈을 남긴 전례이다. 전쟁의 성격 면에서도 기타의 다른 현대전과는 달리 특이한 면을 보여주고 있다. 이 전쟁의 성격을 요약하면 아래와 같다.

정치적 성격	군사적 성격
· 비공산권내 블록 대립	· 무기수출국간의 간접전쟁
· 선진국 : 개발도상국 대립	· 속전속결전략과 지구전전략
· 구식민제국 : 신생독립국가 대립	· 해공군병참선의 확보가 작전성패의 관건
· 영어권 : 스페인어권 대립	· 현대식 해상 및 공중전과 재래식 지상전투
	· 소규모특공과 대규모군 대결

포클랜드 전쟁은 분쟁의 평화적 해결을 위한 국제기구의 노력이 무력함을 입증하였으며, 오판에 의한 전쟁발발의 가능성과 전쟁 억지력의 중요성을 다시 한번 일깨워준 전쟁이었다. 현대전이라 하더라도 전통적인 전쟁요소와 현대적인 전쟁요소가 배합되어 운용됨을 보여 주었고, 정치 · 외교적인 노력이 전쟁의 전투행위와 함께 적절히 조화되어야만 전쟁에서 승리할 수 있음을 보여준 전쟁이기도 하다.

한편, 현대적 무기가 아무리 발전하더라도 전쟁의 수행은 인간이 주체가 되고 있음을 보여 준 전쟁으로, 전쟁의 종결은 결국 보병에 의해 쟁취되었음을 볼 때, 우리군의 핵심을 이루고 있는 보병들의 평소 훈련과 전략, 전술적 발전 노력이 장차 전쟁에서 결정적인 역할을 수행할 것임을 다시 한번 인식해야 할 것이다.

제5장 이란-이라크(Iran-Iraq) 전쟁

제1절 서 론

1980년 9월 이라크의 공격으로 시작된 이란-이라크전쟁은 전투력이 우세한 이라크의 승리로 단기전이 될 것이라는 대부분의 예상을 뒤엎고 양측 모두 전쟁목적을 달성하지 못하고 국력만 소진한 채 1988년 8월 20일까지 약 8년 가까이 지속되었다. 이란의 약화된 군사력이 이라크의 강력한 군사력에 의해 와해될 것이며, 페르시아만[3]지역 내에서 사담 후세인(Saddam Hussein) 대통령이 새로운 강력한 지도자로 부각될 것으로 예측하였다. 그러나 이러한 예측은 빗나갔으며, 오히려 전쟁기간과 규모, 전쟁피해 측면에서 볼 때 제2차 세계대전 이후 제3세계 국가들 간에 일어났던 전쟁 중에서 가장 치열한 전쟁 중의 하나로 기록되었으며, 또한 "가장 실패한 전쟁"이라는 평가를 듣게 되었다.

이란-이라크 전쟁이 8년간이나 장기소모전으로 지속되고, 결정적인 승자 없이 끝난 이유는 여러 가지이다. 미국, 소련 등의 강대국은 물론 주변 국가들도 전략적으로 어느 한 나라의 일방적인 승리로 지역 세력균형이 붕괴되는 것을 원치 않았다. 전쟁이 수행되는 과정에서 이념적 대립의 심화, 양국 국민들 간의 적대감 고조, 지역내 국가 및 강대국들의 전쟁물자 지원 또한 전쟁의 소모전적인 장기화를 촉진시켰다. 그러나 다른 무엇보다도 전쟁초기의 군사작전 실패가 전쟁이 실패하게 된 가장 큰 원인이 되었다.

제2절 전쟁의 배경과 원인

1. 전쟁의 역사적 배경

이란-이라크 전쟁의 연원은 아랍인과 페르시아인 사이에 1000년 동안 누적된 민족 감정의 대립과 이슬람교의 수니(Sunny)파와 시아(Shiah)파간의 종파간의 대립에 있다.

A.D. 636년에 페르시아는 이슬람 · 아랍군과의 칼디시아 싸움에서 아랍에게 정복되어 이슬람교로 개종 당했다. 16세기 초에 이란의 사파위 왕조(Safavids : 1501~1732년)는 소수종파였던 시아파를 국교로 인정했기 때문에 시아파는 다수종파인 수니파의 다른 이슬람세계로부터, 종교상의 문제만의 아니고 정치적 · 경제적 체제에서도 분리될 경향이 있어왔다.

20세기에 들어와서 이란 민족주의 운동과 아랍 민족주의 운동의 대립은 이란-이라크의 분리를 더욱 촉진시키게 되었다. 이란이 중앙집권화 정책으로 서양화시킨다는 야심적인 "백색혁명(白色革命)"을 시작했을 때에 이라크는 아랍사회주의의 입장에서 범아랍주의 정책을 추진하고 있었다. 이런 가운데 최초 문제가 되었던 것이 양국의 국경을 흐르는 샤트 · 알 · 아랍 수로의 소유권 문제였다. 이 강의 귀속을 둘러싼 분쟁은 오랜 옛날 오스만 투르크와 페르시아

3) 아랍진영에서는 아랍만으로 부른다.

제국 시대부터 계속되어 왔었는데, 우여곡절을 거쳐 1937년에 강의 동안을 국경으로 하는 조약이 체결되어 이라크가 이 수로의 영유권을 행사할 수 있게 되었으나, 이란은 국제법의 관례를 들어 수로의 협곡선(Thalweg : 강의 가장 깊은 곳)을 국경선으로 정하고자 노력하였다. 이러한 이란의 시도는 당시 중동지역의 지배권을 행사하고 있던 영국이 이라크 측을 지지함으로써 실패하였다. 그 후 양국은 수로문제로 수차례에 걸쳐 충돌하여 왔다. 그러나 심각한 군사적인 충돌은 없었다. 이란이 군사적 측면에서 이라크에 비해 열세한 상태에 있어 수로의 영유권을 적극적으로 주장할 수 없었고, 이라크로서는 이집트의 낫세르(Nasser)의 세력 확장에 대응하여 이란과의 협력 필요성을 인식하였기 때문이었다.

1968년 지역에서 영국군의 철수선언과 함께 수로의 영유권 문제가 다시 심각히 제기되었다. 1969년 4월 15일 이라크 정부는 이란에 대해 이 수로가 이라크의 영토이므로 이란의 모든 선박들은 수로 내에서 이란 깃발을 달지 못하며 이란 해군의 출입을 금지한다는 내용의 경고문을 보냈다. 이란의 팔레비 정권은 보복조치로서 1937년의 국경협정을 일방적으로 파기하고 이라크의 이란선박에 대한 간섭행위는 무력충돌을 야기할 것이라고 경고하였다. 그리고 팔레비 정권은 그 능력을 과시하기 위해 1969년 4월 2일 해 · 공군력의 엄호 하에 이란 깃발을 게양한 채 선박들을 수로에 항해시켰다.

그러나, 이라크 정부는 이러한 이란의 강경조치에 대해 아무런 대응도 하지 못하였다. 이전까지만 해도, 이라크는 대이란 군사우위를 토대로 강한 입장을 견지할 수가 있었으나, 잦은 정권교체로 인한 정치적 불안정은 이라크로 하여금 대외문제에 효과적으로 대응할 수 없도록 하였다. 특히, 이라크군은 국내의 쿠르드(Kurd)족과 대결하고 있었으며, 시리아 · 요르단과 함께 대이스라엘 동부전선을 구축하기 위해 많은 병력이 투입되고 있어 이란에 대한 군사력 행사가 불가능한 상태였다. 이에 비해 이란은 많은 군사력을 건설하였으며, 정국이 안정되고 주변국들과도 우호적인 관계를 유지하고 있었다. 이러한 상황에서 이란 선박들은 이란 국기를 게양한 채 수로를 자유로이 항해하였으며 이라크는 이를 묵인할 수밖에 없었다.

4) 걸프라는 용어는 1991년에 발생한 걸프전쟁 이후에 사용된 용어로서 이란에서는 페르시아만으로, 이라크에서는 아랍만으로 불리워져 왔음.

5) ①69.4.11에 1937년의 국경협정에 따라 샤트 · 알 · 아랍수로에서 이라크가 자국의 권리를 행사하려고 하자 팔레비는 이 협정을 독자적으로 폐기하였으며, 4.24에는 통과료를 지불하지 않는 실제적 행동을 취함. ②70.10.7에 '이란이 페르시아만 안전의 유일한 보호자' 라는 이란의 야심을 공식적으로 발표. ③71.11.30에 이란군은 호르무즈 해협 가까이에 있는 3개의 전략적인 가치가 있는 섬을 점령(Abu Musa, The Greater, Lesser Tunbs).④72년에는 페르시아만 어귀에 있는 이란 해군본부를 호르무즈 해협 근처의 Bandar Abbas로 옮김.

1971년이 되자 오랫동안 페르시아만[4]을 지배하고 있었던 영국군이 철수를 완료하여 지역내 힘이 공백이 생겼다. 그래서 이란은 미국이나 이스라엘의 지원을 받아 군사력을 증강하여 점차적으로 지역 패권을 강화해갔다.[5]

이란의 힘의 과시는 이라크의 감정을 자극하고 적개심을 일으키는 일련의 행동으로 이어졌다. 특히, 이란, 사우디아라비아, 쿠웨이트 3개국으로 구성된 지역방위기구를 조직하여 이라크를 정치적으로 고립시키려 하였고, 이라크 북부의 쿠르드족 반란군에 대해 이란이 막대한 경제적 · 군사적 지원을 해주었다. 양국간의 적대감은 1973년 겨울에 전차와 중화기 및 공군력이 투입된 국경충돌로 나타났다. 양국은 1974년 3월 휴전을 맺었지만, 이 휴전은 곧 이라크 영토 내에서 이란의 포병 및 공군 방어부대가 가세한 쿠르드족과의 전쟁으로 이어졌던 것이다.

그 후 이 수로의 영유권 문제가 어느 정도 공식 해결된 것은 1975년 3월 6일의 알지에 협정에서였다. 당시 이라크는 이란이 이라크 내의 쿠르드족의 반란을 지원하지 않는다는 조건으로 이 수로의 협곡선을 양국간 경계선으로 정한다는 원칙에 합의하였다. 이러한 결정은 이라크로서는 다급한 현실적 필요에 의해 이루어진 것으로 항상 이 협정에 대해 불만을 갖고 있을 수밖에 없었다.[6] 이러한 양국간의 뿌리 깊은 갈등과 대립은 전쟁발발을 전후하여 정치전략적인 계산과 이념대립에 의해 이란 · 이라크 전쟁이 직접적으로 발발하게 하게 된 배경이 되었다.

2. 직접적 원인

1979년 이란에서는 팔레비 왕정이 붕괴되고 호메이니가 주도하는 이슬람 혁명정부가 수립되었다. 혁명으로 이란의 내정은 극도의 혼란에 빠졌으며, 중동에서 막강한 군사력을 자랑하던 이란군대는 붕괴직전에 놓이게 되었다. 한편, 이라크는 같은 해에 사담 후세인 부통령이 대통령에 취임하였다. 후세인 대통령은 이란이 혼란하고 이집트가 중동 세계에서 고립되어 있는 정치상황을 파악하여, 오랜 세월에 걸친 이란 · 이라크의 영토분쟁을 해결하고, 이란 시아파의 혁명수출을 방지하면서, 중동의 주도권을 장악하기 위하여 이란에 대한 무력 침공을 결심하였던 것이었다.[7]

6) 이 협정은 이라크의 입장에서 본다면 확실히 "굴욕의 양보"였는데, 사담 후세인 대통령이 협정 체결 당시 이라크 부통령으로서 재직하면서 협상대표로 참가했었다.
7) 국방편집부, 『국방』 제37권 10호 (동경: 朝雲新聞社, 1987)

1979년 이슬람혁명이 일어나기 전에 이란은 페르시아만 지역의 패권다툼에서 "이란지배체제(Pax-Irana)"의 확립을 꿈꾸면서 강력한 군사력을 건설하여 왔으며 주도권을 행사했었다. 팔레비 왕정하의 이란은 지역 내의 어떠한 국가도 이란에 비해 동등하거나 우세한 군사력을 보유함을 묵과해 주지 않을 정도로 군사력이 막강하였고, 이를 토대로 정치적 영향력을 행사해 왔었다. 이에 비해 이라크는 쿠르드족의 반란으로 불안해진 국내문제를 해결하기에 급급하여 이란에 신경을 쓰지 못했다. 따라서 이란은 자연스럽게 지역 패권국가로 부상하게 되었다. 그러나 1979년 호메이니의 이슬람 혁명 성공으로 팔레비 정권의 붕괴되고 이란과 이라크의 전략적 위상을 역전시켜 놓게 되었다. 이란의 혁명정권은 팔레비 정권하의 군부세력을 대거 숙청시키는 등 군사력을 약화시켰으며,[8] 이란의 군대구조는 와해되었고 새로운 세력으로서 "혁명수비대"가 등장하여 군내에서 주도권 다툼이 벌어졌다. 정치권의 혼란과 맞물려서 이란정부는 뚜렷한 국방정책을 수립할 수 없었다. 더욱이 미국과의 단교는 군사물자나 장비의 공급이 차단되는 사태를 가져왔다. 결국, 이란과 이라크의 세력균형은 붕괴되고, 이라크 쪽으로 기울게 되었다.

한편 이란의 혁명정권은 정권수립 초기부터 이라크에 이슬람 혁명 이데올로기를 전파하려 하였다. 호메이니는 이라크 내의 시아파 교도들에게 이슬람혁명 이데올로기를 주입시켜 그들로 하여금 이라크 정권에 저항토록 하였다.[9] 그는 이라크 내의 시아파들에게 수니파 지배체제로부터 벗어날 것을 호소하였으며, 시아파는 물론 수니파 교도들에게까지도 바트당(Bath Party)의 세속적이고 비 이슬람적인 지배체제를 종식시킬 것을 외쳤다.[10] 이렇게 함으로써 세속적인 바트 이데올로기(Bath Ideology)에 기반을 둔 이라크의 후세인 정권을 붕괴시키고, 이슬람 근본주의(Islamic Fundamentalism)에 입각한 혁명정권을 수립하고자 하였다. 이러한 상황 속에서 이라크는 1975년 알지에 협정 체결시 묵인되었던 이란 우세의 관계 하에서는 공존이 어렵다는 것을 인식하기 시작하였으며 이란의 점증하는 위협에 대처할 수 있는 최선

8) 이슬람 혁명정부는 숙청을 통하여 군대를 무력화시켰는데 정규군이 약 반수 정도 쫓겨났으며 많은 사람들이 사형되었다.

9) 이란의 이러한 선동은 이라크로서는 중대한 위협이 되는 것이었다. 즉 이라크의 인구통계학에 의해서 확실히 인식할 수 있다. 그림 1.을 참조하면 이라크의 이슬람교도의 20%가 수니파이고, 그 60%가 시아파임을 알 수 있다.

10) ①이란에서는 반 바트정권에 대한 데모가 정기적으로 일어났으며, 그중 일부는 이라크인과 이란에 있는 이라크소유의 군사시설에 대한 무력공격도 포함되었음. ②1979년 말부터는 반 바트정권 캠페인을 가속화시켰으며, 이라크 내의 쿠르드인에 대한 원조를 다시 시작했고 이라크에서 지하운동을 하고 있는 시아파 당에 대한 원조와 이라크 관사에 대한 테러공격을 시작하였음(예: 1980. 4. 1 이라크 부수상 아지스 암살시도 실패 등).

의 현실적 방안은 전략적 우세를 확보하여 이란과 정면대결을 하는 길 뿐이라고 생각하였다. 따라서 이라크는 이란혁명의 와중에서 군부가 와해되어 군사력 균형이 자신에게 유리하게 전환되자 호기를 이용하여 이란에 대한 선제공격을 감행한 것이다.

결론적으로, 이란 · 이라크전쟁의 직접적 원인은 이슬람혁명 수출에 광적 집념을 가진 호메이니의 혁명관과 새로운 패권을 노린 사담 후세인의 정치적 야망이 충돌한 것으로 요약할 수 있다.

제3절 전쟁계획과 경과

1. 이란 · 이라크의 국력 비교

이란 · 이라크는 페르시아만 북안에 위치하고 있으며, 특히 이란은 구소련과 아프카니스탄의 국경에 인접하고 있고 과거 소련이 중동 · 인도양으로 진출을 기도하였던 곳으로 전략적으로 중요한 지역이다. 양국이 보유하고 있는 석유의 매장량은 약 450억 배럴로서 비슷하였으며, 인구는 이란이 약 4,000만 명으로 이라크의 약 3배, 국내총생산액은 약 1,600억 달러로서 이라크의 약 7배로, 전체적인 국가역량은 이란이 이라크보다 4~5배 큰 국력을 보유하고 있었다.[11]

도표(1) 이란, 이라크의 경제

	구분	1980	1981	1982	1983	1984	1985	1986	비 고
이란	석유생산(만B/D)	150	133	200	247	217	226	170	· 이란의 석유생산 할당 약 230만 B/D
	석유수출(만B/D)	80	72	162	172	149	156	약 130	
	석유수출수입(억달러)	194	121	161	191	140	134	60–80	
	외채(억달러)	102	70	70	60	33	30		
	전비(억달러)	※ 80(직접 전비 약 50)							
이라크	석유생산(만B/D)	246	91	91	90	120	133	150	· 차관 500억 달러이상
	석유수출(만B/D)	246	75	81	73	85	116	120–130	· GCC로부터의 원조 81~85, 500~600억톤
	석유수출수입(억달러)	261	104	101	97	110	120	약 70	
	외채(억달러)	300	200	60	30	40	10이하		· 사우디아라비아,쿠웨이트로부터 85년까지 30만B/D의 원조
	전비(억달러)	※ 150							

※추정치

(중동연감, 석유통계 등)

11) 당시 양국의 경제상황은 도표(1)를 참조할 것.

2. 전쟁 직전의 전투력 비교

1980년 여름에 이라크는 과거 10년간 처음으로 이란보다 군사력의 우세를 확보하였는데, 군사적 측면에서 이라크의 공격은 적시 적절한 것이었다.

가. 유형요소평가[12]

전쟁 발발 당시 이란군은 이라크군에 비하여 완전한 열세였다. 이란군이 28만 5천명에서 15만명 정도로 크게 감소한 데 비하여 이라크군은 20만 명이었다. 병력수 뿐만 아니라, 도표(2)에서 나타나는 것처럼 무기와 장비 면에서도 이란군의 전투력은 이라크군의 비해 심각하게 열세였음을 알 수 있다. 이라크 육군은 주무기인 탱크 2,750대, 장갑전투차량 2,500대, 약 950문의 대포류들을 거의 모두 출동시킬 수 있었음에 반해 이란 육군은 탱크 1,735대와 장갑전투차량 1,735대, 약 1,000문의 대포류 등의 절반 정도도 채 가동시킬 수 없었다. 이란 공군은 혁명 이후 유지문제와 군수지원문제로 심각한 곤란을 받아왔으며[13] 전쟁이 시작될 때, 7만의 공군[14]은 보유 전투기의 절반 정도 밖에는 운용시킬 수 없었다. 반면에, 이라크 공군은 현대화 작업을 통해 개전 당시 80%의 가동력을 유지하고 있었다. 이란 해군 역시 유지문제와 군수지원문제로 많은 곤란을 겪고 있었지만, 해군력에 있어서 이란의 우세는 매우 컸었기 때문에 전투력의 손상에도 불구하고 1979년 이래의 우세를 여전히 유지하고 있었다.

나. 무형요소평가

전쟁의 승패를 결정하는 데는 양적인 측면 못지않게 질적인 측면도 중요하지만 전쟁 발발 당시 양군은 서로 비슷한 질적 수준을 유지하고 있었다. 그들은 공히 선발 및 승진과정에 의해서 야기된 군 지도부 문제로 고심하고 있었고, 모두 군사훈련이 낙후되어 있었으며, 현대식

12) 전쟁 발발 당시의 전력구조 비교는 도표(2)을 참조할 것.
13) 이란의 대부분의 F-14 전투기들의 주된 전자장비들이 미국인 고문관들이 철수하면서 제거되었고, F-4나 F-5전투기들의 감응장치제거와 병참체계 등이 여분의 부품이나 적정한 수리의 결여로 인하여 무너지기 시작하였다.
14) 이란 공군은 1979년의 10만 명에서 7만 명으로 감소됨.

무기의 유지 및 사용에 있어서 기술적인 능력이 낮았다. 또한 전투경험은 매우 제한되어 있었고 비효율적인 지휘통솔 체제하에 있었다.

도표(2) 전력구조 비교(1980년)

구 분		이 라 크	이 란
부대	기갑사단	4	3
	보병사단	4	3
	기계화사단	4	4
	독립여단	3	–
병력 (천명)	정규군	200	150
	비정규군	75	75
	예비군	250	400
장비	탱크	2,750	1,735
	야포	800	1,000
	전투기	332	445
	헬리콥터	276	720

※ 출처 : IISS, Military Balance 1981 ~ 1982

3. 전쟁의도와 전략

이라크는 최초 전쟁을 개시할 때 제한전쟁전략 개념에 기초하였다. 제한전쟁전략이란 제한된 목표를 달성하기 위해 제한된 무력수단을 사용함을 말한다. 이는 상대방으로 하여금 저항을 계속하면 강화조건을 수락하는 것보다 훨씬 더 희생이 클 것이라는 계산을 하도록 함으로써 협상 테이블로 나오게 하는 데 주 목적이 있다. 따라서 군사력의 일부를 사용하여 한정된 지역 내의 전쟁을 실시하며 주로 군사적인 목표에 작전중점을 둔다는 것이 특징이다. 후세인의 전쟁목적은 ① 이란은 이라크가 주장하는 지상 및 해상 영토권을 인정할 것, ② 이란은 이라크를 비롯한 페르시아만 주변 아랍국가의 국내문제에 대한 영향력 행사를 중지하고 민족주의적, 침략적, 팽창주의적 정책을 중단할 것, ③ 이란은 선린관계(善隣關係) 원칙(The Principle of Good Neighbourly Relation)을 고수할 것, ④ 이란은 아랍 측의 3개 섬을 아랍에미리에트(U.A.E.)에 반환할 것 등으로 제한되었으며, 이 목적의 달성이 곧 전쟁종결의 조건이 되었다. 실제로 이라크는 이러한 전쟁목적에 맞게끔 전쟁초기에 군사행동을 제한시켰다. 영토목표는 샤트 · 알 · 아랍 수로와 후제스탄(Khuzestan) 지역의 일부를 벗어나지 않았고, 이라크 육군의 약 절반 규모인 5개 사단 병력으로 공격을 감행하였으며, 대가치목표

(Counter-Value Target)[15] 대신 대군사력목표(Counter-Force Target)[16]에 전투력을 집중하였다.

그러나 전쟁은 후세인이 구상했던 것처럼 제한된 목표와 전선에서만 수행되지는 않았다. 후세인은 이란내의 몇몇 중요 공격목표를 공략하면 이란이 쉽게 협상 테이블로 나올 것으로 생각하였다. 그러나 이란은 오히려 해 · 공군력을 이용하여 이라크 후방지역의 전략목표들을 공격하는 등 반격을 하였다. 예상치 못한 이란의 반격은 이라크의 최초 전략의도를 수정하게 하였으며, 전쟁양상은 소강상태와 격전을 거듭하면서 장기 소모전화 되어 갔다.

4. 전쟁의 경과

이란 · 이라크전쟁은 공세의 주도권 및 주요 국면이 전환되는 시점을 고려하여 다음과 같이 7단계로 크게 구분할 수 있다. 그러나 시기구분을 정밀하게 나눌 수 없어, 일부기간은 중복되는 경우도 있다. 각 작전시기별로 주요내용을 요약하면 다음과 같다.

구 분	기간	내 용
제 1 기	1980. 9 ~ 12	이라크의 이란 침공 및 페르시아만에 대한 주도권 확보 노력기
제 2 기	1981. 1 ~ 1982. 6	이란의 실지회복기
제 3 기	1982. 6 ~ 1984. 3	이란의 1차 이라크 침공기
제 4 기	1984. 4 ~ 1986	전선의 교착 및 소모전기
제 5 기	1986 ~ 1987	이란의 최후공세기 : 이라크 남부에 대한 이란 최후 공세
제 6 기	1987. 3 ~ 12	유조선 전쟁의 확대 및 서방국가의 개입, 소모전 계속
제 7 기	1987. 9 ~ 1988. 8	이라크 반격에 의한 이란군의 붕괴 및 휴전성립기

가. 제 1 기 : 이라크의 이란 침공기 (1980. 9. 22 ~12월)

이라크군은 이란의 석유지대를 획득하고 남부 평야지대에 있는 후제스탄주(州)를 점령하는 것을 주목표로 약 5개 사단 병력으로 1980년 9월 22일에 침략을 개시하였다. 당시 이란은 혁

15) 대가치목표는 직접적인 군사목표는 아니나 국가존립에 중요한 가치를 갖는 국가적 목표로서 도시 및 산업 지역이 제반 시설과 장비 및 민간인 등을 말함.
16) 대군사력목표는 현존 군사력 발휘와 직접 연관이 있는 순수한 군사력 목표로서 육 · 해 · 공군의 주요 군사시설, 병력, 장비, 부대 집결지 등을 말함.

명의 와중에서 무방비상태였기 때문에 이라크는 쉽게 초기 전술적인 승리를 거둘 수가 있었다. 이라크는 1975년 이래 이란의 장악 하에 있던 샤트 · 알 · 아랍 수로 입구의 섬들을 장악하였으며, 개전후 약 2주 동안 중부의 카스레 쉬린(Qasre Shirin)지구에 사단급 병력이 공격하여 전방 40km 지역을 점령하였고, 메헤란(Mehran) 지구에는 여단급 병력이 공격하여 전방 10km의 지역을 점령하였다. 두 개 지역에 대한 공격은 카스레 쉬린 지구로부터 바그다드에 이르는 위협, 또는 메헤란 지구로부터 바그다드-바스라 가도에 이르는 위협에 대응하기 위하여 실시되었는데 이후 이 두 개 지구에서 이라크군은 주로 방어에 임하였다. 이러한 두 개 지역의 점령으로 호람사르-아와즈-수산제르드-뮤시안 선(Khorramshahr - Ahwaz - Susangerd - Musian Line)을 장악함으로써 이라크는 샤트 · 알 · 아랍 수로에 대한 지배권을 확고히 하였다.

그러나, 이라크는 초기 1주일간의 전술적인 성공을 전과확대 하지 못하였다. 전쟁 개시후 1주일도 안되어 후세인은 9월 28일 대국민연설을 통해 대이란 협상의사를 표명하였다. 그는 연설에서 이라크는 이미 영토적 목표를 달성했으므로 전쟁을 중지하고 전쟁종결을 위한 협상에 응할 용의가 있다는 것이었다. 이라크로서는 이란이 전쟁의지를 갖고 있지 않은 것으로 판단하였던 것이다. 이러한 이라크의 전략적 결정을 10월 5일에 이란이 거부하였고, 결국 이란군에게 재편성 및 동원, 그리고 반격을 위한 시간적 여유를 제공하였으며, 이라크가 진격을 늦추는 순간을 틈타 이란이 대반격을 개시하였던 것이다.

1기 작전에서 주 전장이 되었던 곳은 이란 남부의 평탄한 후제스탄주였다. 이곳으로 2개 기갑사단을 주력으로 하는 이라크군이 공격하였다.[17] 그러나 9월 28일 행군중의 이라크군 기갑부대가 이란군의 대전차 헬리콥터의 습격을 받아 많은 피해를 입는 등, 이라크군의 진격은 의외로 잘 진행되지 못했다. 이라크군의 당면목표는 샤트 · 알 · 아랍 수로 연안에 있는 호람샤르(Khorramshahr)와 정유소가 있는 아바단(Abadan)이었다. 호람샤르는 격전을 거쳐 10월 24일에 함락되었는데 그때 이란이 인원 피해가 워낙 커서, 이란이 이 거리를 "후닌샤알(피의 거리)"이라고 할 정도였다. 한편, 아바단의 공략에서도 이라크군은 실패를 거듭하였다. 이라크군의 기갑부대는 세밀한 도시공격준비나 충분한 보병을 수반하지 않고 아바단 시가를 돌입

17) 2개 기갑사단의 규모는 개전 초기에 이라크군 전 기갑 병력의 약 50%에 해당한다. 이라크군의 사단편성은 기갑 및 보병 모두 소련군의 편성을 모델로 하고 있었음.

이라크 점령지역

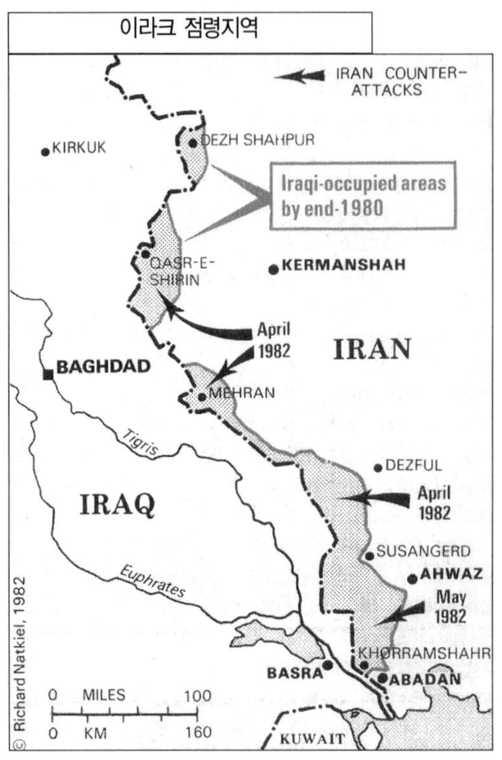

※ 출처: Richard Natkiel, *Atlas of 20th Century History* (London: Bison Books, 1982), p. 249.

하였다. 그런데 시가지를 저속으로 전진하는 이라크군의 전차나 장갑차는 이란군 대전차무기의 좋은 표적이 되어 3주간의 전투에서 수백 대를 잃었다. 이로 인하여 공격은 일단 중단되었고 증원기갑부대 및 보병부대가 도착했지만 이때에 아바단에서는 현지 주민들이 서로 지원병으로 나서서 용전분투하였다. 그리하여 1982년 5월에 이라크군이 포위를 풀 때까지 20개월간 아바단을 성공적으로 방어하였던 것이다. 이라크는 이 지역을 공략하지 못함으로써 1980년 11월에 전선이 교착상태에 빠지게 되었다.

이라크군이 초전에서 이란공군을 궤멸시키지 못한 점과 대전차헬리콥터 공격 및 아바단 공략의 실패로 기갑부대가 많은 손실을 받은 점, 그리고 아바단을 최후까지 공략하지 못한 점이 이라크군의 후제스탄주 제압을 크게 지연시켰고 급기야는 이란군에게 전세역전의 기회를 가져다주게 되었다. 만일 이라크군이 아바단의 조기 공략에 성공하였더라면 아바단-호메이니 고속도로를 통하여 페르시아만 북부의 주요항구인 반달 호메이니항을 점령하였을 것이다. 반달 호메이니항은 이란 · 이라크 전쟁 중에 대폭적으로 정비되어 27척의 배들이 대기할 수 있는 항만이었으며, 1982년 7월 이후 이란군의 이라크 영토 침입시 외국으로부터의 군수품을 하역하는 데 가장 중요한 항구가 되었다. 만일 이라크군이 이 항구를 점령하였다면 이 항구의 확장정비는 불가능했을 것이고, 항구를 이용하여 더욱 전과를 확대하는 데 유용했을 것이다. 만약, 이라크 영토내로의 철퇴 시에도 이라크군은 카스레 쉬린지구로부터 철퇴시와 같이 이 항구를 파괴했을 것이므로 이란의 이라크 침공은 보급곤란으로 순조롭게 진행되지 못했을 것이다.

이라크의 최초의 의도와는 달리 전개된 초기의 전투는 결국 장기 소모전화의 조짐을 보이기 시작하였는데 이러한 전투의 실패요인은 세 가지로 요약될 수 있다. 첫째, 이라크의 후세인대통령이 전면전쟁이 아닌 제한전쟁이라고 생각했다는 것이다. 둘째, 완벽한 전쟁계획이 수립되지 않았다는 것이다. 셋째, 공중전에서 이란 공군을 너무 경시하였고 지상전에서는 효율적인 병참운용이 미흡했다.

나. 제 2기 : 이란의 반격 / 실지회복기 (1981. 1 ~ 1982. 6)

1980년 11월 이후 전선은 거의 소강상태에 들어갔는데, 이란은 1980년 12월부터 반격을 준비하여 1981년 1월에 네 곳에서 반격을 개시하였다. 1981년 1월 6일 이란군은 바니사둘 대통령의 지휘 하에 1개 기갑사단, 2개 보병사단, 2개 혁명방위대(파스다란)의 각 사단을 가지고 수산제르드를 포위중인 이라크군을 기습함으로서 최초로 반격을 시작하였다. 불의의 기습을 당한 이라크군은 전선이 붕괴되면서 1개 여단이 궤멸되었다. 그러나 이란군은 대규모 전과확대를 달성하지 못하였으며, 2~3일 후에 증원군의 도움으로 이라크군은 회복되었다.

1981년 1월 10일에 이란 · 이라크 전쟁을 통하여 최초의 본격적인 전차전이 수산제르드 남방에서 일어났다. 투입된 전투력은 이란군이 서방측에서 최강이라고 말하는 치프텐 전차를 주축으로 하는 1개 기갑사단이고, 이라크군은 T-62전차로 된 1개 기갑사단으로 쌍방은 거의 같은 수의 전차 약 250대의 대결이었다. 원거리 포격전시에는 120mm의 라이플 포를 가진 치프텐이 우세하였다. 그러나 우기를 맞이한 후제스탄주는 온통 진흙바닥이 되어 큰 중량의 치프텐은 기동력이 크게 저하되었다. 반면에 가볍고 폭이 넓은 캐터필드를 가지고 있는 T-62 전차는 높은 기동력을 발휘할 수 있었고, 행동이 둔한 치프텐에 대하여 근접전을 감행하여 전투를 유리하게 진행시켰다. 또한 항공전력이 우세한 이라크군은 MIG전투폭격기 및 대형 공격용 헬기 MI-24 하인드를 투입하고 근접항공지원을 하여 이란 기갑사단을 격퇴시켰다.

이란의 팔레비 국왕은 치프텐에 크게 기대를 걸고 개량형인 실이란 전차 1,297대를 발주하고 장차 이란 기갑부대의 주력으로 하려 하였으나, 호메이니 혁명으로 발주는 취소되고 말았다. 그러나 팔레비의 기대와는 달리 치프텐은 이란 · 이라크전쟁에서 괄목한 만한 역할을 하지 못하고 사라지고 말았다. 개전 당시 이란은 760대의 치프텐, 460대의 M60A1 및 400대의 M47/M48을 보유하고 있었는데, 손실 및 정비문제로 점차 치프텐은 감소하고, 대신에 M60A1 및 이라크군으로부터 포획한 T-62 및 T-55의 등장이 많아졌다.

1981년 1월 이란의 1차 대규모 반격작전은 실패하였으며 이후 8월까지 이란은 제한된 공세를 제외하고 지상에서의 대규모 전투는 발생하지 않고, 전선은 교착상태로 들어갔다. 이란은 전선교착상태를 이용하여 이슬람 혁명의 정치안정 및 반대세력 추방 등 후속조치들을 마무리해 나갔다. 특히, 이란 정규군을 지휘했던 바니사돌이 1981년 6월 전장에서의 수세의 책임을 추궁당해 배신자로서 추방당했다.

전쟁 발발후 이란에서는 종교 세력이 정부 주도권을 장악하여, 총반격준비를 실시하였다. 1981년 9월부터 이란은 두 번째로 대규모 반격작전을 개시하였다. 1981년 9월 2일 이란군은 "Thamil ul' Aimma" 작전을 전개하여 이라크의 아바단 포위망을 풀고 이라크군의 기갑사단을 카룬(Karun)강 건너편 후방으로 격퇴시키는 데 성공하였다. 이후 잠시 소강상태에 있다가 11월 말에 다시 치열한 전투가 재개되었는데, 이란의 파스다란은 11월 29일부터 12월 7일까지 Tariq al-Quads 작전으로 보스탄(Bostan)지역을 탈환하였다. Tariq al-Quads 작전은 결과적으로 이란이 승리했다고 할 수 있지만 이란의 피해규모가 이라크의 피해규모보다 더 크게 발생하였다. 이는 이란의 파스다란이 정규육군의 포병지원 없는 인해전술을 강행했기 때문이었다. 12월 12일부터 16일까지 Qasr e-Shirin지역에서 Al Fajr(Rising of the Dawn) 작전으로 다시 공세를 취하는데 이전까지의 공격작전보다 조직화되고 정규군에 의해 수행되어졌다.

1982년에 접어들면서 이라크는 1월부터 3월까지 제한된 반격작전을 실시하였으나 모두 실패하였다. 이란군은 3월 22일부터 30일까지의 Fath ul-Mobin(Undeniable Victory)작전과 4월 24일부터 5월 25일까지의 Quds(Jerusalem)작전의 대규모 공세를 전개하여 이라크군을 후제스탄지역에서 몰아냈다. Fath ul-Mobin작전은 슈시 데즈플(Shush Dezful)지역에 대한 공격으로 양측 모두 120,000명이 동원되는 대규모 군사행동이었다. 이란군의 공격은 3단계로 이루어졌는데 먼저 기갑부대가 야간에 기습을 감행하고 이어 인해전술에 의한 파상공격의 실시와 마지막으로 포위작전에 의한 적의 섬멸이었다. 이때에도 이란의 대전차헬리콥터 AH-IJ가 이라크군 기갑부대를 기습하여 막대한 피해를 가하였다. 이 작전으로 이라크군은 전쟁개시 후 가장 치욕적인 패배를 당하였을 뿐만 아니라 원유 수송에도 영향을 받아 경제적 어려움을 겪어야만 했다. Quds(Jerusalem)작전은 Fath ul-Mobin(Undeniable Victory)작전과 비슷한 규모와 형태로서 이라크군을 후제스탄 지역에서 완전히 제거하기 위한 군사작전으로 이란군은 정규군과 파스다란군을 혼합 편성하여 전통적인 특공작전으로 신축성 있게 전투를 수행하였다. 그 결과 이라크군 수비대가 항복하면서 장군을 포함한 20,000명 이상이 포로가 되었고 이라크는 자국의 병력을 보호하기 위해 잔류 기갑부대를 이끌고 후제스탄 지역의 주요 도시인 호람샤르로부터 철수를 하게 되었다.

이란군의 반격작전은 작전능력이 향상된 것으로 평가되고 있으나 이것은 파스다란군에 속하는 소년민병이 지뢰지대도 무시한 채 돌진하는 '인해전술' 에 크게 의존한 결과였다. 이라크군은 인해전술에 커다란 공포심을 갖게 되었으며 이라크군 전선이 붕괴되는 결정적 계기가 되었다.

다. 제 3 기 : 이란의 이라크 침공기 (1982. 7 ~ 1984. 3)

1982년 6월에 이라크는 여당인 바트당 제9차 대회를 개최하고, 혁명평의회(RCC), 바트당, 정부 및 군의 인사를 대폭적으로 쇄신하고 앞으로 당면하게 될 이란의 침공에 대비하였으며, 6월 20일 이라크군은 메헤란 지구를 제외하고는 모든 이란 영토로부터 철수하기 시작하였다. 그러나 이라크의 철수는 이란을 진정시키지 못하였다. 오히려 이란의 최고지도자 호메이니는 7월 13일 이란 지도층의 격렬한 논쟁이 있은 후 이란의 전쟁목적을 단기결전에 의한 "후세인 정권타도"로 확대시키고, "이라크에 있는 시아파 이슬람교도의 성지 칼바라 및 나자트를 점령하고 예루살렘까지 진군하라!"라는 격문을 띄워 7월부터 이라크 영토로 군대를 침공시켰다.

7월 14일 이란은 이라크 제 2의 도시이면서 남부의 항만도시인 바스라(Basra)를 공략할 라마단(Ramadan) 작전을 개시하였다. 투입병력은 이란군이 보유한 정예부대를 총출동시키는 대규모 작전 이었다.

이에 대응하여 이라크군은 바스라 북방 20km에 걸쳐 대규모 요새선인 살상지대를 구축하고 전면에 넓이 20m의 수로를 파서 샤트 · 알 · 아랍 강의 물을 끌어들였다. 이라크 국민은 옛날부터 요새구축 기술이 우수하였는데, 이라크군 공병 역시 매우 높은 수준이었다. 또한 이라크 국민은 일을 처리함에 있어 철저하게 해내는 기질을 가지고 있어, 돈을 아끼지 않고 첨단의 토목기계를 투입면서까지 철저하게 준비하였다. 살상지대는 깊이 2m의 지하 요새로서 중요지역에 자동화기, 화포 및 전차를 배치하여 빈틈없는 화망을 구성하고 있었다. 요새선의 양쪽 끝은 습지대로 되어 있었는데 7월은 건조기라 운하를 파서 인공 습지대를 만들었다. 이라크 수비 병력은 2개 기갑사단을 포함하여 총 7개 사단 이었다. 병력면에서는 거의 비슷한 수준이었다. 라마단 작전에서는 이란군에 의해 총 5회의 공격이 시도되었다.

(1) 제 1차(7월 15일 20시 30분) : 이란군은 전차를 선두로 요새선을 정면공격하였다. 그런데 수로로 인하여 방해를 받았고, 도하장비도 불충분하여 이라크 수비대의 포화에 꼼짝 못하고 날이 밝으면서 이라크군의 항공기 및 공격 헬리콥터의 습격을 받아 패퇴하였다.

(2) 제 2차(7월 15일 21시) : 이란군은 이제 추가로 도착한 2개 사단을 투입하여 북부의 자이드 지구로부터 공격을 하였다. 그런데 이러한 기도가 노출되어 이라크군의 매복공격

으로 패퇴하였다.

(3) 제 3차(7월 21일 20시 30분) : 남부의 샤람체 지구로 우회공격을 취하였으나 또 실패하였다.

(4) 제 4차(7월 23일 22시) : 북부의 자이드 지구로 다시 우회공격을 취하였으나 다시 실패하였다.

(5) 제 5차(7월 28일 21시) : 남부의 샤람체 지구로 다시 우회공격을 하였는데 5회에 걸친 공격중 최대 규모였으나 역시 실패하였다.

이상과 같은 5차례의 공격으로 이란군은 전사 27,000명, 전차 300대라고 하는 대규모의 손실을 보고 자진 철수하였다. 이라크군 피해는 전 · 사상자가 약 5,000명 수준이었다. 이후 이란군은 살상지대를 정면공격하지 못하였다.

전차를 야간공격에 사용한다는 것은 그 엔진굉음이 적에게 폭로되어 최선의 방책이 되지 못한다. 제 2차 세계대전 중에 사이판 섬에서 일본군 수비대가 전차를 선두로 대규모의 야간공격을 했을 때 미군의 상륙부대에게 전차의 엔진소음이 노출되어 결국 매복공격을 당하여 크게 패하였다. 전차를 야간전투에 사용하여 성공한 사례는 말레이 작전에서 일본의 시마다 전차부대가 전개한 스림강의 교량탈취작전으로 사례가 매우 제한적이다. 이 작전에서도 일본군이 승리할 수 있었던 것은 영국군 병사들이 정글을 통과해서 나오는 일본 전차부대를 우군으로 잘못 인식하였기 때문이었다.

이란으로서는, 주간에는 이라크 항공기에 제압되어 야간공격을 채택하였고, 부족한 포병화력을 보충하기 위하여 전차를 이동포대로 이용하고 또한 요새지의 적 화력이나 토치카에 대하여 직접 조준사격을 하여 파괴해 버리는 개념으로 전차를 야간공격에 사용하였다. 그런데 화력이 우세한 적이 요새진지에 버티고 있을 때 공격하는 경우에는 스스로 표적이 될 수밖에 없다. 보병의 입장에서 보면 전차는 견고하게 움직이는 요새로 보이겠지만 강력한 대전차화기나 중화력을 가진 입장에서 본다면 전차는 "철제의 관"에 지나지 않는다. 오늘날 멜카바 전차를 주력으로 하는 강력한 기갑부대를 보유하고 있는 이스라엘군에서도 제 2차 중동전쟁(1956년)후에 "전차는 젊은 장교의 관"이라고 할 정도였다.

이란은 다른 아랍국들과는 달리 근대적인 기갑전투의 경험이 없었다. 따라서 졸렬한 전차운용을 하게 된 것이다. 어쨌든 라마단 작전에서 보유전차의 대부분을 잃은 이란군은 당분간 1개여단 정도의 기갑부대 밖에 운용하지 못하게 되었지만 그것도 잠시였고 이후 오랫동안 기갑부대 없는 전투를 하게 되었다.

이라크군은 이란군의 라마단 작전시 처음으로 유독가스를 사용하였다. 여기에서 이라크군은 비치사성(非致死性) 최루가스만을 사용하였지만 가스사용의 성공으로 장래 화학무기사용에 용기를 갖게 되었다.

라마단 작전의 실패로 인해 이란의 지도층에서는 다시 논쟁이 시작되었다. 온건주의자들은 추가적인 이라크 침공에 반대의사를 표시했다. 이란은 이제 싸움을 제한시키려고 하는 데 반해서 이라크는 대가치 표적 공격을 강화하기 위해 공군력을 이용했다. 지상전에서 고전을 면치 못하고 있던 이라크는 이란의 7월 공격 이후, 이란의 전쟁수행능력을 저하시키기 위하여 이란의 석유수출과 외국으로부터의 군수품 도입을 저지하는 해상작전을 개시하였다.

1982년 8월 이라크는 페르시아만 북부 해역을 "항해금지수역"으로 선포하고, 이란 최대의 원유 선적지인 하르그(Kharg)섬에 있는 석유저장고를 공습했다. 그리고 이란의 10월 공격에 대응하여 이라크는 데즈플과 아바단에 대한 보복공격과 이란으로 나아가기 위해 유조선에 대한 공격을 감행했다. 이라크는 방어지대를 고수하고 공격 의사를 나타내지 않으면서 이란의 전략적 목표물에 대해 공중과 바다에서 공격을 강화했다. 즉 항구, 산업시설물, 유조선, 이란으로 드나드는 선박들과 이란의 정유시설을 표적으로 삼은 것이었다.

1982년 10월 1일 이란군은 중부 국경으로부터 직접 이라크의 수도 바그다드를 공격할 목적으로 무슬림 이븐 아길(Muslim Ibn Aqil) 작전을 개시하였다. 중부국경으로부터 바그다드까지는 직선거리로 160km 밖에 되지 않았고, 이라크도 이 방면으로부터 위협을 느끼고 있었기 때문에 개전 직후에 카스레 쉬린으로 출병하고 전방 방어를 강화하였던 것이다. 그리고 1982년 6월의 철수 시에는 도로를 철저하게 파괴하고 또한 공군기로 근처의 도시를 연일 폭격하여 후방 보급기능을 약화시켰다.

이란군은 약 5개 사단(약 10만 명)으로 침공하였다. 그러나 2,000m 내지 5,000m의 산으로 겹겹이 연결되는 바푸타란주의 굽이치는 좁은 도로[18]를 통한 행군은 힘들었고 도로는 파괴되었으며, 상공으로부터는 연일 이라크 항공기가 공격하고 있었다. 메인 루트인 카스레 쉬린에서 하나킨 간의 파괴정도가 심하여 기존도로를 사용할 수 없게 되어 선두부대는 만다리로 루트를 변경하였다. 여기서부터 메소포타미아의 대평원이 전개되고 있었는데, 여기에서 이란군은 기다리고 있던 이라크군의 포화로 공격을 받았다. 이 때문에 후속부대는 굽이치는 소로

18) 중세기의 캐라반 루트이었음.

에서 머물게 되었고, 전선으로의 보급마저도 할 수 없게 되었다. 이 작전에서 이란군 총사령부의 독려는 대단히 큰 것이었으나, 결국에는 이 작전을 1개월 내에 중단하고 말았다. 이후 다시 이 방면으로부터의 본격적인 침공은 감행되지 않았다. 이로써 이란군의 이라크 수도 바그다드에 대한 공격은 실패하게 되었다.

1982년 11월 1일에 이라크 남부 미산현의 소택지대인 아마라(Amara)에서 이란군은 바스라–바그다드간 도로의 차단을 목표로 모하람(Muhararm) 작전을 개시하였다. 같은 날 22시 09분에 이란군의 기갑 및 보병 7개 대대가 빗속에서 이라크군의 보병 3개 여단에 기습을 가하였다. 이라크 병사들은 즉각 패퇴하고 이란군은 비가 오는 관계로 이라크 항공기가 출동할 수 없는 사이에 공격하여 더욱 전과를 확대하였다. 그러나 보급이 진격에 뒤따르지 못하고, 이라크의 기갑력이나 화력, 항공 지원이 점차 저력을 발휘하게 되어 전선은 교착상태에 빠졌다. 모하람 작전에서 이란군은 4차례에 걸쳐 공격을 실시하였으나 이라크 영토 깊숙히 침공은 못하고 조그마한 성과밖에 거두지 못하였다.

1983년 2월에 이란은 1차 발파딜(Val-Fajr)작전을 개시하면서 다시 공세를 재개하였다. 그 후 발파딜 작전은 6차까지 실시되었고, 이란의 공세는 총 14회를 기록하였다.

1984년에도 이란은 2월 상순의 신의 해방 작전, 2월 15일의 야바하라 작전(5차 발파딜작전), 2월 21일 6차 발파딜 작전, 2월 22일 헤이발(Kheiber)작전들을 계속해서 실시하였다. 특히, 이란은 발파딜 5 · 6차 공세 작전에 총력을 경주 하였다. 그러나 이란의 일련의 공세는 전술적인 승리에 그쳤고, 그 동안의 많은 손실로 인하여 1985년 3월까지 대규모 공세작전을 중지할 수밖에 없었으며, 이후 지상에서의 전쟁양상은 소모전의 성격을 띠게 되었다.

라. 제 4 기 : 이란의 장기소모전기(1984. 4 ~ 1986)

1984년 중반으로 접어들면서 이란은 지금까지의 정면공격에서 소모전(war of attrition)으로 전략을 바꾸었다. 그리고 이라크가 페르시아만에서의 이란의 석유수송을 차단하기 위하여 이라크의 우세한 공군력을 사용하면서 전쟁은 새로운 국면으로 바뀌었다. 즉, 1984년 3월부터 이라크에 의해 유조선 공격이 시작된 것이었다. 즉 지상전에서의 전황이 교착상태에 빠지게 되자 이라크는 목표설정을 정전으로 바꾸고 이란의 전쟁지속능력을 없앰으로써 이란을 정전협상 테이블로 나오게 하기 위하여 공격을 실시한 것이다. 이란도 반격을 실시하여 5월부터는 이란 · 이라크 쌍방에 의하여 유조선 공격이 단계적으로 확대되었다. 소위 "유조선 전쟁

(Tanker War)"이 시작된 것이었다. 이로써 페르시아만은 공포의 바다가 되었으며 이란 · 이라크 전쟁은 페르시아만 전쟁(War in the Gulf)으로의 확대라는 새로운 국면을 맞게 되었다. 이후 남은 1984년 동안 상선과 인구밀집지역에 대한 쌍방의 공격은 계속되었다. 그리고 지상에서는 이란이 주도권을 갖고 있던 반면에, 이라크는 공중을 통제하고 있었다. 1984년 10월 이란은 전쟁의 중심지역을 이동하여 공격을 확대시켰다. 이 공격은 메헤란 지역 12마일 전방에서 개시되었으며 주로 파스다란과 바시(Basij)군에 의해 수행되었다. 이 공세의 목적은 이라크가 전쟁초기에 차지한 Meinak 고원 지방의 탈환이었다. 이란군은 이라크군을 격퇴시켰으나 얼마 후 반격을 받아 영토의 일부분을 회복하는 데 그쳤다.

1985년에 이란은 9번의 지상공격작전을, 이라크는 3번의 반격작전을 실시하였다. 이란의 공격들은 모두 제한적으로 수행되었다. 제 5차, 6차 발파딜 작전이후 이란군은 조용해졌다. 예년 같으면 이란 이슬람 혁명을 기념하여 2월 상순에 실시되던 대공세도 1985년 2월에는 아무일 없이 지냈다. 그런데 1985년 3월 11일에 이란은 이전보다 더 대규모적인 바들(Badr)작전(7차 발파딜작전)을 돌연히 개시하였다. 이 작전은 Qurna시 근방의 바그다드-바스라 고속도로를 차단하려는 공세였다. 이란군은 이 작전에서 인해전술을 포기하고 대신 정규군의 지휘하에 수행되는 전통적인 작전을 채택하게 되었다. 이러한 결정은 1984년 2월 발파딜 5, 6차 공세의 실패후 취해졌으며 인해전술의 무익함과 이란에 있어서의 점증하는 전쟁에의 권태감을 인식하게 하는데 영향을 끼쳤다. 따라서 이란은 1984년 이후 파스다란군과 정규군과 사이에 원활한 관계를 재수립하기 위해 지대한 노력을 하였던 것이다.

이 작전의 투입병력은 파스다란을 중심으로 한 총 15개 사단으로 최정예인 공수부대(공수투입을 미실시)도 참가하였다. 이에 대응하는 이라크군은 바그다드의 전략 예비군으로부터의 증원을 받아 5개 사단 및 6개 여단의 인민군이 참가하였다. 쌍방 공히 전쟁이후 최대 규모의 부대투입이었다. 이란군은 남부, 북부 및 중앙의 3개 방면으로 이동하고 이라크군을 일시에 포위, 섬멸하려고 기도하였다. 그런 점에서 이란군에 있어서는 마치 결전작전이었다고 말할 수 있다.

3월 12일에 이라크 공군은 323회 출격의 지상공격을 실시하였으나, 이란군의 진격은 적극적이어서 이라크의 제3기갑사단 및 제 4사단은 티그리스강 서안으로 철수하지 않을 수 없었다. 따라서 이란군은 다음 13일에 비로소 티그리스강의 도하에 성공하였다. 이러한 중대한 사태에 직면한 후세인 대통령은 참모총장과 함께 현지에 나가 화키리 및 쥬브리 양 참모차장의 전투지휘하에 이라크군을 총반격으로 몰아넣었다. 이란군이 도하할 교량은 공중폭격으로 파괴되고 주정은 격침되어 티그리스강 서안의 이란군은 고립되었다. 이러한 상황에 처해있을 때 항공지원을 받는 이라크 기갑사단이 돌진하여 이란군의 도하부대를 18일까지 섬멸하였다. 이라크군 측의 발표로는 이란군의 전사자가 27,200명이었다. 이라크 공군기는 16일에 536회 출격, 헬리콥터는 17일에 435회 출격 등 각각 그때가지의 출격회수를 갱신하고 있었다. 이러한 바들작전에서도 이란군은 3만에 이르는 병력의 희생과 많은 장비의 피해를 내면서 실패하였다. 이후 1985년의 지상에서 계속 교전은 발생하였지만 대규모 공세로 확대되지는 않았다.

한편, 이란은 지대지 미사일을 사용한 도시 공격을 감행하였다. 먼저 북부의 석유 도시인 킬키크를 3월 12일에, 이어서 바그다드를 3월 14일 미명에 공격하였는데 이것이 결국에는 1988년 2월~3월에 쌍방의 수도에 대한 미사일 공격전의 발단이 되었다.

마. 제 5 기 : 이란의 최후 공세기(1986 ~ 1987)

1986년 2월초, 이란은 대규모의 병력동원을 통하여 다시 일련의 공세를 취할 수 있는 준비를 갖추었다. 1986년 2월 9일 밤, 이란군은 제 8차 발파딜 작전을 전개하여 샤트 · 알 · 아랍강을 대다수 주정으로 기동하고 이라크 영토 최남단인 파우(Faw) 반도를 기습 공격하여 이라크군을 격퇴하고 반도의 약 100평방 킬로미터 이상을 점령하였다. 개전 이래 처음 있는 이란군에 의한 이라크 도시의 점령이었다. 이에 놀란 이라크군은 급히 탈환하려고 노력하였지만 대 습원인 파우반도에서 기갑부대는 물론 보병부대도 도로 이외에는 전개할 수 없었다. 반면에 이란군은 나중에 "이란 게이트" 사건[19]으로 알려진, 미국으로부터 입수된 TOW 대전차 미사일 및 호크 지대공 미사일로 방어를 강화했기 때문에, 3월 말에는 이라크도 파우의 단기 탈환을 단념하고 있었다.

파우 점령의 목적은 이곳을 거점으로 하여 바스라로 북상하기 위한 것이라고 하는 것보다 파우에 이어 근교의 라슬 핏쉬를 점령하고 반달 호메이니 항 선박의 항해의 안전을 도모하고, 더욱이 파우의 알 바클을 점령하여 해상 레이더 기능을 무력화하려는 데 있었을 것이다. 이라크군은 라슬핏쉬로부터 중국제의 지대함 미사일 HY2 실크웜을 사용하여 반달 호메이니항으

19) 1986년 11월 미국이 이란 내에 있는 미국인 인질과 교환조건으로 이란에 대해 비밀로 무기 수출을 실시했던 것이 신문에 폭로된 사건.

로 향하는 군수품 보급 선박을 공격하여 상당한 성과를 거두고 있었으며, 알 바클의 해상석유 수출기지에 설치된 대형 해상 레이더는 페르시아만의 해공전에서 이라크군의 항공기나 미사일의 탐색에 위력을 발휘하였다. 또한, 이라크가 전쟁 전에 이탈리아에서 발주한 루포급 프리키트 4척과 이사도급 코베트 6척이 1987년 말까지 모두 완성된 것도 파우 점령에 연관된다. 이탈리아는 교전중인 것을 이유로 인도를 거부하였으나, 만일 사정거리 180km의 대함 미사일 오토맛트 MK2를 장비하는 신예함 10척이 페르시아만으로 회항케 된다면 반달호메이니항 및 석유 수출상인 하르그섬이 전면 봉쇄되고, 이란은 완전히 작전지속능력을 잃게 되었을 것이다. 즉 이란 해군의 구식 미사일 전력으로는 아무리 해도 이라크의 신예함에는 상대되지 못하기 때문이었다. 이것을 방지하기 위해서는 초크 포인트(choke point)인 호르므즈 해협을 향하여 대함미사일 기지를 두는 것이 가장 효과적이다. 그리고 그곳에 파우전에서 탈취한 이라크의 HY2 실크웜을 설치하면 일석이조가 된다는 것이다.

제9차 발파딜 작전을 전후하여 이란 공군의 재건도 추진하여 파우반도 주변에 있는 이라크군 진지나 부대에 대한 폭격 등에도 출격하였다. 또한 기갑부대의 재건도 추진하게 되어 제92 기갑사단이 마디눈섬 부근으로 출동하였다.

1986년 5월 이라크는 파우반도의 상실을 만회하기 위하여 중부 메헤란 지역을 점령하였으나, 이란군은 6월 카르빌라(Karbala) 1호 작전을 개시하여 동 지역을 탈환하고 이라크군의 기도를 분쇄했다. 이란군은 1986년 9월 1일과 3일 카르빌라 2호와 3호의 소규모 작전을 실시한 후, 1986년 12월 남부 호람샤르 지역에서 카르빌라 4호 작전을 실시, 2일 동안 이란군은 약 2만에 이르는 병력 손실을 내고 퇴각하였다. 그러나 이라크군이 승리에 도취하고 있을 때 이란군은 동 지역에 1987년 1월 9일과 12일에 카르빌라 제5호 작전을 전개하여 약 15만 명의 병력을 축차 투입하여 5선에 걸쳐있는 방어선 즉, 바스타 방어선을 4선 방어선까지 격파하고 이라크 영토 샤람체까지 10km 진출하였다. 이 작전에 대한 이라크군의 대응은 이란군을 중부지역에서 견제하였으나 공세전환에 의한 집중이 지연되었고, 또한 지형적으로 기갑을 주축으로 한 반격이 곤란하였기 때문에 동 지역에서의 이란군에 대한 저지는 사실상 불가능하게 되었다. 이로써 이란은 1986년 파우반도에서 계속된 남부요충지 바스라 정면의 이라크 영내에 교두보를 확보하면서 5만 명에 달하는 병력손실을 보았으나 이란군은 이 지역에서 일단 이라크에 대한 전략적 우위를 차지하게 되었다

1987년 4월 7일에 카르빌라 8호 작전이 샤람체에서 개시되었다. 그런데 이라크군은 만반의 준비를 하고 대기하였다. 1987년 4월 10일 이라크군은 제 3, 4, 6, 7군으로부터 선발된 혼

성 돌격부대를 투입하여 반격으로 전환하였다. 11일에는 하이라쓰다 국방장관이 최정예의 전략예비대인 대통령 경비대를 인솔하여 지원에 나섰다. 그런데 4월 12일에 이란군이 작전목적 달성완료라고 발표하면서 철퇴하여 버렸다.

이란군이 5기작전기에서 공세작전이 성공한 요인은 다음과 같다. 첫째, 이란군은 이라크군의 약점을 포착하여 전 전투력을 집중시키고 일단 돌파가 성공하면 그곳에 후속부대를 투입시켜 전과를 확대했다. 둘째, 대공화망을 지속적으로 유지하여 이라크 전투기 약 50대를 격추시킴으로써 이란군은 작전 · 전투력 향상은 물론 장병들의 사기가 크게 고무되었다. 그러나 이러한 이란군의 전과는 미국으로부터 제공된 호크 미사일, 토우 대전차 미사일에 의존했다는 의견도 있지만 명확한 증거는 없다.

바. 제 6 기 : 유조선 전쟁의 확대 및 서방국가 개입기(1987. 3 ~ 12월)

1987년 4월의 카르빌라 제8호 작전이후 이란의 본격적인 공세는 중단되었다. 이러한 배경에는 이란의 대폭적인 전시 인플레이션, 이라크군의 강력한 장비에 대한 이란군 병사들의 공포, 이로 인한 이란군 · 민의 급속한 사기저하 등과 1987년 7월 7일 이후 미국과 소련, UN 안전보장이사회에 의한 평화해결 움직임이 있었기 때문이었다. 또한, UN의 정전결의안 제598호가 채택되었고 미국이 페르시아만에서 "힘의 정책"으로 전환이 되면서 양국에 대하여 강경한 입장이 있었기 때문이기도 한 것이다. 이란 · 이라크 전쟁이 유조선 전쟁으로 비화되어 미국을 비롯한 서방국가들이 이 해협을 통한 석유수송에 어려움을 겪던 차에 이란이 호르무즈 해협의 봉쇄를 시도한 것은 페르시아만 지역의 위기에 불을 붙인 결과를 가져왔으며, 지역 위기의 국제화 계기를 조성하였다.

미국으로서는 이 같은 사태악화를 좌시할 수만은 없었다. 이란의 페르시아만 봉쇄에 따라, 이 지역을 항해하는 제 3국 선박의 피해가 계속 늘어날 경우, 페르시아만 연안 온건국가들의 대미 신뢰도가 상실되어 중동에 있어 미국의 기반이 붕괴될 우려가 있었기 때문이다. 따라서 미국은 연안 산유국들을 보호하고, 서방국가들의 유조선 피해를 최소화시킬 수 있는 일련의 대책을 신중히 검토하기에 이르렀다. 이러한 차에 쿠웨이트는 이란의 해상공격으로부터 자국의 유조선을 보호키 위한 제반 조치들을 세계 각국들이 강구해 줄 것을 요청하였다. 이에 처음 반응을 보인 것은 소련이었다. 소련은 쿠웨이트의 미 · 소에 대한 지원 요청을 먼저 받아들이는 형식으로 유조선 3척을 쿠웨이트에 대여하여 쿠웨이트의 원유수송을 지원하였다. 미국 역시 11척의 쿠웨이트 유조선이 미국 국기를 게양하고 페르시아만을 항해할 수 있도록 신속한 조치를 취했으며, 필요시에는 이를 군함으로 호위하겠다고 천명하였다. 뿐만 아니라 영국, 프랑스, 이탈리아 등 유럽국가 들도 해군력을 파견하여 유조선 호위계획에 참여하였다.

그러나 이란은 이란 · 이라크간의 전쟁이 "강요당한 전쟁"이라고 하며 이라크가 주장하는 전쟁개시일[20] 9월 4일을 부정하고 9월 22일을 개전일로 주장하였고, 사담 후세인이 국제법정 내지 이슬람 법정에서 심판받아 침략자나 전쟁범죄인으로 인정되는 날이 올 때까지는 총의 방아쇠로부터 손가락을 떼지 않겠다고 하며 시종일관 이라크나 UN에 의한 정전조건을 거부해왔다. 따라서 이란은 수년 동안 이라크에 전비 지원을 한 쿠웨이트와 사우디아라비아의 유조선에 대한 공격을 계속 실시할 것을 천명하였다. 그 후 계속 페르시아만에서 위협이 되자, 미국은 페르시아만 호위비행과 유조선의 호위계획을 수립하였으나 이란은 미사일 대응으로 맞설 것을 표방하였다. 페르시아만은 초긴장의 상태가 되었다. 7월 17일에는 소련이 미국에 대하여 모든 함정의 철수제안을 하였으나 미국이 거부를 하자 미 · 소간에도 긴장이 고조되는 상황까지 이르게 되었다. 1987년 9월 21일에는 기뢰 부설중인 이란함정과 미 해군이 교전을 하게 되고 10월 이후 미군 헬기의 이란함정 격침과, 구축함의 이란 해상석유기지 포격 하는 등 이란 · 이라크 전쟁은 이해관계가 걸려있는 서방국가들이 개입하면서 국제전화 되었고, 자연스럽게 유조선 전쟁은 크게 확대되었다.

1987년 4월, 이란은 카르빌라 10호 공세작전을 개시하는 등 계속적으로 지상에서 주도권을 가지고 공세작전을 폈지만 그 성공은 대단히 제한적이었고 전략적인 이점을 제공받지는 못하였다.

사. 제 7기 : 이라크군의 반격시기(1987. 9 ~ 1988. 8월)

한편, 이라크군은 1988년 2월에서 4월 쌍방의 수도에 대한 미사일 대응전에서 이란군을 압도하였다. 테헤란 시민 사이에서는 이라크가 독가스 탄두미사일로 공격할 것이라는 소문이 유포되어 시민들은 공포에 빠지게 되었다. 이라크군은 1988년 3월 하랍쟈 지역에 유독가스를 사용하였고, 6월 25일에는 이란 남부의 아후와스 지역에 대하여 유독가스 탄두미사일로 다수

20) 이라크에서는 이 전쟁의 개시일을, 이란이 자국의 영공을 봉쇄하고 군대에 총동원령을 내리고 이라크와의 국경에 많은 군대를 전개한 9월 4일로 보고 있다.

공격하였다.

1988년 초부터 이란과 이라크 소규모 교전을 주고받는 가운데 이라크는 1980년 이후의 대규모 기습 공세를 비밀리에 준비 중에 있었다. 이란군이 1988년 5월말 바스라 동방에 있는 샤람체 지역에서 철수를 하게 되었다. 이에 따라 이라크군은 7월 쿨드인 지구를 공격하였고, 7월에는 6년 만에 이란 영토내로 침입을 하기까지 하는 등 지상전에서도 우위를 과시하고, 파우(Faw) 및 기타 지역을 탈취하였다. 이라크가 파우를 탈환하면서 반달 호메이니항에 대한 이란의 해상보급은 곤란하게 되었다. 그리고 일련의 계속된 지상전투에서 이라크가 승리하면서 이란의 지상군이 붕괴하고 미국을 비롯한 서방국가들이 UN을 통해서 이란에게 정전압력을 가하는 등 이란은 외교적으로도 국제적으로 고립되어 갔다. 결국, 사면초가가 된 호메이니는 불가피하게 1988년 7월 18일에 UN 안전보장이사회의 정전결의를 수락하였고, 8년 동안의 소모전으로 치달았던 이란 · 이라크 전쟁은 8월 20일부터 정전이 되었다.

제4절 결 론

1. 전쟁피해 및 결과

전쟁으로 인하여 쌍방의 피해는 합계 약 100만 명 이상의 사상자가 발생했으며 전쟁 포로도 모두 합해서 8만 명에 달하였다. 또한 국경부근의 국토는 황폐화되었고, 원유에 의한 많은 수입은 전쟁비용으로 소모되었으며 손실은 총계 약 4,000억 달러가 넘을 것으로 추산된다.

도표(3) 전쟁피해 현황

구 분		이 라 크	이 란
인적피해	전사자	10만 명	25만 명
	부상자	5만 명	50만 명
	포로수	5만 명(이란 억류)	3만 명(이라크억류)
물적피해	전쟁피해	2,516억불	5,032억 불
	군사비 (연평균)	901억불 (13억9,000만불)	493억 불 (61억2,000만불)
	경제적 손실 (시설피해로 인한 간접피해)	1,700억불	918억불

※ 자료출처 : 국방정보본부 세계군사정세(1988/89년도판)

2. 군사적 평가

이란 · 이라크 전쟁은 양국가간의 전쟁에서 국제전화 되어 갔던 전형적인 경우였다. 전쟁은 쌍방간의 대립과 갈등이 강대국의 이해관계와 상승작용을 하여 국제화된 것이다. 전쟁피해규모 면에서도 2차대전 이후 제3세계 지역에서 일어났던 전쟁중 가장 치열한 것 중의 하나였다. 그러나 군사적으로는 쌍방 모두 무모하면서 실패한 전쟁으로 평가되고 있다.

그러한 이유 중에서 첫 번째는 고전적 전쟁수행원칙을 잘못 적용했다고 할 수 있다. 이라크의 후세인 대통령은 전쟁초기에 자국이 보유하고 있는 군사력의 일부로 한정된 지역범위 내에서 대군사목표에 중점을 두고 공격을 가해 이란으로 하여금 협상테이블로 나오도록 한다는 제한전쟁전략을 사용하였다. 그는 제한된 지상군 병력으로 신속하게 이란내의 결정적 목표를 타격하면 이란의 호메이니가 쉽게 굴복해 올 것으로 믿었던 것이다. 그러나 이란은 완강히 저항하였으며, 몇 개월 후에는 오히려 이라크에 반격을 가해 왔다. 이러한 사태는 이라크 군사지도자들이 풍부한 군사전문지식과 경험을 갖고 있지 못한 데서 비롯된 것이었다. 제한전쟁전략은 핵보유국이 관련될 때에는 가능할 수 있으나, 비슷한 수준의 전쟁수행능력을 갖고 있는 약소국들 간의 전쟁에서는 걸려있는 이해관계가 아주 보잘 것 없는 것이 아닌 한, 상대국이 쉽게 협상에 응해오지 않는다. 이라크는 잘못된 판단에 기초하여 초기 공격작전시 전세를 완전히 장악할 때까지 공격을 계속하지 않고, 일단 멈추었던 것이다. 이는 이란에게 전열을 정비하여 반격을 가할 수 있는 여유를 주게 되었으며, 결국은 이란이 지상전에서 전쟁의 주도권을 잡을 수 있는 계기를 주게 되었다. 후세인은 자국의 군사 능력이 이란에 비해 우세하다고만 과시하였을 뿐, 메시아적인 이데올로기로 무장된 이란의 혁명정권과 전쟁을 하는 것이 대단히 무모할 것이라는 점을 간과하였다. 후세인은 자국의 군사적 능력을 과신한 나머지 제한전을 수행코자 하였다. 그러나 호메이니는 이슬람 혁명 이데올로기를 토대로 한 국민의 결속력과 전쟁지속의지를 배경으로 총력전에 돌입하였다. 이란은 "죽음과 굴복중 택일"을 강요하는 대이라크 성전(Jihad)을 전개하였던 것이다. 따라서 이라크의 제한전 개념은 무용한 것이 되고 말았다.

전쟁이 제한되지 못한 또 다른 이유로서는, 이라크의 전쟁목적이 국내 정치적 권력기반의 강화와 이란의 대이라크 혁명수출 저지라는 정치적 고려에 의해 지나치게 구애를 받았다는 점이다. 이라크는 전쟁직전까지 국내정치적으로 불안하여 권력기반이 위협받고 있었으며, 이를 해결하기 위한 하나의 방법으로 전쟁을 개시한 것으로 보는 견해들이 있다. 더욱이 이란의 혁명선풍은 세속주의적 정치권력에 도전하는 시아교도들 같은 이라크 내의 종교세력을 봉기토록 자극함으로써 후세인의 정치권력체제 유지에 심대한 위협을 가중시켰다. 이 같은 상황에서 후세인은 이란공격을 결심하게 된 것이며, 전쟁의 수행과정은 자연스럽게 후세인의 정치적 목표에 종속될 수밖에 없었으며, 이것이 전쟁이 장기화된 또 하나의 원인이 된 것이다.

이라크의 이란에 대한 정보분석 실패도 전쟁실패의 중요한 원인이었다. 이라크는 1980년 전쟁당시 이란이 국내 소요사태 발생, 군부세력의 약화, 그리고 국제적 고립 등으로 전쟁수행능력 및 의지를 거의 갖고 있지 못한 것으로 판단하였다. 또한 이라크는 이란의 군사적 능력에 대한 정확한 정보평가 없이 자신의 군사능력만을 과신하였기 때문에 군사력을 집중적으로 운용하지 않았다. 이라크는 지상전과 공중전 모두 전력전부를 투입하지 않아 초기 군사작전에서 공격효과를 극대화시키지 못했다. 더욱이 이라크는 공격을 늦추면 이란이 협상테이블로 나올 것으로 기대하였다. 이라크의 초기 군사작전 행동은 이라크의 군지도부가 이란국민들의 전쟁의지와 사기, 그리고 이란의 잠재적 군사력을 지나치게 과소평가한 데서 비롯된 것으로 볼 수 있다. 그러나 앞의 도표(2)에서 보듯이, 1980년 전쟁이 일어날 당시, 이란의 군사력은 이라크에 비해 열세한 것이 아니었다. 다만 군의 지휘 및 통제 측면에서 이란이 혼란을 겪고 있을 뿐이었다.

이란의 경우 역시 전쟁목표와 전략의 개념, 적절한 작전계획, 그리고 전투기술이 없이 전쟁을 수행하였다. 이란은 이라크가 전쟁을 지나치게 제한시키려고 했던 데 비해, 반대로 전쟁을 확대시키려 함으로써 전쟁을 계속 장기화 시키는 결과를 가져왔다. 이란은 이라크에 죽음 아니면 굴복을 택하라는 종교적 율법을 강요하면서 전쟁지속의지를 강하게 표출했다. 그러나, 이란은 적절한 군사력 운용 개념과 작전 계획 없이 전쟁을 수행하였다. 이란은 인해전술에 의존한 재래식 공격방법을 사용함으로써 국민들의 무모한 희생만 가중시켰다.

이란의 전쟁실패 원인으로 또 하나 들 수 있는 것은 군 지휘구조와 통제 체체가 일원화되지 못한 것이었다. 이란군의 지휘통제체제는 이슬람 혁명 이전까지만 해도 어느 정도 일원화를 기할 수가 있었다. 이때는 장교단과 사병집단간에 일종의 봉건적 관계가 유지되었으며, 장교단은 중앙통제기구에 의해 지휘되고 통제되었다. 그러나 혁명 이후 많은 장교들이 숙청되고, 많은 사병들이 군을 이탈함으로써 이란군은 붕괴의 위기를 맞았다. 더욱이 이란혁명정권은 혁명근위대인 파스다란(Pasdaran)을 새로이 창설함으로써 군구조상의 분열을 가져왔고, 지휘통제체제의 이원화를 초래하였다. 혁명정권은 파스다란의 지휘를 계속 강화시켰으며, 군부를 종속적 지위로 격하시켰다. 이러한 군 구조 및 지휘통제 체계상의 이원화와 분열은 일사불란한 전쟁지도를 함에 있어 커다란 장애가 되었다. 전쟁지도의 통일이 전체부대로 하여금 협조된 활동으로 전쟁목표를 향해 나아갈 수 있게 하고, 전 전투력을 결정적으로 운용할 수 있는 열쇠라면, 이란은 이러한 측면에서 커다란 실책을 범한 것이었다.

이란 · 이라크간의 전쟁이 장기 소모전화 된 것은 이란과 이라크의 군사전략적 실패에만 원인이 있는 것은 아니었다. 강대국 및 UN의 지역분쟁 조정기능이 미흡하였으며, 강대국인 미 · 소는 중동진출 기반 강화를 위하여 상호 경쟁적으로 개입하였다. 지역내 국가들 또한 이란과 이라크의 강대화에 대한 우려로 전쟁의 조기종결을 원하지 않았으며. 세계 주요 무기생산국들이 교전 당사국에 대한 지속적인 무기 공급으로 전쟁 장기화에 일조하였다.

제6장 걸프(Gulf) 전쟁

제1절 전쟁의 배경

1989년 12월, 미소 양국의 정상은 몰타에서 회담을 갖고 냉전체제의 종식을 선언하였다. 세계질서의 조류는 냉전체제 이후 화해와 개방으로 가고 있는 듯 했다. 그러나 1990년 중반 무렵 중동지역에서는 군사적 긴장이 고조되고 있었다. 이라크 후세인은 쿠웨이트와 사우디아라비아 등 다른 OPEC 국가들에게 석유 값을 올리라는 압력을 가하고 특히 일부가 쿠웨이트에 걸쳐있는 이라크의 루마일라 유정에서 쿠웨이트가 24억 달러 어치의 석유를 훔쳐갔다고 비난하고, 24억 달러 및 쿠웨이트가 석유를 생산하여 이라크에 끼친 피해액 140억 달러도 배상하라고 강요했다. 더 나아가 후세인은 쿠웨이트의 와르바섬과 부비안섬이 이라크의 항구로 들어가는 해로 사이에 있기 때문에 이라크의 영토가 되어야 한다고 강변했다.

이라크의 요구에 대하여 쿠웨이트가 거절하자 후세인 이라크 대통령은 국경지역에 병력을 증강하기 시작했다. 그러자 1990년 7월 31일, 사우디아라비아의 중재 하에 이라크와 쿠웨이트 간에 전쟁을 회피하려는 협상이 열렸다. 이 회담에서 쿠웨이트 측은 90억 달러의 무상공여를 제공하겠다고 양보하였으나 영토문제는 이라크의 요구를 들어줄 수 없다는 입장을 표명하였다. 그러자 이라크 대표단은 협상을 결렬시키고 본국으로 귀환하였고 8월 2일 오전 2시를 기해 이라크는 전격적으로 쿠웨이트에 침공하였다.

이와 같이 양국 간의 분쟁이 전쟁으로 치닫게 된 원인은 세 가지 정도로 나뉘어 질 수 있다.

첫째, 1988년에 종료된 이란과의 8년 전쟁 후 이라크의 경제력은 쇠퇴일로를 밟고 있었다. 전쟁 이후 이라크의 외채는 1,000억 달러에 달했고 전쟁기간중 석유생산시설이 파괴되어 그 이전에 국가 순 생산의 70%를 차지하던 석유수출 수익이 85년 이후부터는 30%대에 머물렀다. 따라서 석유 값을 후세인의 주장대로 배럴당 30달러(기존 12달러)로 올릴 경우 이라크는 연 600억 달러의 수입을 추가로 올릴 수 있게 되어 전쟁부채를 갚게 된다. 그런데 다른 OPEC 국가들이 이에 불응하자 그는 석유부국 쿠웨이트와 사우디아라비아를 무력으로 병합하여 경제사정을 개선시켜 보려고 했다. 둘째, 후세인은 역사적으로 쿠웨이트가 이라크의 일부라고 생각했다. 오스만 제국 시절 쿠웨이트 지방은 이라크의 남부 바스라 지방의 일부였으며 메소포타미아 일대가 영국의 위임통치를 받고 있었던 시기에도 쿠웨이트는 바그다드에서 통합되었다는 것이다. 따라서 후세인은 1961년 쿠웨이트 독립 당시 쿠웨이트를 병합하려고 시도했던 이라크의 카셈 장군과 유사한 정신적 사조를 계승했다고 볼 수 있다. 셋째, 후세인은 자신이 아랍민족주의자, 반제국주의자라고 생각했다. 그러나 쿠웨이트의 알 사바 왕가는 미국 등의 자본에 힘입어 석유를 개발하고 그 재력으로 독점적인 혜택을 향유하는 제국주의의 하수인, 아랍민족의 배반자라고 비난하였다. 그리고 무엇보다도 이라크의 군사력이 페르시아만 일대에서 가장 강력하였기 때문에 후세인은 이를 기반으로 이 지역에서 헤게모니를 확보하려는 자신의 목적이 관철될 수 있다고 판단하였던 것이다.

제2절 이라크의 쿠웨이트 침공과 사막의 방패작전(Op. Desert Shield)

1990년 7월 말, 후세인은 공화국수비대를 기간으로 한 5개 사단 10여만의 병력을 이라크-쿠웨이트 국경에 배치하였고 8월 2일 쿠웨이트에 대한 침공을 개시하였다. 이라크의 전격적인 침략에 총 병력 2만, 탱크 275대, 항공기 36대 밖에 갖지 못한 쿠웨이트는 저항다운 저항도 해보지 못하고 단 이틀 만에 전 지역을 넘겨주고 말았다. 8월 6일까지 이라크는 6개 사단을 쿠웨이트에 포진시킬 수 있었고, 이들은 주로 쿠웨이트-사우디아라비아 국경에 배치되어 사우디에 대한 공격태세를 갖추기에 이르렀다.

이라크의 불법적인 침략에 대하여 유엔 안전보장이사회는 이라크 군이 쿠웨이트로부터 즉각 철수할 것을 촉구하는 결의안 660호를 채택했다. 8월 3일과 4일, 부시 대통령, 체니 국방장관, 콜린 파웰 합참의장, 노먼 슈워츠코프 중부군사령관, 스코우크로프트 안보담당보좌관 등이 참석한 가운데 연속적으로 열린 미국 국가안보회의(NSC)에서는 어떤 일이 있어도 제2

의 베트남은 피해야 하면 일단 파병 결정을 하면 대규모의 병력과 방대한 물자를 신속히 투입한다는 합의가 도출되었다. 쿠웨이트 국경지역에서 이라크군과 대치하게 된 사우디아라비아의 파드 국왕은 급파된 미국의 체니 국방장관과의 회담 결과 자국에 대한 미군의 주둔을 승인하였다. 8월 6일 부시 미국 대통령은 이라크군의 사우디아라비아 공격을 저지하기 위해서 미군을 페르시아만 지역에 배치하겠다고 발표하였다. 소련의 세바르드나제 외상도 이날 베이커 미 국무장관 함께 성명을 발표하여 이라크의 쿠웨이트 침략을 비난하였다. 역사상 드물게 세계의 초강대국들이 보조를 맞추고 있었다. 그러나 유엔, 미국, 소련 등의 반응에 아랑곳하지 않고 후세인은 쿠웨이트가 이라크의 19번째 주로 편입되었다고 발표하였다.

지중해와 페르시아만 지역에 대한 항모전대의 파견에 이어서 미군 최초의 지상군이 8월 8일에 도착하였다. 이 부대는 미국의 노스캐롤라이나의 포트 블랙을 출발한 제 82공수사단 선발대 1개 연대로서 사우디와 쿠웨이트의 국경을 따라 포진한 사우디 기동부대 후방에 배치되었다. 이어서 82공수사단 잔여부대, 제101공수사단, 패트리어트 미사일 방공부대, 제24기계화 보병사단, 제197기계화 보병사단, 제1,2기갑사단 등이 10월 말까지 전선에 배치되었다. 사라토가호를 주축으로 하는 미 항모 전투단이 홍해로 이동하였다. 항모 케네디호가 중심이 된 전투단이 페르시아만으로 향했다. 전함 위스컨신호도 페르시아만에 들어왔다. 공군의 다양한 기종들인 F-16C/D, F-15E, F-4G, A-10A 부대들이 사우디아라비아에 도착했고 공중경보 관제기 등도 속속 도착했다. B-52폭격기는 인도양의 디에고 가르시아 기지에 배치되었고 영국내 기지에 있었던 F-111F 기들도 터키로 이동하여 북쪽에서 이라크를 위협하였다. 8월 말까지 미군은 육군 15,000명, 해병대 15,000명, 지원부대 20,000명, 항모 3척을 포함한 함정 14척, 항공기 460대 등의 대부대가 이동 완료하였고, 이 부대들은 미 중부군 사령부 노먼 슈워츠코프 대장의 지휘를 받았다. 미군뿐 아니라 회교권내의 이집트, 시리아 등 다른 아랍국가들도 사우디아라비아에 파병하기로 결의하여 8월 11일에 이집트 파견단이 최초로 도착하였고, 영국, 프랑스, 네덜란드, 벨기에, 파키스탄, 이탈리아, 오스트레일리아 등도 독자적으로 전투병력을 파병하여 다국적군을 구성하였다. 다국적군은 동맹군도 아니고 합동사령부도 없었지만 실질적으로 미 중부군사령부 슈워츠코프 대장과 사우디아라비아의 연합군 사령관 칼리드 빈 술탄 중장의 협조 하에 지휘되었다. 이외에 미국의 외교활동의 결과 바레인, 오만, 아랍에미리트 연합, 카타르 등의 공군기지에 미 공군기들이 배치되었다. 최초 다국적군에게 주어진 임무는 이라크에 의한 더 이상의 침공을 저지하고, 그들의 전력손실을 극대화하고 우방국들의 방어능력을 계속 증강하여 이라크가 그들의 공격작전을 포기하게 하며, 만일 이라크가 사우디 국경을 침범할 경우 사우디아라비아를 방어하는 것에 국한되었다.

8월 25일, 유엔 안전보장이사회는 결의안 655호를 통과시켜, 이라크에 대한 무역제재조치를 강행하기 위한 무력사용을 승인하였다. 이에 따라 페르시아만과 홍해에 배치되어 있던 미국 및 동맹국 함대는 경제제재조치의 일환으로서 해상봉쇄를 강행하기 시작하였다. 그러나 사담 후세인은 계속 쿠웨이트 주둔 병력을 증강시켜 10월 현재에는 43만 명 정도의 병력이 집결하고 있는 것으로 확인되었다. 이 병력들이 보유하고 있는 탱크, 장갑차, 전투기 등의 장비도 증강되고 있었다. 그리고 이들은 후세인의 지시에 따라 사우디아라비아의 국경을 따라 벙커, 탱크함정, 지뢰지대 등의 강력한 진지를 구축하고 모든 통신망과 보급시설을 지하화하고, 쿠웨이트 내부와 이라크 남부 지역의 군수품을 비축하는 등 전쟁태세를 늦추지 않고 있었다. 슈워츠코프 중부군 사령관은 이라크의 상황에 비추어 40만 명 수준까지의 병력 증강을 요청하였다. 그러나, 이라크군은 9월 중순 이후 사우디 침공을 단념하고 수세로 전환하는 것이 명확해졌다. 사우디와의 국경선에 배치되었던 이라크 공화국 수비대 사단과 기갑부대들은 국경에서 후방으로 약간씩 철수하기 시작했고, 대신 보병부대들이 투입되어 참호를 파고 장벽을 구축하기 시작하여 미군의 쿠웨이트 탈환작전에 대비하였다.

제3절 사막의 폭풍작전(Op. Desert Storm)

1. 양측의 작전계획

10월 30일, 부시 미 대통령은 사우디아라비아 방어를 목표로 하는 사막의 방패작전에서 한 걸음 더 나아가 적극적으로 쿠웨이트 탈환을 위한 전투력 보강을 결심하였다. 이에 따라 독일에 주둔 중이던 미 제7군단 예하 제1기갑사단, 제3기갑사단이 최신 M-1A1 탱크와 함께 쿠웨이트 국경지대에 이동 배치되었고, 해병 제2사단도 투입되었다. 1척의 전함과 3개의 항모그룹(레인저호, 루즈벨트호, 아메리카호), 그리고 항공기 410대 등이 추가로 증강되었다. 미 본토에서도 각 군의 예비군과 주 방위군에 대한 동원을 지시하여 의회의 승인을 얻고 예비전력을 확보케 하였다.

사막폭풍작전의 지휘계통

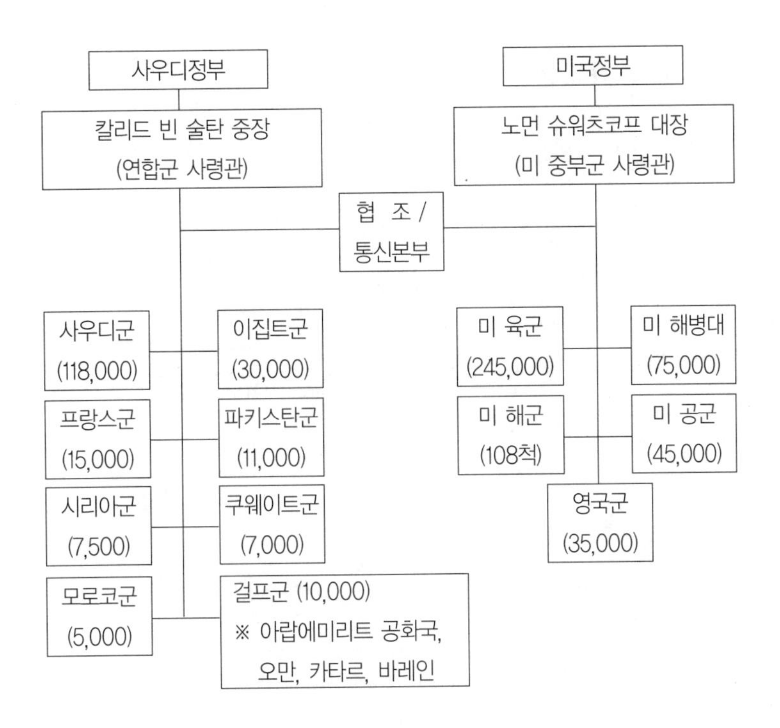

이리하여 11월 말에는 다국적군의 육군병력은 40만에 달하였고 해 · 공군은 요도와 같이 포진하였다. 지중해 지역에 항공모함 케네디호와 사라토가호를 주축으로 하는 함대가 작전 중이었고, 홍해 지역에 항공모함 아이젠하워호 등 3개의 항공모함을 주축으로 하는 함대가, 페르시아만에 항공모함 인디펜던스호를 주축으로 하는 3개의 함대가 180대의 전투기를 보유하고 배치되었다. 페르시아만에는 쿠웨이트 해안에 대한 상륙작전에 대비하여 대규모의 수륙양용부대도 배치되어 있었다. 항공기들도 인근 국가들의 기지에 100대 이상의 미 공군 전투기와 NATO 회원국들의 3개 비행중대가 포진하였다. 사우디에 소재한 킹파이잘 항공기지, 다란 오아실 항공기지 등에 600대 이상의 전투기가 배치되었다. 그리고 특별히 이스라엘에 대한 스커드 미사일 공격을 방어하기 위해서 패트리어트 미사일 포대가 이스라엘에 배치되었다.

중부군사령부는 이라크 공격 작전을 '사막의 폭풍' 작전으로 명명하고 세부적인 작전계획을 수립하였다. 대부분의 작전권한을 대통령으로부터 위임받은 슈워츠코프 장군은 10월경부터 본격적으로 이라크와의 교전에 대비한 작전계획을 준비하고 있었다. 그는 미국의 기술력을 바탕으로 육해공군의 모든 장점을 최대한 활용하는 유기적인 작전계획을 세워야 하며 특

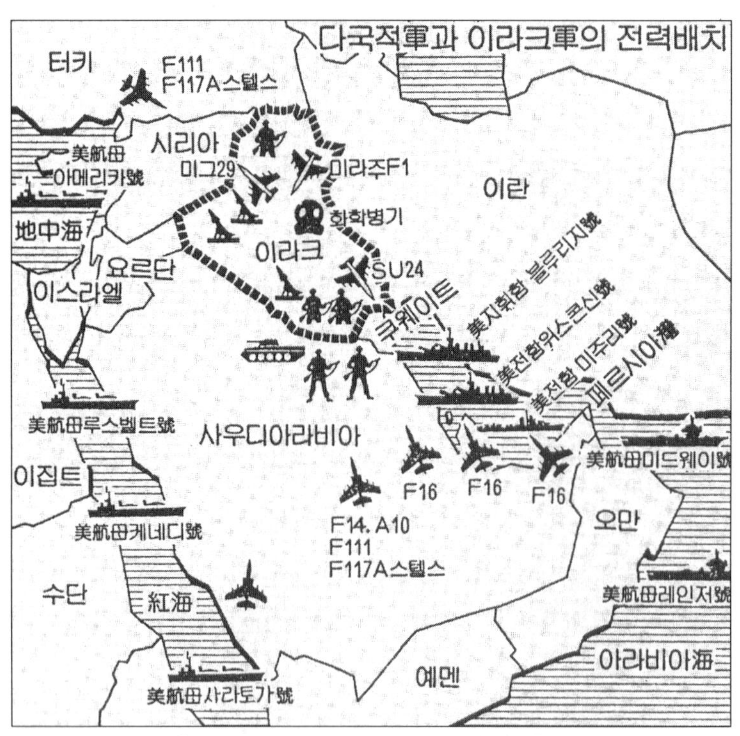

※ 출처: 국방과학연구소,「걸프전 무기체계와 국방과학기술」(서울: 국방과학연구소, 1992), p. 10.

히 지상군의 손실을 줄이기 위해 초전에 공군력을 대량 투입해야 한다는 생각을 가지고 있었다. 이와 같은 개념 아래 '사막의 폭풍' 작전은 다음과 같이 4단계로 구분되었다.

1단계 : 이라크에 대한 전략항공작전

2단계 : 쿠웨이트에 대한 항공작전

3단계 : 공화국 수비대를 무력화시키기 위해서 지상전투력을 파괴하고 쿠웨이트 전역의 고립화

4단계 : 쿠웨이트에서 이라크군을 축출하기 위한 지상작전

1,2,3단계가 공군력에 의존하는 폭격계획이라면 4단계만이 본격적인 지상작전으로서 '사막의 폭풍' 작전은 개전 초기에 공군력을 최대한 활용해 병력의 손실을 최소화하려는 슈워츠코프 대장의 전쟁철학이 철저하게 반영되어 있다고 할 수 있다.

이라크의 방어전략은 사우디-쿠웨이트 국경을 따라 강력한 방어진지를 구축하는 것인데, 그 최전방에 50만 개의 지뢰를 매설시켜 다국적군 육군의 진격을 저지시키고 그 후방에는 기름호를 파서 다국적군 접근시 원격 조정하여 화염공세를 취할 수 있게 하였다. 제1선에 주로 보병들인 징집병을 배치시키고, 그 뒤 제2선에 강력한 기계화부대와 기갑부대를 위치시키고

제3선에 정예부대인 공화국수비대를 배치하였다. 호를 파서 탱크와 야포를 은폐시키고 다국적군이 공격할 시에는 제1 방어선을 통과할 때 강력한 야포 공격으로 격퇴시킨다는 것이었다. 방어선에 대한 병력증강의 필요성을 절감한 이라크는 이란과의 국경협상을 재개하여 국교를 회복시키고 그 결과 이란전선에서 병력을 빼돌려 쿠웨이트로 배치시켰다. 한편 이라크는 다국적군을 분열시키기 위해 범아랍주의를 내세우거나 스커드 미사일로 위협하여 이라스엘을 개입시키려고 하였다. 또한 다국적군이 침략할 경우 쿠웨이트의 유정에 방화하겠다는 위협도 서슴지 않으면서 유전과 정유시설에 폭파장치를 설치했다. 이러한 극단적인 대응 전략은 이라크의 의도와는 달리 오히려 국제사회에서 이라크에 대한 부정적 여론을 조성시켰다.

2. 양측의 군사력 비교

전쟁 직전의 다국적군과 이라크 군과의 전력을 비교하면 아래 도표와 같다.

	이라크	미국	다국적군
병력	545,000	415,000	245,000
전투기, 폭격기	550	1,800 (다국적군 포함)	
헬기	160	1,500	157
탱크	4,000	1,200	1,285
장갑차	2,500	2,000	1,350
야포	2,700	500	443
지대공 미사일(SAM)	700		
대공포	6,000		
기타	스커드 미사일, 화학무기 보유	항모 6척 포함 함정 191척	

국제정세는 이라크에 대단히 불리하였다. 다국적군측은 미국이 주도하는 유엔 무대를 이용하여 이라크를 위협하는 결의안들을 계속 통과시켰고 전통적으로 이라크의 맹방이었던 소련은 미국의 조치에 대하여 묵인 내지 지지하는 태도를 일관되게 취하였다. 90년 11월 29일 안전보장이사회는 이라크에 대한 다국적군의 무력사용을 승인하고 91년 1월 15일까지 이 결의안을 이행하지 않으면 모든 필요한 수단을 동원하여 이라크 군을 쿠웨이트에서 축출시키겠다는 내용의 결의안을 통과시켰다. 이로써 이라크는 1월 15일까지 유엔의 결의에 굴복하느냐 아니면 최후통첩에 불복하여 전면전을 감수하느냐 하는 운명적인 선택의 기로에 봉착하게 되었다. 그러나 1월 9일 제네바에서 열린 미국과 이라크의 외무장관 회담에서 이라크는 아무런 타

협의 의사를 밝히지 않았다. 이라크의 아지즈 외무장관은 전쟁이 벌어진다 해도 다국적군 소속의 아랍동맹국들이 이탈할 것이고 사막에서 미군은 무력해질 것이라고 말하였다. 전쟁은 막다른 길을 향해 치닫고 있었다.

3. 개전과 항공작전단계

유엔이 설정한 기간인 1월 15일이 지나갔다. 후세인이 유엔 및 다국적군의 권위에 도전하고 있는 것이 명백해졌다. 다국적군의 맹주인 미국에게는 전쟁이냐 평화냐 하는 갈림길이 아니라 언제 공격을 개시하느냐라는 시기선택의 문제만이 남았다. 이라크의 수도 바그다드에 체류하던 각국 언론사의 기자들도 곧 전장으로 변할 고도(古都) 바빌론을 속속 떠났다. 폭풍 직전의 정적 같은 분위기가 지배하는 바그다드에서 유일하게 남아있던 미국 CNN방송의 기자들은 1월 17일 02:40분 무렵 밤하늘을 찢는 듯한 다국적군 전폭기의 폭음과 이라크의 대공 포화망이 미친 듯이 하늘을 가르는 전쟁의 광경을 목격하였다. 드디어 이라크의 도전에 대한 세계 최강대국 미국과 다국적군의 응전이 시작된 것이다. 이날은 음력 12월 2일로서 미국은 달이 없는 야음을 틈타 이라크의 방공망이 이완되고 있을 것이라는 고려 하에 D-Day를 선택한 것이다.

다국적군의 항공작전은 4단계로 작전을 구분해서 실시하도록 하였다. 1단계는 이라크에 대한 전략폭격 단계로서 크루즈미사일, 스텔스 폭격기, 재래식 폭격기로 이라크의 전쟁지휘체계 및 정보체계, 주요 공장시설을 마비시키는 것을 목표로 하였다. 2단계는 쿠웨이트 전역내 이라크 공군 및 지상 방공조직의 제압 · 파괴단계로서 비행장, 대공미사일 체제, 조기경보 레이더를 포함한 적의 방공망을 제거하는 것이었다. 3단계는 쿠웨이트 전역내 이라크 지상군에 대한 직접공격단계로서 남부로 연결되는 이라크군의 보급선을 차단, 쿠웨이트에 투입된 이라크 공화국수비대와 정규군을 고립시키는 것이었다. 4단계는 이라크군을 쿠웨이트에서 배제하기 위한 지상공격지원단계로서 지상작전을 공중에서 근접 지원하는 것이었다.

이러한 작전계획아래 슈워츠코프와 중부군 공군사령관 찰스 호너 중장 등은 5개의 기본 목표를 세웠다. 첫째, 후세인의 지휘통제망을 파괴한다. 둘째, 이라크군의 레이더와 대공미사일을 무력화시키며 항공기의 이륙을 저지시킨다. 셋째, 이라크 군을 지원하고 있는 공장, 보급창, 연구소를 파괴한다. 넷째, 이라크의 비행장과 항구, 고속도로, 교량을 파괴한다. 다섯째, 이라크의 최정예부대인 공화국수비대를 섬멸한다. 전략폭격의 목표선정을 위한 정보를 수집하기 위해서 미군은 10여 개의 정찰위성, 고공정찰기 TR-1A 등을 활발하게 활용하였고 직접 특수부대요원들을 이라크와 쿠웨이트에 잠입시켜 정보를 수집하였다. 베트남 전쟁에서 각 군이 작전영역과 활동에서 혼돈을 보였던 전철을 반복하지 않기 위해 각 군의 항공 전력은 찰스 호너 중부군공군사령관의 단일지휘체계 아래 운용되었다.

항공작전 단계별 작전수행기간은 다음과 같다.

1단계 작전 : 1월 17일 ~ 23일

2단계 작전 : 1월 24일 ~ 26일

3단계 작전 : 1월 27일 ~ 2월 24일

4단계 작전 : 2월 24일 ~ 28일

사막의 폭풍작전의 항공작전 1단계인 전략폭격 단계에서 다국적 공군이 우선순위로 설정한 목표들은 이라크의 지휘시설, 통신체제, 방공관제센터 등 전략방공체제와 비행장, 화생방 무기 생산 및 저장시설, 해군 및 항만시설, 정유시설, 철도 및 교량, 병력 및 군수품 저장소 등이었다. H-Hour인 1월 17일 03:00 이전에 제101공수사단과 미 특전사령부에 소속된 아파치 헬기 8대가 이라크의 서부 깊숙이 공격하여 헬 파이어 미사일로 이라크의 조기경보 레이더 기지를 파괴하였다. 곧 이어 H-Hour 수분 전에 미 공군 스텔스 전투기들은 이라크 남부 지역에 소재한 지하방공통제센터를 파괴하였다. H-Hour인 03:00에 미 공군의 F-117A 스텔스기들은 바그다드 시내에 위치한 이라크군부와 정부의 통신시설, 지휘통제시설, 보안정보기관 등에 정밀유도폭탄을 투하하였다. 바그다드에 대한 미 공군의 공습은 CNN기자들에 의하여 전 세계에 생중계 되었다. 홍해와 걸프지역에 배치된 함대에서 미 해군의 토마호크 미사일이 적의 야전사령부 지휘소를 목표로 발사되었다. 미 공군 F-15E 전투기들은 이라크 서부에 있는 스커드 미사일 생산기지와 발사시설에 대한 공격을 실시하였고, 이와 동시에 다국적 공군기들이 이라크의 통신, 전략시설 등을 포함한 모든 방공체계와 지휘통제조직을 집중적으로 공격하였다. 초기 공중작전이 입체적으로 진행되는 동안 지원항공기들인 공군 EF-111, F-4G, EC-130, 해군 EA-6B, F/A-18 기들은 적 전력의 위치를 파악하여 폭격작전을 지원했고 적 레이더시설을 교란시켜 다국적 공군기들이 작전 수행에 지정을 받지 않도록 했으며, 공군의 E-3 AWACS와 해군의 E-2C 조기경보기는 24시간 동안 이라크의 공군공격을 감시하고 공중지휘와 공군기들 간의 명령통제 역할을 담당하였다.

최초의 24시간 동안 다국적 공군은 1,300회의 출격을 단행하였고 해군은 106기의 토마호크 미사일을 적진에 발사하였다. 이에 대한 이라크 측의 피해상황은 정확하게 알려지진 않았으나 초기의 거의 완벽한 공중제압 및 전략시설 파괴가 이라크의 전쟁능력을 상당부분 박탈했음이 분명했다. 이라크 공군기들이 다국적 공군기들을 저지하기 위해서 출격하였으나 그들은 공중전에서 다국적 공군의 상대가 되지 못했다. 다국적 공군은 이라크와의 공중전에서 단 한 대의 손실도 없이 이라크기 35대와 헬기 6대를 격추하였다. 이후 이라크 공군기들은 지상 대피소로 대피하거나 그 중 140기 정도의 전투기들은 이란으로 탈출하는 등 적극적인 작전을 전개하지 못하였다.

제공권을 박탈당하고 그로 인해 지상의 군사시설이 무력해지고 지상군의 기동마저 제한 당하고 있는 상황에서 이라크는 비합리적인 수단으로 다국적군에 대응하였다. 1월 22일, 이라크는 쿠웨이트 지역에 위치한 600개소 이상의 유정에 방화하였고 쿠웨이트 해안선 밖의 유류 저장소의 펌프를 열어 원유 수십만 갤런을 해안에 유출시켰다. 이 조치는 쿠웨이트 해안에 대한 미군의 상륙을 저지할 목적으로 단행되었지만 다국적군은 이라크의 환경파괴행위를 선전전 차원에서 비난하였다. 또한 이라크는 이동 발사대를 이용하여 이스라엘과 사우디아라비아에 매일 평균 10여기의 스커드 미사일을 발사하였다. 이라크는 특히 이스라엘에 대한 스커드 공격을 통하여 이스라엘의 전쟁개입을 유도하고 그로 인한 다국적군의 분열을 노렸다. 그러나 실전에 투입된 미 육군의 패트리어트 방공미사일이 효과적으로 스커드 미사일을 공중에서 격추시켰고, 이후에도 미국이 유럽지역에서 추가로 패트리어트 미사일 4개 포대를 이동시켜 이스라엘에 배치시킴으로써 이라크의 의도를 무산시켰다.

그러나 치명적인 다국적군의 공중공격을 받으면서도 이라크의 전투의지가 아주 상실된 것이 아니라는 징후들이 나타났다. 1월 30일, 이라크는 4개 대대 병력을 사우디아라비아 북서부 카프지에 침투시켜 오히려 선제지상공격을 감행하였다. 이라크의 전력에 대하여 조심스레 과소평가를 하기 시작할 때 불의의 기습을 받은 다국적군측은 전투 초기에 혼란의 양상을 보였으나 곧 전열을 수습하고 반격에 나섰다. 미 공군과 포병의 지원을 받은 사우디아라비아와 카타르의 군대는 이라크 군을 격퇴시켰다.

카프지 전투 이후 다국적군의 공중공격은 새로운 타격대상으로 부각된 이라크 지상병력으로 향해졌다. 이것은 1 · 2단계의 공중공격을 통하여 적의 전략시설을 파괴하고 작전지역 상공의 제공권을 확보한 다국적 공군력이 제3단계 작전인 지상전 준비를 위한 공격으로서 이라크군의 기갑, 보병, 포병부대를 무력화시키겠다는 계산에 따른 것이었다. 그래야 많은 피해가 따를지 모르는 다국적군의 본격적인 지상전투시 손실을 최소화할 수 있을 것이기 때문이었다. 이라크 지상군의 주력인 공화국 수비대를 겨냥해서 5,600 여회의 출격이 수행되었으며 그 결과 지상전이 개시되기 전까지 이라크 지상군 전투력이 50% 정도 감소된 것으로 추정되었다.

38일간의 성공적인 공중공격의 결과 다국적군은 적 전력의 손실을 최대화하고 곧 이어 전개될 지상전에서 아군의 손실을 최소화할 자신감과 가능성을 갖게 되었다. 지상군이 본격적으로 투입되기 전 38일간 계속된 공중공격은 세계전쟁사상 유래를 찾기 어려운 것으로서 이 이전에는 지상전의 보조적인 역할로서만 의미를 부여받았던 전략폭격이 현대전에서는 그 자체만으로도 전쟁의 목적을 달성할 수 있다는 가능성을 보여주었다는 의의를 남겼다.

4. 지상작전(地上作戰)

가. 헤일 메리(Hail Mary) 기동작전

항공작전이 진행될 동안 지상군은 1월 17일을 기해 전투대형을 갖추기 위한 기동작전을 전개하기 시작했다. 이 기동작전은 슈워츠코프 대장에 의해 헤일 메리 플레이(Hail Mary Play)라고 명명되었는데 그 요점은 주공을 이라크군 측의 허를 찔러 서부전선에 두고 그에 걸맞게 병력을 서부전선 방향으로 기동시킨다는 것이다.

이에 따라 미국의 제7군단, 제18공정군단 등 2개 군단 총 20만 명 이상의 병사와 65,000대

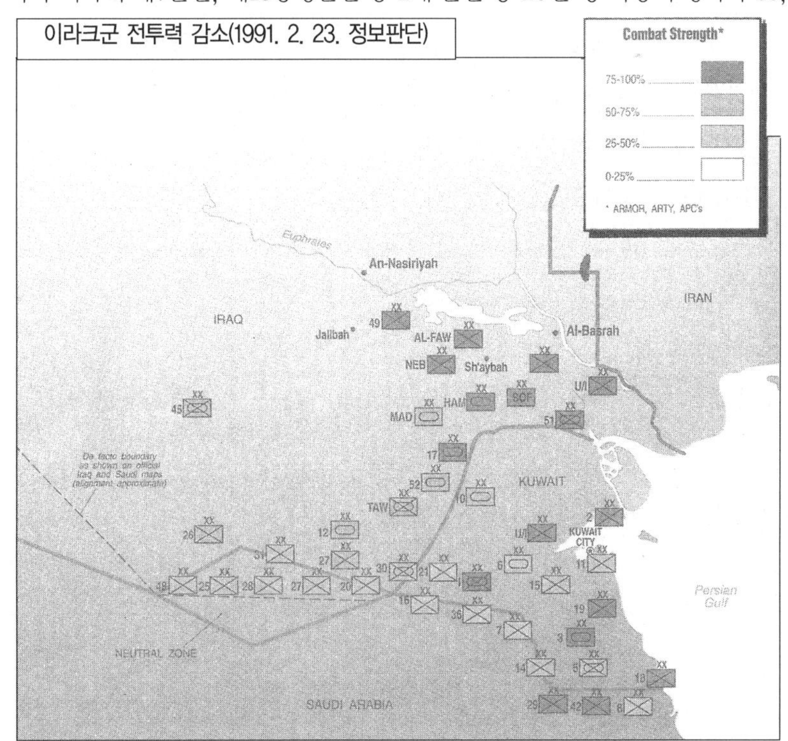

이라크군 전투력 감소(1991. 2. 23. 정보판단)

※ 출처: 육군사관학교 전사학과, 『세계전쟁사 부도』 (서울: 봉명, 2002), p. 160.

이상의 기갑 및 지원차량, 수천 톤의 장비, 60일분의 보급장비 등이 이라크의 우측방을 공격하기 위해 사우디아라비아와 이라크의 국경선 서쪽으로 이동하였다. 이동거리는 제18군단이 250마일, 제7군단은 150마일이었는데, 작전 진행 중에 주공을 담당한 대규모의 병력이 바로 적의 진지 전면에서 기동한다는 것은 고도의 기동성과 은밀성을 요구하였다. 그래서 헤일 메리 기동작전을 은폐시키기 위하여 슈워츠코프 대장은 양공과 양동작전을 활발히 전개하여 이라크군의 주의를 분산시키려 했다. 쿠웨이트 해상에 많은 해병병력을 주둔시키고 상륙작전을 연습하게 했고, 기동작전 지역 남쪽인 쿠웨이트와 사우디아라비아의 국경선을 따라 다국적군 지상병력이 정찰임무를 적극적으로 수행하였다.

이 결과 대규모 기동작전은 큰 차질 없이 원활하게 진행될 수 있었다. 슈워츠코프 대장은 이 기동작전에 대하여 스스로 "동서고금의 전사를 보더라도 이 정도 규모의 병력이 이 정도의 거리를 이동해 공격대형을 갖출 수 있도록 한 적은 없었던 것 같다"고 평가했는데 어쨌든 이 결과 2월 16일까지 미군과 다국적군은 서쪽으로는 사우디의 라파에서 동쪽으로는 페르시아만 연안에 이르기까지 300마일이 넘는 정면에 강력한 진지를 구축하고 지상전 태세를 갖출 수 있게 되었다.

작전지역의 좌에서 우로 배치된 병력들은 5개의 주요 대형으로 나누어 볼 수 있다. 서부전선 좌단에는 미군 제18공정군단 예하의 프랑스 제6기갑군단, 미국 제82공정사단, 제101공정사단, 제24기계화보병사단이 있었고, 그 동쪽 사우디아라비아와 이라크의 국경선에는 미 제7군단 예하 부대들인 제1기계화보병사단, 제1기갑사단, 제3기갑사단, 제2기갑연대, 영국 제1기갑사단, 제11항공연대 등이 전개되어 있었다. 그 우측으로는 북부연합사령부 예하부대들인 사우디아리비아, 쿠웨이트, 이집트, 시리아로 구성된 범아랍군이 포진하고 있었고, 그 동쪽에는 제1, 2해병사단과 제2기갑사단의 1개 여단이, 그 좌측방에는 동부연합사령부로 구성된 오만, 쿠웨이트 부대 등이 배치되어 있었다.

이와 맞서 싸울 이라크 병력은 주로 쿠웨이트 지역 내에 43개 사단 총 50만 정도의 병력이 배치되어 있었다. 이러한 사실은 당시 이라크군이 다국적군의 주공방향을 감지하지 못했고, 오히려 다국적군의 양공과 양동작전에 기만되어 쿠웨이트 방어에 주력하였다는 점을 보여 준다. 그러나 이들 병력마저도 38일간에 걸친 다국적군의 공중폭격으로 인하여 전투력이 크게 상실되어 있었고 전방사단들의 경우 전투력은 50% 이하로 감소되어 있었다. 더욱이 다국적군의 전략폭격으로 인해 바그다드로부터의 보급로가 차단되어 충분한 보급을 받지 못하게 되자 병사들의 사기마저 크게 저하되어 있는 실정이었다. 이러한 상황에서 이라크는 외교경로를 통해 2월 15일 조건부 철수 제안을 해오고 2월 18일에는 고르바초프 소련 대통령에게 중재를 요청하지만 다국적군이 수용할 수 있을 정도의 조치는 되지 못하였다.

나. 지상작전 경과

전 전선에서 지상군의 공격이 시작되기 하루 전인 2월 23일, 08:00을 기해 지상작전의 돌파구를 마련하기 위한 공정작전이 전개되었다. 작전을 담당한 부대는 일찍이 제2차대전 당시 노르망디상륙작전과 마켓가든 작전에 참전하기도 했던 전통의 부대 제101공정사단이 선정되었다. 서부전선에 배치되었던 제101공정사단은 연료와 물자의 재보급기지를 만들고 아군의 측방을 보호하고, 이라크군의 퇴로를 차단하기 위한 다목적 임무를 띠고 블랙호크 공격용 헬기에 탑승하여 이라크 영토내 70마일 지점에 깊숙이 공수투하 되었다. 제101공수사단은 아마와쉬와 나시리야 사이에 위치한 유프라테스강 유역에 성공적으로 침투하여 바그다드와 바스라항을 연결하는 8번 고속도로를 점거한 채 대기하고 있었다.

다국적 지상군의 전면공격은 현지시간 2월 24일, 04:00에 개시되었다. 작전개념은 해상에서 미 해병상륙부대가 양동 및 기만작전을 전개하는 사이에 조공인 동부지역 부대들이 진입해 들어가고 주공인 제7군단과 제18군단이 이라크군의 후방지역으로 대규모 우회기동을 하는 것이었다.

페르시아만에 정박해 있던 해군과 해병상륙부대는 지속적인 기만작전을 전개하여 10여 개의 적 사단을 해안지역에 고착시켰고, 지상전에 참전한 미 해병대 1, 2사단은 전함 위스콘신호 등 해군의 포격지원을 받으면서 이라크가 설치해 놓은 지뢰지대 등 장애물을 제거하고 진격하였다. 이 부대들은 공격 첫날 적 포로 8,000여 명을 생포하면서 쿠웨이트 시가지를 향해 순조로이 진격하였다. 그 북부에 배치되어 있던 북부연합사령부 예하 범아랍군도 미 해병대의 공격을 기다려 08:00부터 공격을 개시하였으며, 어느 부대보다도 왕성한 사기를 보이면서 이라크의 방어선을 돌파하여 쿠웨이트로 진격하였다. 주공을 담당한 미 제7군단 예하 부대들도 이라크의 방어선을 뚫고 진격하였다. 최북단에 위치한 프랑스 제6기갑사단과 제82공정사단도 이라크 영토로 90마일을 진격하여 아스살만에 있는 비행장을 장악한 뒤 서측을 차단하였고, 그 동쪽의 제24기계화보병사단은 M1A1 탱크를 앞세우고 이라크 북부 깊숙이 진격하여 제101공정사단과의 연결을 시도하였다. 제18군단이 담당한 공격정면에서도 작전은 성공적으로 진행되었으며 공격 첫날 2,500명의 포로를 획득하였다.

사막의 폭풍작전 : 2월 24일과 25일 전선상황

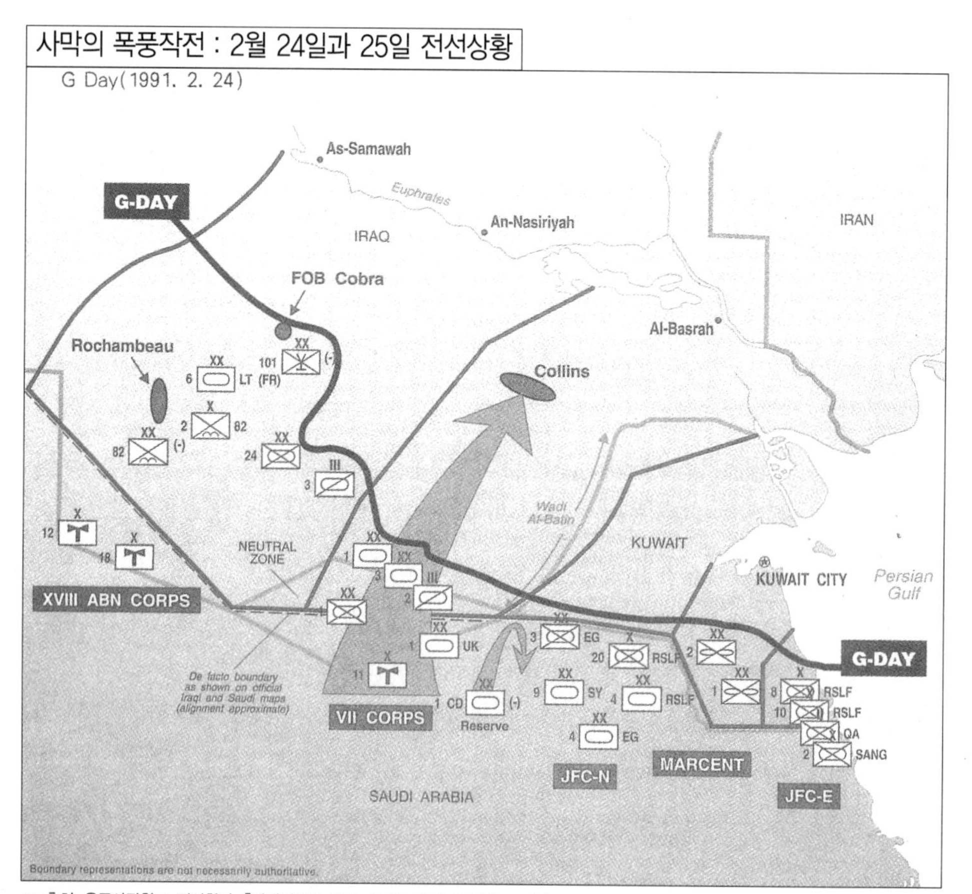

※ 출처: 육군사관학교 전사학과, 『세계전쟁사 부도』 (서울: 봉명, 2002), p. 162.

2월 25일에도 다국적군의 공세는 계속되었다. 동부전선의 제 1, 2 해병사단은 유전의 화재로 인한 연기가 장애가 되었지만 200여대에 달하는 적 탱크를 포획하면서 쿠웨이트시 10마일 전방까지 접근하여 쿠웨이트 국제공항을 탈환하는데 성공하였다. 북부연합사령부의 범아랍군도 계속 진격하였으며 이 때부터 전장의 동부지역(쿠웨이트)에서 이라크군의 전열이 와해되면서 후퇴하는 부대가 늘어나기 시작하였다. 북부전선에서 작전중인 미 제7군단과 제18군단 예하 부대들은 이라크군의 주요 병참선이자 도주로로 예상되는 유프라테스강까지 진격하면서 대규모로 우회 기동하는 양상을 나타냈다 미 제7군단은 이라크-쿠웨이트 국경을 따라 동쪽으로 공격하여 공화국수비대에 대한 포위망을 압축하면서 이라크의 3대 기갑사단인 타와칼나, 메디나, 함무라비에 대한 공격을 감행하였다. 제18군단도 계속하여 다국적군의 좌측방을 보호하면서 적의 보급로를 차단하였다. 예하 제24기계화보병사단은 놀라운 기동으로써 200마일 이상을 지나 유프라테스강 계곡에 도착하여 이라크와 남부에 있던 이라크군 포위망

형성에 성공하였고, 그 이후 8번 고속도로를 따라 우회기동하면서 쿠웨이트로부터 도주해 오는 이라크 공화국수비대 병력을 포위, 섬멸하였다.

제1기갑사단과 제3기갑사단을 선봉으로 하는 미 기갑부대도 제24기계화보병사단의 우측에서 진격하면서 우회기동 하다가 바스라 서쪽 50마일 지점에서 퇴각하는 이라크 함무라비 탱크사단과 조우하였다. 그래서 이 지역에서는 미군 800여대의 탱크와 이라크 300여대의 탱크(소련제 T-72)가 어우러져 2차대전 이후 최대 규모의 탱크전이 전개되었는데 A-10 전투기와 아파치 AH64 헬기들의 근접지원을 받은 미국 기갑부대가 이라크기갑부대를 격멸시키는 전과를 올렸다.

2월 26일에는 전 전선에서 이라크군의 주력부대들이 다국적군에 의해 포위된 채 급속히 와해되기 시작했다. 서북쪽에서 우회한 제18공정군단과 제7군단이 이라크군의 퇴로를 차단하며 포위망을 압축해 들어갔다. 남동부 전선에서는 동부연합사령부가 별다른 저항을 받지 않은 채 쿠웨이트시 남부를 장악했으며 쿠웨이트 서쪽으로 진격하는 북부연합사령부와 연결작

사막의 폭풍작전 : 2월 26일 전선 상황

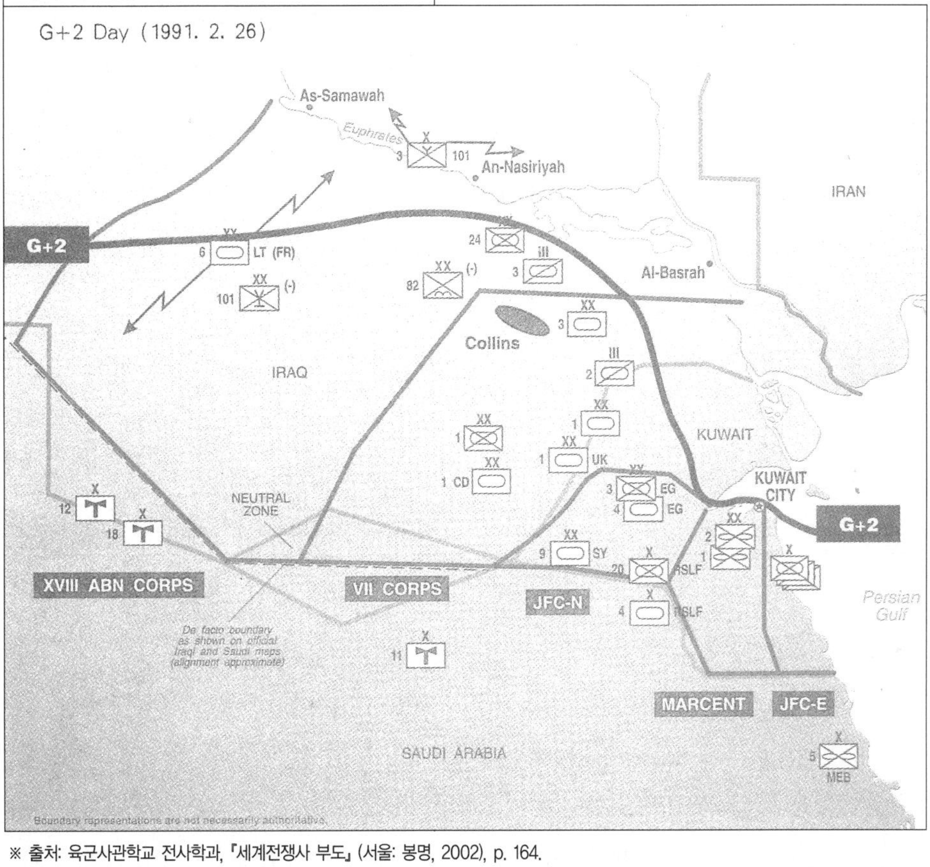

※ 출처: 육군사관학교 전사학과, 『세계전쟁사 부도』 (서울: 봉명, 2002), p. 164.

전을 실시하여 이라크군을 계속 협공하였다. 미 해병 제1, 2사단은 쿠웨이트에 근접한 고지대를 점령하여 최종목적을 달성하였다.

제4절 종전과 휴전협상

쿠웨이트가 완전히 탈환된 2월 27일 부시 미 대통령은 쿠웨이트 해방선언을 하고 다음날인 2월 28일에는 다국적군들에게 전투중지 명령을 내렸다. 이로써 43일간에 걸친 걸프전쟁은 종료되었다. 3월 3일에는 샤프완에서 미군 최고사령관 슈워츠코프 대장과 각국 대표 사령관, 그리고 이라크 측에서 참모차장 술탄 하심 알 자브리 중장, 제3군 사령관 알 두가스타니 소장 등이 참석한 가운데 종전협상이 진행되었고 협상진행 동안 이라크에 억류된 다국적군 포로들이 석방되었다. 그리고 4월 3일 유엔에서는 전쟁을 마감하는 결의안이 채택되었는데 유엔 평화유지군의 창설, 이라크의 화생방무기 및 탄도미사일 파괴, 쿠웨이트에 대한 손해배상 등을 이라크에게 요구하는 것이었다. 결의안 내용들은 이라크에게 굴욕적인 것이 분명하였지만 후세인은 4월 6일 유엔이 제안한 최종협상을 무조건 수락한다는 의사를 밝혔다. 이로써 4월 10일을 기해 전쟁종결이 선포되었다. 이 전쟁의 결과 양측이 입은 손해는 다음 도표와 같다.

구 분	이라크	미군 및 다국적군
전 사	100,000(미 DIA추산)	225
부 상	300,000(미 DIA추산)	1,297
사단손실	42개 사단(총 68개 사단)	
전 차	3,700대	8대
야 포	2,600대	
장갑차	2,400대	
헬 기	7대	
전투기	103대 파괴	39대

제5절 걸프전쟁의 특성

걸프전쟁은 이라크의 불법적인 쿠웨이트 침략을 응징한다는 목적 하에서 진행되었는데, 그 수행방법 면에서 독특한 점이 많았다.

첫째, 연합군은 통일된 지휘체제도 갖추질 않았고 종교나 민족 면에서 일치되어 있지도 않았지만 미국 중부군 사령부의 지휘에 자발적으로 따랐다는 점에서 냉전체제 이후 미국이 사실상 전 세계적인 헤게모니를 장악하고 있는 상황에서의 새로운 전쟁지휘 양상을 보여주었다. 그리고 병력을 파병하지 않은 독일 등의 서방국가와 일본, 한국 등의 국가가 전쟁비용을 공동으로 부담하는데 참여한 점도 특징적인 양상이라 할 만하다.

둘째, 대규모 병력을 원거리까지 신속하게 투입하고 사막지형에서의 전투지원을 위해서 어느 전쟁보다도 수송과 병참능력의 확보가 중요한 의미를 지녔던 전쟁이었다. 원거리 전장까지 방대한 병력과 물자를 수송하기 위해선 수송수단의 발달, 튼튼한 경제력, 그리고 국가동원체제를 갖추어야 하는데 이러한 국가 경제부분의 발전 없이 현대전을 수행한다는 것을 패배를 자초하는 것에 다름 아니다. 이라크는 이러한 점에서 미국 등 다국적군의 상대가 될 수 없었다.

셋째, 다국적군은 아군의 손실을 최소화하고 적의 피해를 최대화한다는 견지에서 모든 가용한 수단을 이용하려고 하였다. 이러한 원칙의 이행은 특히 현대전쟁에서 중요한 의미를 갖는 것이다. 발달된 대중매체를 통하여 전쟁 상황이 여과 없이 전 세계에 알려지고 있는 상황에서 자국민에게 미칠 심리적 충격을 최소화하여 국민적인 전쟁지지 여론을 조성하고 병사들의 사기를 진작시키기 위해서는 무엇보다 아군 병사들의 희생을 최소화하고 목적을 달성하는 전략이 요구된다고 볼 수 있다. 다국적군은 이러한 원칙에 따라 모든 작전을 고려하였고 가용 군사자원을 이에 걸맞게 배치하였다. 이런 점에서 걸프전쟁은 일관성 있는 전쟁철학이 관철된 작전이었다고 할 수 있다.

넷째, 정보의 중요성이 새삼 부각된 전쟁이었다. 다국적군은 적의 전략목표를 탐지하기 위해서 다양한 방법으로 적정을 수집하려 하였다. 이에는 정찰위성의 활용, 고공 정보기들의 활약, 특수부대를 운용한 적진침투, 쿠웨이트내 민족 저항단체와의 연결 등이 포함되어 있었다. 이렇게 수집된 정보를 분석하고 그 결과를 공격목표로 연결시키는 능력에서도 미국은 탁월한 능력을 보여 주었다. 이에 반해 상대적으로 이라크는 정보획득수단이 제한되어 있어서 다국적군의 기습적인 공습이나 기동작전을 전혀 예측하지 못하였다.

다섯째, 앞의 내용과 연관되는 것이지만 초기 전략폭격의 중요성이 크게 부각되었다. 항공기가 전투수단으로 운용된 이래 치루어진 이전의 전쟁에서 공중공격은 지상전투에 비해 상대적으로 독립적 의의를 평가받지 못하였다. 그런데 걸프전쟁은 지상군의 개입 없이 공중전력만으로 적 전력을 제압하고 전쟁목표를 달성할 가능성을 보여 주었다. 따라서 공중전력, 지상전력, 해상전력을 종합적으로 결합하여 전력을 극대화하는 전투 개념의 중요성이 현대전쟁에서 더욱 강조될 전망을 보여 주었다.

여섯째, 적에 대한 철저한 기만전술의 중요성이 부각되었다. 이 전술도 아군의 피해를 최소화하기 위한 고려에서 수행된 것으로서 다국적군은 해상과 지상에서 이라크 군에 대한 세밀한 기만작전을 실시하여 주공방향에 대한 판단을 흐리게 하였다. 일곱째, 고전적 기술인 대규모 우회기동이 다시금 빛을 발하였다. 나폴레옹의 울름전역과 제1차 세계대전때 독일의 슐리펜 플랜에서 전형을 보인 대규모 우회기동은 사막전에서도 신속하고 양호한 기동수단과 적에 대한 철저한 기만작전에 힘입어 완벽한 성공을 거둘 수 있었다.

여덟째, 현대의 첨단무기들의 위력이 여지없이 발휘되었다. 대단히 많은 첨단무기들이 첫선을 보였다. 미군이 막대한 예산을 들여 개발한 F-117A 스텔스기가 실전에 투입되어 적의 레이더망을 피해 유유히 적의 중요한 전략시설을 강타하는 역할을 성공적으로 수행하였다. 방어미사일 패트리어트는 가장 각광을 받은 무기였는데, 이라크의 위협적인 무기인 스커드미사일을 공중에서 요격함으로써 이스라엘을 전쟁에 끌어들이려는 후세인의 의도를 무산시켰다. 이밖에 헬파이어 미사일, 토마호크 미사일, M1A1탱크, AWACS 공중조기경보기 등의 많은 첨단무기들이 위력을 발휘하였다.

그리고 위에 언급한 요인들을 효과적으로 활용할 수 있었던 지휘관들의 훌륭한 자질도 간과할 수 없는 중요한 측면이다. 부시 대통령으로부터 작전에 관한 모든 권한을 위임받고 있던 슈워츠코프 대장 이하 야전지휘관들은 월남 전쟁의 참전에서 얻은 실전 경험, 고전사에 대한 해박한 지식, 유엔의 결의안과 미국의 국익을 전쟁에서 실현해야 한다는 투철한 목적의식, 현대무기에 대한 철저한 이해, 아군 병사들의 희생을 최소화하겠다는 뚜렷한 전쟁철학, 사막이라는 낯선 지형에 대한 적응능력, 각종 병과와 다양한 종교와 민족들로 구성된 다국적군을 유기적으로 그리고 강력하게 결합할 수 있었던 작전계획 능력 등에서 탁월하였다. 이러한 전쟁지휘능력이 없었다면 다국적군에게 주어진 모든 유리한 여건이 효과적으로 활용될 수 없었을 것이다. 따라서 첨단전쟁인 걸프전쟁에서 가장 우수하고 훌륭한 전력은 바로 뛰어난 지휘관들의 종합적인 능력이었다고 말해도 과언은 아닐 것이다.

부 록

- 전쟁연표-

이 연표는 B.C. 1,500년에서 현대에 이르기까지 각종 전쟁을 총망라하여 전쟁이 인류역사에서 얼마나 많은 비중을 차지하고 있으며, 지역적으로 어떻게 또 연관을 가지고 있는가를 한눈에 볼 수 있도록 하였다.

	유 럽	지중해와 유라시아	남 아 시 아	동 아 시 아
1500 B.C.	• 그리스 도시국가의 발전 • 내부전쟁 • 에게해 연안 아시아국가침공 • 시실리, 이타리아 침공 1200 트로이 전쟁 700–509 에트루스크족과 로마족의 투쟁	1500–1200 히타이트족 아시아 군소국가 정복 • 이집트(Egyptian)팔레스타인 및 시리아 점령 • 앗시리아(Assyrian) 메소포타미아 점령 1200–500 이집트 해외원정. 페르시아 점령 1100–1000 이스라엘–팔레스타인 전쟁 745–612 신생 앗시리아 제국의 흥망 612–539 샬레아인의 흥망 612–558 메르족 흥망 539 키러스(Cyrus), 바빌론병합	1500–500 아리안족의 침공으로 특히 인도 중북부 지역의 분쟁 540–326 마가다(Magadha) 제국, 북동 인도 점령	1500–500 주(周), 상(商)의 투쟁 (1122, 주의 계승) 춘추전국시대
500 B.C.	페르시아 전쟁	558–530 키러스 정복 530–490 페르시아 정복	517–509 페르시아(다리우스) 인더스강 서안 점령	
400 B.C.	492–478 그리스, 페르시아 전쟁			500 손자의 출현
	509–270 로마–이탈리아 전쟁 475–431 아테네–스파르타 전쟁 431–404 펠로포네시아 전쟁	470–330 페르시아 내분		
300 B.C.	400–388 그리스 도시국가들 간의 전쟁 338–337 마케도니아, 그리스 점령 334–323 알렉산드로스 대왕의 정벌 322–195 알렉산드로스 계승자들의 분쟁		327–324 알렉산드로스 대왕 인도서부지역 정복 321–297 찬드라 굽타 북부인도 점령	

	유 럽	지중해와 유라시아	남 아 시 아	동 아 시 아
200 B.C	282–272 로마, 피러스와의 전쟁 263–241 1차포에니(punic) 전쟁 219–202 2차포에니 전쟁 215–148 로마–마케도니아전쟁		274–236 아쇼카 왕조 근대인도국경 형성	221–211 진(泰), 중국통일 206–117 중국내분
100 B.C.	149–146 3차포에니 전쟁 148–146 로마, 그리스 최종정복 118–106 쥬구단 전쟁	200–100 아시아에 대한 간헐적인 로마의 정벌 192–189 로마–시라아 전쟁 175–164 쥬다–마키베우스 전쟁		유방의 중국통일 140–87 한무제 중국 영토확장 (오늘날 중국)
	91–88 사회전쟁	100–29 로마, 시리아, 팔레스타인 이집트, 북아프리카 점령 88–64 3대 미스리데트 전쟁		
	58–45 쥴리어스 · 시저의 정복			
B.C.	32–30 내전, 옥타비아누스와 53–20 파르티아와의 전쟁 안토니우스 29 로마, 정벌의 종식 16 B.C.–A.D. 9 로마, 독일 정복중지	53–20 파르티아와의 전쟁		
A.D. A.D. 100	41 로마내부의 권력투쟁 43–84 로마, 영국점령 98–117 로마, 트라얀의 점령 로마 최대의 영토확장	66–70 유대지방의 반란	1–80 쿠샨족(몽골계통) 인도 북서부 침입, 제국건설	한의 페르시아 정벌, 인도 서북부 지역 침공. 페르시아만 까지접경
A.D. 200	161–180 마키스아렐리우스 국경전쟁		100–320 인도의 내분	
	235–284 내전(로마) 247–350 고트족 로마침공	220–227 사싸니드, 페르시아 정복 229–350 사싸니드–로마 전쟁 (5회)		220–618 중국의 내전

	유　　럽	지중해와 유라시아	남 아 시 아	동 아 시 아
A.D. 300 400	306-323 콘스탄틴 대제 로마제국 재통합 376-378 고트족 침입, 아드리아노플 전투 (이후 476년가지 이민족 침입)	359-629 사싸니드와 비쟌틴 제국과의 전쟁(8회 정도)	320-350 굽타왕조 인도북부 지역 재통합	230-1200 일본의 내분과 조선의 일시적 침략
	400-771 로마제국의 침입 (게르만, 오스만투루크) 410-442 로마, 영국에서 철수 410 알리리아족 로마 침공		413-1000 인도, 북방 서방 민족과 끊임없는 전쟁 (500년경 훈족 침입)	
	445-435 훈족, 유럽 침공	441 훈족, 콘스탄티노플 위협		
500	476 로마의 멸망			
600	527-565 쥬스티니아 전쟁(벨리싸리우스) 이탈리아 재점령 북아프리카, 스페인 동남부, 인도원정 565-1300 비쟌틴제국, 끊임없는 전쟁(국경보존을 위해서 이민족의 침입저지)		533-534 벨리싸리우스 인도 침공	
700	회교권의 확장	632-738 회교의 정복 635-650 페르시아 640-642 이집트 640-710 북아프리카 673-678 제1차 콘스탄티노플 포위	506-647 하르샤, 인도북부 일시 점령	618-627 당의 중국지배 627-649 당태종 중앙아시아 통치
	711-715 아랍, 스페인정복 715-732 아랍, 프랑스침공 718-1492 스페인전쟁 계속 (무어족) 732-759 프랑스로부터 아랍의 축출 771-814 샤를 마뉴 정복 전쟁	717-718 제2차 콘스탄티노플 포위	712-776 아랍, 인도침공	747-751 아랍, 중앙아시아 탈취 750-1200 중국 내의전쟁(몽고, 타타르족)

	유　　럽	지중해와 유라시아	남 아 시 아	동 아 시 아
800 900	800-925 노르웨이, 영국 및 서부 유럽침공 814-887 유럽내의 혼란 871-899 알프렛 대왕, 덴마아크 침공	800-860 노르웨이, 러시아 침공 860 노르웨이, 콘스탄티노플 위협		
1000	991-1016 덴마아크, 영국침공	907 노르웨이, 콘스탄티노플 위협 941 노르웨이, 콘스탄티노플 위협	900-1000 촐라왕조, 남부인도 장악 998-1030 회교도 가즈니 (현대:아프가니스탄), 인도 침공	
1100	1017 노르만, 시실리 정복 1066 노르만족 영국 침공 1081-1099 스페인 씨드전역	1043 노르웨이, 콘스탄티노플 위협 1055 셀주크 투르크, 바그다드 점령 1046-1071 셀주크투르크, 비잔틴 제국 침공(13세기까지 계속) 1096-1099 제1차 십자군원정	1001-1017 촐라 전쟁(세일론) 1024-1040 촐라, 벵갈만지역 장악(벵갈, 남버어마, 말레이 반도)	
1200	1154-1186 프레드릭 바바로사, 이탈리아 원정(6차) 1167-1171 노르만 아이랜드 정복 1190-1300 프랑스, 앵글로 노르만 간헐적인 전쟁	1147-1149 제2차 십자군원정 1150-1187 쎌라딘 전쟁 (예루살렘 함락) 1189-1192 제3차 십자군 원정	1187-1206 회교도 침공(펄잡)	1161 중국에서 최초로 화약사용 1190-1206 징기스칸, 몽골장악 1206-1218 몽골 중국 북부지역침공
	1197-1273 독일내의 분쟁 1214 부벵전투	1202-1204 제4차 십자군원정 (콘스탄티노플 함락) 1204-1261 비쟌틴 제국, 라틴 국가와 전쟁 1218-1221 제5차 십자군원정 1218-1222 몽골, 페르시아 원정 1222-1223 수보타이, 남부러시아 원정(카카강 전투) 1228-1229 제6차 십자군원정 1236-1252 스웨덴, 튜우톤전쟁	몽골의 정벌	1222-1238 원나라 건설(중국) 1231 몽골, 조선 점령 1274 1281, 몽골, 제2차 일본침공 1287 몽골, 북부버마 점령 1292-1293 몽골, 지비 침공
	1240 네브스키, 몽골에 합병 1237-1242 수보타이, 동부 중부유럽침공		1245 몽골, 북서인도 정복 1245-1260 몽골, 남서 아시아침공	
1300	1253-1299 베니스, 제노아전쟁 1276-1284 에드워즈 I, 웰즈점령 1285-1307 에드워즈 I, 스코틀랜드전쟁	1248-1254 제7차 십자군원정 1270 제8차 십자군원정		

	유　　럽	지중해와 유라시아	남 아 시 아	동 아 시 아
1300	1313-1314 스코틀랜드전쟁 1315-1394 스위스 독립전쟁	1300-1500 베니스, 제노아 전쟁	1300-1398 인도의 혼란	1300-1560 일본 내부의 분쟁
	1326-1466 폴란드전쟁			
	1337-1453 100년 전쟁	1326-1461 오토만 투르크, 비잔틴 제국정복		
				1356 고려, 몽골 세력 축출
				1356-1382 명,
	1367-1411 포르투갈, 카스틸전쟁 (1385 포르투갈 독립)		원나라 축출 1397-1399 티무르족, 북서 인도점령	1380-1405 티무르 정복
1400	1381 영국의 농민 반란	1393 티무르족, 바그다드점령		
	1415 포르투갈, 쉬타점령 (포르투갈, 해외정복시작)	1425 터키, 베니스전쟁시작 (3세기 이상계속)	1400-1500 명(明), 원(元) 전쟁 1403-1433 중국해군 인도양 원정	
	1455-1485 장미전쟁	1442-1456 훈야디 전역		
	1474-1499 스위스분쟁	1450-1459 투르크, 세르비아점령		
	1462-1505 이반황제 몽골세력축출, 러시아통일			
	1492 그라나다 정복	1468-1480 투르크, 달마티아 크로아티아 점령	1494-1504 바바, 남부터키 점령	

	아메리카	유　　럽	지중해와 유라시아	남 아 시 아	동 아 시 아
1500	1500–1898 백인과 인디안 투쟁 1520–1521 멕시코 점령(콜트) 1531 페루점령	1508 스페인, 포르투갈 병합 1521–1559 챨스 V 전쟁	1521–1566 술레이만, 터키의 많은 부분 정복 1521 벨그라드 점령 1522 로드 점령 1526 모하크전투 1534–1554 바그다드 및 타브리즈점령	1504–1526 바바족, 몽골제국 건설 1509–1515 포르투갈, 인도양 진출 1529–1566 몽골제국의 약화	
		1529 제1차 비엔나 포위		1538 해군 인도원정	
			1554–1556 북아프리카 점령		
		1562–1595 프랑스 종교전쟁 1566–1579 화란독립전쟁 1585–1593 헨리Ⅲ전쟁(프랑스) 1585–1604 아마다 전쟁		1550–1700 인도양 말레이지역에서 포르투갈, 화란, 영국의 분쟁 1566–1576 몽골제국 재건	1568–1600 일본의 통일 1592–1598 임진왜란
		[16세기 동안 전쟁 횟수] 영국: 12 스코틀랜드: 6 프랑스: 20 스페인: 19 스웨덴: 8 신성로마제국:17	터키: 11 러시아:8 폴랜드: 7 베니스: 6		

	아메리카	유 럽	지중해와 유라시아	남 아 시 아	동 아 시 아
1600	1637 페쿠옷 전쟁 1675 필립왕 전쟁 1689–1697 윌리암왕 전쟁	1600–1609 화란 독립 전쟁 1615–1652 프랑스 내전(3) 1618–1648 30년 전쟁 1640–1688 영국내전(2) 1648–1659 프랑스, 스페인 전쟁 1652–1674 영국, 화란 전쟁 1667–1668 왕위 계승 전쟁(프랑스, 스페인) 1672–1678 제1차 동맹 (루이 14세) 1683 폴랜드, 터키군 격파 1688–1697 아우구스버그 동맹 전쟁		1605–1700 몽골제국의 쇠퇴 1661–1815 영국의 인도점령, 프랑스와 대결	1600–1868 도쿠가와 막부체제(일본) 1661–1815 청나라, 중국통일
		[17세기 동안 전쟁 횟수] 영국: 17 프랑스: 14 스웨덴: 8 스페인: 17 화란: 10 신성로마: 11	터키: 9 러시아: 15 폴랜드: 12		

	아메리카	유 럽	지중해와 유라시아	남 아 시 아	동 아 시 아
1700		1700-1721 챨스 Ⅶ 전쟁			
	1702-1713 스페인 계승전쟁	1701-1713 스페인 계승 전쟁			
		1715-1716 영국의 반란 1718-1720 4국동맹 전쟁 1733-1738 폴란드 계승전쟁			
	1739-1748 오스트리아 계승전쟁 1740-1748 죠지왕 전쟁	1740-1748 오스트리아 계승 전쟁		1746-1748 오스트리아 프랑스 전쟁	
		1745-1746 스코틀랜드 내전			
	1755-1763 7년 전쟁 (프랑스, 인디안 전쟁)	1756-1763 7년 전쟁		1751-1763 영·불 전쟁 (7년 전쟁)	
		1772-1795 폴란드 분할			
	1775-1783 미국의 독립전쟁	1778-1783 영·불 해전 (미국 독립 전쟁과 연관)		1778-1783 영·불 전쟁 (미국 독립전쟁과 연관)	
	1798-1800 프랑스, 미국 해전	1792-1815 나폴레옹 전쟁	1798-1801 프랑스, 이집트 원정	1798 영국, 실론점령	
		[18세기 동안 전쟁 횟수] 영국: 18 프랑스: 12 스페인: 14 오스트리아: 13 프러시아: 9 화란: 7 스웨덴: 8	터키: 8 러시아: 18		

	아메리카	유 럽	아프리카	지중해와 유라시아	남 아 시 아	동 아 시 아
1800	1802–1803 하이티 독립전쟁(프랑스) 1810–1824 라틴 아메리카 독립전쟁(스페인, 포루투갈, 프랑스) 1846–1848 멕시코 전쟁 1861–1865 남북 전쟁 1860–1867 프랑스, 멕시코원정 1865–1870 로페즈 전쟁 1876–77 리틀 빅혼 전역 1898 미·스페인 전쟁	1799–1815 나폴레옹 전쟁(21개국 참전, 666전투) 1848 2월 혁명 1848–1851 덴마크·독일 전쟁 1859 불·오 전쟁(이탈리아에서) 1860–1861 이탈리아 혁명 1864 덴마크·독일 전쟁 1866 보·오 전쟁 1870–1871 보·불 전쟁	1801–1805 미, 트리폴리 해전 1815 알제리, 미해전 1830–1831 프랑스, 알제리점령 1880–1881 제1차 트란스발 전쟁 1881–1884 프랑스, 튜니지아 점령 1883–1885 1차 마디스트전쟁 1896 이디오피아 전쟁 1896–1898 2차 마디스트전쟁 1899–1902 보어 전쟁	1806–1812 러시아·터키 전쟁 1812 나폴레옹, 러시아 침공 1828–1829 러시아·터키 전쟁 1877–1878 크리미아 전쟁 1877–1878 그리스·터키 전쟁 1897 그리스·터키 전쟁	1798–1815 인도에서 영·불 전쟁 1802–1818 마라타 전쟁 1819 영국, 싱가포르 점령 1824–1885 미얀마 전쟁 1838–1842 아프간 전쟁 1857–1859 무티니 전쟁 1879–1881 아프간 전쟁	1840–1862 아편 전쟁 1850–1864 북경 반란 1853 페리호 사건 1867 명치유신 1894–1895 청·일 전쟁 1898 미·서 전쟁(필리핀) 1899–1901 필리핀 반란
		[19세기 동안 전쟁] 영 국: 30 프 랑 스: 29 스 페 인: 18 오스트리아: 12 프러시아: 9		터 키: 10 러시아: 19		

	아메리카	유　　럽	아프리카	지중해와 유라시아	남 아 시 아	동 아 시 아
1900			1907–1911 프랑스, 모로코 점령 1911–1912 이탈리아 · 터키 전쟁	1911–1912 이탈리아 · 터키 전쟁 1911–1912 1차 발칸 전쟁 1912–1913 2차 발칸전쟁		1900–1905 의화단 사건 1904–1905 러일 전쟁 1911–1926 중국내전
	1917–1918 WW I	1914–1918 WW I		1914–1918 WW I		1914–1918 WW I
	1929–1935 볼리비아, 파라과이 전쟁	1923 프랑스, 루르 점령 1936–1939 스페인 내란 1938 히틀러, 오스트리아 병합 1939 히틀러, 체코 병합	1935–1936 이탈리아, 이디오피아점령	1917–1920 러시아혁명 1919–1920 러시아 · 폴란드 전쟁 1921–1924 그리스 · 터키 전쟁 1925–1928 시리아 반란		1919–1922 시베리아 원정 1926–1936 장개석 중국통일 1931–1933 일본, 만주점령
	1941–1945 WW II	1939–1941 WW II 1939–1940 러시아, 핀란드 전쟁	1942–1943 북아전쟁 (롬멜장군)	1939–1945 WW II	1941–1945 WW II	1937–1941 중 · 일전쟁 1939 러시아, 일본분쟁 1941–1945 WW II
	1982 포클랜드 전쟁 1983 미국, 그레나다 침공	1945–1949 그리스 내란 1999 코소보 전쟁	1952–1954 케냐전쟁 1955 모로코, 튜니지아, 알제리 혁명 1975 앙골라 내전 (미 · 소 개입)	1948–1949 아랍, 이스라엘전쟁(1차) 1956 2차 중동전 1967 3차 중동전 1973 4차 중동전 1979–1989 소련, 아프간 침공 1980–1988 이란·이라크 전쟁 1990–1991 걸프전쟁	1947–1948 케시미르 분쟁 1945–1955 말레이 내전 1945–1949 화란, 인도네시아전쟁 1971 인, 파전쟁 1999 동티모르 독립	1945–1949 중국 내전 1946–1955 인도지나전쟁 1949–1955 중국, 대만 전쟁 1950–1953 한국 전쟁 1955–1975 베트남전 1979 중국·베트남전
2000				2003 이라크 전쟁